엄경자 지음

대한민국 여성 1호 소믈리에의

와인 입문자를 위한
Wine Book

아티오
ArtStudio

"와인을 들게나,
이것은 영원한 삶이며 그대에게 젊음을 주리니
와인과 장미 그리고 친구와 즐기는 계절을 멀리말게
지금, 이 순간 행복하라. 이 순간이 바로 너의 삶일지 어니"

"빵 한 덩이, 포도주 한 병, 시집 한 권
나무 그늘 아래서 벗 삼으리
그리고 당신이 내 옆에서 노래 부르니
오, 황야도 천국이나 다름없어라."

"있음과 없음을 언제까지 고민하랴?
짧은 생명 즐기는 데 왜 주저하랴?
어서, 술을 부어라, 들이쉬는 숨이
다시 쉬어진다고 누가 장담하리오."

– 오마르 하이얌 『루바이야트』 본문 중에서 발췌

11세기 페르시아의 천문학자이자 시인인 오마르 하이얌의 시집 〈루바이야트〉의 와인 예찬을 보면 철학과 낭만을 엿볼 수 있다. 인생의 덧없음에서 와인은 우리에게 위로가 되고 행복을 준다고 얘기한다.

인류의 역사와 함께 한 가장 오래된 술이 와인이다. 단순히 술이기보다 와인은 예술성 높은 문화적 가치를 가진다. 많은 문학에서 와인을 매개체로 투영된 시대사상과 종교, 역사를 읽을 수 있다. 그리스 신화부터 현재에 이르기까지 와인은 역사에 자주 등장한다. 와인의 가치를 이해하기 위해서 "와인이란?" 화두를 던진다.

나에게 와인을 좋아하는 이유가 무엇일까? 묻는다면, 다양성을 꼽는다. 어쩜 이리도 같은 맛이 없을 수가 있는지 인간의 DNA 같다. 각 와인병이 지닌 감수성은 복제할 수 없다. 한 잔의 와인 속에는 한 잔의 자연이 녹아있고, 한 잔의 자연 속에는 몇 천만년, 몇 억만년 전에 지층에 뿌리를 내린 포도나무가 빨아들인 대지의 기운과 토양 특유의 독특한 자연 성분이 응축된 자연의 지혜가 담겨 있다.

나에게 와인은 참 어렵다. 많은 사람들이 와인을 어떻게 공부하면 되나요? 라는 질문을 던지곤 한다. '신의 물방울'이란 만화책에서 보듯이 추상적인 어휘를 써 가면서 상상의 나래를 꿈꾸는 듯한 조금은 공상적이고 화려한 와인의 이미지에 사로잡혀 있는 것 또한 무시할 수 없다. 그러나 와인은 알면 알수록, 배우면 배울수록 더욱 어렵다는 말을 실감한다. 항상 꾸준히 앎에 대한 열정의 문을 열어 놓고, 그것을 추구해야 하므로 때로는 아마추어로서 와인을 즐기기를 바랄 때가 많다.

와인 한잔으로 친구를 사귀고, 즐길 수 있고, 공유할 수 있는 문화에 와인은 또 다른 의미의 정신적 친구인 듯하다. 와인에는 철학이 담겨 있으며, 마치 현자의 모습으로 나에게 삶의 지혜를 주기 때문이다.

와인은 지역성을 깊이 반영한 농산물이다. 지역에 따라 재배되는 포도 품종은 물론, 수확 시기 및 양조 방법도 제각각 달라 그 결과 와인은 다양한 개성을 가지고 있다. 세계 와인은 변화하고 혁신하고 있다. 내추럴 와인, 지속 가능 농법, 오렌지 와인 등 다양성을 끊임없이 연구하며 진보하고 있다.

와인 생산과 소비의 양극화는 더욱 현저해지고 있다. 소비가 증가하며 가격의 거품이 커지고 있고, 반면에 초저가 와인의 시장이 커지며 대중화를 이끌고 있다.

사실, 와인 품질에 대한 논의는 애매해서 정의를 내리기 어려우며, 고품질이란 자신의 기호를 객관적으로 정당화하기 위한 말이 아닌가 생각된다. 미각적 측면에서 고품질이란 말은 시대나 환경에 따라 크게 변화하며 매우 개인적이고 상대적이다. 무엇보다 자신의 입맛에 맞는 와인을 발견해 내는 과정이 필요하다.

20세기에 들어 와인을 주제로 한 수많은 소설이 쓰이고 있으나 로알드 달의 〈맛〉이 대표적이다. 여기서 맛은 '와인'을 의미한다. 주인공은 내기를 통해 블라인드 테이스팅으로 와인 원산지와 샤토를 알아맞히는데, 와인을 표현하는 기술이 상당히 재미있다. 와인 팬이라면 한번 읽어보기 바란다.

1970년대 미국의 TV 드라마 형사 콜롬보 〈이별의 와인〉 편에서 주인공의 독백이 인상 깊다. "이 와인이 지나치게 비싼 것은 사실이야. 하지만 인생은 턱없이 짧아. 슬프도록."(번역 설은미)

필자의 세대에서는 세계적으로 저명한 와인 저널리스트, 비평가는 나오지 않아 보인다. 언젠가 한국에서도 잰시스 로빈슨, 로버트 파커, 휴 존슨과 같은 세계적인 저널리스트가 배출되기를 바라는 바이다. 이 책을 읽으신 여러분이 미래의 한국 대표가 되어 주시길 진심으로 바라는 바다.

끝으로, 이 책을 위해 와인 사진 및 자료를 제공해 주신 신세계 L&B, 아영 FBC, 나라셀라, Moët Hennessy Korea, Pernod Ricard Korea, 에노테카 코리아, 그 외에 국내 와인 수입회사분들, 퍼시픽 노스웨스트 와인 연합(The Pacific Northwest Wine Coalition, 번역 wine21.com), 마데이라 와인 협회(IVBAM, IP−RAM) 에듀케이터 루비나(Rubina Vieira), 루시옹 와인 협회(Conseil Interprofessionnel des Vins du Roussillon)의 수출 담당 매니저 에릭 아라실(Eric Aracil), 몰도바 와인 협회(Wine of Moldova), 그리고 광명동굴 와이너리맵을 제공해 주신 와인 연구소 최정욱 소장님께 감사드린다.

■ 머리말　2

chapter 0

Prologue

01 와인이란?　10

02 와인의 분류　12

　2-1 색에 의한 분류　12
　2-2 탄산가스 유무에 의한 분류　13
　2-3 식사 용도에 따른 분류　13
　2-4 단맛의 강도에 따른 분류　13

chapter 1

와인 테이스팅

01 와인 테이스팅 방법　14

　1-1 시각　14
　1-2 향기　17
　1-3 미각　23
　1-4 테이스팅의 종류　24
　1-5 와인의 품질　25

02 와인의 결함　26

03 와인 글라스의 세계　29

04 포도 품종의 세계　30

　4-1 청포도　31
　4-2 적포도　33

05 와인 라벨의 이해　37

　5-1 표기　37
　5-2 라벨 읽기　38

chapter 2

포도 재배와 와인 양조

01 맛있는 와인은 좋은 포도에서 나온다　39

02 포도밭과 와인의 미묘한 관계　40

　2-1 포도 재배학의 발전　40
　2-2 기후　40
　2-3 지세　41
　2-4 토양　42
　2-5 재배　46

03 양조 · · · · · 50

    3-1 레드 와인 제조   50

    3-2 화이트 와인 제조   60

    3-3 숙성의 미스터리   62

04 기타 · · · · · 63

    4-1 필록세라   63

    4-2 내추럴 와인(Natural wine)   63

    4-3 유기농과 바이오디나믹 농법   65

05 코르크 vs 스크류 캡 · · · · · 66

06 왜 코르크는 중요할까? · · · · · 68

chapter 3

프랑스 와인

01 보르도(Bordeaux) · · · · · 70

    1-1 문턱이 높은 보르도 샤토를 찾아서   70

    1-2 그랑 크뤼 등급의 허와 실   76

    1-3 마니아가 늘고 있다, 세컨드 와인(Second wine)의 모든 것   85

    1-4 최상급 와인을 가르는 기준, AOC 시스템   88

    1-5 보르도의 양대 지존, 메독 VS 생테밀리옹   90

    1-6 와인도 투자를 한다?   97

    1-7 스위트 와인에 담긴 비밀   98

    1-8 기타 보르도 AC   102

    1-9 마리아주(와인과 음식 매칭)   107

02 남서부(Sud-Ouest) 지역 · · · · · 118

    2-1 베르주라크 지역(Bergerac)   118

    2-2 피레네 지역(Pyrenees)   119

    2-3 카오르 지역(Cahors)   122

    2-4 가론과 타른 지역(Garonne & Tarn)   123

    2-5 남서부 지역의 특산품   124

03 루아르(Loire) 지역 · · · · · 126

    3-1 루아르의 지리적 위치와 품종   126

    3-2 와인 산지별 특징   127

    3-3 루아르에 가면 꼭 경험해 보아야 할 별미   140

04 부르고뉴(Bourgogne) · · · · · 142

    4-1 엘리트 와인의 본고장, 부르고뉴   142

    4-2 역사   142

    4-3 부르고뉴 등급   143

    4-4 부르고뉴 특징   145

4-5　포도 품종　145

4-6　포도밭　147

4-7　주요 산지　148

4-8　부르고뉴의 이모저모　166

05　보졸레(Beaujolais) ··········· 168

5-1　보졸레 누보(Beaujolais Nouveau)　168

5-2　보졸레 누보가 다른 저가 와인보다 비싼 이유　168

5-3　보졸레 와인　169

5-4　보졸레 크뤼 10개　169

5-5　품종 및 양조 방식　170

06　코트 뒤 론(Côtes du Rhône) ··········· 172

6-1　코트 뒤 론 지방의 개요　172

6-2　북부 론　175

6-3　남부 론　180

07　랑그독 루시옹(Languedoc-Roussillon)과 프로방스(Provence) ··········· 187

7-1　랑그독 루시옹　187

7-2　랑그독 지역　188

7-3　루시옹　192

7-4　프로방스(Provence)　200

08　쥐라(Jura)와 사브아(Savoie) ··········· 208

8-1　쥐라(Jura)　208

8-2　사브아(Savoie)　213

8-3　부게(Bugey)　216

09　샹파뉴(Champagne) ··········· 218

9-1　샴페인 시장　218

9-2　샹파뉴 지역　219

9-3　샴페인 양조　222

9-4　샴페인 이모저모　225

9-5　샴페인 거품　230

9-6　샴페인 와인 오픈　231

9-7　샴페인 서비스　232

10　알자스(Alsace) ··········· 234

10-1　등급제　234

10-2　주요 산지　237

10-3　로렌(Lorraine)　242

10-4　모젤(Moselle)　243

chapter 4

유럽 와인

01 독일과 오스트리아 244

　1-1 독일 와인의 스타일　244
　1-2 제조법에 따른 분류　250
　1-3 독일 와인의 주요 포도 품종　253
　1-4 주요 산지　254
　1-5 자연의 한계를 극복한 독일과 오스트리아 와인　259
　1-6 오스트리아의 대표 품종 : 그뤼너 펠트리너(Grüner Veltliner)　260
　1-7 명품 글라스의 탄생　261
　1-8 오스트리아의 명품, 로브 마이어　261
　1-9 와인 보틀 모양　263
　1-10 뱅쇼(Vin Chaud)　264

02 이탈리아 265

　2-1 지형과 기후　265
　2-2 와인 등급　266
　2-3 포도 품종　268
　2-4 주요 산지와 특징　270

03 스페인 298

　3-1 라벨의 의미와 의무적인 숙성 기간　298
　3-2 와인 등급제　299
　3-3 포도 품종　299
　3-4 주요 산지　301
　3-5 셰리 와인　308

04 포르투갈 313

　4-1 기후 및 특징　314
　4-2 포르투갈 와인의 등급　316
　4-3 포트(Port) 와인　317
　4-4 마데이라 와인　321

05 동유럽 & 헝가리, 조지아, 몰도바 325

　5-1 헝가리　325
　5-2 인류 최초의 와인 산지, 조지아(구: 그루지아)　327
　5-3 몰도바　329

신대륙 와인

01 미국 · 332

1-1 청출어람, 뉴월드 와인　332
1-2 역사　333
1-3 기후와 특징　336
1-4 와인 규정　337
1-5 와인 종류　338
1-6 캘리포니아 포도 품종　341
1-7 캘리포니아 주요 산지　342
1-8 워싱턴　347
1-9 오리건　349

02 캐나다 · 354

2-1 기후 및 지역　354
2-2 아이스 와인　355
2-3 특징 및 양조　355
2-4 품종　355
2-5 표기와 규정　355

03 호주 · 358

3-1 호주 와인의 역사　358
3-2 호주 와인의 특징　358
3-3 와인 규정　362
3-4 주요 와인 산지　362

04 뉴질랜드 · 372

4-1 소비뇽 블랑의 인기, 그 중심에 뉴질랜드가 있다　372
4-2 역사와 특징　373
4-3 주요 와인 산지　374

05 칠레 · 376

5-1 FTA(Free Trade Agreement), 칠레 와인을 띄우다　376
5-2 칠레 와인의 역사와 현재　376
5-3 칠레 와인 성장의 요인　380
5-4 품종　380
5-5 주요 산지　381

06 아르헨티나 · 390

6-1 특징　390
6-2 품종　390
6-3 주요 산지　391
6-4 아르헨티나 전통 음식　392

01 한국 · 396

    1-1 너도 나도 와인! 코리아의 와인 열풍   396

    1-2 국산 와인과 한국 와인 차이   398

    1-3 한국 와인의 도약   398

    1-4 한국 와인의 역사   400

    1-5 주세 제도   404

    1-6 국내 포도 품종   406

02 일본 · 408

    2-1 아시아의 와인 선진국, 일본   408

    2-2 일본 와인 역사   409

    2-3 일본 주요 산지   410

    2-4 일본 포도 품종   411

    2-5 일본이 프랑스 와인에 열광하는 이유   411

03 중국 · 412

    3-1 샤토 장위(Château Changyu)는 서태후 와인으로 알려져 있다   412

    3-2 중국은 변화하고 있다   413

    3-3 포도 품종   414

    3-4 주요 산지   415

04 기후 변화와 아시아의 포도밭 · 417

chapter 7

기타

01 와인 비즈니스 빛과 그림자 · 420

    1-1 '빈티지 차트'를 보면 와인 품질이 보인다   420

    1-2 와인 음용 적기   421

    1-3 가격   421

02 와이너리 관광사업 · 422

03 궁금한 직업, 소믈리에 · 424

04 디캔팅 · 426

05 와인 서비스 · 429

06 혼술족이여! 혼자 마시다 남은 와인, 이렇게 보관하라 · · · · · · · · · · · · · · 434

07 현명한 와인 소비자를 위한 팁 · 435

  ■ 에필로그   437

  ■ 색인   438

  ■ 참고문헌   458

Prologue

수많은 종류의 와인이 있고, 어느 것 하나 똑같은 맛이 없다. 그러다 보니 지금 우리는 '와인의 풍요' 속에 살고 있다고 해도 과언이 아니다. 수많은 와인 생산자들은 전통을 지켜오고 있고, 와인의 역사와 문화를 이어오고 있다. 알고 보면 와인만큼 넓은 세상도 없다. 와인 원산지의 정체성과 다양성을 이해하기 위해서 거시적인 문화의 관점과 경험이 필요하다. 당신이 부디 이 책을 통해서 넓은 와인 세상을 볼 수 있기를 바란다.

1 ◆ 와인이란?

음료란 알코올성 음료와 비알코올성 음료로 분류하며 인간이 마실 수 있는 액체를 말한다. 알코올성 음료는 하드 드링크라 부르며, 비알코올성 음료는 소프트 드링크라고 한다. 알코올성 음료는 술을 의미하는데, 크게 발효주와 증류주로 나뉜다. 와인은 알코올성 음료로 발효주에 속한다.

와인은 포도를 발효시켜 만든 발효주이다. 와인에 포함된 주요 성분으로 수분 85%, 알코올 12~15% 그 외에 약 1~3%는 유기산, 미네랄, 폴리페놀 등을 함유하고 있다.

발효주는 과실 중에 함유되어 있는 과당 또는 곡류 중에 함유되어 있는 전분을 포도당, 맥아당, 덱스트린으로 분해하는 효소 디아스타제(Diastase)와 효모의 작용으로 발효하여 알코올과 이산화탄소로 전환되어 만든 술이다. 발효주를 양조주(Fermented Liquor)라고도 한다. 발효주는 증류주와 비교해서 알코올 발효에 생성되는 휘발성 향기의 여러 성분과 그 외에 화합물 함량이 높은 술이며 와인, 청주, 맥주, 탁주, 사케가 여기에 속한다. 코냑과 같은 브랜디(Brandy)도 포도를 원료로 만든 술이다. 그러나 이들은 발효만으로 생산할 수 없고, 증류기를 이용하여 알코올을 분리해 낸 술이며, 알코올 도수가 높은 증류주(Distilled Liquor)이다.

▲ 발효주 : 맥주와 탁주 그리고 와인

와인(Wine)의 어원은 라틴어의 비넘(Vinum)에서 유래되었다. 고대 그리스 철학자 플라톤(Platon)은 '와인은 신이 인간에게 준 최고의 선물'이라고 칭송했다. 당시 인류에게 와인은 신비의 음료였다. 발효와 에탄올은 인류가 등장하기 훨씬 오래전부터 존재했기에 인류는 과학을 알기 전 이미 술을 만들고 있었다. 술 중에서 가장 먼저 생산된 술이 와인으로 추정되고 있으며, 인류가 있기도 전인 약 700만년 전부터 포도나무는 있어왔고 열매를 맺은 포도가 익어 자연적으로 떨어져 당분이 발효하면서 와인이 되었다.

▲ 고대 이집트 벽화에서 보이는 포도주 기원

인류 스스로 와인을 담가 마시기 시작한 건 약 6~7천년 전 석기시대부터이며, 흑해와 카스피해 사이의 소아시아 지역(카프카스 또는 메소포타미아)에서부터 시작되었다. 지금까지 발견된 것 중 최초의 와인은 기원전 5500년경 중동 지방(이란)에서 발견된 항아리 유물이다. 고대 이집트의 벽화와 앗시리아 유적의 상형문자를 보면 기원전 3500년경에 사람들이 와인을 만들어 마신 것을 알 수 있다.

그후 이집트에서 지중해 연안 국가로 전파되었으며, 그리스 로마시대에 암포라에서 나무통으로 저장 용기가 변화하기 시작했다. 특히 로마 제국은 와인 역사에 큰 영향을 끼쳤다. 로마 군인이 점령한 곳에 포도밭을 개척하고 와인을 생산하면서 유럽에 와인이 전파되었다. 인류가 자연에서 관찰한 것을 과학으로 바꾼 사례 중 하나가 바로 발효이다. 초창기에는 발효의 작동원리를 몰랐지만 발효가 뭔가를 바꿔준다는 것은 알았다. 와인의 눈부신 발전은 프랑스 학자 루이 파스퇴르(Louis Pasteur, 1822~1895년)의 업적 때문이었다. 1860년대 루이 파스퇴르는 미생물에 의한 발효와 부패에 대한 과학적 연구로 발효, 살균 등 와인 양조 방법을 발전시켜 와인 품질 향상에 크게 기여했다.

▲ 항아리 유물

▲ 루이 파스퇴르

18세기 보르도에서는 황으로 와인을 소독하여 부패를 막는 방법이 개발되었다. 근대 (17~18세기)의 이 시기부터 황을 이용한 오크통 소독, 코르크를 이용한 병 밀봉 등의 기술과 더불어 와인의 저장기간이 1년을 넘어서기 시작하였다. 유리병을 불어 만드는 기술 발전과 코르크 마개의 발명으로 숙성 잠재력이 있는 '뱅 드 가르드(Vin de garde)'의 숙성 와인이 탄생하였다.

▲ 와인 병을 밀봉 시 코르크를 사용

2 ◆ 와인의 분류

2-1 색에 의한 분류

 레드 와인 ──○

- 적포도의 씨와 껍질을 함께 넣어 침용과 발효시킴
- 붉은 색소, 씨와 껍질의 타닌(Tannin) 성분 추출
- 보랏빛 감도는 붉은색~루비색

✎ 화이트 와인 ──○

- 그린 옐로색~진한 노란빛 황금색
- 껍질을 제거하고 과육으로만 발효시킴. 산도(Acidity)가 높다.

✎ 로제 와인 ──○

- 포도 껍질을 넣고 발효하나, 발효 중에 껍질을 제거, 레드 와인보다 침용 시간이 짧음
- 표기 : 핑크빛을 띠며 로제(Rosé)라 표기함

2-2 탄산가스 유무에 의한 분류

- 스파클링 와인 : 와인에 탄산가스가 함유된 발포성 와인으로 프랑스의 샴페인(Champagne), 크레망(Crémant), 뱅 무쓰(Vin Mousseux), 독일의 젝트(Sekt), 이탈리아의 스푸만테(Spumante), 스페인의 까바(Cava) 등이 있다.

▲ 스파클링 와인과 스틸 와인

- 스틸 와인 : 탄산가스가 들어 있지 않은 일반 와인으로 레드, 화이트, 로제 와인

2-3 식사 용도에 따른 분류

- 아페리티프 와인(Aperitif wine) : 식전주, 스파클링 와인, 드라이 셰리
- 테이블 와인(Table wine) : 식사용 와인, 화이트, 레드 와인
- 디저트 와인(Dessert wine) : 식후주, 프랑스 소테른(Sauternes), 헝가리 토카이, 아이스 와인, 포트 와인

2-4 단맛의 강도에 따른 분류

- 드라이 와인 : 레드, 화이트, 로제 와인으로 잔당이 3g/ℓ 이하
- 스위트 와인 : 단맛이 강한 와인. 인위적으로 당을 첨가하지 않고 자연적으로 단맛을 증가시킨 와인.
❶ 건조 방법 : 포도를 수확 후 건조시켜 만듦. 레치오토(Recioto), 뱅드 파이(Vin de Paille)
❷ 늦게 수확 : 아우스레제(Auslese), 레이트 하비스트(Late harvest)
❸ 귀부 : 소테른(Sauternes), 토카이(Tokay), 트로켄베렌아우스레제(Trockenbeerenauslese)
❹ 언포도 사용 : 아이스 와인(Ice wine)
- 주정강화 와인 : 주정강화 와인으로 발효 중 또는 발효 후 상태에서 브랜디를 첨가하여, 알코올 도수(17~20%)를 높인다. 식사 전이나 후에 즐기는 와인으로 셰리, 포트, 마데이라, VDN(뱅두 나튀렐 : Vin Doux Naturel) 와인 등이 있으며, 드라이부터 스위트 타입까지 다양하다.

Chapter 1

와인 테이스팅

한 잔의 와인 속에는 한 잔의 자연이 녹아들어 있다. 한 잔의 와인, 즉 자연 속에는 몇천만 년, 몇억만 년 전에 지층에 뿌리를 내린 포도나무가 빨아들인 대지의 기운과 토양 특유의 독특한 자연성분이 응축된 자연의 지혜가 담겨져 있다. 한 잔의 자연을 오감으로 느끼고 즐기기 위해서 와인 테이스팅은 필요하다.

오늘날에는 풍부한 맛을 지닌 와인에 대한 정보가 넘치고 있으며 원한다면 얼마든지 맛있는 와인을 마실 수 있다. 그러나 그저 "맛있다"고 표현하고 말기에는 너무나 무미건조하고 아까운 생각이 들지 않는가? 오감을 집중함으로써 얼마나 맛있는지를 잘 표현할 수 있다. 한 잔의 와인이 우리에게 전하는 메시지를 파악하여 그 와인이 어떤 종류이며 왜 맛있는지, 맛의 구성은 어떠한지를 살펴보자.

1 ◆ 와인 테이스팅 방법

와인 테이스팅은 사람의 감각 기관을 활용하여 와인으로부터 얻은 느낌과 맛을 감별하고 평가할 수 있도록 하는 고도의 의식적 지적 행위이다. 기본적으로 시각, 후각, 미각 등으로 구성되어 있으며 절대적인 감각이란 없다. 사람마다 느끼는 바는 제각기 다르기 때문이다.

'맛'에 대해 어느 정도 객관적인 기준을 살펴보자.

▲ 와인 테이스팅

1-1 시각

인체의 감각세포 중 70%는 눈에 집중되어 있으므로 인간은 주로 눈에 의한 정보에 의해 외부세계를 인식, 이해한다. 와인의 경우도 마찬가지다. 와인의 경우에도 시각정보는 중요한 역할을 담당한다. 그러나 국제와인 품평회에서는 일반적으로 와인의 외관에 관한 배점은 그다지 높지 않다. 그렇다 하여 와인의 외관 관련 정보를 경시해서는 안 된다. 와인의 색은 향기와 맛을 예측할 수 있는 단서를 제공하기 때문이다.

그렇다면 와인의 암묵적인 메시지를 의식적으로 인식하기 위해서는 어떻게 하면 좋을까? 와인의 색에는 여러 요소가 담겨 있다. 청명도, 색조, 농도, 선명도, 점성 등이 그것이다.

🖋 청명도 ─○

와인의 건강 체크를 실시하는 것으로 와인에 이물질은 없는지 살핀다. 와인을 눈 위치에 둔 다음 위에서 내려다 보고, 옆에서도 바라본다. 이때 광택이 없거나 보는 각도에 따라 색상이 변화하여 난반사가 일어나거나 기름을 떨어뜨린 듯한 흔적이 있다면 좋지 않은 와인이다.

근대 양조학의 아버지라 일컬어지는 전 보르도대학 교수 에밀 페이노(Emile Paynaut) 박사는 청명도와 관련된 표현에는 35종의 형용사가 있으며 청명도는 9종류, 혼탁 상태는 26종류에 이른다고 분류하고 있다.

청명도의 정도에 대해 정리해 보면 '수정처럼 투명한 → 광택이 있는 → 맑은 → 흐릿한 → 희뿌연 → 혼탁한 → 매우 혼탁한' 순으로 정리할 수 있다. 불투명도에 관한 용어로는 광택이 없는, 불투명한, 유백색의, 변색한 등의 표현법이 있다.

🖋 색조 ─○

와인의 빛깔은 와인의 얼굴이다. 이를 통해 우리는 그 와인의 연령 및 성격, 배경이 어떠한지 파악할 수 있다. 각양각색의 와인의 얼굴은 그대로 와인의 개성과 직결된다.

그렇다면 와인의 색은 어떻게 보아야 하나? 와인 잔의 다리를 잡고 반대 방향으로 45도 기울이면 와인 표면에 색깔층이 생긴다. 이때 잔과 와인이 접하는 가장 바깥 부분과 중간 부분, 중심 부분 사이의 색의 차이에 주시한다. 바깥 부분에서는 색의 뉘앙스, 중간 부분에서는 광택, 중심 부분에서는 색의 농담을 본다. 이 모든 과정을 마쳐야 제대로 색을 보았다고 할 수 있다.

레드 와인, 화이트 와인 및 로제 와인의 시간이 지남에 따라 변화는 색은 다음과 같다.

- 레드 와인 : 푸르스름한 붉은색 → 보랏빛 감도는 붉은색 → 자줏빛 감도는 붉은색 → 작약꽃색 → 체리색 → 루비색 → 적색 → 암홍색(석류색, 가닛보석색) → 벽돌색 → 오렌지색 → 적갈색, 기와색 → 갈색

▲ 레드 와인 색의 농도

• **화이트 와인**: 거의 무색 → 그린 옐로 → 연한 노랑색 → 레몬 옐로 → 노랑색 → 황록색기가 있는 노랑색 → 밀짚색을 띤 노랑색 → 연한 황금색 → 황록색기가 있는 황금색 → 진한 노란빛 황금색 → 구리빛 황금색 → 낙엽색 → 호박색 → 갈색

▲ 화이트 와인 색의 농도

• **로제 와인**: 회색 → 샴페인색 → 연분홍색 → 누르스름한 분홍색 → 산딸기 분홍색 → 오렌지색이 든 핑크 → 연어색 → 오렌지색

▲ 로제 와인 색의 농도

🖊 농도 ──○

색의 농담은 와인의 색을 나타내는 데 있어 빼놓을 수 없는 중요한 요소다. 색조의 뉘앙스와 더불어 와인의 대략적인 연령을 알 수 있기 때문이다. 농도와 관련해서는 레드 와인은 시간이 경과할수록 옅어지며 화이트 와인은 보다 진해진다.

🖊 점성 ──○

와인 잔을 돌리면 표면에 천천히 떨어지는 물방울이 맺힌 것을 볼 수 있다. 글라스 내벽에 흘러내리는 방울의 흔적으로 이를 '눈물' 또는 '다리'라 일컫는다. 와인에 포함된 물과 알코올의 표면 장력의 차이에 의해서 생기는 현상으로 '마랑고니 효과'라고도 하며 와인의 점성, 알코올의 강도, 글리세롤(당분)을 나타낸다. 알코올이 높을수록 눈물은 많고 두꺼워진다. 와인의 잔당은 눈물이 떨어지는 속도와 관계가 있다. 당 함량이 많을수록 액체 밀도가 높아져 표면 장력이 높아지며 눈물이 천천히 떨어진다. 1865년 이탈리아의 물리학자 카를로 마랑고니(Carlo Marangoni) 박사가 그의 연구 논문에서 이 효과를 설명하였고, 이후 그의 이름을 따서 명명하였다.

점성

인간이 지각하는 냄새에는 2종류가 있다. 코로 맡는 냄새(비도(鼻道) 경유 냄새)와 목구멍 안쪽에서 느끼는 냄새(후비도(後鼻道) 경유 냄새)다. 그렇다면 코로 맡는 냄새와 목구멍 안쪽에서 느끼는 냄새는 테이스팅에 어떠한 의미를 지닐까?

대개 냄새는 코로 직접 맡는 것보다 후비도 경유일 때가 더 잘 감지된다. 테이스팅의 경우도 마찬가지다. 코로는 잘 감지가 안 되는 휘발성인 작은 분자가 후비도 경유일 경우에는 잘 감지되기 때문이다. 테이스터가 와인을 머금은 다음 입을 조금 벌려 공기를 빨아들인 후 입을 오므리거나 크게 부풀리거나 하는 이유가 바로 후비도 경유의 냄새를 맡기 위해서다.

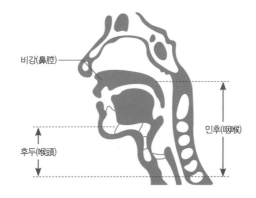

🖊 향기 감별법 ───○

어떻게 하면 복합적인 와인의 향기를 손쉽게 감별할 수 있을까? 가장 빠른 지름길은 와인의 향기를 정리하여 분류하고 단순화하는 것이다.

와인 향기 감별법에는 크게 3가지 포인트가 있다. 향기의 강도, 향기의 질, 향기의 특징이 그것이다. 그렇다면 이 3가지 포인트를 살펴보기 위해서는 어떻게 하면 좋을까? 와인의 복합적인 향기는 냄새 분자가 휘발됨에 따라 지각되므로 와인의 향기를 효과적으로 맡아 보아야 한다. 크게 3단계로 나눌 수 있는데, 스월링(와인을 든 잔을 돌리는 행위) 전과 후이다.

▲ 향기 감별법

[첫 번째 향]

맨 처음 슬쩍 향기를 맡는다. 와인 잔에 3분의 1정도 와인을 따르고 시각적인 체크를 마쳤다면 향기를 맡을 차례이다('Nez'는 불어로 '코'를 의미하나 와인 용어로는 '향기'라는 뜻으로 사용된다). 잔을 가만히 둔 채로 가볍게 향기를 맡는다. 이때 이상취(젖은 신문지 냄새, 걸레 냄새, 곰팡이 냄새, 식초 냄새, 유황 냄새, Mercaptan 냄새)가 나지 않는지 살핀다. 이러한 이상취는 와인의 결함으로써 관능 평가를 하지 않는다.

[두 번째 향]

와인 잔을 테이블 위에 둔 다음 원을 그리며 잔을 천천히 돌려본다. 이를 스월링이라 한다. 와인의 향기 성분인 에스테르 및 알데히드, 알코올, 케톤, 지방산 등 휘발성 물질이 공기와 밀착함으로써 기화되므로 와인이 공기와 접촉하는 면적을 크게 하여 와인의 향기 분자를 휘발하게 한다. 감귤계 향인지 스파이스계 향인지, 와인의 향기를 확인한다.

[세 번째 향]

잠들어 있는 와인을 깨운다는 기분으로 와인 잔을 빠르고 강하게 돌린다. 일반적으로 향기는 분자가 작은 것이 휘발성이 높으므로 과일 및 꽃 향기가 가장 빨리 감지되고, 그 다음으로 숙성, 사향, 동물계 향이 감지된다.

- **향기 강도** : 와인의 강도는 너무 약해서도 너무 강해서도 안 된다. 테이스터가 인식할 수 있을 만큼 충분한 강도를 지니는 것이 이상적이다. 와인의 향기는 풍부하고 넓게 퍼지며 힘이 있어야 한다.
- **향기 질** : 질에는 여러 요소가 있겠지만 먼저 그 향이 좋은 향인지 여부를 보고 와인 향의 품격을 따져 본다. 위대한 와인에는 있으나 평범한 와인에는 없는 향기의 품질이란 무엇일까? 에밀 페이노 박사는 '세련과 더불어 복잡성과 개성'이라고 언급했다.
- **향기 특징** : 꽃, 과실, 말린 과실, 식물, 흙, 수목, 동물, 향신료, 로스트향, 기타의 10항목으로 분류한다. 어린 와인의 향기는 꽃이나 과실 향기가 풍부하며 시간이 지남에 따라 말린 과실 및 건초 등의 향기로 퍼지고, 나중에는 버섯 및 흙, 동물 향기가 중심을 이룬다.

🖋 와인 향기의 세계 ──○

*꽃 향기

향기는 아로마에 속하므로 어린 와인에게 압도적으로 많다. 그러나 장기 숙성형 와인에 이러한 꽃 향기가 나는 경우도 있다. 이러한 와인은 빈티지가 뛰어나고 보관상태가 양호한 상급 와인인 경우가 많다. 꽃향의 종류는 다음과 같다.

장미, 재스민, 아카시아, 목련, 카네이션, 아이리스, 서양산사나무, 수선화, 작은 들꽃, 보리수 꽃, 라벤다 등. 왜 와인에 꽃 향기가 날까? 향기 성분은 포도의 과피 및 과육 내에 들어 있다. 레드 와인의 경우, 과피, 과육, 과즙, 종자 이 4가지를 동시에 발효시킨다. 그 중 과피와 과육, 종자는 발효에 의해 생성된 농도가 묽은 알코올로 절여지는 형태가 되므로, 많은 향기 성분이 액체 내에 녹아 들어가게 된다. 화이트 와인의 경우에는 과즙만으로 발효를 실시하므로 과피, 과육, 종자가 알코올 용액 내에 절여지지 않으나, 포도 과실을 압착할 때 약간의 과피 및 과육이 혼탁물로 과즙 내에 혼입되므로 과육 및 과피가 일부 섞여 포함되기 때문에 향기가 난다. 구체적인 성분에 대해 살펴보면 테르펜(Terpene)계 알코올 성분인 리나로올(Linalool)이 주 성분을 이룬다. 이 리나로올은 장미나 백합, 동백, 라벤더, 라일락 등 꽃 향기의 주성분이기도 하다.

* 과실 향기

섬세하고 쉽게 지워지기 쉬운 꽃 향기와 달리 과실 향기는 어린 와인이라면 반드시 갖고 있는 향기다. 이렇듯 과실 향기란 어린 와인이 갖고 있는 ID 카드와 같다고 할 수 있다. 화이트 와인의 베이직한 향기는 사과향이다. 왜냐하면 화이트 와인은 사과산이라는 유기산을 다량 함유하고 있기 때문이다. 이 사과향을 중심으로 라임, 레몬, 자몽 등 감귤계 향기, 서양배, 복숭아 등 달고도 부드러운 향 등이 있다. 과실향의 종류는 사과, 복숭아, 체리, 바나나, 딸기, 레몬, 귤, 오렌지, 청포도, 플럼, 키위, 파파야, 구아바 등이 있다. 레드 와인에는 붉은 과실과 검은 과실이 있다. 붉은 과실은 레드커런트, 크랜베리, 레드체리, 라즈베리, 딸기, 자두가 있으며, 검은 과실은 블랙커런트, 카시스, 블랙베리, 블루베리, 블랙체리가 있다.

* 말린 과실 향기

말린 과실이 의미하는 바는 무엇일까? 와인에 말린 과실향이 난다면 포도를 건조했거나, 또는 와인이 숙성된 상태임을 나타낸다.

와인이 본래 가지고 있는 과실향은 숙성하는 중 조금씩 공기에 접촉해 산화된다. 숙성이 진행될수록 꽃이나 과실의 특성인 신선하고 단향을 이루는 테르펜(Terpene) 화합물 및 에스테르(Ester)는 거의 소실된다. 말린 과실 향기로는 건포도, 말린 무화과, 푸른잼, 조리한 과일, 말린 자두가 대표적이다. 또한 산화 숙성을 거치면서 호두와 같은 견과류 향이 느껴지기도 한다.

*식물 향기

잎 향기로부터 향초, 향미 야채의 향기를 모두 포함하여 매우 광범위하다. 그린계 향기, 허브, 향미 야채로 크게 3가지로 구분하여 설명하기로 한다.

그린계 향기란, 말 그대로 풀잎 향기다. 이 향기는 와인에 반드시 요구되는 것은 아니다. 왜냐하면 태양 에너지 부족을 뜻하기 때문이다. 그러나 풀잎 향기에는 여러 뉘앙스가 있어 와인의 개성 및 매력이기도 하기에 반드시 부정적인 향기라고 말할 수는 없다. 그 예로 좋은 그린계 향기로 칭송받는 것이 고사리 향이다. 부르고뉴의 화이트 와인의 섬세하고도 우아한 향을 뒷받침하는 향으로 유명하다.

허브 향기의 종류에는 민트, 타임, 오레가노, 세이지 로즈마리, 에스트로곤, 레몬그라스, 유칼립투스, 딜 등이 있다.

*흙 향기(Sous-bois)

와인 세계에서 말하는 흙 향기(수브아 Sous-bois)는 가을 숲속의 부엽토를 말한다. 이 흙 향기가 나는 와인은 오랫동안 숙성이 잘 된 와인이다.

*동물 향기

와인 향기 세계에서는 무스크나 땀 및 부패한 고기 모두 동물취에 속한다. 이 모든 냄새는 효모균에 의해 발생된다. 효모균은 포도 과즙 중의 당분을 먹이로 하여 이산화탄소와 알코올을 생성한다. 모든 작용을 마친 효모균은 사멸하게 되고 침전물로 변하는데 이 침전물이 와인과 접촉하고 있는 동안, 효모균, 즉 단백질 분해가 일어나는 냄새가 와인으로 옮겨감으로써 동물취가 발생한다. 주로 가죽, 고기, 농장 향이 느껴진다.

*오크 향기

와인에 복잡한 향을 가미하는 오크통은 와인 제조시 중요하다. 오크통을 사용하여 와인을 숙성하였을 경우 오크는 와인에 향기를 부여한다. 오크의 재질에 따라 향이 다르지만, 주로 바닐라, 토스트, 태운 나무, 훈제, 소나무진, 코코넛향이 느껴진다.

*기타 향기(피망) : 보르도 신비의 향기, 피망(피라진 Pyrazines)

피망 향기는 특히 보르도 메독 지방의 품종에서 가장 많이 나타나고 있다. 어린 메독 레드 와인은 2종류가 있다. 피망 향기가 나는 와인과 그렇지 않은 와인으로 나뉘어진다. 메독 레드 와인 테이스팅 중 처음 알게 된 것이 피망 향기라고 말하는 사람들이 많다. 피망 향기는 카베르네 소비뇽 및 카베르네 프랑 등 카베르네 종 특유의 향기로 인식되어 왔다. 그래서 종종 보르도의 어린 레드 와인을 마시면 피망 향기가 난다. 그러나 최근 들어 보르도에서 나는 피망은 풋내나는 향기이므로 결코 상급 와인의 향기가 아니라는 관점에서 이

▲ 보르도, 신비의 향기 – 피망(피라진 Pyrazines)

러한 피망 향기가 단점으로 거론되기도 한다. 그 외에 칠레 와인에서도 피라진을 찾아 볼 수 있다. 특히 칠레의 유닉한 카르메네르 품종에서 아히(Aji)라는 중앙아메리카의 고추향을 느낄 수 있다.

[와인 테이스팅]

눈으로 와인을 테이스팅(Tasting) 하고 그 다음으로는
와인의 향으로 테이스팅한다. 향은 다른 말로 아로마라
고도 부른다. 와인의 향은 와인의 맛을 평가하는 가장
중요한 요소 중 하나이다. 와인의 향기는 코를 통해서
만 느껴지는 냄새가 아니다. 입 안에 넣고 삼킬 때까지
느껴지는 맛에도 영향을 미치는 것이 와인의 아로마다.
눈을 가리고 두 가지 다른 종류의 레드 와인을 코를 막
고 마셔 보자. 단지 입 안에서 느껴지는 와인의 맛으로 구별이 힘든 것을 느낄 수 있을 것이다. 이 같은 실험
은 차(Tea)에서도 같은 결과를 이끌어 낸다.

차 향이 없이는 다른 종류의 홍차라 하더라도 그 맛의 차이를 구별하기 힘들다. 와인의 향이 그 와인의 맛을
차별화하는 것이다. 그만큼 와인에 있어서 아로마는 와인 품질의 중요한 평가 기준으로 고려된다.

와인의 향을 테이스팅하기 위해 잔을 천천히 돌려 보자. 와인 잔을 돌리면 그 와인이 잔의 표면에 부딪치
면서 와인과 산소가 접촉하는 면적이 확대된다. 이로 인해 와인의 아로마가 훨씬 더 풍부하게 퍼지게 된다.
와인 잔을 잘 돌리기 위해서는 우선 잔에 와인을 너무 많이 따르는 것을 피해야 한다. 와인을 잔에 따를 때
는 3분의 1 이상을 넘기지 않는 것이 바람직하다. ISO 글라스로 약 50㎖가 적당하다. 와인 잔의 밑부분을 테
이블 위에 놓고 원 운동을 하면서 와인 잔을 돌리면 훨씬 부드럽고 안전하게 할 수 있을 것이다. 그런 다음
와인 잔에 코를 푹 빠뜨리듯이 하고 향에 흠뻑 취해 보자.

공기를 크게 들이마시면서 향을 맡고 어떤 향이 나는지 떠올려 보자. 병입된 지 얼마 되지 않은 빈티지 와
인들은 과일 자체의 향이 풍부해 블랙베리, 체리 또는 딸기향을 느낄 수 있다. 한편 숙성이 오랫동안 이뤄진
빈티지 와인에서는 흙이나 동물의 가죽 등으로 표현되는 더 깊은 향이 퍼져 나온다. 이것을 부케(Bouquet)
향이라고 한다.

와인이 젊을 때는 신선한 과일향이 지배적이지만 병 안
에서 숙성이 이루어지면서 조금 더 중후하고 깊은 향이
느껴진다. 오크통을 이용하여 숙성시킨 것은 바닐라, 코
코넛, 훈연 토스티 등의 향이 느껴지는데 이를 통해 그
와인 양조시 오크 숙성 유무를 유추할 수 있다.
포도 품종마다 자신만의 개성이 있어서 아로마를 통해
품종을 찾아낼 수도 있다. 그러나 와인의 향은 개인의
취향과 경험에 따라 각각 다르게 다가온다는 것을 명심하자. 와인의 아로마를 즐기기 위해서는 많은 경험
이 필수적이다. 많이 느껴 봐야 그 다양성과 차이를 알 수 있기 때문이다. 이제부터는 와인을 마실 때 잔 안
의 향을 한 번쯤 음미해 보도록 하자.

맛이라는 것은 기본적으로 혀에 존재하는 미뢰(Taste bud)에 녹아들어 온 화학 물질을 감지하여 느끼게 되는 감각이다. 인간을 포함한 포유류의 혀에 아미노산을 감지하는 T1R1+3이라는 수용체가 존재함이 밝혀졌고, 이 수용체의 존재는 생명체에 매우 중요한 의미를 가진다.

이 수용체가 자연계에 존재하는 L−amino acid는 잘 감지하지만, D−amino acid는 감지하지 못한다는 사실도 밝혀냈다. 생물에서 만들어지는 아미노산만 감지한다는 것은 이 수용체가 먹이를 섭취하며 진화된 것을 의미한다. 맛은 기쁨만의 존재가 아니라 오랜 진화에 걸쳐 생겨난 생존의 문제로, 맛으로 필요한 영양분을 구분해 내고 동시에 해롭거나 유독한 것을 피할 수 있다.

맛은 맛 수용세포(Taste−Receptor Cell, TRC)를 통해 감지한다. 많은 TRC(수용세포)들이 뭉쳐서 미뢰를 이루고 이 미뢰들이 모여 돌기(Papillae)를 구성한다.

혀 앞쪽 → 버섯 모양 돌기(Fungi from papillae)

혀 옆쪽 → 잎 모양 돌기(Foliate papillae)

혀 뒤쪽 → 성곽 모양 돌기(Circumvallate papillae)가 있다.

최근 연구에서는 혀의 맛 지도(Taste map)는 존재하지 않으며 맛은 혀의 앞, 옆, 뒤 모두에서 5가지 맛을 느낄 수 있다는 사실이 밝혀졌다. 타닌의 떫은 맛은 약간의 쓴맛과 함께 혀에서 느껴지는 점막의 자극인 경우가 많다. 즉, 단순한 맛이 아니다. 매운 맛도 미뢰에 의해 느껴지는 맛이 아니라 통각에서 느끼는 고통 중 하나일 뿐이다.

와인의 경우 타닌의 쓴맛, 당분의 단맛, 산도의 신맛과 알코올 농도, 바디 그리고 다양한 휘발성 물질의 아로마가 풍미를 결정짓는 중요한 요소이다.

✏️ 맛 감별법 ——○

와인의 품질을 최종적으로 결정하는 요소는 역시 맛이다. 시각과 후각으로 획득한 정보는 미각을 통해 최종 검사를 받게 된다.

맛감별 방법을 살펴보면 와인을 머금은 다음 입을 조금 벌려 공기를 빨아들인 후 소리를 내어 입을 오므리거나 크게 부풀리어 입 안에서 느껴지는 향과 맛을 평가한다. 이어서 입을 다문 상태에서 소가 건초를 먹듯이 입을 좌우로 크게 움직인 다음, 와인을 입 안 전체에 퍼지도록 하여 잘 씹은 다음에 삼키거나 도로 뱉은 후 여운을 느낀다.

이런 동작을 하는 데에는 2가지 이유가 있다. 첫째, 후비도 경유의 냄새를 최대한 파악하여 와인의 향기를 숙지하기 위해서다. 또 다른 하나는 맛을 느끼는 미뢰는 혀 상부에만 위치해 있는 것이 아니라 혀 주위 및 연구개, 인후두 안쪽에서 식도에 이르기까지 널리 퍼져 있기 때문에 입 안 전체에서 와인의 맛을 느끼기 위해서다.

풍미는 우리가 인지하는 음식이나 와인의 맛을 결정짓는다. 풍미는 혀에서 느끼는 맛뿐 아니라 코에서 감지되는 기체의 자극, 즉 냄새를 중심으로 온도, 촉감, 색깔, 맛보는 사람의 기분 등 다양한 조건에 따라 변한다는 것을 인지해야 한다.

✏️ **블라인드 테이스팅** ─○

블라인드 테이스팅에서 가장 처음에 검토해야 하는 것은 포도 품종이며, 포도 품종을 추정할 때 처음에 도움이 되는 것은 색의 농도와 색조다. 그러나 가장 도움이 되는 것은 향기다. 일반적으로 맛이 가장 중요할 것 같이 생각되고 있으나 테이스팅에서는 입 속에서 느끼는 미각과 촉각은 시각이나 후각으로 얻은 정보의 확인에 불과하다. 플라잉 와인메이커(Flying winemaker)에 의해 양조 기술이 전 세계적으로 획일화되어 있기는 하나, 블라인드 테이스팅에서 주의해야 할 개성은 오크향, 양조 기술을 특정하고, 그 다음에는 원산지를 특정한다. 테이스팅을 통해 생산자나 빈티지를 정확히 맞추는 것은 굉장히 어렵다. 실제 블라인드 테이스팅에서는 경험과 기억에 의존하게 된다.

블라인드 테이스팅에서는 방대한 정보를 전부 인풋하여 모순과 대립하는 추론을 세세히 분석한 뒤, 연역적으로 와인의 성질을 추정하는 것이 중요하다. 편견과 선입견 같은 주관을 배제하고 이루어지는 블라인드 테이스팅에 의해 비로소 특정 와인의 평가가 가능할 뿐 아니라 얼마나 일상생활에서 와인의 품질이 아닌 라벨과 평판에 의해 와인을 선택하는지를 실감할 수 있다. 블라인드 테이스팅을 많이 하는 테이스터일수록 와인에 대한 겸허한 자세를 계속 유지할 수 있다.

▲ 블라인드 와인 테이스팅

✏️ **객관적인 테이스팅** ─○

와인을 평가할 때 중요한 요소로 객관적인 테이스팅이 있다. 샤토명이나 품종, 빈티지, 가격 정보가 제시되면 테이스터의 선입관이 작용해 와인 평가에 영향을 주게 된다. 객관적인 테이스팅은 크게 2가지로 나눈다.

- **소비 목적의 테이스팅** : 와인을 즐기기 위한 주관적이고 개성적인 테이스팅이다.
- **양조자의 테이스팅** : 객관적이고 분석적인 테이스팅이다.

각각은 소믈리에와 양조자의 테이스팅이라고 바꿔 말할 수 있을 것이다. 샘플 테이스팅의 순서도 맛이나 향을 느끼는데 영향을 준다.

테이스팅을 할 때는 가능한 한 객관성을 확보하고, 자신이 잘 맡는 향기와 잘 못 맡는 향기를 자각하고, 샘플의 순서나 온도, 테이스터의 컨디션에 따라서도 평가가 달라질 수 있다는 것을 의식해야 한다. 와인의 객관적 평가 없이 와인 품질의 발전은 어렵다. 객관적이고 분석적인 테이스팅법 훈련은 필요하다.

와인의 밸런스는 산도, 타닌, 알코올, 풍미 등 요소들이 부족하거나, 과하지 않고 서로서로 균형을 이뤄야 한다. 그리고 서로 상호 작용을 일으켜 복합적이고 균형적인 맛을 나타낼 때 품질이 높다고 평가한다. 미각상의 정의에서 고품질이란 말은 미인이란 것과 마찬가지로 시대나 환경에 따라 크게 변화하는 것이며, 매우 개인적이고 상대적임을 반드시 기억해야 한다.

🖋 와인의 평가

모든 와인을 100점 만점으로 평가하는 것으로 유명한 로버트 파커나 와인 스펙테이터 잡지는 최근까지 세계에서 가장 영향력 있는 와인 비평을 하는 것으로 알려져 있는데 이는 소비자가 알기 쉽게 만든 점수 시스템 때문이다.

그러나 문제는 소비자들이 '전문가의 기호'가 아닌 '품질'을 나타내는 것으로 생각하기 쉽다는 점이다. 채점 방법에도 완전한 블라인드 테이스팅이 필요하다. 이런 저널리스트의 영향력이 커지자 와인 생산자가 고득점을 얻기 위해 저널리스트 취향에 맞는 와인을 인위적으

▲ 와인의 평가(2020년 아시아 와인 트로피(Asia Wine Trophy)

로 만들려고 하는 경우도 있다. 이는 맛을 획일화시키고 와인의 최대의 즐거움인 다양성과 테루아를 죽이는 결과이다.

읽을 거리

[타닌 · 산 · 알코올 · 당 … 성분의 조화가 맛 결정]

와인을 잘 이해하기 위해서는 와인의 성분에 대해 알아 둘 필요가 있다. 각 성분들의 조화로운 결합은 구조적인 밸런스 만큼이나 와인의 맛에 중요한 역할을 한다.

먼저 타닌(Tannin)이다. 타닌은 와인의 구조와 뼈대를 제공할 뿐만 아니라 와인을 오래도록 보관할 수 있도록 방부제 역할도 한다. 타닌은 씨, 껍질 그리고 줄기에 많이 들어 있다. 껍질을 사용해서 만드는 레드 와인에서 주로 발견되는 것은 이 때문이다. 타닌의 느낌은 오래 끓여서 우려낸 차와 비슷하다. 맛은 크게 쓴맛과 아스트레젠시(Astringency)로 이뤄진다. 아스트레젠시는 떫은 감을 먹었을 때처럼 거칠면서 드라이하다. 질좋고 맛있는 와인은 주로 쓴맛보다 아스트레젠시가 더 강조돼 있다.

일반적으로 타닌은 수렴성을 가지고 단백질과 알카로이드와 침전을 만들며 가죽의 무두질에 사용하기도 한다. 식물의 추출물에 존재하는 타닌이 가죽의 단백질과 결합하여 가죽을 부드럽게 해주고, 또한 타닌은 천연 방부제 역할을 한다.

다음은 산(Acidity). 사과 레몬 포도 등 모든 과일은 산을 함유하고 있다. 산은 과일 맛에 신선함을 제공해 준다. 과일에 산이 없다면 너무 달거나 쉽게 질리게 될 것이다. 마치 설탕물이나 시럽을 마시는 것처럼 말이다. 과일과 마찬가지로 와인 또한 이러한 산을 필요로 한다. 그것도 적당히. 와인에 산이 너무 없다면 맨송맨송한 맛이 나서 활기도 없고 너무 달게 느껴질 수 있다. 주석산(타르타르산)과 같은 산이 소량 들어있다면 와인의 향기는 더욱 풍부하게 될 것이다. 반면에 산이 너무 많이 포함돼 있으면 거칠고 날카로워 마시기가 사나워진다. 산도가 높은 것은 독일, 알자스 등 추운 지역에서 자란 포도로 만든 와인이고, 산도가 낮은 것은 호주 등 비교적 따뜻한 기후에서 자란 포도로 만든 와인이다.

와인에서 알코올을 뺀다면 말이 되지 않을 것이다. 알코올은 당이 효모에 의해 발효되면서 생성한다. 그래서 당 함유량이 많은 포도일수록 알코올 도수 역시 높다. 독일과 같은 추운 기후에서 재배되는 포도는 당 함유량이 적어 알코올 도수는 주로 7~8%를 유지한다. 따뜻한 기후에서 자란 포도는 당이 많고 와인도 독해진다. 당이 알코올로 전환되는 과정은 와인을 만드는 중요한 단계다. 이 단계에서 와인은 적절한 통제 속에 다양한 아로마를 품는다.

끝으로 당(Sugar)이다. 앞서 언급했듯이 당은 알코올과 밀접한 관계를 가진다. 와인 속의 당은 알코올로 변화되지 못하고 남아 있는 것들이다. 알코올 도수가 증가하면 효모의 활동이 약해져서 모든 당이 알코올로 바뀌지 않는다. 적은 양의 당은 효모의 활동에 저항할 수 있기 때문이기도 하다. 대부분의 와인은 적어도 1g/ℓ 의 잔당을 가진다. 달다는 것에 대한 정의는 사람마다 다르겠지만 일반적으로 3g/ℓ 이하의 잔당을 가진 와인을 드라이 와인이라고 한다. 잔당이 많으면 단맛이 커지는 것이 사실이지만 모두 맞는 것은 아니다. 잔당이 25g/ℓ 이라도 산과 타닌의 비율에 따라 드라이하다고 느낄 수 있다는 것도 참고하기 바란다. 와인에서 단맛의 차이를 느껴보고 싶을 경우 드라이 와인과 디저트 와인을 동시에 맛보면 확연히 알 수 있다.

2 ◆ 와인의 결함

　　많은 소비자들에게 색, 향, 맛으로만 와인 품질을 평가 받는 것에는 한계가 있으며, 와인 맛은 외부 요소들의 영향을 받는다. 병, 코르크, 그리고 침전물 등 일상적으로 와인을 마시다 보면 쉽게 접하는 요소들을 바로 알면, 와인 그대로의 맛을 챙기면서 즐길 수 있다. 좋은 와인은 겉포장에서 찾는 것이 아니라 진정성을 갖춘 와인 생산자의 손맛에서 찾는 것이기에, 소박하지만 풍부한 맛을 지닌 와인에서 행복을 느낀다면 진정한 와인 애호가이다.

와인의 결함은 코르크 냄새, 황화화합물에 의한 이취, 과도한 산화나 의도하지 않은 병내 말락틱 발효 등이 일반적인 결함이다. 그러나 이러한 결함은 전문가가 아니면 감별이 어렵다. 화이트 와인병 속에 크리스탈 같은 투명한 수정 또는 침전물이 들었다는 클레임을 걸리기도 하는데, 이러한 물질은 인체에 무해하고, 사실 알고 보면 자연스러운 숙성 과정이다.

📝 침전물 ──○

포도에 포함되어 있는 타닌(Tannin), 안토시안(Anthocyans)에 의해 발생되고, 이 물질은 포도의 과즙, 껍질, 씨에 주로 포함되어 있다. 이것은 페놀의 중합작용(Phenolic polymerization)의 결과로 인해 나타나는 물질들이다. 양조 과정에서 나타나는 죽은 효모의 세포(Dead yeast cells)와 걸러지지 않은 미세한 포도 껍질 등의 물질들이 남아 있게 된다. 이러한 물질은 정제나 여과를 통해 제거한다.

병입 후에 침전물은 와인에 함유하고 있는 타닌과 안토시안(Tannin, Anthocyans)의 화학적 결합에 의해 만들어진다. 타닌과 안토시안은 아스트레전시의 주요한 역할을 담당하여 와인의 바디(Body), 구조(Structure)를 주고, 또 다른 역할로 색을 담당한다. 레드 와인의 붉은 색은 이러한 물질들에 의해서 만들어진다.

▲ 와인 침전물

그러나 시간이 지남에 따라 그 색을 잃어버리게 되는데 이 과정에서 타닌과 안토시안이 불완전한 구조로 화학적으로 결합하여 입자화된다. 이로 인해 병바닥으로 침전을 하게 되며, 이것이 바로 침전물이 된 것이다.

대부분의 오래된 와인에서 이러한 현상을 발견하는 것은 지극히 정상적인 와인이라 말할 수 있다. 그러나 어린 와인에서도 침전물이 발견되는데, 이것은 양조 과정에서 필터 여과를 하지 않았을 때 발견되어질 수 있다.

📝 필터 여과 ──○

와인 속에 포함된 단백질 등 미세한 고형물을 제거해 와인 청정도를 높이고 품질을 안정화시키는 작업이다. 결이 굵은 섬유를 이용한 양조용 필터, 효모 유산균 박테리아 등을 제거하는 미세 구멍이 뚫린 플라스틱제 무균 필터까지 다양한 종류가 있다. 과도한 필터 여과는 와인의 색, 향기, 맛이 흐려지고 포도 품종이나 테루아, 수확년에 기인한 와인의 정체성을 모두 사라져 버리게 하는 역효과가 있을 수 있다. 필터 처리를 비판하는 사람도 있지만 필터 처리의 유무가 아니라, 어떠한 필터를 이용하여 처리를 했느냐가 더 중요하다.

와인에 침전물이 있다는 소비자의 클레임이 있을 때가 있는데, 수공업적 와이너리에서는 필터를 통과시키면 침전물뿐 아니라 와인의 맛을 구성하는 중요 요소까지 제거된다고 판단해 필터를 사용하지 않거나 눈이 성긴 필터를 사용하기도 한다. 따라서 와인 속의 침전물을 보게 되면 생산자의 정열과 품질의 증거라고 생각해도 좋을 것이다.

📝 주석산 ──○

와인 결함으로 많이 언급하는 것이 화이트 와인 병 안에 투명한 결정체, 또는 레드 와인의 병목 주의에 검붉은 수정 결정체와 같은 흰색 유리 파편이 들었다는 클레임이 많다. 그러나 실제로는 유리가 아니라 포도에 들어있는 유기산의 일종인 주석산(Tartaric acid) 결정으로 인체에 무해하다.

포타슘 타르타르산염(Potassium acid tartrate)에 의해서 생기는 것으로 추운 지방에서 재배되는 포도 품종에 많이 함유되어 있다. 양조과정 중에 오크통에서 숙성시킬 때 오크통 내벽에 이러한 주석산이 많이 붙어있다. 이것은 발효, 숙성 과정에서 일어나는 자연스러운 현상으로, 제거한다. 또한 와인 병입 후에도 나타나며, 와인의 보관온도가 낮을 때 주석산이 생길 수 있다.

▲ 와인병에 든 주석산

✎ 코르키드(Corked) ──○

▲ 코르크

와인은 병입 및 운송 과정이 진행된 후에도 계속해서 변화한다. 좋은 상태로 생산자의 손을 떠난 와인이 소비자에게 오기 전에 손상되는 경우가 가끔 있다. 가장 흔히 발생하는 문제 중 하나가 와인 코르키드이다. 트리클로로아니솔(Trichloro-anisole : TCA)이라고 하는 화합물 때문으로, 주로 코르크에 번식하는 곰팡이로 인해 생성된다. 이렇게 '코르키드 화' 된 와인은 곰팡이 냄새와 젖은 신문지, 축축한 양말에서 나는 냄새가 난다. 이런 와인은 무미건조하고 씁쓸한 맛이 나며 과일향이 사라지고 아무런 특징이 없다. 코르크에 기인하는 곰팡이 같은 냄새는 와인 결함의 전형이다.

역사적으로 코르크 냄새는 문제가 되지 않다가 1980년대에 들어 무시할 수 없을 정도가 되었는데, 코르크 마개 생산공정의 근대화에 기인한 것이 아닌가 하고 추측해본다.

냄새의 주원인이 트리클로로아니솔 TCA(Trichloro-anisole)이라는 물질인데 염소가 존재하는 코르크상에서 곰팡이가 발아함으로써, 코르크 속의 페놀과 화학 변화를 일으켜 생성된다. 인체에는 무해해서 소비자가 냄새를 느끼지 않으면 문제가 되지 않는다. 코르크 생산은 포르투갈이나 스페인 등 이베리아 반도 국가에 한정되어 생산된다. 수요와 공급의 불균형으로 천연 코르크는 가격이 급등하고 질 낮은 코르크가 시장에 유통되게 되고, 수량을 확보하기 위해 산포된 염소계 농약이 TCA 발생에 박차를 가하는 상황이다. 천연 코르크의 공급 불안, 가격 고공 행진에 와인 업계에서는 다양한 대체품을 연구 중이다. 소비자들은 천연 코르크가 아니면 저가 와인이라는 인식이 있기 때문에 고급 와인 생산자들은 천연 코르크의 정통성을 필요로 하는 것 같다.

전 세계적으로 와인 생산량은 계속해서 증가하고 있으며 코르크 나무가 한정적이기 때문에 당연히 좋은 품질의 코르크를 구하기가 점점 어렵다. 가장 최상품의 코르크는 천연 코르크(Natural)로 가격이 비싸다. 그래서 저가 와인일 경우 코르크의 재질이 떨어지는 코르크 조각을 모아서 만든 마개(Agglomerate) 또는 합성 재질 마개를 대체품으로 사용하기도 한다.

✎ 이산화황(SO$_2$) ──○

이산화황은 포도의 파쇄 직후나 발효 후에 첨가된다. 양조 과정중 알코올 발효의 단계에서 지나친 SO$_2$를 첨가하는 작업(Sulfitage)은 효모에 의해 와인이 비산화적(환원)이 된다. 병입 후에는 코르크 등으로 밀폐되어 있어 헤드스페이스나 와인에 녹아있는 산소를 제외한 산소는 공급되지 않아 숙성은 비산화적(환원적)으로 진행된다.

따라서 병입 바로 전에 이산화황을 첨가하여 미생물을 죽이고 산화를 방지하는데, 지나치게 많이 사용하면 이 물질로 인한 문제가 발생해 목 뒤쪽에서 뚜렷하게 감지되는 '거친' 느낌이나, 와인에 부패한 달걀 같은 냄새와 맛이 나게 한다. 와인이 병 안에서 숙성하면서 그 냄새가 변질되어 환원취가 느껴질 수 있다. 가벼운 정도의 이취는 공기와 접촉하여 사라지게 할 수 있으나, 심각한 환원취를 느낀다면 결함으로 분류된다.

▲ 무수아황산(산화방지제)

한편 한국, 미국에서는 고농도의 이산화황이 천식 환자에게 악영향을 주므로 식품에는 이산화황 함유를 라벨에 고지해야 하며 '무수아황산 첨가'라 표기한다. 와인에 포함된 농도는 인체에 해가 없으나, 일부 중증 천식환자에게 치명적인 부작용이 발생할 수 있으니 주의해야 한다.

🖊 산화 ──○

산화는 병속으로 공기가 유입되어 와인이 공기와 접촉하면서 밋밋하고 퇴색한 맛이 나며 과일 특징을 잃어버린다. 극도로 산화가 많이 진행되면 와인에서는 견과류향이 감도는 세리 와인같은 향이 난다.

🖊 결함 아로마 ──○

와인은 끊임없이 숙성하는 살아있는 물질이다. 다소 긴 수명 동안 다양한 숙성 단계를 거치며 보관 조건에 따라 영향을 받기도 한다. 앞에서 살펴본 와인 결함이 발견되면 와인 향은 변질되어 결함이 생성된다. 코르크, 산화, 환원치로 인해 관찰된 결함 아로마는 12가지이다(자료는 르 네 뒤 뱅(Le Nez du Vins)에서 소개된 아로마).

1. 야채	2. 과숙된 사과	3. 식초	4. 접착제, 매니큐어
5. 비누	6. 유황	7. 썩은 달걀	8. 양파
9. 콜리 플라워	10. 말, 마구간	11. 곰팡이, 흙	12. 코르크

3 ◆ 와인 글라스의 세계

와인 잔의 모양을 보면 화이트 와인과 레드 와인, 스파클링 와인이 다른데, 그 이유는 와인이 가지고 있는 성분의 차이 때문이다. 일반적으로 와인은 85% 수분, 14% 알코올, 1% 풍미(Flavor)로 구성되며, 1%가 와인의 품질과 맛을 좌우한다. 입 안에서 감지되는 풍미로 인해 와인이 맛있거나 맛이 없다로 평가하기 때문에 풍미를 극대화 하기 위해서 와인 잔이라는 도구는 매우 중요하다.

화이트 와인은 발효 주스, 효모, 오크로 구성된다. 반면에 레드 와인은 하나 더 추가하여 껍질에서 축출된 타닌 성분이 함유되어 있다. 타닌 성분으로 인해 와인 잔의 크기는 다양하다. 주로 떫은 맛을 지닌 타닌은 산소와 접촉하여 부드러워지기 때문에 스월링(와인 잔을 돌리기)하면 와인이 산소와의 접촉을 용이하게 하기 위해 와인 잔의 볼이 깊은 것이 좋다.

와인 아로마는 휘발성 향기 분자로 구성되어 있다. 각 향기 분자는 무게가 다르기 때문에, 무거운 향기 분자는 쉽게 발산하지 않는다. 무거운 향기 분자를 함유한 와인일 경우에는 발산력이 떨어지므로 산소와 접촉을 많이 하여 향이 쉽게 발산하도록 돕기 위해 공간이 큰 와인 잔이 좋다. 레드 와인의 타닌 분자는 무게가 무거운 편이라서 쉽게 휘발하지 않고, 풍부한 와인의 향기를 즐기기 위해서는 넓은 잔을 이용하여 와인 잔을 돌려 산소의 접촉을 극대화한다.

- 립(Lip) : 보울보다 작음
- 보울(Bowl) : 1/3 정도 와인 채우기에 적당함
- 스템(Stem) : 시각 효과, 온도
- 베이스(Base) : 받침대

▲ 와인 잔의 구조

또 다른 이유로 와인 잔의 모양이 다른 이유는 포도 품종의 특징이 다양하기 때문이다. 피노 누아 포도 품종은 산도가 높고 타닌이 적은 특징이 있다. 입 안에서 적절한 타닌을 감지하고 부드럽게 만들어 주며, 와인을 마셨을 때, 와인이 혀의 중앙에서 양쪽으로 퍼지게 돕는 잔의 형태가 알맞다. 카베르네 소비뇽 포도 품종은 타닌이 풍부하다. 매끄러운 타닌으로 부드러운 맛을 주기 위해서는 잔 끝이 적절하게 모아주는 형태가 알맞다.

와인이 담긴 글래스를 빙빙 돌리면, 여러 층의 아로마를 수직적으로 뒤섞어 주고, 글라스 안쪽 표면이 넓게 얇은 와인 막이 씌워지게 되면서, 이 얇은 막이 아로마의 밀도와 발산을 촉진시킨다. 그러나 스월링(와인이 담긴 글래스를 돌려주기) 행위 자체가 다양한 아로마를 조화롭게 다 보여주는 것은 아니다. 같은 와인이라도 어떤 글래스에서는 과일향을 뚜렷히 나타내고, 다른 모양의 글래스에서는 야채나 식물향을 더 보여준다.

대체로 과일향이 처음에 올라오고, 조금 지나면 좀더 무게감 있는 토양, 흙내음 등이 올라온다. 마지막에는 알코올의 향을 감지할 수 있게 된다.

와인 테이스팅 전용잔은 일반 와인 잔 모양과 다르다. 시음을 위해 가장 적당한 유리잔은 국제 표준 규격의 ISO 잔이다. 이러한 잔으로 기울이면 관찰이 용이하고, 잔 속의 와인을 돌리고 흔드는 것이 가능해 상위에서 맡아지는 아로마에 집중하기가 쉽다. 이 잔을 사용할 경우 와인의 양은 약 50ml 정도가 적당하다. 와인 글래스는 오염 없이 깨끗해야 한다. 와인의 외관을 볼 수 있는 적절한 자연광과 와인의 향기를 잘 맡을 수 있는 방해 요소(향수, 냄새)가 없어야 한다. 또한 시음을 위해서는 타구통(Spittoon)이 준비가 되어있어야 한다.

4 ◆ 포도 품종의 세계

■ **세계에서 많이 심어진 10가지 포도 품종**

10위	트레비아노 Trebbiano(Ugni blanc) : 화이트 품종	6%
9위	피노 누아 Pinot noir : 레드 품종	6%
8위	소비뇽 블랑 Sauvignon Blanc : 화이트 품종	6%
7위	그르나슈 누아 Grenache Noir : 레드 품종	8%
6위	시라 Syrah : 레드 품종	10%
5위	샤르도네 Chardonnay : 화이트 품종	11%
4위	아이렌 Airén : 화이트 품종	11%
3위	템프라닐요 Tempranillo : 레드 품종	12%
2위	메를로 Merlot : 레드 품종	13%
1위	카베르네 소비뇽 Cabernet Sauvignon : 레드 품종	17%

source : Forbes 2018/OIV

샤르도네(Chardonnay) ──○

- **원산지** : 프랑스 부르고뉴(Bourgogne)
- **대표 지역** : 프랑스 부르고뉴 지방(샤블리, 마콩), 샹파뉴 지방, 랑그독 루시옹 지방을 포함 강한 성장력에 의해 전 세계 모든 지역에서 재배하고 있다. 이 가운데에서도 프랑스, 호주, 캘리포니아가 주산지라 할 수 있다.

- **특징** : 샤르도네는 송이가 작고 얇은 껍질을 가지고 있기 때문에 빨리 익으며 바닐라, 포도, 꽃, 망고 등 풍부하고도 다양한 과실향이 풍긴다. 샤르도네는 오크 친화력이 좋으며 오크통 숙성을 통해 다양한 향과 맛을 보이고 있다. 서늘한 기후대의 샤르도네는 사과, 배향, 브리오슈 빵, 신선한 버터향이 나고 온난한 기후대의 샤르도네는 망고, 파인애플, 바나나 등 열대 과일향이 난다.
- **대표 와인** : 화이트 와인으로 샤블리(Chabils), 뫼르소(Meursault)가 유명하고, 샴페인 등의 발포성 와인을 생산
- **궁합** : 생선요리와 잘 어울리고, 특히 샤블리는 굴요리와 최상의 궁합을 보인다.

소비뇽 블랑(Sauvignon Blanc) ──○

- **풋풋한 과일향과 신선한 산도**
- **원산지** : 프랑스 루아르(Loire) 지방
- **대표 지역** : 프랑스의 보르도 지방, 루아르 지방과 뉴질랜드 말보로, 캘리포니아, 칠레 등에서 재배되고 있다.
- **특징** : 뉴질랜드에서 자란 소비뇽 블랑은 감귤향과 구즈베리, 패션 후루츠, 열대 과일 등의 아로마가 강한 것이 특징. 서늘한 기후에서 생산되며, 일반적으로는 라이트/미디엄 바디, 중간 이상의 산도. 레몬향, 자몽향이 난다. 풋풋한 잔디향의 신선하고 상쾌한 아로마
- **대표 와인** : 프랑스 루아르 계곡 푸이 퓌메(Pouilly−Fumé)와 상세르(Sancerre) 지역에서 생산되는 화이트 와인(루아르 지역에서 재배된 소비뇽 블랑을 구별짓는 특징은 '고양이 오줌(불어로 Pipi du chat)'의 향이 느껴진다). 보르도 지역에서는 세미용과 블랜딩하여 드라이 화이트 와인, 보르도의 페삭 레오냥 지역은 오크 숙성을 한 소비뇽 블랑 와인을 생산한다.

리슬링(Riesling) ──○

- **달콤하고 우아한 맛**
- **원산지** : 독일 라인가우(Rheingau), 모젤(Mosel)
- **대표 지역** : 리슬링은 독일의 라인강 유역과 프랑스 알자스, 헝가리, 캘리포니아, 호주, 뉴질랜드, 캐나다 등 주로 기후가 서늘한 지역에서 잘 적응하며 재배되고 있다.

- **특징** : 리슬링 와인은 향이 아주 강렬한 경향이 있다. 산지와 당도, 숙성에 따라 미네랄, 꽃, 라임, 꿀향이 난다. 리슬링은 오크 숙성을 거의 하지 않는다. 그럼에도 리슬링은 근사하게 숙성시킬 수 있다. 라임과 사과향, 미네랄향이 풍부하고, 특히 숙성된 리슬링은 페트롤향이 특징이다. 독일 리슬링은 알코올 도수가 낮은 편으로 섬세하고 세련된 품종이다. 원산지인 독일에서는 이 품종으로 훌륭한 귀부 와인(스위트 와인)을 만들지만, 기후 변화로 인해 요즘은 섬세하고 드라이한 화이트 와인도 생산한다.
- **대표 와인** : 프랑스 알자스 지방과 독일의 모젤, 라인가우 지역
- **궁합** : 아시안 음식, 푸아그라, 디저트와 잘 어울린다.

🖊 세미용(Sémillon) ──○

- **원산지** : 프랑스 보르도, 루아르
- **대표 지역** : 귀부 와인으로 유명한 소테른. 보르도의 드라이 화이트 와인과 소테른 지역의 스위트 와인은 모두 세미용을 주축으로 해서 소비뇽 블랑을 블랜딩하여 만든다. 그외에 호주의 헌터밸리에서 재배된다. 수확기에 이르면 포도알은 황금색 색깔을 띤다.
- **특징** : 포도의 얇은 껍질은 귀부균(보트리티스 시네레아)로 인해 달콤한 와인을 만드는데 필수적이다. 세미용 와인은 꿀, 복숭아, 살구, 아카시아향이 느껴진다.

🖊 슈냉 블랑(Chenin Blanc) ──○

- **원산지** : 프랑스의 루아르 지방
- **대표 지역** : 남아프리카 공화국에서는 스틴(Steen)이라 불리며 재배된다. 캘리포니아, 호주, 뉴질랜드에서도 생산된다.
- **특징** : 과일향이 짙으며 껍질이 얇고 산미가 좋고 당분이 높다. 라놀린(Lanolin)의 울향(Wool)이 인상적이다. 포도 품종은 하나인데 환경에 의해서 다양한 색깔을 내는 특징이 놀랍다. 드라이 화이트 와인부터 스위트 화이트 와인, 심지어 스파클링(크레망) 와인까지 만들어낸다. 오늘날 전 세계 지역에서 쉽게 그 재배를 찾아 볼 수 있지만, 이 포도 품종은 프랑스 루아르의 보브레(Vouvray), 앙주(Anjou), 사브니에르(Savennières)에서 유래되었다. 그래서 토착 이름으로 피노 드 라 루아르(Pineau de la Loire)라고 부르기도 한다. 귀부병에 걸린 슈냉 블랑 포도로 만든 스위트 와인은 코트 뒤 레이옹(Côteaux du Layon)과 보브레(Vouvray) 아펠라시옹이 유명하다.

🖊 아이렌(Airén) ──○

- **원산지** : 스페인 포도 품종의 30%를 차지하며 중세시대 이후 스페인에서 많이 재배된 품종이다.
- **대표 지역** : 스페인 라만차에서는 단일 품종으로 양조하나 다른 지역은 보통 블랜딩용으로 사용한다.
- **특징** : 중세시대 이후 스페인에서 많이 재배된 품종이다. 덥고 건조한 기후에 잘 적응하며, 겨울 서리, 오디움(Oïdium), 기타 병충해에 저항력이 강하다. 다른 화이트 품종에 비해 알코올이 높다(13~14%). 드라이하고 낮은 산도, 미네랄이 느껴진다.

🖊 트레비아노(Trebbiano) ──○

- **원산지** : 이탈리아 특히 토스카나 지방에서 재배
- **대표 지역** : 프랑스의 꼬냑, 아르마냑 등 증류주를 만드는 가장 중요한 품종
- **특징** : 프랑스에서는 유니 블랑(Ugni Blanc)으로 불린다. 두꺼운 껍질로 보트리티스(Botrytis)에는 저항성이 있으나 오디움(Oïdium)과 블랙 로트(Black rot)에는 약하다. 이탈리아의 경우 200hl/ha, 캘리포니아 170hl/ha 정도 생산될 정도로 생산량이 높다. 세계에서 가장 생산량이 많은 품종 중 하나이다.

4-2 **적포도**

🖊 카베르네 소비뇽(Cabernet sauvignon) ──○

- **레드 와인의 황제**
- **원산지** : 프랑스 보르도(메독 Médoc)
- **대표 지역** : 카베르네 소비뇽은 프랑스, 칠레, 캘리포니아, 호주, 남아공, 불가리아, 이탈리아, 아르헨티나 등 전 세계적으로 광범위하게 재배되고 있다.

- **특징** : 고급 레드 와인을 제조할 때 쓰이는 품종으로 세계 각국에 가장 널리 보급되어 있다. 블랙커런트(카시스), 감초, 삼나무향 특징이 있으며 후추, 송로버섯, 유칼립투스 향이 느껴진다. 잘 익으면 두꺼운 남색 껍질 안에 근사한 색과 향, 타닌을 담게 된다. 색상은 깊은 퍼플 레드를 띠며, 미디움에서 풀바디 스타일을 지닌다. 훌륭한 숙성을 거치게 되면 방향과 미묘한 복합성을 띤 맛의 절정을 가지며, 긴 라이프 사이클을 보여 장기 보관이 가능하다. 묵직한 와인의 대명사로, 잘 숙성되면 화려하고도 복잡한 와인이 된다.
- **대표 와인** : 프랑스 보르도 지방에서는 주로 메를로 품종과 블랜딩, 5대 샤토가 유명하다(샤토 라투르, 샤토 무통 로쉴드, 샤토 라피트 로쉴드, 샤토 마고, 샤토 오브리옹). 칠레나 캘리포니아 나파 밸리, 소노마처럼 따뜻한 지역에서는 카베르네 소비뇽 단일 품종을 사용한다.

• **궁합** : 주로 육류(양고기, 쇠고기 등)와 잘 어울린다.

메를로(Merlot) ⟶○

• **부드럽고 완숙미와 넉넉한 맛**
• **원산지** : 프랑스 보르도 지방(특히 생테밀리옹)이 유명
• **대표 지역** : 메를로는 보르도의 포므롤, 생테밀리옹, 프롱삭과 일
  부 남부지방에서 주품종으로 사용하며 다른 품종과 블
  랜딩한다. 이탈리아의 북부와 중부, 스페인, 미국 워싱
  턴주 캘리포니아 나파 밸리, 소노마, 호주, 칠레, 남아
  공, 캐나다 등에서 재배되어진다.
• **특징** : 미디엄 바디급의 부드러운 레드 와인을 만드는 보르도 지방
  의 제2 품종으로 카베르네 소비뇽의 전통적인 블랜딩 파트
  너이다. 알이 굵고 껍질이 얇아서 타닌 함량이 적어 카베르네 소비뇽보다 떫은 맛이 덜하며, 한결 부
  드럽고 유순하다. 조생종으로 배수가 잘 안되는 점토질 토양에서 잘 자란다. 블랙베리 과실향이 풍부
  하고 허브향이 배어있어 깊고 우아한 맛을 보인다.
• **대표 와인** : 세계 3대 명품 와인 중 하나인 '페트뤼스' 와인이 유명하다. 메를로는 늘 카베르네 소비뇽과 동반
  관계에 있으며, 특징이 비교되어진다.
• **궁합** : 육류, 오리 등 가금류와 잘 어울린다.

피노 누아(Pinot Noir) ⟶○

• **팜므파탈의 유혹적인 맛**
• **원산지** : 프랑스 부르고뉴(Bourgogne)
• **대표 지역** : 프랑스 루아르, 샹파뉴 알자스 지방과 스위스, 독일,
  북부 이탈리아, 호주, 미국의 소노마, 오리건 지역과
  뉴질랜드 등의 서늘한 지역에서만 재배가 성공했다.
• **특징** : 생장이 비교적 빠르고 서늘한 지방이 적합, 환경 적응력이
  떨어져서 재배하기가 가장 까다로운 품종이다. 껍질이 얇
  아 타닌이 적은 편이고 낮은 산도와 실키한 질감을 가진다.
  색상은 여린 붉은 빛깔(Pale red) 또는 밝은 체리 빛깔을 띤
  다. 딸기, 체리, 라즈베리향 등 신선한 붉은 과실향과 제비꽃, 날고기(야생고기) 향을 보인다. 카베르
  네 소비뇽과 더불어 세계적인 적포도 품종이다. 처음에는 과일향을 강하게 풍기지만 숙성시키면 재배
  한 토양에 따라 향이 제각각이며, 우아하면서 화사한 맛을 낸다. 향기는 그 어떤 품종도 흉내낼 수 없
  는 고급스러움 그 자체의 품종이다.
• **대표 와인** : 세계 3대 명품 와인 중 하나인 '로마네 콩티'가 유명하다.
• **궁합** : 구운 가금류, 사냥고기, 돼지고기 그 외에 연어, 참치 등 붉은 생선에 잘 매칭된다.

🖊 시라, 시라즈(Syrah, Shiraz) ──○

- 견고하고 강건한 구조의 박력
- 원산지 : 이란 시라즈 마을(이란이 원산지이지만 십자군 전쟁 때 유럽에 전파되어 유럽인들에게 더 사랑을 받는 품종).
- 대표 지역 : 프랑스 론 밸리(Rhône valley) 북부, 프로방스, 랑그독 등에서 주로 재배되며, 특히 신세계의 호주 시라즈가 유명하다. 척박한 토양과 덥고 건조한 기후를 선호한다. 화산토의 가파른 언덕에서 햇빛을 잘 받는 북부 론 강 유역이 최적지이다. 칠레, 호주 등에서 많이 재배되고 있는데, 특히 호주에서는 시라즈로 불리고, 대표적인 재배 지역으로 유명하다.
- 특징 : 이 품종은 서리와 추위에 강하다. 두꺼운 껍질로 매우 짙고 검붉은 색상을 띠며, 타닌이 풍부하여 육감적인 맛을 낸다. 장기 숙성이 가능하며 스파이스, 검은 후추향과 블랙베리, 다크 초콜릿향이 느껴진다. 같은 포도종이라도 프랑스에서는 '시라', 호주와 일부 신세계에서는 '시라즈'라 한다. 프랑스 시라와 호주의 시라즈는 테루아에 따라 맛도 다르다. 프랑스 시라의 강렬하고 화려한 향과 풍미는 가죽, 젖은 흙, 야생 블랙베리, 훈연, 구운 고기, 특히 후추향이다. 따뜻한 지역에서는 진하고 풍부한 와인을 만들어 내지만, 서늘한 지역이라면 약간의 검은 후추향이 나기도 한다.
- 대표 와인 : 프랑스 론 밸리의 코티 로티, 에르미타주 지역이 유명하고, 호주의 펜폴즈 그랜지 와인이 높은 명성을 받고 있다.
- 궁합 : 붉은 색상의 질감있는 육류, 파스타류, 양고기, 바비큐 등과 잘 어울린다.

🖊 산지오베제(Sangiovese) ──○

- 원산지 : 이탈리아 토스카나(Toscana)
- 대표 지역 : 이탈리아 중부 토스카나의 키안티와 브루넬로 디 몬탈치노 등의 레드 와인을 생산하는 이탈리아 대표 품종이다. 그 외에는 캘리포니아, 워싱턴, 호주, 아르헨티나 등에서 재배된다.

토스카나

- 특징 : '제우스의 피'라는 의미를 지닌 품종이다. 기후와 토양의 조건이 다르기 때문에 생산되는 지역에 따라 그 특성도 달라진다. 신지오베제는 석회질이 높은 토양에서 잘 자란다. 재배기간이 짧고 포도 열매가 빨리 숙성하며 그만큼 생명력도 강하다. 산지오베제는 맛과 향의 다양성을 지닌 품종으로 유명한데 와인으로 루비 색깔과 산도가 높고, 풍부한 과일향으로 레드 체리향과 뒷맛의 여운이 길고 부드러우면서도 화려하여 매혹적인 맛을 낸다. 비교적 가벼운 키안티 와인에서 풀바디의 묵직한 느낌의 와인까지 다양하게 생산한다.
- 대표 와인 : 키안티 클라시코(Chianti Classico), 브루넬로 디 몬탈치노(Brunello di montalcino) 등 이탈리아를 대표하는 와인을 생산하고 있다.
- 궁합 : 볼로네즈 파스타, 피자, 미트볼 소스 등과 잘 어울린다.

✏️ 말벡(Malbec) ──○

- **원산지** : 프랑스 남서부 카오르
- **대표 지역** : 프랑스 카오르(Cahors), 아르헨티나 멘도자(Mendoza)
- **로컬 이름** : 카오르 코(Côt), 옥세루아(Auxerrois), 보르도-말벡(Malbec)
- **특징** : 높은 알코올, 강한 타닌, 진한 색상, 거친 특성을 가진다. 계피, 후추, 정향, 스모크, 토스트향이 느껴진다. 보르도에서는 색과 타닌의 조화를 위해 전통적인 포도 품종과 블렌딩용으로 쓰인다. 아르헨티나에서는 단일 품종으로 사용된다. 카오르 지방에서는 코(Côt), 옥세루아(Auxerrois)라 부르고, 보르도와 아르헨티나에서는 말벡(Malbec)으로 부른다.
- **대표 와인** : 아르헨티나 멘도자 지역의 이스까이(Iscay) 와인이 유명

✏️ 그르나슈(Grenache) ──○

- **원산지** : 프랑스 랑그독 루시옹, 남부 론에서 재배된다.
- **대표 지역** : 프랑스 론 남부, 랑그독-루시옹, 남서부, 스페인의 리오하, 프리오라트 지역에서 재배되며, 스페인에서는 가르나차(Garnacha)라고 불린다.
- **특징** : 높은 알코올의 풀바디 와인, 고온 건조, 척박한 토양에서 잘 자란다. 비교적 강한 타닌으로 거칠다. 단일 품종보다 주로 시라, 무르베드르, 카리냥, 생소 등과 블렌딩하여 사용된다. 흰 후추향과 산딸기, 시나몬, 감초, 아니스, 스모크 등의 향이 느껴진다.
- **대표 와인** : 프랑스 남부 론 지역의 샤토네프 뒤 파프(Châteauneuf du Pape). 루시옹(Roussillon) 지방의 바니율스(Banyuls)와 모리(Maury) 등의 뱅두 나튀렐(Vins Doux Naturels, VDN)

✏️ 네비올로(Nebbiolo) ──○

- **원산지** : 이탈리아 북부 피에몬테 지방
- **대표 지역** : 이탈리아 피에몬테(Piemonte)의 바롤로(Barolo), 바르바레스코(Barbaresco)
- **특징** : 매우 얇은 껍질, 짙은 보라색, 늦은 수확(9월 말~10월 초). 색은 가벼운 석류색을 띠며 견고한 타닌과 높은 산도, 풀바디 와인이다. 특히 제비꽃, 장미꽃 향이 느껴지며 블랙베리, 아니스, 감초, 송로버섯 향이 느껴진다. 타닌과 산도가 높아 맛이 거친 편이나, 숙성이 되면서 깊이 있고 복합미가 느껴지는 장기숙성용 품종이다. 네비올로는 포도를 수확하는 늦가을 언덕을 뒤덮는 짙은 '안개'라는 네비아(Nebbia)에서 유래되었다. 최근에는 호주 빅토리아 지역에서 네비올로를 재배하여 와인을 생산하고 있다.
- **대표 와인** : 바롤로, 바르바레스코

피에몬테

로마

리베라 델 두에로 리오하
페네데스

✏️ 템프라닐요 ──○

- **원산지** : 스페인을 대표하는 품종으로 리오하, 페네데스, 리베라 델 두
  에로 지역의 레드 품종이다.
- **대표 지역** : 그 외에 포르투갈, 캘리포니아, 아르헨티나에서 재배된다.
- **특징** : 껍질이 두껍고 색이 진하고 타닌이 많은 편이며, 미디움 바디
  에서 풀 바디감이 느껴진다. 종종 다른 품종들과 블랜딩되기도
  하며, 오크통에 수년간 숙성된 후에 출시되는 경우가 많다. 템

프라닐요는 로컬 이름으로 사용되기도 한다. 페네데스에서는 울 데 예브레(Ull de Liebre), 발데페냐
스에서는 센시벨(Cencibel), 리베라 델 두에로에서는 틴토 피노(Tinto Fino), 포르투갈에서는 틴타 호
리스(Tinta Roriz)라고 일컫는다. 체리, 무화과, 자두의 과일향과 가죽, 타바코(Tabacco), 허브향이 특
징이다.

5 ◆ 와인 라벨의 이해

5-1 표기

✏️ 원산지 ──○

프랑스에서 19세기 말에서 20세기 초에 걸쳐 물타기나 원산지명의 부정 유통이 횡행하였다. 위조품을 만드
는 범죄 행위이므로 이를 막기 위해 1935년에 원산지통제호칭법(AOC)이 제정되었다. 이후 재배 지역, 포도 품
종, 재배 방법, 수확시의 당도, 단위면적당 포도수확, 양조방법 등이 상세히 제한되어, 이에 따라 원산지명을 부
당하게 표시하는 와인을 법적으로 단속할 수 있게 되었다. 당시 원산지명이나 등급을 라벨에 표시한 것은 공급
과잉에 의한 가격폭락을 막기 위한 고육지책이었다. 현재 유럽에서는 원산지 호칭 제도의 중요성이 감소하고 있
다. 이는 원산지에 유리하게 규정을 바꿔온 결과 와인의 품질이 떨어지게 되었고, 최근에는 개성과 철학을 가진
생산자가 등장하여 원산지가 아닌 생산자명으로 와인을 선택하는 시대가 되었다.

✏️ 생산자 ──○

와인을 만드는 회사 또는 브랜드명이다. 샤토(Château), 와이너리(Winery), 에스테이트(Estate), 보데가(Bo-
dega) 등으로 사용되며 포도원을 의미한다.

✏️ 포도 품종 ──○

원산지에 따라 포도 품종 표기는 의무 사항이 아니다. 포도의 품종은 다양한데, 재배라는 필터를 통해 와인을
만들기에 적당한 포도 품종만 재배하고, 부적합한 품종은 도태되었다. 우수한 품종을 선별해 클론화하는 단계는
포도 품질을 향상시키기에 효과적인 방법이다. 그러나 최근에는 소비자에게 인기있는 국제품종 재배가 증가하
고 있어 맛의 다양성이 가려질까 우려스럽다.

🖊 빈티지 ─────○

재배에서부터 수확까지 포도의 품질을 결정하는 요소가 많기 때문에 매년 와인의 품질이 변동하고 수확년의 개성을 가진 맛이 생긴다. 좋은 빈티지의 와인은 농축감이 있고 가격도 고액이지만 음용적기가 될 때까지 시간이 걸린다. 오프 빈티지는 농축도가 낮지만 빨리 음용적기에 도달한다. 오프 빈티지를 적절한 숙성 타이밍에서 마시면 좋은 와인을 너무 빠른 시기에 마시는 것보다 복잡한 맛을 가진 와인이 될 수 있다. 한 병의 와인에는 1년에 걸친 생산자의 고생과 노력이 있다. 어려운 년도에 만드는 사람의 노력을 상상하면서 좋은 해의 와인과 오프 빈티지를 비교해 마심으로써 와인을 즐기는 방법이 확대될 것이라 생각한다.

흉작일 때는 포도 당도, 산도가 적절하지 않아 양조 단계에서 처치가 필요하다. 전통적으로 부르고뉴와 보르도에서는 양조 단계에 당분을 첨가해 발효에 의해 알코올로 바꾸며, 이탈리아나 스페인에서는 포도를 말려 수분을 증발시키는 방법을 쓰는 경우가 있다. 1980년대 이후 개발된 기술인 '역삼투막법', '진공증류법', '크리요엑스트렉션(Cryoextraction, 인공동결)' 등으로 훌륭한 와인을 만들 수 있게 되었으나, 이러한 기술의 남용은 수확년의 특성을 잃게 하고 테루아를 잃어버려, 와인의 획일화를 초래할 수 있다.

5-2 라벨 읽기

❶ 생산 나라 프랑스
❷ 빈티지
❸ 생산자
❹ 등급
❺ 구체적인 원산지
❻ 병입 장소

❶ 포도 품종
❷ 원산지
❸ 구체적인 원산지
❹ 병입 장소
❺ 생산자
❻ 빈티지

Chapter 2 포도 재배와 와인 양조

▲ 포도 껍질막과 포도의 흰가루

✎ 포도와 포도나무/비티스 비니페라(Vitis Vinifera) ──○

• 계 : 식물계(Plantae)

• 문 : 속씨식물문(Angiospermae)

• 강 : 쌍자엽식물강(Dicotyledoneae)

• 목 : 갈매나무목(Rhamnales)

• 과 : 포도과(Vitaceae)

• 속 : 포도속(Vitis)

• 종 : 포도

포도과의 포도속(Vitis)의 열매는 양조용 과일이며, 발효하여 와인을 생산한다.

비티스 라브루스카(Vitis Labrusca), 비티스 로툰디폴리아(Vitis Rotundifolia) 등 다양한 종이 있으며, 특히 비티스 비니페라(Vitis Vinifera) 종은 와인을 생산하는 전 세계 지역에서 재배되고 있다.

• 포도 껍질의 흰가루 : 밀납 + 효모 + 꽃가루

• 껍질막 : 색소 + 아로마 물질 + 폴리페놀

껍질막으로 포도 껍질을 싸고 있는 막으로써 외부의 자극으로부터 껍질을 보호하는 역할을 한다.

박테리아나 효모와 같은 미생물이 붙어 있어 발효에 영향을 미치는 요소로 와인의 중요한 역할을 한다.

• 껍질 : 포도의 과육을 싸고 있으며, 타닌이나 색소와 같은 페놀과 향을 포함하고 있어 와인 양조에 중요한 부분을 차지한다.

• 과육 : 약 70~80%을 차지하며, 수분 + 산 + 당분

대부분 수분을 함유하고 있으며 상품으로써 와인을 만들 수 있는 역할을 하고 당분, 산, 소량의 미네랄을 포

함하고 있다. 당분은 포도당(Glucose), 과당(Fructose)을 가지고 있으며 양조를 통해 알코올로 변한다. 주석산과 말산(사과산)이 대부분이며 같은 지역도 기온이 낮으면 산 함량이 높아진다.

- **포도 씨** : 오일 + 타닌
- **포도나무 줄기** : 건조하고 쓴맛을 가지고 있는 타닌으로 거칠다.

포도주의 주요 성분은 가용성 고형분, 알코올, 당분, 산도, 무기질, 타닌, 색소, 질소화합물, 아로마 등이다. 포도주의 상품 가치는 특히 알코올, 가용성 고형분, 당분, 글리세린, 산도, 아로마 함량에 영향을 받으며, 이는 화학적 분석과 관능검사로 판단할 수 있다.

2 ◆ 포도밭과 와인의 미묘한 관계

2-1 포도 재배학의 발전

17세기의 저명한 프랑스 농학자였던 올리비에 드 세르(Olivier de Serres)의 대표적인 저서인 'Theatre d'Agriculture et mesnage des champs(1600년)'에서 테루아의 개념이 등장하였다.

- **최초로 테루아(Terroir)와 포도 완숙도의 중요성**
- **포도밭에 따른 분별 양조와 긴 양조 기간을 피하는 것을 권고**
- **제경(Egrappage)과 거르기(Decantation)를 적용**
- **양조시 인간 노력의 중요성 언급** : 종자 선택, 가지치기, 밭 갈기 등의 경작기술의 적용을 언급하였다.

2-2 기후

포도밭을 둘러싼 자연환경 요인(테루아)은 일반적으로 기후, 지세, 토양으로 크게 구분된다.

오늘날 우리가 사용하는 기후대는 독일의 기상학자 쾨펜이 1884년에 세계 식생에 기초를 두고 세계 각지 기후대를 구분한 것으로, 현재까지 가장 광범위하게 사용된다. 기후는 어떤 지역에서 규칙적으로 되풀이되는 기상으로 기온부터 강우량, 바람, 기타 기상 사건을 포함한다.

와인 산지 벨트의 기후를 살펴보면, 미국 콜롬비아 밸리의 대륙성 기후(Continental Climate), 이탈리아 토스카나의 지중해성 기후(Mediterranean Climate), 프랑스 보르도의 해양성 기후(Maritime Climate)로 크게 3가지의 기후대로 분류할 수 있다.

✏️ 기온 ───○

포도나무 생육기간에 기온은 와인의 유형에 결정적인 영향을 미친다. 피노 누아, 리슬링처럼 빨리 익는 품종은 시원한 기후 아래 복합적이고도 깊이 있는 와인이 된다. 그러나 뮈스카 알렉산드리아(Muscat d' Alexandria)처럼 늦게 익는 품종인 경우는 시원한 기후에서 완숙이 늦어진다. 또한 동일한 포도 품종이라 하더라도 지역의 기온 차이에 따라 와인의 뉘앙스가 달라지기도 한다. 시원한 기후 아래 재배된 카베르네 소비뇽 와인은 피망과 같은 풋내가 난다. 반면에 온난한 기후에서 재배된 와인은 블랙커런트향이 지배적이다.

✏️ 일조량과 바람 ───○

기온이 재배 가능한 포도 품종을 결정한다면 일조량은 광합성을 통한 과실 내부의 당분 축적량을 결정하여 결과적으로 와인이 완전히 발효된 경우 와인의 알코올 도수에 크게 영향을 미친다. 또한 적절한 바람은 포도밭을 우박의 피해로부터 보호하거나 캐노피(Canopy) 내부의 습기를 제거하는 등 병충해와 부패방지에 도움을 준다. 그러나 과잉일 경우에는 수분(受粉)을 방해하여 결실량을 감소시키거나 잎의 열을 빼앗아 광합성을 감소시킬 수도 있다.

✏️ 관개 ───○

신세계 지역은 관개를 통해 포도나무에 부족한 수분을 제공한다. 관개시설 방식은 다음과 같다. 규모가 큰 와인 생산자는 중력을 이용하여 흘러 들어오는 물을 바로 포도밭에 사용한다. 포도나무가 심어져 있는 줄을 따라 파이프를 땅 속에 묻고 일정량의 물을 공급한다. 합성수지 호스를 사용하여, 포도밭에 물을 끌고 다시 작은 파이프를 포도나무 줄을 따라 물을 대는 방식이다. 드립(Drip) 또는 점적 관개(Trickle Irrigation : 직경이 작은 호수로 간헐적으로 행하는 세류 관개)를 사용한다.

테루아를 구성하는 3대 요인 중 하나인 지세는 경사면, 방향, 표고로 구분된다.

✏️ 경사면 ───○

옛부터 경사면의 포도밭에서는 양질의 와인이 생산된다고 일컬어져 왔다. 경사면의 효용에 대해 살펴보면 바람이 잘 통하고 밤 기온이 저지에 비해 높으며, 그 때문에 봄이 되면 포도의 새싹이 동상에 걸리는 피해가 적고 포도나무의 생육이 빠르게 진행된다는 점이다.

✏ 방향 ──○

포도 재배지 중 가장 북부에 위치한 독일 라인 강 유역은 와인을 생산해 내는 포도밭 중 대부분이 남쪽 방향의 경사면에 위치하고 있음을 알 수 있다. 그러나 남북향뿐만 아니라 동서쪽에 접한 경사면도 와인의 맛에 영향을 미친다. 서쪽 경사면에 위치한 포도밭은 오후의 따뜻한 햇살을 직각으로 받아 보다 빨리 발아가 시작되며 동쪽 경사면의 포도밭은 최고 기온에 도달하기 전의 아침햇살을 받으므로 포도가 서서히 생장한다.

✏ 표고(標高) ──○

세계의 포도밭은 남오스트레일리아의 바로사 밸리 및 보르도의 메독처럼 해발고도가 제로에 가까운 곳부터 아르헨티나처럼 해발 2,400미터에 이르는 곳까지 다양하다. 표고가 100미터 높아질수록 공기 중 이산화탄소의 함유량이 약 1% 감소하므로 광합성 속도

는 늦어져 포도나무가 보다 긴 생장 사이클을 지니게 된다. 또한 표고가 높아질수록 자외선 양이 많아지므로 타닌 및 안토시안 색소로 대표되는 페놀 합성 속도가 빨라져 와인은 보다 진한 색을 띠게 된다.

2-4 토양

와인에 나타나는 포도밭의 개성을 나타내는 테루아(Terroir)라는 용어가 테르(terre(흙))에서 파생된 것에서 알 수 있듯이 토양은 와인의 개성을 형성하는 최대의 요인으로 인식되어 왔다. 포도나무 뿌리에 수분이 너무 많으면 질식사해 버리고, 적절한 양의 수분공급이 이루어지지 않으면 고사하는 식물이다. 부르고뉴에서 토양이 중요시되고 있는 배경에는 많은 강우량이 원인으로 작용하고 있다.

최상급 와인은 항상 통수성이 좋은 경사면 및 점토질이 적은 석회암 토양에서 생산되어 왔다. 석회암은 다공질로 이루어져 있어 보수성이 뛰어난 한편 수분이 포화상태가 되면 그 반대로 높은 침투성을 발휘하여 강우량이 많을 경우 수분을 하층으로 보내고, 가뭄이 계속될 경우에는 흡수한 수분을 포도나무의 뿌리부분에 공급해주는 역할을 담당하고 있다. 이상적인 테루아는 포도나무가 적당히 가뭄 스트레스를 받게 하고, 포도알 무게가 작으며 높은 당 농도, 낮은 말산(사과산) 농도, 높은 페놀 농도를 가진 포도를 생산한다.

수확 시 우수한 포도 : 알코올 12~14%, TA(Tartaric acid) : 4.8~6.2g/ℓ, pH : 3.5~4.1

– 석회질 토양은 풀바디 와인을 생산(대표적 지역 : 리오하(Rioja), 헤레스(Jerez), 토스카나(Toscana), 샤블리 (Chablis), 부르고뉴(Bourgogne))

– 산성 토양은 우아한 와인을 생산(대표적인 지역 : 도우로 밸리(Douro Valley), 모젤(Mosel), 생시냥(St. Chinian), 바니율스(Banyuls))

– 테라로사 토양은 높은 철분 함량을 가짐(대표적으로 호주 쿠나와라(Coonawarra) 지역)

읽을 거리

[테루아(Terroir)란?]

●와인의 혈통, 테루아(Terroir)를 느껴라

높은 품질 와인은 어디에서나 만들어지지 않는다. 무엇이 프리미엄 와인을 프리미엄급으로 만들 수 있는 가? 테루아가 존재하기 때문이다. 와인의 품질과 맛을 서로 다르게 결정짓는 가장 중요한 요소가 테루아 리즘에서 시작된다. 테루아의 차이로 인하여 와인에 다양한 개성과 뚜렷한 특성을 느낄 수 있기 때문이다. 와인 단어 정의에 대한 정확한 해석과 공유 없이는 와인을 이해하는데 어려움이 따른다. 마치 언어의 장벽 과도 같다. 와인 첫 수업에서 마치 귀머거리, 벙어리와 같은 느낌을 받아서 실망과 낙심으로 한탄을 한 기억 이 떠오른다. 교수님의 계속되는 테루아라는 말 속에서 사전을 찾아가며 익힌 의미는 단지 토양이었기 때문 이다. 와인의 정확한 의미 전달이 부족했던 것이다.

불어에서 '테루아'는 사전적 의미에서 토양(Terre)이다. 그러나 와인 안에서 정의를 찾고자 한다면 한 가지만 을 의미하지 않기 때문에 난해하다. 옥스포드 컴패니언(The Oxford companion)에서는 테루아를 포도 재배 지역에 필요한 종합적인 자연 환경을 뜻한다라고 해석한다. 와인을 만들기 위해서 포도밭에서 일어나는 모 든 자연적인 환경요소를 뜻하며, 더 구체적으로 물리적인 측면과 정신적인 측면으로 크게 두 가지로 나눈다.

먼저 물리적인 요소에는 눈으로 확인할 수 있는 요소로 점토질, 석회질 등의 토양을 기반으로 둔 지질학적 측면, 그리고 고도, 기후(온도와 강수량), 일조량, 경사도와 관련된 지형학적 측면, 물 공급과 배수의 수문학 적 측면 그리고 포도 품종, 포도 재배 기술 등이 포함된다. 테루아는 와인의 혈통, 다시 말해 '와인의 원산지' 를 뜻한다. 프랑스에서는 이것을 아펠라시옹(Appellation)이라고 표현한다. 각 원산지에 따라 구별되는 특 징과 맛의 정체성을 와인에서 느껴지는 것도 이러한 영향이 있다 신대륙과 구대륙의 와인 맛과 스타일이 다 른 이유는 근본적으로 이 테루아의 성질이 다르기 때문이다. 토양, 기후, 포도 품종, 와인 재배 기술 등이 두 지역의 테루아의 특성에 맞게 다르게 관리되어 지기 때문이다. 따라서 이 테루아에 속하는 지형학, 토양학, 농경학의 요소들은 입 안에서 느끼는 와인 맛의 특성과 정형성(Typicality)을 서로 다르게 이끌어 내는데 밀 접하게 관련되어 있다. 그러나 이상적인 토양 타입, 기후 조건이 하나만 존재하지 않는다. 여러 다른 토양의 성질은 서로 다른 기후 조건 안에서 그에 맞는 포도 품종을 재배하여 품질 좋은 와인을 만들어 내기 때문이 다. 와인의 다양성은 바로 이 테루아에서 기인한다고 본다.

두 번째로 정신적인 측면에서 보면 지면에서 볼 수 있는 요소들 이외에 와인을 만드는 와인양조자, 포도밭 재배업자들의 노하우와 그들이 와인에 대한 철학이 내포되어 있다. 다시 말해 이것은 인간에 의해 영향을 받는 주관적인 측면이다. 같은 조건의 물리적 환경적인 조건 아래에서 재배된 포도를 가지고 만든 와인이라 하더라도 누가 재배하고 양조했느냐에 따라 그 와인의 개성과 품질은 다르기 때문이다. 따라서 인간이 각 토양과 기후의 기능에 따라 적절한 포도 품종을 선택하고 접붙이기, 토양 관리, 포도 재배 방법을 선택 함으로써 테루아의 고유 성질을 향상시킬 수 있을 뿐만 아니라 와인의 품질과 맛을 높일 수 있기 때문에 그 역할은 중요하다. 따라서 와인의 맛을 결정하는데 중요한 역할을 담당한다.

와인 맛은 어느 하나만의 요소에 의해서 결정되는 것이 아니다. 와인 맛의 결정은 바로 이 복합적인 환경요소인 테루아의 조화를 기초로 한다. 따라서 테루아는 와인의 원산지와 품질, 개성을 대변한다고 할 수 있다. 포도가 어디에서나 재배될 수 없고, 품질이 뛰어난 와인은 특정한 지역에서 생산되는지 이해하는데 테루아가 그 뒤에 있다. 와인은 테

루아의 특별한 결합의 유닉(Unique)한 표현인 것이다. 이로 인해 우리가 블라인드 테이스팅(Blind tasting)으로 그 와인의 원산지를 찾을 수 있는 것이다. 각 나라, 각 지역 더 구체적으로 각각의 포도 밭에서 생산된 와인의 맛의 차이는 각기 다른 테루아가 근간을 이룬다.

그럼 테루아는 어디에서 찾을 수 있는가? 우리가 전 세계의 포도밭을 둘러 볼 때, 크게 신대륙과 구대륙으로 불린 두 개의 지역으로 나눈다. 단어 자체는 나라의 지리적인 위치를 고려하여 적용된다. 올드 월드의 표현은 유럽과 관련되어 사용된다. 실질적으로 전 세계 70% 이상의 와인을 생산하는 지역이다. 반면에 뉴 월드는 미국, 호주, 뉴질랜드, 칠레 등의 신흥 와인 생산 지역에 관련되어 사용되며 단지 지질적인 위치만을 의미하지 않는다. 이것은 추구하는 와인의 스타일과 품질에 영향을 끼치는 테루아의 차이를 의미한다. 그래서 이 두 지역에서 생산한 와인은 뚜렷한 차이와 함께 감별이 가능하다.

토양에 대한 차별적인 관리, 통제를 적용하는 것을 통해서 지형적인, 기후적인 조건에 관해서 테루아의 구성 요소는 다르다. 예를 들어 유럽 와인은 로마인에 의해 포도 묘목이 심어지게 된 이래로 2,000년 전부터 오랜 역사를 가지고 있다. 따라서 그들은 자연적인 환경에서 세계 어느 지역보다 더 와인 생산 지역을 확장, 발전하는 것에 의해 시도와 잘못의 반복으로 많은 소중한 경험을 겪을 수 있었다. 올드 월드는 토양, 기후, 포도 품종, 포도 뿌리, 심지어 기술에 기본을 둔 포도밭의 영향을 강조한다.

이것은, 즉 프랑스의 AOC 시스템과 이탈리아의 DOC 시스템과 같은 제도를 기본으로 하는 지질학적 생산지역과 포도 재배에 관련된다. 올드 월드에서 테루아의 역할은 굉장히 와인의 개성과 연결된다. 반면에 뉴 월드는 이러한 테루아의 존재를 최소화하려는 경향이 보인다. 대신에 포도밭 디자인에 대한 접근은 형성된 경계선, 모양 그리고 지형에 의해 다시 세분화되었다. 그러나 뉴 월드는 그들의 테루아에 맞춰진 조건을 아는 것을 통해서 와인의 품질을 향상하려고 시도했다. 사실, 뉴 월드와 올드 월드의 근본적인 차이는 와인의 맛에 관하여 테루아의 기본에서 찾을 수 있다.

결과적으로 각 와인의 근본적인 특성은 자연의 선물인 테루아에 따라 다르다. 테루아를 조사함으로써 포도나무에 접근하는 다양한 방법이 존재하는 것이다. 각 와인 스타일의 차이는 테루아처럼 특징에 의해서 추측될 수 있는 지방적인 조건과 관련 있다. 게다가, 각 토양의 타입은 기후적인 조건에 의해서 기능을 다르게 한다. 토양 조직과 구조의 특성에 관하여, 대부분의 그랑 크뤼 와인이 생산되는 메독의 자갈이 든 모래 토양에서는 물은 토양의 모세 혈관에 의해 저수 능력이 약하고, 흡수공이 크면서 배수도 매우 빠르게 흘러 들어간다. 반면에 포므롤 지방의 조밀한 점토질 토양은 포도나무가 가질 수 없을 정도로 물을 매우 작게 흡수한다. 이것은 배수력 저하와 물이 스며드는 능력이 떨어지는 토양이다. 동시에 이러한 토양의 유능한 물 보유 능력은 가뭄 시즌동안에 보유한 물을 공급하여 포도나무에 영양소를 준다.

따라서 어떤 특정한 토양이 더 질적으로 우위에 있다고 말할 수는 없다. 보르도, 라인가우, 보졸레와 같은 포도 재배 지역은 다양한 토양의 혼합으로 이루어진 특징으로 보여준다. 따라서 품질적인, 주목할 만한 와인은 다양한 지질의 형성에서 생산할 수 있다. 지질, 토양, 농경법의 요소들은 와인 맛의 특징과 전형성에 깊은 관련이 있다는 것은 피할 수 없는 사실이다. 그러나 샴파뉴, 샤블리(백악질), 헤레스(석회질), 모젤과 같은 단일 암석 타입의 토양에서 형성된 유명한 와인 산지도 있다는 것도 잊지 말자.

지형적인 측면에서 온난한 기후는 높은 고도를 찾는 것을 통해서 더 서늘하게 만들어질 수 있다. 반대로, 서늘한 기후에서는 낮은 고도는 차가운 공기가 호수나 강에서 모여지고, 서리를 맞을 위험이 증가하는 것을 만들 수 있다. 배수가 더 용이하며, 또한 태양에 훨씬 더 잘 노출될 수 있는 경사지가 일반적으로 평지보다 좋다. 또한 점토질 토양의 경사지는 과잉된 물을 쉽게 배수할 수 있다. 경사진 지역은 더 높은 고도(더 가파른 태양각)가 점차적으로 중요하게 된다. 북반구에서 정남은 경이롭다. 그러나 동쪽으로 향하는 경사면은 아침의 해를 받을 수 있으며, 서쪽면의 경사는 오후에 더 따스한 햇살을 받는다. 경사진 지역의 실질적인 이익은 경사도, 나침반의 위치 방향, 고도, 토양 타입, 포도 품종, 재배 방법에 따라 다르다. 대부분의 와인 생산 지역은 테루아의 조건은 환경과 어떻게 결합되었는지에 따라 다르다. 포도나무는 다양한 기후에서 재배가 가능하기 때문에 기후 조건 적합에 의해서 영향을 받는다. 일반적으로 북위 50도, 남위 35도 사이에서 포도 재배 문화가 형성되어 있다. 유럽에서 1월의 평균 기온이 −1℃ 이하인 지역에 해당하는 동쪽 제한이 존재한다. 남반구에서 포도나무는 남아메리카, 남아프리카, 호주와 같이 30℃에서 잘 재배된다. 이러한 존 안에서, 온도는 당도 높은 포도를 수확할 수 있다. 반면에 비교적 적은 일조량을 가진 추운 지역은 포도가 잘 숙성되지 않고 산도가 많으며, 알코올 함량이 적은 와인을 만든다.

따라서 좋은 와인을 만들기 위한 이상적인 토양과 기후는 다양하다. 다양한 토양은 기후 조건에 따라서 포도 품종별로 재배하기에 적합하다. 토양은 열의 보존, 저수 능력 그리고 영양소에 효과를 통해서 포도 성장에 영향을 미친다. 샹파뉴 지역의 특징적인 백악질 토양은 알칼리 토양으로 칼슘의 pH가 높으며, 이것은 산도가 높은 와인을 생산하는 포도 품종 샤르도네의 재배에 가장 적합하다. 석회질 이회토인 라모라 바롤로(La Morra Barolo) 지역에서 재배된 네비올로는 풍부한 아로마와 부드럽고 과일향이 짙은 바롤로 와인을 생산한다. 날씨 조건은 포도의 맛을 다르게 만든다. 기후는 일조량의 온도, 강수량의 습도, 바람의 오랜 결과물이다. 온도는 포도의 숙성에 영향을 미친다. 열대 기후는 포도를 더 달콤하게 만들고, 반면에 낮은 온도는 높은 산도로 인해 날카롭게 만든다.

와인은 지방적인 기후적 특색과 와인 메이커의 선택에 항상 많이 의존할 수 밖에 없다. 이상적인 테루아는 전통적으로 비교적 서늘하며, 여름 강수량이 적으며, 길고 드라이한 가을(긴, 서늘한 숙성 기간은 과일과 알코올, 산도의 좋은 밸런스와 함께 세련된 풍미를 준다) 또는 다양한 기후 조건, 겨울 강수량, 비교적 높은 온도, 온화한 해양성 미풍 등이다. 테루아는 자신이 만들고자 하는 와인 스타일에 따라서 어디에서든 또는 제한적인 지역에서 찾을 수 있다.

와인은 테루아의 특별한 결합으로 이루어진 유일한 표현이다. 왜 포도나무가 어디서나 자라지 않고, 항상 있는 포도밭에서 그랑 와인은 생산되는지 이해하기 위해서 상당히 테루아에 대해 알아야 하는 것이 필요하다. 테루아는 기후 요소, 물리적인 토양의 특성, 인간에 의해 관리된 포도밭에서 자연적인 물 조절에 따라 품질적인 포도와 와인을 생산하고 분별할 수 있는 것에 깊이 관련되어 있다.

2-5 재배

✐ 겨울 작업 ──◦

포도나무는 겨울이 되면 활동을 멈추고 휴지기에 들어가지만 포도 재배자는 바쁜 계절이 시작된다. 대부분의 사람들이 전정과 가지유인에 전념하고, 평소 트랙터를 담당하는 두 사람이 포도나무에 말뚝을 박는 작업과 가지를 고정하기 위해 지면에 수평으로 쳐두는 철선 수리를 한다. 포도나무의 수명은 말뚝으로 선택한 나무의 종류에 따라 달라지며, 말뚝은 토양에 함유된 수분 때문에 부식을 하므로, 몇 년 걸러 바꿔 박아야 한다. 보르도에서 처음에 아카시아 나무를 쓰다가 이후 소나무, 유카리나무를 썼는데, 결국 이 지방에서 많이 자라는 아카시아 나무가 가장 적합해, 다시 아카시아 나무로 말뚝을 박는다. 메독에서는 전정 작업에 능률제를 취하는 샤토가 많아 전정한 그

루 수에 따라 임금이 지불된다. 카베르네 소비뇽 가지는 단단하고 이에 비해 메를로가 더 부드러워 전정하기가 쉽다. 4월에는 메를로의 싹이 나오기 시작하는데 5월이 되면 수확량을 조절하기 위해 싹제거 작업을 한다.

휴면 시기로 포도나무 가지, 싹눈 선택과 제거, 가지치기를 하며, 1년에 2회 정도 실시한다.

- **겨울에 실시** : 싹눈의 수를 한정하여 최종적인 수확량과 고품질의 포도 생산
- **여름에 실시** : 열매를 덮고 있는 잎을 조정하여 일조량을 확보하고 과실의 성숙도, 통풍, 곰팡이의 위험도를 관리한다.

✎ 올바른 가지치기와 캐노피 관리의 목적 ───○

- 테루아를 고려하고 광합성을 촉진한다.
- 알맞은 잎의 균형을 설계하여 그해 수확량과 포도의 품질에 영향을 미친다.
- 포도 병충해를 예방하는 기능을 한다.

✎ 포도나무 수형의 종류 ───○

- **포도나무의 수형 : 트렐리스 시스템(Trellis system)**

일조를 최대로 받도록 가지를 배치하여 광합성을 극대화하여 품질 높은 과실이 열리도록 만든다. 이때 지주 철선을 이용한 형태로 전정한다. 포도의 줄기와 넝쿨이 철사를 감아 생장하도록 나무의 형태를 잡아준다. 광합성을 극대화시키고, 나무의 통풍에도 도움을 준다.

- **지주 철사의 설치 방법에 따른 지역별 수형의 종류**

❶ 메독 : 더블 귀요(Double Guyot)

❷ 생테밀리옹 : 심플 귀요(Simple Guyot)

❸ 보졸레, 코트 뒤 론, 스페인 : 고블렛(Goblet, 성장을 제약할 필요가 없는 품종)

❹ 샹파뉴 : 코르동 드 로얏(Cordon de Royat)

❺ 한국, 일본 : 울타리형(웨이크만 식) 재배, 등나무 식 페르골라(Pergola) 형

❻ 프랑스에서는 흔히 2개의 철사에 기대어 Y자로 벌어진 형태

❼ 독일 모젤에선 하트 형태 : 모젤(Mosel) 방식(급경사지에 적합한 방식으로 나무를 버팀목에 붙이고 좌우 양쪽 지지)

⑧ 올드 바인인 그르나슈와 무르베드르는 부시 시스템 또는 고블렛

⑨ 바람이 강하고 건조한 지역(나무에 짧은 지주를 대어서 위쪽으로 수직적으로 기른다)

⑩ 강한 바람으로부터 포도를 보호, 간격이 넓은 이유도 강한 바람이 지나가도록 하기 위해서이다.

⑪ 다습한 지역에서는 격자식 구조물을 쓴다.

✏ 수확량 제한 ———○

초여름을 맞기 전, 가을의 수확량을 예상하기 위한 콩타쥬 조사를 한다. 열매가 열린 가지와 포도송이를 세어, 통계적으로 수확량을 예상하는 조사이다. 포도 수나 무게를 결정하는 요소로는 토양의 타입, 강수량, 기온 등 기후가 주는 영향이 큰데, 전정 방법과 기술도 영향을 준다. 수확량을 이른 시점에서 파악해 두는 것은 이후의 재배 작업과 양조 방법에 전략성을 부여한다.

프랑스에서는 헥타르(ha)당 수확량이 병기되고 있다. 저수확량, 수확량 제한이라는 단어에 과대한 이미지와 가치가 부여되는 것 같은 생각이 든다. 균형 잡힌 수확량을 정하는 것은 나무에 가해지는 부담을 줄이고, 나무의 생리에도 바람직할 것이다.

✏ 포도 생장 ———○

5~6월 작은 꽃이 나오기 시작하지만 서리의 위험이 여전히 남아있다. 영하 5℃ 이하에서는 새싹이 자라나지 못한다. 늦봄에 꽃이 피기 시작하며 드라이한 기후가 필요하다. 꽃이 피는 시기에 습하고 추운 기후가 지속되어 포도를 공격하게 되면, 포도의 사이즈를 작아지고 과실양은 줄어서, 결과적으로 수확기의 포도 품질을 떨어뜨린다. 또한 이 시기는 우박을 동반한 폭풍의 위험이 있다.

7월은 나뭇잎이 커지고 꽃이 피고, 작은 열매가 맺으며 포도의 형태가 만들어진다.

8월은 포도 열매가 자라고, 온도가 높아지면서 색이 변화하며 숙성된다. 이 시기를 베레종(Véraison)이라고 하며 적포도 품종의 열매가 보라색으로 변하고, 청포도는 노랗게 익는다. 당분이 높아지고, 산도가 낮아지며 아로마가 풍부해진다.

품질을 좋게 하기 위해 포도 솎기를 한다. 그린 하비스트(Green harvest)라고 부르며 생산량을 조절하여 한 그루에 과잉된 포도송이를 제하여 포도의 품질을 향상시킨다.

습한 기후조건에서는 파우더리 밀듀우(Powdery Mildew)로 알려진 오디움(Oidium) 같은 병충해가 생길 수 있다.

▲ 8월의 베레종

📝 식재밀도 ──○

식재밀도는 만들려고 하는 와인의 스타일과 품질에 따라 정하는데, 현재 보르도는 1ha당 만 그루의 포도밭이다. 수형은 여러 가지가 있는데 밭갈이 방법의 변화(쟁기에서 말로)와 철선치기가 고안되어 영향을 끼쳤다. 필록세라 병해로 인해 나무를 할 수 없이 바꿔심을 때 도입되었다. 전정법에도 몇 종류가 있는데, 프랑스에서는 AOC 규정으로 산지별 전정법이 정해져 있어 전정 방법, 가지에 남겨도 되는 눈의 수까지 정해져 있다. 메독은 귀요식과 코르동식이 허가되어 있다.

📝 묘목심기 ──○

포도나무의 수명은 존재한다. 수명이 긴 나무를 올드 바인(Old vine)이라고 하고, 호주에서는 100년 포도나무도 있다. 그러나 일반적으로 와이너리에서는 포도나무 바꿔 심기를 한다. 보르도의 경우 묘목을 심고 나서 50~60년간 포도나무는 열매를 맺는다. 수세가 강한 젊은 나무는 많은 송이가 열리고, 나무가 늙으면 수확량이 줄고 그만큼 포도의 응축도와 품질이 올라간다. 50년 이상 된 고목은 어린 나무에 비해 3분의 1의 수확량에 불과하다. 품질과 수확량의 균형이 잡히는 시기는 15~35년이다. 나무 바꿔심기를 하기 전에 토양을 잘 알기 위해 토질조사를 실시하여 토질 지도를 만들어, 각 구획의 성격을 인지한 후 밭에서 고목을 뽑아낸다. 그 후 묘목 심는 기계를 이용해 표고가 낮은 곳부터 묘목을 심어간다.

📝 수확일 결정 ──○

포도는 개화, 결실 후 40~60일 후 과립이 색채를 띠는 베레종기를 맞이하는데 이 시기가 지나면 과립 내에 당분이 축적된다. 과립중 당도가 상승하는 한편 산도가 낮아지는데 산성도가 저하하는 변화 속도는 포도 품종 및 클론, 재배지의 기후에 따라 다르다. 8월 하순이 되면 눈에 띄게 숙성도가 높아지는데, 포도의 당도와 산도의 측정은 간단한 기재로 직접 하기도 하지만, 전용 분석장치를 필요로 하는 것은 분석센터로 가져가서 분석을 받는다.

와인 생산자들은 과거의 데이터로부터 포도 품종에 따른 수확일을 예측하여 적어도 4주 전에는 각종 포도에 대한 과립 샘플링을 실시한다. 이 샘플링에서 중요시되는 점은 당도 및 산도 등 화학적 지표를 근거하여 원하는 와인 스타일에 맞춰 포도 수확시기를 결정한다.

※ 브릭스(Brix) : 포도와 와인에 들어있는 당의 농도를 측정하는 단위로 1Brix란 포도주스 100g에 들어있는 1g의 당을 말한다. 이것은 수용액 속에 녹아 있는 '가용성고형분'의 총량이 1g이다. 가용성고형분 중에서 당뿐만 아니라 염, 단백질, 유기산 등도 포함되기 때문에 브릭스가 높다고 무조건 높은 당만 의미하지는 않는다. 그러나 당의 함량이 많을수록 알코올 함량이 높아지기에 수확기에 포도의 브릭스는 중요한 지표가 된다. 유럽의 양조용 포도는 대체로 21~25Brix를 가진다.

3 ◆ 양조

19세기 중엽에 양조기술 변화가 시작되었다. 이 시기에 들어서 와인성분의 화학적 분석이 가능해지며 와인에 대한 이해도가 향상되었고, 특히 와인의 품질이 발효통, 송이 분리, 포도알의 파쇄상태, 양조기간, 혼합되는 압착와인 품질 등의 5가지의 주된 요소에 의해 결정된다고 인식하였다.

3-1 레드 와인 제조

✎ 수확~발효전 침용까지 ——o

9월이면 수확이 시작되는데 당도, 산도의 분석치도 중요하지만 실제 포도밭을 걸으며 포도를 먹어보아 당도와 산도의 균형을 본다. 손 수확은 수확시점에서 송이를 선별할 수 있어 좋으나 시간과 인건비가 드는 단점이 있고, 기계 수확은 시간과 비용이 들지 않고 포도가 완숙될 때까지 기다릴 수 있는 장점이 있다.

수확한 포도는 쉽게 산화가 되기 때문에, 몇 시간 내에 양조장으로 운반된다. 하역된 포도는 선별과정을 거쳐 건강한 포도만 사용한다. 그후 줄기 제거를 하고, 으깨기(파쇄)를 하여 과피(포도 껍질), 씨, 과육을 발효조에 옮겨 넣는다. 샴페인 양조의 경우는 파쇄 작업을 생략하고 포도송이 통째로 압착하기도 한다.

▲ 하역된 포도를 선별하는 과정

✎ 이산화황(Sulfur dioxide, SO_2) 첨가 ——o

이산화황은 식품에 '항균제'와 '항산화제'로써 사용되고 있다. 와인에서 이산화황의 역할은 첫 번째 산화를 방지하는 역할을 한다. 산소분자가 포도즙 이동을 억제함으로써 산화방지제 효과가 나타난다. 두 번째로는 미생물을 억제할 목적으로도 이산화항 처리를 한다. 포도즙을 가공할 때는 초산균이 매우 쉽게 번식하므로 이러한 잡균을 제거하기 위해 이산화황은 유용한 보조재이다. 따라서 세균 번식을 차단하기 위해 포도즙에 첨가한다. 사용되는 이산화황의 농도는 포도의 청결도, pH, 산도, 당 농도 등에 따라 달라지지만 보통 50~100ppm 정도가 사용된다. 특히 발효 전 포도즙에 첨가되는 이산화황의 양은 50ppm를 초과해서는 안 된다. 일반적으로 이산화황의 허용 기준은 와인의 스타일에 따라서 그리고 국가와 지역에 따라서 다르다.

＊국가별 와인의 아황산 허용 기준

국내 350ppm 미만, 호주 400ppm 미만, 미국 275ppm 미만, 유럽의 경우 화이트 와인은 210ppm 미만이고 레드 와인은 160ppm 미만이다.

＊아황산의 부작용

아황산의 역할은 잡균의 번식을 억제하여 와인의 향미를 개선하고, 갈변 현상을 억제하며, 공기 중의 산소에 의해 변질하는 현상을 막는 항산화 작용을 한다. 인류는 아황산 물질을 발견한 이래 식품의 안정성과 보존성을 높였다. 특히 와인은 안정성을 가지고 숙성과 운반이 자유로워졌다.

그러나 만병통치약 같은 아황산은 부작용도 일으킨다. 1986년 미국에서 사건이 발생했다. 식재료가 갈색으로 변하는 것을 막기 위해 야채에 아황산 처리를 했는데 천식 환자가 식당에서 아황산 처리된 야채 샐러드를 먹고 발작을 일으켜 사망하였다. 이후 채소류에 아황산 사용을 금지했고, 1988년부터 미국에서 판매되는 와인, 맥주에 10ppm 이상의 아황산이 잔류하면 의무적으로 아황산 첨가 경고 표기(무수아황산 첨가)를 하도록 했다. 아황산은 발효중에 부산물로써 자연적으로 소량 생성되기에 의도적으로 첨가하지 않더라도 와인에서 검출될 수 있다. 알레르기 환자 또는 천식 환자 중에는 허용량 이하의 아황산에도 매우 민감하여 치명적인 부작용이 나타날 수 있으므로 주의해야 한다.

[SO₂를 알아보자]

"아황산(SO₂)"은 양조에서 가장 많이 사용하는 화합물로, 두 개의 산소 원자가 단일 황 원자에 결합되어 있다. 알코올 발효 과정에서 효모에 의해 자연적으로 소량 생산되지만 와인에서 발견되는 대부분의 SO₂는 첨가로 인해서다.

아황산(Sulphur dioxide) 사용은 와인 산업에서 빈번하게 논쟁화 되었던 주제 중에 하나이다. 와인 메이커, 와인 저널리스트 그리고 소비자조차도 꾸준히 이 문제에 대해 야기한다. 아황산은 와인 양조에서 와인의 품질을 안정화시키는 중요한 물질 중에 하나이다.

SO₂는 불쾌하고 역한 냄새를 풍기면서 질식케 만드는 무색 가스이다. 로마 시대 이래로 SO₂는 주로 식품을 오래 보관하게 만들어 주는 보존제로 이용되어왔다. 와인에는 중세시대부터 사용되고 있다. 1487년 독일 왕실 법령은 양조 역사의 전환점이 되었다. 그해에 프로이센 왕실 법령은 처음으로 와인 첨가물 이산화황(SO₂)의 사용을 공식적으로 허용했다.

SO₂는 항산화제 역할을 한다. SO₂는 와인에 용해되면 이온화된 형태로도 존재한다. SO₂는 산소와 직접 반응하는 것을 좋아하지 않지만 산소가 있을 때 형성되는 다른 산화제와 쉽게 결합한다.

SO₂의 중요한 특성 중 하나는 아세트알데히드(Acetaldehyde) 분자와 결합하는 능력이다. 형성된 알데히드(Aldehyde)를 결합하여 산화 생성물 냄새를 제어한다. 산화 냄새 원인의 이온(HSO₃−)이 알데히드와 결합하여 무해하고 무취의 분자를 형성하게 되고, 와인의 산화 특성을 효과적으로 제어한다. SO₂를 적절하게 사용하면 와인의 신선도를 유지하는 데 도움이 된다. SO₂는 살균제 역할을 하여 박테리아와 효모를 사멸시킨다.

와인에는 산화효소가 있어서 산화 반응을 빠르게 만든다. 결함 있는 포도 또는 곰팡이 피해를 입은 포도에서 주로 발견된다. 균으로 감염된 포도는 산화효소가 많이 함유되기 때문에 SO₂ 첨가량이 많다. 균에 전염된 포도를 솎아내어 최소로 줄여야 하고, 가능한 건강한 포도만을 사용해야 한다. 잡균의 생장을 방지하기 위해 SO₂ 첨가와 적절한 여과(필터)도 필요하고 양조장의 위생 상태도 중요하다. 발효조, 오크 배럴, 펌프를 항상 깨끗하게 유지하는 것이 기본이다.

귀부병에 걸린(Botrytised grapes) 포도로 만든 스위트 와인은 산화 방지하기 위해 많은 양의 SO₂ 첨가가 필요하다. 일반적으로 화이트 와인이 레드 와인보다 더 많은 SO₂를 첨가한다. 레드 와인에는 자연적으로 산화 공격을 방어하는 폴리페놀(Polyphenolic compounds) 성분이 있기 때문이다.

화이트 와인은 일반적으로 산화에 민감하다. 즉 와인은 혐기적 상태에서 숙성이 되며, 병마개가 중요한 역할을 한다. 코르크나 스크류 캡의 질 좋은 마개를 사용해야 산소를 차단할 수 있다. 그럼에도 불구하고 병 안에서는 이상적인 와인 숙성을 위해서 소량의 산소 잔량이 필요하다는 것은 여전히 논쟁거리다. SO₂ 15mg/ℓ 이하의 와인에서 산화 특성이 두드러진다. 이러한 현상은 와인이 브라운 색깔로 변화는 것과 밀접한 연관을 가진다.

SO₂ 첨가 시기도 중요하다. 와인이 산소 스트레스와 잡균에 노출되는 시기를 주의해야 하며, SO₂를 첨가할 수 있다. 포도 수확 후 으깨기(파쇄), 2차 발효(Malolactic Fermentation)의 종료되는 시기, 또는 박테리아로 인해 알코올 발효가 방해될 때, 그리고 병입할 때이다.

만약 SO_2가 와인 양조에 중요하다면, 왜 와인 생산자들은 SO_2 첨가 없이 와인을 만들기를 원하는 걸까? 두 가지 이유를 고려해 본다. 첫째는 건강상의 문제이다. 많은 사람들이 건강한 음식에 대한 관심이 높아지고, 첨가물 사용을 꺼려하기 때문이다. 두 번째로 와인을 자연주의 측면에서 바라보는 내추럴 와인 생산자 집단이 존재한다. SO_2를 전혀 사용하지 않은 것이 완벽한 내추럴 와인을 만들기 위한 마지막 허들로 인식한다.

SO_2를 전혀 첨가하지 않는다고 할지라도 와인에는 소량의 SO_2가 잔류한다. 사카로마이세스 효모는 발효 중에 소량의 아황산염을 생성하는데, 자연적으로 약 SO_2 5~10mg/ℓ 이하를 생산한다. 이러한 이유로 100% SO_2 없는 와인은 환상일 수밖에 없다.

SO_2를 첨가하지 않으면 포도 자체의 과일 향을 잘 보여준다. 그러나 단점 또한 가지고 있다. 이상적인 와인 보관 장소를 가지고 있지 않다면 무첨가 SO_2 와인은 오래 보관이 어렵다.

SO_2가 건강에 좋은가? 물론 그렇지 않다. 매우 낮은 SO_2 1mg/ℓ 이하 섭취에 매우 민감하고 위험한 천식환자, 알레르기 환자에게 심각한 부작용을 발생시킨다. SO_2 10mg/ℓ 이상 함유하는 모든 와인은 라벨에 의무적으로 경고 표시해야 한다. 이 수치는 SO_2 첨가 없이도 자연적 발효로 인해 생성될 수 있는 함유량이다.

많은 사람들이 와인을 마시고 얼굴이 붉어지거나, 머리가 아픈 증상을 SO_2 탓으로 돌린다. 그러나 이를 증명할 의학연구 데이터는 아직 부족하다. SO_2는 식품의 보존제로써 많은 음식에 사용되고, 와인보다 더 많은 SO_2를 함유하고 있다. 건조 과일과 박고지에는 약 2000~5000ppm이 허용되어 있고, 이는 와인이 함유하고 있는 양의 몇 배 더 많은 양이다. 와인을 마시지 않더라도 현대사회에서 SO_2에 노출될 상황이 얼마든지 있으므로 와인을 꺼릴 이유는 전혀 없다.

🖊 보당(Captalization)과 보산 ——○

포도의 당도는 과실이 성숙함에 따라서 상승하고 산도는 반대로 저하된다. 당과 산의 균형을 확인한 후 수확을 하는 것이 중요한데 산지나 수확년도 수량, 특정 와인의 스타일에 따라서는 양조단계에서 당과 산을 보충하는 처리를 하기도 한다. 19세기 초 당시 프랑스 농림부 장관이었던 샵탈(Chaptal) 백작은 양조시 보당을 통한 알코올 수득률 향상을 일반화시키고 법제화하였다(Chaptalisation : 1801년).

보당은 포도즙의 당도가 낮아 제조될 와인의 알코올 함량을 높일 목적으로 한다. 유럽의 경우 보당이 필요 없는 고온 지역에서 하는 보당은 불법이지만 당도가 낮은 저온 지역에서는 정부의 통제 아래 보당이 허가되어 있다. 산도가 낮고 pH가 높을 경우 유기산을 첨가해 산도와 pH를 조절할 수 있다. 이때 유기산으로는 분해에 덜 민감한 주석산을 주로 사용한다. 보당과 보산은 인체에 영향을 주는 기술은 아니지만 캘리포니아나 오스트레일리아에서는 보당이 금지되어 있고, 프랑스의 보르도나 부르고뉴에서는 보당과 보산 동시 병용이 금지되어 있다. 이익만을 추구하여 생산자가 남용해 분명한 품질의 저하를 초래하기 때문이다.

🖊 보당과 보산 측정법 ——○

*보당(Chaptalization)량

주로 설탕을 첨가하여 부족한 당을 보충한다. 브릭스(Brix)의 알코올 전환 Brix 측정(포도당도×0.55~0.60 = 알코올 %)을 계산하여 타겟 알코올을 설계한 후 측정한다.

보당량은 포도 주스에 설탕을 첨가하거나 발효 전에 해야 하는 과정으로 완성된 와인의 알코올 수준을 높인다. 당 17.5~18g/ℓ일 때 알코올 1%가 생성된다. 설탕을 포도 주스에 넣고 녹을 때까지 교반한다.

당(g/ℓ)	알코올 %	와인 총중량(kg)	보당(g)
17.5~18	1	χ	χ × 17.5~18

*보산(Acidification)량

주석산(Tartaric Acid)을 첨가한다. pH는 포도원과 포도주 양조장에서 사용되는 가장 일반적인 산도 측정 기준이다. 1.0g/ℓ의 타르타르산 첨가는 TA를 약 1.0g/ℓ까지 증가시키고 pH를 0.1pH 단위로 감소시킨다. 포도 주스, 머스트 또는 와인에 산을 첨가하면 와인의 pH가 감소하고 TA가 증가한다.

Tartaric acid(g/ℓ)	와인 총중량(kg)	Total(g)
1.0	χ	χ × 1.0

🖊 알코올 발효 ——○

발효(Fermention)의 어원은 라틴어로 Fevere '끓이다'의 뜻을 가지고 있다. 알코올이 생성되는 과정에서 거품이 생성되는 모양을 나타낸 것으로 '끓어 오르다'의 뜻이 있다. 미생물의 생리활동에 의해 일어나는 화학적 변화로서, 유기물이 산화 환원 또는 분해 등에 의해 인간생활에 유익한 다른 물질로 변화되는 현상이다. 발효는 미생물의 생리활동으로 당을 분해해서 산으로 진행되는 대사 과정

이다. 야생효모를 이용한 자연 발효와 순수배양효모를 이용한 발효가 있다.

알코올 발효를 하기 위해서는 사카로미세스 세레비지에(Saccharomyces cerevisiae) 효모가 포도즙에 충분히 존재해야 한다.

$$C_6H_{12}O_6 \longrightarrow 2C_2H_5OH + 2CO_2$$

Glucose(글루코스 : 포도당+과당) 에틸 알코올 탄산가스

포도당과 과당은 효모에 잘 발효되나 다른 단당류는 발효가 일부되거나 거의 안 되는 경우도 있다. 포도즙에 분포되어 있는 포도당은 α 또는 β-D-글루코스(β-D-glucose) 형인데 주로 α-D-글루코스(α-D-glucose) 형을 분해한다. 레드 와인의 경우는 효모의 작용으로 약 1~2주 동안 26~30℃의 온도를 넘지 않으며, 알코올 발효를 한다. 화이트 와인은 이보다 낮은 온도 약 10~18℃에서 진행된다. 레드 와인은 이 과정에서 포도 껍질의 색소와 타닌산을 추출한다.

*사카로미세스 세레비지에(Saccharomyces cerevisiae)

사카로미세스 세레비지에는 생리학 및 많은 식품, 음료 발효와 기타 산업 공정에서 주요 역할을 하며, 전 세계 생명 공학에서 사용되는 주요 효모이다.

사카로미세스 세레비지에는 와인 양조시 알코올 발효를 수행하는 데 사용되는 가장 중요한 효모종이다. 알코올성 음료 및 빵과 같은 일부 발효식품 생산의 주된 유기체이다. 사카로미세스 세레비지에의 효율성은 생장 기질이 제공할 수 있는 탄소원에 따라 신진 대사를 조정하고 불리한 환경 조건에 대처하는 능력에 달려 있다. 독소를 생성하는 미생물을 억제시키고, 부패 미생물의 생장을 방지하는 킬러 균주이다.

와인 양조에서 기질은 포도당과 과당과 같은 육탄당이 풍부하며 발효 대사는 에탄올뿐만 아니라 높은 품질의 와인을 얻기 위해 필요한 다른 대사 산물도 생산한다. 사카로미세스 세레비지에 균주는 에탄올에 대해 내성이 강하여(알코올 10~12%까지 잘 살아남음), 내성이 약한 다른 미생물이 번식하는 것을 방지한다.

환경 조건을 감지하고 증식을 방지하지 않고, 발효 대사를 감소시키지 않으면서 효율적으로 적응 반응을 촉발하는 능력은 효모의 핵심 요소 중 하나이다.

와인 메이커는 와인 저장고 환경, 공기, 포도 또는 접종을 통해 다양한 효모를 이용할 수 있다. 이러한 다양한 균주는 다양한 풍미와 향을 지닌 개성있는 와인을 생산하는 데 매우 중요한 역할을 한다.

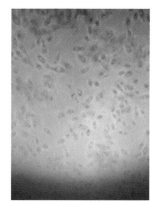

▲ 사카로미세스 세레비지에

사카로미세스 세레비지에 균주는 다양한 발효 과정에 적응된 균주를 개발하려는 연구로 유전적으로 다양하다. 현재 효모를 만드는 가장 큰 회사는 몬트리올에 본사를 둔 랄르망(Lallemand)이다. 이 회사는 사카로미세스 세레비지에의 특화된 새로운 균주를 개발하고 판매하고 있다.

🖊 르몽타쥬(Remontage)와 압착 ———○

르몽타쥬 작업은 색소나 타닌을 최대한 추출할 뿐만 아니라 술에 산소를 공급하는 역할도 한다. 알코올 발효 기간에 하루 1~3회 실시한다. 르몽타쥬 또는 펌핑 오버는 탱크 바닥에서 주스를 펌핑하여 머스트 캡층에 뿌려 주입하는 교반 작업을 한다. 부르고뉴 지역에서는 기계 또는 막대 유봉을 사용하여 머스트 캡층을 주스에 밀어 넣으며 펀칭 다운을 하는데, 이 작업을 피자쥬(Pigeage)라고 한다.

알코올 발효와 마세라시옹(침용)을 한 후 와인 빼내기와 머스트 압착을 한다. 1차 발효된 포도즙을 뽑아내는데 아래 부분에서 나온 포도즙과 머스트(Must)에서 나온 포도즙을 따로 분리한다. 처음 아래 부분의 맑은 주스를 프리런 와인(Free-run wine)이라 하고, 부드러운 질감을 가진다. 다음으로 머스트(껍질과 씨)를 압착하여 얻은 주스를 프레스 와인(Press wine)이라 하며, 거친 질감을 가진다. 이후 블랜딩을 하여 숙성통으로 옮긴다.

※ 발효통과 숙성통의 종류

　나무 재질 : 오크나무, 밤나무, 삼나무　　　　스테인레스 재질 : 스테인레스 스틸통

　콘크리트 : 시멘트와 같은 콘크리트 재질 탱크　점토 재질 : 암포라(Qvevri)

🖊 2차 발효(유산 발효) ———○

사과산이 젖산균에 의해 젖산으로 분해되는 과정(포도주 생산과정에서 발생)으로 산의 감소를 가져와 순하고 부드러운 와인을 생산한다. Malo-lactic Fermentation(2차 발효)는 젖산균(박테리아)의 작용으로 이루어진다.

$$COOH\text{-}CHOH\text{-}CH_3\text{-}COOH \qquad\qquad COOH\text{-}CHOH\text{-}CH_3 + CO_2$$
Malic Acid 사과산　　　　　　　　　　　　**Lactic Acid** 유산　　탄산가스

거칠고 강한 사과산(Malic Acid)을 젖산균(박테리아)의 작용으로 부드러운 유산(Lactic acid)으로 바꾸어 준다. 이때의 온도는 18~20℃를 넘지 않게 한다. 이로 인해 사과산을 유산(젖산)으로 바꾸며 산미가 부드러워진다. 2차 발효를 원하지 않을 경우는 알코올 발효 후 낮은 온도에서 숙성하거나 이산화황을 첨가하여 박테리아 증식을 억제하면 된다. 대부분의 레드 와인은 2차 발효를 거치지만, 화이트 와인의 경우는 2차 발효를 선택적으로 한다.

🖊 오크통의 개성 ———○

술통 자체에서 나는 오크향과 맛, 그리고 타닌산의 양으로 그 술통을 얼마나 사용했는지 알 수 있다. 오크를 저장용기로서 보느냐, 향기를 추구하느냐 등 각 샤토의 철학에 따라 술통이 와인에 부여하는 개성이 달라진다. 와인에 복잡한 향을 가미하는 술통은 와인 제조에 있어 중요한 존재이다. 고품질의 와인을 새 술통에 담는 경우가 많으나 새 술통을 사용했다고 해서 무조건 고급 와인은 아니고 와인은 포도라는 과일로 만들어지는 술인 이상 술통의 향이 지배적이어서는 안 된다.

＊오크통

와인에 널리 사용되고 있는 오크통은 단단하며, 비싸다. 와인과 궁합이 잘 맞는 향미성분을 지닌 오크로 크게 프렌치 오크(French oak)와 아메리칸 오크

(American oak)가 있다. 그 외에 헝가리안 오크통(Hungarian oak)이 있다.

오크 선택 시 고려할 점 : 오크의 원산지, 시즈닝, 나무결, 토스팅 강도

오크 배럴 제조 과정

❶ 두드리기, 나무 쪼개기
❷ 드라잉(Drying) : 통풍이 잘 되는 곳에서 약 3년 정도 건조
❸ 아상블라주와 세이핑 : 조립하기
❹ 토스팅(Toasting) : 태우기 500℃ 5~10분. 아치형으로 만들기
❺ 밑바닥 대기, 테 두르기
❻ 피니싱(Finishing) : 구멍 뚫기

＊오크통의 효용

고급와인과 오크통은 필수불가결의 관계에 있다. 오크통이 와인에 미치는 영향은 화학적으로 밝혀지지 않았으나, 오크통은 와인에 일정량의 산소를 부여하고 와인을 청명화, 안정화시키는 역할을 하고 있다는 사실을 경험을 통해 여러 와인업계 종사자들은 알 수 있게 되었다. 또한 와인에 바닐라와 같은 향기 및 쓴 성분인 노란 색소인 타닌을 부여하여 적절하게 사용한다면 부드러운 산화작용에 기인한 향기를 내어 깊이 있는 와인이 되도록 한다. 오크통은 새 것일수록 위생적이며, 그 향기 성분을 와인에게 부여하기 때문에 배럴의 가격은 새 것일수록 비싸다.

＊오크칩과 미세산화

오크칩은 새로운 오크통을 사용하기에는 채산성이 맞지 않는 저가 와인의 경우 새로운 오크통에서 숙성한 듯한 오크의 향기를 부여하는 저렴한 방법으로, 오크통을 제조할 때 생성되는 오크조각을 발효 초기단계에서 절여 와

인에 오크 엑기스를 추출하는 데 사용된다. 미세산화란 와인에 극소량의 산소를 계획적으로 공급함으로써 와인의 향기 성분을 더욱 개선하고 색조를 안정화시켜 불쾌한 환원취의 발생을 억제하기 위해 고안된 양조기술이다. 이전의 오크칩은 강한 오크향으로 인해 새로운 오크통과 쉽게 감별할 수 있었지만, 최근은 오크칩 이용시 이 미세산화를 동시에 가해줌으로써 오크통에서 숙성한 것 같은 효과를 나타내고 있다.

✏️ 와인 숙성 ──○

숙성시 산화를 막기 위해서는 오크통이나 탱크에 와인을 가득 채워 저장하여 산소와의 접촉을 줄이는 것이 필수적이다. 와인 숙성시에 페놀레(Phenolée)

또는 브레타노마이세스(Brettanomyses)라는 동물 냄새가 발생하기 쉽다. 이 냄새에 대한 평가에는 개인차가 있어 희미한 향을 선호하는 사람도 있으나 보르도에서는 비위생적이거나 오염 미생물이라는 인식이 정착되어 있다. 와인은 기호식품이므로 취향에 개인차가 있고 페놀레향을 선호하는 사람도 있다. 그러나 포도 과실에서 나오는 향기를 최우선으로 고려하여, 과실향을 가려 버리는 페놀레는 되도록 피하는 것이 좋다.

🖊 와인의 결함인가? 브레타노마이세스의 논란 ———◦

브렛(Brett)으로 알려진 브레타노마이세스(Brettanomyces)는 일반적으로 적포도주 결함과 관련된 오염된 효모이다. 와인에서 마구간, 양말, 땀과 같은 불쾌한 냄새가 난다.

효모는 어디에나 존재하며 브렛도 다르지 않다. 포도, 오크 배럴, 와이너리 장비, 병입 후 병 내부에서 생성될 수 있다. 와인 메이커는 브레타노마이세스 효모 생장을 예방하기 위해 이산화황을 첨가하고, 살균 기술을 이용한다. 그러나 일부 생산자는 와인에 브렛의 흔적을 남기기도 하는데 브렛의 냄새를 선호하기 때문이다. 특정 균주는 불쾌한 이취가 나지만, 숙성향과 유사한 가죽, 흙, 펑키한 냄새를 생성하는 균주도 있다. 그래서 브레타노마이세스는 양극화된 효모로 간주한다. 그러나 과학적으로 브렛은 와인 결함이다. 그럼 정말 브렛은 결함일까?

🖊 브렛(Brett)이란? ———◦

브렛은 브레타노마이세스(Brettanomyces)의 약어로 포도주 양조장에서 흔히 발견되는 효모의 일종으로, 당을 먹고 알코올, 이산화탄소 및 와인의 향과 맛에 영향을 줄 수 있는 다양한 화합물로 전환한다. 이중에 휘발성 페놀 화합물의 생성을 통해 와인에 심각한 결함을 일으킨다. 이러한 화합물로 4-에틸 페놀(4-Ethyl-phenol)과 4-에틸 과이아콜(4-Ethyl-guaiacol)은 '반창고', '약품 냄새', '마구간', '뒷간'의 집합적인 브렛 캐릭터를 생성한다. 4-에틸 페놀은 반창고, 뒷간 냄새를 만들어 내지만, 농도가 낮으면 가죽향과 스모키, 매운향이 나타나고, 4-에틸 과이아콜은 호감형 아로마로 스파이스, 정향이 느껴지기도 한다. 그러나 일반적으로 브렛은 와인의 과일 풍미를 사라지게 하고 건조하며, 금속같은 뒷맛이 느껴진다. 이러한 냄새가 감지되면 오염 신호일 수 있으므로 모니터링 해야 한다.

브렛을 감지할 수 있는 임계값은 다양하고, 와인마다 브렛의 향은 다르다. 브렛 화합물은 4-에틸 페놀과 4-에틸 과이아콜이 포함되지만 서로 다른 비율로 존재하며, 이는 포도 품종에 따라 다르다. 예를 들어, 시라즈 와인의 브렛은 주로 '반창고' 냄새가 나지만, 브렛의 영향을 받은 피노 누아는 '가죽', '동물', '농장' 냄새가 난다. 혹자는 이러한 피노 누아 브렛을 피노 누아 와인의 풍미 특성이라 간주하며, 테루아의 요소로 주장하기도 한다.

대부분 효모의 경우 SO_2에 민감하다. 높은 pH 와인일수록 브렛 위험이 크고, pH가 3.9 또는 4에 도달하면 본질적으로 SO_2가 분자 형태로 존재하지 않으며 와인은 보호되지 않는다.

브렛 효모는 사카로미세스 세레비제(Saccharomyces cerevisiae)에 비해 작고, 오염 효모로 간주되며 포도에서도 발견되지만, 와인 양조시 저장고, 장비 오염의 영향이 더 심각하다. 따라서 완벽한 지하 저장고 위생을 유지하는 것이 필수적이다. 페놀레 향의 원인은 휘발성 페놀 분자이며, 특히 4-에틸 페놀이 많이 함유되어 있는 와인에서 강하게 느껴진다.

화이트 와인보다 레드 와인에서 주로 나타나며, 브렛은 페놀(폴리페놀) 함량이 높은 레드 와인을 선호하기 때문이고, 배럴에서 더 오랫동안 숙성된다. 화이트 와인은 레드 와인보다 pH가 낮고 페놀이 적다.

✏️ 와인에 브렛이 감지되면 어떻게 처리할까? ──○

'브렛'은 이산화황(SO_2)이 첨가되기 전까지 1차 발효(알코올 발효)와 2차 발효(MLF)가 끝나는 시점 사이에 발생할 위험이 크다. 특히 천천히 진행되는 말로락틱 발효(MLF)는 오랫동안 이산화황 첨가를 하지 않은 상태로 와인을 방치하면 브렛이 생장할 수 있다. 따라서 MLF를 빨리 진행해야 하지만 SO_2가 높으면 안 된다. 이는 말로락틱 발효를 시작할 수 없게 만든다. SO_2 0.6 mg/ℓ 농도는 브렛 생장을 억제하기 위해 필수적이며, 말로락틱 발효 후 SO_2 첨가가 안전하다. 또한 와인을 차갑게 유지하면 브렛의 위험을 완화시킬 수 있다.

브렛은 예방이 중요하다. 주로 깨끗하지 않은 장소(술통, 수도꼭지 등)의 저장고에 존재하며 때로는 포도에 존재한다. 와이너리에서는 와인 운반, 깨끗한 와인을 오염된 배럴에 넣거나, 토핑, 샘플링 또는 오크 배럴을 통한 교차 오염으로 발생될 수 있다. 이러한 오염된 배럴은 약 85℃ 뜨거운 물로 15분 동안 세척한다. 브렛은 살균과 필터 여과로 제거할 수 있다. 브렛을 제거하려면 다각적인 접근 방식이 필요하며 다음은 브렛이 선호하는 생장 조건이다.

❶ 잘 관리되지 않은 위생 환경

❷ 잔류 당의 존재 : 병입 전 잔류 당이 5g/ℓ 이상일 때

❸ pH 및 SO_2 : 불충분한 낮은 SO_2 함량, 높은 pH에서 수확한 포도(매우 잘 익은 포도의 낮은 산도)

❹ 오크 배럴 및 토핑 : 오크 배럴의 노화 및 오크 배럴의 열악한 소독

❺ 여과와 정화가 부족

따라서 청소와 소독으로 저장고의 청결한 위생을 유지해야 한다. 배럴, 펌프 및 파이프를 소독해야 하고, 적절한 함량의 SO_2를 유지한다. 양조학자에 따르면 0.6mg/ℓ SO_2는 브레타노마이세스 생장을 억제한다고 한다. 높은 pH는 미생물의 번식을 촉진시킬 수 있으니 주의해야 한다.

✏️ 양조 시 브레타노마이세스 제거 방법은 무엇일까? ──○

– 플래시 저온 살균 : 플래시 저온 살균은 심한 오염에 효과적이다. 죽은 효모를 제거하기 위해 치료 후 랙킹(통 갈이)을 하는 것이 좋다. 유럽연합에서는 2021년 1월에 승인되어 75℃(현재 70℃ 대비)까지 가열하여 살균할 수 있다. 그러나 유기농 와인제조 규정에는 이 방법이 금지이다.

– 멸균 여과 필터 사용 : 병입 시 와인을 멸균 여과를 하면 안전하다. DMDC 또는 디메틸 디 카보네이트(Dimethyl dicarbonate)를 사용하면 브레타노마이세스(Brettanomyces) 개체군을 제거할 수 있다. 이 제품을 사용하려면 병입 전 잔류 당이 5g/ℓ 이상 와인이 대상이다.

✏️ 주의할 사항 ──○

이러한 모든 조치는 예방 조치이며 '페놀' 냄새를 생성하는 물질을 완벽히 제거할 수 없다. 일반적으로 페놀 냄새를 감지하기 시작하면 개입하기에는 이미 너무 늦었다. 예방이 가장 중요하며, 오염된 효모를 잘 제어하고 휘발성 페놀의 생성을 억제해야 한다.

✏️ 결론 ──○

브렛은 소위 페놀레향을 부여하여 레드 와인을 오염시키는 효모 계열을 말한다. 브렛의 확산은 높은 알코올

함량과 낮은 SO²에 의해 거의 보호되지 않는 낮은 산성 환경(높은 pH)에서 생성된다. 이 미생물은 와인을 병에 담은 후에도 숙성 중에 계속 진행되기에 주의가 필요하다. 와인 메이커들은 청결하지 않은 위생이 브렛 오염의 원인이다고 말한다.

그러나 브렛의 특별한 향으로 인해 '땅의 맛' 테루아 측면에서 높이 평가받고, 이러한 브렛을 선호하는 와인 메이커와 소비자가 있다. 브렛은 와인에 더하기도 하고 빼기도 한다. 따라서 브렛을 단순히 흑백논리로 말할 수는 없다. 그러나 과학적인 측면에서 브렛은 결함으로 미생물의 오염이다. 브렛은 고농도의 페놀레를 포함하고, 이러한 페놀 이취를 페놀레(phénolée)라 하며, 양조자는 이러한 과도한 오염을 통제하고 주의 깊게 모니터링 해야 한다.

※ 통갈이(Racking) : 중력에 의해 가라앉은 침전물을 걸러내는 작업이다. 오크통에 있던 맑은 와인만 따로 옮겨 담는다. 고급 와인 생산자는 3개월에 한번씩 오크통갈이를 하나, 일반 와인은 와인의 숙성이 거의 다 끝난 단계에서 실시한다.

🖊 청징과 정제 ──o

전통적으로 달걀 흰자를 이용한다. 달걀 흰자에 포함되어 있는 알부민(Albumin) 성분과 젤라틴(Gelatin) 성분을 이용하여 와인 안에 남아 있는 불순물(혼탁한 찌꺼기)의 미세입자 성분을 흡착하여, 침전하게 만들어 고형물을 쉽게 와인과 분리하게 돕는다. 청징제는 주로 벤토나이트(Bentonite)를 많이 사용하고 있는 추세이다.

※ 청징제 종류 : 달걀 흰자(Egg White), 벤토나이트(Bentonite), 젤라틴(Gelatin), 아이징글라스(Isinglass) 등이 있다.

▲ 보르도는 전통적으로 계란 흰자를 청징제로 사용

＊필터 여과

와인 속에 포함된 단백질 등 미세한 고형물을 제거해 품질을 안정화시키는 작업이다. 결이 굵은 섬유를 이용한 양조용 필터, 효모 유산균 박테리아를 제거하는 미세구멍이 뚫린 플라스틱제 무균필터까지 다양한 종류가 있다.

(3-2) 화이트 와인 제조

- **수확** : 레드 포도 품종보다 더 빨리 수확한다. 약 8월 중순~9월 초순 경에 이루어진다.
- **선별** : 건강한 포도만 선별하는 작업으로, 그후 줄기 제거와 으깨기(파쇄)를 하여 과피(포도 껍질), 씨, 과육을 분리한다.
- **압착** : 파쇄된 포도를 압착기에 넣어 압착하여 포도 주스를 뽑아낸다. 저압으로 6~12시간 압착한다. 부드럽게 압착하여 포도주스와 껍질은 분류하고 주스(과즙)를 추출한다. 때로는 포도를 파쇄하지 않고 포도 송이째 압착한다. 압착 후 포도 껍질은 사용하지 않는다.

• 데부르바쥬(Débourbage) : 포도주스를 맑게 만드는 과정

포도주 안에 남아 있는 혼탁한 불순물들, 껍질 등의 미세한 입자들을 침전시켜 정화를 한다. 5시간마다 탁도를 측정하여, 맑은 포도주스의 탁도가 150~200NTU(포도 품종에 따라 수치는 다름)을 확인하여 옮겨 담는다.

저온으로 24~26시간 침전시키는데, 5~18℃ 저온일수록 침전 효과가 증가된다. 또는 간편하게 여과를 하거나 원심분리기(Centrifugation)를 사용한다. 따라서 맑은 포도 주스를 얻을 수 있는데, 이때 포도주스의 선명도가 포도주의 질을 결정할 정도로 중요한 과정이다. 이후, 맑은 주스는 발효조로 옮겨 담는다.

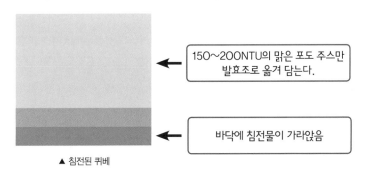

150~200NTU의 맑은 포도 주스만 발효조로 옮겨 담는다.

바닥에 침전물이 가라앉음

▲ 침전된 퀴베

– 와인이 너무 혼탁하면(300NTU) :

  야채 향이 강함(Methionol)

  환원치(Ethanethiol + H2S)

  짙은 색과 과실향 감소

– 와인이 너무 맑게 되면(50NTU 이하)

  휘발성 산이 증가

  에스테르 증가(에틸 아세테이트 Ethyle acetate)

• 알코올 발효와 침용

레드 와인보다 상대적으로 낮은 온도에서 저온 발효로 약 18~20℃로 진행한다. 포도즙의 신선도를 유지하므로 포도 자체의 과일 아로마와 후레시 산미를 생성한다.

• 2차 발효(Malo-lactic Fermentation)

젖산 박테리아가 와인에 있는 사과산을 젖산과 탄산가스로 변화시키는 반응이다. 그럼으로써 날카로운 산미를 부드럽게 만들어 준다. 화이트 와인은 유산 발효(MLF)를 포도 품종과 와인 스타일에 따라 선별적으로 실행한다. 이 과정을 생략하거나, 부분적으로 진행할 수 있다.

  ⓔ 샤르도네(Chardonnay) 품종이 유산 발효를 거친다면 크리미하고 부드러운 질감을 만들어 주고, 반면에 소비뇽 블랑(Sauvignon Blanc) 품종이 유산 발효를 거치지 않는다면 좀더 생기 있고 청량한 스타일의 와인을 만들 수 있다.

• 숙성 : 발효를 마친 와인을 숙성시킬 통으로 옮겨 담는다. 부르고뉴 지역에서는 화이트 와인 숙성 동안에 바토나주를 한다.

※ 바토나주(Batonnage) : 와인 안에 Lees(죽은 효모 찌꺼기)와 함께 숙성시킬 때 스틱을 이용하여 주기적으로 와인을 저어주어 Lees를 교반한다. 이로써 점도와 아로마가 풍부해진다.

- **블랜딩** : 여러 품종을 블랜딩하거나, 포도밭 구획별로 분리하여 숙성시킨 후 블랜딩하여 와인 맛을 결정한다.
- **청징(Fining)** : 단백질 성분의 점착제를 첨가하여 와인의 부유물과 만나 바닥에 가라앉혀 침전물을 제거한다.
  청징제로는 카세인, 벤토나이트, 달걀 흰자(알부민), 젤라틴을 주로 사용한다.

※ 주석산 제거 : 와인에서 흔히 발견되는 주석산염은 낮은 온도에서 결정화하는 성향이 있다. 발효나 저장기간중에 침전되거나, 와인 내에서 포화상태로 존재한다. 병입 후 장기간 저온에서 보관하게 되면 주석산이 결정화되어 상품 가치를 떨어뜨리므로 병입 전에 강제로 결정체를 형성시켜 제거하기도 한다. 와인을 동결점 가까이 냉각시켜 주선산염의 결정체를 형성시켜 여과에 의해 제거한다.

3-3 숙성의 미스터리

▲ 오래된 와인 저장고

예로부터 숙성을 통해 자신만의 개성을 지닌 와인을 만들기 위해 와인 메이커들은 와인을 가열하거나 그을렸다. 이러한 가열법은 현재에도 마데라나 란시오에 쓰이고, 그을리는 것은 오크통을 그을리는 방법과 일맥 상통한다.

18세기에서 19세기에 걸쳐 와인이 고가격으로 거래되기 시작하면서, 와인 유통에 변화가 생기기 시작하였고, 네고시앙이 와인의 생산에서 유통을 지배하는 구도가 완성되었다. 1860년이 되어 일정한 품질의 유리병 생산이 상업적으로 가능해지고, 이로 인해 특정 와인을 병 숙성시켜 마시는 것이 일반화되었다. 1960년대 이전의 보르도에서는 일반적으로 병에 담긴 와인을 마시기 가장 좋은 시기가 올 때까지 샤토와 네고시앙이 병 숙성시켰는데, 인플레로 인하여 현금 흐름이 악화되고, 금리 상승과 더불어 각 생산자가 양조장에서 숙성시킬 자금적 여유가 없어지자, 와인은 병에 담긴 후 숙성을 거치지 않고 바로 출하되게 되었고, 그 결과 병 숙성은 소비자의 몫이 되었다.

와인은 병에 담아지기 전에 침전물 거르기, 여과 등 와인을 안정화시키기 위한 처리를 하는데 이 과정에 공기가 완전 차단되는 것이 아니라 와인 속에서는 공기가 접촉하고 있어 여러 산화적 반응을 일으킨다. 병에 담긴 후에는 코르크 등으로 밀폐되어 있어 병의 헤드 스페이스나 와인에 녹아있는 산소를 제외한 산소는 공급되지 않아 숙성은 비산화적(환원적)으로 진행된다. 와인을 숙성시키는 요인의 변화 속도는 온도로 대표되는 숙성 환경, 코르크 상태, 병에 담길 때의 헤드 스페이스 크기나 pH, 이산화황 농도에 따라 달라진다. 와인 숙성은 복잡하고 다양한 원인이 얽혀있어 아직까지도 밝혀지지 않은 많은 미스터리가 남아있다.

• 보틀 바리에이션 : 같은 생산자, 같은 빈티지, 같은 원산지 호칭, 같은 병 사이즈가 완전히 동일한 와인임에도 보틀에 따라 색, 향, 맛에 미묘한 차이가 발생하는 경우가 있다. 와인 연구가들은 이것을 보틀 바리에이션이라 부르고 최대의 미스터리라 말한다. 후천적 요인으로는 수송 시 운반 컨테이너 내부의 온도, 코르크, 출하할 때 혹은 관리에 의한 이상현상 등이 있으며, 병 사이즈는 매그넘 보틀(1.5L)이 일반 보틀(750ml)보다 더 천천히 숙성된다.

4 ◆ 기타

4-1 필록세라

1863년에 시작한 필록세라가 창궐하여 포도밭이 황폐화되어 대재앙의 시작이었다. 프랑스 남부에서 발생하여 프랑스 전 포도원을 초토화시키고 전 세계로 전염되었다. 당시 유럽 포도밭의 70%를 파괴하였다. 필록세라는 진드기 같은 해충으로 포도나무에 기생하며 황폐화시켰다. 당시 미국에서 건너 온 포도뿌리혹벌레인 필록세라의 재앙으로 유럽 품종인 비티스 비니페라 종에 엄청난 치명타를 입혔다. 유럽과 신대륙의 황폐해진 포도밭은 다행히 필록세라에 강한 미국 품종 뿌리에 유럽 품종 비니페라의 접붙이기 방식으로 접목하여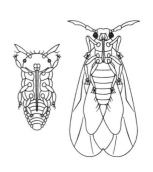
해결하였다. 예외적으로 칠레는 신대륙에서 가장 먼저 유럽품종 비니페라를 수입해 필록세라에 감염되지 않은 포도나무라 피해를 입지 않았다. 현재에도 전 세계 포도밭 대부분에서 접목이 이루어진다.

4-2 내추럴 와인(Natural wine)

Organic   Biodynamic

유럽에서 불고 있는 이슈 중에 하나가 자연주의 와인 일명 내추럴 와인(Natural wine)이다. 내추럴 와인에 대한 전문가들의 반응은 극단적으로 나누어진다. 긍정적이거나 부정적이다. 그래서 업계에서는 와인의 변질을 인정하는 것이라고 한다. 저명한 영국 평론가 팀 앳킨(Tim Atkin) MW는 내추럴 와인 애호가들은 변질된 맛을 탐닉하는 사람들이라고 평했다.

내추럴 와인은 화학물, 첨가물 그리고 첨단 양조 기술의 사용을 최소화하여 만든 와인이다. 내추럴 와인은 가능한 자연적으로 양조를 해야 한다. 다시 말해서 유기농(Organic) 또는 바이오다이나믹(Biodynanic) 농법으로 재배하고 살균제, 농약 또는 무수아황산, 당분, 효모, 효소, 타닌 파우더, 산(Acidity) 같은 화학물질을 포함하여 법적으로 허용하는 약 200여가지 첨가물을 전혀 또는 최소화하여 사용한다. 알코올을 감소하기 위해 리버스 오스모시스(Reverse osmosis) 또는 숙성을 가속화하기 위한 미세 산소기술, 효모 배양, 플래시 살균법 등 양조 기술 사용을 최소화해야 한다. 필터와 정제를 최소화하고 당(Sugar) 첨가를 할 수 없고, 손으로 포도 수확을 원칙으로 한다. 와인과 테루아의 본질적인 가치를 지워버리는 인위적인 개입을 최소화하는 것이 원칙이다.

보당 및 주석산 첨가 등 과즙개량이 금지이니 발효력이 떨어지는 것은 물론이요, 산도가 부족하다. 사실 적당한 당, 산, pH를 지닌 포도즙을 얻는 것은 매우 힘들다. 내추럴 와인 생산자들의 도전과 끈기에 존경을 보내며, 이는 철학과 신념이 따르지 않으면 지속가능하기 어렵다.

내추럴 와인 트렌드는 몇 년 전부터 프랑스에서부터 시작되어 영국과 일본을 거쳐 국내에서는 2018년부터 유명해지고 시장은 확대되고 있다. 이러한 트렌드에 맞춰 내추럴 와인만 전문적으로 취급하는 판매점들이 늘어나고 있다.

내추럴 와인의 아버지는 프랑스인 쥘 쇼베(Jules Chauvet(1907~1989))였다. 쥘쇼베 씨는 처음으로 아황산염을 첨가하지 않고 와인 제조를 했고, 그 가능성을 보여줬다. 내추럴(Natural) 와인은 저개입 또는 무개입의 원칙에서 출발한다. 이는 유기농 와인, 바이오다이내믹 와인과 비슷한 개념이나, 친환경 비료도 사용하지 않는 유기농보다 더욱 엄격하다. 현재 유기농 와인은 약 700개 양조장이 인증을 받고 있다. 내추럴 와인은 포도 수확 후 양조 과정에서 최소한의 개입만 하므로 야생 효모와 포도즙이 자연의 상태에서 발효되어 다양한 개성과 생명력을 갖게 된다(Natural wine, 이자벨 르쥬홍, 2014)고 언급한다.

내추럴 와인은 필터링을 하지 않거나, 발효를 위해 효모를 첨가하지 않고 산화를 막기 위해 병입 전에 이산화황을 소량(SO_2 30~40mg/ℓ) 또는 전혀 첨가하지 않는다. 최근까지 프랑스 정부 와인관련 기관(INAO)은 내추럴 와인에 대한 공시적인 법적 정의와 인증서가 없었다. 사실, 정확한 지역명을 표기하지 못하고 뱅드 프랑스(Vin de France) 같이 원산지가 표기되었다.

바야흐로 변화는 불고 있다. 2020년 3월 내추럴 와인은 프랑스 INAO에 의해 공식 승인을 받아서 뱅 메토드 나투르(Vin Methode Nature) 공식 명칭과 로고를 사용한다. 프랑스 루아르 와인메이커 쟈크 카로게(Jacques Carroget)가 이끄는 내추럴 와인 보호 협회(Syndicat de defense des vins Naturel)는 명확한 조건을 제시하였다.

- 유기농 포도로 재배되어야 하고 손수확한다.
- 비료 사용은 당연히 금지이다.
- 커머셜 효모 사용은 안 되고, 오직 양조장, 포도밭에 존재하는 효모로 발효해야 한다.
- 유기산, 설탕, 타닌, 컬러링 등 첨가물을 일체 금지한다.
- 오스모스 리버스, 원심기, 플래시 살균, 필터 등의 현대 양조기술과 기계를 사용하지 않는다.
- 아황산염 무첨가로써 특히 발효전과 발효 중에는 아황산염 첨가가 금지이다.

아황산염은 2가지 버전으로 사용 가능하다. 제조 과정에서 자연적으로 아황산염 10mg/ℓ은 발생하여 잔류하지만, 아황산염을 전혀 첨가하지 않을 경우 로고에 표기 가능하다. 반면에, 병입 전 SO_2 〈 30mg/ℓ H_2SO_4 첨가를 허용하고, 첨가를 했다면 라벨에 고지해야 한다.

국내 주세법에서는 알레르기 성분으로써 아황산류(SO_2)는 10mg/kg 이상 잔류할 때 라벨에 반드시 표기(무수아황산 첨가)해야 한다. 즉, 자연적으로 발생하는 양보다 잔류 양이 많으면 고지해야 한다. 일반적으로 와인 제조시 아황산염 350ppm까지 허용하고, 유기농 와인도 100ppm을 넘기지 않으니, 내추럴 와인은 거의 사용하지 않는다 라고 볼 수 있다.

2019 빈티지의 약 70개 와인은 뱅 메토드 나투르(Vin Methode Nature) 로고 인증서를 받고 이미 판매되었다고 한다. 50개의 와인 생산자가 협회에 가입하였고, 스페인, 이탈리아, 전 세계로 확장되어 많은 내추럴 와인 생산자들의 협회 가입이 예상된다.

엄격한 규제만큼, 내추럴 와인 인증을 위해 포도밭과 양조장에 대한 이력추적과 수확에서 양조까지 모니터링이 필요하다. 물론 행정업무 서류도 추가된다. 그동안 모호한 기준으로 내추럴 와인 생산자들을 보호하는 규정이 만들어져 환영할 만 하다. 국내에서도 내추럴 와인 생산을 시도하는 양조장들은 참고해야겠다.

와인의 강점은 다양성이다. 다양한 와인을 즐기는 소비자들은 내추럴 웨이브에 매력을 느낀다. 내추럴 와인의 전파력은 강해질 것이다. 이를 계기로 내추럴 와인 생산자들의 도약이 기대된다. 그러나 인증서에 대한 비용이 추가되니, 내추럴 와인 가격의 상승은 우려스럽다. 아이러니하게 이러한 일련의 과정이 내추럴스럽지는 않다. 이러한 규제가 규제스럽지 않기를 바란다.

4-3 유기농과 바이오다이나믹 농법

▲ 바이오디나믹 농법으로 소뿔로 거름 퇴비를 만듦

유기농 와인보다 유기적으로 생육된 포도로 만들어진 와인이다. 충(蟲)이나 진균, 잡초를 관리하는 데 전적으로 자연적 친화적 재배를 한다. 유기 재배를 하려면 자연농법 기술(Natural farming techniques)이 가장 중요하다.

화학적인 농약을 쓰지 않고, 거름과 퇴비를 사용하여 재배하고 또한 양조할 때 무수아황산(SO_2)을 최소로 첨가한다는 점에서 유기농(Organic)이나 바이오다이나믹(Biodynamic)은 같은 맥락에서 볼 수 있다. 바이오다이나믹은 1924년 오스트리아 농학자 루돌프 슈타이너(Rudolf Steiner(1861~1925)) 학자에 의해 고안된 농법이다. 식물, 미네랄 천연비료들을 이용한 자연물질들은 미생물을 활성화시키고 식물의 면역체계를 위해 땅을 기름지게 하여 재배한다. 바이오다이나믹은 일반적인 유기농업과 같이 토양을 활성화시키고 포도나무의 생명력을 높이는 것에 중점을 두는데, 달의 차고 기움, 별자리, 천체의 움직임에 맞추어 포도밭의 식수 천정, 수확시기를 결정한다. 예를 들어, 초승달 무렵 포도나무 심기, 해충은 천적을 이용한다. 부엽토(Humus)를 이용한 거름 퇴비의 사용을 강조한다.

스크류 마개를 스크류 캡이라고 일컫는다. 알루미늄 재질로 반영구적이며 와인에서 코르크 마개 냄새가 나는 변질현상을 막아준다. 와인을 사기 위해 진열대를 보고 있노라면 쉽게 소주병 마개를 발견할 수 있을 것이다. 일반적으로 쓰이는 코르크 마개가 아니라 소주병에서 흔히 볼 수 있는 스크류 마개를 말이다. 약간 의아하게 생각될 수도 있지만 요즘 추세가 스크류 마개를 애용하는 분위기여서 앞으로는 더욱 흔하게 볼 수 있을 것이다.

그런데 스크류 마개를 채용한 와인을 보면 어쩐지 조금 '저렴할 것'이라는 느낌을 받곤 한다. 코르크 마개로 밀봉한 와인을 오픈할 때의 격식과 절차가 사라져버리기 때문이다. 오프너로 조심스레 병을 연 다음 코르크 냄새를 맡아 보는 전통적인 순서를 기대하는 사람들에게는 아쉬운 대목이 아닐 수 없다.

소비자들이 스크류 마개를 평가절하하는 분위기가 있는데도 불구하고 스크류 마개의 사용이 꾸준히 증가하고 있는 이유는 뭘까? 코르크의 단점이 점점 심각하게 대두되고 있기 때문이다. 코르크 나무의 서식지는 포르투갈 33%, 스페인 23%, 알제리 21%, 이탈리아, 모로코, 튀니지, 프랑스이다. 코르크의 조직세포는 원형질 없는 속이 빈 죽은 세포로 세포벽은 수베린(Suberin : 코르크질)이라는 두꺼운 층이 존재한다. 물이나 공기가 통과하기 어렵고, 세포들이 벌집 모양으로 수만개의 다각형 주머니 형태이며, 공기와 흡사한 형태의 가스 주머니처럼 형성되어 있다.

특히 참나무 재질의 코르크는 탄력성과 압축성을 함께 지니고 있다. 병 속에 들어간 다음 부풀어올라 병을 꽉 막아준다. 이런 성질이 와인을 숙성시키고 보관하기에 최상의 조건을 만들어냈다. 그러나 코르크는 나무에 불과하기 때문에 그 수명에 한계가 있을 수밖에 없다. 코르크의 수명은 30~40년 정도. 다시 말해서 고급 와인 병입 후 약 30~40년 동안 보관 후에는 코르크의 기능이 다해 새로운 것으로 대체하는 리코르킹(Recorking) 작업이 필요하다.

▲ 코르크 나무

▲ 코르크

고급 와인과 같이 반세기 넘게 숙성될 와인에는 굉장히 불리한 조건이다. 코르크 나무에 포함돼 있는 TCA도 문제가 된다. TCA는 와인의 맛을 변질시키는 요소로 와인에서 나는 코르키한 냄새의 원인이다. 코르키드(Corked) 현상이라고 하는데 이런 현상이 발견되면 식당에서는 와인을 교환해 주거나 환불해 주는 것이 관례다. TCA 성분 때문에 버려지는 와인이 전 세계 생산량의 10%나 된다고 하니 엄청난 양이 아닐 수 없다. 스크류 마개는 앞서 제기한 코르크 마개의 문제점을 상당부분 해소해 준다. TCA로 인해 와인이 상하는 것도 막아주며 반영구적이기까지 하다.

　와인 생산업자들은 당연히 일석이조인 스크류 마개의 효과를 보기 위해 사용량을 늘리는 추세다. 스크류 마개는 신대륙, 특히 뉴질랜드, 호주에서 많이 쓰인다. 초두에 말했듯이 소비자들은 스크류 마개를 사용한 와인은 '싸다'는 선입관 때문에 저항에 부딪친다.

▲ 스크류 캡

　이러한 선입관은 와인 생산업자들이 스크류 마개를 화이트 와인과 저가의 레드 와인에 주로 사용해 공고해지기도 하였다. 하지만 많은 논란에도 불구하고 코르크의 단점을 해소할 수 있는 스크류 마개는 와인 마개의 새로운 대처 방안임이 분명하다.

　오염된(Corked) 와인 걱정을 떨치고 안전하게 와인을 즐기고 싶은가? 그렇다면 스크류 마개에 대한 생각을 긍정적으로 바꿔 보기 바란다.

코르크 생산과정

❶ 수확 6~8월
❷ 선별과 건조
❸ 끓는 물 담그기 & 안정화
❹ 재단 & 세척
❺ 건조(필요시 염색) 및 선별
❻ 로고 > 파라핀 처리, 실리콘 처리
❼ 완성

코르크는 와인을 밀봉하는 마개로 가장 널리 사용된다. 코르크는 고대부터 사용되었지만, 코르크에 대한 지식은 경험적이었고, 여전히 물리 화학적 특성을 많이 연구하고 있다.

코르크는 비대 생장하는 줄기, 가지, 뿌리의 가장 바깥쪽에 있는 보호 조직으로 산소를 포함한 가스를 투과할 수 있는 다공성 물질이다. 그러나 코르크를 통과하는 데 얼마나 많은 산소가 필요한지는 정확히 알 수 없다. 스크류 캡은 산소 공급이 더 적으며 와인의 감각적 특성을 개선하기 위해 연구되고 있다.

일반적으로 와인의 '아로마', '나쁜 맛', '색 변화' 등 와인 숙성에 영향을 끼치는 것이 코르크이다. 코르크는 참나무(Quercus suber L.)의 껍질 조각이다. 스페인과 포르투갈이 가장 큰 생산국이며, 코르크 마개는 나무결을 따라 벗겨낸 껍질에서 직접 생산된다. 현미경으로 관찰한 코르크는 공기로 채워진 여러 층의 작은 세포로 구성되며, 이러한 세포의 배열은 공간 축에 따라 다르다.

– 축 방향 : 벽돌 구조
– 방사형 방향 : 벌집 구조
– 접선 방향 : 아코디언 구조

세포벽은 주로 수베린, 리그닌, 셀룰로오스의 세 가지 중합체로 구성되고, 세포벽의 일부 영역은 특정 화합물이 풍부하지만, 이들 중합체가 서로 얽혀져 있다. 코르크의 중요한 특성은 압축성, 탄력성, 액체 불투과성, 저밀도, 부식되는 경향이 적고 마찰 계수가 높다. 코르크는 실질적으로 액체를 투과하지 못한다. 코르크 조직이 세포로 꽉 차게 만들어졌기 때문이다. 그러나 코르크는 액체는 투과할 수는 없지만 가스는 투과할 수 있다.

모든 와인 마개는 적어도 약간의 산소를 허용한다. 이러한 마개의 특성은 와인 숙성에 중요하다. 전형적인 코르크는 연간 약 1mg의 산소를 공급함으로써 병 안에서 와인 숙성이 안정적이게 된다. 또한 코르크의 길이는 와인을 운송 시 온도의 영향을 받는다. 온도가 상승하면 와인과 코르크가 팽창하고 과도한 헤드 압력을 유발하여 와인 누출을 유발한다. 포도주 양의 팽창, 헤드 스페이스의 가스 팽창으로 온도가 올라감에 따라 가스가 와인보다 10배 더 팽창하기 때문이다. 따라서 운송 및 보관 온도는 궁극적으로 와인의 수명에 중요한 영향을 끼친다. 코르크의 길이에 따라 포도주가 흐를 위험이 있는 온도는 다음과 같다.

코르크의 길이	포도주가 흐를 위험이 있는 온도
38mm	49℃
44mm	43℃
49mm	40℃
53mm	36℃

코르크의 길이는 직경과 깊이를 제어할 수 있다.

코르크의 크기는 병의 크기에 적합해야 한다. 이때 와인 스타일과 예상 숙성 기간을 고려하여 선택한다. 코르크의 직경은 코르크가 유리병 표면에 가하는 밀봉력에 영향을 주고, 코르크 길이는 효과적인 밀봉에 중요하다. 일반적으로 더 긴 코르크는 유리병과 더 큰 표면 접촉 영역을 제공하므로 우수한 밀봉력을 제공한다. 그러나 더 긴 코르크는 더 작은 헤드 스페이스를 남기고 더 큰 헤드 압력을 생성하기도 한다. 코르크를 선택할 때는 코르크 치수(직경 및 길이), 병 구멍과의 호환성, 와인 스타일 및 숙성 기간과 함께 이러한 점을 고려해야 한다.

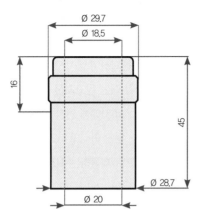

＊코르크의 종류

❶ 천연 코르크(Nature) : 가장 전통적이며 가격이 비싸다.

❷ Colmated 코르크 : 천연 코르크로 만든 마개로 틈새에 미세 코르크 파우더로 채워져 있다.

❸ 코르크 입자로 만든(Agglomerated) 코르크 : 결합 코르크. 코르크 조각을 풀과 압력을 이용해서 결합한 코르크이다. 샴페인 마개로도 사용하고 있다. 코르크의 윗부분은 코르크 입자(응집 코르크처럼)로 만들어져 있고, 아랫 부분에는 두 개의 코르크 디스크가 붙어 있다.

❹ 테크니컬 코르크 : 코르크 가루와 접착제로 만들어지며, 6개월~1년 이내에 섭취하는 와인에 권장. 한쪽 또는 양쪽 끝에 천연 코르크 디스크가 접착된 고밀도 응집 코르크로 구성된다.

❺ 합성 코르크 : 플라스틱 재질로 만든다. 빠르게 음용할 와인 마개로 적당하다.

❻ 비노록(Vinolok) : 유리재질 마개

역사를 아는 것은 앞으로 나아가야 할 방향을 예측할 때 도움이 된다. 과거와 현재를 연결하는 연장선상에 미래의 전개가 있기 때문이다. 긴 세월의 '시간의 필터'를 통과하며 남겨진 작업은 과학적 접근만으로는 발상할 수 없는 합리적인 의미가 있기 때문이다. 와인 양조를 생각할 때는 온고지신 정신을 잊지 말고 그 과정의 의미를 잘 이해하는 것이 중요하다. 그러나 많은 와인 생산자들이 소비자에게 인기 있는 카베르네 소비뇽이나 샤르도네 품종 등으로 바뀌고 있는 우려스러운 사태가 일어나고 있다. 뿐만 아니라 다소 획일화된 양조 방식과 와인 맛으로 지루한 와인 생산 경향이 보인다. 고품질의 와인을 저가격으로 제공하는 시장원리 때문에 각 지역 와인의 개성과 정체성을 잃고 있는 것이 우려된다.

현재 세계 각지에는 카베르네 소비뇽, 샤르도네, 피노 누아, 시라즈 등과 같은 소비자에게 인기가 높은 포도품종이 널리 확산되고 있다. 이들 포도 품종들이 세계 각지에 확산되기 전, 와인은 지역성, 즉 테루아를 깊이 반영한 농산물이었다. 지역에 따라 재배되는 포도 품종은 물론, 수확 시기 및 양조방법도 제각각 달라 그 결과 와인은 창조성과 다양한 개성을 가지고 있었다. 그러나 현재 포도 품종 및 클론, 접붙이기 및 적절한 포도 재배방법, 양조방법과 저명한 평론가의 평가가 세계적으로 확산됨에 따라 산지를 불문하고 세계적으로 와인 맛이 획일화되는 경향을 보이고 있다.

와인의 품질에 대한 논의는 정의를 내리기 어렵고 고품질이란 자신의 기호를 객관적으로 정당화를 위한 말이 아닌가 생각된다. 프랑스는 지역별 와인 스타일을 견지하는 것이 중시되고 전통적으로 형성해 온 개성을 재생산하는 것이 품질 추구로 이어진다. 프랑스에서는 생산자가 다른 방법으로 독자적 와인을 양조하면, 와인법이 이를 제한하는 방향으로 작용했었다. 반면에 신대륙의 와인법은 원산지 명칭은 포도가 어디서 재배되었는지를 증명하기만 하면 된다. 와인의 최대의 즐거움은 다양성과 테루아다. 같은 스타일의 와인에 지루함을 느낀다면, 다소 소외된 지역과 덜 알려진 품종으로 다양한 스타일의 와인을 시도해 보자.

1 ◆ 보르도(Bordeaux)

1-1 문턱이 높은 보르도 샤토를 찾아서

'프랑스' 하면 가장 먼저 떠오르는 것이 무엇인가? 에펠탑이나 샹젤리제 거리? 물론 그런 사람도 있겠지만, 관광객이 아닌 현지에서 '진짜 프랑스'를 맛본 사람이라면 가장 먼저 음식을 꼽게 마련이다. 프렌치 음식과 와인은 전 세계 모든 미식가들이 인정할 정도로 가치를 인정받고 있으며, 높은 명성을 갖고 있기 때문이다. 그리고 이들 음식 중에서도 결코 빼놓을 수 없는 것이 바로 와인이다. 그 유명한 와인 가운데서도 가장 오랜 역사와 전통을 지닌 지역이 바로 보르도다.

'보르도'란 단어만 들어도 품질에 대한 기대감이 절로 생기는 이유도 그 때문이다. 다른 어떤 와인 생산 지역보다도 파워풀하며, 상업적으로 영리하고, 또 장기 숙성이 가능한 원산지, 즉 '와인의 메카'라고 할 수 있으니 말이다.

프랑스의 남서쪽에 위치해 있으며, 파리에서 TGV를 타고 약 3시간 정도 달리면 비로소 포도밭이 보이기 시작한다. 보르도는 대서양의 영향으로 해양성 기후를 띠며, 겨울에 눈을 본다는 것은 거의 기적같은 일이다.

🖉 보르도를 느끼려면 샤토(Château)에 가라 ─○

보르도 제대로 느끼려면 뭐니 뭐니 해도 샤토 성(城)에 가야 한다.

포도 재배부터 양조까지 보르도의 샤토들을 방문할 때마다 보르도의 와인 역사에 대한 설명을 들을 수 있었고, 다양한 경험과 함께 와인의 지식을 넓힐 수 있었던 시간들로 기억된다.

샤토들은 기본적으로 와인 전문가, 사업가들에게만 그들의 닫혀진 문을 열어놓는다. 샤토의 방문은 포도밭과 양조장을 둘러보고, 테이스팅을 와인 메이커와 직접 함께 할 수 있는 기회이기 때문에 소중하고 값진 경험이다. 그런 이유로 와인을 공부하는 사람뿐만 아니라 와인에 관련된 모든 사람들에게는 꼭 필요한 경험이다.

때문에 샤토를 방문할 때는 사전에 필히 약속을 잡아야 한다. 미국의 나파 밸리 지역과는 다르게 방문객을 위해 관광객 센터, 와인 샵, 피크닉 장소 등이 갖추어져 있지 않다. 종종 출입구, 안내 입구조차도 없는 곳도 많다. 단지 일하는 장소와 관리 사무실만 존재한다. 공식적으로 관광객의 방문을 꺼려한다. 그렇기 때문에 만약 당신이 전문가 자격으로 샤토를 방문할 생각이라면 미리 샤토 측과 방문 약속을 정하고 정확한 시간에 도착하는 것이 예의다. 물론 점심 시간대인 12시에서 오후 2시는 피하도록 되어 있다. 시간에 쫓기는 듯 가벼운 당일치기 여행은 금물이다. 왜냐하면 그들이 샤토에 방문하는 당신에게 최대한 많은 것들을 보여 주기 위해 아낌없이 시간을 투자할 것이기 때문이다. 단, 관심을 가지면서 그들의 설명에 경청하는 매너 역시 잊지 말자.

🖉 보르도 역사 ─○

보르도 와인 = 클라레(Claret)?

보르도의 역사는 기원전 2세기 보르도가 로마의 지배 통치를 받으면서부터 였다고 한다. 그들의 군사를 위해 포도 묘목을 재배하고 와인을 만들어 마시기 시작했던 것이 시초였다. 1세기에 비투리게스 비비키스족이 보르도의 습윤한 기후에 적합한 비투리카종을 들여오면서 포도 재배가 가능해졌다. 그러나 아쉽게도 높은 인기에도 불구하고, 보르도 와인은 자체적으로만 소비되었다. 12세기(1152년)에 들어와서 영국의 앙리(Henry) 2세 왕자와 보르도의 엘리노르 다키텐(Aliénor d'Acquitaine) 공주와의 결혼으로 보르도는 영국의 영토로 흡수되면서 수출이 활성화되었다. 이때 보르도 와인이 스페인 등에서 생산된 와인보다 맑았기 때문에 영국인들에 의해 보르도 와인을 클라레(Claret)라고 불리게 되었고 그 뜻은 '가벼운 레드 와인'이다. 프랑스어의 클라레(Clairet)에서 유래되었으나, 현재 보르도 클라레(Bordeaux Clairet)는 색이 연한 로제 와인을 뜻한다. 요즘도 연세 많은 프랑스 노인분들, 영국인들은 여전히 보르도 와인을 '클라레'라고 부른다. 그러다 13~14세기 백년전쟁의 승리로 프랑스는 다시 보르도 영토를 되찾게 되고, 오늘날 보르도의 현 주소가 되었다.

백년전쟁의 승리로 영국으로 수출하던 보르도 와인은 시장이 작아지게 되었다. 새로운 고객을 위해 판로 개척이 필요하던 때, 17세기 네덜란드인들은 와인을 대량으로 구매한 후 창고에서 증류를 하는 새로운 형태의 무역을 시작하면서 보르도의 양조자들은 증류용 수요를 위하여 보르도 클라레 외에도 드라이 와인 혹은 스위트 화이트 와인을 생산하기 시작하였다. 그 후 18세기에 와서 런던의 상류 사회에서 보르도의 고급 와인이 유행하기 시작했으며, 영국의 영향으로 '그랑 방(Grand Vin)'이라는 카테고리를 창출했다. 또한 이러한 와인을 1855년의 파리만국박람회 때에 등급을 정하고, 국제 상품으로서의 지위를 확립하여, 초기의 고급와인 시장을 독점했다.

19세기 말, 보르도는 북미대륙에서 온 대규모 병충해(필록세라)에 대해, 예방법의 발견에 공헌하고, 연구만이 아니라 보급에 관해서도 중심적인 역할을 했다. 또한 황폐한 포도밭에서 재기하여, 접목을 한 포도를 새로이 심는 비용 증가를 견디며, 와인 산업의 근대화의 길을 열었다.

지롱드 출신의 상원의원인 죠제프 까퓨가 중심이 되어 세계에 선구하여 원산지통제호칭제도(AOC)를 완성시켰다. 보르도는 2000년 이상의 명성을 유지하고 있다. 현재도 전통적인 산지이면서, 동시에 전 세계에 와인 양조를 선두하는 와인 명산지이다.

보르도 역사

- 1152년 아끼텐 공작의 딸 엘리노르와 후일 영국왕이 되는 헨리 2세가 결혼을 하며, 보르도 지방을 지참금으로 가져가게 되었다. 이후 보르도가 영국령이 되었고, 영국과의 대규모 교역이 이어졌다.
- 영국은 식품, 섬유 및 금속을 수출하고, 보르도 와인을 수입하였다.
- 영국인들은 보르도 와인을 클라레(Claret)라 불렀다(보르도 와인의 색이 연했기 때문에 붙여진 이름).
- 보르도 지방을 되찾기 위해 프랑스와 영국의 전쟁으로 번짐
- 이것은 1337년부터 1453년까지 116년 동안 지속된 백년전쟁의 기폭제
- 백년전쟁의 승리로 영국으로 수출시장이 작아지고, 새로운 고객을 위해 판로 개척
- 17세기 네덜란드인들은 와인을 대량으로 구매한 후 창고에서 증류를 하는 새로운 형태의 무역을 시작
- 보르도는 증류용 수요를 위하여 보르도 클라레 외에 드라이 혹은 스위트 화이트 와인을 생산하기 시작
- 18세기에 런던의 상류 사회에서 보르도 고급 와인 유행
- 1795년 Samuel Henshall에 의해 고안된 코르크 스크류가 나타남
- 18세기 유리병과 스크류 발명
- 19세기 중반에 1863년 진드기의 병충해 발생으로 필록세라의 피해를 입었고, 보르도의 양조자들이 신대륙으로 대거 이동
- 접붙이기로 필록세라를 퇴치하여 오늘날 비티스 비니페라 품종을 생산
- 1855년 나폴레옹 3세의 요청으로 파리만국박람회에서 메독, 소테른 그랑 크뤼에 대한 등급 분류가 제정
- 19세기 말 20세기 초에는 보르도의 위조 상품 범람과 보르도 와인 가격 폭락으로 시련을 겪음
- 1935년 INAO 협회가 창립되면서 AOC 법령이 제정
- 1955년 생테밀리옹 등급 제정되어 매년 10마다 재심사를 거침
- 1959년 그라브(Graves) 크뤼 클라세가 지정

▲ 잔다르크

샤토 탈보 (Château Talbot)

- 영불 100년 전쟁
- 잔다르크의 출현(1428년) : 마녀로 화형 당함
- 1453년 보르도 함락, 영국군이 퇴진하는 가스티옹 전투에서 최후까지 항거한 영국군 총 사령관, 존 탈봇(John Talbot)을 기념하여 명명
- 우리나라에서 히딩크 와인으로 유명세
- 한국에서 유독 인기가 높음
- 1855년 보르도의 4등급 그랑 크뤼 클라세로 선정
- 메독의 생쥴리앙에 위치
- 포도 품종 : 보르도 블랜딩

▲ 샤토 탈보

• 카시스의 블랙베리, 정향과 감초향의 스파이스 아로마가 매력적
• 미디움 바디 스타일

✎ 보르도 위치 ──○

'보르도'는 프랑스의 남서부 도시 중의 하나로 적혀 있다. 보르도 대학의 지질학자 장 피에르 타슬(Dr. Jean Pierre Tasle) 씨는 보르도 단어의 유래를 이렇게 설명한다. 보르도는 물가(the edge of the waters)란 뜻을 갖고 있는데, 이것은 보르도 와인을 최상급 품질로 만든 바다를 의미한다는 것이다.

보르도 지도를 보면 지롱드 강어귀와 이에 이어지는 두 개의 중심 지류인 도르돈뉴와 가론 강에 둘러싸여 있다. 지롱드 강은 내륙 깊숙이 들어와 있고, 약 1시간 정도 거리에 있는데, 바로 이 대서양이 포도 재배에 더없이 좋은 온난한 기후를 만들어 준다. 한 지역의 포도밭으로 독일의 포도밭을 합한 것보다 크며, 뉴질랜드의 전체 포도밭 면적보다 약 10정도 더 크다고 한다. 게다가 바다에 근접한 보르도는 와인을 배에 싣고 해외로 운반하기에 이로운 지리적 조건을 갖추었다. 기후는 물론 지리적 조건, 그리고 샤토의 명성까지, 이 세가지 요소가 오늘날 보르도의 명성을 가져다 준 셈이다.

보르도는 세계에서 가장 유명하고 비싼 와인 산지이며 그리고 가장 귀족적인 와인의 원산지이다. 그래서 엘리트 와인이다. 그러나 호주머니 사정이 넉넉해야만 하는 것도 잊지 말자. 왜냐하면 보르도만큼 비싼 와인도 없기 때문이다. 보르도의 샤토들은 귀족적인 분위기를 물씬 풍긴다. 그리고 이러한 샤토는 마치 보르도의 상징처럼 인식되고 있다.

보르도 어디를 가더라도 샤토가 즐비하다. 외관이 무척이나 화려한 것도 있고, 검소한 것도 있다. 이정표에도 샤토 이름들이 표시되어 있다. 여러 세기에 걸쳐 수도사들이 예배를 위해 세운 수도원이 지금의 샤토로 변모된 것도 많다. 특히 와인 저장고, 와인 셀러 등 현대적인 포도밭 경영을 위해 생겨난 건축물들도 샤토에서 쉽게 찾아볼 수 있다. 최신의 기계 설비, 웅장한 와인 발효통과 숙성 장소를 보여주면서 샤토를 방문하는 사람들에게 특별한 경험을 준다. 사지 않을 때는 사고 싶은 게 너무 많더니 막상 사려고 하면 살 게 없다는, 쇼핑에 관한 머피의 법칙이 있다. 보르도가 그랬다. 여느 유럽의 대도시와 크게 다르지 않았던 게 인상적으로 남는다. 그러나 와인과 관련 행사가 많았고, 와인 관련 굿즈들이 다양하다.

건축물로써 샤토는 문화와 역사를 지니고 있다. 샤토 피송 롱그빌(Château Pichon-Longueville)의 원형 홀 와인 셀러, 그리고 샤토 라 라귄(Château la lagune)의 원형 극장식 와인 셀러의 모습에 반하지 않을 이는 아마도 없을 것이다. 보르도 샤토들은 그들의 와인 저장소를 주목할 만한 디자인으로 변모시키기 위해 유명한 건축가를 보르도로 불러들이고 있다. 그 대표적인 예로 세계적으로 유명한 건축가 Richardo Bofill가 디자인한 샤토를 꼽을 수 있다. 그가 디자인한

지롱드 강
Côtes de Blaye
Côtes de Bourg
Médoc
Libournais
Bordeaux
Entres-Deux-Mers
Graves
Sauternes

샤토 라피트 로쉴드(Château Lafite Rothschild), 샤토 탈보(Château Talbot), 샤토 라 투르 카르네(Château La tour carnet)의 와인 셀러는 예술 작품이다. 이러한 장엄한 건축은 보르도 와인의 명성과 영광에 더 크게 공헌을 한다. 보르도가 단지 평범한 마을이라면, 샤토는 문화적인 정체성을 선사하면서 보르도 경제의 핵심적인 역할을 해주기 때문이다.

🖊 보르도, 이렇게 다르다 ────○

*보르도 지리적 특징

• 보르도는 남서부 지방에 위치하고 있으며, 대서양에 인접해 있다.
• 지롱드 강 하구가 위치하고, 도르도뉴 강과 가론 강이 가로질러 흐른다.
• 온화한 기후를 형성하는 45도 위선의 위치
• 랑드 숲이 대서양의 서풍을 막아주기 때문에 온대 해양성 기후를 띠며, 연중 기온차가 적고, 포도 숙성기간에 일조량이 풍부하여 최적의 조건
• 온화한 겨울과 무더운 여름은 포도 재배에 이상적인 기후
• 자갈과 모래, 점토질, 석회질로 다양한 토양이 분포

*보르도는 귀족 도시다

보르도엔 어디를 가더라도 보르도 와인밖에 없다. 그도 그럴 것이 전통적인 와인 생산 지역이다 보니 그 지역의 와인을 마시는 것은 당연하다. 자부심이 대단하다. 레스토랑, 와인숍 어디를 가더라도 보르도 와인의 예찬론자들 뿐이다. 그래서 그런 걸까. 보르도 사람들은 세계 최고의 와인을 생산하는 자부심과 동시에 아이러니하게도 그 외 지역의 와인에 대해서 지극히 편협적인 것이 아쉽다.

• 귀족적인 와인의 도시답게 이곳에는 샤토(Château)라는 이름이 많다.
• 다양한 아펠라시옹(Appellation)이 있으며, 약 9,000개 이상의 샤토 와인이 존재한다.
• 보르도는 레드 와인을 약 80% 이상, 그리고 드라이 화이트 와인, 스위트 화이트 와인까지 다양한 종류의 와인을 생산한다.

*레드 와인은 블랜딩이다

보르도는 원산지통제명칭(AOC)에 의거하여 메독, 생테밀리옹, 포므롤 등 지역에서 적포도주 생산만 인정되고 있다. 보르도 포도밭은 적포도 품종 재배가 약 80%를 차지한다. 보르도 지방에 복수 품종이 재배되는 이유는 생육 스테이지가 다른 복수 품종을 재배함으로써, 기후 변화에 대한 리스크를 줄여 품질 안정화의 실현과 파괴적인 피해를 피하기 위한 목적이기도 했다. 이러한 리스크 해지 외에도 블랜딩에 의한 맛의 상승효과도 들 수 있다.

보르도의 레드 와인에는 여러 종류의 포도 품종들이 블랜딩되어 있다. 단, 예외적인 와인도 드물게 있다.

부르고뉴 지역과 다르게 보르도의 레드 와인에는 여러 종류의 포도 품종들이 블랜딩되어 있다. 카베르네 소비뇽, 메를로, 카베르네 프랑, 프티 베르도, 말벡 그리고 드라이 또는 스위트 화이트 와인의 경우 세미용, 소비뇽 블랑을 혼합하여 만드는 것이 특징이다.

❶ 적포도 품종

레드 와인 품종으로는 카베르네 소비뇽, 메를로, 카베르네 프랑, 프티 베르도, 말벡 등을 사용한다. 메를로 66%, 카베르네 소비뇽 22.5%, 카베르네 프랑 9.5%, 그 외 품종 2%를 생산한다.

• 메를로(Merlot)

보르도에서 65%를 재배하고 있는 가장 널리 퍼져 있는 품종이다. 조생종으로 진흙(점토질)이 주성분인 서늘한 토양을 좋아하며, 생테밀리옹이나 포므롤에서 잘 자란다. 짙은 색깔과 풍부한 알코올 도수, 유연함, 부드러움이 특징이다. 짜임새가 있으며 카베르네 소비뇽으로 만든 와인보다는 빨리 숙성되고 사냥고기나 숲의 어린 나무 향이 난다. 생테밀리옹과 포므롤에서 주로 재배되고 조생종이다. 타닌이 부드럽고 우아한 질감이다. 향으로는 푸룬(서양자두), 카시스, 버섯향이 느껴지며, 잘 숙성된 와인에서 트러플(송로버섯)향이 난다.

• 카베르네 소비뇽(Cabernet Sauvignon)

22.5%를 재배하고 있는 만기 숙성용 품종이다. 보르도 지방의 대표 품종으로, 주로 메독과 그라브 지역의 자갈이 많고 고온 건조한 석회질 토양에 잘 적응한다.

블랙커런트, 카시스, 블루베리의 검은 과실향과 감초, 후추와 같은 스파이스향이 난다. 가죽 또는 동물향이 느껴지기도 하며, 포도 재배시 숙성에 문제가 발생하면 허브향(Herbaceous), 그린페퍼(피망), 야채향이 나타난다.

짙은 퍼플색을 띠고 견고한 타닌이 풍부하며 힘찬 성질을 가지고 있으며, 이는 장기 숙성 후에는 부드러워 진다. 늦게 수확하고, 따뜻하고 건조한 자갈밭에서 잘 자란다. 포도 열매가 작으며, 푸리튀르 그리(pourriture grise : 일종의 병충해)에 민감하다.

• 카베르네 프랑(Cabernet Franc)

보조 품종으로는 꽤 많이 10%를 차지하고 있으며, 생테밀리옹에서 메를로와 함께 사용되고, 부쉐(Bouchet)라고 불린다. 와인에 풍부한 알코올 성분과 짜임새를 주며 나무 딸기향의 섬세한 아로마를 준다. 카베르네 소비뇽보다 타닌이 약하며, 세련미가 있고, 레드 과일향, 꽃향, 바이올렛이 특징이다.

• 말벡(Malbec)

생테밀리옹 지역의 북쪽에 위치하는 퐁삭(Fonsac) 지역에서 많이 재배된다. 꽃을 맺는 과정이 힘들어, 점점 더 줄어들고 있으며 허브향과 카모마일과 같은 차잎향이 숙성된 와인에서 느껴진다. 카베르네 품종과 블랜딩으로 주로 쓰이는 보조 품종이다. 거친 타닌을 느낄 수 있으며 남서부 지역의 카오르 지방에서는 100% 말벡으로 와인을 생산한다.

• 프티 베르도(Petit Verdot)

메독에서 재배되며, 숙성이 아주 어렵고, 재배하기 힘들다. 높은 산(Acidity)과 높은 알코올로, 매우 두꺼운 질감으로 타닌이 많고 장기 숙성용 와인에 블랜딩으로 사용한다.

❷ 청포도 품종

드라이 또는 스위트 화이트 와인의 경우 세미용, 소비뇽 블랑을 블랜딩하여 만든 것이 특징이다. 세미용 47%, 소비뇽 블랑 45%, 뮈스카델 5%, 그 외 품종 2%를 생산한다.

• 세미용(Sémillon)

이 품종은 화이트 재배 면적의 47%를 차지하며, 보트리티스 시네레아(Botrytis cinerea) 균으로 인해 귀부현 상이 발생하기 쉬운 성질 때문에 주로 스위트 와인이 생산되는 소테른, 바르삭 지역에서 재배된다. 수확기에 이르면 짙은 황금색을 띤다. 스위트 와인은 황금색을 띠고 높은 알코올과 벌꿀, 감귤의 아로마향이 뛰어나다. 귀부병에 좋으며, 발사믹, 허니, 과일잼, 마멀레이드, 복숭아향이 짙게 느껴진다. 스위트 와인을 만들 경우 산 도가 좋아 장기 숙성이 가능하며, 점성이 높은 와인으로 복합미가 뛰어나다.

• 소비뇽 블랑(Sauvignon Blanc)

프랑스에서 가장 오래된 기록은 1736년 그라브 지역에서 발견되었다. 45%를 재배하는 품종으로 신선하고 풀향이 있으며, 때때로 짜릿한 향과 톡쏘는 맛을 와인에 제공한다. 지역에 따라 이 품종으로 만든 와인은 연한 금빛 색상과 카시스 싹의 전형적인 향긋한 향에 복합적인 레몬향이 감돌며, 하얀 꽃과 과일향이 가미된다. 화이트 와인에서 가장 많이 생산하는 품종 중에 하나이다. 드라이 화이트 와인 또는 스위트 와인을 생산한다. 레몬, 라임, 자몽, 시트러스, 녹색 과일, 풀, 허브향이 난다. 만약 잘 숙성이 되지 않으면 고양이 오줌 냄새가 나기도 한다.

• 뮈스카델(Muscadelle)

진흙 토양이 잘 맞아서 부패되는 것을 방지할 수 있고, 산도가 적고 부드러우며 꽃향기가 풍부한 화이트 와인을 만든다. 보조하는 품종으로 블랜딩에 사용한다. 향이 굉장히 강하게 나타난다.

> **프랑스에는 와인법에 따라 원산지 정체성을 지키기 위해, 와인 생산을 엄격히 규제하고 있다**
> • 레드 와인 생산만 인정하는 원산지 : 메독(Medoc), 생테밀리옹(Saint Emilion), 포므롤(Pomerol)
> • 레드 와인과 화이트 와인 생산을 인정하는 원산지 : 그라브(Graves) / 페삭 레오냥(Pessac Leognan)
> • 스위트 와인 생산만 인정하는 원산지 : 소테른(Sauternes), 바르삭(Barsac)

1-2 그랑 크뤼 등급의 허와 실

✏️ 보르도만의 유니크한 등급 제도 —○

보르도 사람들의 영리함은 등급 제도를 고안한 것에서 느낄 수 있다. 엘리트주의에 빠져있는 보르도 와인들 그 중에서도 특히 메독의 그랑 크뤼 등급 샤토는 챔피언이 아닐 수 없다. 우리는 언제부터인가 와인하면 프랑스 보르도 지역을 가장 먼저 떠올린다. 와인의 메카인 동시에 좋은 품질 덕분이기도 하지만, 무엇보다 근본적인 이유는 보르도에서만 볼 수 있는 유니크한 등급(Classification) 제도이기 때문이다.

1855년 나폴레옹 3세 황제는 보르도 상공회의소에게 파리에서 열릴 국제 전시박람회를 위해서 보르도 와인들의 순위를 매길 것을 명령하였다. 전 세계의 방문객들에게 프랑스의 베스트 보르도 와인을 선보이기 위해서 였다. 이에 와인 산업에 종사하는 브로커(Broker)들은 각 샤토의 명성과 와인 가격에 따라 순위를 매겼고, 이것은 곧 등급이 되었다. 메독(Medoc) 지역의 등급들은 지금까지도 전 세계적으로 품질보증서로 인정되고 있다. 그러나 당시의 샤토 등급은 철저히 와인의 가격에 의해서만 순위가 매겨졌다. 즉 고가의 와인을 생산하는 샤토가 높은 등급을 받았던 것. 그 이면에는 물론 상업적, 정치적인 배경이 짙게 깔려 있었다. 1등급에서 5등급으로 나누어졌고, 그라브(Grave) 지역의 1등급인 샤토 오브리옹(Château Haut Brion)을 제외하고는 모두 메독 지역의 샤토들만 등급에 올랐다.

1855년 처음으로 샤토 등급 리스트를 발표한 이래로 약 160여 년이 지난 지금까지 단 두 번의 변화만이 있었을 뿐이다. 샤토 캉트메르(Château Cantemerle)가 그해 1855년에 5등급에 추가되었고, 그 후로 강력한 로비로 인해 1973년 샤토 무통 로쉴드(Château Mouton Rothschild) 와인이 2등급에서 1등급으로 유일하게 승격되었던 것이다. 메독의 등급 제도에는 두 가지 특징이 있다. 첫 번째 특징은 샤토에게 등급이 수여되었다는 것과 포도밭을 기준으로 등급이 매겨진 것이 아닌 철저히 생산자인 샤토를 중심으로 등급을 준다는 것이다. 덕분에 등급에 오른 샤토는 메독 마을 안에서 등급에 포함되지 않은 샤토의 포도밭을 사서 확장해도 그 등급을 그대로 유지하게 된 것이다.

＊메독 그랑 크뤼 리스트(Medoc Grand Crus Classe)

■PREMIERS CRUS 1등급 5개(샤토 이름, 원산지, AOC 지역명)

Château Haut-Brion, Pessac, AOC Pessac-Léognan
Château Lafite-Rothschild, Pauillac, AOC Pauillac
Château Latour, Pauillac, AOC Pauillac
Château Margaux, Margaux, AOC Margaux
Château Mouton Rothschild, Pauillac, AOC Pauillac

■DEUXIÈMES CRUS 2등급 14개(샤토 이름, 원산지, AOC 지역명)

Château Brane-Cantenac, Cantenac, AOC Margaux
Château Cos-d'Estournel, Saint-Estèphe, AOC Saint-Estèphe
Château Ducru-Beaucaillou, Saint-Julien-Beychevelle, AOC Saint-Julien
Château Durfort-Vivens, Margaux, AOC Margaux
Château Gruaud-Larose, Saint-Julien-Beychevelle, AOC Saint-Julien
Château Lascombes, Margaux, AOC Margaux
Château Léoville-Barton, Saint-Julien-Beychevelle, AOC Saint-Julien
Château Léoville-Las-Cases, Saint-Julien-Beychevelle, AOC Saint-Julien
Château Léoville-Poyferré, Saint-Julien-Beychevelle, AOC Saint-Julien
Château Montrose, Saint-Estèphe, AOC Saint-Estèphe

Château Pichon-Longueville-Baron-de-Pichon, Pauillac, AOC Pauillac

Château Pichon-Longueville-Comtesse-de-Lalande, Pauillac, AOC Pauillac

Château Rauzan-Ségla, Margaux, AOC Margaux

Château Rauzan-Gassies, Margaux, AOC Margaux

■ TROISIÈMES CRUS 3등급 14개(샤토 이름, 원산지, AOC 지역명)

Château Boyd-Cantenac, Cantenac, AOC Margaux

Château Calon-Ségur, Saint-Estèphe, AOC Saint-Estèphe

Château Cantenac-Brown, Cantenac, AOC Margaux

Château Desmirail, Margaux, AOC Margaux

Château Ferrière, Margaux, AOC Margaux

Château Giscours, Labarde, AOC Margaux

Château d'Issan, Cantenac, AOC Margaux

Château Kirwan, Cantenac, AOC Margaux

Château Lagrange, Saint-Julien-Beychevelle, AOC Saint-Julien

Château La Lagune, Ludon, AOC Haut-Médoc

Château Langoa-Barton, Saint-Julien-Beychevelle, AOC Saint-Julien

Château Malescot-Saint-Exupéry, Margaux, AOC Margaux

Château Marquis-d'Alesme, Margaux, AOC Margaux

Château Palmer, Cantenac, AOC Margaux

■ QUATRIÈMES CRUS 4등급 10개(샤토 이름, 원산지, AOC 지역명)

Château Beychevelle, Saint-Julien-Beychevelle, AOC Saint-Julien

Château Branaire-Ducru, Saint-Julien-Beychevelle, AOC Saint-Julien

Château Duhart-Milon, Pauillac, AOC Pauillac

Château Lafon-Rochet, Saint-Estèphe, AOC Saint-Estèphe

Château Marquis-de-Terme, Margaux, AOC Margaux

Château Pouget, Cantenac, AOC Margaux

Château Prieuré-Lichine, Cantenac, AOC Margaux

Château Saint-Pierre, Saint-Julien-Beychevelle, AOC Saint-Julien

Château Talbot, Saint-Julien-Beychevelle, AOC Saint-Julien

Château La Tour-Carnet, Saint-Laurent-de-Médoc, AOC Haut-Médoc

■ CINQUIÈMES CRUS 5등급 18개(샤토 이름, 원산지, AOC 지역명)

Château d'Armailhac, Pauillac, AOC Pauillac

Château Batailley, Pauillac, AOC Pauillac

Château Belgrave, Saint-Laurent-de-Médoc, AOC Haut-Médoc

Château Camensac, Saint-Laurent-de-Médoc, AOC Haut-Médoc

Château Cantemerle, Macau, AOC Haut-Médoc

Château Clerc-Milon, Pauillac, AOC Pauillac

Château Cos-Labory, Saint-Estèphe, AOC Saint-Estèphe

Château Croizet-Bages, Pauillac, AOC Pauillac

Château Dauzac, Labarde, AOC Margaux

Château Grand-Puy-Ducasse, Pauillac, AOC Pauillac

Château Grand-Puy-Lacoste, Pauillac, AOC Pauillac

Château Haut-Bages-Libéral, Pauillac, AOC Pauillac

Château Haut-Batailley, Pauillac, AOC Pauillac

Château Lynch-Bages, Pauillac, AOC Pauillac

Château Lynch-Moussas, Pauillac, AOC Pauillac

Château Pédesclaux, Pauillac, AOC Pauillac

Château Pontet-Canet, Pauillac, AOC Pauillac

Château du Tertre, Arsac, AOC Margaux

[5대 샤토 이야기]

샤토 무통 로쉴드 (Château Mouton Rothschild)

- 위치 : 보르도 > 오 메독> 포이약
- 예술 와인으로 문화 마케팅의 성공
- 1855년 메독 그랑 크뤼 클라세 부여시 2등급
- 118년만에 1등급으로 승격(1973년 1등급으로 승격)
- 보르도 등급의 유일한 예외 사항
- 필립 로쉴드 남작의 열정과 노력의 결실
- 브라크, 칸디스키 등 유명 화가의 작품을 라벨화하여 유명
- 1973년은 피카소 그림
- 2013년 빈티지는 이우환 화백의 그림으로 소장 가치가 높음

▲ 2차 대전 종전 후, 승전 기념 1945

◀ 이우환 화백

●바롱 필립

1920년대 전반까지 보르도 와인 유통은 네고시앙이 지배하고 있어, 같은 빈티지라도 네고시앙에 따라 품질이 고르지 않았고, 샤토가 생산한 양 이상의 와인이 시장에 출하되며 와인의 품질이 떨어지기도 했다. 20세기 초엽의 심각한 공급과잉과 미국의 금주법에 의해 일반 와인 가격이 폭락하자 이러한 위법 행위는 더욱더 박차가 가해졌다. 네고시앙에게 병입을 맡기다가는 와인 가격이 폭락할 것을 우려한 필립은 1924년에 모든 무통의 샤토 병입을 결의하며, 1급 샤토를 설득하여 마고를 제외한 3개 샤토가 샤토 병입에 동의했다. 샤토 병입 운동 이후, 보르도에서는 네고시앙의 몰락이 시작된다. 필립은 오랜 세월에 걸친 로비활동(정치적 압력)의 결과, 1973년에 무통을 1급으로 승격시킨다. 필립의 인생은 네고시앙과 쿠르띠에 등 보르도의 와인상들과의 싸움이었는데, 그의 회사 '바롱 필립 드 로쉴드'가 현재 무통 카데라는 국제 브랜드를 가진 보르도 최대의 네고시앙이 된 것은 역사의 아이러니가 아닐까.

샤토 라피트 로쉴드 (Château Lafite Rothschild)

- 루이 15세 애첩 마담 퐁파두르가 좋아하여 유명세를 얻음
- 루이 15세가 만찬에서 즐겨 마신 와인, 궁정 와인으로 인기
- 보르도의 정치인 마르샬 드 리슐리외가 루이 15세 알현 시, 젊어 보이는 비밀을 물으니, '샤토 라피트를 마셨다'고 말하면서 유명해짐
- 1787년 경매가 한 병에 1억원 낙찰
- 1868년 금융재벌 로쉴드 가문이 매입하여 샤토 라피드 로쉴드로 이름 변경
- 품종 블랜딩 : 카베르네 소비뇽, 메를로, 카베르네 프랑, 프티 베르도
  예외 빈티지 : 1994년 - 99% 카베르네 소비뇽, 1% 프티 베르도, 1961년 - 100% 카베르네 소비뇽
- 특징 : 풀바디, 강건한 스타일의 레드 와인
  긴 여운과 장기 숙성용 와인(30년 이상), 마시기 최소 2~3시간 전에 디캔팅 권유
- 라벨의 '5개의 화살'의 의미 : 5개 화살은 유럽의 금융재벌 마이어 암셀 로쉴드(1744~1812)의 5명의 아들(암쉘, 살로몬, 나단, 칼, 제임스)을 상징하기도 한다. 또는 한 개의 화살을 쉽게 꺾을 수 있지만, 여러 개의 화살을 쉽게 꺾을 수 없다는 말을 자식들에게 남기기도 했다고 한다.

▲ 5개의 화살

● 로쉴드 가문

독일 프랑크푸르트의 유태인 마을에서 태어나, 당대에 유럽 금융계를 주름잡았던 마이어 A 로쉴드(영어명 로스차일드)의 아들 중 두 명의 가계가 보르도를 대표하는 서로 이웃한 샤토를 소유하게 된다. 나사니엘 남작이 1853년에 무통을 구입하면서 로쉴드 가문이 와인과 연관되기 시작했고, 증손자 바롱 필립은 샤토 병입 운동과 세컨드 와인의 상업적 발매 카베르네 소비뇽의 재배비율 증대 등에 의해 와인의 질을 향상시키는 한편 열심인 정치적 활동을 하여, 1973년에 무통을 예외적으로 1급으로 격상시켰다. 필립은 또 포이약 마을의 5급 등급인 샤토 다르마이약과 클레르 밀롱을 구입하였고, 해외에서는 로버트 몬다비와의 공동출자로, 캘리포니아의 나파 밸리에 오퍼스 원을 건설했다. 당초 세컨 브랜드 와인으로서 시작된 무통 카데는 보르도를 대표하는 와인 브랜드가 되어 상업적인 대성공을 거두었다. 1868년에는 마이어 로쉴드의 아들 제임스 남작이 라피트(lafite)를 낙찰받는다. 제임스의 아들 에드몽 남작은 1882년에 유태인의 입식이 시작된 이스라엘에 6,000만 프랑을 희사하여 이스라엘 와인 산업의 기초를 구축했다. 제임스로부터 4대째 에릭 남작이 라피트를 경영하고 있고, 같은 포이약 마을의 4급 샤토 듀아르 밀롱과 포므롤의 샤토 레반질르, 소테른의 샤토 류색을 산하에 거두는 한편, 해외에서는 캘리포니아의 살로네 그룹, 칠레의 로스 바스코스와 같은 저명한 와이너리의 대주주이기도 하다. 일반적으로 와인의 질을 고집하는 라피트에 비해, 무통은 마케팅 전략으로 성공했다고 평가하기도 한다.

샤토 마고 (Château margaux)

- 일본 영화 <실락원>에 등장하여, 품귀 현상
- 헤밍웨이의 손녀 이름이 마고
- 섬세하고 부드러운 질감의 구조가 돋보임
- 세컨드 와인 : 파비용 루즈 드 샤토 마고(Pavillon rouge de Château Margaux)

'원산지통제호칭법 상의 마고'인 AOC 마고 원산지에는 '수상, 마고, 캉뜨낙, 아르삭, 라바르드'의 행정상의 다섯 마을이 포함된다. 1855년에 3급까지의 샤토 반을 차지할 만큼 AOC 마고 와인은 평가가 높았으나, 현재 메독 북부의 생줄리앙이나 포이약, 생테스테프 AOC가 더 고가로 거래되고 있다. 1970년대부터 1980년대까지 AOC 마고의 샤토가 포도밭과 와이너리에 투자를 게을리했고, 우아하고 여성적인 맛보다 농후한 맛으로 소비자의 기호가 변했기 때문이다. 샤토 마고는 섬세한 스타일이라 소유자의 애정이 많이 필요하다. 매년 보르도를 대표하는 와인을 생산하고 있다.

샤토 라투르 (Château latour)

- 라 투르(La Tour)는 타워라는 의미
- 지롱드 강에 올라와 약탈하는 해적들을 방어하기 위한 망루
- 2000년 남북정상 회의시 만찬주로 사용
- 죽기 전에 마셔 봐야 하는 와인으로 유명
- 장기 숙성용 와인
- 큼직한 자갈 토양으로 유명
- 자갈이 낮 동안의 열을 오래도록 보존해 주어, 포도가 잘 익고 깊은 색깔을 지님
- 세컨드 와인 : 레포드 라 투르(Les forts La Tour)

●품질과 등급은 반드시 비례하지 않는다

메독 지역의 등급은 전 세계적으로 품질보증서로 인정되고 있다. 그러나 비현실적이  라는 지적도 함께 있다. 160여년 전 샤토 등급이 매겨질 당시 품질이 아닌, 와인 가격에 의해 순위가 매겨졌기 때문이다. 그리고 등급 제도의 가장 큰 특징은 무(無)변동에 있다. 지난 160년 동안 그 맛과 가격에 상관없이 등급 순위가 그대로다. 누가 봐도 상업적이고 정치적인 배경이 깔려 있다고 볼 수 있다. 따라서 등급과 실제 품질에는

▲ 샤토 팔메르

다소 차이가 있다. 3등급의 샤토 팔메르(Château Palmer), 5등급의 샤토 린치 바주 (Château Lynch Bages)와 같은 와인들은 오늘날 그 등급 순위보다 훨씬 더 높은 평가를 받고 있다. 그런가 하면 2등급 샤토 레오빌 라스 카즈(Château Leoville Las Cases)의 경우 전문가들은 2등급 와인으로 평가하기에 안타까워 한다. 이러한 2등급 와인을, 즉 1등급 품질에 못지 않는 품질을 지닌 와인을 수퍼 세컨드 (Super Second)라고 부른다.

등급과 품질은 항상 상응하는 것은 아니다. 그럼에도 불구하고 등급 제도는 품질에 대한 가장 일반적인 가이드를 해 줄 수 있다. 물론 1등급과 2등급의 샤토는 풍부한 자금력을 바탕으로 많은 투자와 재능있는 와인 메이커의 영입으로 꾸준히 프리미엄 품질을 추구, 생산하여 그들의 명성을 인정받는 것은 사실이다. 그러나 반드시 고(高) 품질의 와인이 등급에 오른 것은 아니다. 저명한 페트뤼스(Petrus)는 포므롤(Pomerol) 지역에 위치하고 등급에 오르지 않음에도 불구하고, 세계에서 가장 비싼 와인 중의 하나로 꼽힌다.

등급은 당신이 궁금할 때 간편하게 참고할 수 있는 정보일 뿐이다. 오늘 저녁 식사에서 3등급 와인을 마셔보고 싶다고 말하는 사람이 없기를 바란다. 등급을 떠나서 와인 자체로써 평가를 받기를 기대해 본다.

물론 어떠한 이유에도 불구하고 메독의 등급 제도는 지금까지 전 세계의 많은 와인 소비자들에게 영향을 끼치는 것은 사실이다. 높은 품질의 와인을 생산하려는 그들의 꾸준한 노력과, 또한 가장 큰 자연의 선물인 최상의 테루아(Terroir)가 뒷받침되었기 때문에 전 세계에서 가장 사랑받는 와인일 수밖에 없다.

샤토 오브리옹 (Château Haut Brion)

- 그라브 지역이지만, 명성으로 1855년 메독 1등급에 포함됨
- 외교 와인으로 알려짐
- 나폴레옹 정권 하, 외무장관 탈레랑이 애장한 와인
- 빈회의에 와인과 함께 한 만찬에서 대접한 와인

▲ 샤토 오브리옹

그라브
페삭 레오냥

●샤토 오브리옹(Château Haut Brion)의 역사

잉글랜드 식민지였던 보르도는 15세기 중반 영국의 백년전쟁 패배로 다시 프랑스에 귀속되었지만 와인소비 시장으로써 영국을 잃었다. 당시 영국에서는 보르도 와인의 높은 관세로 인해 보르도 와인 판매가 저조하여 약 200년간 어려움을 겪었다.

- 샤토 오브리옹은 1533년 퐁탁 가문에 의해 설립되었다.

- 아르노 드 퐁탁(Arnaud Ⅲ de pontac)은 보르도 지방의회 초대 의장이었다.
- 아르노 드 퐁탁은 전략가로써 와인 가격을 내리지 않고 비싸게 팔았으며, 포도밭에 공을 들임
- 포도 수확량 감축, 포도 선별 선택, 철저한 양조관리, 지하 저장고 숙성으로 와인 품질을 높임
- 당시 영국에서 3배 비싼 가격으로 판매
- 1660년 자기 와인에 고유한 이름을 붙여 판매하기 시작
- 아들을 영국에 보내 주점을 오픈하였는데, 이 주점(Pontack's head)은 영국 유명 인사들에게 인기가 높았다. 철학자 존 로크(John Locke), 로빈슨 크루소의 작가 대니얼 디포(Daniel Defoe), 걸리버 여행기를 쓴 조나던 스위프트(Jonathan swift)가 주로 찾았다고 전해진다.
- 와인 품질 개선과 명품화 선두
- 1855년 프랑스 파리 만국 박람회 때 보르도 상공회의소에서 메독의 등급리스트 발표. 그라브 지역이지만 그 명성 때문에 메독 1등급에 포함
- 1935년 미국의 자본가 클래런스 딜론(Clarence Dillon)이 샤토 오브리옹을 인수함

● **외교를 담당한 샤토 오브리옹의 에피소드**

나폴레옹 전쟁에서 연합군에 패배하고 프랑스가 패전국이 되어, 빈회의에 참석했다. 프랑스의 외무부장관 탈레랑이 빈회의에 참석했었던 유럽의 외교관들에게 당시 최고의 요리사로 칭송 받았던 프랑스 왕의 요리사 요리와 샤토 오브리옹 와인을 대접했다고 한다. 매일 먹고 마시는 화기애애한 분위기에서 프랑스는 패전 국임에도 불구하고 오스트리아, 러시아, 영국 등에게 자신들의 요구를 수용하게 만들었고, 결국 회의는 프랑스에게 유리하게 작용했다. 후일 당시 빈회의에서의 일화들이 뮤지컬로 만들어졌는데 그 제목이 '회의는 춤춘다'이다. 그래서 샤토 오브리옹 와인을 일컬어 '외교 와인'이라 부른다.

그 외에 메독 등급 제도

1855년 메독의 그랑 크뤼 등급에 선정이 안된 샤토에 대해 새로 제정된 등급제로 조합에서 주기적으로 재심사하여 와인 품질을 평가한다.

- 크뤼 부르주아(Cru Bourgeois) 1932년 제정 : AOC(메독(Médoc), 오-메독(Haut-Médoc), 리스트락-메독(Listrac-Médoc), 물리-엉-메독(Moulis-en-Médoc), 마고(Margaux), 포이약(Pauillac), 생-줄리엉(Saint-Julien), 생-테스테프(Saint-Estèphe) 등 8개의 아펠라시옹의 레드 와인 대상. 2012년 9월 재심사. 크뤼 부르주아(Cru Bourgeois), 크뤼 부르주아 수페리에르(Cru Bourgeois Supérieur), 크뤼 부르주아 엑셉시오넬(Cru Bourgeois exceptionnel)의 3개로 분류된다.

▲ Château Haut-Marbuzet ▲ Château Phélan Ségur

- 크뤼 아티장(Cru Artisan)의 등급제 : 2006년 지정, 2017년부터 5년에 한번 재심사. 그러나 신뢰가 부족한 등급이다.

● 등급을 떠나라! 맛있는 추천 와인

크뤼 부르주아(Cru Bourgeois) 등급

보르도는 와인의 고장으로 전 세계적으로 명성을 떨치고 있으며, 또한 그 품질의 우수성과 함께 명성의 후광을 뒤에 업고 있다. 이러한 화려한 보르도의 이미지 뒤에는 까다로운 등급 또한 한 몫을 하고 있다. 지금까지 살펴본 등급 이 외에도 메독 지방에는 또 다른 등급이 소비자를 유혹하면서 헷갈리게 만들고 있다. 바로 크뤼 부르주아이다. 크뤼 부르주아의 등급은 메독의 그랑 크뤼 등급 제도 바로 아래에 랭킹되어 있다. 1855년 제정된 등급 제도는 가격과 정치적으로 평가되어 불합리적이며, 당시 메독의 수 천개의 샤토들이 제외되었다. 그래서 크뤼 부르주아는 이 제외된 샤토들 중에 베스트를 선별하기 위해 만들어 졌다. 보르도 상공 회의소(Bordeaux Chamber of Commerce)에 의해 1932년에 처음으로 고안 되었을 당시에 444개의 샤토들이 다시 3개 등급으로 세분화되어 리스트 되었다. 가장 높은 등급으로 크뤼 부르주아 엑셉씨오넬(Cru Bourgeois Exceptionnel 또는 Cru Exceptionnel)은 처음에는 단지 6개의 샤토들만이 선정되었고, 메독(Medoc) 지역에서만 한정되어 선별 기준을 삼았다. 그 다음 등급은 크뤼 부르주아 슈페리에르(Cru Bourgeois Supérieurs)로 99개의 샤토들이 선택되었고, 마지막 카테고리로 크뤼 부르주아(Cru Bourgeois)는 339개의 샤토들이 선정되었다. 그러나 이 등급은 크뤼 부르주아 조합에 의해서 조합원 샤토들에 한해 1966년, 1978년에 다시 수정, 업데이트 되었으며, 2003년에 다시 재검토되고 평가되었다. 크뤼 부르주아 등급에 선정되기 위해 지원한 490개의 샤토들 중에 단지 247개만이 선별되었다. 크뤼 부르주아 익셉씨오넬(Cru Bourgeois Exceptionnel)은 이 등급 중에 베스트 와인을 생산하는 샤토에게 주어지는 명칭으로 단지 9개의 샤토만이 선별되었다. 그러나 크뤼 부르주아 등급은 행정소송에 휘말리며 등급체계에 대한 신뢰가 떨어지게 되었다. 그러다가 2020년 최근 크뤼 부르주아 규정이 변경되었다. 8개 AOC(메독(Médoc), 오-메독(Haut-Médoc), 리스트락-메독(Listrac-Médoc), 물리-엉-메독(Moulis-en-Médoc), 마고(Margaux), 포이약(Pauillac), 생-줄리엉(Saint-Julien), 생-테스테프(Saint-Estèphe))의 레드 와인만을 대상으로 하고, 5년 동안의 빈티지를 평가하여 5년마다 발표한다. 기준으로 반드시 전문가 블라인드 테이스팅을 통해 품질을 인정받아야 하고, 친환경적인 지속 가능한 포도 재배를 권장, 재배에서부터 수확, 양조방법 등에 대한 서류제출로 행정업무가 가중되어 까다로워졌다.

1855년 메독의 그랑 크뤼 등급 제도는 지금까지 거의 움직이지 않은 것으로 인해서, 많은 와인 전문가, 저널리스트들은 이 제도가 현실성이 떨어지며, 구시대적이라는 관점에서 한 목소리를 내는데 동의하고 있다. 그에 비해 크뤼 부르주아 등급 제도는 메독 지역에서 실질적으로 품질에 대한 객관적인 평가를 바탕으로 선정되기 때문에, 특히 품질 면에서 메독의 그랑 크뤼 등급의 샤토들과 견주어 볼 수 있는 점도 있다고 말한다. 이러한 크뤼 부르주아(Cru Bourgeois) 등급 이 외에도 지금은 더 이상 사용되지 않지만 크뤼 아르티장(Cru Artisan)과 크뤼 페이장(Cru Paysan)의 명칭도 존재했으나, 더이상 의미가 없어지고 있다.

● 알아두면 쓸모있는 가성비 와인들

• Château Chasse-Spleen(샤토 샤스 스플린)

- Château Haut-Marbuzet(샤토 오 마르부제)
- Château Labegorce-Zede(샤토 라베고르스 제드)
- Château Les Ormes de Pez(샤토 레 조르므 드 페즈)
- Château de Pez(샤토 드 페즈)
- Château Phélan Ségur(샤토 펠랑 세귀)
- Château Poujeaux(샤토 푸조)
- Château Sociando-Mallet(샤토 소시앙도-말레)

재미있는 샤토 이야기

• 칼롱 세귀르 라벨

칼롱 세귀르의 라벨에는 사랑을 상징하는 하트가 그려져 있다. 그래서 그런걸까 발렌타인 프로포즈용 와인으로 알려져 있다. 샤토 배경을 한 하트 모양이 마치 사랑의 헤르메스처럼 보인다. 19세기 샤토 라투르와 샤토 라피트 로쉴드 와인을 소유하고 있던 세귀르 후작은 틈만 나면 '내가 샤토 라투르와 라피트 로쉴드 와인을 만들지만 내 마음은 칼롱에 있다'고 말할 정도로 샤토 칼롱 세귀르에 대한 강한 애착을 보여 그의 후손들이 그의 마음을 담아 라벨에 하트를 새겼다고 한다. 내 마음은 언제나 당신에게!! 메독 생테스테프 지역의 3등급 그랑크뤼 와인으로, 짙은 보라빛과 풍부한 과실미 그리고 견고한 타닌과 매끄러움 질감이 돋보이는 와인으로 장기 숙성이 가능하다.

• 샤토 샤스 스플린

'슬픔이여 안녕'이란 의미를 지니고 있다. 프랑스 시인 보들레르는 우울증이 있었는데 이 와인을 마시고 우울증을 극복했다고 전해진다. 또한 신의 물방울 만화책에서 '가난한 자들을 위한 샤토 라투르 와인'이라 소개되면서 유명해졌다. 메독 물리스 지역의 크뤼 부르주아 와인이며 검은 과일향, 스파이스, 흙향이 느껴지고 타닌과 산도가 밸런스를 이루며 가성비가 뛰어나다.

1-3 마니아가 늘고 있다, 세컨드 와인(Second wine)의 모든 것

그랑 크뤼 와인에 비해서 복잡미가 떨어지고 구조적인 짜임새가 덜하며 광택미와 농도가 덜한 것은 사실이지만, 가격 면에서 상대적으로 '착하다'는 것이 세컨드 와인의 매력 포인트가 아닐 수 있다. 이들 가운데는 와인 코네쎄어와 전문가들에 의해 좋은 품질로 인정받고 있는 와인들도 상당히 많다.

보르도에서 그랑 크뤼 등급을 지닌 샤토는 높은 품질의 와인을 꾸준히 생산, 유지하기 위해서 많은 노력을 기울인다. 가장 품질 좋은 와인을 만들기 위해서 가장 좋은 포도밭을 선별하고 블랜딩한다. 일반적으로 포도밭 내에서도 가장 좋은 구획에서 재배된 베스트 포도만을 선별하여 생산한다. 그렇다면 이웃한 나머지 구획에서 재배되어 품질 면에서 다소 떨어지는 포도는 어떤 용도로 쓸까? 특히 어린 포도나무에서 수확한 포도는 어디로 갈까? 주로 세컨드 와인에 이용된다는 것이 이에 대한 해답이다.

본질적으로 샤토는 그랑 뱅(Grand Vin)의 품질을 향상시키며, 동시에 그들이 만든 세컨드 와인은 합리적인 가격으로 소비자가 적당한 예산에서 부담 없이 마실 수 있게 해준다. 즉, 장기 숙성보다는 병입하고 비교적 일찍 마실 수 있는 스타일로 만들어진다. 각 샤토의 세컨드 와인은 일반적으로 그랑 크뤼 와인을 만든 와인 메이커의 손을 똑같이 거치며, 또한 같은 양조 방식으로 생산되기도 한다. 게다가 포도나무의 수명에는 차이가 있지만, 같은 포도밭에서 수확한 포도로 만들기 때문에 그랑 크뤼 와인과 비슷한 특징을 찾을 수 있다. 물론 그랑 크뤼 와인에 비해서 복잡미가 떨어지고 구조적인 짜임새가 덜하며 광택미와 농도가 덜한 것은 사실이지만, 가격 면에서 상대적으로 '착하다'는 것이 세컨드 와인의 매력 포인트가 아닐 수 있다. 이들 가운데는 와인 코네쎄어(Connoisseur)와 전문가들에 의해 좋은 품질로 인정받고 있는 와인들도 상당히 많다.

만약 당신이 적정 예산 안에서 보르도 와인을 즐기고 싶어 한다거나 난생 처음 그랑 크뤼 와인을 접하는 소비자라면, 세컨드 와인을 추천하고 싶다. 단언하건데, 마셔볼 만한 가치가 있다. 보르도의 거의 모든 그랑 크뤼 샤토는 세컨드 와인을 생산하고 있기 때문에 얼마든지 쉽게 찾을 수 있다. 그랑 크뤼 와인의 가격 대비 품질과 비교해볼 때 세컨드 와인은 절대 바겐세일이 아님을 기억해 두시라.

가격 착하고 만족도는 센 세컨드 와인

- 1등급 : 샤토 라투르의 Les forts de Latour
- 1등급 : 샤토 마고의 Pavillon rouge du Château Margaux
- 2등급 : 샤토 레오빌 라스 카즈의 Clos du Marquis

✒ 수퍼 세컨드(Super second) vs 세컨드 와인(Second wine) ──○

많은 사람들은 수퍼 세컨드 와인을 세컨드 와인인 2등급 그랑 크뤼 와인과 혼동한다. 수퍼 세컨드는 1등급의 와인들에 대응할 정도의 품질로 인정받으며, 수요가 많아진 메독 와인들의 비공식적인 그룹이다. 이 단어는 와인 머천트들에 의해서 사용되어졌음에도 불구하고, 수퍼 세컨드에 속하는 와인들에 대한 절대적인 만장 일치는 없다. 그러나 1855년에 1등급에 랭킹되지 않았음에도 불구하고, 샤토의 꾸준한 노력과 품질 향상으로 자신의 등급을 뛰어 넘어, 1등급 수준의 와인 품질로써 전 세계적으로 인정을 받으며, 이와 더불어 가격 또한 그와 상응하게 매겨지고 있다.

• 메독의 다크 호스, 수퍼 세컨드 와인으로 대표적인 것으로는
샤토 피숑 롱그빌 콩테스 드 라랑드(Château Pichon Longueville Comtesse de Lalande), 샤토 피숑 롱그빌 바롱(Château Pichon Longueville Baron), 샤토 코스 데스투르넬(Château Cos d'Estournel), Château Ducru-Beaucaillou, 샤토 레오빌 라스 카즈(Château Leoville Las Cases), 샤토 팔메르(Château Palmer)

*그랑 크뤼 샤토의 세컨드 와인

First Growth 1등급	Second wine 세컨드 와인
Château Latour	Les Forts de Latour
Château Margaux	Pavillon Rouge de Château Margaux
Château Mouton-Rothschild	Le Petit Mouton de Mouton Rothschild
Château Haut-Brion	Le Clarence de Haut-Brion (이전 Château Bahans Haut-Brion)
Château Lafite Rothschild	Carruades de Lafite-Rothschild
Second Growth 2등급	**Second wine 세컨드 와인**
Château Rauzan-Ségla	Ségla
Château Rauzan-Gassies	Chevalier de Rauzan-Gassies (previously Enclos de Moncabon)
Château Léoville-Las Cases	Le Petit Lion de Marquis de las Cases (replaced Clos du Marquis since 2007)
Château Léoville-Poyferré	Château Moulin Riche
Château Léoville Barton	La Réserve de Léoville Barton
Château Durfort-Vivens	Vivens de Durfort-Vivens (previously Domaine de Curebourse
Château Gruaud-Larose	Sarget de Gruaud-Larose
Château Lascombes	Chevalier de Lascombes
Château Brane-Cantenac	Baron de Brane
Château Pichon Longueville Baron	Les Tourelles de Longueville
Château Pichon Longueville Comtesse de Lalande	Reserve de la Comtesse
Château Ducru-Beaucaillou	La Croix de Beaucaillou
Château Cos d'Estournel	Les Pagodes de Cos
Château Montrose	La Dame de Montrose
Third Growth 3등급	**Second wine 세컨드 와인**
Château Kirwan	Les Charmes de Kirwan
Château d'Issan	Blason d'Issan
Château Lagrange	Les Fiefs de Lagrange
Château Langoa Barton	Lady Langoa
Château Giscours	La Sirène de Giscours
Château Malescot St. Exupéry	La Dame de Malescot
Château Cantenac-Brown	Brio de Cantenac-Brown
Château Boyd-Cantenac	Jacques Boyd
Château Palmer	Alter Ego de Palmer
Château La Lagune	Moulin de la Lagune
Château Desmirail	Initial de Desmirail
Château Calon-Ségur	Château Marquis de Calon

Château Ferrière	Les Remparts de Ferrière
Château Marquis d'Alesme Becker	Marquise d'Alesme
Fourth Growth 4등급	Second wine 세컨드 와인
Château Talbot	Connétable de Talbot
Château Branaire-Ducru	Duluc de Branaire-Ducru
Château Duhart-Milon-Rothschild	Moulin de Duhart
Château Pouget	Antoine Pouget
Château La Tour Carnet	Les Douves de Carnet
Château Lafon-Rochet	Les Pélerins de Lafon-Rochet
Château Beychevelle	Amiral de Beychevelle
Château Prieuré-Lichine	La Cloître Prieuré-Lichine
Château Marquis de Terme	Les Gondats de Marquis de Terme
Fifth Growth 5등급	Second wine 세컨드 와인
Château Pontet-Canet	Les Hauts de Pontet-Canet
Château Haut-Batailley	Château La Tour l'Aspic
Château Grand-Puy-Lacoste	Lacoste-Borie
Château Grand-Puy-Ducasse	Prélude à Grand-Puy Ducasse
Château Lynch-Bages	Echo de Lynch-Bages
Château du Tertre	Les Hauts du Tertre
Château Dauzac	La Bastide de Dauzac
Château Haut-Bages-Libéral	La Chapelle de Bages
Château Pédesclaux	Sens de Pédesclaux
Château Belgrave	Diane de Belgrave
Château d'Armailhac	
Château de Camensac	La Closerie de Camensac
Château Cos Labory	Le Charme Labory
Château Croizet Bages	La Tourelle de Croizet-Bages
Château Cantemerle	Les Allées de Cantemerle

1-4 최상급 와인을 가르는 기준, AOC 시스템

AOC 제도는 명실 상부한 프랑스 와인의 상징이 아닐 수 없다. 오늘날 프랑스 와인에서 지역 이름이 중요해
진 것도 그 덕분이다. 뉴 월드 지역은 포도 품종을 와인 라벨에 표시하면서 와인의 이름을 알린 반면, 프랑스를
포함한 올드 월드 지역은 보르도, 부르고뉴 등 와인 생산 지역을 강조하면서 전 세계의 소비자에게 친근하게 다
가갔다. 와인의 법적 정의의 탄생은 1889년이다. '와인은 신선한 포도즙이나 포도알로부터 전체적이거나 부분
적인 발효를 거쳐 완성된 술이다.'

1790년 : 소비자 보호법 제정　　　　　1905년 : 위조 방지위원회 설립

1935년 : AOC와 INAO 설립　　　　　1945년 : VDQS(우수품질제한 와인) 제정

✎ 원산지를 보호하는 품질보증서 ——○

AOC 시스템은 오늘날 프랑스에서 어떻게 좋은 와인이 만들어지는지를 정의할 수 있게 해주는 요소로 인식되고 있다. AOC(Appellation d'origine Controlee : 원산지 통제 명칭)가 탄생된 것은 19세기 말 프랑스 지명을 쓴 위조 레벨 와인이 많이 생겨나면서부터다. 프랑스 정부는 위조품을 경계하기 위해 원산지의 명칭을 사용할 수 있는 권한에 대해 법적인 규제를 만들었고, 모든 와인 생산업자들은 포도 재배에서 양조에 이르기까지 와인 생산에 영향을 끼치는 모든 부분에서 엄격한 품질 관리를 받아야 했다. 덕분에 AOC 제도 하에 탄생된 와인 라벨은 소비자에게는 품질 보증서와 다름없는 것이 되었다.

그러나 오늘날 와인 생산에 대한 엄격한 국가의 통제는 비판의 목소리를 낳고 있다. 와인 생산자의 창조성, 자유성을 제한하고 있다는 것. 기후적인 변화와 와인 양조 기술이 발전함에도 불구하고 1935년 제도화된 규칙에 전혀 변화가 없기 때문에 비현실적이라는 것. 요즘 추세는 원산지에 연연하기보다는 와인 자체의 품질과 스타일로 평가되기를 원하는 와인 생산자와 소비자는 점점 증가하고 있다. 그 결과 상대적으로 뉴월드 와인은 점점 시장에서 인정받고 있으며, 원산지 시스템은 붕괴의 위기에 처해 있는 게 현실이다.

물론 AOC 제도는 명실상부한 프랑스 와인의 상징이 아닐 수 없다. 오늘날 프랑스 와인에서 지역 이름이 중요해진 것도 그 덕분이다. 따라서 뉴월드 지역(와인 생산지로 전통이 있는 프랑스, 이탈리아 등 유럽 지역을 제외한 신흥 와인 생산 지역으로 떠오르고 있는 호주, 칠레, 미국 등을 일컫는다)에서는 포도 품종을 와인 라벨에 표시하면서 와인의 이름을 알린 반면, 프랑스를 포함한 올드 월드 지역에서는 여전히 와인 생산 지역(원산지)을 강조하고 있다.

원산지 통제 명칭인 AOC는 와인에만 적용된 것은 아니다. 음식에 대해서 보면, 그르노블 지역의 호두(Grenoble walnut), 브레스 지역의 닭(Bresse chickens), 이지니 버터(Isigny butter), 니용 지역의 올리브 오일(Nyons olive oil), 브리(Brie) 지역 치즈, 캉탈(Cantal) 지역 치즈, 로크포르(Roquefort) 지역 치즈, 르블로숑(Reblochon) 지역 치즈 등은 전부 원산지 이름 자체를 상품명으로 강조하

여, 지역의 특산품으로 전 세계에 알려진 생산품이다. 원산지 통제 명칭에 의해서 보호 받는 제품으로써 AOC를 받았다. 즉, 프랑스의 지방 특산품 또한 이러한 AOC의 규제 및 보호 아래 원산지 이름 자체가 품질 보증으로 인정받게 되었다.

그러나 AOC 시스템은 변경되어 2009년부터 AOC 규정이 AOP로 변화되었으나, 현재까지 공용으로 사용하고 있다. AOP(Appellation d'Origine Protégée)는 원산지 보호명칭으로 AOC와 동급이다. IGP(Indication geographique protegee)는 지리적 보호 표시로 뱅드 페이(Vin de pays)와 동급이다. 뱅드 프랑스(Vin de France)는 뱅드 타블(Vin de table), 프랑스 와인과 동급이다. 그러나, 여전히 프랑스에서는 라벨에 AOP와 AOC를 혼

용하고 있다.

2009년 8월 1일에는 EU 회원국에서 생산하는 와인을 원산지의 이름으로 보호받는 PDO(Protected Designation of Origin)와 지리적인 표시로 보호받는 PGI(Protected Geographical Indication)로 새로운 규정을 정립했다. 프랑스 규정에서는 AOC, AOP = PDO, Vin de Pay, IGP = PGI와 동급으로 사용하고 있다.

1-5 보르도의 양대 지존, 메독 VS 생테밀리옹

▲ 메독 지역

토양이 다르고 그에 따라 재배되는 품종도 다르다 보니 블렌딩 비율에서도 차이가 있다. 카베르네 소비뇽 포도가 많이 재배되는 메독에서는 단단한 구조의 와인을 생산하는 반면에, 생테밀리옹은 메를로를 더 많이 블렌딩하기 때문에 부드러운 질감의 와인이 특징이다. 지롱드 강을 사이에 끼고 왼쪽은 메독, 오른쪽은 생테밀리옹, 그렇기 때문에 같은 듯 다른 두 지역을 비교해 본다. 메독은 크게 오 메독(Haut Médoc)과 바 메독(Bas Médoc)으로 구분된다. 가장 고급 와인인 그랑 크뤼 와인은 오 메독에 위치한다.

✏ 오 메독(Haut Médoc)의 지역별 특징 ───○

- **생테스테프(Saint-Estèphe)** : 지롱드 강을 끼고 좌안에 위치한 지역 중에서 가장 거칠면서 타닉한 스타일의 와인이다. 높은 고도에 위치하고, 높은 점토질과 자갈 함양이 적은 토양으로 인해 산도가 많이 느껴진다. 대체로 각이 진 듯한 구조의 와인으로 타닌이 많이 두드러져 느껴진다. 높은 수분 보유량으로 인해 점토질 토양은 더운 기후의 빈티지 조건에서 훨씬 좋은 품질의 와인을 생산한다. Château Cos d'estournel, Château Lafon Rochet

- **포이약(Pauillac)** : 일반적으로 포이약 아펠라시옹은 블랙커런트, 삼나무, 시가 박스 아로마가 돋보이며, 생줄리앙 아펠라시옹보다 파워풀하면서 강한 구조의 특징이 보인다. 정체성을 잘 보여주는 생산자로는 Château Lafite Rothschild, Château Mouton Rothschild, Château Latour, Château Lyunch Bages, Château Pichon-Lalande가 있다.

- **생줄리앙(Saint-Julien)** : 포이약 아펠라시옹과 비슷한 특징이 있으나, 조금 더 부드럽고 라운드한 스타일이다. 특히 포이약보다 더 실크 벨벳같은 질감으로 둥근 스타일이다. 유명 생산자로는 Château Leoville Las Cases, Château Ducru Beaucaillou, Château Leoville Barton가 있다.

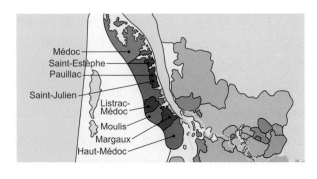

- **리스트락 메독(Listrac-Médoc)** : 대서양 가까운 랑드숲에 위치하고, 이 지역의 포도는 서리에 민감하다. 씹는 듯한 질감의 타닌과 투박한 질감이 독특하다.
- **물리 엉 메독(Moulis en Médoc)** : 가장 작은 아펠라시옹(Appellation)이고, 자갈, 석회와 점토질 토양이다.
- **마고(Margaux)** : 오 메독(Haut Médoc) 지역 중에서 가장 과일향이 풍부하며 아로마가 짙다. 생테스테프보다 타닌이 적으며, 곧은 구조적 느낌이 부족한 편이고 생줄리앙과 혼동할 정도로 힘과 무게감이 부족하다. 섬세한 스타일이 돋보인다. 대표적인 와인으로 Château Margaux, Château Palmer가 있다.

＊와인 특징

- 마고와 생줄리앙은 벨벳 질감과 부드러운 맛, 유연한 맛이 돋보이며 풍성하다. 과일향이 입 안에서 풍부하게 느껴지고 특히 블루베리 향이 풍부하다. 그리고 오크의 숙성 정도에 따라 삼나무(cedar), 흙(earthy)향이 느껴진다.
- 포이약과 생테스테프는 연필 깎은 나무향(Pencil shaving)이 특징이다. 타닌이 힘이 있고, 닫혀 있어 오래 시간을 기다려야 그 맛을 음미할 수 있을 정도로 장기 숙성을 요구한다.

※ 메독 AOC는 레드 와인 생산만 허용한다 : 이 지역에서 화이트 와인을 생산할 경우 보르도(Bordeaux AOP/AOC)로 출시된다.

📕 샤토 탈보는 메독의 생줄리앙 지역에 위치하고 있다. 따라서 이 지역은 레드 와인만 생산하였을 경우 생줄리앙 지역 이름을 라벨에 표기할 수 있다. 다시 말해, 이 지역에서 화이트 와인을 생산하였을 경우에는 생줄리앙 지역명은 금지이고, 대신에 "보르도(Bordeaux) AOC" 지역명으로 출시된다.

▲ 샤토 탈보의 화이트 와인
(Caillou Blanc Bordeaux)

🖊 아기자기한 생테밀리옹 AOP ──○

- **위치** : 지롱드 강의 우안에 위치하고, 생테밀리옹 마을을 중심으로 인접한 지역이다. 1999년 유네스코가 지정한 세계문화유산 마을로 역사적 건물과 유적지가 많다. 마치 중세 시대에 와 있는 듯한 느낌이 들 정도로 운치 있고 아름다우며 두 가지 타입의 토양으로 나눈다. 생테밀리옹 시내 주위 석회질의 편평한 땅과 경사진 땅, 그리고 포므롤 지역에 인접하고 있는 자갈과 모래 토양이다. 유명한 와이너리는 대부분 석회질 토양에 위치하며, 메를로가 지배적이다. 전자는 토양 구조와 카베르네의 높은 브랜딩 비율이다. 포므롤 지역 인근의 생테

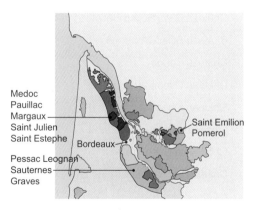

▲ 생테밀리옹 지역

밀리옹 유명 생산자로는 Château Cheval Blanc, Château Figeac, La Dominique가 있으며, 카베르네 프랑이 많이 블랜딩되어 꽃 향이 풍부하며 절제된 아로마가 돋보인다.
- **특징** : 진흙의 점토질과 석회질 토양이 분포한다. 메를로 주 품종으로 카베르네 소비뇽, 카베르네 프랑 등을 블랜딩한다. 생테밀리옹과 포므롤은 레드 와인만 생산한다.

푸룬(서양자두)향이 느껴지며 부드럽지만, 장기 숙성이 가능한 잘 짜여진 구조감이 돋보인다. 부드러운 타닌을 중심으로 우아하고 여성적인 매력이 있는 레드 와인 스타일. 숙성이 잘 된 달콤한 과일향이 풍부하고, Black olive(올리브)향이 특징이다. 1855년에 제정된 비현실적인 메독의 등급제보다는 10년마다 품질 검사를 거쳐 평가를 받는 생테밀리옹의 등급제가 신뢰감을 준다.

• Saint-Emilion Grand Cru Classé(생테밀리옹 그랑 크뤼 클라세)

• 1955년 비준

• INAO(Institut National de Appellations d'Origine) 생테밀리옹 와인 조합에 의해 구성되었다.

※ INAO는 프랑스 와인의 원산지 명칭을 통제, 승인하는 국가 조직체이다.

• 생테밀리옹은 10년마다 와인 품질을 재평가한다.

1955년 이후 6번째 심사로 총 82개의 샤토가 있으며, 생테밀리옹 그랑 크뤼 등급(2012년 9월)

▲ 샤토 안젤루스　　▲ 샤토 오종　　▲ 샤토 파비

■ 1er Grand Cru Classés A 프리미어 그랑 크뤼 클라세 A : 4개

Château Angélus	
Château Ausone	
Château Cheval Blanc	
Château Pavie	

■ 1er Grand Cru Classés 프리미어 그랑 크뤼 클라세 : 14개

Château Beauséjour	
Château Beau Séjour-Bécot	
Château Bélair-Monange	
Château Canon	
Château Canon la Gaffelière	
Château Figeac	
Clos Fourtet	
Château la Gaffelière	
Château Larcis Ducasse	
La Mondotte	
Château Pavie Macquin	
Château Troplong Mondot	
Château Trottevieille	
Château Valandraud	

■ **Grand Cru Classés 그랑 크뤼 클라세 : 64개**

Château l'Arrosée	Château Fombrauge
Château Balestard la Tonnelle	Château Fonplégade
Château Barde-Haut	Château Fonroque
Château Bellefont Belcier	Château Franc Mayne
Château Bellevue	Château Grand Corbin
Château Berliquet	Château Grand Corbin Despagne
Château Cadet-Bon	Château Grand Mayne
Château Cap de Mourlin	Château les Grandes Murailles
Château le Chatelet	Château Grand-Pontet
Château Chauvin	Château Guadet
Château Clos de Sarpe	Château Haut-Sarpe
Château la Clotte	Clos des Jacobins
Château la Commanderie	Couvent des Jacobins
Château Corbin	Château Jean Faure
Château Côte de Baleau	Château Laniote
Château la Couspaude	Château Larmande
Château Dassault	Château Laroque
Château Destieux	Château Laroze
Château la Dominique	Clos la Madeleine
Château Faugères	Château la Marzelle
Château Faurie de Souchard	Château Monbousquet
Château de Ferrand	Château Moulin du Cadet
Château Fleur Cardinale	Clos de l'Oratoire
Château La Fleur Morange Mathilde	

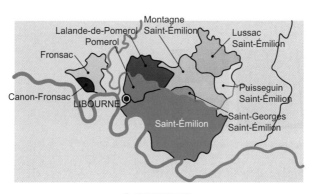

▲ 생테밀리옹 지역

＊생테밀리옹 인근 AOC/AOP

❶ 생조지 생테밀리옹(Saint-Georges Saint Emilion)

❷ 몽타뉴 생테밀리옹(Montagne Saint Emilion)

❸ 뤼삭 생테밀리옹(Lussac Saint Emilion)

❹ 푸이스겡 생테밀리옹(Puisseguin Saint Emilion)

샤토 슈발 블랑 (생테밀리옹 프리미어 그랑 크뤼 클라세 A)

- 슈발 블랑은 백마를 의미함
- 성 바르톨로메오 대학살 때 앙리 5세가 파리를 탈출하여, 고향 피레네 산맥의 베아른 지방으로 돌아갈 때, 백마를 타고 이곳에서 묵었다는 유래에서 시작되었다.
- 성 바르톨로메오 대학살 : 앙리 4세와 마고의 결혼식 파티 후 약 6천명의 기독교인을 살해한 사건이다.
- 품종 : 50~80% 카베르네 프랑, 50~20% 메를로 블랜딩
- 영화 <Sideways(사이드웨이)>에 등장하여 유명해짐
- 샤토 슈발 블랑 1961(전설적인 빈티지)로 주인공 마일즈의 패스트푸드 플라스틱 컵으로 마신 와인. 이 영화에서 주옥 같은 대사 "특별한 날에 특별한 와인을 마시는 것이 아니라 특별한 와인을 마시는 날이 특별한 날이다."
- 관능적이고 실키하다.

▲ 샤토 슈발 블랑

✏️ 그 외에 그라브와 포므롤 지방 ──○

＊포므롤(Pomerol) AOC/AOP

생테밀리옹 지역보다 깊이 있고 밀도감 높은 와인을 생산한다. 대개 메를로 포도를 기본으로 만들어진다. 풍부한 과일향과 서양자두향이 돋보이는 스타일로 커피와 산딸기향이 느껴진다. 메독과 그라브 지역보다 부드러운 타닌의 질감으로 기름지고 풍성한 과일향이 돋보인다. 자갈밭의 포므롤 평지는 점토질과 철분 함량의 토양에서 베스트 와인이 생산된다. 유명 생산자로는 Petrus, L'Evangile, Bon Pasteur가 있다.

행정구역상 작은 지역으로 포므롤 지역의 거의 모든 와인이 높이 평가되고 있다. 포므롤은 공식적인 등급제는 존재하지 않으나, 이 지역 AOC 와인은 대부분이 고가로 판매된다. 저가 와인을 찾기가 힘들 정도이다. 세계에서 두번째로 비싼 페트뤼스(Petrus) 와인을 생산한다. 예외적으로 페트뤼스(Petrus)는 빈티지에 따라 100% 메를로를 사용하기도 한다.

▲ 비유 샤토 세르탕 　　▲ 샤토 라플뢰르 　　▲ 샤토 레방질 　　▲ 르 팽

＊포므롤 지역의 알아둘 유명한 샤토

르 팽(Le Pin)
샤토 레방질(Chateau L'Evangile),
샤토 트로타뉴아(Château Trotanoy),
샤토 가쟁(Château Gazin),

비유 샤토 세르탕(Vieux Château Certan),
샤토 라플뢰르(Château Lafleur),
샤토 레글리즈-끌리네(Château l'Eglise-Clinet)

- 라벨에 교황 페트뤼스 1세의 얼굴
- 소량 생산 : 연간 3~4만병
- 비용 투자 : 서리 피해를 막기 위해 가스 난로 스토브를 포도밭 중간 중간에 설치
- 영국 엘리자베스 2세 여왕의 결혼식에 사용되어 유명
- 철분이 많은 점토질 토양
- 프랑스에서 두번째로 비싼 와인
- 풀바디, 응축되고 실크 같은 타닌과 산미가 밸런스
- 샤토(Château) 명칭을 사용하지 않음
- 100% 메를로 품종 사용
- 블랙베리, 송로버섯, 바닐라의 아로마가 풍부
- 장기 숙성용

▲ 페트뤼스

- **포므롤 인근 AOP**

라랑드 포므롤(Lalande de Pomerol), 프롱삭(Fronsac), 카농 프롱삭(Canon-Fronsac)

- **그 외 AOP**

- 카스티용-코트 드 보르도(Castillon-Cotes de Bordeaux), 코트 드 보르도(Cotes de Bordeaux) : 레드만 생산
- 프랑-코트 드 보르도(Francs-Cotes de Bordeaux) : 레드, 화이트, 스위트 와인 생산

＊그라브(Graves) AOC/AOP

그라브(Graves)는 자갈이란 뜻으로 이 지역은 자갈 토양이 분포되어 있다. 가죽, 스파이스향이 돋보이며 메독보다 유기농 향으로 흙향이 풍부하게 느껴진다. 타닌은 덜 방해적이며 조화를 잘 이루고 있다. 따뜻한 기후와 배수가 좋은 토양은 포도를 일찍 숙성시키며, 메독보다 더 일찍 수확을 한다. 유명 생산자로는 Domaine de Chevalier, Château Haut Bailly, Château Haut Brion, Château La Mission Haut-Brion가 있다.

▲ 샤토 오브리옹

- 그라브 와인의 등급은 1953년 정해졌으며, 1959년에 수정을 거쳐 제정되었다.
- 메독 지역의 등급과 차이가 있다. 1~5등급의 차등없이 '크뤼 클라세(Crus Classe)'라 명칭한다.
- 이 지역에 위치한 샤토 오브리옹(Château Haut-Brion)은 1855년의 메독 그랑 크뤼 등급 제정시 이례적으로 그라브 지역의 와인임에도 불구하고 메독의 1등급 와인 중에 하나로 지정될 정도로 높이 평가받았다.
- 1959년 16개의 샤토가 크뤼 클라세(Crus Classés)로 지정되었다(레드 13개, 화이트 9개 생산자 포함).
- 페삭 레오냥 크뤼 클라세(Pessac-Leognan Cru Classe) : Cru Classe(레드와 화이트) 6개, Cru Clase(화이트) 3개, Cru Classe(레드) 7개

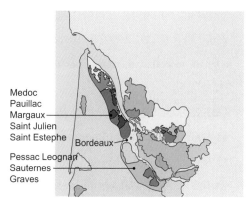

Medoc
Pauillac
Margaux
Saint Julien
Saint Estephe
Bordeaux
Pessac Leognan
Sauternes
Graves

▲ 그라브 지역

샤토	원산지(마을명)	와인 종류	
Château Bouscaut	Cadaujac	Red/White	
Château Carbonnieux	Leognan	Red/White	
Domaine De Chevalier	Leognan	Red/White	
Château Couhins	Villenave D'Ornon	White	
Château Couhins-Lurton	Villenave D'Ornon	White	
Château De Fieuzal	Leognan	Red	
Château Haut-Bailly	Leognan	Red	
Château Latour-Martillac	Martillac	Red/White	
Château Laville Haut-Brion	Talence	White	
Château Malartic-Lagraviere	Leognan	Red/White	
Château La Mission-Haut-Brion	Talence	Red	
Château Olivier	Leognan	Red/White	
Château Pape Clement	Pessac	Red	
Château Smith-Haut-Lafitte	Martillac	Red	
Château La Tour Haut-Brion	Talence	Red	
※Cru Exceptionnnel Premier Cru 크뤼 입셉씨오넬 프리미어 크뤼			
Château Haut-Brion	Pessac	Red	

그라브 지역은 보르도 지역에서 프리미엄 화이트 와인을 생산한다. 소비뇽 블랑 단독으로 사용하거나 세미용 품종을 블랜딩하여 생산한다. 페샥 레오냥의 고급 화이트 와인을 생산한다. 보르도 대학의 드니 뒤보르디유(Denis Dubourdieu) 교수는 화이트 와인 거장으로 소비뇽 블랑을 스킨 컨택(skin contact) 또는 오크 배럴(Oak barrel)에 숙성시켜 성공시켰다. 오크 숙성을 거쳐서 만들어진 화이트 와인은 가볍고 상큼한 화이트 와인의 스타일이라기 보다는 크리미한 질감과 무게감 있는 구조로 균형이 있으며, 여운이 길고, 우수한 와인을 생산한다.

• 페삭 레오냥(Pessac-Leognan) AOC/AOP
1987년 원산지 통제 명칭(Appellation D'origine Controlee) 지역으로써 그라브 지역의 페샥 레오냥 AOC가 선정되었다. 이 지역은 프리미엄 레드, 화이트 와인 생산으로 유명하다. 바닷조개의 침전물로 된 석회암이 분포하고 자갈 토양이 특징이다. 10개의 작은 코뮌느(Communes)로 이루어진다(Cadaujac, canejan, gradignan, leognan, martillac, merignac, pessac, St−medard−d'eyran Talence, villenave−d'ornon).

• 레드와 화이트 와인을 동시에 크뤼 클라세 등급으로 지정된 샤토 리스트
❶ 샤토 부스코(Château Bouscaut)
❷ 샤토 카르보니유(Château Carbonnieux)
❸ 샤토 드 슈발리에(Domaine de Chevalier)
❹ 샤토 라투르−마르티악(Château Latour−Martillac)

❺ 샤토 말라르틱-라그라비에르(Château Malartic-Lagraviere)

❻ 샤토 올리비에(Château Olivier)

매년 봄이 되면 보르도 최상의 와인들이 모이는 앙 프리메르(세계 와인 박람회)가 열린다. 저렴한 가격으로 질 좋은 와인을 미리 구매하고, 몇 년 후 높은 가격으로 시장에 출시하기 위한 행사인 것. 그런 이유로 전 세계의 와인 머천트, 브로커들은 앙 프리메르 시스템을 이용해 질 좋은 와인을 미리 구매해 놓는다.

✏ **질 좋은 와인을 미리 확보하는 퓨처 세일즈(선물 시장) 시스템 ——○**

매년 3~4월이면 전 세계의 와인 전문가, 저널리스트, 브로커, 수입사들이 프랑스 보르도에 모인다. 이들을 한곳에 모이게 하는 것은 바로 앙 프리메르(En primeur)가 있기 때문이다. 영어로 풀어서 해석하면 퓨처 세일즈(Future Sales), 즉 와인 선물(先物) 거래로 출시 전에 미리 판매하는 시스템이다. 진행 방식은 대강 이렇다. 그 해에 수확한 포도로 만든 와인(병입 하기 전)을 이듬해 봄에 와인의 품질이 안정될 무렵, 신주를 공개하고 샘플로 삼아서 전문가들이 시음 및 평가를 하고, 그런 다음 코멘트와 점수를 매기게 된다. 결국 이 점수에 의해서 가격이 결정된다.

평가의 대상은 주로 보르도의 최상급 품질(High-end quality)의 와인들이다. 보르도 그랑 크뤼 등급 샤토들의 약 50%가 이 '앙 프리메르'를 통해 팔리고 있기 때문에 보르도 샤토(포도주 농장)들에게는 중요한 의미가 있다. 저렴한 가격으로 질 좋은 와인을 미리 구매하여, 2년 후 높은 가격으로 시장에 출시하기 위한 행사이기 때문에 전 세계의 와인 머천트, 브로커들이 이 시스템을 이용하여 미리 사 두는 것이다. 예를 들면 2019년 빈티지의 와인을 2020년 3~4월에 이 행사를 통해 구매를 하면, 그 후 약 2년 동안 와이너리에서 숙성을 더 시킨 다음 전 세계 시장에 출시, 판매가 이루어지는 것이다.

그러나 항상 이점만 있는 것은 아니다. 예를 들어 1997년 빈티지가 처음 앙 프리메르 시장에 출시되었을 때는 와인 시장의 붐을 타서 그 이전 두 빈티지(1996, 1995년)보다 품질이 떨어지는 데도 불구하고 더 비싸게 팔렸지만, 병입 후 시장에 본격 출시된 다음, 소비자의 외면을 당한 이후에는 오히려 앙 프리메르에서 팔렸던 가격보다도 떨어지는 결과를 초래한 적이 있다.

그런가 하면 2000년 탄력받은 와인 시장의 영향으로 '샤토 레오빌 바통(Château Leoville-Barton)' 와인은 단 3일만에 출시 가격이 3배가 뛰었을 정도였다. 이렇듯 이곳에서의 가격은 시장의 수요와 밀접한 관련을 맺고 움직인다.

그러나 뭐니뭐니해도 가장 큰 영향을 끼치는 것은 다름 아닌 와인 비평가들이다. 이러한 비평가들의 평가와 점수를 토대로 와인 머천트와 브로커들이 와인 구매량을 결정하곤 한다. 그러나 수많은 와인 비평가들이 있기에 어떤 사람의 평가를 받아들여야 하는지 판단하는 것이 중요하다. 저명한 로버트 파커(은퇴 후 더이상 와인 비평을 하지 않음), 제임스 써클링, 클리브 코트 등 각각의 비평가들의 의견은 서로 다를 수 있으니 말이다.

이 행사의 또 다른 이점으로는 그랑 크뤼 등급의 품질 좋은 와인을 미리 확보할 수 있다는 것이다. 와인 브로커가 그 해에 구매한 와인 물량에 대해서는 그 다음해도 구매할 수 있는 권리가 부여된다. 즉 꾸준히 거래를 통해 신뢰를 쌓은 머천트나 브로커에게는 그만큼의 와인 볼륨에 대한 이익을 주는 것이다.

그러나 미리 와인을 구매하는 것은 한마디로 배팅이다. 주식을 배팅하는 것처럼 2~3년 후 와인의 가치에 대해서 미리 추측하면서 구매하는 것이기 때문이다. 따라서 와인 자체에 대한 품질, 생산량, 비평가들의 빈티지 평가, 와인 가격, 시장에서의 수요 변화, 환율 등이 모두 고려의 대상이 된다.

1-7 스위트 와인에 담긴 비밀

투명한 병의 짙은 황금빛이 감도는 와인을 아시나요? 돌린 잔에서 감도는 끈적거리는 눈물 방울들. 짙은 단내를 느끼며, 혀를 매혹하는 와인.

아쉽게도 스위트 와인에 대한 인식은 레드나 화이트 와인에 비해서는 턱없이 인기가 떨어지는 편이다. 스위트 와인은 지금까지 주로 디저트와 함께 즐기는 식사의 마지막으로 좌천되면서, 거의 잊혀진 와인으로 푸대접을 받아 왔다. 더구나 우리나라는 달콤한 디저트 음식과는 다소 거리가 먼 식문화를 가지고 있으며, 사람들은 단 음식을 외면하고 다이어트에 민감하여 이러한 스위트 와인에 대한 이해도가 반감되어 온 것 또한 사실이다. 스위트 와인의 매력과 달콤한 맛은 탐닉할 가치가 있다. 보르도는 다양한 종류의 와인이 세계적으로 인정받으며 명성을 떨치는 유일한 곳이다. 그랑 크뤼 레드 와인에서부터 화이트 와인까지 전문가들과, 소비자에게 이처럼 사랑 받는 곳은 없을 것이다. 여기에 스위트 와인까지 포함해서 말이다.

가론 강을 따라 그라브 지역의 남쪽으로 내려 오면 달콤한 와인 생산 지역이 나온다. 가장 중요한 지역으로 소테른과 바르삭 지역을 들 수 있다. 소테른과 바르삭의 작은 이 두 지역은 단지 보르도 안에서만 유니크한 것은 아니다. 전 세계 스위트 와인에 헌신된 몇 안 되는 지역 중에서 가장 유명한 생산 지역 중에 하나로 꼽는다.

약간의 곰팡이가 핀 포도는 확실히 품질적인 면에서 떨어지기 때문에, 썩은 포도가 마지막에 프리미엄 와인으로 바뀔 수 있다는 발견은 우연한 탄생의 결과였다. 노블 로트(Nobel Rot)에 전염된 포도로 만든 스위트 와인에 대한 첫 기록은 1600대 중반에 일어났다. 당시 스위트 와인의 생산은 프랑스가 아니라 헝가리의 토가이(Tokaji) 지역이며, 신부님과 와인 메이커들이 터키의 임박한 공격으로 인해 포도 수확 시기를 늦추게 되면서 귀한 곰팡이를 발견하게 되었다.

- 보트리티스 시네레아(Botrytis Cinerea)
- 까다로운 기후 조건 : 시롱(Ciron) 호수의 영향으로 아침 안개, 풍부한 일조량의 오후
- 낮은 pH 선호, 습하고 18.3~23.9℃인 따뜻한 환경 선호. 온실과 같이 통제되는 환경은 귀부균의 번식과 발달을 촉진하는 수분과 고온 제공. 식물의 잎 표면 위에 물은 포자가 발아할 수 있는 장소를 제공하고 특수 기후 조건으로 인해 포도알의 크기가 줄어들어 향, 당, 산 등이 농축된 상태
- 세미옹 품종 : 껍질이 얇아 곰팡이균 침투가 용이, 수분을 증발, 당도 증가
- 명품 스위트 와인 : 샤토 디켐, 라 투르 블랑시 생산
- 샤토 디켐 : 80% 세미옹, 20% 소비뇽 블랑. 1855년 소테른 지방의 '프리미어 크뤼' 등급제 지정. 포도 과실 축출양은 약 9hl/ha(1헥타르당 9헥토리터)로 소량 생산이며, 이는 포도나무 한 그루에서 와인 한잔을 생산하는 양이다. 내심과 열정의 와인으로 오크통에서 숙성 및 병입을 거치며, 약 5년 후 시장에 출시한다.
- 특징 : 황금빛의 짙은 노란색. 허니, 복숭아, 아카시아, 오렌지 마멀레이드 등의 달콤한 조린 과일향이 풍부하며, 리나놀(Linalool), 버섯, 흙향이 가볍게 느껴지는 보트리티스향이다. 농축된 잔당으로 끈적거리는 달콤한 점성과 균형 잡힌 산도와 함께 밸런스를 이루어 결코 무겁지 않고 신선함을 유지하며, 미디움 바디의 우아한 스타일로 긴 여운을 느낀다.

보트리티스(Botrytis), 일명 Noble Rot이라는 귀부병이라 일컫는 이 병의 일종이 전 세계에서 가장 유명한 스위트 와인을 많이 만들고, 성공의 키 역할을 한다. 보트리티스 시네레아(Botrytis cinerea)는 일종의 버섯균으로써 포도에 침투되어 같이 생장하면서 포도의 당 함유량을 응축시키는 역할을 한다. 이와 함께 포도의 수분이 증발되면서, 잔당의 함유량은 농축되어 달콤한 맛을 지닌다. 수분의 증발로 인해 당연히 포도즙의 양도 줄어들어 생산량이 여느 레드, 화이트 와인의 절반 수준 밖에 못 미치고, 게다가 귀부병에 걸린 포도만을 선별하여, 사람에 의해서만 수확이 이루어져 귀한 와인이다.

허니, 복숭아, 아카시아 등의 달콤한 과일향이 풍부하며, 농축된 잔당으로 인해 꿀물과도 같은 달콤함과 끈적거리는 점성이 입 안에서 느껴지면서 균형 잡힌 산도와 함께 조화를 이루어 결코 무겁지 않은 신선함을 지니고 있는 스타일의 와인을 만든다. 포도의 겉모습을 보면 마치 건포도처럼 쭈글쭈글하여 건조된 포도를 연상시킨다. 이러한 균들이 잘 침투되기 위해서는 아침에는 안개가 자욱하여 습기가 많으며, 낮에는 일조량이 풍부한 기후적, 지리적인 조건이 뒷받침 되어야 하기 때문에 특정 지역에서만 재배, 생산이 가능하여 귀한 와인이다.

가장 유명한 지역으로 보르도의 소테른(Sauternes) 지역을 꼽을 수 있다. 시롱(Ciron) 강이 가론(Garonne) 강을 만나면서 아침에 안개를 만들며, 숲과 비교적 가까운 위치는 대기에 습도를 유지하는 것을 돕는다. 특히 스위트 와인의 제왕이라 불리우는 Château d'Yquem(샤토 디켐)의 고향이다. 세미용(Sémillon) 포도종이 주 포도 품종으로, 이 외에 소량의 소비뇽 블랑(Sauvignon Blanc), 뮈스카델(Muscadelle) 등이 블랜딩된다. 물론 소테른이 지리적, 기후적으로 최상의 테루아 조건을 갖추고 있기 때문에 포도 자체의 품질이 뛰어나며, 또한 완벽한 귀부병에 걸린 포도만을 얻기 위해서, 인내와 노동력이 요구된다. 귀부병에 걸린 포도는 먼저 수확하고, 나머지 송이에 남은 포도는 수확 시기 내내 같은 포도나무에 4~10번 횟수로 나누어 여러 번에 걸쳐 포도를 수확한다. 이에 필수 불가피하게 가격 또한 고가일 수 밖에 없다. 그러나 보르도의 그랑 크뤼 레드 와인의 가격이 매년 기하급수적으로 상승하는 것에 비하면 소테른 와인 가격은 제자리 걸음을 하고 있다. 피에르 뤼통(Pierre Lurton) 씨의 말에 의하면, 그 이유는 첫째 공급이 수요를 초과하기 때문이다. 이상하게도 소테른 포도밭은 1985년에 약 1,364ha에서 2005년 1,800ha로 확장되었음에도 불구하고, 소테른 와인의 일반적인 연년 생산량은 약 4~6백만 병을 생산하고, 반면에 전 세계 소테른 와인 소비는 약 4백만 병에 그치고 있기 때문이다. 따라서 와인의 가격에 영향을 끼치는 생산량의 증가는 결코 현명한 이동이 아니다.'라고 한다. 이와 일맥 상통하게 소테른 와인을 투기 목적으로 구매하지 않기 때문이다. 보르도의 그랑 크뤼 등급의 좋은 빈티지 와인은 판매량이 부족하고, 해가 다르게 가격이 치솟아 이익 보장을 하며 전 세계 시장에서 강력한 구매력을 과시하는데 비해, 소테른의 좋은 빈티지 와인은 심지어 네고시앙의 구매가 감소하기까지 한다. 따라서 만약 몇십 년을 걸쳐 3~4배의 가격 상승으로 보르도의 그랑 크뤼 샤토들이 폭리를 취한다면, 작황이 좋았던 해의 와인이더라도 소테른의 가격 상승은 아주 천천히 반응한다.

반면에 경제적이면서 귀부병에 걸린 포도로 만든 와인의 생산 지역들을 찾아 보면, 보르도에서 가장 근접한 몽바지악(Monbazillac), 소시냑(Saussignac), 루피악(Loupiac)에서 비슷한 풍미의 맛과 향을 지닌 스위트 와인을 저렴하게 즐길 수 있다.

이 외에 프랑스 루아르 지역의 코트 드 레이옹과 보브레(Côteaux du Layon and Vouvray)의 슈냉 블랑(Chenin Blanc) 품종으로 귀부병에 걸린 포도로 생산된 스위트 와인도 또 다른 보트리티스(Botrytis)의 달콤한 맛을 느낄 수 있는 스타일이다. 마멀레이드(Marmalade), 축축한 울향의 라놀린(wet-wool lanolin) 아로마가 특징적으로 내포되어 있으며, 상큼한 산미가 끈적한 달콤함과 조화를 이루고 균형감을 준다. 프랑스 이 외의 지역에서는 형가리의 토카이(Tokaji) 와인이 노블 로트(Noble rot)의 영향을 받은 포도를 수확하여 생산한다. 농익은 오렌지, 복숭아, 허니의 복잡한 향이 풍부하며, 건포도의 향과 산화된 힌트의 향이 서로 조화를 이루고 있다.

지금까지 살펴 본 귀부병에 걸린 포도로 만든 스위트 와인은 가격이 조금은 높다. 그만큼 재배 과정이 까다롭고, 생산량 또한 풍족하지 않기 때문에 형성된 가격이다. 처음 맛보는 와인 초보자는 아마도 꿀물이라고 표현할 수도 있다. 그만큼 입 안에서 느껴지는 잔당의 함유량이 높다. 그래서 주로 디저트 음식과 함께 먹는 것이 전통화 되어 있다. 디저트의 맛보다 와인의 달콤함이 훨씬 강하기 때문에 실질적으로 디저트의 진한 단맛을 중화시켜 주는 역할을 하기 때문이다. 높은 잔당의 스위트 와인일수록 단 맛이 강한 음식하고 잘 어울린다. 전통적으로 보르도에서 소테른 와인은 두 개의 완벽한 음식 파트너들이 있다. 바로 푸아그라(거위간)와 로크포르(Roquefort) 치즈이다. 소테른 와인과 곁들이는 거위간은 일반적으로 디너의 에피타이저로써 와인과 음식의 환상적인 궁합 중에 하나로 고려된다. 또한 블루 치즈의 일종인 로크포르 치즈와 소테른의 결합 또한 칭송을 한 몸에 받는다. 곰팡이 나는 블루 치즈의 자극적인 짠맛은 달콤한 소테른 와인과 함께 할 때 화려해진다.

스위트 와인은 레드나 화이트 와인에 비해 산화의 속도가 느리다. 따라서 오픈하고 조금 더 오랫동안 보관이 가능하다. 코르크를 오픈하고 한 병을 다 비우지 못했을 경우, 잘 막아서 냉장고에 약 1주 정도 보관이 가능하다.

- 원산지에 따른 와인 스타일 생산 규정
  ❶ 그라브 슈페리어르(Graves Supérieures) : 디저트 와인 생산
  ❷ 세롱(Cerons) : 바르삭 서쪽 마을로 100ha의 포도 재배, 스위트 와인만 원산지 표시 가능
  ❸ 바르삭(Barsac) : 가론강에 더 가깝게 위치한 낮은 고도와 오래된 토양으로 이루어져 신선한 스타일의 와인, 스위트 와인만 원산지 표시 가능
  ❹ 소테른(Sauternes) : 높은 고도, 오래된 토양과 새로 생성된 토양이 함께 존재하여 풍부하고 무게감이 있는 스타일의 와인, Perignac, Bommes, Fargues, Sauternes 마을로 구성, 포도법에 의해 스위트 와인만 원산지 표시 가능

- 1855년 소테른은 등급제 지정(1855 Sauternes Grand Cru Classé)
  - Premier Cru Supérieur 1개   - Premier Cru 11개
  - Deuxieme Cru 14개

＊SAUTERNES Classement(소테른)

Premier Cru Supérieur(First Growth Superior) 프리미어 크뤼 슈페리에르	마을명
Château D'Yquem	소테른(Sauternes)
Premiers Crus 1등급	
Château Climens	바르삭(Barsac)
Château Clos Haut-Peyraguey	봄므(Bommes)
Château Coutet	바르삭(Barsac)
Château Guiraud	소테른(Sauternes)
Château Lafaurie-Peyraguey	봄므(Bommes)
Château Rabaud-Promis	봄므(Bommes)
Château Rayne-Vigneau	봄므(Bommes)
Château Rieussec	파르그(Fargues)
Château Sigalas-Rabaud	봄므(Bommes)
Château Suduiraut	페리냑(Perignac)
Château La Tour Blanche	봄므(Bommes)
Deuxiemes Crus(Second Growths) 2등급	
Château D'Arche	소테른(Sauternes)
Château Broustet	바르삭(Barsac)
Château Caillou	바르삭(Barsac)
Château Doisy-Daene	바르삭(Barsac)
Château Doisy-Dubroca	바르삭(Barsac)
Château Doisy-Vedrines	바르삭(Barsac)
Château Filhot	소테른(Sauternes)
Château Lamothe(Despujols)	소테른(Sauternes)
Château Lamothe(Guignard)	소테른(Sauternes)
Château De Malle	페리냑(Perignac)

Château De Myrat	바르삭(Barsac)
Château Nairac	바르삭(Barsac)
Château Romer-Du-Hayot	파르그(Fargues)
Château Suau	바르삭(Barsac)

▲La Tour Blanche　　▲Rieussec

Château d'Yquem (샤토 디켐)

- 1855년에 제정된 Premier Cru Superieur(Fist Great Growth)로써 전 세계에서 가장 사랑 받는 명품 스위트 와인이다. 적합한 기후 조건에서만 귀부병에 걸린 포도를 생산할 수 있는 소테른에서는 작황이 안 좋아 포도 품질이 떨어진 해에는, 상급의 샤토들은 빈티지 생산을 하지 않는 것으로 유명하다. 이것은 꾸준한 높은 품질을 유지하고, 브랜드 이미지의 자존심을 지키기 위해서이다. 그러나 빈티지를 생산하지 않는 것은 샤토의 엄청난 재정적인 손실을 불러 일으켜 경영의 위협을 가하는 일이기도 하다. 그래서 자구책으로 드라이 화이트 와인을 만들어 '보르도' 이름의 원산지로 시장에 출시한다. '소테른' 원산지는 정부의 AOC 정책에 의하여 귀부병에 걸린 포도로 스위트 와인을 생산해야만 표기가 허용된다. 샤토 디켐은 '소테른 AC'로 매년 빈티지를 출하하지 않는다. 그럴 경우 'Y'라는 이름으로 드라이 화이트 와인을 생산한다.
- 1910, 1915, 1930, 1951, 1952, 1964, 1972, 1974, 1992과 2012 빈티지는 샤토 디켐을 생산하지 않았다.

1-8 기타 보르도 AC

블라이 & 부르그(Blaye & Bourg) 지역

리보네 마을 아래에 위치하며 지롱드와 도르도뉴 강의 접견 지역에 분포한다.

- 산지별(AOC) 와인 스타일 생산 : Blaye AOC/AOP(레드, 화이트), Côtes de Bordeaux AC(레드, 화이트), Côtes de blaye AC(화이트), Blaye—Côtes de Bordeaux AC(레드, 화이트), Bourg & Côtes de bourg AC(레드, 화이트)

▲Côtes de bourg
　ROC de Cambes

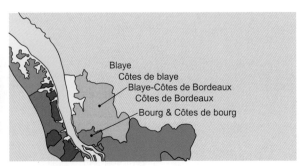

◀ 블라이와 부르그 지역

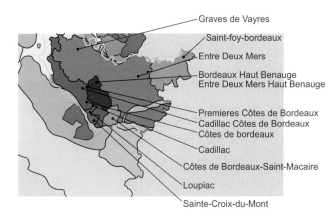

Graves de Vayres
Saint-foy-bordeaux
Entre Deux Mers
Bordeaux Haut Benauge
Entre Deux Mers Haut Benauge
Premieres Côtes de Bordeaux
Cadillac Côtes de Bordeaux
Côtes de bordeaux
Cadillac
Côtes de Bordeaux-Saint-Macaire
Loupiac
Sainte-Croix-du-Mont

📝 앙트루 두 메르(Entre Deux Mers) 지역

두 강 사이에 위치한다고 해서 '엉트르 두 메르'라 칭한다. 보르도의 하류 지역으로 도르도뉴(Dordogne)와 가론(Garonne) 강 사이에 위치한다. 메독이 유명해지기 전 17세기 말 전까지는 엉트르 두 메르에서 주로 보르도 와인을 생산했다. 주로 자갈과 석회암 토양이 분포되어 있다.

산지별(AOC/AOP) 와인 스타일은 다음과 같다.

- Sainte-Croix-du-Mont AOP(디저트), Loupiac AOP(디저트), Cadillac AOP(디저트),
- Côtes de Bordeaux-Saint-Macaire AOP(화이트, 디저트),
- Côtes de bordeaux AOP(레드), Cadillac Côtes de Bordeaux AOP(레드),
- Premieres Côtes de Bordeaux AOP(디저트),
- Entre Deux Mers Haut Benauge AOP(화이트), Bordeaux Haut Benauge AOP(화이트, 디저트)
- Entre Deux Mers AOP(화이트), Saint-foy-bordeaux AOP(화이트, 디저트, 레드),
- Graves de Vayres AOP(화이트, 디저트, 레드)

📝 보르도&보르도 슈페리에르(Bordeaux & Bordeaux Supérieur) AOC/AOP

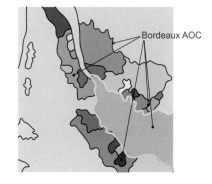

Bordeaux AOC

- Bordeaux AOP(화이트, 디저트, 레드)
- Bordeaux Supérieur AOP(디저트, 레드)
- Bordeaux Rose AOP, Bordeaux Clairet AOP(로제 와인)
- Crémant de Bordeaux AOP(화이트, 로제 스파클링 와인)

📝 보르도 VDL

- **VDL 뱅드 리퀴드 종류** : 피노 데 샤랑트(Pineau des Charentes), 릴렛(Lillet)

프랑스 코냑(Cognac) 지방에서 생산하는 알코올 강화주로서 식전주이다. 발효되기 전에 응축된 당분이 있는 포도주스에 코냑(Cognac)을 넣는다. 알코올 높고, 단맛이 진하다. 프랑스에서는 뱅드 리퀴르(Vin de Liqueur : VDL)에 속한다. 주로 차게 해서 마신다.

- **피노 데 샤랑트(Pineau des Charentes) AC** :

16세기에 한 양조자가 코냑(Cognac)이 들어있는 통에 부주의로 포도주스를 쏟아 붓고, 저장고 한 구석에 방치한 데서 비롯되었다. 수년 후 새로운 수확물을 위해, 옛날 통을 비우는 과정에서 풍부한 향기와 맛이 좋은 것을 발견하게 되었고, 이것이 오늘날의 피노 데 샤랑트(Pineau des Charentes)이다.

- **1945년 AC 지정**
- **스타일** : 피노 데 샤랑트(Pineau des Charentes)는 감미가 있고, 16~22% 알코올로 화이트, 로제가 있다.

- **화이트 품종** : 위니 블랑(Ugni Blanc), 폴 블랑시(Folle Blanche), 콜롱바르(Colombard), 몽티으(Montils), 세미용(Sémillon)
- **레드 품종** : 카베르네 프랑(Cabernet Franc), 카베르네 소비뇽(Cabernet Sauvignon), 메를로(Merlot)
- **음용** : 차게 해서 마시며, 푸아그라(Foie Gras), 로크포르(Roquefort), 생선류와 잘 어울린다.
- **종류** : 1년의 오크 숙성은 의무, 비유(Vieux) 급은 5년 숙성, 엑스트라 비유(Extra Vieux) 급은 10년의 숙성

- **릴렛(Lillet)** : 19세기 말 프랑스 보르도 지방에서 개발된 것으로 와인에 오렌지 리큐르를 혼합한 후 당시 강장제로 인기였던 키니네를 섞은 것이다. 키니네는 맛이 쓴 편이라, 요즘엔 키니네의 양을 대폭 줄인 블론드 릴레이(Blonde Lillet)라는 제품을 대체제로 사용하기도 한다.
- 1887년 처음으로 이름이 등장, 발명한 회사 이름을 따옴(La société Lillet Frères).
- 보르도의 와인 베이스의 식전주 와인으로 유명
- 85% 와인 + 15% 오렌지 리큐르(오렌지 껍질 등 과일을 브랜디 안에 여러 달 동안에 침용)
- 화이트, 레드, 빈티지 생산

▲ 릴렛

읽을거리

[와인 원산지의 특성을 알려라]

오늘날 와인 비즈니스는 전 세계에서 수많은 와인의 생산과 더불어 치열한 경쟁을 하고 있다. 다양한 맛으로 차별화된 브랜드 이미지를 가지려고 하고 있지만, 비슷한 맛과 비슷한 패키지는 소비자들에게 다양성의 부족으로 다가온다. 와인 경쟁력을 갖추고, 치열한 경쟁에서 살아 남기 위해서 와인의 독창성과 품질의 우수성을 알리고 더 나아가 차별화를 창출해야 한다. 그것이 오늘날 와인 생산자와 와인 산업이 추구해야 하는 방향이다.

와인 브랜드는 와인 라벨 그 이상의 많은 의미를 지니고 있다. 브랜드는 소비자가 제품과 연관 짓는 이미지이자 가치이며, 다른 제품과 구분을 짓는데 사용된다. 와인 용어에서 브랜드는 와인의 이름, 와인과 연관되어지는 로고 또는 디자인, 패키징, 와인메이커, 지역 그리고 와인으로 이루어져 있다. 브랜드는 '지역 또는 원산지에 대한 관념'을 담고있어야 하고, 브랜드는 비슷한 성격(가격, 품종, 스타일, 유통)을 지닌 제품을 차별화 하는데 도움을 준다. 지역 특성 및 원산지와 관련된 품질의 전체적인 이미지 모두가 와인 자체의 독자적 브랜드 이미지에 중요한 이득을 주기 때문에 '지역 블랜딩'은 와인에 있어 특히 중요하다. 이들 핵심적 특성에 덧붙여, 양으로 측정하기는 어렵지만 여전히 중요한 브랜드와 연관된 실체적인 다양한 종류의 특성이 있을 수 있다. 그러나 무엇보다도 와인은 와인 자체의 품질과 동시에 지역성(원산지)을 판매하면서 가치창출을 높일 수 있다. 프랑스의 아펠라시옹 시스템(AOC)이 전 세계에서 성공적인 표본이 되었듯이, 지역의 뚜렷한 특성 없이는 고급 품질의 인식도 차별화에 한계가 있다. 어느 한 요소가 아닌 서로 연결된 요소들이 상호 작용으로 조화를 이루었을 때 성공적인 와인 브랜드를 만들어 낼 수 있다.

와인 문화는 와인 정체성과 개성에 그 기반을 둔다. 와인의 정체성은 원산지의 차별화와 포도 품종과 와인 스타일에서 비롯된다. 다시 말해 와인을 만드는 총체적인 조건인 테루아에 영향을 받는다. 지금까지 고급 와인은 구대륙(Old World) 특히 프랑스에 의해서 장악되고 있었다. 프랑스의 테루아를 기본으로 만들어진 아펠라시옹 시스템(AOC)은 세계적으로 프랑스 와인의 입지를 형성시켰다. 이제는 프랑스뿐만 아니라 국제적으로 인정받는 세계의 고급 와인들은 원산지를 중심으로 만들어지고 있다. 뚜렷한 원산지, 포도밭 이름은 소비자가 선호하는 문장이 되었다.

● 커피와 와인

늦은 밤 퇴근길에 삼삼오오 모여 앉아 소주 한잔을 기울이며 하루의 스트레스를 푸는 직장인들을 보면 짙고 향이 강한 중우한 맛의 와인이 생각난다.

어릴 때 와인이란 비싸고, 어른들의 전유물로만 느껴졌었다. '와인은 어른들만 마시는 거다', '와인은 비싸다' 등의 말도 많이 들었다. 20살 때 마셔본 첫 와인은 영화나 드라마에서 본 것처럼 달지도, 부드럽지도 않았다. 어른이 되고 나서는 와인에 환상을 가져 와인 모임에 참가했던 적도 있었다. 돌이켜 생각해보면 그때도 와인맛을 몰랐고 별로 좋아하지도 않았는데 그냥 남들을 따라서 그랬던 것 같다. 어느 작가의 표현처럼 '악마처럼 검고, 사랑처럼 달콤하다'는 와인 맛을 알게 된 건 어른이 되고 나서도 한참 후의 일이다. 와인 공부를 하고, 와인 산지를 돌아다니면서 와인 생산자들을 만나고, 다양한 와인의 개성과 정체성을 이해하면서, 예전에는 단지 쓰기만 했던 한잔의 레드 와인이 이렇게 맛있게 느껴지는 건 나이 탓일까, 아니면 친구 같은 와인을 만나서 일까?

찬바람 쌩쌩 부는 추운 겨울, 따뜻한 커피 한잔에 언 손이 녹여지고, 몸이 따뜻해진다. 맘에 드는 이성을 만났을 때 '커피 한잔 하시죠'라는 말을 건네듯 커피는 사람과 사람을 연결해주는 매개체의 역할도 한다. 와인도 마찬가지이다. 맛있는 와인 한잔으로 쏟아져 나오는 이야기 속에서 성별, 연령을 떠나서 친근감을 느끼게 하는 사교적인 역할을 한다. 현대인이 가장 선호하는 기호 식품 중에 하나가 커피라고 한다. 커피를 마시다가 와인과 비슷한 부분이 참 많다는 생각이 들었다. 전문가는 아니지만 커피 애호가로서 와인과 커피의 공통점을 찾아 보려 한다.

먼저 맛과 향을 가장 중요한 요소로 생각한다는 점에서 와인과 커피는 공통점이 있다. 복잡하고 다양한 맛과 향을 즐기려는 사람들 때문에 이들 두 음료는 오랜 시간동안 사랑 받을 수 있었다. 생산지의 기후와 토양은 물론 그 지역의 문화까지 고스란히 담아내는 와인과 커피는 헤아릴 수 없이 많은 맛과 향의 배합을 자랑한다. 그래서 와인과 커피 애호가들이 자신에게 맞는 맛과 향을 찾아 긴 여정을 떠나는 것은 자연스러울 수밖에 없다. '우아하다 복잡하다 풍부하다 달콤하다' 등 테이스팅을 하면서 맛과 향을 표현하는 어휘도 무척이나 유사하다.

와인은 산지를 분류하는 것에서 둘째 가라면 서러워할 정도인데 커피 역시 만만치 않다. 과테말라, 니카라과 같은 나라들은 법으로 커피 산지를 구분하고 있으며, 콜롬비아는 86개 지역으로 산지를 나누고 있다. 다만 차이가 있다면 종류의 숫자이다. 포도는 전 세계에 수많은 품종이 있지만 커피는 크게 '아라비카(아라비아에서 처음으로 발견돼 유래한 이름)'와 '로부스타'로 나뉜다는 정도이다.

빈티지에 따라 원두 커피의 품질이 다른 것도 와인과 닮은꼴이다. 중독성이 있다는 사실도 비슷하다. 커피는 특히 카페인이 들어 있어서 한 번 맛들이면 쉽게 끊기가 어렵다. 물론 와인도 알코올이 들어가기는 하지만 말이다. 레드 와인에는 '폴리페놀'이라는 성분이 들어 있어, 심장 발작을 일으키는 활성 산소의 활동을 억제한다고 한다. 따라서 하루에 한 잔의 레드 와인은 심장병을 예방할 수 있다고도 한다. 커피에도 이와 같은 물질인 '폴리페놀'이라는 성분이 있다고 한다. 따라서 하루에 절제된 커피 섭취량은 건강에 좋은 영향을 끼칠 수 있다.

원료의 품질이 매우 중요하다는 점도 맥을 같이 한다. 와인과 커피는 원재료를 가공해서 만드는 2차 상품이다. 포도로 만드는 와인이나 원두 커피로 만드는 커피 모두 원재료의 품질이 와인과 커피 맛에 직접적인 영향을 미친다. 사람의 막중한 역할도 꼽을 수 있다. 에스프레소, 카푸치노, 라테 등은 모두 사람의 손길을 거쳐 탄생한다. 원두 커피를 수확하고 말려서 볶는 것부터, 갈아서 적당량의 우유와 섞는 것까지 커피의 맛과 향은 인간의 지대한 영향을 받게 마련이다. 마치 와인 메이커의 기술과 노하우가 와인의 품질에 큰 공헌을 하는 것처럼 말이다.

마지막으로 커피와 와인 둘 다 제대로 맛과 향을 즐기고 느끼려면 교육이 필요하다는 점을 말하고 싶다. 맛있는 와인을 마시기 위해서는 원산지, 포도 품종, 포도주 농장 등 기본적인 지식이 바탕에 깔려 있어야 하는 것처럼, 커피도 기본적인 지식이 없다면 결코 맛있는 커피를 고를 수 없을 것이다.

와인은 문화이며, 음식의 연장선이다. 많은 사람들은 음식의 풍미를 돋우기 위해서 와인을 즐긴다. 취하기 위해서 마시는 것이 아니라 음식을 더욱 맛있게 즐기기 위해서다. 누가 뭐래도 와인은 음식이다. 따라서 와인의 오묘한 맛과 다양한 개성으로 세계의 3대 진미에 와인을 추가해야 한다.

🖉 와인은 음식이다, 그리고 문화다 ──○

누군가는 30대에 꼭 해 봐야 할 일 중 하나로 퍼스트 클래스 타보기를 꼽았지만, 나는 세계 3대 진미 맛보기를 권하고 싶다. 상어알인 캐비어, 거위간을 인위적으로 부풀려서 만든 푸아그라, 돼지나 개가 킁킁거리며 산을 샅샅이 뒤지면서 찾아내는 귀한 송로버섯(트러플). 우리는 이것을 세계 3대 진미라고 일컫는다. 이들의 공통점은 귀하고 비싸다는 것. 물론 맛이라는 것은 그 기준이 매우 주관적이기 때문에 맹신할 수만은 없다. 그럼에도 불구하고 다수의 미식가들에게 인정받은 음식인 만큼 꼭 한번은 먹어 볼 것을 권한다.

이 3대 진미에 또 하나 추가해야 될 것이 있으니 바로 와인이다. 와인을 단지 알코올 음료인 술로 취급하는 사람이 있는데, 결코 그렇지가 않다. 와인은 문화이며, 음식의 연장선이다. 실제로 세계의 많은 사람들이 음식의 풍미를 돋우기 위해서 와인을 즐긴다. 취하기 위해서 마시는 것이 아닌 음식을 더욱 맛있게 먹기 위해서 와인을 즐긴다. 와인은 어떤 와인을 어떤 음식과 함께 마시느냐에 따라 음식의 맛은 다양하게 느낄 수 있다. 그런 점에서 볼 때 와인의 역할을 '음식의 소울메이트'라 봐도 과언이 아니겠다. 그런 면에서 와인은 누가 뭐래도 음식이다. 와인이 지닌 오묘한 맛과 다양한 개성을 놓고 봤을 때 세계의 3대 진미에 와인을 추가해야 한다고 생각한다.

프랑스 요리는 발달된 음식법과 요리 문화로 전 세계의 셰프들에게는 필수 교과서나 다름없다. 요리 이름을 굳이 영어로 바꾸지 않고 프렌치 말로 그대로 사용하는 것도 같은 맥락이다. 프랑스의 어느 도시, 어느 시골을 방문하더라도 그 지방의 특색 요리가 있다. 세계적으로 가장 기교 넘치고 세련미가 높은 요리로 프랑스를 꼽는 이유가 있다. 그뿐인가! 미쉐린 가이드로부터 별 3개를 받는 레스토랑 역시 프랑스에 대부분이 있다.

🖉 보르도의 별미 ──○

보르도 지방의 별미를 소개할까 한다. 그 지방에서 생산된 와인은 으레 그 지방 음식과 가장 어울린다는 공식이 성립되어 있기 때문이다. 비록 지금 당장 맛볼 수는 없겠지만, 그 맛을 상상하는 것만으로도 당신의 마음과 입은 금세 황홀경에 빠질 것이다.

- 아뇨(Agneau) 양고기 요리는 메독 마을의 특선으로 널리 알려져 있다. 어린 양요리는 보르도를 방문하는 사람으로서 꼭 한번 맛보아야 할 요리다. 1970년대 이전에는, 주로 겨울 동안에 메독 지역의 포도밭에서 양을 방목하여 포도나무 사이에 자란 잡초나 풀을 먹었다. 그래서 메독 와인에 특별한 향과 맛을 주면서 양과 메독의 포이약 와인은 절묘한 궁합이 아닐 수 없다.
- 앙트르코트 보르들레즈(Entrecôte Bordelaise)는 보르도의 스테이크로 보르도의 비스트로나 레스토랑에 가면 쉽게 찾아 볼 수 있는 음식이다. 소스를 사용하기 보다 소금과 후추만 사용하여 그릴로 구워서 만든 요리로 육즙이 풍부한 요리이다.

- 랑푸아르(Lampoir)는 메독 와인을 냄비에 장어와 함께 통째로 부어서 익힌 요리로, 장어의 비릿하고 기름 진 맛이 사라져 그 맛이 일품이다.
- 카늘레(Caneles)는 보르도의 디저트로 널리 알려진 음식이다. 보르도의 어느 패스트리 숍에 가 보더라도 카 늘레가 없는 곳은 이상할 정도로 대표적인 특산품이다. 보르도 레드 와인을 오크통에서 숙성시킬 때 침전물 을 정제하기 위해 계란 흰자를 사용하는데, 이때 남은 노른자를 이용해 만든 패스트리가 바로 카늘레다. 커 스터드 크림 같은 반죽으로 쿠키도 아니고 그렇다고 진짜 케이크도 아닌 독특한 형태다.
- 마카롱(Macarons)은 생테밀리옹 지역의 아몬드로 만든 바삭바삭한 쿠키이다.
- 릴렛(Lillet)은 보르도의 특산품 알코올 음료다. 식욕을 열어 주는데 전통적으로 사용된 신선하면서, 약간의 쓴맛이 느껴지는 음료이다.

✏️ 퍼펙트 매칭 ——○

이 음식엔 이런 와인을...

"이 와인에는 어떤 음식이 어울려요?" 소믈리에는 이런 질문을 많이 받는다. 특별한 와인을 찾는 것이 아니라 면 오늘 먹을 음식에 맞추어서 와인을 생각해보는 것도 실용적인 시도일 듯하다. 하지만 제아무리 와인과 음식 에 대해 일가견을 갖고 있다 하더라도 모든 와인과 음식을 맛볼 수는 없을 터. 그래서 흔히 '화이트 와인에는 생 선이, 레드 와인에는 육류 요리가 어울린다'고 말한다. 화이트 와인의 하얀색과 생선 요리, 육류의 붉은 빛과 레 드 와인 색깔이 서로 잘 조화를 이루기 때문이다.

비슷한 성질끼리 매칭해 서로 보완해 주는 방법도 있다. 예를 들어 달콤한 음식에는 달콤한 와인을 매칭한다. 버터 소스의 생선 요리에는 버터의 향과 볼륨감이 들어 있는 오크 숙성한 샤르도네(Chardonnay) 포도 품종이 잘 어울린다. 송로버섯 소스의 스테이크는 와인 또한 송로버섯향을 풍기는 와인과 조화를 이룬다.

반면 서로 반대되는 성질의 와인과 음식을 매칭하는 방법도 있다. 단맛의 음식은 와인의 떫은 맛과 신맛을 강 조하며 그 맛을 강하게 해 준다. 짠맛의 음식은 와인의 단맛을 감소시키며 타닌과 신맛을 강조한다. 디저트 음 식은 그 디저트의 당도보다 더 달콤한 디저트 와인을 마심으로써 와인의 신맛을 느껴지지 않게 하여 조화를 이 룬다. 이렇듯 와인은 같아도 어떤 음식을 먹느냐에 따라 우리 입 안에서의 상호 작용을 통하여 와인의 맛과 음 식 맛의 느낌이 바뀔 수 있다.

그럼 한국 음식을 먹을 때도 종류에 따라 와인을 골라 마실 수 있을까? 음식의 구체적인 맛을 보고 와인을 마 신다면 한국 음식이라고 해서 예외는 아니다. 튀김이나 전 요리에는 기름기를 잡아 줄 드라이하면서 신선한 과 일향이 풍부한 소비뇽 블랑이나 슈냉 블랑이 잘 어울리는 듯하다.

단맛과 짠맛이 함께 있는 불고기 갈비찜 등의 요리에는 레드 와인 중 비교적 타닌이 적고 향이 풍부한 와인이 잘 어울린다. 스파이시가 강하고 매운 맛의 음식 류에는 단맛이 약간 느껴지는 화이트 와인, 즉 독일이나 알자스 지방의 와인이 잘 어울린다. 그러나 몇 가지 어려운 매칭도 있다. 계란으로 만든 음식이나 식초의 맛이 강한 음 식들은 매칭이 어렵다. 한식과의 매칭은 다음 장에서 더 다루어 본다.

하지만 뭐니뭐니 해도 가장 중요한 것은 개개인의 기호와 취향이다. 사람은 저마다 다른 미각을 가지고 태어나고 길들여진다. 맛에 대한 평가는 객관적인 것이 아니라 주관적이라는 얘기다. 그렇지만 사회 생활을 하는 데는 일반적으로 통용되는 상식과 매너가 있게 마련. 따라서 와인과 음식에 대한 기본적인 지식과 경험을 쌓은 다음 자신만의 취향을 추구하면 생활의 즐거움과 만족이 훨씬 커질 것이다.

🖊 와인과 음식 마리아주법 ──○

대부분의 와인은 음식과 매칭하도록 만들어졌지만 매우 주관적이기 때문에 정확한 답은 없다. 대부분의 경우 와인과 음식 이 두 가지 중 특별한 우선순위는 없다고 본다. 개성이 강한 와인과 개성이 강한 음식이 한 테이블에 있다면 이 두 가지는 서로 주위를 끌기 위해 상대와 경쟁할 것이다. 그래서 부드러운 텍스쳐의 음식은 강하지 않은 미디움 바디의 와인과, 섬세한 음식은 섬세한 와인, 강한 와인은 본인의 캐릭터를 살려내는 개성있는 음식과 잘 매칭을 한다.

- **컬러 매칭** : 화이트 와인이 하얀 색과 생선 요리, 육류의 붉은 빛과 레드 와인 색깔이 서로 잘 조화를 이루기 때문이다.
- **바디감 매칭** : 입 안의 질감을 들 수 있다. 레드 와인에 포함되어 있는 타닌 성분이 고기 육질의 단백질 성분과 만났을 때 부드럽게 만들어 주면서 음식 맛을 더욱 좋게 한다. 화이트 와인의 산(Acidity)은 생선과 만났을 때 그 신선함으로 생선의 비린 맛을 없애 주면서 담백하게 해서 조화를 이룬다.

진한 풍미의 스테이크나 양념하여 구운 야생고기 등은 풀바디 와인과 잘 어울린다. 이때 레드 와인을 주로 선택하게 되는데 이것은 색과 풍미보다는 와인의 바디 때문에 선택하는 것이다. 닭고기처럼 흰살 육류나 생선 등의 음식에는 조금 더 섬세한 와인이 어울린다. 화이트 와인도 좋은 예이나 라이트 바디의 레드 와인도 무관하다.

또한 음식에 있어서 소스가 차지하는 부분도 염려해야 한다. 진한 크림 풍미의 소스에는 부드러우면서도 버터리한 풍부한 텍스쳐의 와인을 매칭하면 더할 나위 없이 좋은 선택이 될 것이다.

- **클래식 매칭** : 일반적으로 양고기는 보르도의 메독 지역 와인에, 소고기의 뵈브 부르기뇽은 버건디의 피노누아 와인에 매칭한다. 이는 그 지방의 특색 있는 음식에 그 지방에서 생산되는 와인을 매칭하는 것이다.
  - 📝 어린 양(Agneau) – 포이약(Pauillac) 지역 레드 와인
    굴(Huitre) – 낭트 지역의 뮈스카데(Muscadet), 퐁뒤(Fondue) – 스위스 지역, 또는 사브아(Savoie) 지역의 화이트 와인

- **비슷한 성질끼리 매칭해 서로 보완해 주는 매칭**
  - 로마마리 향 : 랑그독(Langued'Oc) 지방에서 느껴지는 향과 비슷
  - 가리비나 조개류는 약간의 요오드 맛이 느껴진다 : Mineral(미네랄)이 풍부한 화이트
  - 소스가 있는 생선 요리 : 볼륨과 산이 적절히 조화된 화이트
  - 지방 단백질이 풍부한 육류 요리 : 타닌 성분이 많고 풀바디한 레드
  - 야생 고기류 : 약간 숙성이 된 레드 와인

- ■디저트 : 스위트 와인으로 달콤한 음식에는 달콤한 와인을 매칭한다.
- ■버터 소스의 생선 요리에는 버터의 향과 볼륨감이 들어 있는 샤르도네 포도 품종이 잘 어울린다.
- ■송로버섯 소스의 스테이크는 와인 또한 송로버섯향을 풍기는 와인과 조화를 이룬다.
- ■또한 섬세하고 정교하게 요리된 음식은 포도주 또한 그러한 특성을 내포하고 있는 부드러우면서 기품이 있는 것과 조화를 이루는 것이 그 음식과 와인을 한층 더 잘 느낄 수 있는 매칭이다.

- **서로 반대되는 성질의 와인과 음식을 매칭** : 음식의 맛을 포도주가, 또는 포도주의 맛을 음식이 보충해 주는 매칭이다. 짠맛 / 단맛, 짠맛 / 신맛, 부드러운 맛 / 신맛
  - 예 **구운 연어 요리 – 드라이한 화이트(산미를 찾는다)**
    고르곤졸라 치즈(푸른 곰팡이의 짠맛이 진한 고르곤졸라 치즈) – 스위트 와인(스위트 와인은 와인의 신맛을 중화시켜 짠맛의 밸런스를 이루어 잘 어울린다)

- **식재료와 조리 방법의 매칭** : 같은 향이 난다고 하여서 매칭시키는 것을 의미하는 것은 아니다. 향뿐만 아니라 그 이외의 음식의 촉감을 생각하지 않을 수 없다. 음식 재료의 어떠한 부위로 요리하였고, 그 조리 방법이 어떠하느냐에 따라 그 음식의 맛과 질감도 달라진다.
  - 예 일반적으로 양고기 요리는 포이약 지역의 레드 와인과 잘 어울린다.

그러나 부드러운 어깨살로 요리를 했다면, 포도주의 타닌 성분이 강조될 것이고, 거칠고 떫은 맛을 느낄 수 있을 것이다. 따라서 포이약 지방의 와인보다는 부드러운 타닌 성분을 지닌 포도주가 잘 어울릴 것이다. 반대로 등살을 이용하였다면 고기살이 조직적이고 질기기 때문에, 강한 힘을 지닌 포이약 지방의 와인이 이 음식과 잘 어울릴 것이다.

*음식과 와인의 산도를 고려

음식의 신맛은 와인의 신맛을 중화시키고 산뜻한 맛을 내준다. 따라서 음식과 와인의 산도는 비슷한 것이 좋다. 이탈리아 토스카나 지역의 산지오베제 품종의 와인들은 산도가 높은 게 특징이다. 토마토 소스가 많이 들어가는 이 지역 음식에는 산미가 감도는 와인과 매칭하면 금상첨화이다. 그러나 같은 산성 음식이라도 식초나 레몬 등은 너무 자극적이어서 와인과 매칭되기 어렵다.

*달콤한 디저트와 스위트 와인의 매칭

드라이한 와인을 스위트한 디저트와 매칭한다면 밸런스가 맞지 않고 시큼하게 느껴진다. 그러므로 디저트는 비슷한 당도의 와인이나 더 달콤한 와인과 매칭한다. 특히 아이스 와인이나 소테른 와인, 포트 와인 등을 추천한다.

*타닌, 단백질, 기름기, 짠맛 등에 주의

레드 와인에 많이 함유된 타닌은 음식과 만나면 흥미로운 반응을 보인다. 가장 먼저 타닌과 단백질이 만나면 단백질이 부드러워지고 타닌의 떫은 맛이 덜 느껴진다. 레드 와인과 스테이크 같은 붉은 육류를 곁들이는 또 한

가지 이유가 바로 이것이다. 이 외에도 타닌은 기름기와 만나면 불쾌한 금속성 맛을, 짠맛과 만나면 쓴맛을 내므로 튀기거나 기름이 많은 음식, 짜게 절인 음식 등은 타닌이 많이 함유된 레드 와인과 곁들이는 것을 되도록 피하는 것이 좋다.

짠 음식을 먹을 때는 산도가 높은 음식을 곁들여 서로의 맛을 다소 상쇄시키는 효과를 누릴 수 있다. 소시지, 햄, 오리 같은 훈제한 음식은 와인에 있어서도 훈제 향에 가까운 오크 숙성 향이 나는 와인을 같이 먹으면 좋다.

읽을거리

[음식과 와인 궁합]

앞에서 와인을 음식과 함께 마실 때 식전주, 식사주, 식후주로 간단히 이해하고 식전주로 발포성 와인, 식사주로 화이트 와인, 로제 와인 또는 레드 와인 그리고 디저트와 함께하는 식후주로 아이스 와인이나 귀부 와인을 마시면 무난하다고 설명하였다.

식사주로 와인을 선택할 때 고려되어야 하는 중요한 조건은 와인의 당도, 산도, 타닌 그리고 맛과 향이 음식과 궁합이 잘 이루어져야 한다는 것이다. 즉 와인과 음식은 서로의 향과 맛을 해치지 않고 균형을 이루어야 상생작용을 한다고 할 수 있다. 와인과 음식 사이에도 상극이 있을 수 있고, 찰떡궁합인 경우도 있다. 보통 어패류에는 화이트 와인, 지방이 풍부한 스테이크 등의 육류에는 레드 와인이 좋다고 설명하고 있다. 그러나 어류에도 지방이 풍부한 연어, 참치 등이 있으므로 반드시 일치한다고 할 수는 없다. 와인을 선택할 때 고민하게 되는 와인과 음식이 상극인 경우와 찰떡궁합인 경우를 알아보고자 한다.

예를 들면, 염분을 많이 함유한 수산물과 레드 와인을 같이 먹게 되면 레드 와인 속의 폴리페놀 성분과 소금이 상승 작용을 일으켜 레드 와인의 쓴맛을 더욱 강하게 느끼게 하므로 가급적이면 서로 만나는 것을 피하면 좋다. 그래서 소금에 절인 굴비, 간 고등어, 간장게장, 젓갈류 등의 수산물과 올리브에는 폴리페놀 성분이 많이 함유된 레드 와인과 함께하면 상극이라고 볼 수 있다. 그래서 소금성분이 많이 함유된 음식에는 오크통에서 숙성시키지 않은 알코올 성분이 적으며 신선한 과일향이 풍부한 와인을 추천한다.

찰떡 궁합인 경우는 굴과 레몬의 관계라고 할 수 있다. 굴은 바닷가의 조간대나 기수지역에서 식물성 플랑크톤을 먹고 성장하는데 바위에 부착하여 살아가기 때문에 '석화'라고도 한다. 생굴에 레몬을 곁들여 먹는 프랑스 요리는 명성이 높고 전 세계에서 이 방법이 가장 많이 애용되고 있다.

따라서 굴과 궁합이 좋은 와인은 산도가 높은 와인, 즉 유기산이 많은 소비뇽 블랑, 리슬링, 샤르도네 포도 품종으로 만든 와인이 잘 어울린다고 할 수 있다. 프랑스 루아르 지방에서 소비뇽 블랑으로 만든 화이트 와인은 신선한 맛과 산도가 특징인데, 유명 와인으로는 상세르(Sancerre), 퓌이 퓌메(Pouilly Fumé) 등이 있다. 그 외 지역으로는 뉴질랜드의 말보로 소비뇽 블랑, 미국의 퓌메 블랑(Fume Blanc)이 좋은 궁합을 보여준다.

리슬링 포도 품종으로 만든 와인은 독일 드라이 화이트 와인이 좋은데, 그 이유는 북방 한계선에 위치하여 산도가 높은 것이 특징이라고 할 수 있다.

연어, 참치, 숭어는 붉은살 생선으로 공통적으로 기름진 맛이 있다. 이들은 생선회로 먹으면 드라이 화이트 와인도 좋지만, 또한 가벼운 레드 와인하고 잘 어울린다. 연어와 참치는 생선회로 드라이 화이트 와인과 먹어도 좋지만 훈제연어, 연어 스테이크, 샐러드 참치 등으로 요리를 하여 드라이한 로제 스파클링 와인, 피노 누아 포도 품종으로 만든 가벼운 바디 레드 와인 등과 같이 먹으면 훌륭한 궁합을 보여준다.

참치 다타키는 스파이시한 양념을 살짝 익힌 겉살에 첨가하여 고기 씹는 질감을 내므로 가벼운 타닌의 피노 누아 와인이 좋은 궁합을 보여준다. 뱃살 부위의 참치회는 붉은 생선으로 기름진 맛이 있으므로 미디엄 바디 레드 와인이 좋은데 부드러운 메를로, 또는 피노 누아 와인이 적당하다고 할 수 있다. 스파클링 로제 와인은 거품이 오래 지속되므로 약간 기름진 맛의 뱃살을 느끼하지 않게 해주며 부드럽고 우아한 느낌을 선사한다.

달콤한 양념을 한 음식에는 달콤한 와인이 어울린다고 할 수 있는데 와인의 당도가 음식의 당도보다 높아야 와인의 향과 맛을 유지하게 된다. 독일과 캐나다의 아이스 와인(Ice wine), 이탈리아의 빈산토 와인(Vinsanto wine) 또는 레치오토 와인(Recioto wine)이 환상의 궁합을 보여준다. 단맛을 매우 좋아한다면, 헝가리의 토카이(Tokai) 와인, 프랑스의 귀부 와인과 함께 하면 좋은 분위기와 맛을 연출할 수 있다.

필자처럼 생선을 좋아하고 레드 와인을 좋아한다면, 아마도 '뭐 아무러면 어때' 하면서 규칙에 얽매이지 않는다. 그리고 선택에 후회하지 않는다. 그러나 분명한 것은, 수산물과 레드 와인의 궁합은 결코 이상적이지 않다는 것을 우리는 잘 알고 있다. 와인의 성분과 식재료 사이의 상호 작용으로 육류에는 레드 와인이, 생선에는 드라이 화이트 와인이 전형적인 궁합이다. 본질적인 입맛에서, 음식의 단백질은 레드 와인이 함유하고 있는 타닌의 쓴 맛과 아스트레전시(Astringency)를 줄여주고, 드라이 화이트 와인의 신맛을 줄여준다. 게다가, 생선과 함께 했을 때 레드 와인은 비린 맛, 쓴맛이 느껴지기 때문에, 수산물과 레드 와인은 권장하지 않는다. 반면에 드라이 화이트 와인 또는 드라이 셰리주는 고등어, 연어와 잘 어울린다.

＊비린 맛의 원인

그러나 이러한 궁합은 지극히 주관적인 맛 감각의 경험에 근거한다. 그래서 지금까지 수산물과 레드 와인이 상극이라는 통념에는 과학적 근거가 없었다. 생선과 레드 와인은 어울리지 않는다는 것을 잘 알고 있다. 그러나 왜 대부분의 레드 와인은 생선에 어울리지 않는지, 왜 일반적으로 화이트 와인이 궁합이 맞는지는 여전히 의문으로 남아 있으며, 과학적 접근이 모호했다. 와인의 어떠한 성분이 생선과 충돌하게 만드는지, 입 안에서 남아 있는 유쾌하지 않은 비린 맛은 어떤 성분의 원인 때문인지 여전히 풀리지 않은 의문이었다.

2009년 9월에 발간한 '농업 및 식품화학저널(Journal of agriculture and food chemistry)'에 게재한 일본의 대형 주류 회사인 메르시앙(Mercian Corporation)의 논문에서 '수산물과 레드 와인의 부조화'에 대한 과학적 증명을 발표하기 전까지 말이다.

26가지 화이트 와인과 38가지 레드 와인을 준비하여 모든 와인을 가리비와 매칭하여 맛 평가를 하였다. 비린 맛이 느껴질 때 마신 와인의 성분을 분석한 결과, 비린 맛의 강도와 와인의 철 이온(Ferrous ion)의 강도 사이에서 깊은 상호 관련성을 찾았다. 게다가, 뒤에서 느껴지는 비린 맛의 강도는 와인에 철 이온을 추가하였을 때 증가하였다. 즉 비린 맛의 근본적인 이유는 와인의 철분 함량과 관계가 있다는 것을 확인하였다. 약 $2mg/\ell$ 이상의 철분이 함유된 와인과 함께 마셨을 경우 불유쾌한 향과 비린 맛이 느껴졌고, 물론 가리비의 맛도 상쇄되었다. 결과적으로 이 두 가지의 결합은 나쁜 향과 맛을 만들어 낸다는 것을 확인했다. 불포화 지방산의 화학 반응으로 수산물에서 느껴지는 비린 맛은 와인이 가지고 있는 철분과의 충돌 때문이다.

일반적으로 레드 와인이 화이트 와인보다 더 많은 철분을 함유하고 있기 때문에 레드 와인과 수산물은 어울리지 않는다는 것을 확인하였다. 물론 모든 와인의 철분 함유량은 정확히 알 수 없으며, 와인의 종류에 따라서 철분 함유량은 차이가 있다. 포도 품종, 토양, 원산지 그리고 양조 방법 등에 따라서 와인의 철분 함유량은 다르기 때문이다. 그러나 지금까지 감각 기관에만 의존하였던 화이트 와인에는 생선 또는 해산물, 레드 와인에는 육류의 궁합이 과학적으로 입증되었다.

와인과 음식은 서로의 향과 맛을 해치지 않고 균형을 이루어야 상생 작용을 한다. 와인과 음식 사이에도 상극이 있을 수 있고 찰떡 궁합인 경우도 있다. 그러나 무엇보다도 맛은 개인의 기호와 궁합이 맞아야 한다는 것을 잊으면 안 된다.

와인바에서 또는 홈술할 때 가장 일반적인 안주가 치즈다. 풀코스 디너에서 주요리가 끝나고도 와인이 남아 있다면, 치즈를 추가로 주문하기도 한다. 과연, 와인과 치즈는 찰떡 궁합일까?

신맛이 강한 염소 치즈와 산미가 돈보이는 소비뇽 블랑 화이트 와인의 궁합은 환상적이다. 높은 산미의 와인은 오히려 신맛이 있는 치즈를 부드럽게 만들어 주었기 때문이다.

루아르 밸리(Loire Valley)의 상세르(Sancerre) 쇼비뇽 블랑 화이트 와인 또는 샤블리 화이트 와인과 신선한 코르텡 세브르(Cortins of Chevre) 염소 치즈, 페타 치즈는 절묘한 조화를 이룬다.

흰 곰팡이 연성 치즈의 대표적인 브리(Brie)나 카망베르(Camenbert) 치즈는 오크 배럴에서 숙성된 샤르도네 화이트 와인과 어울린다. 크리미한 치즈와 와인 모두가 풍미가 있으며, 버터향과 맛이 서로 조화를 이룬다. 어린 카망베르는 샤르도네 화이트 와인과 숙성된 카망베르는 피누 누아 레드 와인과 잘 어울린다. 치즈의 풍부한 지방과 단백질은 레드 와인과 잘 어울린다.

알자스 지방에서는 게브르츠트라미너 스위트 와인을, 치즈 풍미가 강한 문스터(Munster) 치즈와 즐겨 먹는다. 부르고뉴에서도 냄새가 강한 에프아스(Epoisses) 치즈가 있으며 게브르츠트라미너 와인과 궁합이 좋다. 알프스 지방의 몽 도르(Mont d'Or) 치즈는 부르고뉴 릴리(Rully) AOC 또는 보졸레 레드 와인을 추천한다.

한 가지 흥미로운 실험은 체다 치즈는 사케하고 잘 어울리는데 사케에 포함되어 있는 우마미 맛은 체다 치즈와 좋다. 와인으로는 론 지방의 레드 와인으로 과일향이 풍부한 스타일이 좋다. 또는 드라이 셰리도 추천한다.

강한 맛의 스틸톤 치즈와 짠맛이 강한 블루 치즈는 스위트 와인이 최고의 매칭이라는 것에 의심에 여지가 없다. 로크포르(Roquefort) 치즈는 프랑스의 소테른 와인과 잘 어울리고, 되도록 레드 와인은 피하는 것이 좋다. 영국에서는 스틸톤 치즈를 포트(Port) 와인과 마시는 것이 식문화화 되었다.

보편적으로 레드 와인보다 풍미가 좋은 화이트 와인이 치즈와 잘 어울린다. 사실 많은 치즈는 좋은 와인의 섬세한 향과 풍미를 높여준다. 그러나 와인과 치즈 매칭에서 명심해야 할 것은 자신에게 맛있다면, 자신의 입맛을 존중하면 된다는 것이다. 사람의 입맛은 주관적이고, 기호는 다양하다는 것은 잊지 말아야 한다.

- **질감(Texture)** : 드라이 화이트 와인은 신선하고 강한 산미로 신맛이 있는 치즈와 함께 할 때 입안을 깔끔하게 만들어 준다.
- **단맛(Sweetness)** : 마일드 치즈는 약간 단맛을 가지고 있어서, 드라이 화이트 와인을 날카롭게 만든다. 드라이한 와인보다는 세미 드라이 또는 스위트 와인이 이러한 치즈와 더욱 잘 어울린다.
- **풍미(Flavors)** : 숙성되고 진한 향의 치즈는 섬세한 와인의 맛을 빼앗는다. 강한 치즈는 강한 와인과 어울린다. 특히 스위트 또는 아로마가 풍부한 화이트 와인 또는 포트, 셰리와 같은 주정강화 와인이 최상의 매칭이다.

소프트 치즈 및 숙성된 치즈보다 마일드 치즈가 다양한 와인 스타일에 어울린다. 화이트 와인이 레드 와인보다 더욱 잘 어울리고, 게다가 스위트 화이트 와인이 드라이 화이트 와인 보다 더욱 다양한 색깔을 보여준다. 타닌을 가진 레드 와인은 하드 치즈와 좋다.

✏️ 한식과 와인의 궁합 ────○

대학시절, 소주를 좋아하던 또래 아이들과 달리 발효된 막걸리를 참 좋아했다. 맛있기도 했지만 어린시절 막걸리에 설탕을 넣어서 마셨던 신기했던 기억과 달콤 쌉싸름한 맛이 좋았던 것 같다. 와인에 관심을 가졌던 것도 막걸리의 공이 크다. 같은 발효주고 알코올 도수가 그리 높지 않다. 그러나 막걸리와 와인의 큰 차이는 무엇보다도 가격과 분위기이다. 서민들이 즐겨 마실 수 있고 비가 오는 날이면 더욱 땡기는 막걸리는 집에서 손쉽게 마실 수 있지만, 와인은 언제나 갖춰진 특별한 음식과 마셔야만 하는 술로 인식되었기 때문이다. 최근에는 홈술, 혼술 문화로 와인의 접근성이 낮아졌다. 그리고 곁들이는 음식도 다양해졌다.

사실 와인도 한식과 잘 어울릴 수 있고, 집에서 손쉽게 구할 수 있는 재료로 쉽고 맛있는 요리를 뚝딱뚝딱 만들어서 와인과 매칭하면 좋다. 와인은 뛰어난 밥상머리의 분위기 메이커가 될 수 있다. 된장, 고추장, 간장의 한식 밑간으로 만들어진 음식들과 와인 궁합은 충분히 도전할만한 가치가 있다.

화이트 와인에는 생선 요리가, 레드 와인에는 육류 요리가 잘 어울린다는 것은 많은 사람들이 기본으로 알고 있다. 다음으로 입 안에서의 질감을 들 수 있다. 레드 와인에 포함되어 있는 타닌 성분이 고기 단백질 성분과 만났을 때 육질을 부드럽게 만들어 주면서 음식의 맛을 증가시키며, 화이트 와인의 산미가 생선과 만났을 때 와인의 신선함으로 생선의 비린 맛을 없애주면서 담백하게 조화를 이룬다. 따라서 많은 사람들은 이 규칙을 적용하면서 와인을 선택한다. 하지만 음식에 맞는 와인을 찾고자 할 때 그 이 외에 고려해야 할 사항들이 더 있다.

첫 번째가 비슷한 성질의 특성끼리 매칭시켜서 서로 보완해 주는 역할을 하는 것이다. 케이크 류의 달콤한 디저트에는 당도가 높은 스위트 와인을 매칭시켜 음식의 지나친 단맛을 상쇄시켜 줄 수 있다. 지짐이나 전과 같은 음식은 2차 발효를 거쳐 산도가 비교적 낮으며 크리미한 질감의 샤르도네 화이트 와인과 잘 어울리는 경우와 같다. 반면에 서로 반대되는 성질의 와인과 음식을 매칭시켜 조화를 이루는 경우도 있다. 아삭바삭한 질감의 튀김에는 스테인레스 스틸(Stainless Steel)통에서 발효된 산도가 높은 드라이한 소비뇽 블랑 화이트 와인을 매칭한다.

참기름, 마늘, 간장 등의 갖은 양념으로 단맛과 짠맛이 함께 느껴진다. 이러한 음식에는 신대륙의 피노 누아 포도 품종이 잘 어울린다. 뉴질랜드, 호주, 오리건 등의 신대륙 피노 누아는 농익은 과일향이 돋보이며, 부드러운 질감의 낮은 타닌과 신선한 산도가 돋보이는 특징을 가지고 있다. 또는 산지오베제 포도 품종으로 만들어진 이탈리아의 키안티 클라시코 와인도 잘 어울린다. 음식의 단짠맛이 와인의 새콤한 신맛과 부드러운 타닌과 잘 어울린다.

참고할 사항은, 향이 강하지 않은 음식에는 색이 진하지 않은 와인을 맞춰주며, 향이 강한 음식에는 색도 진한 와인이 보편적으로 잘 어울릴 수 있다. 또한 기름기가 많은 고기는 타닌이 풍부한 메독 스타일의 와인이 잘 어울리고, 반면에 돼지 안심과 같은 비교적 기름이 적은 부위는 타닌이 부드러우면서 알코올과 유질이 풍부한 남부론의 샤토네프 뒤 파프 스타일의 와인이 적당하다.

매콤한 후추를 먼저 맛보고 레드 와인을 마시면 와인의 쓴 맛과 떫은 맛이 강조되지만, 단맛과 산도가 함께 느껴지는 가벼운 단맛의 화이트 와인은, 음식의 매운 맛과 와인의 맛이 함께 느껴져 서로 잘 조화를 이루는 것을 알 수 있다. 그래서 고추장 소스의 매운 음식류에는 단맛이 약간 느껴지는 독일산 리슬링(Riesling)과 알자스산 게브르츠트라미너(Gewurztraminer) 화이트 와인이 어울리는 것도 이와 같은 이유이다. 잡채는 어떨까? 참기름과 단짠 맛에 어울리는 오프 드라이(Off dry) 화이트 와인으로 리슬링(Riesling)을 추천한다.

나물 음식이 흥미 있다. 간장과 참기름으로 묻힌 고소한 향과 식물의 흙에서 느껴지는 풍미가 함께 어우러지며 씹는 질감이 남다르다. 여기에 드라이 피노 셰리(Dry Fino Sherry), 슈냉 블랑(Chenin Blanc) 화이트 와인을 곁들여 보았다. 그러나 맛은 있는데 여전히 밥이 문제였다. 밥의 뻑뻑한 질감으로 와인의 맛을 상쇄시켜 버렸다. 앞으로는 나물하고 와인만 마셔야겠다.

신맛의 음식은 화이트와 레드 와인을 부드럽게 해주고, 단맛의 음식은 레드 와인의 떫은 맛과 화이트 와인의 신맛을 강조하며, 그 맛을 강하게 만든다. 짠맛의 음식은 와인의 단맛을 감소시키며, 레드 와인의 타닌과 화이트 와인의 신맛을 강조한다.

MSG를 첨가한 음식은 우마미(Umami)한 맛을 낸다. 우마미는 일본에서 처음 발견한 맛으로써, 단맛, 신맛, 쓴맛, 짠맛 이 외에 제 5의 미각 요소로써 혀에서 감지하는 맛이다. 혀가 MSG에 대해서만 반응하는 것을 탐지한 결과였다. 주로 발효콩, 육포, 절인 고기, 고기맛 스프, 육수 등에서 느껴지는 맛이다. 이것은 한식에서도 쉽게 찾을 수 있는데, 우마미 맛은 드라이한 화이트 와인을 더 쓰게 한다. 일반적으로 진한 간장 소스에는 드라이 화이트 와인을 피하는 것이 좋다.

간장과 고추장을 사용하는 한식은 맵고, 짜고, 단맛이 한꺼번에 느껴진다. 이러한 한식 특유의 맛에 어울리는 와인은 분명히 있다. 적절한 와인을 선택하여 마시면, 한식의 풍미는 분명히 시너지 효과를 얻을 수 있고, 한식에도 와인이 어울린다는 것을 경험할 수 있다.

요리와 와인의 궁합은 자신이 좋아하는 요리를 먹으면서 자기가 좋아하는 스타일의 와인을 마시는 것이 그 사람에게 최상의 조합이므로, 그 조합을 아는 건 본인뿐이다. 와인 궁합은 요리가 아니라 마시는 사람과 맞아야 한다는 것을 기억하자.

가정식에 와인을 마셔보자. 오늘은 된장찌개에, 내일은 김치찌개에 와인을 곁들여보자. 언젠가 당신의 입맛에 맞는 와인을 찾아낼 수 있을지 모른다. 김치에 어울리는 와인… 흥미롭지 아니한가!

오늘 저녁 집에서 먹는 음식에 와인을 반주로 준비해 보자. 와인은 밥상머리의 뛰어난 분위기 메이커가 될 수 있다.

보르도에서 남쪽으로 내려오다 보면 피레네 산맥 사이에 전통적인 와인 생산 지역이 있다. 흔히들 보르도 와인과 혼동하는데, 아마도 보르도의 명성에 가려져 있기 때문이 아닌가 싶다. 그래서 이 지역의 와인을 외면하거나 낮은 품질의 와인으로 치부해 버리는 경향도 있다. 이렇게 잊혀져 있던 지역이 가성비 와인으로 인기가 높아지고 있다.

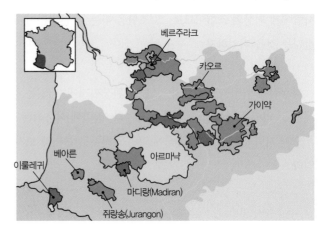

2-1 베르주라크 지역(Bergerac)

🖊 **대표 품종** ──○

- **화이트 품종** : 소비뇽 블랑(Sauvignon Blanc), 유니 블랑(Ugni Blanc), 세미용(Sémillon), 슈냉 블랑(Chenin Blanc), 뮈스카델(Muscadelle), Ondenc(옹덩크 : 희소한 토착 품종)
- **레드 품종** : 카베르네 소비뇽(Cabernet Sauvignon), 카베르네 프랑(Cabernet Franc), 메를로(Merlot), 말벡(Malbec)

🖊 **주요 AOC/AOP** ──○

- **베르주라크(Bergerac) AOP** : 드라이 화이트 와인, 레드 와인, 로제 와인을 생산하고 토양은 자갈, 모래, 점토, 석회질이다.

  | 레드 품종 | 카베르네 소비뇽, 카베르네 프랑, 메를로, 말벡

  | 화이트 품종 | 세미용(Sémillon : 1/3 차지), 소비뇽 블랑, 뮈스카델, 옹덩크(Ondenc), 슈냉 블랑, 유니 블랑(Ugni Blanc)

▲Château Laulerie, Bergerac

- **코트 드 베르주라크(Côtes de Bergerac) AOP** : 레드 와인, 화이트 와인을 생산. 스위트 와인 생산(잔당 함유량에 따라 데미섹(Demi-sec), 모엘로(Moelleux), 두(Doux) 3타입 생산)

- **베르주라크(Bergerac) 내의 AOP** : 몽바지악(Monbazillac), 몽라벨(Montravel), 페샤르망(Pécharmant), 로제트(Rosette), 소시냑(Saussignac)

- **몽라벨(Montravel) AOP** : 드라이 화이트 와인만 생산. 이 지역에서 생산한 레드 와인을 생산할 경우는 베르주라크 AC로 표기되며, 메를로 품종을 50% 이상 사용해야 한다. 토양은 석회질, 도르돈뉴(Dordogne) 충적토이다.

  | 화이트 품종 | 세미용, 소비뇽 블랑(최소 25% 이상), 뮈스카델

▲Château Pique-Segue, Montravel

- **오 몽라벨**(Haut-Montravel) AOP : 스위트 귀부병 와인을 생산. 품종은 세미용, 소비뇽 블랑, 뮈스카델
- **코트 드 몽라벨**(Côtes de Montravel) AOP : 스위트 귀부병 와인으로 품종은 세미용, 소비뇽 블랑(최소 25% 이상), 뮈스카델, 옹덩크(최대 10%)
- **몽바지악**(Monbazillac) AOP : 스위트 귀부병 와인 생산

  | **화이트 품종** | 세미용, 소비뇽 블랑, 뮈스카델, 슈냉 블랑, 유니 블랑, 옹덩크
    소테른의 스위트 와인 스타일로 보트리티스 시네리아(Botrytis cinerea)로 만듦

▲ Château le fage, Monbazillac

- **소시냑**(Saussignac) AOP : 스위트 귀부병 와인

  | **화이트 품종** | 세미용, 소비뇽 블랑, 뮈스카델, 옹덩크
- **페샤르망**(Pécharmant) AOP : 레드 와인 생산만 인정하고 모래 자갈 토양이다. 페샤르망에서 생산된 스위트 와인은 보르도 화이트 품종으로 만들어지며, 라벨에 로제트(Rosette) AC/AP 표기된다.

  | **레드 품종** | 카베르네 소비뇽, 카베르네 프랑, 메를로, 말벡

▲ Château de tiregand, Pécharmant

- **로제트**(Rosette) AOP : 남서부 지역에서 가장 작은 면적의 AOP 원산지로 드라이 화이트 와인 생산한다.

  | **화이트 품종** | 세미용, 소비뇽 블랑, 뮈스카델
- **코트 드 뒤라스**(Côtes de Duras) AOP : 보르도의 앙트루 두메르(Entre deux Mers) 지역의 동쪽에 위치하고 레드 와인, 화이트 와인, 스위트 와인을 생산한다.

  | **레드 품종** | 카베르네 소비뇽, 카베르네 프랑, 메를로, 코트(말벡)

  | **화이트 품종** | 세미용, 소비뇽 블랑, 뮈스카델, 유니 블랑, 모작

▲ Domaine du Grand Jaure, Rosette

2-2 피레네 지역(Pyrenees)

✏️ **대표 품종** ──○

- **화이트 품종** : 카마랄레(Camaralet : 아로마틱 품종), 그로 망송(Gros Manseng), 프티 망송(Petit Manseng), 로제(Lauzet : 거의 멸종, 원산지는 쥐랑송 Jurançon), 아루피악(Arrufiac : 주로 그로 망송 품종과 블랜딩), 라피아트 드 몽카드(Raffiat de Moncade : 베아른(Béarn) 지역의 품종), 쿠르뷔(Courbu), 클라레트 블랑시(Clairette Blanche), 바로크(Baroque)
- **레드 품종** : 망송 누아(Manseng Noir), 타나(Tannat), 쿠르뷔 누아(Courbu Noir), 페르 사르바두(Fer Servadou)

✏️ **주요 AOP** ──○

- **베아른**(Béarn) AOP : 피레네 산맥에 인접. 드라이, 디저트, 레드 와인 생산. 점토 석회질, 점토 규토질

  | **레드 품종** | 카베르네 프랑, 카베르네 소비뇽, 망송 누아, 타나, 쿠르뷔 누아

  | **화이트 품종** | 라피아트 드 몽카드, 프티 망송, 그로 망송, 쿠르뷔, 피낭크, 소비뇽, 카마랄레, 로제

- **쥐랑송(Jurançon) AOP** : 드라이 화이트 와인, 레이트 하비스트 와인 생산. 토양은 점토 석회질, 점토 규토질

  | 화이트 품종 | 프티 망송, 그로 망송, 쿠르뷔, 카마랄레, 로제

Clos Thou, Jurançon sec ▶

- **마디랑(Madiran) AOP** : 포(Pau) 지역의 북동쪽에 위치, 마디랑 AOP는 레드 와인만 생산 허용하고 토양은 점토 규토질, 충적토

  | 레드 품종 | 타나로 약 40~80% 사용. 그 외에 보조 품종으로써 블랜딩 품종은 카베르네 프랑, 카베르네 소비뇽, 페르 세르바두(Fer Servadou)

  - **타나(Tannat) 품종의 특징** : 프랑스 남서부의 마디랑(Madiran)과 남미의 우루과이에서 한정적으로 재배. 마디랑은 일반적으로 40~60%의 타나와 카베르네 소비뇽과 메를로를 블랜딩하여 거친 면을 완화. 강한 타닌이 특징으로 감초, 바닐라, 다크 초콜릿, 에스프레소, 카다몬 스파이스향이 느껴진다. 장기 숙성용 와인으로 주로 사용.

▲ Montus, Madiran

- **파슈랑 뒤 빅 빌(Pacherenc-du-Vic Bilh) AOP** : 마디랑 지역에 위치하고 드라이 화이트 와인과 스위트 와인을 생산

  | 화이트 품종 | 프티 망송, 그로 망송, 쿠르뷔, 아루피악, 세미용, 소비뇽 블랑은 최대 10% 까지 허용

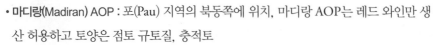

Château Bouscassé, Madiran ▶

- **이룰레귀(Irouleguy) AOP** : 레드 와인, 화이트 와인 생산

  | 레드 품종 | 타나, 카베르네 프랑, 카베르네 소비뇽

  | 화이트 품종 | 그로 망송, 프티 망송, 쿠르뷔

Domaine Arretxea Irouleguy ▶

[산소가 와인의 맛을 바꾼다]

이 지역에서 시작된 '미세 산소처리 기술(Micro Oxygenation)'로 와인의 질이 높아지고 있다. 가장 진보적인 와인 양조 기술이 탄생된 곳은 보르도에서 남쪽으로 약 150km 떨어져 있는 마디랑(Madiran) 지역의 거칠고 시골스러운 쓴 타닌(Bitter Tannins)이 많은 타나(Tannat) 포도 품종으로, 짙고 강한 레드 와인을 만들고 있는 곳이다. 이러한 거친 타닌을 부드러운 타닌으로 바꿔주면서 전체적으로 세련된 구조의 와인으로 만들어준 기술은 미세 산소의 도용과 맥을 같이 한다. 작은 산소 기포들이 와인에 결합되어 이루어지는 과정이라 하여 Micro oxygentation 또는 Microbullage라고 부른다. 도멘 무호(Domaine Moureou)의 와인 메이커 패트릭 두꾸르노(Patrick Doucournau)가 1991년 처음으로 상업적으로 사용하기 시작하였다. 작고 미세한 산소 입자(Microbubbles)들이 발효 탱크의 하단 부분에서 특별한 세라믹 장치를 통해 퍼지고, 산소는 천천히 와인과 함께 용해된다. 많은 지지자들은 이것을 기적적인 테크놀로지로 생각하며 100% 신뢰를 보내고 있다. 와인에 최적의 구조를 만들고, 덜 익은 과일향인 허브나 풀향을 줄이고, 색의 안정성이나 환원적인 품질을 안정화시키고, 동시에 부드러움을 증가시키기 때문이다.

클락 스미스(Clak Smith, Vinovation의 대표로서 Oenodev's 회사의 미국 지사장)에 의하면, 미세 산소 법은 칠레를 선두로 해서 지금 전 세계에 확산되고 있다고 말한다. 특히 칠레는 약 120개의 와인 생산자 중 80개의 와인 농장이 이 기술을 이용하거나 최소한 기계를 갖추고 있고, 캘리포니아의 수많은 센트럴 밸리 와인 생산자들이 현재 미세 산소 기술을 이용하고 있다.

캘리포니아 Bonny Doon 와인의 Randall Grahm은 미세 산소 기술의 추종자 중 하나이다. 만약 이 기술이 올바르게 적용된다면 에르바지(Elevage : 오크통 숙성)에 정통할 최고의 수단이라고 말하는 이도 있다. 그러나 이와는 반대의 입장에서 바라보는 시각도 존재한다. 이는 Micro Oxygenation은 레드 와인을 빠르게 마실 수 있는 스타일로 만들기 때문이다. 즉, 미세 산소로 인해 레드 와인을 생산된 해에 출시되어 같은 해에 마실 수 있게 되는 것인데, 이것이 바로 사람들을 설득하기 가장 어려운 부분이다. 와인은 부드럽게 만드는 것이지, 결코 빨리 마실 수 있게 하는 것은 아니라는 것이다.

미세 산소 방법을 사용하는 이유는 크게 두 가지로 설명할 수 있다. 첫째는 앞에서 설명한 것처럼, 레드 와인에서 원하지 않는 특성 또는 황화물 물질을 제거하는 방법으로써 이용된다. 숙성 작업 동안 와인을 조화롭게 만들어 주는 수단으로 미세한 산소가 도움을 주기 때문이다. 두 번째는 비용 절감 차원에서 사용된다. 중저가 와인의 숙성을 위해 고가의 작은 오크 배럴을 사용하는 것 대신, 스테인레스 스틸통에서 오크 칩(Oak Chip) 또는 오크 통판을 넣어서 미세 산소와 결합시킴으로써 와인에 짜임새 있는 구조를 더해주고, 와인에 오크향을 제공하기 때문이다.

그러나 모든 와인에 이러한 미세 산소 방법이 적합한 것은 아니다. 양조를 시작하기 전에 와인의 자연 구조에 따라서 다르다. 가벼운 레드 와인에게는 가장 치명적이다. 왜냐하면 와인 짜임새 있는 구조를 제공하기 전에 오히려 산화될 수 있기 때문이다. 틴에이저 와인이 세월을 단축하면서 급성장을 겪고 문명화 되며 책임있게 변모하기 위해서는 과정과 수단이 필요한 것처럼 말이다.

- 카오르(Cahors) AOP : 베르주라크(Bergerac) 지역의
  남동쪽에 위치하고, 로트(Lot) 강이 흐른다.
- | 토양 | 석회질, 충적토, 큰돌, 점토 석회질
- | 특징 | 레드 와인 생산. 블랙 와인으로 불릴 정도로
  색이 짙으며 풀바디 스타일 와인을 생산
- | 품종 | 최소 70% 말벡을 사용해야 하며, 약 30% 정도
  메를로와 타나 품종을 블랜딩 가능

- **말벡(Malbec) 품종**

말벡 품종은 카오르 지방의 핵심 품종으로 코트(Côt) 또는 옥세루아(Auxerrois)
이름을 사용하며 프랑스에서 일명 블랙 와인(Vin Noir)이라 불린다. 벨벳처럼
부드럽고 농도가 짙으며 기운찬 느낌으로 알코올이 높고 함유 성분도 많다.
진한 칼라, 풀바디, 타닌이 많이 들어 있으며, 블랙커런트, 민트, 삼나무 향이
난다. 프랑스의 보르도, 루아르, 남서부 지방 등지에서 재배되는 적포도 품종
으로 카베르네 소비뇽, 카베르네 프랑, 메를로와 함께 블랜딩하여 사용한다.

▲Le Cedre ▲Clos Triguedina

보르도에서 번성했으나, 현재는 남서부 지방의 카오르에서 번성한다. 그 외에 아르헨티나(멘도사), 칠레, 호
주, 캘리포니아, 이탈리아 등지에서도 재배된다. 특히 말벡은 아르헨티나 멘도사 지역의 기후와 잘 맞아, 아
르헨티나의 대표 품종이 되었다.

✏ **알아 두면 쓸모있는 지역의 와인 메이커와 와인 브랜드** ──○

- **뤼드 콩티(Luc de Conti) : 도멘 투르 데 장드르의 와인 메이커**

베르주라크 지역에 위치한 가격 대비 질 좋은 와인을 만들며, 로버트 파커나 디캔터에서 가장 잘 만드는 와인
으로 추천된 와인 중에 하나이다.

- **알랭 브뤼몽(Alain Brumont) : 샤토 몽투스(Château Montus)의 와인 메이커**

마디랑 지역에서 알랭 부뤼몽은 전설적인 인물이다. 전 세계에 마디랑 와인을 알린 장본인이다.

- **클로 트리그디나(Clos Triguedina)**

카오르 지역에서는 코트(Côt)라 불리우는 말벡 포도 품종으로 만든 와인으로, 강한 타닌으로 힘있는 구조가
돋보이며 장기 숙성이 가능한 와인이다.

- **도멘 타리케(Domaine Tarriquet)**

가스코뉴(Gascogne) IGP 와인 생산. 유니 블랑(Ungi Blanc), 그로 망송(Gros Manseng) 등의 포도 품종으로
만든 드라이 화이트 와인 스타일이다. 미세한 버블이 느껴지면서 톡톡 튀는 산도와 과일향이 풍부하여 상큼
한 스타일로 가벼운 식전주로 제격이다.

📝 대표 품종

- 레드 품종 : 페르 세르바두(Fer Servadou : 스페인 바스크 원산지), 뒤라스(Duras), 가메(Gamay), 네그레트 (Négrette : 툴루즈와 프롱통 지역 근처에 재배되는 후르티 와인), 시라(Syrah), 타나(Tannat : 장기 숙성), 아 부리우(Abouriou : 필록세라로 거의 멸종), 프륀느라드(Prunelard : 말벡의 아버지, 고대 품종), 생소(Cin-sault), 쥐랑송 누아(Jurancon Noir), 피노 누아(Pinot Noir)
- 화이트 품종 : 렁드렐 (Len de L'el), 모작(Mauzac), 소비뇽(Sauvignon), 뮈스카델(Muscadelle)

📝 주요 AOP

- **부제(Buzet) AOP** : 가론(Garonne) 강의 왼쪽에 위치한다. 토양은 석회질, 충적토이고 레드 와인과 화이트(극소량) 와인을 생산

  | 레드 품종 | 메를로(Merlot), 카베르네(Cabernets), 말벡(Malbec)

  | 화이트 품종 | 소비뇽 블랑(Sauvignon blanc), 세미용(Sémillon), 뮈스카델(Mus-cadelle)

▲ Château Balesté

- **브루와(Brulhois) AOP** : 과일향이 풍부하고 견고한 스타일의 레드 와인 생산

  | 레드 품종 | 카베르네 프랑(Cabernet Franc), 카베르네 소비뇽(Cabernet Sauvignon), 타나(Tannat), 메를로 (Merlot), 코트(Côt), 페르 세르바두(Fer Servadou)

- **코토 뒤 케르시(Côteaux du Quercy) AOP** : 점토 석회질 토양으로 레드 와인 생산. 카베르네 프랑(Cabernet Franc)은 40~60%까지 사용 가능. 보조 품종으로 타나(Tannat), 말벡(Malbec), 메를로(Merlot), 가메(Gamay) 블렌딩 가능

- **프롱통(Fronton) AOP** : 툴루즈(Toulouse) 시에서 약 30km 인근에 위치, 척박한 자갈밭

  원산지는 표기는 레드 와인과 로제 와인만 허용하고, 네그레트(Negrete : 토착 품종)는 최소 50% 사용 그 외에 카베르네 프랑(Cabernet Franc), 카베르네 소비뇽(Cabernet Sauvignon), 코트(Côt), 시라(Syrah)와 블렌딩 가능

- **가이약(Gaillac) AOP 지역** : 카오르 지역의 남서쪽과 툴루즈시의 북동쪽에 위치, 타른(Tarn) 강 인근에 위치, 1938년에 화이트 와인이 AOC로 처음 지정됨

  현재 가이약 지역에서 레드 와인, 드라이 화이트 와인, 로제 와인(100% 가메 품종으로 탄산침용 발효), 스파클링 와인, 스위트 와인 등 총 7가지 타입 생산

  | 레드 품종 | 뒤라스(Duras), 페르(Fer), 가메(Gamay), 시라(Syrah), 카베르네 프랑(Cabernet Franc), 카베르네 소비뇽(Cabernet Sauvignon), 메를로(Merlot)

  | 화이트 품종 | 모작(Mauzac), 렁드렐(Len de l'el), 옹덩크(Ondenc), 뮈스카델(Muscadelle), 소비뇽 블랑 (Sauvignon blanc)

  ❶ 가이약 프리미에르 코트(Gaillac Prèmieres Côtes) : 드라이 화이트 와인만 생산

  ❷ 가이약 무스(Gaillac mousseux) : 발포성 와인 생산. 무스(Mousseux)는 스파클링 와인 중에서 3.5~4 기압을 가진 발포성 와인을 뜻한다. 모작(Mauzac) 품종을 사용

가이약에서는 한 번 발효하는 메토트 앙세스트랄(Methode Ancestral) 방식으로 양조한다(샴페인은 전통적인 방식으로 1차 발효와 2차 병내 발효를 거치며, 두 번 발효하는 메토드 샹프누아즈((Methode Champenoise) 양조를 한다).

메토드 앙세스트랄(Methode Ancestral)은 고대 방식으로 메토드 가이약코와즈(Method gaillacoise) 또는 메토드 뤼랄르(Méthode Rurale) 또는 페트나 Pet-Nat(Pétillant Naturel)라고 한다.

1차 발효 중간에 와인을 병입하여 병내에서 발효를 끝낸다. 샴페인은 일반적으로 당분과 효모를 섞은 혼합액(Liqueur de Tirage)을 첨가하여 병입 후 2차 발효로 병내 버블이 생성하게 하는데, 메토드 앙세스트랄은 이러한 과정이 없으며, 1차 발효가 중반쯤 도달하면 병입하여 병 안에서 이산화탄소를 포집한다. 병숙성이 끝난 후 효모 찌꺼기를 제거하는 데고르주망 과정 후에 감미 조정액을 첨가하지 않는다.

잔당이 약 10~80g/ℓ 잔류하며, 브뤼(Brut), 데미섹(Demi-sec), 두(doux) 타입이 있다.

❸ 가이약 두(Gaillac Doux) : 늦게 수확(Late Harvest)하여 스위트 와인을 생산한다. 자연적인 스위트 화이트 와인으로 최소 잔당률 50g/ℓ, 주요 품종은 렁드렐(Len de l'el), 옹덩크(Ondenc) 사용

2-5 남서부 지역의 특산품

• 송로버섯(Truffle) : 검은 다이아몬드(Black Diamond)라고 불리는 세계 3대 진미 중에 하나. Perigord(페리고) 지역에서 돼지나 개를 이용해 트러플을 찾아냄

＊세상에서 가장 비싼 식재료, 송로버섯 시장에 가다

소믈리에는 와인뿐만 아니라 음식에 대해서도 박식해야 한다. 왜냐하면 어떤 음식과 와인이 가장 잘 매치되는지 조언을 해줄 수 있어야 하고, 음식과 와인의 맛을 정확히 평가해야 하기 때문이다. 그런 생각으로 요리의 제왕이라 불리는 송로버섯(Truffle : 트러플)을 맛보기 위해 트러플 시장을 방문한 적이 있다. 예전에는 돼지가 산을 돌아다니면서 오직 발단된 후각을 통해서 땅을 파고 송로버섯을 찾아냈다고 한다. 마치 우리의 산삼처럼 희소성이 크고 가격 또한 하늘을 찌르는 것도 그런 이유에서다. 간혹 발견한 트러플을 돼지가 아무 생각 없이 먹어 버리는 경우가 있어서 요즘은 개가 그 역할을 대신한다고 한다.

프랑스 남서쪽의 카오르(Cahors) 지역에 근접한 라르벵크(Lalbenque) 마을에서는 매년 12월에서 3월 사이의 화요일이 되면 장이 선다. 농부들이 약 100여 개가 넘는 자판을 열고 그들의 트러플을 바구니에 담아 다양한 모양과 크기를 자랑하며 선보이고 있다. 이 시기에는 전 세계의 유명 레스토랑 소유주, 셰프, 소매상인 등이 한자리에 모여 평가하고, 가격을 흥정을 한다. 실제로 옆에서 지켜보니 굉장히 심각하게 가격 흥정을 하고 있었다. 어느 파리의 상인은 이 시즌이면 1년에 약 8번 정도 시장을 방문한다고 했다. 시기에 따라서 트러플의 품질은 약간의 변동이 있다. 1~2월이 가장 선호하는 구매 시기라고 한다. 약 1킬로그램에 300~600유로(Euro)를 호가할 정도로 '블랙 다이아몬드'라는 별명을 지닌, 그야말로 세계에서 가장 비싼 식재료 중의 하나인 트러플의 짙은 향과 맛을 즐길 수 있는 환상적인 경험이다. 물론 그 가격을 볼 때 트러플을 사용하는 요리라면 대부분 세계적으로 유명한 미슐랭 스타 레스토랑에서나 맛볼 수 있음을 부인할 수는 없다. 그러나 이곳 시장에서는 특별한 경험을 할 수 있다. 평범해 보이는, 아니 조금은 허름한 레스토랑에서도 트러플 요리를 주문할 수 있다는 것. 가장 평범한 오믈렛이었지만, 단지 트러플을 추가했을 뿐인데도 맛이 한층 풍미 있었다. 또한 트러플의 고유한 향

을 그대로 입 안에서 느낄 수 있었다. 이러한 시장이 서는 날에는 인근 레스토랑 어디에서나 트러플 요리를 비교적 저렴하게 맛볼 수 있다.

- **거위간(Foie Gras)** : 식품에서는 오리나 거위에게 강제로 사료를 먹여(Force Feeding) 간을 인위적으로 비대하게 만든 거위간을 뜻하며, 프랑스 미식(Gastronomy)의 대명사로써 세계 3대 진미 중에 하나, 주로 프랑스 남서부 지역에서 사육. 이러한 잔혹성의 문제로 최근에는 동물보호 단체의 비난으로 사회적 문제로 대두되고 있으며, 뉴욕시는 푸아그라 수입을 금지하는 법안을 통과시켰다. 3년 뒤인 2022년부터 시행될 예정이다.

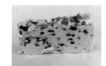

- **로크포르 치즈(Roquefort)** : 세계 3대 블루 치즈인 스틸톤(Stilton), 고르곤졸라(Gorgonzola), 로크포르(Roquefort) 중의 하나이다. 양의 젖으로 만든 푸른 곰팡이 치즈의 일종으로 1925년 프랑스의 AOC 지정되었으며, 로크포르(Roquefort)는 원산지명이기도 하다. 소테른 지역의 스위트 와인과 매칭한다.

루아르(Loire)는 프랑스에서 가장 긴 지역이다. 그리고 멋진 고성의 문화적 건축물이 많다. 그래서 다른 지역보다 관광객이 많기도 한다. 관광객만큼이나 많은 것이 바로 와인의 종류다. 사실 여기서 모든 와인 스타일이 만들어진다고 해도 과언이 아닐 정도로 그 종류가 다양하다. 스파클링 와인에서부터 스위트, 화이트, 레드 와인 그리고 로제 와인에 이르기까지….

유네스코를 인용하자면, 루아르 계곡은 다음과 같다.

"역사적인 도시와 마을, 거대한 건축학적 문화 유산(고성과 샤토 Châteaux)과 포도밭이 존재하며 뛰어난 아름다움의 문화 경관과 물리적 환경으로 형성된 곳이다." 루아르 계곡의 와인은 이 문화 유산의 중요한 부분으로, 일부 지역에서는 2000년 이상의 역사를 거슬러 올라간다.

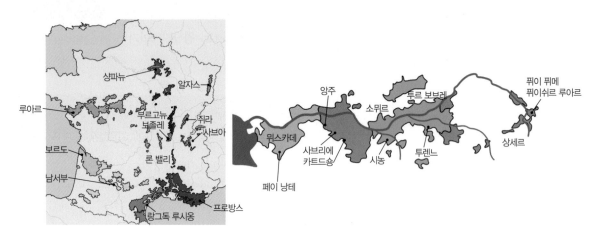

3-1 ◆ 루아르의 지리적 위치와 품종

프랑스에서 가장 길고 아름다운 루아르 강은 프랑스의 중부 지역인 마시프 상트랄(Massif Central)에서 출발하여 15군데의 포도 재배 지역을 휘감으며 대서양으로 흘러간다. 긴 강을 끼고 있어 지역마다 기후가 다르다. 대서양의 영향을 받는 낭트와 앙주-소뮈르는 해양성 기후이고 상류 쪽으로는 대륙성 기후 영향을 받는다.

생산량은 화이트 52%, 레드 26%, 로제 16%, 스파클링 6% 정도이며 드라이 와인은 동쪽과 서쪽에서 주로 생산한다. 가운데 지역인 투렌느와 앙주에서는 토착종인 슈냉 블랑이 생산된다.

와인 산지는 루아르 강 상류에서부터 하류 대서양 연안까지 길게 분포한다. 총 4개의 산지로 분류하며, 강 상류의 상트르 루아르(Centre Loire), 상트르(Centre)와 하류로 향하면서 투렌느(Touraine) 지역, 앙주-소뮈르(Anjour-Saumure) 지역, 낭트(Nantes) 지역이다.

낭트의 대서양 연안에서 프랑스 중심부의 상세르 지역까지 생산되는 루아르 지역의 AOC는 총 69개의 AOC(Appellations d' Origine Contrôlées)가 있다.

루아르 와인의 절반은 질 좋은 화이트이며, 두 번째로 큰 크레망(Crémant) 생산 지역이다.

IGP 발 드 루아르(Val de Loire)는 2009년부터 뱅드 페이(Vins de Pays), VDQS(Vin Délimité de Qualité Supérieure : 2011년 말에 사라짐)를 대체하기 위해 사용되었다.

IGP 지정이 반드시 AOC(AOP) 이름을 가진 와인보다 품질이 낮다는 것을 의미하지는 않는다. 다만, 생산자가 원산지 명칭의 규정을 따르지 않기로 선택했음을 의미할 수 있다. 예를 들어 시농(Chinon) 지역의 와인 생산자가 100% 카베르네 소비뇽으로 와인을 생산했다면, 반드시 10% 이상 카베르네 소비뇽 품종 사용을 허용하지 않는 시농(Chinon) AOC를 라벨에 표기할 수 없다.

- **화이트 품종** : 슈냉 블랑 또는 피노 드 라 루아르(Pineau de la Loire)라고 불림, 뮈스카데 또는 믈롱 드 부르고뉴(Melon de Bourgogne)라고 불림, 소비뇽 블랑 또는 퓌메 블랑(Fume Blanc)이라고 불림. 샤르도네(Chardonnay), 샤슬라(Chasseles), 피노 그리(Pinot Gris), 폴 블랑시(Foll blanche), 그로 플랑 드 페이 낭테(Gros Plant de Pays Nantais AOP에서 주로 재배)
- **레드 품종** : 카베르네 프랑(Cabernet Franc) 또는 브레통(Breton), 카베르네 소비뇽(Cabernet Sauvignon), 가메(Gamay), 피노 누아(Pinot Noir), 그롤로(Grolleau), 피노 므니에(Pinot Meunier), 피노 도니(Pineau d'Aunis)

3-2 와인 산지별 특징

🖊 낭트(Nantes)

낭트(Nantes)시 근처, 루아르 강어귀 양쪽 둑에 산재해 있다. 해양성 기후로서 여름은 습하고 온화하며 햇볕이 좋다. 겨울도 온화한 편이며 봄에는 서리가 발생한다. 와인은 가볍고 산뜻하며 드라이 하고 산도가 높다. 주변의 항구와 맞닿아 있어 그곳에서 잡히는 풍부한 해산물 요리 특히 오이스터, 해산물 플래터와 매칭이 좋다.

주요 AOP는 다음과 같다.

＊뮈스카데(Muscadet) AOP – 1937년에 AOC로 지정

뮈스카데(Muscadet)는 품종 또는 멜롱 드 부르고뉴(Melon de Bourgogne)라 불린다. 드라이 와인. 꽃향과 풋사과향, 미네랄 향, 가벼운 바디로 바삭한 산미이다. 바닷가 근처로 인해 요오드 영향으로 가벼운 짠맛(Salty)을 느낄 수 있다.

4지역 명칭 AOC/AOP는 다음과 같다.

- **뮈스카데(Muscadet)**
- **뮈스카데 데 코토 드 라 루아르(Muscadet des Côteaux de la Loire)**
- **뮈스카데 드-세브르-에-멘느(Muscadet de-Sevres-et-Maine)**
- **뮈스카데 코트 드 그랑 리외(Muscadet Côtes de Grand lieu)**

*수르 리(Sur Lie)

병입을 빈티지 다음해 봄에 통이나 탱크에서 바로 한다. 죽은 효모의 찌꺼기를 걸러 내지 않고 겨울 동안 와인과 접촉시켜 놓음으로써 와인의 맛이 더욱 풍부해지게 하는 낭트 지방의 전통적인 양조 기법으로 화이트 와인을 만든다. 병입하기 전에 발효 통인 스텐레스 스틸 통에서 여러 달 동안 효모의 잔여물인 리(Lees)를 제거하지 않고, 와인과 접촉을 통해서 크리미하고 부드러운 구조와 다양한 향을 제공해준다.

▲ Sur Lie

[해산물 요리와 뮈스카데 와인의 환상 하모니]

루아르 강 지역은 중세 시대부터 프랑스에서 가장 부유한 도시 중의 하나였다. 앙부아즈 성(Château d'Amboise) 같은 유산을 지닌 곳으로 어디를 가나 웅장하고 오래된 고성들이 장엄함을 뽐내고 있고, 멋진 건축 유산들이 한눈에 들어온다. 그래서 다른 어느 곳보다도 관광객들이 많다.

루아르 와인의 특징은 활기 넘치는 산도에서 찾을 수 있다. 대표적인 포도 품종의 슈냉 블랑과 소비뇽 블랑으로 만든 화이트 와인 스타일은 세계의 와인 생산자들에게 기준이 된다. 예를 들면 루아르 일대는 뱅드 페이(Vin de Pays)에서 AOC 등급까지 온갖 종류의 와인들이 생산되며, 각 지구별로 뚜렷한 개성을 자랑한다. 이곳의 와이너리들은 쉽게 눈에 띄지 않기 때문에 숨은 진주들을 찾아내기 위해서는 루아르에서 일부러 길을 잃고 발 닿는대로 포도원들을 둘러보는 것도 좋다. 루아르 강변에 위치한 포도원의 총 면적은 약 8만 헥타르에 이르는데 이곳 와인 메이커들은 자신의 포도원이 루아르 지류에 속한다는 것만으로도 큰 자부심을 가지고 있다. 이 지역 포도원은 크게 낭트, 앙주−소뮈르, 투렌느, 상트르라는 4개의 지역 카테고리로 묶을 수가 있고 위 4 카테고리에는 69 AOC/AOP가 있다.

노르망디의 생 말로 도시 근처에 위치한 그 유명한 유니세프가 지정한 세계 문화 유산인 몽생미셸(Mont Saint Michel) 수도원 성에 감탄하다 보면, 조수에 의해 육지와 떨어져 바다 위에서 뽐내고 있는 그 웅장하고 아름다운 자태에 더욱 빠져들게 된다. 바다 근처여서 그런지 해산물 요리의 지방색이 가장 눈에 띈다. 어느 레스토랑을 가더라도 Fruits de la Mer(바다의 과일 : 해산물)라는 판대를 놓고 그날의 요리를 선보이고 있는 게 인상적이다. 신선한 굴, 새우, 가리비, 조개 등등 각종 해산물들이 큰 접시에 소복히 쌓여서 테이블로 놓여졌을 때 가장 생각나는 한 가지, 바로 화이트 와인이다. 신선한 굴과 이 지역의 특색 있는 뮈스카데(Muscadet) 와인은 환상적인 짝꿍이다.

뮈스카데 지역은 가장 서쪽 대서양 연안에 근접하고 있다. 낭트 시를 중심으로 퍼져 있으며, 지역 이름과 같은 포도 품종 뮈스카데로 화이트 와인을 만든다. 작은 세브르와 멘 강을 끼고 생산하는 뮈스카데 드 세브르 에 멘느(Muscadet de Sevre-et-Maine) AOC가 가장 알려져 있다. 특히 와인 라벨에 '수르 리(Sur Lie)'라고 표시된 것을 볼 수 있는데, 이것은 와인 양조 방법을 알려주는 것이다. 병입하기 전에 발효통인 스테인레스 스틸 통에서 여러 달 동안 효모의 잔여물인 리(Lees)를 제거하지 않고, 와인과 접촉을 통해서 크리미하고 부드러운 구조와 다양한 향을 제공해주므로, 날카로운 화이트 와인을 싫어하는 사람이라면 '수르 리(Sur Lie)'라고 표시된 와인을 마셔도 좋겠다. 그러나 뮈스카데의 특징은 무엇보다 풍부한 과일향과 톡 쏘는 산도와 가벼운 이산화탄소(CO_2)가 입 안에서 살짝 느껴진다.

*그 외의 AOP

• **화이트 품종** : 슈냉 블랑(Chenin Blanc) 또는 피노 드 라 루아르(Pineau de la Loire), 소비뇽 블랑(Sauvignon Blanc), 샤르도네(Chardonnay), 아르부아(Arbois), 피노 그리(Pinot Gris), 로모랑탱(Romorantin : 주로 쿠르 슈베르니(Cour-Cheverny) AOP 에서 사용)

• **레드 품종** : 카베르네 프랑(Cabernet Franc : 루아르에서는 브레통(Breton) 로컬 이름), 카베르네 소비뇽(Cabernet Sauvignon), 피노 도니스(Pineau d'Aunis), 말벡(Malbec(Côt)), 가메(Gamay), 그롤로(Grolleau : 앙주 로제(Anjou rosé)에 주로 사용), 피노 누아(Pinot Noir), 피노 므뉘에(Pinot Meunier)

▲Mareuil

• **그로 플랑 뒤 페이 낭테**(Gros plant du Pays Nantais) AOP : 폴 블랑쉬(Folle blanche : 꼬냑을 만들 때 사용하는 품종, 로컬 이름은 그로 플랑(Gros Plant)이라고 불림). 화이트만 생산, 2012년 3월부터 VDQS에서 AOP 승격

• **코토 당스니**(Côteaux d'Ancenis) AOP : 가메(Gamay), 카베르네 프랑(Cabernet Franc), 피노 그리(Pinot Gris), 로컬 이름으로 말부아지에(Malvoisie)라고 불림

• **피에프 방데엥**(Fiefs Vendeens) AOP

| 레드 품종 | 가메(Gamay), 피노 누아(Pinot Noir), 카베르네 프랑(Cabernet Franc), 그롤로(Grolleau)

| 화이트 품종 | 슈냉 블랑(Chenin Blanc), 소비뇽 블랑(Sauvignon Blanc), 샤르도네(Chardonnay), 믈롱 드 부르고뉴(Melon de Bourgogne)

| 4개의 행정지역 포함 | 브룸(Brem), 마뢰이(Mareuil), 빅스(Vix), 피소트(Pissote)

✏️ 앙주-소뮈르(Anjou-saumur) ──○

루아르 지방의 심장부에 위치한다. 대서양의 영향으로 여름과 겨울이 크게 덥지도 춥지도 않으며, 습도가 높아 가을에는 귀부병에 알맞은 기후를 보인다. 루아르 지방에서 가장 생산량이 많으며 레드, 화이트, 로제, 스위트, 스파클링 와인이 골고루 생산된다. 앙주(Anjou) 지역의 대표적인 AOP는 다음과 같다.

＊앙주(Anjou) AOP

레드, 화이트, 로제 와인 생산

| 레드 품종 | 카베르네 프랑과 카베르네 소비뇽, 말벡, 그롤로, 피노 도니스

| 화이트 품종 | 슈냉 블랑(최소 80% 이상)이 주 품종으로 그 외에 샤르도네, 소비뇽 블랑 사용

▲Logis des Noels   ▲Château Soucherie

• 앙주 빌라주(Anjou Village) AOP

카베르네 프랑, 카베르네 소비뇽 등이 주 품종이며, 레드 와인을 생산한다.

• 앙주 빌라주 브리삭(Anjou-Village Brissac) AOP

카베르네 프랑을 기본으로, 카베르네 소비뇽 등을 사용하고, 레드 와인을 생산한다.

▲Domaine aux Moines   ▲Château La Variere

• 앙주 가메(Anjou Gamay) AOP : 앙주 지역에서 가메 품종만으로 만들어지는 레드 와인

• 카베르네 당주(Cabernet d'Anjou) AOP : 카베르네 프랑과 카베르네 소비뇽을 블랜딩하여 만든 로제 와인. 단맛의 강도에 따라 데미섹(Demi-sec), 모엘르(Moelleux)로 분류되며, 비교적 세미 스위트한 로제 스타일(최소 10g/ℓ 잔당)을 생산

▲Anjou Gamay   ▲Cabernet d'Anjou

• 로제 당주(Rose d'Anjou) AOP : 그롤로(Grolleau)와 카베르네 프랑(Cabernet Franc)을 블랜딩하여 만들어지는 약간 스위트(최소 7g/ℓ 잔당)한 스타일의 로제 와인(단, 로제 드 루아르(Rose de Loire) AOP는 드라이 로제 와인)

▲Rose d'Anjou

• 로제 드 루아르(Rose de Loire) AOP : 루아르 밸리에서 앙주, 소뮈르, 투렌느 지역에서 생산. 레드 품종으로 카베르네 프랑, 카베르네 소비뇽, 가메, 그롤로, 코트, 피노 도니스를 사용한다. 과일향이 풍부하고 신선하여 마시기 편한 로제 와인이다. 잔당이 3g/ℓ 이하로 드라이 로제 와인

▲Rose de Loire

- **앙주 무스(Anjou Mousseux) AOP** : 스파클링 와인으로 화이트와 로제가 있다. 블랑 드 블랑(Blanc de blancs)은 100% 슈냉 블랑(Chenin Blanc) 사용. 블랑 드 누아(Blanc de Noir)는 카베르네 프랑(Cabernet Franc), 카베르네 소비뇽(Cabernet Sauvignon) 레드 품종을 블렌딩

▲Vins Vignes Vignerons

- **크레망 드 루아르(Crémant de Loire) AOP** : 화이트 크레망은 슈냉 블랑, 샤르도네 사용, 로제 크레망은 카베르네, 피노 누아, 그롤로, 피노 도니스 품종 사용. 앙주-소뮈르, 투렌느에서 생산, 전통적인 메토드 트레디셔널(Method traditionnelle) 샴페인 방식으로 생산한다.

▲Henri Grandin

＊소뮈르(Saumur) 지역의 대표적 AOP

- **카베르네 드 소뮈르(Cabernet de Saumur) AOP** : 카베르네 품종으로 만든 로제 와인

- **소뮈르 무스(Saumur Mousseux) AOP** : 슈냉 블랑 주 품종, 소량으로 소비뇽 블랑 또는 샤르도네 품종을 블렌딩한다. 핵과일향과 아몬드향이 풍부하다.

▲Cabernet de Saumur

▲Saumur Mousseux

- **소뮈르 무스 로제(Saumur Mousseux rosé) AOP** : 레드 품종으로 카베르네 프랑, 카베르네 소비뇽, 코트(Côt), 가메, 피노 도니. 특징으로 딸기, 라즈베리, 크랜베리의 과일향이 풍부

- **소뮈르(Saumur) AOP** : 화이트 품종으로 슈냉 블랑 최소 80% 이상 사용. 레드 품종은 카베르네 프랑, 카베르네 소비뇽 사용

▲Saumur Mousseux rosé

- **소뮈르 상피니(Saumur-Champigny) AOP** : 카베르네 프랑(Cabernet Franc) 품종을 베이스로 85% 이상 사용, 그 외에 카베르네 소비뇽(Cabernet Sauvignon)을 블렌딩하여 레드 와인 생산. 백악질 토양과 비탈면에 위치, 실키한 타닌, 바이올렛향이 특징이며, 상급 레드 와인 생산

▲Saumur Rouge Domaine Romain Guiberteau "Les Motelles" 2013

▲Domaine Filliatreau Saumur-Champigny

- **코토 드 소뮈르(Côteaux de Saumur) AOP** : 슈냉 블랑(Chenin Blanc)을 사용, 늦게 수확(Late Harvest)하여 만들고, 스위트 와인 생산

▲La Seigneurie Coteaux de Saumur

- 사브니에르(Savennières) AOP : 슈냉 블랑(Chenin Blanc)으로 루아르 최고의 드라이 화이트 와인과 스위트 와인으로 세계적인 명성을 지닌 지역이다.

▲ Domaine du Closel Savennières La Jalousie

▲ Domaine des Baumard Savennières

| 슈냉 블랑(Chenin blanc)의 특징 | 린든 플라워(리나올), 허니서클, 레몬 캔디, 배, 아니스, 헤이즐넛 향이 느껴지며 복합미가 뛰어나다. 전 세계 다양한 나라에서 재배 생산되지만, 특히 루아르의 보브레(Vouvray), 앙주(Anjou), 사브니에르(Savennières)의 지역이 유명하다. 로컬 이름으로 피노 드 라 루아르(Pineau de la Loire)라고 부르기도 한다. 귀부병에 걸린 슈냉 블랑의 스위트 와인은 코토 뒤 레이옹(Côteaux du Layon)과 보브레(Vouvray) 아펠라시옹이 유명하다.

- 사브니에르 AOP의 유명한 2 크뤼(Cru : 포도밭 구획 이름)

| 라 쿨레 드 세랑(La Coulee de Serrant) | 와인 메이커 니콜라 졸리(Nicolas Joly)의 모노폴 포도밭으로 약 7ha 소유, 100% 바이오다이나믹 농법

| 라 로시 오 모완(La Roche aux Moines) | 33.4ha 화강암과 편암 토양

▲ Coulée de Serrant

▲ Roche aux Moines

- 코토 뒤 레이옹(Côteaux du Layon) AOP : 코뮌 마을명(Beaulieu, rochefort, Faye, Rablay, Saint-Aubin, Saint-Lambert)을 라벨에 표기, 34g/ℓ 잔당으로 스위트하다.

- 코토 뒤 레이용 숌(Côteaux du Layon-chaume) AOP 잔당이 68g/ℓ, 2011년부터 Coteaux-du-Layon 1er cru 숌(Chaume) 라벨 표기 공식화. 예외적으로 2002, 2003, 2004년은 1er cru로 인정된 빈티지로 라벨 표기 허용됨

▲ 1er Cru des Coteaux du Layon

▲ Coteaux du Layon Chaume

- 코토 드 로방스(Côteaux de l'Aubance) AOP : 160ha, 대체로 데미섹(Demi-sec) 스타일의 와인을 많이 생산. 그 외에 드라이한 섹(sec), 진한 단맛의 모엘르(Moelleux) 스타일의 와인을 생산

▲ Domaine de Haute Perche Côteaux de l'Aubance

- 카르트 드 숌(Quarts de Chaume) AOP : 2011년 루아르 최초의 그랑 크뤼로 지정, 잔당 34g/ℓ 이상

- 본느조(Bonnezeaux) AOP : 90ha, 귀부병에 걸린 포도만을 선별하여 만든다. 51g/ℓ 잔당 이상

▲ Domaine Des Baumard Quarts De Chaume

▲ Château de Fesles Bonnezeaux

[바이오다이나믹 와인의 거장, 니콜라 졸리]

루아르 지역에서 가장 유명하고 가장 장기 숙성이 가능한 화이트 와인 중에 하나를 꼽으라면 '쿨레 드 세강 (Coulee de Serrant)'이다. 약 17에이커의 단일 포도밭에서 바이오다이나믹(Biodynamic) 재배 방법으로 경작된 와인이다. 쿨레(Coulée)는 흐른다는 의미로, 이 지역의 작은 계곡 이름이기도 하다. 비가 오면 빗물이 루아르 지역으로 흘러 들어가는 현상에서 지어진 이름이다.

낭트 시에서 뮈스카데 와인에 반한 다음 조금 더 동쪽으로 이동하면 사브니에르(Savennières)에 장인이 있다. 쿨레 드 세강(Coulée de Serrant) 포도밭으로 유명한 니콜라 졸리(Nicolas Joly)로 그는 바이오다이나믹 농법의 거장으로 불리운다.

화학 비료를 전혀 사용하지 않는다. 포도를 심는 것, 수확, 병입은 지구의 위치와 빛과 열의 농도에 따라서 그 시기가 결정된다. 즉 천체의 12궁과 지구와 달의 위치에 따라서 포도나무의 가지치기, 수확 등등 모든 재배에 일련된 시기를 결정한다는 이론이다. 자연 분뇨를 이용해 토양을 강하게 만들고, 광합성을 위한 빛과 열을 최대한 토양으로 흡수시키기 위해 다양한 풀과 미네랄을 뿌려주어 건강한 포도를 수확한다는 것이 기본 이념이다. 그래서 그의 포도원은 마치 동물 농장을 방불케 했다. 말, 양 그리고 소까지… 이러한 동물들이 포도밭을 누비고 다니면서 토양을 경작하는 동시에 불필요한 잡초를 뜯어 먹고, 비옥한 자연 분뇨를 제공해서 사람이 하는 일을 대신해 주는 방식이었다. 어느 와이너리에서나 흔히 볼 수 있는 현대식 기계 대신 동물들이 밥값을 알아서 해주기 때문에 인건비도 절감된다고 하니 그의 철학이 담겨있다. 현대 농사법은 철저히 토양을 파괴하고 황폐화시켜 결과적으로 낮은 품질의 와인을 생산한다고 믿고 있다. 그러나 아직도 많은 사람들이 졸리의 이런 생각을 별나고 괴벽스럽다고 말하기도 한다. 하지만 다른 한편에서는 그의 지지자들도 많다. 특히 유명한 버건디 본 로마네(Vosne Romanee) 지방의 르로이(Leroy)나 론 지방의 엠 샤푸티에(M. Chapoutier), 알자스의 마르셀 다이스(Marcel Deiss)는 졸리의 근본적인 생각에 동의하며, 바이오다이나믹 농사법을 행동에 옮겨 전문가들에게 인정받는 높은 품질의 와인을 생산하고 있다.

그렇다면 일반 와인에 비해 맛도 더 좋을까? 솔직히 말하면, 대부분의 사람들은 그 맛의 차이를 느끼기 어렵다. 유기농 콩나물이라고 해서 더 맛있지 않은 것과 마찬가지다. 그러나 까다로운 조건에 의해 재배되는 만큼 비싸다.

가격이나 맛을 떠나 다른 시각으로 바라본다면, 바이오다이나믹 농법은 자연을 강조한다. 지나친 조미료는 음식의 맛을 저하시키고 인체에 좋지 않음에도 불구하고 음식의 감칠 맛을 돋는다. 와인 또한 포도만을 가지고 질 좋은 맛을 만들기 위해서는 두 배의 노력이 필요한 것이 사실이다. 이런 어려운 여건에서도 바이오다이나믹을 추구하는 것은 포도 자체의 순수성을 찾고자 하는 생산자의 '장인 정신'에서 나온 것이라 할 수 있다.

🖋 투렌(Touraine) 지역 ──○

이 지역은 대륙성 기후이며 화이트, 레드, 로제, 스파클링 와인 등이 다양하게 생산. 그 중 쉬농과 부르게이오 지역에서는 레드 와인이, 동쪽의 보브레 지역은 화이트가 주로 생산

| 레드 품종 | 카베르네 프랑(Cabernet Franc), 가메(Gamay), 코트(Côt), 피노 누아(Pinot Noir), 피노 도니(Pinot d'Aunis), 그롤로(Grolleau) 등이 다양하게 사용

| 화이트 품종 | 슈냉 블랑(Chenin Blanc), 샤르도네(Chardonnay)

백토(Tuffeau) 토양이 특징으로 사질과 석회질 토양으로 구성된다. 이와 같은 다공성의 석회질은 신선한 산미를 포도에 전달한다.

- **투렌느(Touraine) AOP** : 레드, 화이트, 로제를 만들며 드라이에서 세미 스위트 와인까지 다양하다.
  | 레드 품종 | 카베르네 프랑(Cabernet Franc), 가메(Gamay), 코트(Côt), 피노 누아(Pinot Noir), 피노 도니(Pinot d'Aunis), 그롤로(Grolleau) (단, 프리메르(Primeur)가 라벨에 표시 경우 : 가메 사용)
  | 화이트 품종 | 소비뇽 블랑, 소비뇽 그리(최대 20%까지 사용)
  | 로제 | 카베르네 프랑(Cabernet Franc), 가메(Gamay), 코트(Côt), 피노 누아(Pinot Noir), 피노도니(Pinot d'Aunis), 그롤로(Grolleau), 피노 므늬에(Pinot Meunier)

▲ Caves de la Tourangelle Touraine

＊투렌느 지역의 AOP

- **투렌느 아제 르 리도(Touraine Azay-le-Rideau) AOP** : 화이트는 슈냉 블랑(또는 Pineau de la Loire). 레드 주 품종은 그롤로 품종(최소 60% 사용), 카베르네, 코트, 가메가 사용된다.

▲ Touraine Azay-Le-Rideau J. Paget

- **투렌느 앙부아즈(Touraine Amboise) AOP** : 레드, 화이트, 로제 와인을 생산. 레드 품종으로 코트, 가메, 카베르네 프랑 등을 블렌딩하여 생산. 화이트 품종은 슈냉 블랑

▲ Domaine Tancrez

- **투렌느 멜랑(Touraine Mesland) AOP** : 레드, 화이트, 로제 와인 생산. 레드 품종으로 가메, 카베르네 프랑, 코트 등을 사용하며, 카베르네 프랑과 가메 품종은 섬세한 로제 와인도 생산한다. 화이트 와인은 주로 슈냉 블랑(최소 60% 이상), 샤르도네, 소비뇽 사용

▲ Clos de la Briderie Touraine Mesland Vieilles Vignes

- **투렌느 노블 주에(Touraine Noble-Joue) AOP** : 뱅 그리(Vin gris−열은 로제 와인) 와인으로 유명, 피노 므뉘에, 피노 누아, 피노 그리 품종 사용

▲ Touraine Noble Joué

- **투렌느 무스(Touraine Mousseux)** : 무스는 3기압 이상. 화이트 스파클링은 슈냉 블랑, 로제 스파클링은 가메, 카베르네 프랑 품종 사용

▲ Touraine Mousseux

- **투렌느 페티앙(Touraine Pétillant)** : 페티앙은 2.5기압 이하로 약발포성 와인. 화이트 스파클링은 슈냉 블랑, 소비뇽 블랑, 샤르도네, 로제 스파클링은 가메, 카베르네 프랑 품종 사용

- **시농(Chinon) AOP** : 루아르 지역에서 가장 중요한 레드 와인 지역이며, 장기 숙성이 가능. 카베르네 프랑(로컬 이름으로 브레통(Breton)으로 불림)을 사용. 카베르네 소비뇽은 최대 10%까지 허용, 화이트는 아주 소량 생산으로 슈냉 블랑을 사용. 튀포(Tuffeau) 토양에서 재배

Couly – Dutheil CLOS DE L'ECHO "CRESCENDO" ▶

- **부르괴이으(Bourgueil) AOP** : 시농의 북쪽, 루아르 강기슭에 위치하고 있는데, 카베르네 프랑으로 연필심 향이 느껴지며 강건하고 프루티한 레드 와인을 생산한다. 소량의 로제 와인을 생산하는데 양질의 와인이다. 튀포(Tuffeau) 토양이 특징이다.

▲ Bourgueil "Tuffeaux"
Domaine Damien Lorieux

- **생−니콜라−드−부르게이으(St.-Nicolas-de-Bourgueil) AOP**
카베르네 프랑이 주 품종이다. 카베르네 소비뇽(최대 10%까지)을 사용하여 매우 특이한 좋은 레드, 로제 와인을 생산한다. 부르게이으 AOP에 비해 비교적 라이트한 와인을 생산한다.

▲ Domaine Olivier

- **보브레(Vouvray) AOP** : 투렌느의 상급 포도 재배지역으로 드라이, 세미−드라이, 그리고 빈티지가 좋은 해는 스위트 화이트 와인이 생산된다. 슈냉 블랑(Chenin Blanc)은 피노 드 라 루아르(Pineau de la Loire)라 불림) 품종 사용

- **보브레 무스(Vouvray Mousseux), 보브레 페티앙(Vouvray Pétillant) AOC/AOP** : 이곳의 스파클링 와인을 최소 12개월 동안 숙성 후 병입 가능, 이때 리(Lees)와 함께 약 10개월 동안 함께 숙성을 진행한다. 이곳은 슈냉 품종을 이용한 발포성 포도주도 있는데 병입한 후 2차 발효를 통해 양조한다.

◀ Domaine Huet Le Mont Vouvray

• 몽루이 수르 루아르(Monlouis sur Loire) AOP

보브레 마을에 위치. 슈냉 블랑 품종을 사용하며 화이트 와인으
로 드라이에서 세미 스위트 와인까지 생산한다. 스파클링의 종
류는 몽루이 수르 루아르 무스, 몽루이 수르 페티앙

▲ Domaine dela Taille aux Loups

그 외 AOP는 다음과 같다.

• **오를레앙(Orleans) AOP** : 샤르도네(로컬 이름으로 오베르나 블랑(Auvernat Blanc)으로 불림 :
최소 60% 이상), 피노 그리 품종을 사용, 레드는 피노 므뉘에(최소 70% 이상), 카베르네 사용

• **오를레앙-클레리(Orleans-Clery) AOP** : 레드는 카베르네 프랑, 카베르네 소
비뇽(최대 25%까지만) 허용. 로제 와인은 피노 브니에(최소 60% 이상), 피
노 그리, 피노 누아

• **슈베르니(Cheverny) AOP** : 소비뇽 블랑, 샤르도네, 슈냉 블랑, 피노 누아, 가
메, 카베르네

• **쿠르-슈베르니(Cour-Cheverny) AOP** : 토착 품종 로모란탱(Romorantin) 품종만 사용. 허니향이 느껴지며 화
이트, 세미드라이 와인 생산

• **오-프와투(Haut-Poitou) AOP** : 2011년 지정, 화이트 품종은 소
비뇽 블랑(Sauvignon Blanc)과 소비뇽 그리(Sauvignon Gris).
레드 품종은 피노 누아(Pinot Noir), 가메(Gamay), 카베르네
프랑(Cabernet Franc) 사용

▲ Cour-Cheverny   ▲ Haut-Poitou

• **발랑세(Valencay) AOP** : 화이트 와인, 레드 와인, 로제 와인 생산. 화이트 품종은 소비
뇽(최소 70% 이상), 샤르도네, 아르보아. 레드 품종은 가메(최소 30%에서 최대 60%
까지), 코트, 피노 누아(최소 20% 사용)

• **코토 드 루아르(Côteaux de Loir) AOP** : 슈냉 블랑 화이트 와인, 레드와 로
제 와인 품종은 피노 도니(최소 65% 이상 사용)와 카베르네 프랑, 말벡,
가메 사용

• **코토 뒤 방도무아(Côteaux du Vendomois) AOP** : 화이트, 레드를 생산한다. 로제 와인은
피노 도니(Pineau d'Aunis) 사용(슈냉 누아(Chenin Noir)라 불림). 가메, 카베르네, 피노
누아. 화이트는 슈냉 블랑, 샤르도네

• **자스니에르(Jasnieres) AOP** : 화이트만 생산, 100% 슈냉 블랑으로 만들어진다.

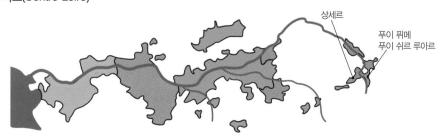

상세르

푸이 퓌메
푸이 쉬르 루아르

루아르 포도 재배 지역으로서는 가장 동쪽에 있는 이곳은 네개의 지역 중에서 면적이 작다. 강 오른쪽은 푸이 퓌메(Pouilly Fumé) 푸이 쉬르 루아르(Pouilly sur Loire) AOC/AOP 화이트 와인이, 강 왼쪽에서는 상세르(Sancerre) 화이트 와인이 유명하다. 기후는 반대륙성으로 기온의 일교차가 크고, 여름은 무덥고 겨울은 매우 춥다. 우박과 봄 서리 위험이 상존한다.

3개의 토양 특징을 가지고 있다.
- **킴메리지안(Kimmeridgian) 토양** : 샤블리, 샹파뉴 지역. 테르 블랑슈(Terre blanche)는 킴메리지안 석회암과 점토질로 오이스터 껍질, 높은 산도와 과일향
- **카이오트(Caillotes)** : 작은 조개 껍질로 된 석회질, 테르 블랑슈(Terre Blanche)보다 향이 풍부하고, 구조감이 다소 가볍다.
- **실렉스(Silex)** : 부싯돌로 스모키향이 느껴진다.

| 화이트 품종 | 이 지역의 대표 품종으로 소비뇽 블랑(로컬로 퓌메 블랑(Blanc Fumé)이라 부른다) 퓌메는 연기라는 뜻을 가지고 있는데 이 지역의 부싯돌 토양의 영향으로 돌의 미네랄과 연기 향이 와인에서 느껴지기도 한다. 그 외에 샤슬라, 피노 그리, 사시(Sacy). 소비뇽 블랑(Sauvignon Blanc)은 이 지역에서 가장 중요한 품종으로 신선하고 부드러운 양질의 드라이 화이트 와인으로 유명하다.

▲ Terres Blanches

| 레드 품종 | 피노 누아, 가메로 레드 와인은 피노 누아가 주 품종이다.
음식으로는 고트 치즈(염소치즈 : 크로탱 드 샤비뇰(Crottin de Chavignol))가 특산품으로 화이트 와인과 매칭

＊상트르 루아르 지방의 대표적인 AOC/AOP

- **상세르(Sancerre) AOP** : 푸이 퓌메와 이웃하여 루아르의 상류 지역에 위치해 있다.
  | 토양 | 진흙과 석회암을 포함한 이회토, 부싯돌로 구성된 토양
  | 심토층 | 백악기 루시타니안에서 포틀랜디안 상위.

▲ La Moussiere Sancerre Rouge, Alphonse Mellot

화이트 상세르 AOC는 1936년 지정. 드라이 화이트 와인은 100% 소비뇽 블랑으로 만들고 레드 상세르 AOC는 1959년 지정. 피노 누아로 만들며, 전체 생산량의 20% 미만을 차지한다.

- **퓌이 퓌메(Pouilly-Fumé) AOP** : 푸이 퓌메(Pouilly–Fumé)는 루아르 강 오른쪽 둑에 위치한 유명한 소비뇽 블랑 아펠라시옹이다. 1,200헥타르에 달하는 면적은 인근 상세르(Sancerre) 지역의 절반 크기이며 남서쪽 경사면 위치한다. 포도원의 동쪽과 서쪽에 있는 석회암, 점토 및 찰흙 점토 등

▲ Robert Mondavi
Napa Valley
Fumé Blanc

▲ Pouilly-Fumé

여러 종류의 토양이 발견된다. 1937년 블랑 퓌메 드 퓌이(Blane Fumé de Pouilly)로 지정되었으며, 루아르 와인 중에서 최고의 품질을 자랑한다. 퓌메(Fumé)는 스모키(Smoky)의 의미를 지니며, 이 지역의 토양 부싯돌을 상징한다. 소비뇽 블랑은 이 지역에서 종종 퓌메 블랑(Fumé Blanc)으로 불린다. 미국의 로버트 몬다비 와이너리에서 퓌메 블랑(Fumé Blanc)을 생산하며, 라벨에 표기한다.

- **퓌이 수르 루아르(Pouilly sur Loire) AOP** : 샤슬라(Chasslas)로 만든 화이트 와인을 생산. 소량의 소비뇽 블랑을 블랜딩기도 한다. 푸이 퓌메보다 알코올 함량이 낮고, 가벼운 스타일이다.

▲ Pouilly-sur-Loire

[와인계의 이단아, 디디에 다그노(Didier Dagueneau)를 아시나요?]

이제는 고인이 된 디디엔 다그노는 세계 최고의 소비뇽 블랑 메이커이자, 루아르 지역의 작은 마을 푸이 퓌메(Pouilly Fumé)의 야생마로 알려져 있다. 천재 또는 광인의 소리를 들었던 사람으로 곱슬머리와 긴 구렛나루의 모습이 이를 뒷받침해 준다. 젊은 시절에는 오토바이 레이서였고, 후에 와인 메이커로 전업하였다. 와인 생산 방법에 대해 거침없는 반대 의견을 내는 독설로 유명했던 디디에 다그노는 루아르 지역의 이단아였다. 바이오 다이나믹

▲Silex

재배를 고집하여, 생산량을 반으로 줄이고 트럭 대신 소, 말을 이용해 건강한 토양에서 포도를 수확하여 세계적인 소비뇽 블랑 컬트 와인 메이커로 알려져 있다. 2008년 9월 경비행기 사고로 타계하여 더 이상 그의 손으로 만들어진 와인을 맛볼 수 없다. 오늘날 이 지역의 많은 동료들은 실제로 그의 방식을 인정하고 받아들이고 있다. 심지어 전 세계에 있는 와인 메이커들에게까지 소비뇽 블랑의 품격을 올린 그의 양조 방법은 큰 영향을 받고 있다.

그는 이 지역의 포도 재배와 양조에 일대 혁명을 일으킨 장본인이다. 아펠라시옹(퓌이 : Pouilly)에서 그의 생산량은 평균의 반 정도밖에 안 될 정도로 적은 편이고, 1993년부터는 아예 바이오다이나믹(Biodynamic) 방식으로 포도 재배를 하고 있다고 했다. 그의 소비뇽 블랑 와인 한 잔을 앞에 두고, 전 세계 소비뇽 블랑 생산자들의 벤치마킹 대상이 되고 있는지 짐작할 수 있었다. 가장 순수하고, 풍부하고, 깊은 구조, 신선한 와인으로 과일향과 미네랄이 풍부한, 그리고 장기 숙성이 가능한 와인의 맛을 지닌, 결국 소비뇽 블랑 포도 품종의 한계를 극복한 와인을 탄생시켰다. 그의 와인 중에서도 세계에서 가장 맛있는 화이트 와인 중의 하나로 칭송 받는 실렉스(Silex)와 푸르 성(Pur Sang)이 있다. 실렉스는 '부싯돌'이란 뜻이며, 푸르 성은 '순수한 피'라는 의미이다. 독특한 와인 이름만큼이나 정형화 되지 않은 그의 철학이 보인다.

디디에 다그노는 일반적인 포도 재배 농부가 아니었다. 장인이며 아티스트이며 열정이 있는 메이커이자, 결코 고집 불통의 거드름을 피우는 사람이 아니었다. 돌출 행동에도 불구하고 왜 전 세계 와인 평론가들이 그를 아낌없이 칭찬하는지 알 수 있다. 포도는 스스로 프리미엄 와인을 만들지 못한다. 품질이 좋은 와인 뒤에는 반드시 나름의 철학을 갖고 있는 와인 메이커의 노력과 정열이 있다.

그 외의 AOP는 다음과 같다.

- **코토 뒤 지에누아**(Côteaux du Giennois) AOP : 화이트, 로제, 레드 와인 생산. 가메, 피노 누아 품종(2개 품종 각각은 최대 80% 사용). 화이트 와인은 소비뇽 블랑 품종 사용
- **므느투-살롱**(Menetou-Salon) AOP : 소비뇽 블랑, 피노 누아 품종
- **켕시**(Quincy) AOP : 1930년대 샤토네프 뒤 파프 다음으로 두 번째 지역. 소비뇽 블랑, 소비뇽 그리(최대10%만 사용) 화이트 와인만 생산
- **뢰이유**(Reuilly) AOP : 화이트 와인, 레드 와인, 로제 와인 생산
- **샤토메이랑**(Châteaumeillant) AOP : 2011년 지정, 로제 와인 뱅그리(Vin gris)로 유명, 레드 와인을 생산한다. 가메, 피노 누아, 피노 그리 품종 사용

▲Menetou-Salon

▲Quincy

상트르(Centre) 그 외 AOP는 다음과 같다.

- **코토 뒤 포레즈**(Côtes du Forez) AOP : 레드 100% 가메 사용
- **코토 로아네즈**(Côtes Roannaise) AOP : 레드 로제, 100% 가메
- **코토 도베르진**(Côtes d'Auvergne) AOP : 2011, 샤르도네 화이트 생산, 가메와 피노 누아는 레드, 로제 생산 루아의 이름을 함께 표기한다. 샹투르그 Chanturgues(Volcanique), 코렌 Corent(Arigilo calcaire), 마드라그(Madragues), 부드(Boudes), 샤토가이(Châteaugay)

▲Côtes d'Auvergne

3-3 루아르에 가면 꼭 경험해 보아야 할 별미

• 일명 애플 파이로 유명한 타르트 타탱(Tart Tatin)
프랑스의 가장 유명한 시골스러운 디저트 중의 하나이다. 루아르에 있는 어느 레스토랑을 가더라도 꼭 빠지지 않고 메뉴에 등장한다. 단, 사과를 원료로 만든 증류주인 칼바도스를 넣어서 만들기 때문에 술에 약한 사람은 조심해야 하는 것도 잊지 말자. 타르트 타탱은 특히 루아르 지역의 스위트 와인과 가장 잘 조화를 이룬다. 특히 귀부병에 걸린 슈냉 블랑 포도로 만든 카르트 드 숌(Quarts de Chaume) AOC의 달콤하면서 옅은 꿀 향이 느껴지는 와인과 환상적인 조화를 이룬다.

• 크로탱 드 샤비뇰(Crottin de Chavignol) 치즈
상세르 지역을 방문하면 여기저기 방목하는 염소 떼를 흔히 볼 수 있다. 염소의 우유로 만든 치즈가 유명한 곳이다. 톡 쏘는 냄새와 크리미한 감촉, 짠맛과 지방질이 풍부한 맛의 흰 초크 가루같은 것이 바로 염소 치즈다. 치즈 농장의 아저씨가 얇게 썬 호두 빵 위에 크로탱 드 샤비뇰을 얹어 주면서 함께 건넨 화이트 와인 한잔을 받아 들고서 그 맛에 놀라지 않을 수 없었다. 대부분 치즈는 레드 와인과 중화되어 조화를 이룬다는 고정관념이 무너지는 순간이었다.

• 소비뇽 블랑(Sauvignon Blanc)

루아르에서 퓌메 블랑(Fumé Blanc)이라 불린다. 서늘한 기후에서 잘 자라는 소비뇽 블랑은 오크통 숙성보다는 포도 자체에서 가지고 있는 신선한 과일향을 부각시키기 위해 주로 스테인레스 스틸 통에서 숙성시킨다. 자몽과 레몬 같은 감귤류 향과 잔디, 미네랄이 풍부하며, 특히 루아르 지역에서 재배된 소비뇽 블랑을 구별 짓는 특징은 '고양이 오줌(불어로 Pipi du chat)'의 향이 느껴진다.

• 슈냉 블랑(Chenin Blanc)

피노 드 라 루아르(Pineau de la Loire)라 불린다(필자는 이 포도 품종을 카멜레온이라고 부른다). 어쩜 포도 품종은 하나인데 환경에 의해서 그렇게 다양한 색깔을 내는지 놀랍다. 드라이 화이트 와인부터, 스위트 화이트 와인, 심지어 스파클링(크레망 Crémant) 스타일의 와인까지 만들어 내는 그의 능력은 변장의 마술사가 아닐까 생각한다. 오늘 날 전 세계 지역에서 쉽게 그 재배를 찾아 볼 수 있지만, 이 포도 품종은 프랑스 루아르의 보브레(Vouvray), 앙주(Anjou), 사브니에르(Savennières)에서 유래되었다. 그래서 토착 이름으로 피노 드 라 루아르(Pineau de la Loire)라고 부르기도 한다. 높은 산도와 모과와 청사과, 허니의 아로마와 카모마일 꽃향기, 그리고 젖은 울(Wool)향이 특징적이다.

귀부병에 걸린 슈냉 블랑 포도로 만든 스위트 와인은 코토 뒤 레이옹(Côteaux du Layon)과 카르트 드 숌(Quart de chaum), 보브레(Vouvray) 아펠라시옹이 유명하다. 특히, 남아프리카 공화국에서 재배가 잘 되며, 이 지역에서는 스틴(Steen)으로 불리운다.

즐겨라, 그러면 행복해질 것이다.

부르고뉴는 유명 맛집과 와인, 그리고 흥겨운 축제의 도시로 유명하다. 그중에서도 세계적인 명성의 이들 요리는 부르고뉴 와인과 곁들이면 정말 끝내준다. 전설의 '로마네 콩디'와 치명적인 매력의 '피노 누아'가 있는 곳, 부르고뉴로 떠나 보자.

4-1 엘리트 와인의 본고장, 부르고뉴

버건디(Burgundy)? 부르고뉴(Bourgogne)? 어디서 들어봄직한 이름일 것이다. 전혀 다른 이름 같지만, 실은 같은 지역이다. 영어권 발음의 편의상 부르고뉴를 버건디로 바꾸어 부르면서 이 두 가지 용어가 함께 사용되고 있다.

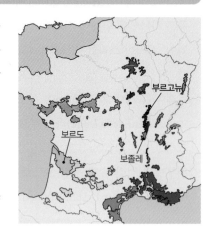

부르고뉴는 프랑스 파리의 남쪽 디종에서부터 리옹(Lyon) 시까지 약 360km로 쭉 뻗어있으며, 이 지역은 샤블리(Chablis), 코트 드 뉘이(Côte de Nuits), 코트 드 본(Côte de Beaune), 코트 샬로네즈(Côte Chalonnaise), 마콩네(Mâconnais), 보졸레(Beaujolais)로 다시 나뉘어진다. 부르고뉴 하면 가장 먼저 떠오르는 포도 품종이 바로 샤르도네(Chardonnay)와 피노 누아(Pinot Noir)이다. 여러 포도 품종들을 블랜딩하는 보르도와는 다르게 부르고뉴는 독야청정처럼 단일 포도 품종으로 와인을 만든다. 그래서 포도 품종의 특징이 짙게 깔려 있다. 특히 피노 누아 포도 품종에 있어서는 전 세계 와인 양조자들이 벤치마킹하는 지역으로서 널리 인정받고 있으며, 그 품질 또한 최고의 경지에 이르고 있다고 해도 과언이 아니다.

4-2 역사

처음으로 부르고뉴에서 포도 재배 및 와인 양조가 시작된 것은 2세기 무렵이라고 일컬어지고 있으며 5~8세기 무렵 교회 및 수도원에 의해 오늘날 같은 명성이 다져진 것으로 알려져 있다.

부르고뉴의 역사는 2,000년 전으로 거슬러 올라간다. 부르고뉴(Bourgogne)의 포도는 기원전 6세기(약 1~2세기 사이)부터 출현하기 시작하였고, 이때 로마제국의 침입으로 영향받았다. 이 지역의 포도주에 대해 언급한 가장 오래된 책은 312년에 쓰여진 것이다.

로마 몰락 후 침체된 와인 산업은 암흑기 동안 문명 보관소가 된 교회로부터 중세시대에 빛나기 시작한다. 유럽의 기독교 교회에서는 성찬식에 사용할 목적으로 십일조로 포도밭을 소유하고 포도원을 만들었다. 수도원과 교회를 중심으로 성찬식에 쓰일 와인을 만든다는 이유로 포도를 재배하였고, 와인 생산에 종사하였다.

이 시기에 수도원의 포도밭은 점점 방대해졌다. 와인 제조업은 12세기에 한 프랑스 수도원에 의해 비약적인 발전을 하였다. 그 수도원이 바로 부르고뉴의 시토 수도회이다. 폭음의 베네딕트 수도회에 불만을 품은 수도승이 탈퇴하여 금욕적인 시토 수도회를 세웠다. 당시 암울했던 중세를 살던 수도사들은 고행을 통해 신의 목소리를 소망했다고 한다.

11세기에 클루니(프랑스 동부 수도원)와 시토파 수도사들이 포도 재배 방법을 발전시켰다. 14세기 말~15세기 말까지 부르고뉴(Bourgogne) 지역은 프랑스 왕정(Royaume de France)에서 독립되어 힘이 있고 번창이 되었으며, 이때부터 이 지역의 와인이 세계적으로 유명하게 된 발판을 마련하였다.

1789년에 프랑스 혁명이 일어나면서 교회(수도원)와 귀족 소유의 포도원을 국민에게 분배해 주었고, 이 때문에 오늘날의 부르고뉴(Bourgogne) 포도원의 세분화 된 모습이 나타나기 시작했다. 중세 이후 부르고뉴 포도밭의 대부분은 교회 및 귀족이 소유하고 있었으나 프랑스 혁명 이후 상황이 급변하게 된다. 혁명 이후 몰수된 교회 및 귀족들의 포도밭을 판매하려고 하였으나, 돈이 없는 농민들은 큰 규모의 포도밭을 구매할 비용이 없어서 결국 경매에 붙여지게 되었고 포도밭을 구획별로 나누어 판매하였다. 또한 프랑스공화국은 균등상속제를 따랐으므로 세월이 흐를수록 포도밭은 더욱 세분화되어 80명 이상이 클로 드 부조(50헥타르) 포도밭을 분할 소유하는 현재에 이르게 되었다. 18세기에 네고시앙(Negociant)이 생겨나기 시작했으며, 이때부터 와인의 숙성 과정을 거치기 시작했다.

1935년 프랑스 AOC 원산지 통제 명칭이 처음으로 제정되었다. 2015년 7월 4일, 부르고뉴 와인 생산지역의 클리마 'Climats'가 유네스코 세계 문화유산에 등재되었으며, 2016년 이 지역의 와인 생산자는 약 3,901개, 와인 회사는 288개, 까브 조합은 16개였다. 보르도와 더불어 최고급 와인 산지로 포도 재배 지역 약 28,841ha이고, 오세르(Auxerre)와 디종(Dijon)에서부터 리옹(Lyon) 시까지 약 250km로 길게 걸쳐져 있다.

4-3 부르고뉴 등급

보르도에 등급 제도가 있듯이 부르고뉴 지역에도 등급 제도가 존재한다. 그러나 이 지역의 등급제도는 보르도의 그것과는 근본적으로 차이가 있다.

부르고뉴의 등급 구조는 아래와 같다.

빌라주(Villages) 〈 프리미어 크뤼(Premier Crus : 일등급) 〈 그랑 크뤼(Grand Crus)

즉, 보르도 메독에서는 프리미어 그랑 크뤼가 최고의 자리를 차지했다면, 부르고뉴는 그랑 크뤼가 프리미어 크뤼보다 더 위다.

등급을 주는 선정 방법이 보르도의 등급제도와 다르다. 보르도는 1855년 샤토(포도 농장)에 등급을 수여한 것에 반해서, 부르고뉴는 포도밭에 등급을 주었다. 즉, 테루아(Terroir)를 기본으로 포도 재배에 가장 적합한 밭에 그랑 크뤼 등급을 주는 것. 따라서 한 그랑 크뤼 등급의 포도밭을 여러 생산자가 나누어 소유할 수 있는데 이는 그랑 크뤼 등급이 여러 농장에서 생산될 수도 있다는 의미다. 또한 와인 생산자가 여러 마을의 포도밭을 소유하고 다양한 AOC/AOP를 생산하는데, 이는 다양한 색깔과 개성을 띤 와인을 만든다. 그래서 부르고뉴는 인간의 인위적인 손길을 최소화하고, 센스 오브 플레이스(Sense of place)를 표현하는 와인 맛을 찾을 수 있다.

현재 그랑 크뤼 등급을 받은 포도밭은 약 33개가 있으며, 전체 부르고뉴 와인 총생산량에서 단지 약 1%만을 차지할 정도로 소량 생산되고 있다.

🖊️ 등급 체계 ──○

L'Institut National des Appellations d'Origine(I.N.A.O)에 의해 1935년에 AOC가 제정되었으며, 이 등급은 5개의 산지를 중심으로 4개의 카테고리로 분류한다. 부르고뉴는 프랑스 전체 포도원 AOC 면적에 약 3%를 차지한다.

- 84개의 AOC/AOP(아펠라시옹 Appellations)
- 그랑 크뤼(Grands Crus) : 33개 포도밭, 전체 AOC/AOP에 약 1~2%
  (◉ 클로 드 라 로슈(Clos de la Roche), 코르통(Corton), 클로 드 부조(Clos de Vougeot) 등)
- 프리미어 크뤼(Premièr Crus) 또는 1 Cru : 635개 포도밭, 약 10%(635개의 클리마(climats)와 1er Cru의 포도밭)
  (◉ 샤블리 몽맹(Chablis Montmains))
- 빌라주(Villages) 또는 코뮌(Communal) : 44개 AOC, 약 37%
  (◉ 샤블리(Chablis), 뉘이 생 조지(Nuits-st-Georges) 등 마을 단위)
- 7개의 레지오날(Régionales) : 약 50%
  (◉ 부르고뉴(Bourgogne), 오 코트 드 뉘이(Hautes-Côtes de Nuits) 등)

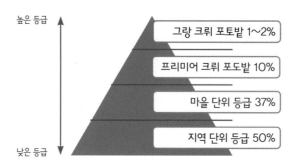

🖊️ 클리마와 클로(Climat 와 Clos)란? ──○

클리마는 기후라는 사전적 의미를 가지고 있지만, 와인에서는 테루아의 개념으로 포도 재배에 관여되는 총체적인 기후 조건이다. 이런 클리마(Climats)의 이름 중에 가장 많이 쓰이는 단어가 클로(Clos)이다. Clos 말의 유래는 수도원의 수도사에 의해 10세기부터 쓰여지기 시작했다. 부르고뉴의 포도밭은 중세시대에 건축된 돌담으로 둘러싸여져 있으며, 돌담 안에는 각각 특별한 기후가 존재한다. 돌담으로 구분된 포도밭을 의미하며, 돌담 하나를 경계로 포도밭의 이름과 등급이 다르다.

북쪽에서 남쪽까지 약 230km, 포도밭 재배면적 29,067ha, 전체 프랑스 AOC 포도밭의 23%를 차지하고 매년 1억 8000만병을 생산한다. 전 세계 와인 생산량의 0.4%를 차지하며 언덕에 포도밭이 위치한다. 생산량은 레드 와인 27.5%, 화이트 와인 61.1%, 크레망 드 부르고뉴 10.9%, 로제 와인 0.5%를 차지한다. 2016년 기준 2병 중 1병은 해외에 수출했으며 전 세계 와인의 약 3%를 차지했다(총생산액 기준). 특징을 보면 보르도의 와인과는 대조되는 스타일이다. 단일 품종으로 와인을 생산하고 다양한 테루아를 가지고 있어 포도원이 매우 세분화되었고, 소규모의 생산자들이 분포되어 있다.

대륙성 기후로 여름은 덥고, 겨울은 춥다. 석회질과 점토질이 분포되어 있으며, 약간의 자갈을 포함하고 있다. 샤토(Château)라고 표시하지 않고 도멘(Domaine)을 주로 사용하고, 각 지역의 포도밭 이름, 또는 마을 이름을 표기한다. 보르도는 평탄한 평지이고, 부르고뉴는 고도의 차이가 있는 언덕이 조성된 지형과 토양을 지니고 있다. 보르도의 샤토는 포도밭 대지 소유가 크고, 부르고뉴 도멘은 상대적으로 평균 6ha로 작은 포도밭을 소유한다.

4-5 **포도 품종** (출처 : CVI extract-Customs-Ref 08.2017)

와인의 품종은 다양한데, 재배라는 필터를 통해 와인을 만들기에 적당한 포도품종이 남고 부적합한 품종은 도태되었다고 할 있다. 우수한 그루를 선별해 클론화 하는 단계는 포도 품질을 향상시키기에 효과적인 방법이다. 프랑스에서는 포도나무의 유전자 자원의 중요성을 고려하여, 국립연구소가 인정한 클론 이외의 접가지도 보존을 추진하고 있다. 부르고뉴에서는 1,000년 이상에 걸쳐 재배되어 왔고, 재배자는 자신의 생각에 기초해 밭을 관리하며 우수한 포도그루를 선택해 늘려왔을 것이다. 우수한 그루를 선별해 클론화하는 단계는 포도 품질을 향상시키기에 효과적인 방법이다. 프랑스에서는 포도나무 유전자 자원의 중요성을 고려하여 국립연구소가 인정한 클론 이 외의 접가지도 보존을 추진하고 있다.

클론 선별 시에 수확량, 당도, 색의 농도, 과실향 등 무엇을 지표로 사용하는가에 따라 스타일 뿐만 아니라 산지나 시대의 니즈에 따라 바뀌게 된다. 생산자의 스타일에 따라 와인에 맞는 클론 선별이 중요하다.

단일 품종의 홀로 서기로 샤르도네(Chardonnay) 50%, 피노 누아(Pinot Noir) 41%, 알리고테(Aligoté) 6%, 가메(Gamay), 소비뇽 블랑과 그 외 3%로 구성된다.

✏️ **레드 품종** ──○

• **피노 누아(Pinot noir)** : 100% 피노 누아로 만든다. 가장 까다롭고 자연 조건에서 재배하며 와인 가격이 비싸다. 루비색, 레드 과일향이 풍부하고 숙성될수록 치즈, 가죽 부케향이 난다. 14세기 말부터 이 이름이 유명해지기 시작했다. 10,000ha로 전체 면적의 40%를 차지(주로 코트 드 뉘이(Côte de Nuits), 코트 드 본(Côte de Beaune), 코트 샬로네즈(Côte Chalonnaise)). 석회질, 자갈밭, 그리고 배수가 잘 되는 토양에서 잘 재배된다. 과일향이 풍부하며, 특히 Pourriture grise(일종의 병충해)에 민감하다. 체리, 딸기, 크랜베리의 레드 과실향이 풍부하다. 부드러운 질감을 가지며 여성적인 세련미가 풍부한 포도이다. 재배하기 무척 힘이 드는 포도 종류로 너무 덥지 않고 또 너무 춥지 않은 지역에서 잘 자란다.

[와인계의 팜므 파탈, 피노 누아(Pinot Noir)]

피노 누아는 약 2,000년 전부터 심지어 로마 침입 이전부터 프랑스 지역에서 재배되어 왔다. 부르고뉴 공국 시절에 당시 프랑스에서 부유했던 공국(14~16세기)으로 4대를 이어오다 프랑스에 편입되었다. 1375년 필립 대공은 가메를 뽑아 버리고 피노 누아만을 심으라고 칙령을 내렸다. 이를 계기로 부르고뉴는 피노 누아만을 재배하기 시작했다.

포도알이 작고 얇은 껍질로 되어 있으며, 비교적 옅은 밝은 루비색을 띠기 때문에 흔히 카멜레온에 비유되기도 한다. 젊은 빈티지의 피노 누아는 과일향 특히 체리, 딸기, 산딸기의 향이 풍부하여 비교적 심플한 반면, 병 안에서 숙성이 이루어지면서부터 전혀 다른 옷을 입기 시작한다. 특히 제비꽃, 무화과, 송로버섯, 스모크 향 그리고 동물가죽향과 오묘한 조화를 이루며 복잡한 특징들이 느껴지기도 한다.

● 변덕스럽기에 더욱 유혹적인 카멜레온

대다수의 사람들은 피노 누아 하면 부르고뉴를 가장 먼저 떠올린다. 그도 그럴 것이 경쟁 상대가 없을 정도로 피노 누아를 전 세계에서 가장 잘 만든다. 2004년 오스카상을 받은 영화 〈사이드웨이(Sideways)〉의 기여로 전 세계는 피노 누아의 물결에 휩싸였고, 연일 높은 판매 기록을 기록했다. 이 영화에 의하면 피노 누아는 가장 변덕스러운, 아니 개성이 강한 포도 품종이다. 주인공 마일즈는 부르고뉴의 피노 누아를 두고 어떠한 인위적인 터치가 없을 뿐더러 자연을 속이지 않고 관능미가 넘치며 가장 유혹적인 와인이라 했다.

필자가 피노 누아를 좋아하게 된 건 부르고뉴에서 피노 누아를 생산하는 와인 생산자를 만나면서부터다. 어찌 보면 약간의 고집이나 아집처럼 보일 수도 있지만, 나에게는 소박하지만 철학이 담겨 있는 열정으로 보였기 때문이다.

피노 누아를 마시면서 마조시즘(Masochism)이란 단어를 떠올렸다. 다른 포도를 거부하고 오로지 피노 누아라는 단일 품종만으로도 고귀한 와인을 만들어낸다는 것은 현실과 타협하지 않는 곧은 정신을 표현하는 것이 아닐까? 그러니 혹독한 자연을 극복하고 누구보다 더 화려한 와인으로 변모할 수 있는 피노 누아의 강한 아이덴티티에 어찌 유혹 당하지 않을 이가 있겠는가.

그럼에도 불구하고 피노 누아는 기쁨보다는 실망을 안겨 줄 때가 더 많다. 숭고한 부르고뉴 레드 와인이 있는 반면, 풍미도 없고 신맛도 강하면서 허약한 구조의 부르고뉴 와인도 존재한다. 테루아에 따라서, 그리고 와인 메이커에 따라서 맛이 현격하게 다르다. 이는 품종 자체가 유전적으로 불안정하여 쉽게 변할 수 있어 일관성 있는 맛을 유지하는 것이 어렵기 때문이다. 그렇기 때문에 서늘한 기후가 길어야 하는 등 재배 조건이 매우 까다롭다. 이러한 까탈스러운 특성은 생산자뿐만 아니라 피노 누아 애호가마저 괴롭게 만든다. 왜냐하면 피노 누아로 만든 레드 와인은 여타 와인에 비해 일반 품질과 프리미엄 품질의 차이가 훨씬 크게 나타나기 때문이다. 그런 면에서 프리미엄 품질의 피노 누아는 테루아와 와인 메이커의 열정이 만나 완성된 최고의 결정체가 아닐 수 없다.

●피노 누아, 제 2의 전성기를 꿈꾸다

많은 지역들이 피노 누아에 대한 애정을 포기하지 않고 있다. 특히 미국의 오리건과 러시안 리버 밸리, 뉴질랜드 센트럴 오타고, 호주의 빅토리아가 대표적인 지역이다. 이들은 맛있는 피노 누아를 만들기 위해 투자와 노력을 아끼지 않을뿐더러 그 중에서도 미국의 오리건, 호주의 빅토리아 지역의 피노 누아 와인은 부르고뉴와 비교해서도 결코 떨어지지 않는다. 블라인드 테이스팅(Blind tasting : 병 라벨을 가리고 시음)을 하면 우열을 가릴 수 없을 만큼 와인 전문가들로부터 호평을 받고 있기도 하다. 2004년 와인 전문가들이 참여한 오리건 주에서 열린 피노 누아 블라인드 테이스팅의 결과, 도멘 서린(Domaine Serene) 와인이 부르고뉴의 거장 DRC 와인보다 호평을 받아 세계를 놀라게 했다. 결코 부르고뉴의 피노 누아와 비교하여 맛과 품질 면에서 떨어지지 않으며, 가격 또한 훨씬 착하다. 와인 러버(Wine lovers)들이여! 전 세계의 다양한 피노 누아 와인이 만들어내는 맛의 세계를 골고루 경험해 보길 권한다.

• 가메(Gamay) : 보졸레(Beaujolais) 지역에서 재배된다. 가벼운 바디감을 가지고 있으며, 가볍게 마실 수 있는 와인을 주로 만든다. 과일향과 딸기맛 풍선껌 향이 독특하게 느껴진다.

🖊 화이트 품종 ──○

• 샤르도네(Chardonnay) : 샤르도네 100%로 만든다. 노란 볏짚색, 복숭아, 사과의 과일향, 버터, 토스트, 오크 아로마. 2차 발효, 오크통 숙성으로 친근하며 유질감, 크리미 질감이 있다. 부르고뉴 지방의 대부분의 화이트 와인을 생산한다. 19세기부터 그 품질을 인정받았으며 봄에 서리(추위)에 민감하다. 12,000ha로 전체 면적의 48%를 차지한다. 토양의 종류에 따라 그 특징이 다르게 나타난다. 버터향과 견과류 향, 헤이즐넛, 아몬드 향이 풍부하게 나타난다. 미네랄 향이 신선함을 주면서 복잡미묘하다. 파워가 있으며 볼륨이 동시에 느껴진다.

• 알리고테(Aligoté) : 풍부한 신맛으로 인해 산미가 돋보이고, 샤르도네 품종보다 거칠며 시골스러운 느낌이 난다. 부르고뉴 알리고테 AOC(Bourgogne Aligoté), 부즈롱(Bouzeron) AOC에서 생산.

4-6 **포도밭**

부르고뉴 심토는 1억5,000천~1억8,000만년 전에 형성되었다. 쥬라기(지질시대에서 중생대를 3기로 나눌 때 두번째 시기)부터 점토와 석회로 구성된 이회토와 해양 석회암으로 구성. 석회질은 부르고뉴 와인의 특징적인 미네랄과 복잡한 요소 구성에 영향을 끼친다.

섬세함과 개성 풍부한 아로마로 유명한 고급 와인 생산지이며, 지형적인 영향으로 부르고뉴는 대륙성 기후를 가진다. 4계절이 뚜렷하며, 봄과 가을은 해양으로부터 영향을 받고,

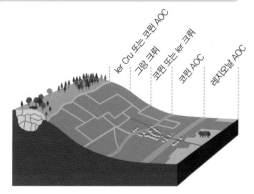

▲ 산비탈에 위치한 포도밭

겨울에는 대륙성 기후에 영향을 받으며, 여름에는 남향에 영향을 받아 포도 재배에 이롭다. 여름에 높은 온도와 일조량은 최상의 포도 숙성과 농축미를 얻을 수 있다. 부르고뉴 지방은 춥고 긴 겨울, 온화하고 비교적 봄에 비가 많이 내린다. 매우 덥고 건조하며 여름에 일조량이 많다.

부르고뉴의 양질 포도밭은 주로 산비탈에 위치한다. 200~500미터의 고도에 위치하며, 서리에 저항력이 강하다. 강한 바람에 보호막이 되고 일조량이 약하더라도 최고로 일조량의 혜택을 취할 수 있다. 자연 배수가 잘 되어 과도한 수분으로부터 보호받는다.

4-7 주요 산지

크게 5지역(Chablis, Côte de Nuits, Côte de Beaune, Côte Chalonnaise, Mâconnais)으로 분류된다.

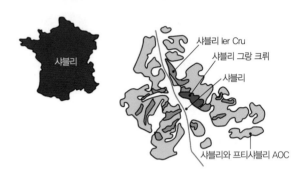

샤블리

샤블리 ler Cru
샤블리 그랑 크뤼
샤블리
샤블리와 프티샤블리 AOC

✏️ 샤블리(Chablis) AOC/AOP

프랑스 부르고뉴 지방의 북쪽에 위치한다. 샹파뉴 지역에 근접해 있으며, 샹파뉴와 같은 토양으로 석회질과 화석암으로 이루어져 있다. 킴메리지엔(Kimmeridgien) 중생대 시대의 지층으로 굴, 조개껍질 석회질이다. 화이트 와인 생산 지역으로 유명하고 샤르도네 품종이 대표적이다. 신맛이 많이 느껴지며, 드라이하고 미네랄과 과일향이 지배적이면서 신선하고 상큼하다.

• 샤블리 AOC/AOP는 다음과 같다

❶ 프티 샤블리(Petit Chablis) AC : 300ha, 샤르도네(로컬 이름으로 보누아《Beaunois》), 샤블리보다 산도가 높다.

❷ 샤블리(Chablis) AC : 약 1,400ha

❸ 샤블리 프리미어 크뤼(Chablis Premier Cru) 1등급 : 약 40개 클리마(Climats)가 존재한다.

(ex. Montmains, Fourchaume, Vaillons, Mont de Milieu, Montee de Tonnerre 등)

❹ 샤블리 그랑 크뤼(Chablis Grand Cru) AC : 풀바디하며, 오래 보관이 가능하다. 미네랄과 꽃향이 느껴지며, 샤블리보다 더 풍부하고 깊은 맛과 향이 느껴진다. 어린 와인보다 오래 숙성이 되어야 깊이 있는 맛을 느낄 수 있으며, 오래 숙성이 되어야 그 맛을 잘 느낄 수 있다.

• 7개 그랑 크뤼 : Blanchots, Bougros, Les Clos, Valmur, Grenouilles, Les Preuses, Vaudésir

▲François Raveneau
Chablis Grand Cru Balmur

샤블리 특징은 대개 Unoaked 스타일이다. 그러나 때로는 부분적인 뉴오크통(New Oak) 사용으로 풀바디 스타일의 Montmains, Montee de Tonnerre Premier Crus와 그랑 크뤼의 와인들에서 느낄 수 있다. 깔끔하면서 신선한 산도와 미네랄이 돋보이는 와인이다.

Unoaked 스타일의 와인으로는 Louis Michel, Billaud Simon, 오크 숙성 스타일로는 Jean Paul Droin, William Fevre이 있다.

그 외 AOP 등급은 다음과 같다. 오세르(Auxerrois)에 위치(욘(Yonne) 강 하류의 좌안에 위치)

- **이랑시(Irancy) AOP** : Irancy, Cravant, Vincelottes의 3개 마을 포함. 레드, 로제 와인만 생산한다. 레드 품종 은 피노 누아, 세자르 품종(로마군에 의해서 전해졌으며, 짙은 컬러, 블랙베리, 타닌).
- **생-브리(Saint-bris) AOP** : 오세르의 남동쪽에 위치, 화이트 와인만 생산한다. 소비뇽 품종을 사용한다.

✏️ 코트 드 뉘이(Côte de Nuits) ——○

코트 도르(Côte d'or)는 '황금의 언덕'이란 뜻으로 2개 지역 으로 분류한다(코트 드 뉘이, 코트 드 본). 그중 코트 드 뉘이는 2,500ha를 차지하며 자갈 밭으로 대부분의 그랑 크뤼가 이 지 역에 위치하고 있다.

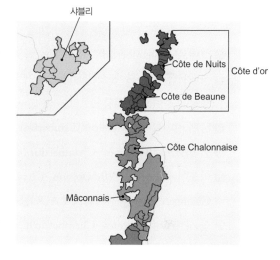

- **마르사네(Marsannay) AOP**

레드 와인은 짙은 루비색, 오디, 자두, 카시스 향이 나타나면 서 숙성이 되어질수록 버섯, 곰팡이 등의 향이 나타난다. 로 제 와인은 살구의 달콤한 과일향과 야채, 풀향이 함께 나타 난다. 화이트 와인은 금빛 색, 바나나, 파인애플, 계피향이 어우러지며, 부드럽다. 레드와 로제는 피노 누아, 화이트는 샤르도네, 피노 블랑 품종 을 사용하며, 로제 와인의 유명한 AOP이다.

▲ Marsannay Rosé

- **픽생(Fixin) AOP**

타닌이 단단하며, 파워가 있어 오래 보관이 가능하다. 오디나 블랙커런트향의 과일향 이 풍부하다. 레드는 피노 누아, 화이트는 샤르도네이다.

- **지브리 – 샹베르탱(Gevrey-Chambertin) AOP**

짙은 색을 띠며 체리, 딸기 등의 과일향과 동물의 가죽, 감초 등의 향이 어우러지며 풀바디하고 힘이 느껴진 다. 본 로마네(Vosne Romanée) 지역보다 더 화려한 향이 느껴지고, 샹볼 뮈지니(Chambolle Musigny)보다는 더 견고하다. 드니 모르테(Denis Mortet) 와인은 짙은 농도와 오크향이 풍부하며 현대적인 스타일이다. 아르 망 루소(Armand Rousseau)는 감각적인 스타일의 부드러운 와인이다.

샹베르탕 (Chambertin) : 그랑 크뤼

- 나폴레옹의 와인으로 유명
- '와인은 전쟁의 위로, 추위의 구세주, 부상자의 진통제'로 쓰였다.
- 러시아 원정 참패 후, 인기가 높아지며 엄청난 가격으로 팔림
- 부르고뉴의 코트 드 뉘이 지역의 지브리-샹베르탕 마을의 그랑 크뤼 포도밭으로 샹베르탕에서 생산
- 샹베르탕 마을의 포도밭(13.62ha)은 토지대장상 55구획으로 분획되어 있으며 약 25명이 각각 소유하고 있다.
- 유명 생산자 : 베르나드 두가피 샹베르탕(Bernard Dugat-Py Chambertin)
- 레드 체리, 라즈베리 과일향과 가죽, 사향의 숙성된 부케향
- 우아하고 세련된 타닌과 견고한 구조감이 조화를 이룸
- 풀바디 스타일, 긴 여운

Dugat-py ▶

프리미어 크뤼(Premiers crus) 25개

*9개 그랑 크뤼(Grand Cru)는 다음과 같다

❶ 샹베르탕(Chambertin) : 13.62ha

❷ 샹베르탕 클로 드 베즈(Chambertin-Clos De Bèze) : 14.67 Ha. 클로 드 베즈(Clos De Beze)였는데 샹베르탕을 붙여서 수정됨

❸ 샤펠 샹베르탕(Chapelle-Chambertin) : 5.48ha

❹ 샴 샹베르탕(Charmes-Chambertin) : 28.43ha

❺ 마조이예르 샹베르탕(Mazoyeres-Chambertin) : 1.82ha. 샴(Charmes)과 마조이예르 샹베르탕(Mazoyeres Chambertin)은 같은 지역으로 AOC를 함께 사용할 수 있다. 총 면적은 30ha를 차지한다. 주로 잘 알려진 샴 샹베르탕(Charmes-Chambertin)을 많이 사용한다).

❻ 그리오트 샹베르탕(Griotte-Chambertin) : 2.65ha

❼ 라트리시에르 샹베르탕(Latricières-Chambertin) : 7.31ha

❽ 마지 샹베르탕(Mazis-Chambertin) : 8.27ha

❾ 뤼소트 샹베르탕(Ruchottes-Chambertin) : 3.25ha

▲Chambertin

▲Chambertin-Clos De Bèze

▲Chapelle-Chambertin

▲Charmes-Chambertin

▲Griotte- Chambertin

▲Mazis-Chambertin

- **모레-생-드니(Morey-Saint-denis) AOC/AOP**

샹베르탕보다는 덜 남성적이며, 부드러운 블루베리와 바이올렛 향이 느껴진다. 아주 소량의 화이트 AOC/A-OP 생산지. 샹볼 뮈지니(Chambolle Musigny)보다는 지브리 샹베르탕(Gevrey Chambertin)과 비슷한 스타일의 와인을 생산한다. 가장 유명한 포도밭으로는 클로 드 라 로슈(Clos de la Roche)이고, Domaine Dujac이 유명하며 Domaine Ponsot을 추천할 만하다.

＊5개 그랑 크뤼(Grand cru)는 다음과 같다

❶ 클로 생 드니(Clos Saint-Denis) : 6.07ha

❷ 클로 드 라 로슈(Clos De La Roche) : 16.84ha

❸ 클로 데 랑브레이(Clos Des Lambrays) : 8.2ha

❹ 클로 드 타(Clos De Tart) : 7.31ha

❺ 본 마르(Bonnes-Mares) : 14.72ha(일부분만 해당)

▲Clos Saint-Denis ▲Clos Des Lambrays ▲Clos De Tart ▲Clos De La Roche

• 샹볼-뮈지니(Chambolle-Musigny) AC

코트 드 뉘이(Côte de Nuits)에서 가장 유연한 스타일의 와인을 생산한다. 지브리 샹베르탕과 본 로마네보다 가벼운 구조이고, 정체성과 개성이 돋보이는 와인을 생산한다. Comte de Vogue가 가장 유명하며, 그 외에 Robert Groffier, Georges Roumier가 있다.

▲Chamboll-Musigny
Les amoureuses

＊2개 그랑 크뤼(Grand Cru)는 다음과 같다

❶ 뮈지니(Musigny) : 레드 10.11ha, 화이트 0.66ha(소량의 그랑 크뤼 화이트 와인 생산)

❷ 본 마르(Bonne-Mares) : 14.72 ha(일부분만 해당)

▲Comte Georges de Vogue ▲Musigny blanc Grand Cru ▲Bonnes-Mares Grand Cru

• 부조(Vougeot) AC : 고급 와인은 높은 고도의 경사진 포도밭에서 생산되며, 포도밭은 굉장히 세분화되어 있다.

샹베르탕보다 서양 자두향과 스파이스향이 훨씬 더 풍부한 편이나 집중되어 있지 않다. 뮈지니와 같은 풍부한 아로마가 부족하다. 블랙베리, 감초, 모카, 스파이스향이 많이 느껴진다. Méo Camuzet, Rene Engel, Faiveley가 유명하다. 레드 와인은 10.65ha , 화이트 와인은 3.66ha 소량의 화이트 와인을 생산한다.

＊1개 그랑 크뤼(Grand Cru)는 클로 드 부조(Clos de Vougeot)

약 49.13ha 포도밭에서 오직 그랑 크뤼 레드만 생산한다. 신을 위한 와인으로 유명하다.

부르고뉴 〈 코트 드 뉘이 지역 〈 부조 마을 〈 그랑 크뤼 '클로 드 부조' 포도밭에서 생산된다. 1098년 부르고뉴 시토파의 설립으로 발전되어 프랑스 혁명 후 국유화되었다가 공매 처분되어 50ha에 약 80여 명의 소유주로 나누어졌다. 1336년, 50ha에 돌담을 쌓아 포도밭의 경계를 구분했다.

르로이 클로 드 부조 (Leroy Clos de Vougeot)

- 바이오다이나믹(Biodynamic) 농법으로 생산
- 로마네 콩티를 생산했던 마담 라루(Lalou BIZE Leroy) 여사의 작품
- 세계에서 가장 영향력 있는 여성 와인 메이커, 마담 라루 여사
- 섬세함과 부드러움이 풍부하고 동시에 풀바디의 스타일로 개성이 돋보임

▲ Clos de Vougeot

※ 콩프레리 데 슈발리에 뒤 타스트뱅(Confrerie des Chevalier du Tastevin)은 오랜 역사를 자랑하고 있으며, 전 세계 부르고뉴 와인을 알리는 데 힘쓰고 있다. 전 세계에서 부르고뉴 와인 발전에 기여한 인물을 추천 받아 심사한 후 그 공로를 치하하는 작위를 수여하고 있는데, 작위식은 매년 실행된다. 콩프레리 데 슈발리에 뒤 타스트뱅 1934년 11월 16일 한 지하 꺄브에서 첫 모임을 가졌고, 본부는 그랑크뤼 포도밭이 있는 샤토 클로 드 부조(Chateau du Clos de Vougeot)에 있다.

- 본 로마네(Vosne-Romanée) AC : 리치하고, 지브리 샹베르탱(Gevrey Chambertin)보다 더 거칠고 구조적이며, 더 감각적인 스타일의 와인이다. 유명한 그랑 크뤼 포도밭 이 외에, 품질 좋은 14개 프리미어 크뤼를 생산하고 있다. 유명한 DRC가 이곳에서 생산되며 Rene Engel,

▲ Rene Engel

▲ Méo Camuzet clos parantoux

▲ Emmanuel Rouget Cros Parantoux

Anne Gros, Emmanuel Rouget, Méo Camuzet가 주목할 만하다. 마을 전체의 와인이 높은 가격으로 팔리고 있다. 특히 이 지역의 그랑 크뤼(Grand Cru) 레드 와인은 세계에서 가장 존경 받는(가장 비싼) 와인이다.

*8개 그랑 크뤼(Grand Cru)는 다음과 같다

❶ 에세죠(Échezeaux) : 35.26ha

❷ 그랑 에세죠(Grands Échezeaux) : 8.84ha

❸ 로마네 콩티(Romanée-Conti) : 1.77ha

❹ 라 로마네(La Romanée) : 0.85ha(프랑스에서 가장 작은 AOC)

❺ 로마네 생 비방(Romanée-Saint-Vivant) : 8.37ha

❻ 리시부르그(Richebourg) : 7.68ha

❼ 라 타슈(La Tâche) : 5.08ha

❽ 라 그랑 뤼(La Grande Rue) : 1.65ha

[DRC Romanée conti(로마네 콩티)]

'세계에서 가장 비싼 와인은 뭘까?'라는 질문은 더 이상 신선하지 않다. 많은 사람들이 조금의 망설임도 없이 로마네 콩티라고 대답할 것이고, 필자 역시 그렇게 말할 것이다. 프랑스 아니 세계에서도 알아주는 가장 엘리트적인 와인이니까. 연간 6천 병 정도를 생산하여 희소성이 높아 이 생산자가 만든 다른 와인을 12병을 묶어 판다.

La Tâche 3병, Romanée St Vivant 2병, Échezeauz 2병, Richebourg 2병, Grands Échezeauz 2병, Romanée—Conti 1병

▲ DRC 와인

● 무엇이 최고를 만드는가?

부르고뉴 와인의 명성 뒤엔 로마네 콩티(Romanée Conti)가 있다.

세계적으로 가장 유명하며, 전설적인 로마네 콩티(Romanée Conti)가 바로 이 지역의 대표적인 그랑 크뤼 와인이라 할 수 있다. 도멘 드 라 로마네 콩티(Domaine de la Romanée Conti)가 생산하는 와인을 말하는데, 흔히 DRC라고 부른다. DRC 자체가 한 마디로 명품 브랜드로, 그들이 만드는 모든 와인은 세계적인 명성을 얻고 있다.

로마네 콩티 (Romanée Conti)

▲ Romanée Conti

- 13세기 생 비방 수도원에서 개간하여 17세기까지 소유함
- 마담 퐁파두르와 콩티 왕자가 소유권을 놓고 경쟁
- 1760년 콩티의 소유가 됨 : 그의 작위를 붙여 로마네 콩티로 명명
- 부르고뉴의 본 로마네 지역의 그랑 크뤼 로마네 콩티 포도밭
- 부르고뉴의 최고의 와인으로칭송
- 세계에서 가장 비싼 와인으로 유명
- 5,546병 수확 : 극소량 생산
- 100% 피노 누아 품종
- 도도한 까다로움 : 감미로운 텍스처 돋보임
- 모노폴 단일 소유주 : DRC 도멘 드 라 로마네 콩티(Domaine de la Romanée Conti)
- 현재 총관리자 : 오베르 드 빌렌느(Aubert de Villaine)
- 1974~1992년 : 공동 관리자 라루 비즈 르로이(Lalou Bize-Leroy) 여사
- 1992년 일본 타카시마야 스캔들 후 독립
- 로마네 콩티 한병을 구매하기 위해 12병 세트로 끼워 판매

처음 로마네 콩티밭을 밟았을 때, 그 가슴 벅찬 감동을 잊을 수가 없다. '여기가 그 유명한 전설의 로마네 콩티구나!' 그러나 돌에 새겨진 이름이 없었다면 스치고 지날 갈 정도로 여느 그랑 크뤼 포도밭과 다른 점을 발견할 수 없었다. 물론 도멘은 화려하지 않았으며, 심지어 너무도 소박해서 누구도 이곳이 로마네 콩티를 만든다고는 생각지도 못할 정도였다. 방문은 상당히 까다롭다.

로마네 콩티를 둘러싸고, 그 외의 그랑 크뤼 포도밭 La Grande Rue, Romanée St Vivant, La Tâche가 있었다. 유기농 재배를 고집하고 있으며, 여전히 기계를 배제하고 직접 사람에 의해 포도밭을 경작한다.

로마네 콩티는 그랑 크뤼 등급이다. 본 로마네(Vosne Romanée) 지역에 위치한 이 포도밭은 약 1.8 헥타

르(Hectares)로 년간 450~500 케이스(Cases)만 소량 생산한다고 한다. 보르도 1등급 그랑 크뤼 샤토 라피트 로쉴드(Château Lafite Rothschild)의 약 1/100 만에 해당할 정도의 생산량이다. 전 세계에서 땅 값이 가장 비싼 포도밭에 서 있는 기분을 솔직히 실감할 수는 없었지만. 와인을 테이스팅하고 나서야 그 가치를 인정할 수 있었다. 이 한 모금이 얼마일까 계산하면서 참을 수 없는 유혹으로 삼키는 순간! 뭐라 말로 표현하기 어려울 정도로 입 안을 자극하면서 응축력 있는 구조, 아직 화려하게 피어나지 않았지만 상상할 수 있을 정도로 잠재력이 뛰어난 와인이었다. 동시에 희귀한 고급 와인으로 와인 애호가들 사이에서 가장 구매하기 어려운 와인 중 하나로 손꼽는지도 깨달을 수 있었다.

소량 생산되기 때문에 로마네 콩티 한 병을 구매하기 위해서는 DRC에서 생산하는 11가지의 그랑 크뤼 와인을 함께 사야 한다. 즉 12병이 들어 있는 케이스 패키지(Case Package) 상품인 것. 한편으로는 짙은 상업적인 이미지를 풍기는 게 사실이다. 그러나 다르게 해석하자면 그 수요가 하늘을 찌를 만큼 인기가 있다는 얘기다. 가격 또한 일반들 손에 닿을 수 없을 만큼 고가이기 때문에 이러한 이미지는 더 강력해 보인다. 하지만 과연 이렇게 비싼 가격을 지불할 정도로 가치가 있는지는 스스로 자문해 보아야 하지 않을까? 왜냐하면 와인은 지극히 주관적인 입맛으로 평가해야 하기 때문이다.

●DRC의 또다른 엘리트 와인

DRC에서 나오는 또 하나의 엘리트 와인 중 하나인 라 타슈(La Tâche). 이 라 타슈의 올드 빈티지를 라믈로와즈(Lameloise : 본에 위치한 미쉐린) 레스토랑에서 우연히 만난 적이 있었다. 1921년, 1923년이 와인 리스트를 장식하고 있어 언제 이런 와인을 만날 수 있을까 싶어 셀러에 가서 병의 라벨을 살폈다. 그런데 생산자 이름에 니콜라스 보틀링 도멘 리게르 베레르(Nicolas Bottling, Domaine Liger Belair)라 적혀 있었다. DRC에서 생산하는 것으로 알고 있던 '라 타슈'의 생산자 이름이 잘못되어 있었다. 즉시 책임자인 소믈리에에게 질문을 했고 이내 궁금증은 풀렸다.

1933년 이전까지 DRC는 '라 타슈' 포도밭을 소유하지 않았다고 한다. '니콜라스 보틀링Nicolas Bottling'이라고 라벨에 기입된 이유도 1921년과 1923년 빈티지의 라 타슈를 DRC가 만든 것이 아니었다는 의미인 것이다. 므시유 빌렌느(DRC 총괄 사장) 역시 셀러에서 검은색 곰팡이가 잔뜩 긴 와인 병을 보여줬는데 이 역시 라벨에 DRC 생산자 이름에 '레 고디쇼트 Les Gaudichots' 1929년이라 적혀 있었다. 이 역시 생소한 포도밭 이름이었다. DRC에 이런 와인 이름이 있었는지 아무리 떠올려 봤지만 들은 적도 본 적도 없었다. 지금은 사용하지 않는 포도밭 이름이다. 당시 '도멘 리게르 베레르 Domaine liger Belair'가 소유한 라 타슈는 로마네 콩티보다도 더 작은 포도밭이었는데, 1932년 DRC가 소유한 레 고디쇼뜨 포도밭의 가장 노른자 땅을 라 타슈 포도밭과 합병했던 것. 덕분에 '레 고디쇼트 Les Gaudichots'라는 이름은 사라지게 된 역사적인 스토리를 갖고 있었다.

▲ 1929 Les Gaudichots

예전에 소더비 옥션에서 DRC 생산의 1929년 레 고디쇼트가 천문학적인 가격으로 팔렸다고 한다. 언젠가는 이런 올드 빈티지의 와인을 마셔보고 싶다는 생각이 들었다. 그리고 명품 뒤에는 언제나 장인이 있다는 생각을 하며, 므시유 빌렌느 그리고 DRC와 아쉬운 작별 인사를 나누었다.

- **뉘이 생 조지(Nuits-St-Georges) AOC/AOP**

미네랄과 투박함 부분이 살짝 엿보이면서 깊은 맛과 세련된 스타일의 와인을 생산한다. 아펠라시옹이 크며, 남쪽과 북쪽 시내에 펼쳐져 있다. 지브리(Gevrey), 본(Vosne), 샹볼(Chambolle) 지역의 최고 고도에는 이르지 못한다. Robert Chevillon는 다양한 프리미어 크뤼를 생산하다. Domaine de l'Arlot은 세련된 와인을 생산한다. 총 41개 프리미어 크뤼에서 화이트와 레드 와인을 생산한다.

- **코트 드 뉘이 빌라쥐(Côte de Nuits-villages) AC**

레드, 화이트 모두 생산한다. 5개의 마을이 포함(Brochon, Fixin, Premeaux-Prissey, Comblanchien, Gorgoloin)

- **부르고뉴 오 코트 드 뉘이(Bourgogne Hautes-Côtes de Nuits) AC**

레드, 화이트 모두 생산한다. 코트 드 뉘이(Côte de Nuits) AC는 존재하지 않는다.

✏️ 유명한 모노폴 그랑 크뤼 ——○

- **모노폴(Monopole)** : 독점이란 뜻이다. 포도밭에 하나의 생산자가 해당 포도밭을 전부 매입하여, 특정 포도밭에서 생산되는 와인 생산자는 유일하게 하나를 의미한다. 이를 모노폴이라 한다. 부르고뉴에는 수십 개가 넘으며 라벨에 모노폴을 표기한다.

＊유명한 모노폴 그랑 크뤼 와인

- **뤼쇼트 샹베르탱 클로 데 뤼쇼트(Ruchottes-Chambertin 'Clos des Ruchottes')** : 도멘 아르망 루소(Domaine Armand Rousseau)가 소유하고 있다.
- **클로 드 타(Clos de Tart)** : 현재 프랑소아 피놀트가 소유, 2017년 전에 모므상(Mommessin) 소유
- **로마네 콩티(Romanée-Conti)** : 도멘 드 라 로마네 콩티(Domaine de la Romanée-Conti) 소유
- **라 타슈(La Tâche)** : 도멘 드 라 로마네 콩티(Domaine de la Romanee-Conti) 소유
- **라 그랑 뤼(La Grande Rue)** : 도멘 프랑소아 라마르슈(Domaine François Lamarche) 소유
- **라 로마네(La Romanée)** : 도멘 뒤 콩트 리제 벨레르(Domaine du Comte Liger-Belair) 소유
- **클로 데 랑브레이(Clos des Lambrays)** : 클로 데 랑브레이(Domaine des Lambrays) 소유

✏️ 코트 드 본(Côte de Beaune) ——○

- **알록스 코르통(Aloxe-Corton) AC**

그랑 크뤼 코르통(Corton)은 이 지역에서 가장 중요한 와인이다. Chorey, Aloex Corton, Pernand Verglesses는 일반적으로 잘 만들어지나, 차이를 구별할 수 있는 뚜렷한 개성이 조금 부족하다. 기후는 코트 드 뉘이(Côte de Nuits)의 그랑 크뤼 포도밭과 비교할 정도

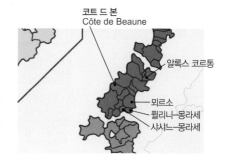

코트 드 본
Côte de Beaune

알록스 코르통

뫼르소
퓔리니-몽라세
샤샤느-몽라세

의 와인을 생산하지 못하나, 특히 코르통은 코트 드 본에서 가장 크며, 코트 드 뉘이의 와인과 견줄 정도로 정교하게 잘 만든다. 대개 엄격한 구조로 거친 스타일의 와인이다. Bonneau de Martray의 코르통(Corton) 와인 품질은 향상되었다. 레드는 116.08ha(1등급 포함 37.60ha), 화이트는 1.70ha(소량의 화이트 생산)

▲Aloex Corton
Louis Latour

*2개 Grand cru는 다음과 같다

❶ 코르통(Corton) : 레드, 화이트 와인 모두 그랑 크뤼이고, 면적은 레드 91.53ha, 화이트는 4.08ha이다.

❷ 코르통 샤르마뉴(Corton-Charlemagne) : 화이트 와인만 그랑 크뤼이다. 견고하고 시골스러우며 느리게 움직이는 듯한 스타일의 와인으로, 영 빈티지의 와인은 특히 평가하기 힘들 정도로 닫혀진 느낌이다. 아몬드, 넛맥그, 스파이스, 송로버섯의 향이 느껴지며, 강하면서 단언적인 와인으로 견고한 산도가 돋보인다. Louis Latour가 우수한 와인을 생산하고 있다.

▲Bonneau du
Martray Corton

▲Louis Latour
Corton-Charlemagne

코르통 샤르마뉴 (Corton Charlemagne)

- 위치 : 부르고뉴 > 코트 드 본 > 알록스 코르통
- 카롤링거 왕조의 샤를르마뉴 대제는 부르고뉴의 코르통 레드 와인을 즐겨 마셨다. 그러나 긴 수염을 붉게 물들이자 적포도나무를 뽑고 청포도를 식재하도록 명령하였다고 한다. 이후 이 지역에서 화이트 와인을 생산하게 되었다.
- 복숭아, 배의 과일향과 미네랄의 조화로 복잡한 아로마
- 중후한 무게감이 느껴지는 구조감

- 퓔리니-몽라세(Puligny-Montrachet) AC : 미네랄 향과 에너지가 넘치며 곧은 구조의 짜임새 있는 질감으로 높은 산도는 신선하면서 깔끔하고 간결한 스타일을 만들어 준다. 뫼르소(Meursault)의 열대 과일향에 비해 보다 신선한 과일향이 돋보이는 와인이다. Domaine Laflaive, Carillon이 주목할 만한 생산자이다.

▲Domaine Leflaive
Clavoillon

▲Domaine Leflaive
Les Folatières

*4개 화이트 Grand Cru는 다음과 같다

❶ 몽라세(Montrachet) : 7.80ha

❷ 바타르 몽라세(Bâtard-Montrachet) : 11.13ha

❸ 슈발리에 몽라세(Chevalier-Montrachet) : 7.47ha

❹ 비엥브뉘 바타르 몽라세(Bienvenues-Bâtard-Montrachet) : 3.57ha

▲Domaine Ramonet
Montrachet

▲Domaine Leflaive
Bienvenues-Bâtard-Montrachet

▲Domaine Leflaive
Chevalier-Montrachet

• 샤샤느-몽라세(Chassagne-Montrachet) AC

샤샤느(Chassagne)는 뫼르소(Meursault)와 퓔리니(Puligny)의 중간에 있는 와인이다. 퓔리니에서 느껴지는 개성과 깊이감은 가지고 있지 않으나, 뫼르소보다는 더 견고한 구조로 힘이 있는 스타일을 보여준다. 퓔리니보다 훨씬 더 풍부한 아로마로 꽃과 로즈향 그리고 은은한 꿀향이 풍부하게 느껴진다. Gagnard Delagrande, Ramonet는 가장 전형적인 스타일의 와인을 생산한다.

*3개 Grand cru는 다음과 같다

❶ 몽라세(Montrachet) : 7.80ha

❷ 바타르 몽라세(Bâtard-Montrachet) : 11.13ha

❸ 크리오트 바타르 몽라세(Criots-Bâtard-Montrachet) : 1.57ha

▲DRC

▲Gagnard Delagrande

몽라세 (Montrachet) 그랑 크뤼

- 화이트 와인의 진정한 최고 작품, 몽라세 와인은 경건한 마음으로 모자를 벗고 무릎을 꿇고 마셔야 한다. 1978년산 몽라세가 뉴욕 경매에서 2만 4천 달러에 낙찰됨.
- 품종 : 100% 샤르도네
- 부르고뉴의 퓔리니-몽라세 지역이 위치한 그랑 크뤼 포도밭 '몽라세'에서 생산
- 약 17명이 공동 소유하고 있으며 24,000평의 연평균 3000 박스를 생산
- 경사가 완만한 250m 고도의 이상적인 남동향, 토질은 점토가 많은 석회질

– 퓔리니 몽라세와 샤샤느 몽라세 그랑 크뤼(Grand Cru) **지역 표기** : 퓔리니 몽라세와 샤샤느 몽라세 사이의 공동 경계에 위치하여 지역명을 혼영하여 라벨에 표기 가능

몽라세(Montrachet) : 퓔리니 몽라세, 샤샤느 몽라세(두 개 마을 모두 사용) AOC

바타르 몽라세(Bâtard-Montrachet) : 퓔리니 몽라세, 샤샤느 몽라세(두 개 마을 모두 사용) AOC

슈발리에 몽라세(Chevalier-Montrachet) : 퓔리니-몽라세 AOC

비엥브뉴 바타르 몽라세(Bienvenues-Bâtard-Montrachet) : 퓔리니-몽라세 AOC

크리오트 바타르 몽라세(Criots-Bâtard-Montrachet) : 샤샤느 몽라세 AOC

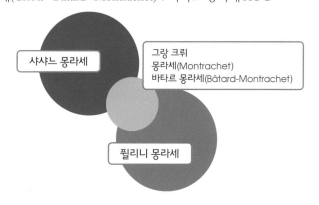

• **포마르(Pommard)** : 강건한 스타일로 힘과 풍부한 타닌을 느낄 수 있다. 볼네이(Volnay)처럼 부드러우며 관능적인 향보다는 단단한 구조가 돋보인다. Comtes Armand의 Clos des Empeneaux 단연 베스트로써 단일 생산자의 단일 포도밭이다. 거칠면서

▲Comtes Armand Clos des Empeneaux

짙은 향과 깊은 인상을 남기는 와인이다. 레드만 생산한다. 28개 프리미어 크뤼가 존재

- **볼네이(Volnay) AC** : 코트 드 본의 샹볼 뮈지니라 자칭 불려진다. 우아함과 서정적이며 부드러움이 물씬 풍기는 스타일이다. Lafon, Hubert de Montille, Marquis d'Angerville 프리미엄 레드 와인을 생산한다. 29개의 프리미어 크뤼가 존재

▲La pousse d'or　▲Marquis d'Angerville　▲Hubert de Montille

- **몽텔리(Monthélie) AC** : 체리, 흙향과 타닌이 시골스럽게 느껴지며, 힘이 있게 느껴진다. 15개의 프리미어 크뤼가 존재

- **샹트네(Santenay) AC** : 과일향과 꽃향, 특히 달콤한 조린 과일향이 풍부하게 느껴지고, 입안에서 여성적인 느낌과 비단같은 타닌을 느낄 수 있다. 12개의 프리미어 크뤼가 존재

▲Domaine Francois bouthenet

- **뫼르소(Meursault) AC** : 강하면서 리치한 와인으로 그랑 크뤼 와인은 없지만, 그랑 크뤼급의 화이트 와인을 생산한다. 1등급 레 페리에르(Les Perrieres) 포도밭이 그랑 크뤼 등급으로 인정받을 정도로 그 품질이 우수하다. 버터향과 향기로운 꽃향이 풍부하면서 크리미한 질감으로 매끄러우며 부드럽다. 퓔리니 몽라셰의 미네랄과 신선한 산도 구조와

▲Domaine des Comtes Lafon　▲Coche-Dury

는 반대적인 느낌이다. Lafon, Coche Dury가 베스트 생산자로 최상급의 화이트 와인을 생산한다. 뫼르소 AOC는 소량의 레드 와인도 생산한다.

※ 뫼르소는 '생쥐의 점프'라는 뜻으로, 생쥐가 뛰어다니며 포도 묘목을 해쳤기에 유래되었다. 오크통 숙성으로 부드럽고 섬세한 화이트 와인을 생산

- **페리난드 베르젤레스(Pernand-Vergelesses) AC** : 화이트는 드라이하면서 가볍고 산미가 돋보인다. 사과, 스파이스, 꿀향이 풍부하다. 레드는 타닌이 약간 떫으며, 비교적 짧게 끝난다. 8개의 프리미어 크뤼가 존재

▲Pernand-Vergelesses ▲Auxey-Duresse

- **옥세 뒤레스(Auxey-Duresse) AC** : 신선한 과일향과 아몬드, 버터향이 조화를 이루고, 달콤하면서 상큼한 향이 지배적이다. 미디움 바디로 부담 없이 마시기에 편안한 와인으로 부드럽다. 9개의 프리미어 크뤼가 존재

- **생 오생(Saint Aubin) AC** : 화이트는 금색으로 호두, 계피 등의 스파이스향이 어우러지며 세련미와 우아함이 돋보인다.

- **생 로맹(Saint-Romain) AC** : 클래식 버건디 스타일의 와인으로 과일향이 돋보인다.

▲Saint Aubin Roux Pere & Fils　▲Saint-Romain Christophe Buisson

- **사비니 레 본(Savigny-lès-Beaune) AC** : 미디움 바디 와인으로 레드 과일향이 풍부하며, 흙향이 함께 느껴지는 스타일. Lavieres, Aux Vergelesses와 같은 더 좋은 포도밭은 깊이 있는 맛을 생산한다. 이 지역의 유명 생산지로 Simon Bize & Fils가 좋은 예이다.

Simon Bize & Fils ▶

- **본(Beaune) AC** : 볼네이보다는 더 근육질 구조로 힘이 느껴지고, 반면에 포마르보다는 강하지 않는 스타일의 와인이다. 그러나 사비니 레 본(Savigny lès Beaune)보다는 잠재적으로 더 복잡미를 가지고 있다. 프리미어 크뤼가 많으며, 그 중에서 그레브(Greves), 트롱(Theurons)이 주목할 만 하다. Louis Jadot의 Clos des Ursules, Joseph Drouhin의 포마르에 근접해 있는 포도밭인 클로 데 무슈(Clos des Mouches)가 뛰어나다.

▲Clos des Mouches

▲Clos desUrsules

▲Vigne de L'enfant Jésus

- **크레이 레 본(Chorey-Lès-Beaune) AOC** : 라이트하고 심플 스타일의 와인이다. Domaine Tollot-Beaut 와인이 유명하다.
- **코트 드 본 빌라쥐(Côte de Beaune-Villages) AOC 라벨로 생산하는 지역** : 레드만 생산한다(5.11ha). 예외로 부르고뉴 오 코트 드 본(Bourgogne Hautes Côtes de beaune) AC는 본의 남서쪽 언덕에 위치하며 화이트, 레드를 생산한다.

▲Domaine Tollot-Beaut

▲Bouchard Père & Fils Côtes de beaune villages

- **코트 드 본(Côte de Beaune) AOC** : 본(Beaune) 마을에서만 생산한다(2/3 레드, 1/3 화이트 와인).

Joseph Drouhin Côte de Beaune ▶

- **라두와(Ladoix) AOC** : 11개의 프리미어 크뤼가 존재
- **마랑쥬(Maranges) AOC** : 코트 도르(Côte-d'Or)와 사오네 루아르(Saône-et-Loire) 사이에 위치하고 샹트네(Santenay)와 근접해 위치한다. 7개의 프리미어 크뤼가 존재

▲Maranges 1er Cru

- **블라니(Blagny) AOC** : 레드만 생산한다. 이곳에서 생산하는 화이트 와인은 뫼르소 또는 퓔리니 몽라셰 AC로 표기한다.

▲Meursault-Blagny Chateau de Blagny white wine

▲Puligny-Montrachet Hameau de Blagny white wine

🖊 코토 샬로네즈(Côte Chalonnaise) ——○

- **부즈롱(Bouzeron) AOC**

화이트만 생산한다(알리고테 품종을 사용, 55.56ha). 알리고테는 피노 누아와 구에(gouais : Gaulish 포도 품종으로 오늘날 더이상 존재하지 않음)의 접목. 특히 부즈롱 알리고테는 다른 지역에 비해 껍질이 얇고, 와인색에 골드빛을 띄게 하며 포도가 숙성하면서 알코올과 산도가 밸런스를 이루게 한다. 그린빛을 띠는 라이트 밀집색을 띤다. 아카시아, 화이트 꽃향이 풍부하고, 부싯돌 같은 미네랄과 레몬의 클래식 부케향이 느껴진다. 입 안에서는 허니와 크로아상의 터치가 추가되며, 높고 활달한 산도가 특징적으로 느껴진다.

▲Domaine A.ET P. de Villaine Bouzeron

- **지브리**(Givry) AOC : 38개 프리미어 크뤼 존재. 레드는 237.52ha, 화이트는 44.84ha
- **메르퀴레**(Mercurey) AOC : 32개 프리미어 크뤼
- **몽타니**(Montagny) AOC : 49개 프리미어 크뤼

▲ Roux Pere & Fils ▲ Montagny le ▲ Rully
Mercurey   Clou

- **륄리**(Rully) AOC : 23개 프리미어 크뤼
- **그 외에 AOC** : 아펠라시옹 레지오날(Appellations Régionales)
- 부르고뉴 화이트 와인, 레드 와인 AOC
- 부르고뉴 알리고테(Bourgogne Aligoté) AOC
- 부르고뉴 파스투그랭(Bourgogne Passetoutgrains) AOC : 피노 누아(최소 1/3) + 가메(최대 2/3) 품종 사용되며, 양조 시작 전에 블랜딩한다.
- **크레망 드 부르고뉴**(Crémant de Bourgogne) AC : 주 품종은 피노 누아, 샤르도네(최소 30%), 보조 품종은 가메(최대 20% 이하), 알리고테, 멜론, 사시 사용한다.

▲ Bourgogne ▲ Bourgogne Passetoutgrains

Crémant de Bourgogne ▶

* 크레망 스타일

- **블랑**(Blanc) : 화이트 골든 컬러, 꽃향, 시트러스, 미네랄의 아로마와 후레쉬한 산미가 조화를 이루며, 아로마와 가벼운 심플함이 돋보인다.
- **블랑 드 블랑**(Blanc de blancs) : 화이트 꽃향과 시트러스, 그린 애플향이 신선하다. 시간이 지남에 따라 토스트향과 복숭아 살구 등의 핵과일향이 풍부해진다.
- **블랑 드 누아**(Blanc de noirs) : 작은 과일들 체리, 블랙커런트, 라즈베리향이 느껴진다. 파워풀하며 긴 여운이 돋보이고, 숙성이 되면서 견과류의 향, 허니, 스파이스, 넛맥 등이 터치되면서 따뜻한 아로마가 조화를 이룬다. 로제(Rosé)는 피노 누아로 만들면 가메를 블랜딩 할 수도 있다. 핑크빛이 돌며, 섬세하고 레드 과일향이 풍부하게 느껴진다.

🖊 마콩네(Mâconnais) AOC ──○

- **뿌이 뿌세**(Pouilly-Fuissé) AOC : 헤이즐넛과 아몬드의 샤르도네 특유의 향이 잘 드러나 보이고, 신맛과 단맛의 조화로 부드러우며, 결코 무겁지 않은 맛을 느낄 수 있고, 여운이 길게 느껴진다. 샤르도네 품종으로 화이트 와인 생산
- **뿌이 뱅젤**(Pouilly-Vinzelles) AOC : 뱅젤과 로세 마을에서 생산. 샤르도네로 화이트 와인만 생산
- **뿌이 로세**(Pouilly-Loché) AOC : 마콩의 남서쪽 5km로 뻗어있으며, 이 지역은 로마 시대 이후로 재배되었다. 화이트 와인만 생산
- **생 베랑**(Saint-Veran) AOC : 주로 아카시아, 살구, 복숭아 등의 과일향과 버터, 헤이즐넛, 시나몬, 허니 등의 향으로 복잡한 아로마 산도와 풍만한 볼륨감이 조화를 이룬다. 화이트 와인만 생산

▲ Pouilly-Fuissé

Saint-Veran ▶

• 비레 클레스(Viré-Clesse) AOC : 마콩—비레와 마콩 클레세로(Mâcon—Viré and Mâcon—Clessé) 2002 이후로 폐지되었다. 샤르도네로 화이트 와인만 생산

[와인이 있는 곳엔 언제나 유명 맛집이 있다]

와인이 있는 곳에는 항상 요리가 따라다닌다. 그러다보니 와인이 생산되는 지역에 가면 언제나 유명 맛집이 있다. 이것이 바로 내가 내린 결론이다. 부르고뉴의 도멘들을 방문하다가 우연하게도 들른 작고 허름한 레스토랑에서 환상적인 식사를 한 것만도 한두 번이 아니다. 물론 레스토랑 이름들을 다 기억하지는 못하는 것이 못내 아쉽다.

● 조지 블랑 레스토랑에서 만난 3대 진미

이 지역을 찾은 것은 1999년 초 여름이었다. 보르도의 소믈리에 학교(CAFA)를 졸업하고 본격적으로 소믈리에 연수를 받기 위해 교수님의 추천으로 프랑스 3스타 미쉐린(별 3개, ★★★)에서 일을 할 수 있는 기회를 얻게 된 것이다. 그곳은 다름아닌 전 세계 미식가들 사이에서 유명한 조지 블랑(Georges Blanc)이 운영하는 동명의 레스토랑이었다. 두근거리는 마음을 안고 보나스(Vonnas, 브레스 치킨의 본고장이기도 하다) 마을로 향했다. 보나스 마을은 프랑스 부르고뉴의 마콩(Macon) 지역에서 다시 기차를 타고 20여 분 정도 가면 된다. 기차를 타고 내리니 과연 유명한 조지 블랑의 마을답게 마을 어귀에서부터 맛있는 냄새가 풍기는 듯 했다. 기차에서 내려 보나스 마을에 도착하자 대표적인 음식인 닭 그림의 표지판과 함께 조지 블랑이라고 쓰여 있는 표지판이 시선을 끌었다. 표지판의 지시에 따라 찾아간 조지 블랑은 호텔도 함께 운영하고 있는데, 3스타 미쉐린 레스토랑답게 분위기는 럭셔리하면서도 조용했다. 물론 일년 내내 전 세계의 관광객과 휴가를 즐기기 위해 찾아오는 손님들로 만원이지만 말이다. 과연 무엇이 조지 블랑을 세계적인 쉐프로 만들었을까 궁금하지 않을 수 없었다. 하나 받기도 어려운 미쉐린의 별을 3개 받은 음식과 서비스는 무엇일까?

나는 그의 음식뿐만 아니라 그가 와인에 쏟는 열정에 반하지 않을 수 없었다. 무엇보다 그가 보유한 와인 셀러의 규모에 다시 한 번 놀랐다. 약 3,500여 종류의 와인들이 리스트 되어 있으며, 약 15,000병 이상의 와인을 보유, 전 세계에서 가장 큰 규모의 와인 셀러 중 하나이기도 하다. 대다수가 프랑스산 와인이었지만, 유명하고 고급스러운 이탈리아, 스페인, 미국 와인도 어깨를 나란히 하고 있었다.

당시 보르도에서 지내면서 줄곧 보르도 와인에만 익숙했던 나에게는 다양한 지역의 와인을 접할 수 있는 절호의 기회였다. 그 덕에 미묘하고 섬세한 맛에 있어서는 보르도가 최고라는 고정 관념은 일순간에 무너졌다. 주저없이 부르고뉴의 팬이 되어 버린 것이다.

부르고뉴는 맛있는 음식으로 유명하다. 많은 유명한 요리가 이 고장에서 생겨났으며, 전 세계인들의 입맛을 유혹하고 있다. 조지 블랑의 대표적인 요리는 바로 풀레 드 브레스(Poulet de Bress). 풀레(Poulet)는 닭, 브레스(Bress)는 지역명을 의미하므로 풀이하면 '브레스 지역의 닭'이란 뜻이다. 브레스 닭은 프랑스에서 와인과 치즈를 제외하고 처음으로 식자재로써 품질보증서와 같은 AOC(원산지 통제 명칭)를 받았다.

특히 조지 블랑은 풀레 드 브레스를 크림 소스로 만드는데 부르고뉴의 퓔리니 몽라세 아펠라시옹 화이트 와인이 지닌 샤르도네의 과일향과 오크통 숙성에서 느껴지는 복잡한 향, 그리고 무겁지 않은 농도의 감촉, 신선한 산이 어우러져 절묘한 맛의 조화를 이루었다.

필자를 감동시킨 부르고뉴의 두 번째 음식은 코오뱅(Coq au Vin)이다. 부르고뉴의 도멘을 방문하다가 점심을 해결하기 위해 볼네이(Volnay) 마을의 한 레스토랑으로 갔다. 조지 블랑에서 맛보았던 풀레 드 브레스 생각을 하면서 주문을 했는데 예상과는 달리 빨갛게 물들여진 닭이 등장했다. '코오뱅'은 그 의미처럼 '포도주에 빠진 닭'을 뜻한다. 레드 와인에 닭을 넣고 장시간 동안에 끓여서 만든 요리이다. 이때 포도주는 꼭 피노 누아로 만든 부르고뉴 레드 와인을 사용한다고 한다. 부르고뉴 피노 누아 와인과 함께 먹으면 끝내준다.

세 번째 별미는 바로 부르고뉴의 대표적인 치즈로 꼽히는 에프와쓰 드 부르고뉴(Epoisses de Bourgogne) 치즈. 물론 처음 치즈를 접하는 사람이라면 거부감이 들 수 있겠다. 코를 찌르는 듯한 쾌쾌한 냄새가 100미터쯤 도망가고 싶게 만들기 때문이다. 물론 필자도 이 지독한 치즈의 냄새에 처음에는 강한 거부감이 들었다. 그러나 일단 한번 그 맛에 빠지면 헤어 나올 수 없다. 오렌지 색으로 뒤덮여 있는 둥근 모양의 치즈는 부르고뉴의 에프와스 지역에서 생산한다. 특히 부르고뉴 브랜디인 막 드 부르고뉴(Marc de Bourgogne)로 여러 번 씻어서 만드는 것이 특징이다.

[좋은 와인이 있는 프랑스 미쉐린 레스토랑]

프랑스 음식에 관한 한 미식가라고 자처한다면 죽기 전에 꼭 가봐야 할 레스토랑을 추천한다. 이름만 들어도 '헉' 하는 곳이 있는가 하면, 유럽의 여느 고급 레스토랑처럼 간판이 없는 곳도 있다. 물론 세계적인 명성 탓에 가격은 비싸고, 예약 역시 필수라는 것을 잊지 말도록.

● 라므르와즈(Lameloise)
아주 한적한 Chagny 마을에 위치하고 있다. 유럽의 고급 레스토랑들이 대부분 그러하듯이 간판이 없다. 그래서 초행이라면 조금 어렵게 찾을 수 있을지도 모르겠다. 이곳의 자랑은 달팽이 요리이다. 라비올리에 달팽이를 넣은 음식을 주문하고 나자, 몸집 있는 구수한 느낌의 소믈리에 아저씨가 옆구리에 묵직한 책을 들고 다가왔다. 우선 수많은 페이지의 와인 리스트에 감탄할 수 밖에 없었다. 또한 다양한 빈티지 특히 올드 빈티지 와인 보유에 부러움이 들었다. 달팽이 요리와 함께 추천해 준, Domaine Francois Raveneau가 만든 Chablis Premier Cru Butteaux 1999은 무게감 있는 짜임새와 구수한 토스트 향과 신선한 사과와 미네랄의 향이 조화를 이루어 긴 여운과 함께 깊이 있는 맛을 잊을 수가 없다.

● 라 코트 도르(La Côte d'Or)

자살 사건으로 유명한 베르나르 르와조(Bernard Loiseau)라는 비운의 셰프가 있던 곳이다. 미쉐린 3스타 레스토랑을 가지고 있던 이 유명한 레스토랑이 2개의 별로 떨어지면서 그 스트레스와 자괴감에 못 이겨 스스로 목숨을 끊어 화제가 되었다. 호텔을 같이 경영하고 있었는데, 영국식 정원과 함께 부르고뉴의 토마토, 돌 등을 액자에 넣어서 벽을 장식한 멋스러운 느낌이 들었다. 이곳에서 꼭 먹어 보아야 할 요리는 'Volaille fermiere lardee de truffes et de foie gras chaud de canard au jus de truffe(송로버섯이 들어간 닭과 송로버섯 소스를 얻어 팬 프라이한 오리 간)'이다. 우선 그 시각적인 만족에 100점을 주었고, 풍부한 향과 맛에 갈채를 보내지 않을 수 없었다. 물론 여기에 부르고뉴 와인을 함께 하지 않을 수 없다. 마랑주 아펠라시옹(Maranges Appellation)으로 Domaine Chevrot 와인을 마셨다. 밝은 루비색에 딸기와 체리의 향이 입맛을 돋우면서 부드럽고, 산뜻한 느낌의 여운을 남기는 와인이었다. 그래도 주머니 사정과 비교하여 볼 때 피노 누아를 저렴하게 경험할 수 있는 아펠라시옹으로 적극 추천한다.

● 폴 보퀴즈(Paul Bocuse)

요리하는 사람이라면 폴 보퀴즈(Paul Bocuse)라는 이름을 모르는 이가 없을 만큼 전 세계에 프랑스 요리를 알린 장본인 중 한 명이다. 조지 블랑 레스토랑에서 근무할 때 폴 보퀴즈와 조지 블랑이 라이벌이라는 소문이 무성했다. 폴 보퀴즈라는 이름을 모른다고 대답했을 때 주위의 반응은 그야말로 원시인 취급에 가까웠다. 그래서 동료 소믈리에 2명이 문화적인 충격을 극복해주기 위해 필자와 함께 폴 보퀴즈 레스토랑을 갔다. 레스토랑 입구 외벽에는 레스토랑 변천사에 관한 그림들이 그려져 있었고, 내부 역시 클래식한 스타일로 귀족 분위기를 풍겼다. 동료 한 명이 Soupe aux Truffes noire V.G.E(송로버섯을 넣은 수프)를 추천했고, 메뉴에도 '1975년 엘리제 대통령 궁에서 만들어서 서비스된 음식'이라고 표시되어 있어서 그 맛이 더욱 궁금했다. '음.. 역시'라는 표현이 딱 어울리는 맛이었다. 맛있는 음식은 만국 공통어가 아닌가 하는 생각을 했다. 맛도 맛이지만, 옆집 할아버지와 같은 모습의 폴 보퀴즈가 직접 레스토랑을 돌면서 손님들과 악수하는 모습이 더욱 인상에 남았다. 2018년 폴 보퀴즈의 사망이 알려지고 프랑스는 마치 국장급으로 장례식을 생중계 했었다. 그는 프렌치 퀴진을 전 세계에 알린 프랑스의 위인, 영웅이었다.

● 미쉐린 가이드란?

프랑스의 유명한 타이어 회사 미쉐린에서 매년 발행하는 레스토랑 가이드북. 미식가들로 하여금 레스토랑을 돌며 맛, 분위기, 가격을 판단하여 3스타, 2스타, 1스타로 점수를 매긴다. 날카로운 비평으로 인해 3스타를 얻는 것은 하늘의 별따기라는 말이 있을 정도로 정평이 나 있다. 그외에 르레 앤 샤토(relais & château) 가이드도 있다.

[부르고뉴의 흥겨운 와인 축제 속으로]

11월에는 부르고뉴에서 그랜드 위크엔드(Grand Weekend)라고 불리는 대표적인 축제가 열린다. 3일 동안 총 3개의 큰 행사가 연달아 열리는 이곳에는 와인에 대한 모든 것이 있다. 와인 마니아라면 다시 없을 소중한 추억을 경험할 수 있을 것이다.

● 첫째날, 턱시도와 화려한 드레스를 입고 와인에 열광하다

11월 셋째 주 토요일은 클로 드 부조(Clos de Vougeot)에서 첫 번째 행사가 열린다. 주최는 콩프레리 데 슈발리에 뒤 따스뜨뱅(the Confrèrie des Chevaliers du Tastevin)이라는 와인 애호가 조직.

부르고뉴 와인 산업 발전에 큰 공헌을 한 사람에게 부르고뉴 조합에서 명예 기사 작위를 수여하고, 샤토 오너와 협회에서는 전 세계 수백명을 리뉴얼한 샤토에 초대한다. 물론 초대 받은 사람들은 턱시도와 화려한 드레스로 맘껏 멋을 내고, 행사장 전체는 그런 커플들로 만원을 이룬다. 약 400~500여 명이나 되는 수많은 사람들이 샤토의 큰 홀을 꽉 채워 식사하기도 하고, 흥겹게 울려 퍼지는 노래를 따라 부른다. 와인 한 잔을 높이 들고 장 안의 수많은 사람들이 모두 한 마음이 되어 와인을 칭송하는 모습을 볼 때는 그야말로 감탄사가 절로 나온다. 조금은 비좁아 불편하기도 하지만 오히려 주변에 있는 사람들과 쉽게 친해지고, 와인에 대한 많은 이야기를 나눌 수 있어 더없이 좋은 기회를 만날 수 있다.

이러한 분위기도 분위기지만 더욱 감동시킨 건 왁자지껄한 분위기속에서도 놓치지 않는 와인과 음식을 서비스하는 매너였다. 아주 뜨거운 접시에 담긴 음식을 너무나도 조심스럽게 서비스하는 모습은 진정으로 특별했다. 첫 번째 코스에 서비스된 전통적인 부르고뉴의 음식 중에 하나인 레 제프 엉 메르뜨(Les Oeufs en Meurett, 레드 와인이나 화이트 와인을 졸여서 만든 소스에 버섯과 베이컨과 함께 반숙한 계란을 얹힌 음식)의 그 완벽한 맛은 이 글을 쓰는 지금까지도 잊혀지지 않아 글을 쓰는 것만으로도 절로 군침을 돌게 한다.

수백 명이 모여 보내는 와인에 대한 열렬한 애정, 그리고 와인을 활용한 환상적인 요리… 그동안 필자는 와인 전문가로서 와인에 대해 많은 경험을 해왔다. 부르고뉴 축제는 그 경험들 속에서도 몇 안되는 반짝반짝 윤기있게 빛나는 추억이다. 와인을 좋아한다면 반드시 부르고뉴 축제에 참가하기를 강추한다. 이 축제는 일년에 여러 번 있기 때문에 꼭 11월이 아니라도 참가는 가능하다. 물론 샤토에도 방문할 수 있다.

● 둘째날, 치열한 경쟁 와인 옥션이 열리다

11월 셋째 주 일요일, 세계에서 가장 큰 와인 옥션 중의 하나가 부르고뉴의 본 마을에서 열린다. 전통적인 플랑부아 양식의 고딕 건축 양식으로 알록달록한 다양한 색깔의 플랑드르식 지붕 타일로 만들어진 부르고뉴의 가장 유명한 역사적인 건물인 호텔 디유(Hotel Dieu)에서 행사가 열린다. 호텔 디유는 본(Beaune) 마을을 방문하면 반드시 둘러봐야 할 곳이다.

예전에 전 세계의 와인 바이어, 사업가, 레스토랑 오너, 개인 와인 콜렉터들이 한 자리에 모이는 부르고뉴의 국제적인 와인 옥션인 호스피스 드 본(Hospices de Beaune)에 참가하기 위해 본에 갔었다. 자선기금 모금을 위한 와인 옥션이기 때문에 그 의미가 더 크다. 그래서 그랑 크뤼 등급의 와인들은 일반적인 시장 가격보다 훨씬 더 비싸게 팔린다.

1859년에 시작된 이후 1924년부터는 매년 11월 셋째 주 일요일 오후에 정기적인 행사를 개최하기로 결정했고, 그 행사가 현재까지 이어지고 있다. 캔들을 사용해서 와인 비딩(Bidding, 입찰)에 참가하고, 병입한 와인은 호스피스에서 특별히 제작한 라벨을 붙여준다. 이때 라벨에는 아펠라시옹, 포도밭 이름, 빈티지, 그리고 무엇보다도 구매자의 이름과 주소 등을 적어 넣는다. 자신의 이름이 붙여진 와인을 소장할 수 있는 기회니 와인 애호가에게 이보다 더 좋은 일이 있을까? 비딩이 치열해 질수록 가격이 높아지는데 때에 따라서는 상상을 초월한 숫자가 나와 참가한 사람들 사이에서 화제의 주인공이 탄생하기도 한다.

이와 같은 행사를 2005년부터 영국의 국제적인 경매사인 크리스티에서 주관하고 있다고 한다.

진정한 와인 애호가라면 한 번쯤 이러한 와인 옥션에 참가해 보는 것도 시장의 흐름을 파악하는 데 있어 좋은 경험이 될 것이다.

● 셋째날, 와인에 흠뻑 빠지는 지구상에서 가장 큰 와인 파티

본에서의 옥션에 이은 다음 날 점심 행사가 뫼르소에서 열렸다. 1930년대에 처음 시작된 라 폴레 드 뫼르소 (La Paulee de Meursault)는 수확이 끝나고 수확한 사람들과 도멘 오너들이 한자리에 모여 식사를 시작한 것을 계기로 지금까지 그 전통이 이어지고 있는 행사이다. 아마도 현재 지구상에서 가장 큰 와인 파티 중의 하나가 아닐까 하는 생각이 들 정도로 규모가 어마어마하다. 600명은 족히 넘을 것 같은 와인 생산자와 손님들이 와인을 직접 한 병씩 들고 와서 서로 나누어 마시며 진행되는 파티. 와인 메이커들은 그들의 지하 와인 저장고에까지 내려가서 기꺼이 자랑할 만한 와인과 빈티지를 가져와 선보이고, 필자처럼 와인 욕심이 많은 사람들은 자리를 옮겨가며 자연스럽게 사람들과 어울려가며 와인을 테이스팅하면 된다.

식사가 끝나갈 무렵에는 모든 사람들이 와인에 흠뻑 빠진 듯해 보인다. 약 7시간의 식사가 이어지는 동안 줄잡아 약 5,000병 이상의 와인이 오픈될 정도이고, 테이블 위에서는 끊임없이 '뻥뻥' 새로운 와인병을 오픈하는 소리가 들린다. 한 마디로 마시고, 먹고, 이야기하며 즐기는 문화. 와인을 좋아하는 사람들과 함께 와인과 음식 이야기를 하다 보면 시간 가는 줄 모른다. 당시 옆에는 샤토 당포(Château D'Ampeau)의 와인 메이커이자 소유주이신 할아버지가 앉았었는데, 자신이 만든 와인을 자랑하고 또 내가 맛있다고 하자 해맑은 웃음을 지으며 다음날 자신의 샤토로 초대하기도 했다. 이런 기회는 흔치 않을 뿐 아니라 그의 와인을 내일 다시 맛 볼 수 있게 된다는 사실이 가슴 두근거리게 기뻤다. 그날 행사는 유명한 부르고뉴의 와인 생산자들이 한자리에서 만날 수 있는 절호의 기회이자 생애 가장 길고도 다채로운 점심 식사로 기억된다.

도멘 드 라 로마네 콩티

13세기 생 비방(Saint Vivant) 수도원이 개발하여, 1631년 17세기 수도원이 폐쇄될 때까지 소유하였다. 그때 이름은 라 로마니에였다. 이후 루이 15세의 정부 마담 퐁파두르와 콩티공(루이 프랑수아)이 포도원을 차지하기 위해 치열한 경쟁을 벌여 1760년 콩티의 소유가 되어, 그의 작위를 붙여 로마네 콩티 포도원으로 명명하였다.

▲ 로마네 콩티

메종 르로와(Leroy)는 1868년 부르고뉴의 작은 마을에 설립한 와인을 취급하는 네고시앙으로, 3대째 대표 앙리 르로와는 1942년, 로마네 콩티사의 주식 중 50%를 취득하였다. 그러나 르로와의 명성이 높아진 것은 그의 딸 라루 르로와 여사에 의해서였다. 라루는 프리미엄 가격을 지불하는 한이 있더라도 최상급 와인만을 선택적으로 구입하는 방법을 채택하였다. '최고급 = 르로와'라는 명성을 얻었으나 1980년에 생산자가 완제품 형태로 와인을 매도하게 되면서 차츰 입지가 약해지자, 라루는 스스로 포도밭을 소유, 와인을 생산하기로 한다. 이 과정에서 일본이 개입하게 되는데 메종 르로와의 주식 중 1/3을 일본 다카시마야(일본 백화점)에 매각하여 포도밭 매수자금을 조달하게 된 것이다. 당시 프랑스는 일본이 로마네 콩티를 소유한다는 여론이 커지면서 스캔들이 되었고, 프랑스 국내에서 반일감정이 일어나 정치문제로 발전하였다. 라루 여사는 로마네 콩티의 경영에서 배제되었다. 그 후 로마네 콩티와 같은 마을에 도멘 르로와(Domaine Leroy)를 설립, 로마네 콩티와 견줄 정도의 우수한 와인을 생산하여 인정받고 있다.

르로와 여사와 결별 후 현재는 오베르 드 빌렌이 총괄 사장으로 경영하고 있다. DRC가 다른 적포도주와 결정적으로 다른 것은 도멘의 스타일이라고도 할 수 있는 과숙한 피노 누아에 기인한 농밀한 과실미이다. 이를 가능하게 하기 위해서는 1ha당 25ml의 수량으로 1병에 3그루의 포도나무가 필요하다. 포도가 완숙할 때까지 수확을 기다리고, 까다로운 선별. 그리고 로마네 콩티를 말할 때 특수한 토양 구성, 일조와 물빠짐에 영향을 주는 토지 경사 등 밭의 환경요인이 언급되지만, 좋은 재배 환경을 위해 객토, 배수구 부설 등 인위적으로 노력도 많았다. 오크통은 최소 3년 이상 건조시킨 널판지만을 사용하여 만들어 와인에 지나친 오크향이 스며들지 않고 밸런스를 이루게 만든다. 로마네 콩티의 테루아는 자연환경 요소에 의해서만 형성되는 것이 아니라 적극적으로 관여한 열정으로 형성된 것이다.

로마네 콩티는 마을 이름이 아니라 포도밭 이름으로 프랑스 혁명시 공화국 최고의 와인으로 칭송되었으며 희소성으로 12병을 끼워 판다.

클로 드 부조

베네딕트 파의 포도밭이 기부에 의해 그 세를 점차 늘려간 것에 비해 베네딕트 파로부터 독립해 나온 시토파는 스스로 토지를 개간함으로써 포도밭을 늘려갔다. 그들이 개간한 가장 유명한 포도밭은 부르고뉴 최대의 최상급 포도밭인 클로 드 부조였다.

시토파가 1109년부터 1115년 사이에 기증 받은 밭은 주로 부조 마을의 땅이었다. 그 땅들을 조각 맞추기처럼 하나씩 개간하면서 큰 덩어리의 형태를 이루는데, 그 밭들은 담으로 둘러져 있다. 바로 유명한 클로 드 부조 수도원의 이름이자 포도밭 이름이고 와인 이름이다.

▲Clos Vougeot

1110년 클로 드 부조의 조성, 1336년 50ha의 포도밭마다 토양의 성질이 다르다는 것을 발견하고 그 주변에 돌담을 쌓아 경계를 구분하였다.

• 테루아(Terroir)와 클리마(Climat) 개념으로 발전

시토 수도원에서 근처 클로 드 부조 수도원의 수사들은 고행을 통해 하늘의 목소리를 소망했다.

와인 스펙테이터 평론가 '맷 크래머'는 암울했던 중세를 살던 수도사들은 하늘의 목소리를 갈구했는데, 포도밭에서 땀방울을 쏟으며 노동을 하면 하늘의 목소리를 들을 수 있을거라 믿었을지 모른다라고 말했다. 한평생 수도에 정진한 수도사들은 자신이 속한 지역교회 주변을 샅샅이 알 수 있었다. 특히 포도밭의 위치에 따라 와인의 맛이 달라짐을 발견하고 가까이 인접해 있는 포도밭이라도 특성이 다름을 인지하여 돌담을 쌓아 경계를 구분하였다. 클로 드 부조의 정체성은 거래성 사용 및 보호자금의 용도로 활용되며 중세 최고의 품질과 명성을 가진다. 프랑스 혁명을 통해 국유화된 후 공매 처분되어 50ha가 현재 80여 명의 소유주로 세분화되었다. 부르고뉴 포도밭 세분화의 극단적 사례로 보르도 와인 산지와 부르고뉴를 구별하는 대별점이다.

✎ 오스피스 드 본 ──○

본 시에는 세계에서 가장 유명한 경매의 수익금으로 운영되는 자선병원이 있다. 이 병원은 15세기 중엽에 창설된 것으로 지금도 활발한 활동을 계속하고 있으며, 환자를 무료로 돌보고 있다. 세월을 거듭하면서 많은 포도밭을 기부 받아, 현재는 코트 드 본은 물론 코트 드 뉘이까지 이름 있는 포도밭을 소유하고 있으며, 오스피스 드 본이라는 문장이 들어간 와인도 내놓고 있다. 이 와인의 경매에서 얻은 이익금을

▲Hospices de Beaune

병원의 유지와 시설에 사용하고 있다. 현재까지도 매년 11월 세번째 일요일에 개최되는 와인 경매에는 많은 와인 애호가가 모이고 있다.

니콜라스 롤랭(Nicolas Rolin)과 그의 아내는 1443년 늙고 병약한 환자를 위해 집을 오픈했다. 기금이 필요해서 주변의 많은 포도원 오너들은 포도밭을 기부했고, 생산된 와인을 가지고 경매를 마련했다. 일정 판매 수익은 오스피스 병원 유지를 위해 기부되었다. 이 경매에서 판매된 모든 와인은 Hospices de Beaune이라고 라벨에 표기되어 출시되고 있다. 2005년부터 영국의 경매사인 크리스티가 주관하고 있다.

호스피스(Hospices)는 말기 암 환자의 고통을 덜기 위한 시설이나 지원 활동으로 많이 알려져 있다. 원래는 종교단체 등에서 운영하는 여행자 숙박소, 혹은 빈민이자 병자의 수용소를 의미했다.

지금도 영어로 호스피탈하면 병원을 뜻하지만, 자선시설이나 구호소의 뜻도 있으며, 프랑스어 오텔 디외(Hotel Dieu)는 시립병원을 말하기로 한다.

5-1 보졸레 누보(Beaujolais Nouveau)

매년 11월 셋째 주 목요일 0시면 전 세계는 보졸레 누보의 신선함을 탐미하는 사람들로 떠들썩하다. 획기적인 마케팅 이벤트로 일약 스타가 된 보졸레 누보의 빛에 가려진 보석같은 존재도 있다. 그것이 바로 보졸레 아펠라시옹 와인이다. 1951년 공적으로 허가된 보졸레 누보는 출하와 동시에 전 세계적인 붐 현상을 일으켰다. 보졸레 누보가 상업적인 성공을 일으킨 최대 이유는 마케팅 기법에 기인한다. 1985년부터는 출하일을 11월 3째 목요일로 사전에 정해놓고 있다. 역산해 보면 포도 상태가 어떻든 간에 9월 초반에 수확을 시작해야 한다. 그러므로 출하시기에 맞추기 위해 포도를 미성숙 상태로 수확하는 경우도 드물게 발생하게 되는데 양조 단계에서 대량의 당분을 첨가하고 양조 기간을 단축하기 위한 여러 기술이 추가적으로 필요하다.

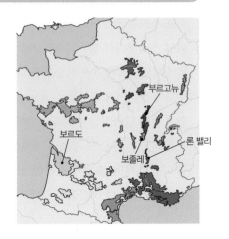

5-2 보졸레 누보가 다른 저가 와인보다 비싼 이유

1985년 조지 뒤뵈프는 발상 전환으로 보졸레 누보의 이벤트를 창안했다. 보졸레 누보, 와인에 관심 있는 사람들이 한 번쯤은 들어 보았을 이름이다. 요즘은 할인마트나 심지어 편의점에서도 이 와인을 쉽게 찾을 수 있다. 그 만큼 최근 몇 년 동안 한국 시장에서 가장 대중적으로 가장 선풍적으로 인기를 끌었다고 해도 과언이 아니다.

보졸레 누보하면 생각나는 사람이 바로 네고시앙인 조지 뒤뵈프(Geroges Duboeuf)이다. 일명 보졸레 왕이라 불리며 보졸레 누보를 상품화해서 결국 시장에서 성공시킨 사람이다. 예전에 불미스런 사건에 연루되어 그 명성에 타격을 받았지만, 보졸레 누보 와인의 선구자로 아직도 널리 인정받고 있다. 그의 명성만큼이나 유명한 것은 바로 보졸레 누보의 마케팅 전략이다. 르 보졸레 누보 에 타리베(Le Beaujolais Nouveau est arrivé(The New Beaujolais has arrived))라는 슬로건을 걸고 매년 11월 셋째 주 목요일 0시에 전 세계에 출시된다. 몇 년 전만 하더라고 보졸레 누보가 출시되는 11월 셋째 주 목요일 0시 보졸레 누보 파티나, 각종 이벤트, 행사들이 많이 개최되었었다. 일반 소비자들도 보졸레 누보 자체의 와인 맛보다는 이런 특색있는 이벤트에 더 관심을 갖게 되면서 와인과 친숙해졌다.

보졸레는 부르고뉴 지역의 최남단에 위치하고 있는 지역이다. 하지만 보졸레는 서로 기후도 다르고, 포도 품종은 물론 와인 양조 방법도 달라 공통점이라고는 거의 찾아보기 힘들다. 뿐만 아니라 부르고뉴 지역에서 멀리 떨어져 있기도 하다.

보졸레는 프랑스 버건디 지방의 최남단 지역인 보졸레 마을에서 100% 가메(Gamay) 포도 품종으로 만드는 것으로 수확한 후 1~2개월 안에 만들어 시장에 출시하는 일종의 '햇 포도' 와인이다. 앞에서도 언급했듯 8~9월에 수확하여 11월 셋째 주 0시에 전 세계 시장에 선보

이기 위해서는 신속하게 와인을 만들 수밖에 없다. 단 몇 주 동안 포도가 와인으로 바뀌어 병입하기 때문에 숙성된 와인의 맛보다는 포도 자체의 느낌과 단시일에 완성된 발효 방법으로 인해서 체리 캔디, 껌향 등의 인공적인 과일향이 풍부하다. 깊이 있고 정교한 부르고뉴의 와인 스타일과 달리, 보졸레는 근심 걱정 없어 보이는 조금은 쾌활하고 상큼한 스타일의 와인이라 할 수 있겠다.

보졸레 누보는 쉽게 마시는 와인이다. 다시 말해서 깊은 맛과는 거리가 멀기 때문에 가능하면 출시 후 빠른 시일 안에 마시는 것이 좋다. 장기 숙성용 와인이 아니기 때문에 출시되고 2~3개월 안에 시장에서 그 자취를 감춰 버린다. 그럼에도 불구하고 이런 와인이 다른 저가의 와인들보다 비싼 이유는 무엇일까? 맛이 더 뛰어나기 때문일까? 아니다. 앞에서 언급했듯이 품질적인 면에서 별다른 차이가 없다. 거기에는 운반과 관련된 비용이 연결되어 있다. 11월 셋째 주 목요일, 동시다발적으로 전 세계 시장에 선보이기 위해서는 비행기를 이용한 운송이 불가피하다. 이런 비싼 운송 부담이 고스란히 와인의 판매가에 적용이 되어 조금 비싸다는 것을 인정하지 않을 수 없다. 그러나 그 해에 수확한 와인을 처음으로 맛볼 수 있다는 매력과 보졸레 누보만의 독특한 맛, 전 세계 사람들이 동시에 똑같은 와인을 맛보고 있다는 독특한 경험이 차별화된 포인트다. 또한 그 맛이 심플하면서도 어렵지 않기 때문에 레드 와인이 떫고 텁텁하게 느껴지는 사람에게 제격이다.

보졸레 누보를 더욱 맛있게 즐기기 위해서 일반 레드 와인의 마시는 온도(18~20℃)보다 조금 더 차가운 약 13~15℃로 마시는 것이 좋다. 보졸레는 타닌이 적은 편이라 온도를 낮추면 비교적 타닌을 강하게 입 안에서 느낄 수 있기 때문이다.

5-3 보졸레 와인

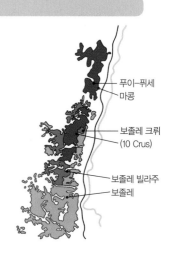

전체 면적 23,000ha, 100% 가메 품종을 사용하며 약 2,000개의 생산자가 있다.
토양은 자갈과 점토질 그리고 충적토이다. 등급은 다음과 같다.

보졸레(Beaujolais) AOC : 법정 최저 알코올 도수 10%

보졸레 수페리에르(Beaujolais superieur) AOC : 10.5% 알코올이 조금 높다.

보졸레 빌라주(Beaujolais village) AOC : 38개의 마을이 포함된 보졸레 북쪽에 위치

보졸레(Crus Beaujolais) 크뤼 AOC : 가장 상급의 보졸레 와인을 생산, 10개 크뤼(crus)가 존재한다.

푸이-퓌세
마콩
보졸레 크뤼 (10 Crus)
보졸레 빌라주
보졸레

5-4 보졸레 크뤼 10개

크뤼 포도밭은 6,191ha(35백만병 생산). 수출은 약 20%, 생산자는 약 1,350명, 네고시앙은 150개이다.

Brouilly 브루이 1257ha   Chénas 세나 249ha,

Chiroubles 시르블 334ha,   Côtes de Brouilly 코트 드 브루이 340ha,

Fleurie 플뢰리 914ha,   Juliénas 줄리에나 578ha

Morgon 모르공 1114ha,   Moulin−à−Vent 물랭아방 717ha,

Régnié 레니에 368ha,   Saint−Amour 생 타무르 319ha

[보졸레 누보에 가려진 보석, 보졸레 크뤼]

예전에 보졸레의 왕이라 불리우는 조지 뒤뵈프(Georges Duboeuf)의 후계자인 아들 프랭크(Franck) 씨가 한국을 방문했다. 그는 한국 시장에서 보졸레 누보에게만 지나치게 초점이 맞추어져 있는 현실이 안타깝다고 말했다. 물론 필자도 그의 견해에 100% 동감한다.

보졸레는 보졸레 누보외에 다양한 품질의 와인을 생산하고 있는데 보졸레 아펠라시옹(Beaujolais Appellation), 보졸레 슈페리에(Beaujolais Supérieur), 보졸레 빌라주 아펠라시옹(Beaujolais–Villages Appellation), 보졸레 크뤼(Beaujolais Cru) 등 총 4가지 품질 등급의 와인을 만들고 있다.

라벨에 간단히 '보졸레'라고 적혀있는 종류는 가장 기본적인 스타일의 보졸레 와인이다. 특정한 포도밭을 지칭하기보다는 보졸레 전 지역에서 수확한 포도로 만들어진 것으로 과일의 풍미가 덜 진하고 가벼운 바디를 지녔다.

보졸레 빌라주는 품질 면에서 이보다 한 단계 위다. 38개의 빌라주(마을)에서 재배한 포도를 블렌딩해서 생산한다. 화강암과 모래로 구성된 척박한 토양은 포도나무가 더 스트레스를 받게 만들어 주고, 궁극적으로는 포도 생산량이 줄면서 품질 좋은 포도가 수확된다고 한다.

가장 베스트는 보졸레 크뤼라 할 수 있다. 여기서 크뤼(Cru)는 다른 생산 지역에서 가리키는 포도밭을 의미하지 않고 특정한 마을을 뜻한다. 여느 보졸레 아펠라시옹에 비해 가메 포도의 풍부한 타닌과 산도가 느껴지며, 깊이감도 있고 아로마도 풍부하며 가격 또한 높다. 출시되자마자 마셔버리는 보졸레 누보와 달리 크뤼 와인은 약 5년 정도 병 안에서 숙성이 가능할 만큼 짜임새 있는 구조를 지닌다.

▲Marcel Lapierre Morgon

처음 크뤼 와인을 접한 것은 동료 소믈리에가 계획한 블라인드 테이스팅에서다. 당시 필자는 보졸레 와인인 것을 맞추지 못했다. 가메 포도로 만들었다고는 상상하기 힘들 정도로 잠재력 있는 구조와 풍미를 지녔기 때문이었다. 그때의 경험은 내가 갖고 있던 보졸레에 대한 편견을 일시에 날려버렸다. 특히 Moulin–A–Vent, Fleurie, Morgon 크뤼 와인을 마셔 본다면, 누구라도 보졸레 와인을 재평가할 것이라고 확신한다.

5-5 품종 및 양조 방식

• **가메(Gamay) 단일 품종 사용** : 중세시대부터 천대받던 포도 품종이었지만, 20세기에 보졸레 누보로 인해 알려지기 시작했다. 뚜렷한 과일맛은 블랙체리가 녹은 맛과 거의 똑같다. 억제되지 않고 흘러나오는 신선한 과일맛과 적은 타닌 때문에 가메는 약간 차게 해서 (15℃) 마셔야 한다. 프랑스를 제외하면 가메를 생산하는 곳은 드물다.

가메는 가벼운 레드 와인을 만든다. 맛의 깊이는 없지만 신선한 포도향, 상쾌한 신맛을 가지고 있다. 오래 숙성하지 않고 1~4년 이내로 신선할 때 마시는 경우가 대부분이다. 주요 과일 아로마로는 체리, 딸기, 라즈베리, 제비, 장미꽃의 향기가 나며 양조 스타일에 따라 바나나, 풍선껌, 솜사탕의 향기도 있다.

- **마케팅** : 1969년 네고시앙인 George Duboeuf에 의해서 창안되어 이 마케팅으로 세계에 수출하기 시작했다. 슬로건은 "Le Beaujolais Nouveau est arrive". 숙성을 시키지 않고, 짧은 시간 안에 양조된 와인으로, 출하 후 빨리 마시는 것이 좋다. 시원한 온도로 마시는 것이 좋다(13~15℃).

- **맛** : 과일향이 풍부하고(딸기, 버찌 등) 또한 바나나, 사탕, 풍선껌 등의 향이 조화를 이룬다. 입 안에서 유연하면서 부드럽고, 가벼운 바디로 신선한 풍미와 낮은 타닌으로 초보자들이 마시기에 부담이 없다.

- **탄산 침용발효 방식**(Carbonic Maceration) : 손 수확된 포도를 으깨지 않은 상태로 탱크 발효를 시킨다. 탱크 안에 쌓여진 포도는 중력에 의해 자연적으로 주스가 발생된다. 이때 이산화탄소를 주입시켜 이산화탄소로 가득 채워진 탱크에서 포도는 발효가 일어난다.

일반적으로 이산화탄소는 공기보다 밀도가 높기 때문에 아래로 쌓이고, 공기(산소)는 이산화탄소에 밀려 통밖으로 빠져 나간다. 탱크에 이산화탄소가 차게 되면 포도가 탄산 침용이 일어나게 되는데, 산고의 부재 상태에서 으깨지 않은 포도는 알코올이 발생되는 동안에 포도알 내부에서 세포내 발효가 시작된다. 세포내 발효는 효소(Enzyme) 발효를 의미한다. 포도 자체가 가지고 있는 효소는 무산소 환경에서 화학반응을 시작하며 세포내 발효를 한다. 이때 포도의 주석산이 알코올로 변환되기도 하며 부드러운 느낌을 갖는다. 효소 발효는 1주일이 지나면 알코올이 약 2%에 도달하고, 전형적으로 발효 온도가 35℃ 되면 포도의 효소는 죽기 시작한다. 이때 프리런 주스(Free run Juice)를 만들어 내거나 압착하여 프레스 주스(Press Juice)를 얻는다. 이어서 전통적인 효모 발효 과정을 거치면 옅은 색깔과 낮은 타닌과 과일 아로마가 풍부한 스타일의 레드 와인이 만들어진다. 보졸레 누보는 세미-탄산 침용 과정을 거친다. 탄산 침용과 동시에 효모 발효도 함께 일어나는 양조 방법이다.

읽을거리

[커피의 발효와 와인의 발효]

커피와 와인을 비교해볼 수 있는 지점이 발효다. 발효에는 젖산 발효, 알코올 발효, 초산 발효 등 다양한 방식이 있고 그로 인해 특별한 맛과 향이 생성된다. 발효의 시간, 온도, 방법에 따라 커피의 아로마와 맛이 결정되므로, 발효는 커피 가공에서 매우 중요한 부분이다.

2019년 세계적인 바리스타 대회인 월드바리스타챔피언십(World Barista Championship)에서 우승한 전주연 바리스타는 콜롬비아 라팔마 엘 투칸 농장 '시드라' 품종의 젖산 발효 원두를 사용했다. 젖산 발효는 무산소 상태에서 산소를 사용하지 않고 포도당 및 다른 6탄당들을 분해하여 젖산을 생성하는 발효 방식으로, 커피 가공에서는 이를 무산소 발효(Anaerobic fermentation)라고 부르는데, 이는 혐기성 발효이다. 이 과정을 거친 커피는 와인처럼 산미와 과일향을 느낄 수 있다. 최근 이 발효 방식이 커피 업계의 화두로 떠올랐다. 무산소 발효의 생두 가격은 kg당 몇만 원에서부터 수백만 원을 호가하며, 국내에서 재고가 부족할 정도로 바리스타들과 스페셜티 커피 전문점에서 인기를 누리고 있다.

또 이산화탄소를 주입해 산소를 배출하고 무산소 상태에서 발효시키는 방법도 있는데, 이는 탄산 침용법이라고도 부른다. 에티오피아에서는 커피 체리의 외피와 과육을 벗겨 그레인프로백(비닐봉투)에 담은 뒤 밀봉해 산소와의 접촉을 최소화하는 방식으로 발효한다. 콜롬비아, 코스타리카에서는 스테인리스 발효통에 넣고 이산화탄소를 가득 채우는데, 이렇게 발생된 가스는 발효 탱크 내부의 압력을 높이고 생두의 내과피인 파치먼트를 산소로부터 분리시킨다. 무산소 커피체리는 발효 과정에서 이산화탄소를 생성하고, 산소 없이 커피의 탄수화물과 그 속의 당을 분해하면서 젖산과 다양한 향기 성분을 생성한다. 이런 발효를 거친 커피는 산뜻한 산미와 독특한 향을 갖게 되며 주로 시나몬, 베르가못, 재스민향을 느낄 수 있다.

발효 측면에서 살펴보면 와인은 어떨까? 와인의 알코올 발효는 산소 접촉으로 효모의 생장이 이루어지고 알코올이 발생되는 원리다. 그리고 산소가 전혀 없는 상태에서 효소에 의해 일어나는 혐기성 발효는 와인 숙성 과정에서 산소를 차단해 와인이 산패되는 것을 막는다. 매년 11월 셋째 주 목요일에 출시되는 보졸레 누보(Beaujolais Nouveau)는 카보닉 마세라시옹(Carbonic Maceration) 또는 세미 탄산 침용으로 이와 유사한 방식이다.

포도를 으깨지 않은 상태로 발효 탱크에 넣으면 탱크 안에 쌓인 포도는 중력에 의해 자연적으로 주스가 생성된다. 이때 탱크에 이산화탄소를 주입해 포도 발효가 진행되는데, 일반적으로 이산화탄소는 공기보다 밀도가 높기 때문에 아래로 쌓이고 공기는 이산화탄소에 밀려 배출된다. 발효 탱크가 이산화탄소로 채워지면 포도에 탄산 침용이 일어난다. 산소가 없는 상태에서 으깨지 않은 포도에 알코올이 발생되는 동안 포도알 내부에서 발효가 시작되며, 이를 효소 발효라 한다. 포도 자체가 가지고 있는 효소가 무산소 상태에서 화학 반응을 하는 것이다. 이 과정을 거치면 비교적 옅은 색깔과 낮은 타닌을 가진 보졸레 누보 와인이 생산된다. 신선한 과일 아로마가 풍부한 보졸레 누보는 딸기, 버찌, 바나나, 사탕, 풍선껌 등의 향이 있고 입 안에서 유연하면서 부드러운 라이트 바디 와인이다. 신선한 풍미와 낮은 타닌으로 초보자들이 마시기에도 부담 없다.

커피와 와인 모두 원산지가 있으며 테루아의 특성이 반영된다. 그로 인해 다양하고 차별화된 가공법이 적용될 수 있다. 공통점이라면 바쁜 현대인들에게 커피와 와인이 정서적 여유와 즐거움을 준다는 점이다. 주변 사람에게 따뜻한 커피 한잔을 건네고, 와인 한잔을 함께 즐기길 권하면서 오늘을 눈부시게 보내보는 건 어떨까. 인생이 더 즐거워질 것이다.

6 ◆ 코트 뒤 론(Côtes du Rhône)

6-1 코트 뒤 론 지방의 개요

프랑스의 동남부에 위치하며 행정 구역으로는 론-알프스 지방(Region Rhône-Alpes)이다. 포도 재배 지역으로는 비엔(Vienne)에서 아비뇽(Avignon)까지 론 강을 따라 약 200km에 걸쳐 길게 펼쳐져 있다. 특히 코트 뒤 론과 프로방스의 루트를 따라가다 보면 역사적인 유적과 아기자기한 마을이 눈앞에 펼쳐진다. 교황청이 있는 중세

성벽도시 아비뇽 인근 지방은 줄리어스 시저가 지배하던 유적이 남아 있는 역사의 땅이다.

론 지역은 '태양의 와인'으로 불리운다. 그 이유는 론강 유역의 론지역에서 태양의 혜택을 가득 받기 때문이다. 보르도보다 진한 아로마가 느껴지고, 특히 미스트랄(Mistral)의 강하고 차가운 북풍이 공기 순환을 도우면서 병충해를 줄이고, 포도 열매 크기를 작게 만들어 농축된 맛을 가지게 한다.

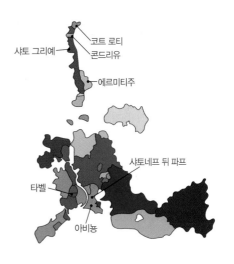

태양의 와인

- 론강 유역의 태양의 혜택을 받음
- 풍부한 아로마
- 높은 알코올
- 미스트랄 북풍의 영향
- 줄리어스 시저가 지배하던 유적이 남아 있는 아비뇽 일대

태양볕이 땅에 작렬하는 곳으로 포도는 완전히 익으며 따라서 알코올 농도가 매우 높아 레드 와인은 농후하고 타닌이 많다. 암적색이나 암자색의 고급 와인부터 비교적 단순하지만 알코올이 강한 와인을 생산한다. 79,780ha의 포도 재배 면적을 가지고 3,300,000헥토리터의 생산을 한다. 프랑스에서 2번째로 큰 생산지이기도 하다.

론은 북부론과 남부론 두 개 지역으로 나누어진다. 북부 론지역은 비엔(Vienne)에서 발랑스(Valence)까지이고 남부론 지역은 발랑스(Valence)에서 아비뇽(Avignon)까지이다.

- **북부 론** : 경사가 심하고 언덕에 가파른 곳에 위치한다. 소량 생산이라 가격이 비교적 비싸다. 적포도는 시라, 청포도는 비오니에, 루산느, 마르산느이며 코트 로티(Côte-Rotie), 에르미티주(Hermitage) 지역이 유명하다.
- **남부 론** : 넓은 지역의 평지로 일조량이 풍부하여 대량 생산을 한다. 적포도는 그르나슈 대표로 블랜딩, 청포도는 루산느, 마르산느, 클레레트이며 샤토네프 뒤 파프(Châteauneuf du Pape), 타벨(Tavel) 지역이 유명하다.

북부와 남부 지역 와인의 특징이 다르다. 북부는 섬세하면서 진한 맛이 특징으로 무게감이 느껴지며, 양질의 와인을 생산한다. 남부는 생산량이 많고, 양질의 와인과 많은 테이블 와인을 생산한다. 특히 품종을 블랜딩하여 생산한다.

- **코트 뒤 론**(Côtes du Rhône) AC : 카보닉 마세라시옹 양조법으로 만드는 경우도 있으므로 영하고 프루티한 것에서부터 오크통 숙성을 시키는 전통적인 와인에 이르기까지 매우 다양한 스타일의 레드 와인이 만들어진다. 론 지역 전체 생산량의 5분의 4를 이 와인이 차지한다. 1937년에 AOC로 지정되었으며 대부분 레드 와인을 생산한다.
- **코트 뒤 론 빌라주**(Côtes du Rhône Villages) AC : 아르데슈(Aredeche), 드롬(Drome), 가르(Gard), 보클뤼스(Vaucluse) 4개 지역 포함하여 95개 마을에서 생산한다. 아펠라시옹이 이 명칭을 얻기 위해서는 코트 뒤 론(Côte du Rhône)보다 최소 알코올

함유량이 1.5% 높은 12.5% 이상이 되어야 하고, 최대 생산량은 헥타르당 42헥토리터가 되어야 한다. 1966년에 AOC로 지정되었으며 다양한 스타일의 와인을 생산한다.

Côtes-du-Rhône ▶
Domaine Charvin

- **코트 뒤 론 빌라주 명(Côtes du Rhône Villages name) AC**

  표기 : Côtes du Rhône + 마을명 + Villages

  18개의 마을명 표기 허용(전체 95개의 마을 중에 18개 마을만 표기)

  마을명 : Rochegude, Rousset les vignes, Gadagne, Massif d'Uchaux, Plan de Dieu, Puymeras, Roaix, Sablet, Seguret, Valreas, Visan, Chusclan, Laudun, Saint Gervais, Signargues 등

- **크뤼(Cru) AC** : 17개 마을이 지정됨(⑩ 코트 로티(Côte – rôtie), 에르미타주(Hermitage) AOC)

개성이 강한 와인 스타일로 생산량을 제한한다. 이 중에 2개 크뤼는 뱅두 나튀렐(VDN : Vin Doux Naturels)로 생산

❶ 라스토(Rasteau) AOC

❷ 봄드 브니즈(Beaumes de Venise) AOC

※ 케란느(Cairanne) AOC는 2016년 크뤼(Cru)로 등급 상향 조정됨.

＊적포도 품종

레드 품종으로 시라(Syrah)와 그르나슈(Grenache)가 대표적이다.

− **시라** : 포도 껍질이 두껍고 타닌 함량이 많아서 장기 숙성형 와인을 만드는 데 쓰인다. 진한 적색을 띠고, 블랙커런트, 오디와 같은 부드러운 과일향을 풍기며 숙성이 잘 이루어지는 타닌이 풍부한 와인을 만든다. 프랑스에서는 시라(Syrah)로, 호주에서는 시라즈(Shiraz)로 불린다.

론(Rhône) 계곡의 농장들은 시라(Syrah)라는 포도를 많이 재배하는데, 십자군 전쟁에 참여했던 한 기사가 중동에서 가져와 심었다는 전설이 있다. 이란의 시라즈 지역에서 가져온 품종으로 날씨가 따뜻한 곳에서 잘 자란다. 개성이 강한 스파이시향, 블랙베리, 블랙커런트, 검붉은 과일, 후추, 유칼립투스, 가죽, 흙냄새가 난다. 검은빛의 진한 적색, 강한 맛과 향이 특징이며 숙성이 늦고 오래간다.

− **그르나슈** : 포도 알갱이가 크고 껍질이 얇지만 더운 기후, 척박한 토양에서 잘 자란다. 색이 석류빛을 띠며, 풀바디 스타일의 와인으로 알코올이 높다. 무화과, 붉은 과일(딸기, 라즈베리)의 농익은 과일향이 느껴진다. 비교적 강한 타닌으로 거칠다. 단일 품종보다 주로 시라, 무르베드르, 카리냥, 생소 등과 블랜딩하여 사용된다.

＊청포도 품종

화이트 품종으로 비오니에(Viognier), 루산느(Roussane), 마르산느(Marsanne), 그르나슈 블랑(Grenache Blanc) 등이 있다.

− **비오니에(Viognier)** : 건조하고 척박한 돌이 많은 토양에서 잘 자라는 품종이다. 조생종이며 매우 아로마틱한 품종이다. 알코올이 높으며 산도는 보통 또는 그 이하다. 복숭아, 살구, 꿀, 제비꽃, 흰 꽃향이 특징이다. 비오니에는 수확량이 적고 이 지역에서만 소량 재배되고 있다.

– 마르산느(Marsanne) : 비교적 척박한 토양에서도 잘 자라며 조생종이다. 알코올은 높지만 산도가 낮다. 멜론, 아카시아, 복숭아향이 느껴지며, 숙성되면서 마지팬과 헤이즐넛향을 느낄 수 있다.

– 루산느(Roussane) : 조생종이며 따뜻하고 척박한 배수가 잘되는 토양에 적합하다. 섬세한 와인을 만드는 품종이며 알코올과 산도가 높다. 꿀, 살구, 아이리스향이 특징이다. 숙성력 있는 와인을 생산하지만 곰팡이나 질병에 약하다. 주로 마르산 품종과 블랜딩으로 사용되며, 론 지역이 원산지인 품종이다.

6-2 북부 론

• 북부 론의 지형

가파른 언덕에 자리 잡고 있어 햇볕이 잘 든다. 화강암(Granite)으로 이루어진 심토(Sub-Soil)에 운모(Mica)와 편암(Schist), 화강암이 섞인 모래가 표토(Top-Soil)로 화강암토의 계단식 포도밭이 만들어져 있으며 온화한 대륙성 기후이다. 북부 론의 포도밭은 매우 가파르며 경사는 최대 60도에 이른다. 경사가 급하기 때문에 계단식 밭의 형태를 보이기도 한다. 이러한 계단식 밭을 테라스라고 부른다.

기계 수확이 어렵고 재배에 노력이 많이 들어가기 때문에 이 지역 와인은 가격이 비싸고 생산량도 적다. 품질이 뛰어난 레드 와인을 주로 생산한다. 지도상으로 비엔(Vienne)과 발랑스(Valence) 사이 약 70km 길이로 펼쳐져 있다. 남부 론에 비해 면적이 매우 작으며, 전체 론 지역 생산량의 5%를 차지할 뿐이다.

2가지 타입의 토양 : 이 기갈의 코트-로티 토양은 영주의 두 딸들의 머리 색깔에서 유래되었다.

• 코트 블롱드(Côte Blonde) : 앙퓌(Ampuis) 서쪽에 위치한다. 이름에서 알 수 있듯이 더 밝은 색의 모래 토양과 석회암으로 덮인 언덕이다. 비오니에 품종이 많이 재배된다. 와인이 좀더 가볍고, 과일이 풍부하고, 더 화려하고, 어린 와인도 접근하기 쉽다.

• 코트 브륀느(Côte Brune) : 앙퓌(Ampuis) 북쪽에 위치한다. 철분이 많은 편암과 진흙의 적갈색 토양으로 뒤덮인 경사면으로, 짜임새 있는 구조와 타닌이 풍부한 스타일이다.

레드 품종인 시라와 청포도인 비오니에를 20% 정도 블랜딩한다. 와인에 산도를 주고 아로마를 강하게 만들어주는 역할을 한다. 대륙성 기후와 미스트랄(강한 북풍)이 부는데 미스트랄은 와인 생산자에게는 양날의 칼과 같아서 비가 온 뒤 미스트랄이 거세게 불고 지나가면 습기가 말라 병충해로부터 포도 재배에 좋지만, 너무 세게 불면 포도나무가 꺾이고 쓸려 내려가 포도 재배를 망쳐버리기 때문에 생산량이 제한적이다. 화강암, 계곡 주변의 급경사에 위치한다. 이 지역에는 8개 크뤼가 있다(레드 5개, 화이트 3개).

▲ 급경사의 화강암

＊주요 산지 AOC

• 코트 로티(Côte-Rôtie) AC

코트 로티(Côte-Rôtie)는 프랑스어로 '구운 언덕'를 의미하며, 태양광선에 최대한 노출되는 많은 남향 포도밭이 분포되어 있다. 론의 가장 북쪽에 위치하고 적포도인 시라를 재배하며 화이트 품종인 비오니에를 20%까지 혼합할 수 있다. 이 지역의 AOC는 레드 와인만 생산한다. 타닌이 풍부하여 힘이 느껴지고, 오래 숙성 가능하다. 1940년에 AOC로 지정되었고 일조량이 매우 풍부하다. 론 계곡의 가장 북쪽 가파른 언덕에 포도밭이 위치한다. 경사가 매우 심하고 좁은 계단식 테라스 재배를 한다.

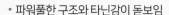

코트 로티 : 불타는 언덕 (Roasted Slope) 의미

• 위치 : 코트 뒤론 > 북부 론 > 코트 로티
• 이 기갈(E. guigal)의 라라라 시리즈 - La Landonne, La Mouline, La Turque
• 죽기 전에 마셔봐야 할 와인
• 2003, 2005, 2009 빈티지는 로버트 파커 100점을 받음
• 품종 : 80~90% 시라, 20~10% 비오니에 블랜딩 ・ 짙은 퍼플색
• 스파이스향과 후추 향과 과일향이 조화 ・ 파워풀한 구조와 타닌감이 돋보임

▲ Château d' Ampuis

읽 을 거 리

[프랑스 북부를 대표하는 코트 로티 마을의 포도밭 3총사 코트-로티(Côte-Rôtie)]
Turque, Landonne(Côte Brune), Mouline(Côte Blonde)

전 세계 유명한 레스토랑에서는 앞 다투어 기갈의 코트 로티 와인을 리스트에 올린다. 마치 레스토랑의 명성에 걸맞게 하기 위해서처럼 말이다. 그 중에서 가장 유명한 건 기갈의 코트 로티 시리즈인 La Landonne, La Moulin, La Turque 삼총사다. 워낙 소량 생산하기 때문에, 누구나 살 수 있는 것이 아닌 와인으로도 악명 높은 이 와인들은 세기의 와인에 꼽혀 꼭 마셔 보아야 할 100대 와인으로 선정될 정도로 이름 자체가 품질이다.

▲ La Turque

부르고뉴의 남쪽 보졸레를 지나서 이어지는 도시인 리옹(Lyon). 이곳에서 조금 더 남쪽으로 내려가다 보면 비엔(Vienne) 마을이 나온다. 이 비엔 시에서 아비뇽 시까지를 일컫는 지역이 바로 론 지역이며 그 사이를 흐르는 강이 론 강(Rhône River)이다. 코트 뒤 론(Côtes-du-Rhône)이라 불리는 이곳은 프
랑스의 대중적인 레스토랑의 와인 리스트에서 가장 쉽게 찾아 볼 수 있는 코트 뒤 론 아펠
라시옹(Côtes du Rhone Appellation) 와인을 생산하는 곳이다. 코트 뒤 론 와인은 비스트
로나 카페에서 품질 대비 가격이 저렴한 편이라 하우스 와인으로 널리 사랑 받는 서민적인
와인이다. 그래서 필자는 어느 식당에 가더라도, 주머니 사정을 고려하여 항상 론 지역 와

▲ La Landonne

인을 글라스(By the glass)로 주문하곤 했었다. 그러나 코트 뒤 론 중에는 서민적인 명성에
걸맞지 않는 블록버스터(Blockbuster) 와인도 있다.

각종 잡지와 언론 매체에서 박수갈채를 아낌없이 보내는 마르셀 기갈(Marcel Guigal)이
만드는 와인이 바로 그것(현재는 그의 아들 필립이 경영하고 있음). 그는 1980년대 새로운

▲ La Mouline

기술 방법, 특히 작은 새로운 오크 배럴를 이용하여 숙성하는 방법을 도입하여 코트 로티
와인의 혁명과 현대화를 주도한 장본인이다. '코트 로티' 아펠라시옹은 다양한 마을에서 생산하는 아펠라시
옹 와인이 있는 코트 뒤 론 지역 중에서 베스트 중에 베스트.

론 지역은 크게 시라 포도 품종이 주를 이루는 북부와 그르나슈, 무르베드르 등 다양한 포도 품종을 브렌딩
하여 만들어지는 남부 지역으로 나뉜다. 코트 로티(Côte Rôtie)는 북부 지역 중에서 가장 먼저 밟을 수 있
는 마을로 Roasted Slope이란 뜻이다. 처음 이 지역을 방문하였을 때 남쪽으로 약 60도 정도의 아주 가파
른 화강암 경사지에 있는 포도밭을 보고는 놀라움을 감출 수가 없었다. 차를 타고 포도밭을 올라가면서 급
경사에 뒤로 떨어질 것 같은 느낌에 '어떻게 인간이 이렇게 비탈져 경사진 곳에서 포도를 재배할 수 있는가'
라는 의문이 가득했다. 포도밭에 서 있으면 바로 앞으로 떨어질 것은 경사도에 아찔하였다. 가파른 경사 지
형을 봐서는 도저히 기계가 올라가서 수확할 수 있을 것 같아 보이지 않았다. 실제로 코트 로티 아펠라시옹
와인은 사람이 직접 포도를 수확한다. 꼭대기에서 수확한 포도 박스를 바로 아래의 사람에게 전달해서 땅으
로 옮긴다. 그 모습은 마치 인간 사슬고리를 연상케 한다고….

그렇다면 왜 이렇게 작업하기 어려운 곳에 포도밭을 만들었을까? 경사지에 분포된 시라(Syrah) 포도는 풍
부한 일조량으로 일광욕을 할 정도로 숙성이 잘 이루어 질 수 있는 최적의 자연적인 조건을 갖추고 있다. 한
낮의 많은 일조량은 잔당을 높이고, 밤에는 높은 고도와 미풍에 의해 서늘하여 산(Acidity)을 유지할 수 있
게 만들어준다. 그야말로 따뜻함과 서늘함, 음양이 조화를 이뤄 전 세계인에게 사랑받는 코트 로티가 만들
어지는 것이다.

코트 로티의 가장 유명한 경사지는 코트 브륀느(Côte Brune)와 코트 블롱드(Côte Blonde). 그 이름은 귀족
봉건 영주의 딸들의 머리색인 갈색과 금발 머리색에서 유래되었다고 한다. 코트 브륀느에서는 견고한 타닌
으로 힘이 있는 근육질 스타일의 La Landonne과 La Turque 와인이 생산된다. 반면에 코트 브롱드에서는
La Moulin, 즉 이름 자체에서 느껴지는 우아하고 풍미 있는 스타일의 와인이 생산된다.

● 꼭 한번은 마셔 보아야 할 세기의 와인
전 세계 유명한 레스토랑에서 올리는 코트 로티 와인 가격표에는 여느 와인보다 몇 개의 '0'들이 붙어 있다.

처음 기갈을 방문했을 때였다. 물론 아는 사람은 다 알겠지만 그의 유명세는 전 세계에 이미 널리 알려져 있기 때문에 방문 자체가 무척 힘들었다. 지금은 마르셀 기갈의 아들 필립 기갈이 와인 양조, 사업을 총괄하고 있다. 까브(Cave)로 들어가는 정원에 펼쳐진 광경은 그야 말로 마치 그리스 신화에 나오는 신전처럼 웅장하였다. 보르도의 귀족적인 풍의 샤토와 견줄만 하였고, 부르고뉴의 도멘들은 초라해져 보일 정도로 비교가 되었다. 물론 자본주의 냄새가 물씬 풍긴 것도 사실이다.

당시 많은 시간을 머물지는 못해, 아쉽게도 그의 프리스티지 와인들을 테이스팅 하지는 못했다. 그후, 와인 스펙테이터(Wine Spectator)에서 주관하는 뉴욕 와인 익스피어리언스(New York Wine Excperience)에서 다시 이들 부자를 만날 수 있었다. 코트 로티 삼총사(La Landonne, La Moulin, La Turque)의 9개 올드 빈티지를 한 자리에서 테이스팅 할 수 있는 기회로 La Landonne, La Moulin, La Turque을 2~3번 정도 밖에 마셔본 적이 없는 나로서는 기대되는 자리가 아닐 수 없었다. 드디어 테이스팅 시간, 그날의 와인들은 모두 마르셀 기갈, 자신의 셀러에서 직접 가지고 온 것이었다.

70년대 빈티지의 La Landonne은 여전히 농익은 과일향이 느껴지면서 사냥 고기의 숙성된 향과 가죽향들이 퍼지면서 실크와 같은 감촉의 질감이 입 안에서 긴 여운을 남기며 걸리적거리는 것이 아무것도 없는 와인이었다. 벼는 익을수록 고개를 숙인다고 했던 말이 생각이 났다. 와인도 세월이 흘러 숙성이 될수록 젊었을 때의 원기 왕성한 힘이 점점 부드러워지면서 자신을 스스로 낮추고 남을 배려하면서 구성원간의 조화를 이루어 갈 줄 아는 것처럼 말이다. 테이스팅 내내 걸작 와인에 대해 생각했다. '걸작은 이런 와인들을 두고 하는 말이구나. 그렇다면 과연 무엇이 걸작을 만드는가? 왜 걸작이라고 부를 수밖에 없는가?' 분명한 건 타고난 원재료인 테루아를 가지고 연구하고 발전시키며 끊임없이 향상시키는 노력 없이는 힘들 것이다. Côte-Rôtie 아펠라시옹은 시라(Syrah) 포도 품종을 주로 이용하여 만든다. 그러나 프랑스의 포도법에 의하면 소량의 화이트 포도 품종인 비오니에(Viognier)를 블랜딩하여 생산을 허용한다. 이처럼 프랑스의 레드 와인 아펠라시옹 지역 중에서 화이트 포도 품종을 블랜딩에 허용하는 지역은 단 두 지역 밖에 없다. 코트 로티(Côte-Rôtie)와 에르미타주(Hermitage)이다. 에르미타주(Hermitage) AOC의 레드 와인은 화이트 포도 품종인 루산느와 마르산느를 약 15%까지 블랜딩할 수 있다. 그러나 법으로 화이트 포도 품종을 허용하더라도 코트 로티와 에르미티주는 점점 화이트 포도 품종을 블랜딩하는 생산자를 거의 찾아 볼 수 없을 정도로 대부분 100% 시라(Syrah) 포도 품종만으로 레드 와인을 생산하고 있다.

아펠라시옹(Appellation)	와인 종류	주요 레드 포도 품종	주요 화이트 포도 품종
Côte-Rôtie	Red	Syrah	None or Viognier 블랜딩
Condrieu	White	none	Viognier 비오니에
Château-Grillet	White	none	Viognier 비오니에
St-Joseph	Red and White	Syrah	Marsanne and Roussane 루산느와 마르산느 블랜딩
Hermitage	Red and White	Syrah	Marsanne and Roussane 루산느와 마르산느 블랜딩
Crozes-Hermitage	Red and White	Syrah	Marsanne and Roussane 루산느와 마르산느 블랜딩
Cornas	Red	Syrah	None

- **콩드리유(Condrieu) AOC** : 아주 작은 규모의 AOC로 비오니에(Viognier) 품종으로 만든 화이트 와인만 생산한다. 1940년에 AOC로 지정

- **샤토 그리예(Château Grillet) AOC** : 프랑스에서 가장 작은 면적의 AOC 중 하나로 화이트 와인만을 생산한다. 오직 하나의 소유자로 샤토 그리예 AOC를 이 포도원의 이름으로 표시한다. 비오니에(Viognier) 품종 100% 사용하고 1936년에 AOC로 지정되었다.

▲Domaine Yves cuilleron　　▲Château Grillet

- **생-죠세프(Saint-Joseph) AOC** : 시라 품종과 화이트 품종인 루산느(Roussanne), 마르산느(Marsanne)를 10%까지 블랜딩할 수 있다. 1956년에 AOC로 지정되었다. 91%의 레드 와인과 9%의 화이트 와인을 생산

▲Saint-Joseph Pierre Gonon　　▲Crozes-Hermitage M. chapoutier

- **크로즈 에르미타주(Crozes Hermitage) AOC** : 에르미타주 북쪽에 있는 마을이다. 레드 와인은 시라 품종이 사용되고 루산느와 마르산느 15%까지 블랜딩 허용된다. 화이트는 루산느와 마르산느를 사용하고 에르미타주보다 유연하며 보다 더 빨리 숙성이 된다. 자갈이 섞인 석회질 또는 진흙과 모래 토양이며 1952년에 AOC로 지정되었다. 레드가 92% 화이트가 8%의 비율을 차지

- **에르미타주(Hermitage) 또는 L'Hermitage AOC** : 레드 와인 품종인 시라와 화이트 와인 품종인 루산느와 마르산느 15%까지 블랜딩할 수 있다.

- 운둔자의 거처 : 역사적으로 에르미타주는 운둔자의 거처로 알려져 있다. 십자군 전쟁에서 귀환한 기사가 속세를 떠나 은둔하면서 포도밭을 개간하였다고 한다. 론강의 동쪽 탱(Tain) 시 근처에 위치하며, 급경사 포도밭의 남동향 언덕에 있다. 프랑스에서도 가장 오래된 포도 재배 지역으로 간주되고 있는 곳으로 1937년에 AOC

▲Hermitage M. Sorrel　　▲Vin de Paille Hermitage

로 지정되었다. 레드는 파워풀하며, 세련미가 나타나고, 스파이스향이 특징이다. 화이트는 산미가 적으며, 약간 달콤한 듯한 부드러움이 특징이다. 이 지역 AOC는 포도를 건조하여 말려서 양조하는 스위트 스타일의 뱅드 파이(Vin de Paille)를 생산한다.

에르미타주 라 샤펠 (Paul Jaboulet Aîné Hermitage La Chapelle)

- 위치 : 코트 뒤 론 > 북부 론 >에르미타주
- 샤펠은 교회라는 의미
- 품종 : 80~90% 시라, 15~10% 비오니에 블랜딩
- 부드럽지만 견고한 타닌
- 장기 숙성용

▲La Chapelle Paul Jaboulet Aîné

- **코르나스(Cornas) AOC** : 색이 매우 진한 것이 특징이며 론 와인 중 타닌 성분이 짙다. 100% 시라로 생산하고 1938년에 AOC로 지정되었다. 레드 와인만 생산

Cornas Domaine Alain Voge ▶

- 생 페레(Saint-Péray) AOC : 화이트 품종인 루산느와 마르산느 품종. 스파클링 와인은 병 속에서 발효가 되는 샴페인과 같은 방식을 이용한 크레망 와인을 생산한다. 석회질에 화강암이 섞인 토양으로 1936년에 AOC로 지정되었다. 화이트, 스파클링 와인 생산(이 지역 AOC는 레드 와인은 생산하지 않는다)

▲ Saint-Péray

6-3 남부 론

북부 론과는 다르게 여러 품종을 혼합하여 와인을 만든다. 시라를 포함하여 총 18개의 다른 품종들과 혼합이 되는데 그들 중에서 가장 대표적인 품종은 그르나슈(Grenache)이다(2008년까지 13가지 품종). 그 외 품종으로는 시라(Syrah), 생소(Cinsault), 무르베드르(Mourvèdre) 등이 많이 사용된다.

코트 뒤 론 빌라주
Côtes du Rhône Villages
라스토
Rasteau
지공다스
Gigondas
봄드 브니즈
샤토네프 뒤 파프
코토 뒤 방투
코트 뒤 뤼베롱
코트 뒤 론
타벨
아비뇽

- 포도 품종 : 그르나슈(Grenache), 시라(Syrah), 무르베드르(Mourvèdre), 피폴 누아(Pipoul noir), 테레 누아(Terret noir), 쿠누아즈(Counoise), 뮈스카댕(Muscadin), 바카레스(Vaccarese), 피카르댕(Picardan), 생소(Cinsault), 클레레트(Clairette), 루산느(Roussane), 부르불랑(Bourboulenc)

주요 산지 AOC는 다음과 같다.

- 지공다스(Gigondas) AOC : 레드 와인은 최고 80% 그르나슈와 15%의 시라와 무르베드르를 사용할 수 있다. 1971년에 AOC로 지정되어 레드 와인을 생산하고 화이트 와인은 생산하지 않는다.

- 뱅소브르(Vinsobres) AOC : 레드 와인만 생산한다. 그르나슈 최소 50% 이상 사용하고 시라 또는 무르베드르 최대 25%까지 사용한다. 그 외 AOC 규정에 의해 허용된 품종을 최대 25%까지 사용할 수 있다. 2005년에 AOC로 지정

▲ Gigondas E. Guigal ▲ Vinsobres Famille Perrin

- 라스토(Rasteau) AOC : 최소 50%의 그르나슈 품종을 사용하여야 하며, 20%의 시라와 무르베드를 블렌딩할 수 있다. 레드 와인 원산지로 AOC는 2010에 지정됨. 특히 라스토 AOC는 뱅두 나튀렐(Vins Doux Naturels : VDN)을 같이 생산하는 지역으로 1944년에 AOC 지정되었다. 뱅두 나튀렐은 발효가 끝나기 전에 브랜디 주정을 첨가하여 생산한다.

▲ Rasteau Ortas ▲ Vins Doux Naturels Rasteau

강화 와인으로 높은 잔당(252g/ℓ)으로 달콤하다. 90% 이상 그르나슈(Grenache) 사용, 수율은 최대 30hl/ha 생산한다.

- 샤토네프 뒤 파프(Châteauneuf-du-Pape) AOC : 교황의 새로운 성이란 의미로 14세기 아비뇽에 유폐되었던 교황의 여름 별장이 있던 곳에서 명칭이 유래되었다. 이 지역의 와인은 병에 교황기가 양각되어 있다. Châteauneuf-du-Pape의 모든 병에는 아비뇽시의 교황 문장의 상징이 있다.

▲ 샤토네프 뒤 파프 토양

두 개의 교차된 열쇠, 성 베드로의 열쇠이다. 포도원에 갈레(Galets)라는 조약돌이 깔려 있는 것으로 유명하며 포도나무 가지는 고블렛(Gobelets) 방식으로 뜨거운 햇빛으로 포도가 시드는 걸 피하게 해준다. 이로 인해 낮 동안 받은 열을 저장하였다가 밤에 열을 발산함으로써 포도가 익는데 많은 도움을 준다.

1936년 AOC 제정시 포도 품종은 13개 허용되었다가 2009년에 수정되어 18개가 허용되었다. 주 품종은 그르나슈, 시라, 무르베드르이고 그 외에 레드 품종인 생소, 쿠느와즈, 픽폴 누아, 테레 누아, 바카레스, 브륀 아르장테, 뮈스카르댕이 있다.

풀바디하며, 힘이 있고 타닌이 많고, 씹는 듯한 느낌이 난다. 알코올이 높다. 플럼과 체리의 잘 익은 과일향이 나타나며, 스파이스향이 조화를 이루었다.

▲ 열쇠 모양은 '천국의 문을 여는 열쇠'라는 의미   ▲ Château Beaucastel

화이트 품종은 그르나슈 블랑, 루산느, 부르불랑, 클레레트, 픽폴 블랑, 픽폴 그리, 그르나슈 그리 등이 있다. 적은 양의 화이트 와인을 생산하고 신선한 꽃향과 풀향이 조화를 이룬다.

샤토 라야스 (Château Rayas)

샤토네프 뒤 파프 지역의 북동쪽에 위치하며, 약 12헥타르로 소량 생산한다. 특히 이 지역에서 블랜딩을 하는 와인과 다르게 100% 그르나슈 품종으로 레드 와인을 만들고, 장기 숙성이 가능한 와인을 생산한다.

클로 데 파프 (Clos des Papes)

• 위치 : 코트 드 론 > 남부 론 > 샤토네프 뒤 파프
• 품종 : 다품종 블랜딩 허용(주요 품종 : 시라, 그르나슈, 무르베드르 등)
• 2007년 와인 스펙테이터 1위 랭킹
• 후추, 타바코, 바질 잎향이 은은하게 풍기며 서양자두 과일향과 육향이 복잡한 아로마향 이룸
• 에너지 있고, 타닌과 상쾌한 산미가 조화를 이룸
• 알코올이 풍부하고 풀바디 스타일

▲Clos des Papes

읽을 거리

[와인의 재발견, 샤토네프 뒤 파프(Châteauneuf du Pape)]

오늘 느낀 와인의 맛이 내일 새롭게 느껴질 수도 있고, 같은 와인이라도 자신의 컨디션에 따라 느낌이 다를 수 있다. 따라서 정답도 오답도 없는 것이 바로 와인이다. 샤토네프 뒤 파프 와인은 필자에게 발견에 대한 기쁨을 가르쳐주었고, 동시에 와인에 대한 선입관을 버리게 도움을 주었다.

론 지역은 왜 두 지역으로 구분될까? 남부 론 지역을 여행하면서 그 궁금증이 풀렸다. 북부 론 지역에서 바라본 포도밭은 강 위쪽에 있었는데 가파른 경사 때문에 거의 강에 빠져들 것처럼 아슬아슬하게 위치해 있었다. 반면, 남부 론 지역의 포도밭은 강에서 약 20~30마일 정도 떨어진 편평한 언덕 위에 펼쳐져 있었다. 육안으로만 봐도 그 차이를 확연히 알 수 있을 정도로 큰 대조를 보인다.

뿐만 아니라 인접한 지역임에도 토양도 차이를 보였다. 북부 지역이 화강암과 슬레이트로 이루어져 있다면, 남부는 포도밭 표면의 흙이 거의 보이지 않을 만큼 굵은 돌들이 포도밭을 가득 채우고 있었다. 돌로 펼쳐진 카페트처럼 말이다.

아비뇽(Avignon) 시에서 차로 약 15~20 정도 가다보면 만날 수 있는 곳, 샤토네프 뒤 파프는 전형적인 남부 론을 대표하는 지역으로 보르도에 비해 약 34배나 작은 고원들이 넓게 펼쳐져 있다. '교황의 새로운 성'이란 뜻의 이곳에서 생산되는 와인의 병목 밑에는 로마 교황의 문양이 상징처럼 새겨져 있다.

●찬 바람과 자갈밭에 감춰진 힘

샤토네프 뒤 파프(Châteauneuf du Pape)의 포도밭에 잠시 서 있으니 가히 폭력적이라고 할 수 있을 만큼 강력한 바람이 얼굴이 아렸다. 미스트랄(Mistral)이라고 불리는 이 강하고 차가운 바람을 이 지역의 와인 생산자들은 마치 친구처럼 여긴다. 포도가 숙성하는 동안의 서늘한 기후는 산을 보유할 수 있도록 도와줄 뿐만 아니라 수확기에는 드라이한 바람이 습도와 곰팡이 균으로부터 포도를 보호해주고 수분을 증발시켜 더 응축된 당과 산을 지닌 포도를 수확하게 해주기 때문이다. 필자에게는 거추장스러운 거칠기만 한 바람이 와인 생산자에게는 더없이 중요한 친구였다니….

바람을 등지고 샤토네프 뒤 파프의 포도밭을 서둘러 둘러보았다. 굵은 돌덩이로 뒤덮인 황량한 포도밭에는 조금 오래되어 보이는 포도나무가 띄엄띄엄 심어져 있었다. 비교적 포도나무들이 조밀하게 심어져 있던 다른 포도밭의 모습과는 확실히 달라 보였다. 와인 생산업자에게 그 이유를 물으니 주요 포도 품종인 그르나슈(Grenache) 때문으로 포도 한 그루의 나무 몸통에 작은 곁가지들이 사방으로 자라 많은 공간을 필요로 하기 때문이라고 했다. AOC 규정에서 프랑스에서 가장 적은 포도 생산량이 요구되는 것도 그 때문인 것이다. 또 포도밭에 깔려있는 돌들 역시 아주 중요한 역할을 한다고 했다. 낮 동안의 많은 일조량을 받은 돌은 열을 계속 유지시키면서 숙성을 재촉하고, 방패막처럼 내부 토양을 건조되지 않도록 보호해줌으로써 여름 시즌의 포도 재배에 이로운 조건을 만들어 준단다. 모든 포도밭이 그렇듯이, 이곳의 포도밭 역시 어느 것 하나 하찮은 존재가 아닌 중요한 역할을 자연 속에서 충실히 수행하고 있었다. 자연의 경이로움이란 감탄해마지 않을 수 없었다. 또 하나 이색적이었던 것은, 론 지역 대부분의 와이너리 양조장에 큰 오크통이 있다는 것. 보르도나 부르고뉴 지역에서 흔히 보는 작은 오크 배럴이 아닌, 내 키를 훌쩍 뛰어 넘는 큰 오크통이 있었다. 이를 푸드르(Foudres)라고 부르는데, 그 지역에서만 특히 애용되고 있었다. 이유인 즉슨, 그르나슈 포도 품종은 산화에 민감하기 때문에 일반적으로 큰 시멘트 탱크에서 양조하고, 작은 오크 배럴은 산소 구멍이 훨씬 더 많기 때문에 산화될 가능성 많다는 이유로 이곳에서는 사용을 자제한다고 했다. 또 다른 포도 품종인 시라나 무르베드르 역시 푸드르(Foudres : 나무로 만든 큰통)를 이용하여 양조를 한다. 포도법 상에 의하면 샤토네프 뒤 파프는 최대 18종의 포도 품종 블랜딩(혼합)을 허용한다. 샤토네프 뒤 파프는 주로 블랜딩하는데 그 이유는 각 포도 품종이 와인 안에서 각자의 역할을 하기 때문이다. 예를 들면, 그르나슈 포도 품종은 주로 집에서 만든 달콤한 과일잼 향과 높은 알코올을 만들어주고, 시라는 짙은 색과 스파이스, 후추향을 전해주며, 무르베드르는 짜임새 있는 타닌 구조와 우아함을 동시에 준다.

● 샤토네프 뒤 파프 와인의 재발견

솔직히 말해서 샤토네프 뒤 파프 와인은 그동안 특별한 느낌을 주지는 못했다. 물론 샤토 라야스(Château Rayas), 샤토 퐁살레트(Château Fonsalette), 샤토 보카스텔(Château Beaucastel)처럼 세계적인 명성의 이들 와인은 굳이 언급할 필요조차 없을 만큼 가치가 있지만 말이다. 그러나 그것을 제외한 대다수의 샤토네프 뒤 파프 와인은 소량 생산으로 가격이 높은 편임에도 불구하고 그 품질의 뒷받침이 미약하다고 생각해왔다. 그러나 짧은 경험으로 아펠라시옹을 평가한다는 것이 어리석었음을 깨달은 계기가 있었다.

● 와인에 대한 선입견은 깰수록 흥미롭다

매년 6월초에는 런던과 도쿄에서 영국 잡지 디캔터(Decanter) 주관으로 '인터내셔널 와인 챌린지(International wine challenge)'라는 이름의 전 세계에서 가장 큰 와인 대회가 열린다. 세계 각국의 유명한 와인 평론가들이 심사위원으로 함께 동석해서 전 세계의 약 5,000가지 이상의 와인 샘플을 블라인드 테이스팅으로 평가한 다음, 선정된 와인에게 금·은·동메달을 수여하는 대회다. 그렇다고 아주 고급 와인을 평가하는 자리는 아니다. 세계의 중저가 와인들을 객관적으로 평가하고 그를 통해 품질 좋은 와인들을 선별해서 대중에게 알리기 위한 대회다.

처음 세계적인 품평회를 참석한 것은 2003년이었다. 2003년 '인터내셔널 와인 챌린지'는 도쿄 힐튼호텔에서 1주일 동안 진행되었다. 아침 9시부터 오후 6시까지 줄기차게 새로운 와인들을 블라인드 테이스팅 한다는 것은 대단한 집중력과 인내를 요하는 힘든 작업이었다. 물론 필자는 이 대회에 운 좋게도 심사위원 자격으로 초청되었고, 덕분에 수많은 와인들을 테이스팅 할 수 있었다. 그때 알게 된 것이 바로 샤토네프 뒤 파프 와인으로 클로 드 로라투아(Clos de L'oratoire)였다. 당시 가격 대비 품질이 뛰어난 와인으로 선정되어 메달을 획득했는데, 그 맛은 샤토네프 뒤 파프 와인에 대한 선입견을 깨뜨리기에 충분했다. 썩은 고기 냄새로만 느껴졌던 와인을 약 13.5%라는 비교적 높은 알코올 함량으로 탄생시켜 프랑스의 다른 지역에 비해서 강한 느낌이 들었고, 푸드르(Foudres : 오크로 만든 통으로 용량이 6,200리터의 와인을 담을 수 있는 큰 숙성통이다. 참고로 일반적인 오크 배럴은 225리터 용량이다)로 숙성시킨 덕분에 사냥 고기 냄새와 흙향이 더해져 이 지역의 테루아로 새롭게 느껴지기 시작했다.

와인 공부에는 지름길이 없다. 경험 없이는 결코 논할 수 없는 것이 바로 와인이다. 많이 마셔보고, 또 다양하게 경험하고, 꾸준히 느끼고 발견하는 것이 와인을 알아가는 최고의 길이다. 오늘 느낀 와인의 맛이 내일 새롭게 느껴질 수도 있고, 같은 와인이라도 자신의 컨디션에 따라 느낌이 다를 수 있다. 따라서 정답도 오답도 없는 것이 바로 와인이다. 샤토네프 뒤 파프 와인은 필자에게 '발견에 대한 기쁨'을 가르쳐주었고, 동시에 와인에 대한 선입관을 버리게 도움을 주었다.

• 레드 포도 품종 : Grenache, Syrah, Mourvedre, Cinsaut, Muscardin, Counoise, Vaccarese, Terret Noir
• 화이트 포도 품종 : Grenache Blanc, Clairette, Bourboulenc, Roussane, Picpoul, Picardan

• 봄드 브니즈(Beaumes de Venise) AOC : 1943년 뱅두 나튀렐(Vins Doux Na-
turels) AOC로 지정. 이 지역은 천연감미 와인(VDN)으로 유명하다. 뮈스카
봄 드 브니즈(Muscat Beaumes de Venise) AOC이며, 이때 주요 품종으로 뮈
스카 블랑 아 프티 그랭(Muscat Blanc a Petit Grains)을 사용한다. 레드 와인
은 그르나슈 최소 50% 이상, 시라 25%, 무르베드르 20%, 그 외 레드 품종을 10%까지 사용할 수 있다. 2005
년에 레드 와인을 AOC로 인정

읽 을 거 리

[당신도 빠질 수 있다. 천연감미 와인을 아시나요?]

뱅두 나튀렐, 해석하자면 자연적인 스위트 와인(Naturally sweet wine)이다. 자연적으로 높은 당(Sugar)을
지니고 있는 포도로 만든 와인에 중성 알코올(브랜디)을 첨가한 것을 말한다. 발효가 중단되었기 때문에 미
처 발효되지 못한 당이 남아 있어서 알코올 도수는 높지만(15~18%) 달콤한 맛이 느껴지는 게 특징이다. 어
찌 되었든 다른 말로는, '천연감미(天然甘味) 와인'이라고도 부른다.

프랑스 남부 론에서의 랑그독 로시옹 지방은 강렬한 지중해의 태양과 만나는 해변가가 일품이다. 이런 곳
에서는 뭐니뭐니해도 와인 한잔이 딱이다. 오후 쯤이었을까. 테라스에 자리 잡고 앉아 글라스 와인을 주문
하려는데 웨이터가 특별한 와인을 권했다. 갈색 빛의 글라스를 보고는 속으로 평범한 레드 와인이겠거니 생
각했다. 그런데 그 맛은 뜻밖에도 너무나 달콤했다. 곧바로 웨이터를 불렀고, 그와 어울릴법한 초콜릿 케이
크 한 조각을 주문했다. 달콤한 와인에 초콜릿 케이크가 연출하는 환상의 하모니는 모든 피로를 단번에 씻
어주기에 충분했다. 잠시 그 맛에 빠져있다 보니 조금씩 그 와인의 정체가 궁금해졌다. 처음에는 포트 와인
이 아닐까 생각했는데, 그보다는 알코올 함량이 절제되어 있었다. 그러다 문득 소믈리에 공부할 때 기억해
두었던 이 지역의 와인 스타일이 생각났다. 그랬다. 바로 뱅두 나튀렐 와인(Vin Doux Naturel : VDN)이었다.

한번은 루시옹(Roussillon) 지역의 어느 포도 농장을 방문하다가 특이한 광경을 보았다. 우리네 시골 항아리
단지처럼 커다란 사이즈의 투명 유리병에 와인을 넣어 마당에 줄지어 세워놓는 모양이 마치 와인을 햇빛에
일광욕 하는 것처럼 보였다. 와인을 숙성시키는 독특한 방법이었다(일명 '봉봉'이라 부른다).

달콤한 와인에는 여러 종류가 있다. 보르도나 루아르 지역에서 만든 스위트 와인은 귀부병에 걸려 당분이
자연 생성된 포도로 만든 것이고, 독일이나 캐나다처럼 추운 지역에서 탄생된 아이스 와인은 얼린 포도를
수확해 만든 것이다. 그런가 하면 포트, 셰리, 마데이라 등 알코올을 첨가하여 인위적으로 당분은 남기고 주
정강화시킨 와인도 있다.

뱅두 나튀렐은 항아리 모양의 봉봉(Bonbon)이라 불리는 투명 유리병에 넣어서 햇빛을 직접적으로 받으며
숙성시킨다. 산소와 접촉해서 숙성되고 산화된 스타일(Oxidized style)은 와인의 색에서 느낄 수 있다. 화이
트 및 레드 천연감미 와인의 색은 원래 청명한 노란색과 짙은 보라색이지만, 3~4년의 숙성을 거치면서 앰
버(amber and Tuilé)색으로 변하기 때문이다.

그렇다면 뱅두 나튀렐 와인에 가장 널리 사용되는 포도 품종은 무엇일까? 화이트 와인인 경우 뮈스카(Muscat)가 대표적이다. 뮈스카는 단 하나의 포도 품종을 뜻하는 것이 아니다. 뮈스카 패밀리는 오래 전부터 지중해 지역에서 자란 포도 품종들과 연관되어 있으며, 주로 배, 복숭아, 오렌지 그리고 잘 익은 멜론 등의 달콤하면서 신선한 과일향이 풍부하게 느껴지는 것이 특징이다. 달콤한 와인은 뭐니해도 디저트 음식에 어울린다. 그리고 풍부한 단맛을 만끽하기 위해서는 조금 시원하게 마시는 것이 좋다.

- **리락(Lirac) AOC** : 그르나슈, 생소, 시라, 무르베드르 품종으로 레드와 로제 와인을 생산한다. 클라레트(Clairette) 주 품종으로 부르불렁(Bourboulenc), 그르나슈 블랑을 블랜딩하여 화이트 와인을 만든다. 1947년에 AOC로 지정되었고 레드는 85%, 화이트 9%, 로제 6%를 생산한다.

- **바케라스(Vacqueyras) AOC** : 레드 와인은 그르나슈 최소 50%와 시라, 무르베드르 최소 20%를 블랜딩하여 90%까지 사용하여 만들어져야 하고, 그 외 레드 품종을 10%까지 사용할 수 있다. 로제 와인은 그르나슈 최대 60%, 무르베드르 15%, 생소 15% 이상 사용할 수 있다. 화이트 와인은 클라레트, 그르나슈 블랑, 부르불렁, 루산느, 마르산느, 비오니에 등으로 다양하게 사용된다. 1990년에 AOC로 지정되었다.

- **타벨(Tavel) AOC** : 세계에서 가장 훌륭한 로제 와인 중에 하나이다. 포도를 껍질과 함께 일주일 정도 담가놓고 발효되지 않게 차게 한다. 껍질이 포도주스에 장미빛 색깔을 띠게 하고, 중요한 영양소인 펙틴과 단백질이 녹아들면 껍질을 거둬내고 발효를 시작한다. 1936년에 AOC로 지정되었다.

- **케란느(Cairanne) AOC** : 2016년 크뤼(Cru)로 등급 상향 조정되었다. 레드 품종은 그르나슈, 시라, 무르베드르, 화이트 품종은 그르나슈 블랑, 클라레트, 루산느, 마르산느, 비오니에이며 대부분 레드 와인을 생산한다. 토양은 석회암과 충적토를 이루고 있다. 붉은 철분이 풍부한 토양이다.

그 외의 AOC는 다음과 같다.

- **벙투(Ventoux) AOC** : 1951년 VDQS로 지정하였다가, 1973년 AOC로 승격되었다. 2008년까지는 코토 뒤 벙투(Côteau du Ventoux). 아비뇽에서 40km 떨어진 벙투산(Mont Ventoux) 해발 2,000미터의 산맥 아래에 위치한다. 벙투 산맥은 강한 바람과 미스트랄로부터 포도밭을 보호해 준다.
  주 품종은 부르불랑(Bourboulenc), 클레레트(Clairette), 쿠누아즈(Counoise), 그르나슈 블랑(Grenache blanc), 마르산느(Marsanne), 마르셀랑(Marsellan), 픽폴 누아(Picpoul noir), 루산느(Roussanne). 단, 배

르망티노(vermentino), 비오니에(Viognier)는 최대 20%까지만 사용 가능. 부르불랑(Bourboulenc), 클레레트(Clairette), 그르나슈 블랑(Grenache blanc), 루산느(Roussanne), 마르산느(Marsanne), 베르망티노(Vermentino), 비오니에(Viognier)

- **뤼베롱(Luberon) AOC** : 1988년 AOC로 지정되었고, 레드, 로제, 화이트 와인을 생산한다. 아비뇽과 엑상 프로방스 사이에 위치한다. 적포도는 시라, 그르나슈 누아, 무르베드르, 생소카리니토. 청포도를 블랜딩 할 경우(레드 와인일 경우 최대 10%까지 블랜딩 허용, 로제 와인일 경우 최대 20%까지 블랜딩 허용) 청포도는 그르나슈 블랑, 클레레트, 블랑시, 베르망티노, 부르불랑, 루산느, 마르산느, 유니 블랑

- **코토 뒤 트리카스탱(Côteaux du Tricastin) AOC**
- **코트 뒤 비바레(Côtes du Vivarais) AOC**
- **코스티에르 드 님(Costiere de Nimes) AOC**
- **샤틸롱 앙 디와즈(Châtillon-en-Diois) AOC** : 화이트 품종은 알리고테와 샤르도네 / 레드, 로제 품종은 가메, 피노 누아, 시라, 1975년 AC 지정
- **코토 드 디(Coteaux de Die) AOC** : 100% 클레레트(Clairette) 품종 사용, 드라이 화이트 와인 생산, 1993년 AOC 지정

- **클레레트 드 디(Clairette de Die) AOC** : 1942년 지정되었다. 뮈스카 블랑 아 프티 그랭(Muscat blanc a petits grains) 최소 75%가 들어가며 클레레트(Clairette) 품종을 사용 가능하다. 스파클링 와인으로 와인 양조는 앙세스트랄 디와즈(Ancestral dioise)로 샴페인 방식과 차이가 있다. 티라주(Tirage) 작업을 하지 않으며, 포도즙을 발효조에 넣고 저온 발효를 진행시킨다. 알코올이 4~5% 정도에 이르면 0℃로 냉각시켜 효모 활동을 중지시킨다. 아직 발효가 덜된 당분과 효모가 잔류하고 있으며 과일 풍미가 남아있다. 이 와인을 병입하는데 샴페인처럼 효모와 당분을 넣지 않는다. 병입 후 약 6~12개월 정도 저장고에 보관하면 잔당과 효모에 의해 대략 7~8% 알코올과 리(Lees : 효모 찌꺼기)를 지닌 스파클링 와인이 된다. 다시 큰 탱크에 옮겨서 효모 찌꺼기를 제거한 후 재병입한다. 40~55g/ℓ의 잔당이 남아있는 데미섹(Demi Sec) 35~50g/ℓ 스타일이다.

- **크레망 드 디(Crémant de Die)** : 클레레트(Clairette)로 생산되지만, 오늘날 알리고테, 뮈스카 사용 가능하며 1993년 AOC로 지정되었다. 전통 샴페인 방식으로 발효조에서 1차 발효하고, 병 안에서 2차 발효가 이루어진다. 드라이한 스타일의 스파클링 와인으로 청사과 외 아로마와 더불어 기분 좋은 향미를 가지고 있다.

7 ◆ **랑그독 루시옹(Languedoc–Roussillon)과 프로방스(Provence)**

7-1 **랑그독 루시옹**

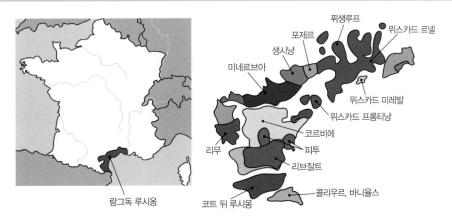

랑그독 루시옹은 양조 관한 기록이 기원전 700년으로 프랑스에서 가장 오래된 산지이며, 1285년 아르노 드 빌뇌브(Arnaud de Villeneuve)에 의해 최초로 주정강화 와인이 발명되었고, 1531년 리무(Limoux) 지역 생틸레르(St. Hilaire) 수도원의 수도사들에 의해 세계 최초로 스파클링 와인이 만들어졌다. 이는 돔페리뇽 수도사가 발견한 샹파뉴 지역보다 100년 빠르다.

프랑스에서 가장 넓은 포도 재배 지역인 랑그독–루시옹은 프랑스 남부 지중해 연안에 위치하여 여름은 덥고 건조하며, 겨울은 온화한 지중해성 기후를 나타낸다. 동북쪽에는 알프스의 찬바람이, 남쪽으로부터는 지중해 영향으로 온화한 기후, 산맥에 인접한 높은 고도의 포도밭은 일교차가 심하다. 따라서 햇빛과 바람의 영향으로 병풍해로부터 비교적 자유롭다.

랑그독은 연 강수량 710mm, 루시옹은 570mm에 불과하여 프랑스에서 가장 건조하며 뜨거운 와인 생산지역이다. 주로 프랑스 내에서 뱅드 타블(Vin de Table)과 뱅드 페이(Vin de Pay) 와인을 가장 많이 생산하는 지역이다.

- **레드 품종** : 카리냥(Carignan), 그르나슈(Grenache), 시라(Syrah), 무르베드르(Mourvèdre), 생소(Cinsault), 시라(Syrah) 등
- **화이트 품종** : 마카뵈(Maccabeu), 클레레트(Clairette), 피크풀(Picpoul), 모작(Mauzac), 루산느(Roussanne), 마르산느(Marsanne), 부르불랑(Bourboulenc), 뮈스카 블랑 아 프티 그랭(Muscat à Petit Grain) 등
- **뱅두 나튀렐(Vins Doux Natruels)** : 발효 중 알코올을 첨가시켜 달콤한 맛이 남아있는 와인을 만든다. 이를 뱅두 나튀렐(Vins Doux Natruels)이라 하고, 발효 전에 알코올을 첨가했을 경우 리큐르 와인(Vin de Liqueur)이라고 한다.

▲ Vins Doux Natruels

랑그독의 와인 역사는 기원전 5세기 그리스인들이 포도나무를 가지고 이 지역에 재배하기 시작하였다. 프랑스 포도원 지역에서 발생했듯이 포도주 양조법은 로마인에게 전수받아 확장하였다.

랑그독(Languedoc) AOC는 프랑스에서 가장 빠르게 성장하는 카테고리 중 하나이다. 오늘날이 지역의 레드, 화이트, 로제, 스파클링 및 스위트 AOC 와인은 뛰어난 품질과 가치를 추구하는 전 세계 소비자들에게 탐험하는 지역이다. 랑그독은 프랑스에서 가장 큰 유기농 와인 생산지역으로 프랑스에서 가장 큰 IGP 및 AOC 로제 와인 생산을 생산하고 있다.

랑그독 와인의 대부분은 블랜딩으로 레드, 로제와 화이트 와인과 전통적인 방법으로 만든 스파클링 와인을 생산한다. 랑그독의 리무(Limoux)에서 생산하며, 이와 같은 양조 기술은 1544년 기록 문서에서 확인된다. 또한 뮈스카 품종으로 4개의 뱅뒤 나튀렐 와인을 생산한다.

• **등급제** : Vin de Table < IGP < AOC(AOP)

뱅드 타블(Vin de Table) : 26%, 지리적 표시가 없는 와인

지리적 보호 명칭 IGP : 23 IGP(오드(Aude), 가르드(Gard), 페이 데롤(Pays d'Hérault), 피레네 오리엔탈 (Pyrénées Orientales)), 약 60%, 특정 지역 안에서 생산, 뱅드 페이(Vin de Pays), 생 산자의 재량 허용, 포도 품종의 개성 강조

원산지 통제 명칭 AOC(AOP) : 23 AOC(Appellations d'Origine Contrôlée), 총 생산량의 16%, 원산지 통제, 테루아의 특성을 강조

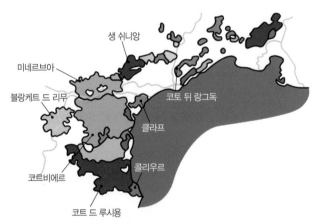

- **상급 등급** : 랑그독(Langue d'Oc) 〈 그랑 뱅(Grands Vins) 〈 크뤼(Crus)

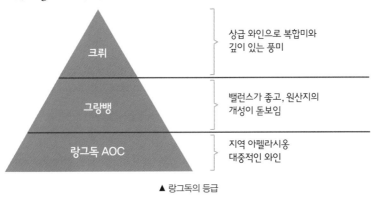

크뤼	상급 와인으로 복합미와 깊이 있는 풍미
그랑뱅	밸런스가 좋고, 원산지의 개성이 돋보임
랑그독 AOC	지역 아펠라시옹 대중적인 와인

▲ 랑그독의 등급

✎ 랑그독 레지오날(Langue d'Oc Régional) AOC/ AOP ─────○

10,000ha 포도밭, 2,000 생산자. 프랑스 남부의 4개의 도(道)가 존재 : 가르드(Gard), 에롤(Herault), 오드(Aude), 피레네-오리엔탈(Pyrenees-Orientales)

✎ 랑그독 그랑뱅(Grand vins) AOC/ AOP ─────○

- **카바르데스**(Cabardès) AOC : 1973년 VDQS로 지정되었고, 1999년 AOC로 승격됨. 규정에 따르면 Cabardès 레드 와인에는 카베르네 프랑, 카베르네 소비농 및 메를로의 조합이 최소 40%, 그르나슈 또는 시라는 최소 40%가 포함되어야 한다. 그 외에 생소, 코트는 품종은 최대 20%까지만 허용된다.

▲ Corbières, Faugères

- **말레페르**(Malepère) AOC : 최소 50% 이상 메를로 품종 사용, 카베르네 프랑, 코트, 생소, 그르나슈 등 품종 사용. 로제 와인은 카베르네 프랑(최소 50%) 사용
- **미네르브와**(Minervois) AOC : 포도 품종은 그르나슈, 시라, 무르베드르이며, 희귀한 레도네르 플루트(Lladoner Pelut 또는 Lladoner Pelut)와 블랜드하여 최소 60% 사용한다. 카리냥과 생소 블랜드는 40% 사용한다. 카리냥을 양조하기 위해 전체 또는 부분 탄산 침용(최대 2주)이 사용된다. 전통적으로 더 많은 추출을 장려하기 위해 자주 펌핑하거나 펀치 다운하면서 더 오랜 기간 동안 발효한다.
- **생 시냥**(St. Chinian) AOC : 화이트는 최소 30% 이상 그르나슈 블랑 사용, 그 외에 마산느, 루산느, 베르망티노 품종 사용, 레드는 최소 60% 이상 그르나슈, 시라, 무르베드르 품종 사용
- **코르비에**(Corbières) AOC

  | 레드 품종 | 시라(30%), 카리냥(29%), 그르나슈 누아(29%), 무드베드르(8%), 생소(3%), 기타 (1%).

  | 화이트 품종 | 그르나슈 블랑(41%), 루산느(14%), 베르망티노(13%), 막산느(12%), 마카뵈오(11%), 부르불렁(8%), 뮈스카 아 프티 그랭(1%)

  | 블랜딩 | 혼합의 40% 이상 80% 이하를 나타내는 주 품종을 포함하여 최소 두 가지 품종을 사용한다.
- **포제르**(Faugères) AOC : 이 지역에서는 카리냥 품종은 탄산 침용을 거치기도 한다. 레드 와인이 약 84% 생산. Béziers 북쪽에서 20km 떨어진 'Nature Schiste'라는 이름으로 Espinouse와 Caroux 산 주변의 야생 계곡에 자리 잡은 포제르(Faugères)는 쾌적한 환경에 자리잡고 있다. 약 2,000ha의 포도밭으로 7개의 마을과 작

은 마을의 중심에 있다. 상급 와인 중에 약 30%가 유기농 재배를 한다.

- **리무(Limoux) AOC** : 레드 와인, 화이트 와인, 스파클링 와인 생산
- **리무 블랑(Limoux blanc) AOC** : 화이트 와인, 품종으로 모작. 최소 15% 사용, 그 외에 샤르도네, 슈냉 블랑 사용
- **리무 루즈(Limoux rouge) AOC** : 레드 와인, 메를로 품종의 비율은 최소 50% 사용 허용. 그 외에 코트, 시라, 그르나슈 품종의 합 비율은 최소 30% 이상 허용. 카리냥은 2010년부터 블랜딩에 허용되었으며, 최대 10% 허용
- **블랑케트 드 리무(Blanquette de Limoux) AOC** : 모작 품종 최소 90% 이상 사용, 슈냉 블랑과 샤르도네 품종 사용. 1938년 AOC 지정
- **블랑케트 메토드 앙세스트랄(Blanquette Méthode Ancestrale) AOC** : 모작 100% 사용, 자연적으로 발효, 3월 말 병입, 약 7% 이하 낮은 알코올, 달콤한 스파클링 와인 스타일

▲Blanquette de Limoux　▲Blanquette Méthode Ancestrale

- **크레망 드 리무(Crémant de Limoux) AOC** : 1531년 세계 최초로 스파클링 와인 생산, 샤르도네 품종 비율은 최소 40% 이상 사용, 슈냉 블랑 품종은 최소 20% 이상 사용, 샤르도네와 슈냉 블랑을 함께 사용시 비율은 최대 90% 이하로 사용함. 보조 품종으로 모작과 피노 누아 혼합은 최대 20%, 피노 누아 최대 10% 사용, 병내에서 2차 발효를 한다.

▲Crémant de Limoux Méthode Traditionnelle

- **뮈스카(Muscat)의 뱅두 나튀렐 AOC/AOP : 4개**

100% 뮈스카 블랑 아 프티 그랭(Muscat blanc à petits grains) 품종 사용

❶ 뮈스카 드 프롱티냥(Muscat de Frontignan) AOC
❷ 뮈스카 드 루넬(Muscat de Lunel) AOC
❸ 뮈스카 드 미레발(Muscat de Mireval) AOC

▲Toqtes et Clochers　▲Domaine de Baronarques

❹ 뮈스카 드 생 진 드 미네르브와(Muscat de Saint Jean de Minervois) AOC

- **피크폴 드 피네(Picpoul de Pinet) AOC** : 피크폴(Picquepoul) 품종 사용하고, 화이트 와인 생산. 이 지역의 포도 재배는 수세기 전에 이루어졌으며 일부 토지 구획은 고대부터 동일한 크기와 방향을 유지했다. 피크폴 드 피네(Piquepoul de Pinet) 와인은 이제 단일 포도인 피크폴 블랑(Picpoul Blanc)으로 만들어진다. 플로럴과 시트러스향이 특징이다. 이 지역은 화이트 와인이 61%를 차지하며 피크폴 드 피네(Picpoul de Pinet) AC는 랑그독-루시옹에서 가장 우수한 화이트 와인을 생산한다.

그 외의 AOC/ AOP 아래와 같다.

Sommières, Terrasses de Beziers, Quatourze, Cabrières, St. Saturnin, Montpeyroux, la Méjanelle, St. Georges d'Orques, St. Christol, St. Drézery, Verargues, St. Chinian Roquebrun, St. Chinian Berlou, Pézena(3가지 품종이 70% 이상), Grès de Montpellier

- 클레레트 뒤 랑그독(Clairette du Languedoc) AOC : 화이트 와인 생산, 강화 화이트 와인 생산

  (예 란치오(rancio), 모엘르(moelleux) 스타일 생산)

- 클레레트 드 벨르가르드(Clairette de Bellegarde) AOC : 100% 클레레트 품종 사용, 화이트 와인 생산, 꽃향과 꿀향이 느껴지며, 약간의 산화된 뉘앙스가 있지만 결점이 아닌 독특한 특성으로 느껴진다.

✎ 크뤼 뒤 랑그독(Crus du Languedoc) AOC/AOP ⎯⎯○

- 미네르브와 라 리비니에르(Minervois la Livinière) AOC : 최소 60% 이상 시라, 무드베드르, 그르나슈 품종을 사용(시라 또는 무르베드르 품종을 40% 이상 사용)
- 코르비에르 부트낙(Corbières Boutenac) AOC : 카리냥 품종은 약 30~50% 재배, 품종으로 무르베르드, 그르나슈, 카리냥, 시라
- 테라스 뒤 라르작(Terrasses du Larzac) AOC : 낮과 밤의 큰 일교차(약 20℃ 차이). 그르나슈, 시라, 무르베드르, 생소, 카리냥 품종을 사용
- 픽 쌩 루프(Pic St. Loup) AOC : 시라, 그르나슈, 무드베드르 품종 중에 2개 이상 사용
- 라 크라프(La Clape) AOC : 80% 레드 와인, 약 20% 화이트 와인 생산

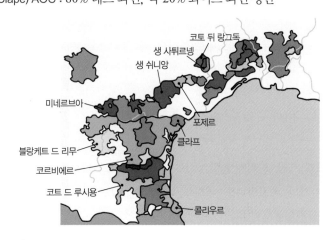

• 랑그독 대표적인 AOC/AOP

코트 드 루시용(Côtes du Roussillon)　　콜리우르(Collioure)　　코르비에르(Corbières)

미네르브아(Minervois)　　블랑케트 드 리무(Blanquette de Limoux)

코토 뒤 랑그독(Côteaux du Languedoc)　　생 쉬니앙(St. Chinian)　　클라프(Clape)

생 사튀르넹(St. Saturnin)　　포제르(Faugères)

– 4개의 뱅뒤 나튀렐 스위트 와인

AOC Muscat de Frontignan　　AOC Muscat de Lunel

AOC Muscat de Mireval　　AOC Muscat de Saint-Jean-de-Minervois

– 3개의 스파클링 와인

AOC Blanquette de Limoux　　AOC Crémant de Limoux

AOC Blanquette de Limoux Méthode Ancestrale

7-3 루시옹

루시옹 피레네 오리앙탈(Pyrenees-Orientales) 지역은 프랑스에서 9번째로 큰 와인 생산지역으로 프랑스 와인 생산량의 2%를 점유하고 있다. 북쪽은 코르비에르(Corbières) 산맥, 서쪽은 몽 카니구(Mont Canigou) 산을 끼고 있는 피레네(Pyrénées) 산맥, 남쪽은 알베르(Albères) 산악지대가 삼면을 에워싸고 있는 지형으로 이루어져 있다. 아글리, 테트, 테크의 3개의 강이 가로지르고 있는 지역으로 지중해와 맞닿아 있다.

루시옹은 드라이 와인과 천연감미 와인(VDN : 뱅두 나튀렐)을 생산한다. 특히 뱅두 나튀렐 와인은 프랑스 전체 생산량의 80%를 이 지역에서 생산한다. 약 24개의 다양한 포도 품종을 재배하고, 드라이 와인이 약 40%를 생산한다. AOC/AOP 14개, IGP 2개가 있다.

• 레드 품종 : 카리냥 누아, 그르나슈 누아, 레도네르 플루트, 무르베드르, 시라, 생소 등

• 화이트 품종 : 뮈스카 아 프티 그랭, 카리냥 블랑, 그르나슈 블랑, 마르산느, 뮈스카 달렉상드리, 마카뵈, 베르망티노, 루산느, 비오니에, 그르나슈 그리 등

그르나슈 ▶
(출처 : 루시옹 와인 협회 제공)

• **코트 뒤 루시옹**(Côtes du Roussilon) AOP

| 레드 품종 | 카리냥, 그르나슈 누아, 무르베드르, 시라, 생소, 레도네르 플루트(마카뵈, 그르나슈 그리는 로제 와인만 허용)

| 화이트 품종 | 그르나슈 블랑, 마카베우, 투르바(Malvoisie), 마산느, 루산느, 베르망티노(비오니에 및 카리냥 블랑은 2017년 수확부터 허용)

Domaine-Gauby ▶

• **코트 뒤 루시옹 레자스프레**(Côtes du Roussillon Les Aspres)

그르나슈 누아, 카리냥 누아, 시라, 레도네르 플루트 중에 최소 2가지 품종 사용. 가장 중요한 2가지 품종의 합계가 90% 이하여야 한다. 그르나슈 누아, 무르베드르, 시라 품종은 각각 50% 이하로 사용해야 한다. 시라와 무르베드르의 비율은 25% 이상 사용한다. 카리냥 누아 품종 비율은 25% 이하 사용한다.

▲Domaine Lafage
Côtes du Roussillon
Les Aspres

• **코트 뒤 루시옹 빌라주**(Côtes du Roussillon Villages)

그르나슈 누아, 카리냥 누아, 시라, 무르베드르, 레도네르 플루트 중에 최소 2가지 품종을 사용해야 한다. 카리냥 누아는 60% 이하로 블랜딩 한다. 이 지역에는 3개의 마을 포함(카라마니, 벨레스타, 카사뉴)

• **코트 뒤 루시옹 빌라주 카라마니**(Côtes du Roussillon Villages Caramany)

그르나슈 누아, 카리냥 누아, 시라, 레도네르 플루트 중에 최소 2가지 품종을 사용한다. 가장 중요한 주 품종의 비율은 70% 이하로 사용한다. 카리냥 누아의 비율은 60% 이하로 사용하고, 시라는 40% 이상 사용한다.

• **코트 뒤 루시옹 빌라주 레스케르드**(Côtes du Roussillon Villages Lesquerde)

그르나슈 누아, 카리냥 누아, 시라, 레도네르 플루트 중에 최소 2가지 이상 품종을 사용해야 한다. 가장 중요한 주 품종의 비율은 70% 이하로 사용한다. 시라 품종은 30% 이상 사용하고, 카리냥 누아 비율은 60% 이하로 사용할 수 있다. 카리냥 누아는 반드시 탄산 침용을 거쳐야 한다.

• **코트 뒤 루시옹 빌라주 토타벨**(Côtes du Roussillon Villages Tautavel)

그르나슈 누아, 카리냥 누아, 시라, 무르베드르, 레도네르 플루트 중에 최소 2가지 이상 품종을 사용해야 한다. 가장 중요한 주 품종의 비율은 70% 이하로 사용하고, 카리냥 누아의 비율은 50% 이하로 사용한다. 시라와 무르베드르를 함께 사용할 시 비율은 30% 이상 사용한다. 그르나슈 누아 및 레도네르 플루트 품종의 비율은 20% 이상 사용한다.

• **코트 뒤 루시옹 빌라주 라투르 드 프랑스**(Côtes du Roussillon Villages Latour-de-France) : 그르나슈 누아, 카리냥 누아, 시라, 무르베드르, 레도네르 플루트 중에 최소 2가지 이상 품종을 사용해야 한다. 가장 중요한 주 품종의 비율은 70% 이하로 사용한다. 카리냥 누아의 비율은 60% 이하로 사용한다. 시라와 무르베드르를 함께 사용할 시 비율은 30% 이상 사용한다.

• **콜리우르**(Collioure)

| 레드 및 로제 와인의 주 품종 | 그르나슈 누아, 시라, 무르베드르

| 보조 품종 | 카리냥 누아, 생소, 그르나슈 그리이다. 주 품종이 최소 60% 이상 사용해야 한다. 주 품종이 전체 포도의 90%를 초과할 수 없다.

| 화이트 와인 품종의 주 품종 | 그르나슈 블랑 및 그리

| 보조 품종 | 마카뵈, 말부아지, 마르산, 루산, 베르망티노

그르나슈 블랑&그리는 70% 이상 사용해야 한다. 보조 품종이 전체 포도의 15%를 초과할 수 없다.

※ 단, 바니율스(Banyuls) 지역에서 만든 드라이 와인은 콜리우르 AOC/AOP로 출시된다.

- **모리 섹(Maury Sec)** : 드라이 레드 와인 생산, 주 품종은 그르나슈 누아, 보조 품종으로 카리냥 누아, 무르베드르, 시라. 부수 품종으로 레도네르 플루트를 사용한다. 최소 2가지 품종을 사용해야 한다. 그르나슈 누아의 비율은 전체 60% 이상이며, 레도네르 플루트의 비율은 전체의 10% 이하여야 한다. 최소 6개월 이상 숙성 후 출하가 가능하다.

▲ 출처 : 루시옹 와인 협회 제공

✏ **드라이 와인 IGP : 2개** ────○

- **코트 카탈란(Côtes Catalanes) IGP** : 피레네 오리앙탈 지방으로 레드, 로제, 화이트 와인을 생산하고, 란시오(Rancio)라 표기된 블랑, 로제, 레드 와인은 산화 환경에서 숙성한다.
- **코트 베르메이유(Côtes Vermeille) IGP** : 회색편암 토양으로 레드, 로제, 화이트 와인과 란시오(Rancio)라 표기된 블랑, 로제, 레드 와인을 생산한다.

▲Château de l'ou IGP
Côtes Catalanes

✏ **뱅두 나튀렐(VDN) AOC/AOP : 5개** ────○

와인 단어 VDN은 'Vin Doux Naturel'의 약자로 번역하자면 '내츄럴 스위트 와인'이지만, 이 와인의 본질을 완벽히 설명하지는 못한다. VDN 와인은 '뮈타주(Mutage)'라는 과정을 거치며, 발효 중 포도 증류주를 첨가하여 만든 달콤한 강화 와인이다.

뱅두 나튀렐(천연감미 와인)은 발효통 안에서 발효 중인 와인에 전체 와인 양의 5~10%에 해당하는 중성 알코올(96°)을 첨가하여 포도액의 발효를 정지시키는 뮈타주(Mutage)를 한다. 뱅두 나튀렐을 양조하려면 무엇보다도 뮈타주(Mutage)를 시행하기 전, 포도액의 잠재 알코올 함량이 최소 14.5% 볼륨이어야 한다. 뮈타주를 통해 효모의 활동을 정지시키면 발효가 중단되고 포도에 있던 당이 부분적으로 잔류하기 때문에 단맛이 뛰어난 와인이 된다. 결과적으로 알코올 15~18%로 강화된 와인이다.

- **화이트 뱅두 나튀렐** : 화이트 와인 양조법으로 만들어진다.

화이트 VDN은 주로 뮈스카 포도로 만들어진다. 포도들은 즉시 압착되고 포도즙의 발효는 뮈타주(Mutage) 직전까지 계속된다. 몇 년 전부터는 껍질과 함께 침용하는 방법을 시행하여 향의 추출을 더욱 활발히 하고 있다.

🍷 뮈스카 드 봄 드 브니즈(Muscat de Beaumes de Venis), 뮈스카 드 생진 드 미네르브와(Muscat de St. Jean de Minervois)

- **레드 뱅두 나튀렐** : 발효 주조에 넣기 전 포도의 침용에 의해 얻어지며, 곧이어 뮈타주를 행한다.

레드 VDN은 주로 그르나슈 포도로 만든다. 전통적으로 바니율스(Banyuls)와 모리(Maury)의 경우 침용 동안에 포도 껍질층 위에 알코올을 첨가한다. 침용 기간이 길어질수록 색, 향, 타닌이 훨씬 풍부한 와인을 얻을 수 있다. 레드 VDN 와인은 바니율스(Banyuls), 모리(Maury) 및 라스토(Rasteau)이다. 레드 카테고리에는 란시오(Rancio) 또는 리마주(Rimage) 라는 두 가지 고유한 스타일이 있다. 란시오 와인은 산화 스타일로 만들어지는 반면, 리마주 와인은 와인의 신선도와 과일향을 보존하기 위해 비산화(즉 환원) 방식으로 만들어진다.

뱅두 나튀렐은 크게 산화와 비산화(환원) 방식으로 숙성된다. 그 중에서 산화 방식의 와인은 숙성 기간이 어느 정도 경과하여 부케 형성에 있어 기본적인 역할을 하는 산화 환원 작용이 진행된 후에 최고조에 이른다. 특징으로 란시오(Rancio), 소톨론(Sotolon)의 커리, 견과, 카라멜 등의 향이 느껴진다.

와인들은 큰 술통이나 대나무를 엮어 겉을 싼 주둥이가 좁고 큰 병에 담겨 저장고 또는 태양 아래서 익어간다. 벽돌색을 띠게 되고 카라멜, 건과일, 바닐라, 커피, 꿀 등의 숙성되고 개성있는 향을 가진다.

숙성 방법(산화/환원)에 따라 명칭이 다르며, 각 AOC에 따라서 생산하는 뱅두 나튀렐 와인 스타일이 다양하다. 비산화(환원) 환경에서 숙성된 와인은 오래 숙성하지 않고 일찍 병입하는 스타일로 그르나, 블랑, 로제, 리마주가 있다. 뮈스카 드 리브잘트(Muscat de Rivesaltes)와 일부 블랑(Blanc), 로제(Rose), 리마주(Rimage), 그르나(Grenat)는 비산화 환경에서 숙성 및 일찍 병입하고, 그 외에 앙브레(Ambré) 또는 튈레(Tuilé)는 최소 36개월 이상, 또는 20년 이상 산소 접촉으로 산화 숙성된다. 오르 다주(Hors d'Age)는 '오래된'의 뜻으로 생산년도는 없지만 가장 어린 블랜딩 와인이 최소 5년 이상 숙성된 것을 의미하며, '앙브레'와 '튈레'를 와인에 표기할 수 있다. 란시오(Rancio)는 견과류 향이 풍부하고, 최소 5년 이상 숙성 후 생산된다.

※ 란시오(Rancio)라고 표기되는 코트 카탈란(Côtes Catalanes) AOC, 코트 베르메이유(Côte Vermeille) AOC는 화이트, 로제 및 레드 와인은 허용된 품종만을 사용하여 양조한다.

– 카리냥(블랑, 누아), 생소(누아), 그르나슈(블랑, 그리, 누아), 마카뵈, 투르바, 무르베드르, 뮈스카 달렉상드리 또는 뮈스카 아 프티 그랭 품종을 사용한다. 란시오는 최소 5년 동안 산화 숙성을 거치기 때문에 특별한 맛과 호두 아몬드와 같은 견과류 향(란시오 향)을 얻게 된다. 시간이 지나며 짙은 호박색으로 변화하며, 오래 숙성이 가능하다.

란시오 (Rancio)와 소톨론 (Sotolon)

달콤한 강화 와인의 향기는 종종 란시오≪rancio≫로 표현한다. 산화 숙성 방식과 종류에 따라 란시오의 강도가 현저하게 다르다. 주로 마데이라, 포트, 세리, 뱅두 나튀렐 와인에서 발견된다. 특히 소톨론 Sotolon(3-hydroxy-4,5-dimethyl-2(5H)-furanone) 분자가 생성된다. 소톨론은 산화 아로마로 오래된 산화성 와인과 밀접하다. 와인의 산화 과정을 통해 높게 생성되기 때문이다. 오랜 동안 산소에 노출되고 종종 열에 의해 변형된 와인으로, 복잡한 '오래된 맛'과 'Rancio'로 알려져 있다. 산화성 와인의 대표적인 아로마는 커리와 호두향이다. 그 외에 캐러멜, 구운 견과류 향, 말린 열대 과일, 담배, 코코아 또는 커피, 호로파, 사프란에 이르는 다양한 향신료향이 특징이다. 달콤한 강화 와인에서 숙성된 향의 분자는 소톨론이다. 이 분자의 함량에 따라 와인향의 강도에 영향을 끼친다. 300μg/ℓ 미만인 소톨론(Sotolon)은 자두 아로마, 반면에 300~600μg/ℓ 에서는 말린 배, 말린 과일향을 나타낸다. 600μg/ℓ 이상의 뱅두 나튀렐 와인은 란치오가 특징이다. 높은 함량의 소톨론은 산화 보존된 와인에서 잘 나타난다. 예를 들어, 코르크의 품질이 좋지 않아 병에서 숙성하는 동안 우발적인 산화는 일부 달콤한 강화 와인에서 느껴지는 이와 같은 화합물의 형성을 증가시킨다.

같은 숙성 기간과 같이 산화 진행된 레드 뱅두 나튀렐 와인은 화이트 뱅두 나튀렐보다 소톨론 함량이 낮다. 적포도의 안토시안, 타닌과 같은 폴리페놀 화합물은 와인의 산화를 보호하고 늦추어 주기 때문에 레드 와인에는 소톨론 함량이 더 낮게 생성된다.

▲ 소톨론

• **바니율스(Banyuls)**

프랑스는 지역, 음식과 와인 문화의 독창성을 반영하는 인상적인 다양한 와인을 생산한다. 독특한 뱅두 나튀렐 와인의 본고장인 지중해의 루시옹이 가장 대표적이다.

뱅두 나튀렐은 바니율스(Banyuls), 리브잘트(Rivesaltes), 모리(Maury) 아펠라시옹에서 생산한다. 그 중 바니율스(Banyuls)는 가장 잘 알려진 고급 와인을 생산한다. 포도 품종 및 숙성 방법에 따라 다양한 스타일이 있다. 이 지역의 일부 테라스 포도밭은 너무 가파르기 때문에 재배자들은 케이블카를 사용하여 포도를 재배하는 도구를 운반하기도 한다. 이러한 형태의 노동 집약적인 형태는 독일 모젤의 가파른 경사의 포도밭과 유사하다. 주 품종은 그르나슈 누아, 그르나슈 블랑, 그르나슈 그리, 뮈스카 아 프티 그랭, 뮈스카 달렉상드리, 마카뵈, 투르바 또는 말부아지 뒤 루시옹이고, 보조 품종은 카리냥 누아, 생소, 시라이다. 그르나슈 누아는 50% 이상 사용한다.

– 바니율스 리마주(Rimage) : 환원(비산화) 환경에서 최소 12개월 이상 숙성한다.

– 바니율스 블랑 및 로제 : 환원(비산화) 환경에서 숙성

– 바니율스 앙브레 및 튈레 : 산화 환경에서 숙성

바니율스는 블랑, 로제, 리마주(Rimage), 앙브레, 튈레, 오르다주, 란시오를 생산하고 나무통이나 대규모 유리병 등에서 장기간 산화되면서 숙성시킨다. 실내에 위치한 푸드르(Foudre) 5천 리터 이상 크기의 커다란 나무통, 드미 뮈(Demi muid) 150~300리터 크기의 나무통에서 숙성을 한다.

▲ 푸드르(Foudre)

▲ 봉봉느(Bonbones)

봉봉느(Bonbones) 유리 용기에 담아 옥외에서 숙성한다. 옥외에서 보관하면 햇빛과 온도 변화에 노출되어 숙성이 과속화되어 독특한 풍미가 강하다. 옥외에서 보관한 와인은 1년을 넘기지 않으며 이후 그대로 병입하거나, 나무통 보관 와인과 블렌딩하여 장기간 숙성시키기도 한다.

색, 산화, 숙성 정도에 따라 분류하여 튈레(Tuilé), 앙브레(Ambré)로 표시한다.

❶ 리마주 : 작고 짙은 색의 과일향과 섬세한 맛

❷ 튈레, 앙브레 : 과일 조림과 무화과, 푸른향

❸ 블랑 : 감귤류, 꽃향

❹ 로제 : 커런트, 블루베리, 석류향

※ 바니율스에서 드라이 레드 와인을 생산하면 콜리우르(Collioure) AOC/AOP로 표기된다.

• 바니율스 그랑 크뤼(Banyuls Grand Cru)

주 품종은 그르나슈 누아, 그르나슈 블랑, 그르나슈 그리, 뮈스카 아
프티 그랭, 뮈스카 달렉상드리, 마카뵈, 투르바 또는 말부아지 뒤 루
시옹이고, 보조품종은 카리냥 누아, 생소, 시라이다. 그르나슈 누아
는 75% 이상 사용해야 한다. 최고의 와인으로 생산하며 매우 진하다
(고형 성분 위 뮈타주). 산화 환경에서 목제 통을 이용하여 최소 30
개월 이상 숙성한다. 천연 당분의 잔여 함량이 54g/ℓ 이상일 경우,
드라이(dry), 섹(sec) 또는 브뤼트(brut) 표기가 가능하다. 그랑 크뤼는 시간이 지나면서 조리한 과일, 콩포트,
향신료, 모카, 담배향이 나며 오크통에서 30개월 이상 숙성해야 한다. 오르 다주(Hors d'âge)는 수확 후 약 5
년 동안 숙성. 란시오(Rancio)는 호기성 숙성, 산화된 풍미가 강하게 느껴지며, 견과류, 카카오의 향이 느껴진
다. 솔레라(Solera) 시스템으로 숙성한다.

※ 규정(Regulation) 오르 다주(Hors d'âge) : 수확 후 약 5년 동안 숙성 후 출하한다.

- 솔레라(Solera) : 솔레라의 의미는 스페인어로 지면에서(on the ground) 뜻이다. 셰리나 포트 와인에서 이러
한 숙성방식으로 사용되고 있다. 가장 하단의 통에 가장 오래된 와인을 넣고 올라갈수록 최근 와인을 통에
넣어서 블랜딩을 한다.
- 란시오(Rancio) : 호기성 숙성, 산화된 풍미가 강하게 느껴지며, 견과류, 카카오의 향이 느껴진다. 솔레라
(Solera) 시스템으로 숙성
- 바니율스 그랑 크뤼(Banylus Grand Cru) : 수확한 다음해부터 3년째 6월 1일 출시
- 바니율스(Banyuls), 모리(Maury), 리브잘트 그르나(Rivesaltes Grenat) : 수확한 다음해의 9월 1일 출시, 100%
그르나슈만 사용
- 바니율스(Banylus), 바니율스 그랑 크뤼(Banylus Grand Cru), 리브잘트(Rivesaltes), 모리(Maury), 오르다주 "Hors
d'âge" : 수확한 다음해부터 5년째 9월 1일 출시
- 리브잘트(Rivesaltes) 앙브레 "Ambré" 또는 튈레 "Tuilé" : 수확한 다음해의 3년째 3월 1일 출시

• 모리 두(Maury Doux)

코트 드 루시옹 빌라주(Côtes du Roussillon-Village) 지역의 북쪽 경계에 있는 언덕의 내륙쪽에서 모리(Maury) VDN 와인을 생산한다. Maury의 주요 품종은 그르나슈 누아(Grenache Noir)로 바니율스와 같은 품종을
사용하고, 이 지역의 유명한 편암 토양에 재배한다. 루시옹은 실제로 석회암, 편암, 화강암 모래, 편마암, 자
갈을 포함한 다양한 토양의 지질이 특징이다. Maury VDN은 달콤하고 붉으며, 오랜 숙성으로 인한 란시오
가 느껴진다. 어린 모리는 농익은 베리 맛이 느껴지는 바니율스와 비슷하지만, 어린 모리 뱅두 나튀렐(Maury
VDN)은 바니율스보다 더 타닉한 편이다.

– 그르나(Grenat)와 튈레(Tuilé) 와인에 사용하는 품종

ㅣ주 품종ㅣ 그르나슈 누아, 그르나슈 블랑, 그르나슈 그리

ㅣ보조 품종ㅣ 카리냥 누아, 시라, 마카뵈

그르나슈 누아를 75% 이상 사용한다. 마카뵈는 10% 이하 사용한다. 카리냥과 시라는 각각 또는 합계 비율로 10% 이하로 사용한다. 모리 그르나(Maury Grenat)는 병입 후 숙성 기간 최소 3개월을 포함하여, 환원(비산화) 환경에서 최소 8개월 이상 숙성하며, 모리 튈레(Tuilé)는 산화 환경에서 최소 30개월 이상 숙성한다. 특징으로 말린 과일, 코코아 및 커피 향을 느낄 수 있다.

– 블랑과 앙브레(Ambré) 와인에 사용하는 품종

그르나슈 그리와 그르나슈 블랑, 마카뵈, 투르바, 뮈스카 달렉상드리, 뮈스카 아 프티 그랭 품종을 사용. 블랑 및 앙브레 와인은 뮈스카 품종 비율을 20% 이하로 사용한다.

ㅣ모리 블랑ㅣ 흰 과육 과일과 감귤류의 향과 달콤한 과일 조림 향이 느껴진다.

ㅣ모리 앙브레ㅣ 산화 환경에서 최소 30개월 이상 숙성한다. 계피 등 스파이스 케이크, 캐러멜 등의 향을 띠는 복합적인 와인이 특징이다.

ㅣ모리 오르 다주(Hors d'Âge)ㅣ 산화 환경에서 최소 5년 이상 숙성한다.

ㅣ모리 란시오(Maury Rancio)ㅣ 숙성을 통해 란시오(Rancio) 맛을 얻게 된다.

※ 이 지역의 드라이 화이트 와인을 생산하면 모리 섹(Maury sec) AOC로 표기한다.

• 리브잘트(Rivesaltes) AOC/AOP

리브잘트(Rivesaltes)는 루시옹 북동부에 있는 마을의 이름이며, 이름 자체의 의미는 '높은 제방(강둑)'이란 뜻을 지닌다. 1972년 AOC로 지정되었다. 리브잘트(Rivesaltes) 와인은 스타일이 비슷한 뮈스카 드 리브잘트(Muscat de Rivesaltes) 와인과 종종 혼동된다. 주요 차이점은 뮈스카 드 리브잘트(Muscat de Rivesaltes)는 뮈스카(Muscat) 포도에서 생산되는 반면에 리브잘트(Rivesaltes)는 그르나슈의 세 가지 형태(누아, 그리, 블랑)로 생산된다는 것이다.

ㅣ포도 품종ㅣ 그르나슈 누아, 그르나슈 그리, 그르나슈 블랑, 마카베오, 말보아지아, 투르바

ㅣ그르나ㅣ 병입 후 숙성 기간 최소 3개월을 포함하여 비산화(환원) 환경에서 최소 8개월 이상 숙성한다. 포도 수확 후 2년 이내에 병입해야 하며 생산년도가 명기되어야 한다. 신선한 과일향의 풍미가 난다.

ㅣ튈레ㅣ 산화 환경에서 최소 30개월 이상 숙성한다. 그르나슈 누아는 포도 재배 양의 50% 이상 사용해야 한다.

ㅣ앙브레ㅣ 산화 환경에서 최소 30개월 이상 숙성한다. 뮈스카는 포도는 20% 이하 사용된다.

ㅣ산화 숙성된 튈레(Tuile), 앙브리(Ambre)ㅣ 절인 과일향과 견과일향이 풍부하다.

ㅣ리브잘트 오르 다주(Hors d'Âge)ㅣ 오르 다주는 최소 5년 이상 숙성된 리브잘트 앙브레와 튈레 와인에 표기할 수 있다.

ㅣ리브잘트 란시오(Rancio)ㅣ 숙성을 통해 란시오(Rancio)로 견과류, 말린 과일향의 풍미

ㅣ로제ㅣ 환원 환경에서 숙성, 포도 수확 후 맞는 12월 31일보다 일찍 병입해야 하며 생산년도를 반드시 표기해야 한다.

▲ Dom Brial Rivesaltes
Ambre Rancio

• **뮈스카 드 리브잘트**(Muscat de Rivesaltes) AOC/AOP

뮈스카 드 리브잘트(Muscat de Rivesaltes) 와인은 뮈스카 아 프티 그랭(Muscat à Petits Grains)과 뮈스카드 달렉상드리아(Muscat d'Alexandria)로 만들어 진다. 생산자가 원하는 스타일에 따라 두 품종은 다양한 비율로 블랜딩된다. Muscat à Petits Grains는 이국적인 감귤류의 과일 향기를 가져온다. Muscat d'Alexandria는 흰색 꽃과 잘 익은 핵과일향을 제공한다. 복숭아, 레몬, 망고 등의 과일향과 민트와 같은 신선한 허브향이 느껴진다. 숙성에 의해 아로마는 변하고 꿀과 말린 과일향의 풍미가 있다.

| **포도 품종** | 뮈스카 드 달렉상드리아(Muscat d'Alexandria), 뮈스카 아 프티 그랭(Muscat à Petits grains) 품종 사용

보졸레 버전과 비슷한 마케팅으로 병에 '뮈스카 드 노엘(Muscat de Noël)'이라 표기하고, 11월 셋째주 목요일부터 판매한다. 즉 수확한 해의 11월부터 출시한다.

숙성되지 않은 어린 뮈스카 와인은 복숭아, 레몬, 망고 및 민트향을 띠며 옅은 황금빛이다. 수년 숙성되면 옅은 황금빛은 진해지고, 벌꿀과 살구 조림의 향을 지니게 된다. 숙성기간이 비교적 짧아 과일향이 풍부하고 과일 케이크, 크리스마스 디저트와 잘 어울린다.

✏️ **뱅두 나튀렐 AOC/AOP 지역** ────○

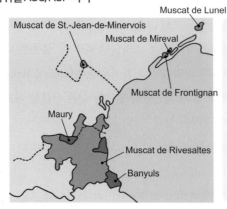

Muscat de Lunel
Muscat de St.-Jean-de-Minervois
Muscat de Mireval
Muscat de Frontignan
Maury
Muscat de Rivesaltes
Banyuls

- Muscat de Frontignan
- Muscat de Lunel
- Muscat de Mireval
- Muscat de St.-Jean-de-Minervois
- Muscat de Rivesaltes
- Banyuls
- Maury

• 품종으로 분류된 뱅두 나튀렐 AOC/AOP

❶ 뮈스카 아 프티 그랭(Muscat a Petits Grain) 품종을 사용하는 AOC

　　뮈스카 드 프롱티냥(Muscat de Frontignan) AOP

　　뮈스카 드 뤼넬(Muscat de Lunel) AOP

　　뮈스카 드 미르발(Muscat de Mireval) AOP

　　뮈스카 드 생 장 드 미넬브아(Muscat de St.−Jean−de−Minervois) AOP

　　뮈스카 드 봄 드 브니즈(Muscat de Beaumes−de−Venise) AOP − 론(Rhône) 지방에 위치

❷ 뮈스카 다렉상드리아(Muscat d'Alexandria) 품종을 사용하는 AOC

　　뮈스카 드 리브잘트(Muscat de Rivesaltes) AOP

❸ 그르나슈(Grenache) 품종을 사용하는 AOC

　　바니율스(Banyuls) AOP

　　모리(Maury) AOP

　　라스토(Rasteau) AOP : 론(Rhône) 지방에 위치

자료 제공 : 루시옹 와인 협회 Conseil Interprofessional des vins du Roussillon

---

(7-4) **프로방스(Provence)**

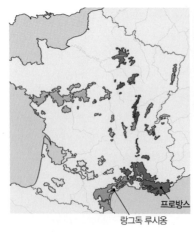

프로방스
랑그독 루시옹

프랑스 남동부에 위치한 프로방스는 방돌, 카시스, 마르세이유의 지중해 연안에 위치해 있다. 라벤더의 화려한 꽃밭과 올리브 나무가 잘 자라고, 로제 와인의 천국이다. 특히 상당한 잠재력을 지니고 있는 포도 재배지역으로 특히 비교적 고가의 로제 와인을 생산한다. 안타깝게도 프로방스는 프랑스에서 과소 평가된 지역으로 2,600년 이상의 역사를 지닌다.

- 레드 품종 : 무르베드르(Mourvèdre), 시라(Syrah), 그르나슈(Grenache), 생소(Cinsault), 카리냥(Carignan), 카베르네 소비뇽(Cabernet Sauvignon), 티부랭(Tibouren), 폴 누아(Folle noire), 부라켓(Braquet)
- 화이트 품종 : 유니 블랑(Ugni Blanc), 롤(Rolle), 베르망티노(Vermentino), 루산느(Roussan), 세미용(Semillon), 클레레트(Clairette), 스피뇰(Spagnol) 또는 마조르키엠(Majorquin), 피네롤(Pignerol)

- 프로방스에서 가장 중요한 품종은 레드 와인과 로제 와인을 만드는 무르베드르(Mourvèdre)이다. 무르베드르는 로제 와인을 만들기 위하여 그르나슈와 생소와 블랜딩한다.
- 로제 스타일은 드라이하며 후레시하고 경쾌하다. 과일향이 풍부한 스타일이다.
- 수세기 동안 카리냥은 높은 수확량으로 매우 중요한 포도 품종이었지만, 품질 향상을 목적으로 하는 많은 생산자들에 의하여 재배가 감소하고 있다.

▲Domaine Tempier
Bandol Red　▲Ott Rose

- 레드 와인은 방돌(Bandol) AOC는 무르베드르 블랜딩으로 유명하고, 카시스(Cassis) AOC 화이트 와인을 소량 생산하고, 클레레트, 마산느 품종을 블랜딩한다.

티부랭(Tibouren) 포도 품종으로 로제 와인을 만든다. 티부랭은 프로방스 토착 포도 품종이다. 부드러우나 풍부한 알코올을 가져온다.

Close Cibonne Tibouren ▶
- Côtes de Provence Rosé

• 기후와 토양

프로방스는 전형적인 지중해성 기후다. 풍부한 일조량과 온화한 겨울, 덥고 건조한 여름이 특징이며 비는 대부분 겨울에 집중된다. 그러나 일부 내륙에 위치한 산지들은 때때로 대륙성 기후의 영향을 받기도 한다.

미스트랄(Mistral : 차갑고 건조한 북풍)은 보통 겨울에서 봄철에 가장 많이 부는데(연평균 150일 정도, 시속 96km에 이른다) 지중해의 습도를 잡아주며 온도가 지나치게 높아서 자칫 과숙될 수 있는 포도밭의 온도를 떨어뜨려 준다. 습기가 없고 건조하여 병충해를 막아준다. 동쪽은 산지가 많고 남서쪽은 평평한 지형인데 내륙 쪽으로 들어오면 온도는 약간 떨어지고 밤은 선선해진다. 특히 고도가 높은 포도밭은 일교차가 크다.

프로방스는 크게 석회암과 편암, 2가지의 토양 성분으로 구분할 수 있다. 북쪽과 서쪽은 석회암과 진흙 성분이 많고 동쪽은 석영이 많이 포함된 편암(Quartz-rich Schist)이 많다. 프로방스에서 많이 볼 수 있는 여러 가지 초목들은 이 토양들에서 잘 자란다. 특히 가리그(Garrigue) 라고 불리는 석회석과 점토에서 자라는 허브 군락들은 서쪽과 북쪽에 많고, 마키(Maquis) 라고 불리는 키 작은 나무들은 산지가 많고 편암이 분포된 동쪽에 많다.

[로제 와인(Rosé wine), 핑크의 유혹]

어떤 면에서 로제는 결코 찬사를 받을 수 있는 와인은 아니다. 오랫동안 보관하는 와인도 아니며, 꿀꺽꿀꺽 쉽게 마실 수 있는 와인이다. 그러나 신선함(어린 와인)과 톡톡 튀는 산뜻함, 풍부한 과일향과 낮은 가격은 로제 와인의 매력이다. 그리고 피자와 함께 마실 때 로제 와인의 유혹은 최고가 된다.

화이트 진판델(White Zinfandel)을 아는가? 슈퍼마켓 와인 진열대에서 가장 흔히 볼 수 있는 와인이 있다. 가장 즐겨 마시는 대중적인 단맛이 살짝 감도는 와인이자 가격이 저렴해 부담이 없는 화이트 진판델이 바로 그것. 많은 사람들은 화이트 진판델이 어떤 종류의 와인인지 헷갈려 한다. 화이트 와인으로 보는 사람이 있는가 하면, 레드 와인이라고 알고 있는 사람도 있다.

화이트 진판델은 로제 와인의 일종이다. 레드 포도 품종으로 잘 알려진 진판델(Zinfandel)을 양조하다가 발효 문제로 인해 실패한 주스로 취급되던 와인을 몇 주 후에 맛을 보니 달콤한 핑크빛의 와인이 되었다. 이를 출시하였는데 소비자의 반응은 폭발적이었고 인기를 끌었다. 이것을 계기로 '화이트 진판델'로 불리게 되었다고 한다. 화이트 진판델은 단연코 캘리포니아가 선두 주자다. 물론 로제 와인은 전 세계에서 다양하게 생산하고 있다. 미국의 로제가 단맛이 느껴진다면, 유럽의 로제는 드라이한 것이 특징이다.

로제(Rosé)는 불어로 '핑크'라는 뜻이며, 영어로 표현하면 블러쉬, 핑크 와인(Blush, Pink wine)이 된다. 최근에는 로제 와인을 유행에 뒤처진 것으로 생각하는 사람들이 많다. 비단 와인이 지금처럼 대중화되지 않은 1980년대만 하더라도 한국 시장에서는 마주앙이 압도적으로 장악하고 있었다. 그 뒤를 이은 것이 바로 뚱뚱하고 둥근 모양의 병에 담긴 포르투갈산 마테우스(Mateus) 로제. 병 모양이 특이하고 가격 또한 저렴해서 당시 선풍적인 인기를 모았다. 그러나 그도 잠시 20~30년이 지난 지금은 수퍼마켓, 와인숍의 로제 와인 진열대에서 화이트 진판델을 제외하고는 여전히 로제 와인은 선택의 폭이 적다.

• 뭐니뭐니해도 여름엔 로제 와인이다

로제는 결코 찬사를 받을 수 있는 와인은 아니다. 오랫동안 보관하는 와인도 아니며, 꿀꺽꿀꺽 쉽게 마실 수 있는 와인이다. 대중적이고 상업적인 스타일이어서 전문가들 역시 시음 노트를 길게 쓰지 않을 뿐만 아니라, 평가 노트도 거의 없다. 그래서 안타깝게도 저평가되고 있는 것이 사실이다.

예전에는 화이트 와인에 소량의 레드 와인을 섞어서 핑크빛을 만들어 내면서 로제 와인을 만든 적도 있다. 그러나 이러한 방법은 점점 유행에 지쳐져 갔고, 와인 메이커들에게 외면당하면서 사라졌다. 최근에는 로제 와인도 레드 와인 못지않게 공들여 만들어지며, 점점 높은 가격으로 생산되고 있는 추세다. 특히 잘 알려진 론 지방의 타벨(Tavel), 루아르 지방의 앙주(Anjou), 프로방스 지방의 방돌(Bandol)은 로제의 진수를 보여준다고 할 수 있다.

단언컨대, 로제는 여름 와인이다. 또한 음식과 가장 쉽게 친해질 수 있는 와인 역시 로제다. 휴양지인 칸느와 니스 지역의 최신 유행 비스트로(Bistro)를 지나다 보면 테이블 위에 이 지방 전통 음식인 부이야베스 (Bouillabaisse)와 함께 마시는 와인으로 로제 와인을 선택한 것을 볼 수 있다. 음식과의 궁합에 있어서 이 지역 로제 와인은 미식가들의 사랑을 한 몸에 받고 있다. 만약 여름 드링크로 로제 와인을 찾는 당신이라면 분명 감각 있는 사람에 틀림없다.

필자가 생각하는 로제 와인의 가장 큰 장점은 친구들과 편안한 자리에서 가볍게 즐길 수 있다는 것. 물론 강렬하게 끌리는 '연인'이라기보다는 가까이 할 수록 편해지는 '이성 친구'라고 하면 맞을까. 경험한 최고의 로제 와인은 바로 피자와 마셨을 때였다. 당신도 한 번 즐겨 보기를 바란다. 가장 대중적인 음식과 와인의 환상적인 궁합을.

📝 이 지역의 대표적인 AOC/AOP 지역 ────○

• 코토 닥상 프로방스(Côteaux d'Aix-en-Provence) AOC/AOP

프로방스의 서북쪽에 위치한다. 미스트랄 바람의 영향을 받는다. 로제 83%, 레드 12.5%, 화이트 와인 4.5%를 생산하며, 대부분 로제 와인을 생산한다. 로제 와인은 최대 잔당 4g/ℓ를 넘지말아야 한다.

| 레드 주 품종 | 생소(Cinsault), 쿠느아즈(Counoise), 그르나슈(Grenache), 무르베드르(Mourvèdre), 시라(Syrah)를 블랜딩한다.

| 레드 보조 품종 | 카베르네 소비뇽(Cabernet Sauvignon), 카리냥(Carignan)

| 화이트 품종 | 부르블랑(Bourboulenc), 클레레트(Clairette), 그르나슈 블랑(Grenache Blanc), 소비뇽 블랑(Sauvignon Blanc), 세미용(Sémillon), 유니 블랑(Ugni Blanc), 베르망티노(Vermentino)

• 코토 바로아 앙 프로방스(Côteaux Varois en Provence) AOC/AOP

프로방스의 한가운데 위치하고 있으며 석회암 산맥이 뻗어져 있다. 고도가 높은 곳으로 포도밭은 서늘하여 포도는 더 오래, 더 느리게 숙성되어, 이 지역 와인에 좋은 산도, 복잡한 풍미 구조를 제공한다. 이 영향으로 다양한 미세기후가 작용해서 가장 북쪽에서 남쪽까지 수확일이 30일까지 차이가 나기도 한다. 높은 고도의 영향으로 이곳의 로제는 다른 지역의 로제보다 더 파워풀하다.

로제 와인 생산이 약 90%이다. 화이트 와인은 베르망티노, 그르나슈 블랑 품종을 중심으로 만들고, 로제는 그르나슈, 시라, 무르베드르, 생소 품종이다. 화이트, 로제와 레드 모든 와인은 2가지 이상 포도 품종을 의무적으로 블랜딩해야 한다.

• 벨렛(Bellet) AOC/AOP
프로방스 남서부 니스 인근에 위치하고 있으며 레드, 화이트, 로제를 생산한다. 벨렛 AOP는 양조에 보르도 품종이 허가되지 않으며, 유일하게 샤르도네 품종이 허가되어 있는 AOP다. 화이트 와인은 롤(Rolle) 품종을 중심으로 샤르도네를 사용한다. 레드와 로제는 브라켓(Braquet)과 폴 누아 (Folle Noir) 품종을 중심으로 만든다.

• **코트 드 프로방스(Côtes de Provence) AOC/AOP**
프로방스의 동쪽 지역에 85마을을 뒤덮고 있는 연속되지 않은 가장 큰 와인 지역이다. 넓은 지역으로 기후, 온도의 차이가 있으며 이로 인해 수확일의 차이가 크다. 85% 로제 와인을 생산한다.

4개의 하위 지역으로 구분되며, 라벨에 표기된다.
– 코트 드 프로방스 생트 빅토아(Côtes de Provence Sainte-Victoire)
– 코트 드 프로방스 프레주(Côtes de Provence Fréjus)
– 코트 드 프로방스 라 롱드(Côtes de Provence La Londe)
– 코트 드 프로방스 피에르푸(Côtes de Provence Pierrefeu)
코트 드 프로방스 와인은 클레레트, 롤(베르망티노), 세미용, 위니 블랑 품종 등으로 만들며 품종 수나 퍼센트 제한은 없다. 레드와 로제는 그르나슈, 시라, 무르베드르, 티부랭, 생소 품종으로 만든다. 워낙 사이즈가 큰 AOC 기 때문에 바다의 영향을 받는 지역과 대륙성 기후의 영향을 받는 지역이 구분된다.

• **방돌(Bandol) AOC/AOP**
마르세이유(Marseille)와 카시스(Cassis)의 해안 동쪽 가까이에 위치한 이 지역 은 프로방스를 대표하는 와인 지역이다. 건조하고 비옥하며 배수가 잘된 모래 회 백질과 석회암 토양이 나타난다. 특히 열을 좋아하고 늦게 숙성되는 무르베드르 (Mourvèdre) 품종의 최적지이다. 대부분이 레드 와인이며 약 95%가 무르베드르 로 오크 숙성을 한 레드 와인을 생산한다.

유니 블랑(Ugni Blanc) 또는 부르불랑(Bourbouenc), 클레레트(Clairette)를 블랜딩하여 화이트 와인을 생산한다.

| 유명 생산자 | Domiane Tempier, Chateau de Pibarnon, Mas de la Rouviere

• **카시스(Cassis) AOC/AOP** : 마르세이유와 방돌 사이에 해안을 따라 위치한 카시스 AOC는 대부분 화이트 와 인을 생산하는 유일한 프로방스 와인 지역이다. 프로방스 최초의 AOC(1936년)이다. 마르세이유 도시의 확 장으로 포도원을 보호하기 위한 국내법이 실행되고 있으며 과거 10년간 인구 밀도가 낮은 이 지역의 포도 원 소유자들은 포도를 수확하는데 어려움을 겪고 있다. 화이트는 마르산과 클레레트 품종을 중심으로 만들 며 감귤류, 복숭아, 꿀, 말린 허브의 향이 느껴진다. 주요 품종은 클레레트(Clairette), 마르산(Marsanne), 유 니 블랑(Ugni Blanc(또는 트레비아노 Trebbiano)), 부르불랑(Bourboulenc)이다. 레드와 로제는 생소, 그르 나슈, 무베드르 품종을 중심으로 만든다.

- **팔레트(Palette) AOC/AOP** : 프로방스의 가장 작은 AOC로 코토 덱상 프로방스 오른쪽에 위치한다. 프랑스에서 가장 작은 AOC이다. Château Simone으로 유명하며, 이 지역 와인 전체의 절반 가량을 생산한다. 레드 와인 44%, 화이트 와인 37%, 로제 와인 17%의 비율로 생산하며 화이트와 로제 와인은 최소 8개월, 레드 와인은 최소 18개월 이상 오크 숙성해야 한다. 화이트는 최소 55%의 클레레트, 클레레트 로제, 피카르뎅, 부르불랑을 중심으로 만들며, 레드와 로제는 최소 50%의 생소, 그르나슈, 무르베드르 품종을 중심으로 만든다.

▲ Château Simone

- **레 보 드 프로방스(Les Baux de Provence) AOC/AOP** : 1995년 4월 20일 지정되었으며, 레 보 마을을 둘러싸고 있는 AOC다. '보'는 '바위가 있는'이란 뜻이다. 이 지역은 석회암이 많고 매우 더운 것으로 유명하다. 때문에 지옥의 계곡이란 뜻의 '발 당페흐'라고 불린다. 연평균 일조량이 3,000시간이다. 이 지역은 프로방스에서도 오가닉과 비오디나미 농법이 가장 활발한 곳이다. 57%의 레드, 39%의 로제, 4%의 화이트를 생산하며 동부에 비해서 레드 와

인 생산량이 많다. 예전에 이 지역의 화이트 와인들은 코토 덱상 프로방스 AOC를 달고 출시되었으나, 요즘은 레 보 드 프로방스 AOC/AOP도 화이트 와인을 생산한다. 화이트 와인은 클레레트, 그르나슈 블랑, 롤 품종을 중심으로 만들고, 로제는 그르나슈, 시라, 생소 품종 중 2가지 품종 이상을 블랜딩해서 만들며, 레드는 그르나슈, 시라, 무르베드르 품종 중 2가지 품종 이상을 사용해 만든다. 출시 전 12개월 이상 숙성이 의무이며, 이때 오크 사용은 필수가 아니다.

- **피에르버트(Pierrevert) AOC/AOP** : 프로방스에서 1998년 지정된 AOC다. 가장 북쪽에 위치하고 있으며 평균 고도는 450m에 이른다. 산의 영향을 많이 받고 일교차가 크다. 생산하는 와인은 론 와인 스타일과 유사하다. 양조에 보르도 품종은 허가되지 않는다. 화이트 와인은 최소 50%의 그르나슈 블랑과 베르멘티노를 블랜딩 사용하며, 레드 와인은 최소 30% 이상의 시라를 사용해서 만들어진다. 그르나슈, 카리냥, 생소를 블랜딩한다.

- **코토 드 프로방스의 크뤼 클라세(Cru Classe)** : 프로방스는 크뤼 클라세 제도를 1955년에 만들었다. 이 와인들의 세부 등급은 없으며 1955년 당시 23개 와이너리가 선정되었다. 그러나 현재 5개의 와이너리는 더이상 만들지 않아서 현재 18개의 와이너리가 크뤼 클라세에 해당한다. 프로방스의 크뤼들은 포도원 단위로 매겨져 있다. 그러나 프로방스 크뤼들은 특징적인 캐릭터를 보여주는 밭들에 기반하고 있으며 때문에 모든 크뤼 와인들은 지정된 밭들에서만 생산된다. 때문에 크뤼 에스테이트들은 새로운 밭에서 나온 포도로는 크뤼 클라세 와인을 만들 수 없으며 이 크뤼들은 개정이나 수정되지 않는다.

▲ Château Sainte-Marguerite

– **사라진 5개 와이너리** : Clos de la Bastide verte(La Garde), Domaine de la Grande Loube(Hyères), Clos du Relais(Lorgues), Côteau du Ferrage(Pierrefeu), Domaine de Moulières(La Valette).

– 현재 18개 와이너리 크뤼 클라세 : Domaine du Noyer(Bormes), Château de Brégançon(Bormes),

Château Sainte–Marguerite(La Londe Les Maures), Château du Galoupet(La Londe Les Maures),

Château Saint–Maur(Cogolin), Domaine du Jas d'Esclans(la Motte), Château Roubine(Lorgues),

Château Minuty(Gassin), Château de Saint–Martin(Taradeau), Domaine de la Croix(la Croix–Valmer),

Domaine de Mauvanne(les Salins d'Hyères), Clos Mireille(La Londe Les Maures),

Clos Cibonne(le Pradet), Rimauresq(Pignans), Château Sainte–Roseline(les Arcs),

Château de Selle(Taradeau), Domaine de l'Aumérade(Hyères), Château de la Clapière(Hyères)

• 2개의 뱅드 페이 지역(Vin de Pays)

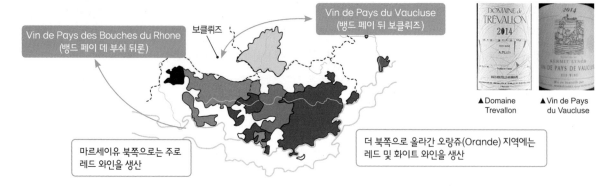

Vin de Pays du Vaucluse
(뱅드 페이 뒤 보클뤼즈)

보클뤼즈

Vin de Pays des Bouches du Rhone
(뱅드 페이 데 부쉬 뒤론)

▲ Domaine Trevallon

▲ Vin de Pays du Vaucluse

마르세이유 북쪽으로는 주로 레드 와인을 생산

더 북쪽으로 올라간 오랑쥬(Orande) 지역에는 레드 및 화이트 와인을 생산

읽 을 거 리

[뱅드 페이(Vin de Pays)의 반란]

프랑스 남부는 지중해를 끼고 있어 휴양지로 유명한 도시들이 많다.
이 지역의 와인숍을 둘러보다 보면 와인 진열대에서 가장 많은 공간
을 차지하고 있는 와인을 쉽게 발견할 수 있다. 가격 또한 2 내지 3유
로(Euro, 한화로 5천원 미만)인 이 와인은 이곳 랑그독 지역에서 가장
많이 생산되는 등급의 '뱅드 페이'다.

▲ 마스 드 도마스 가삭(Mas de Daumas Gassac)
등급 : Vin de Pay de l'Hérault, 일명 랑그독의
라피트로 남불 지역의 그랑 크뤼라 불리워진다.

뱅드 페이(Vin de Pays)라고 하면 AOC 등급 내 테이블 와인 중에서
도 3번째에 속하는 낮은 등급의 와인이다. 그렇기 때문에 마니아들 사이에서도 소외되기 일쑤다. 백인박스
(Bag-in-Box : 액체 수송만을 위한 포장기로 외장은 주름판으로 내부는 얇은 플라스틱만으로 되어 있다)에
들어 있는 많은 와인과 전 세계로 수출되는 벌크 와인(병에 담겨 있지 않은 와인)도 대부분 뱅드 페이 등급
이다. 그래서 '뱅드 페이 와인'이라고 하면 단조롭고 가벼운 와인으로 단정해 버리곤 한다.

그러나 뱅드 페이 등급 중에서도 조금 고가의 꼬리표를 달고 있는 와인이 있다. 바로 마스 드 도마스 가삭
(Mas de Daumas Gassac)이 바로 그것. 이 와인을 보는 순간, '뱅드 페이 와인도 높은 가격으로 팔릴 수 있
구나'하는 생각에 호기심이 발동한다. 자신을 소믈리에라고 소개하는 와인숍 직원의 강추를 듣고 그 자리에

서 테이스팅을 해보았다. 음, 이게 웬걸… 절대 뱅드 페이 와인의 품질이 아닌, 보르도 그랑 크뤼 등급 와인과 비교해도 뒤처지지 않을 만큼 잘 만들어진 와인이었다. 그런데 왜 이런 품질 좋은 와인이 뱅드 페이 등급 밖에 받지 못했을까?

이유는 프랑스의 AOC 시스템에 있다. 원산지 통제 명칭을 받기 위해서는 정부 산하 포도주 관리국(INAO)에서 지정한 포도 밭, 포도 품종, 재배 방법, 양조 방법 등을 준수해야 한다. 하지만 이 규칙에서 벗어나면 뱅드 페이(Vin de Pays)나 뱅드 타블(Vin de Table) 등급으로 하향 조정되어 출시되는 것이다. AOC 시스템의 이런 엄격한 규칙은 와인 생산자에게 스트레스가 될 수밖에 없지만, 결국 이것은 새로운 반란을 꾀하는 와인의 등장으로 이어지기도 한다. 랑그독 지역에서도 그러한 와인들이 속속 나타났고, 급기야 와인 저널리스트들에게 인정을 받으면서 재조명되기 시작했다.

마스 드 도마스 가삭(Mas de Daumas Gassac)의 수석 와인 메이커인 사무엘 질베르 드 라 베씨에르(Samuel Guibert de La Vaissiere)는 지중해 포도 품종으로 블랜딩해서 와인을 생산해야만 이 지역의 아펠라시옹을 받을 수 있는데도 불구하고 보르도 포도 품종인 카베르네 소비뇽만으로 와인을 생산하고 있는 장본인이다. 소량 생산으로 와인의 파워와 집중력을 향상시켰고 비싼 오크 배럴에서 장기간 숙성을 거친 그의 와인은 전 세계의 와인 전문가들에게 사랑을 받고 있다. 그는 '랑그독 로시옹의 샤토 라픠트 로쉴드'라 불리웠고, 런던 타임즈는 그가 만든 와인을 '샤토 라투르'의 맛에 비유했을 정도이다. 이처럼 자신의 철학을 고수하면서 현실과 타협하지 않고 개성적인 와인을 생산하려고 노력하는 생산자들이 점점 증가하고 있다. 그러니 부디 AOC가 아니라서 저렴하고 그래서 무시하는 고정 관념에서 탈피하길 바란다. 그래서 필자는 그런 와인 메이커들을 '수퍼 뱅드 페이'라고 부르고 싶다.

▲Domaine de La Grange des Pères Vin de Pay de l'Hérault

8-1 쥐라(Jura)

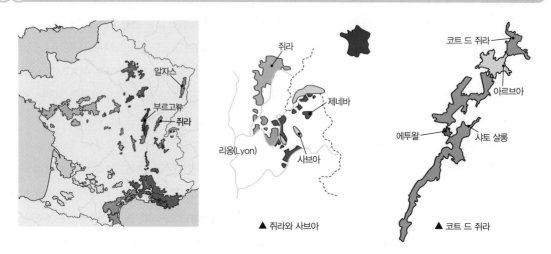

▲ 쥐라와 사브아   ▲ 코트 드 쥐라

스위스와 국경을 마주하는 고산지대로, 레만(Leman)호에 인접하고 있다. 250~500m 고도에 위치. 추위가 심한 기후지만 늦여름에 맑은 날씨가 많고 가을이 늦게 오기 때문에 포도가 숙성될 때를 기다려 수확이 늦게 진행된다. 토양은 석회석과 연보라빛을 띤 진흙 섞인 화강암들로 구성되고 콩테, 모르비에, 블루 오쥐라 치즈가 유명하다. 뱅 존, 뱅드 파이, 막뱅(MacVin)이 유명하다. 종류로는 뱅 존(Vin Jaune), 뱅드 파이(Vin de Paille), 막뱅 뒤 쥐라(Macvin du Jura), 뱅 푸(Vin Fou), 뱅 존(Vin Jaune, 일명 : 옐로우 와인)을 생산한다.

✏️ **뱅존 양조 방식** ──○

• **품종** : 사바냥(Savagnin)이며, 포도알이 작고 껍질이 두꺼워 귀부병에 잘 견디며 만생종이다.

• **클라블랭**(Clavelins)이라는 병을 사용하며, 620ml 용량이다.

• **6년 에이징** : 브왈(효모 찌꺼기) 층과 함께 와인을 보충하지 않고 증발된 상태에서 6년간 통에 숙성시킨다. 특수한 효모막을 형성한 층은 와인을 지속적으로 천천히 산화시켜 독특한 아로마를 가질 수 있다.

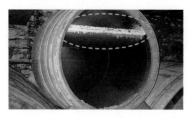

▲ 브왈   ▲ 클라블랭   ▲ 뱅 존

[노란 와인을 아시나요?]

뱅 존은 쥐라 지방에서 생산하는 독특한 빛깔의 와인이다. 바로 노란 와인. 아직 한국 시장에서는 쉽게 찾아볼 수 없는 것이 아쉽지만, 한번 맛을 들인 사람은 그 즉시 마니아가 될 수 밖에 없는 매력적인 와인이다. 반면에 그 향과 맛이 개성이 강하여 싫어하는 사람 또한 확연히 구별되는 와인이다.

와인이 우리에게 선사하는 오감 중 빼놓을 수 없는 것이 바로 시각적인 즐거움이다. 그런 점에서 개나리와 같은 노란 빛깔의 와인을 감상한다는 것은 색다른 경험이 되지 않을까.

스위스 제네바 가까이 알프스 산맥을 끼고 펼쳐진 프랑스 마을, 이곳이 바로 쥐라(Jura) 지역이다. 오래 전, 프랑스의 샤모니 근처, 친구 집에 초대를 받은 적이 있다. 저녁 식사가 끝나갈 무렵 친구 아버님께서 콩테(Comtes) 치즈와 함께 먼지가 잔뜩 앉은 통통한 병을 들고 나오셨다. 글라스에 담긴 색만 보고 난 화이트 와인일 것이라 짐작했으나 조금 더 자세히 보니 옅은 브라운 색에 가까울 정도로 색이 침착되어 있었다. 아마도 화이트 와인의 올드 빈티지가 아닐까 생각하며 향을 맡았다. 호두와 아몬드에 가까운 견과류 향이 짙게 배어 나오면서 산화된 듯한 느낌이 들었다. 그러나 입 안에서의 느낌은 나를 혼란에 빠뜨렸다. 산도가 아직까지 살아 있고 매우 드라이해서 오 드 비(Eaux – de – Vie)와 같은 느낌이 들었지만, 알코올이 그리 높지 않아서 샤토 질레뜨(Château Gilette) 와인이 아닐까 하는 생각도 들었다. 아무튼 그 독특한 향과 깊은 여운이 매우 특별한 와인이었다. 라벨을 확인하니 샤토 샬롱(Château Chalon)이라고 적혀 있었고, 그제서야 언젠가 시음도 해본 적 있는 와인임을 깨달았다.

뱅 존은 사바냥(Savagnin)이라는 토착 포도 품종으로 만들어지는데, 노란색보다 더 짙은 마호가니 빛을 띠면서 오랫동안 숙성된 듯한 컬러가 난다. 큰 오크통에서 법적으로 최소 6년 동안 보관하면서 에르바쥐(Ti-evage : 숙성)를 거친다. 이 기간 동안 와인을 터치하지 않으며, 자연적으로 생성된 효모 찌꺼기들이 맨 위에 막을 형성하는 브왈(Voile)을 거치면서 와인이 보호된다. 일반 와인은 750ml 병에 담아서 판매를 하는 것이 보통이지만, 뱅 존은 '클라블랭(Clavelins)'이라고 불리는 620ml 병에 담아서 판매한다. 이 와인은 50년 이상 보틀 숙성이 가능할 정도로 일반 와인 중에서도 가장 오랜 동안 숙성이 가능한 와인으로 꼽힌다. 특히 이 지역의 치즈인 콩테(Comtes) 및 견과류와 잘 어울린다.

[가장 오랫동안 숙성시킬 수 있는 화이트 와인, 크렘 드 테트]

블라인드 테이스팅을 하면 착각에 빠질 만큼 뱅 존과 닮은 꼴이 있다. 바로 보르도 소테른 지방의 와인이다. 일반적인 생각으로 소테른 와인은 달콤할 것이라는 필자의 편견에 대항하듯 샤토 질레뜨(Château Gilette)에서 생산하는 크렘 드 테트(Crème de Tête)는 달콤함보다는 드라이한 맛이 먼저다. 최소 20~25년동안 까브에서 숙성

▲Château Gilette Crème de Tête

을 시킨 후 시장에 유통을 시키기 때문에 해마다 출시하지 못한다. 유명 레스토랑을 가면 샤토 디켐과 나란히 샤토 질레뜨의 올드 빈티지 퍼레이드가 펼쳐지는 것을 볼 수 있다. 가장 오랜된 빈티지로 1912년 산을 보았을 정도로 가장 오랫동안 숙성시킬 수 있는 화이트 와인으로 꼽힌다. 1975년산 샤토 질레뜨 크렘 드 테트(Château Gilette crème de tête)를 맛본 적이 있는데, 그 산화된 듯 독특한 아로마로 인해 뱅 존과 비슷한 느낌으로 기억에 남아 있다.

✏️ 생산 방식에 따른 와인 스타일, 뱅드 파이(Vin de Paille) AOC ──○

수확한 포도를 양조 전에 볏짚 위에 놓고 건조시킨다. 파이(Paille) 일명 지푸라기 뜻이다. 그래서 스트로 와인이라 불리기도 한다. 수확한 포도를 통풍이 잘되는 그늘에서 지푸라기 명석 위에 놓아두고, 자연 건조시켜 수분은 증발하고 높은 당분의 반건조 포도로 양조한다. 약 3달 동안 말린 다음 압착시켜 만든다. 그래서 그런듯 잔당 300g/ℓ, 100kg 포도는 약 18리터로 소량 생산한다. 피노 누아 품종은 허용되지 않는다. 높은 알코올(15~17%), 짙은 브라

▲ 뱅드 파이

운 색을 띤다. 이탈리아의 스위트 와인으로 빈 산토(Vin Santo), 레치오토(Recioto), 아파시멘토(Appassimento), 파시토(Passito)와 비슷하다.

• 막뱅 뒤 쥐라(MacVin du Jura) AOC

뱅드 리퀴르(Vin de Liqueur), 쥐라 지역에서 생산, 쥐라 와인 생산량의 3%를 차지하고 1991년 11월에 AOC 명칭 지정. 숙성된 막(Mac : 화이트 와인을 만들고 남은 껍질을 증류시킨 것)과 신선한 포도즙을 3:7 비율로 블랜딩하고 배럴에서 최소 14개월 동안 숙성한다. 뮈타주(Mutage)는 오드비(Eau-de-vie)의 증류주를 첨가하는 것으로 인한 뱅드 리퀴르 스타

▲ 막뱅 뒤 쥐라

일로 샤르도네, 사바냥, 풀사르, 피노 누아, 트루소 품종을 허용한다. 달콤한 강화 와인으로 아페리티프, 또는 푸아그라, 디저트 특히 무화과 디저트와 잘 어울리며, 50년 장기 숙성이 가능하다.

• 뱅 푸(Vin Fou) AOC

미친 와인이란 뜻으로 강력한 이산화탄소의 힘으로 폭발해 버리기에 이런 이름이 붙었다. 후레쉬 스파클링 스타일이다. 샤르도네(Chardonnay), 피노 누아(Pinot Noir) 품종을 사용한다.

Vin Fou ▶

- **막 뒤 쥐라**(Marc du Jura) : 브랜디로 쥐라 와인을 생산하고 남은 껍질을 증류해서 만든 증류주 오드비(Eau-de-vie)이다. 약 50% 정도 높은 알코올이 숙성을 거치면서 부드러워진다. 쥐라 와인을 만든 후 껍질을 사용하여 증류가 허용되고 있다.

Marc du Jura ▶

🖊 주요 AOC/AOP ──○

코트 뒤 쥐라(Côtes du Jura), 샤토 샬롱(Château Chalon), 아르브와(Arbois), 레투왈(L' Etoile), 크레망 뒤 쥐라(Crémant du Jura), 막뱅 뒤 쥐라(Macvin du Jura)를 생산한다.

- **코트 뒤 쥐라**(Côtes du Jura) AOC/AOP : 프랑스와 스위스 국경에 있는 코트 뒤 쥐라 지역 안에는 아르브아(Arbois), 샤토 샬롱(Château-Chalon), 레트왈(L' Etoile)의 작은 마을이 포함되어 있다. 2000년의 와인 역사와 루이 파스퇴르의 포도 주스가 와인으로 바뀌고 식초로 변한 이유에 대한 연구의 본거지 임에도

▲ Côtes du Jura

불구하고 쥐라 와인은 저평가되고 있다. 쥐라는 전형적인 대륙성 기후로 여름에 덥고, 겨울은 춥다. 적포도는 완전히 익기 어려운 기후조건이다. 화이트, 레드, 로제 와인 생산을 생산한다. 뱅 존(Vin Jaune), 뱅드 파이(Vin de Paille)를 생산한다.

| 화이트 품종 | 사바냥(Savagnin), 또는 나투르(Nature), 샤르도네(Chardonnay), 믈롱 다르브아(Melon d'Arbois 또는 Gamay Blanc), 피노 블랑(Pinot Blanc)

| 레드와 로제 품종 | 풀사르(Poulsard), 트루소(Trousseau), 피노 누아(Pinot Noir)

- **샤토 샬롱**(Château Chalon) AOC/AOP : 뱅 존만 생산. 1974, 1984, 2001년은 어느 생산자도 출시하지 못함. 사바냥(Savignin) 품종을 사용하고, 1936년 AOC로 지정되었으며 면적은 50ha이다.

▲ Château-Chalon

- **아르브아**(Arbois) AOC/AOP : 아르보아는 루이 파스퇴르 생가로 유명하다.
  레드, 화이트, 뱅 그리(Vin Gris = 로제) 와인을 생산한다. 단, 뱅드 파이는 피노 누아 품종을 허용하지 않는다.

▲ Arbois Vin Jaune

| 레드 품종 | 풀사르(Poulsard : 과실향), 트루소(Trousseau : 강한 타닌), 피노 누아(Pinot Noir)

| 화이트 품종 | 샤르도네(Chardonnay), 사바냥(Savagnin : 뱅 존에서 사용)

그 외에 AOC/AOP

- **아르보아 포필랭**(Arbois Pupillin) AOC : 레드, 로제, 화이트 와인, 뱅 존, 뱅드 파이 생산

- **레투왈**(L'Etoile) AOC/AOP : 이 지역은 화이트 와인, 뱅 존, 뱅드 파이를 생산하고, 레드 와인은 생산하지 않는다. 주 품종으로 샤르도네, 사바냥, 풀사르, 트루소를 사용한다. 뱅드 파이는 스토로 와인으로 볏짚 위에서 말린 포도로 와인을 양조한다. 주로 샤르도네, 사바냥, 풀사르 품종을 사용한다. 론 지방에서도 뱅드 파이를 생산하는데 에르미타주 AOC에서는 마르산 품종을 주로 사용한다.

- **크레망 드 쥐라**(Crémant du Jura) AOC/AOP : 크레망 와인, 1995년 AC로 지정되었으며 전통적인 방식으로 양조한다.

  - 화이트 크레망 뒤 쥐라(Crémant du Jura) : 최소 70% 샤르도네를 사용해야 하며 피노 누아와 트루소는 베이스 블랜딩으로 사용 가능하다. 풀사르, 사바냥 품종은 밸런스를 위해 소량 허용한다. 압착 시에도 포도송이를 통째로 압착한다. 전통적인 방식으로 이중 발효 과정을 거친다. 1차 발효는 퀴베(cuvee)나 토노(tonneau) 등 오크통에서, 2차 발효는 와인병에서 이뤄진다.

  - 로제 크레망 뒤 쥐라(Rosé Crémant du Jura) : 쥐라의 레드 품종은 최소 50% 이상 블랜딩으로 사용해야 한다. 샤르도네와 사바냥 품종 허용

- Macvin du Jura(Vin de Liqueur) 막뱅 뒤 쥐라 AOC/AOP
  알코올 오드비(eau-de-vie) 첨가로 인한 뱅드 리쿼르
  | 레드 품종 | 트루소, 뿔사르, 피노 누아
  | 화이트 품종 | 샤르도네, 샤바냥

※ 뮈타주 방식

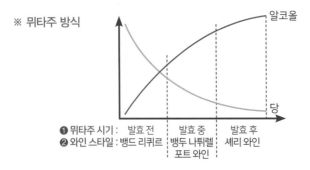

❶ 뮈타주 시기 : 발효 전 / 발효 중 / 발효 후
❷ 와인 스타일 : 뱅드 리쿼르 / 뱅두 나튀렐 / 셰리 와인
　　　　　　　　　　　　　포트 와인

화이트 와인 : 10~12℃   레드 와인 : 13~16℃   뱅 존 와인 : 15~17℃

뱅드 파이 와인 : 7~10℃   막뱅 : 5~8℃, 아페리티프

8-2 사브아(Savoie)

사브아 지역은 스키와 샬레로 유명한 지역이다. 프랑스 남동부, 이탈리아와 접하는 옛 지방의 이름으로 레만호 근처와 스위스 국경에 근접해 있는 생산 지역이다. 알프스산 아래쪽 경사면에 있어 공기가 항상 차갑지만 해가 잘 들어 온화하며, 고산과 지중해의 영향을 받은 반대륙성 기후를 가지고 있다. 여름과 가을에는 일조량이 매우 높아 포도알이 잘 익으며 화강암과 진흙, 빙하로부터 흘러온 충적토가 섞인 석회질 토양은 화이트 와인의 생산에 좋다.

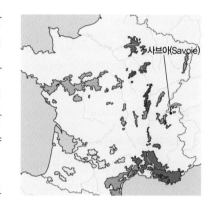

재배되는 포도 품종은 엄격한 기후 조건에 적합한 것으로, 대부분 드라이 타입의 과일맛이 강한 화이트 와인을 만든다. 이 지역은 프랑스 와인 생산의 0.5%에 불과하며, 약 23개의 포도 품종이 있다. 화이트 70%, 레드 20%, 로제 6%, 무스 4%를 생산한다.

✏ 주요 AOC/AOP ──○

• **뱅드 사브아**(Vin de Savoie) AOC/AOP

| 레드 품종 | 몽두즈(Mondeuse), 가메(Gamay), 피노 누아(Pinot noir), 페르장(Persan)

| 화이트 품종 | 알테스(Altesse), 알리고테(Aligoté), 샤슬라(Chasselas), 자케르(Jacquere), 샤르도네(Chardonnay), 몰레트(Molette), 그린제(Gringet)

✏ 화이트 품종 ──○

• **자케르**(Jacquère) : 가장 널리 재배되는 포도 품종으로 약 50%를 차지한다. 어린 와인으로 마시기 적합하며, 활기찬 드라이 와인을 생산한다. 풍미는 꽃과 과일에서 미네랄과 부드러움에 이르기까지 다양하다.

• **알테스**(Altesse) : 3년 정도의 숙성에 적합한 와인을 생산한다. 어린 와인은 신선한 아몬드와 베르가못에서 파인애플, 복숭아, 모과에 이르기까지 풍미가 다양하다. 숙성될수록 꿀, 토스트, 견과류 및 흰 송로버섯의 향이 느껴진다. 이 포도 품종은 루세트 드 사브아(Roussette de Savoie) AOC에서 생산.

• **샤슬라**(Chasselas) : 가벼운 바디감의 마시기 쉬운 드라이 와인을 생산한다. Jacquère로 만든 와인과 비슷하며 신선한 버터, 토스트 및 말린 과일향이 느껴진다. 빨리 음용하기에 적합하다.

• **그린제**(Gringet) : 사브아 지역에서 재배한다. 포도 품종은 사과와 모과향이 나는 화이트 와인을 생산한다. 흰색 꽃, 시트러스, 재스민의 은은한 향이 나는 우아하고 상쾌한 스파클링 와인도 생산한다.

✏️ 레드 품종 ──○

- **몽두즈(Mondeuse)** : 사브아 토착 품종으로 로마 침공 이전에 고대 갈리아 부족에 의해 재배되었다. 비탈 경사면, 해치 및 석회암 토양에서 잘 자란다. 진한 보라색, 잘 구조화 된 산도와 타닌의 밸런스가 있으며, 붉은 과일(딸기, 레드커런트, 라즈베리, 사워 자두)과 향신료(백후추, 계피, 정향) 향이 느껴진다. 숙성 잠재력을 보여준다.
- **페르장(Persan)** : 노균병이나 병충해에 매우 약하며 재배하기 어려운 품종이다. 진한 붉은색, 짙은 타닌 와인을 생산한다. 붉은 과일, 보라색, 후추 및 향신료의 풍미를 가진다. 어린 와인은 조금 거칠고 단단한 질감이지만, 숙성될수록 부드러워진다.

📝 16개의 크뤼 ──○

- **화이트 와인 생산 AOC/AOP**

아빔므(Abymes), 아프레몽(Apremont), 시냉(Chignin), 쇼타뉴(Chautagne), 크루에(Cruet), 종지유(Jongieux), 몽메리앙(Montmélian), 생 제와 프리에르(Saint-Jeoire-Prieuré), 크레피(Crépy), 마랭(Marin), 마리냥(Marignan), 리파이유(Ripaille), 시냉 베르제롱(Chignin-Bergeron), 아이제(Ayze)

▲ 16개 크뤼

- 아빔므(Abymes), 아프레몽(Apremont), 생 제와 프리에르(St-Jeoire-Prieuré) : 최소 80% 자케르(Jacquère)
- 시냉(Chignin) : 화이트는 최소 80%
- 시냉 베르제롱(Chignin-Bergeron) : 화이트만 생산
- 몽메리앙(Montmélian), 크루에(Cruet) : 화이트만 생산, 최소 80% 자케르(Jacquère) 품종 사용
- 아이제(Ayze) : 화이트와 스파클링 와인 생산, 그린제 품종 50% 이상 사용.
- 크레피(Crépy), 마리냥(Marignan), 마랭(Marin), 리파이유(Ripaille) : 화이트 와인만 생산, 최소 80% 자케르 품종 사용

▲ vin de savoie + 크뤼 이름 + 포도 품종

- **레드와 로제 와인 생산 AOC/AOP**

아르뱅(Arbin), 생진드라포르트(St-Jean-de-la-Porte), 쇼타뉴(Chautagne), 종지유(Jongieux)

- 아르뱅(Arbin), 생진드라포르트(St-Jean-de-la-Porte) : 레드만 생산, 몽두즈 단일 품종 사용
- 쇼타뉴(Chautagne), 종지유(Jongieux) : 화이트는 최소 80% 이상 자케르 품종 사용. 레드와 로제는 최소 90% 이상 3개의 가메, 몽두즈, 피노 누아 품종을 사용

• 크레피(Crepy) AOC/AOP : 드라이 화이트 와인, 품종 샤슬라 80% 이상이다. 2009년 뱅드 사브아 크레피(Vin de Savoie Crepy) 또는 사브아 크레피(Savoie Crepy)

▲ Roussette de savoie + Frangy cru

• 루세트 드 사브아(Roussette de Savoie) AOC/AOP : 드라이 화이트 와인, 100% 알테즈 Altesse(=Roussette) 품종만 사용, 루세트 드 사브아 + 4 크뤼(crus : 프랑지 Frangy, 마레스텔 Marestel, 몽소 Monthoux, 몽테르미노 Monterminod) 생산하며, 크뤼 이름을 라벨에 표기한다. 9% 생산량 차지

• 세셀(Seyssel) AOC/AOP : 화이트 와인과 스파클링 와인 생산, 알테스(roussette), 샤슬라 품종

– 세셀 무스(Seyssel mousseux) AOC는 스파클링 와인 생산. 품종은 몰레트(Molette), 알테스(Altesse) 또는 루세트(Roussette), 약 3% 생산량 차지

• 크레망 드 사브아(Crémant de Savoie) AOP : 품종은 60%는 자케르와 알테스 품종을 사용

• 스파클링 종류

– 페티앙(Petillant) : 압력이 약한 스파클링 와인, 2기압 정도로 일반 와인병 사용

– 무스(Mousseux) : 샴페인 외 모든 스파클링 와인의 총칭으로 3기압 이상, 제조 방식은 상관없음

– 크레망(Crémant) : 샴페인보다 비슷하거나 조금 약한 스파클링으로 4기압 정도이다. 샴페인 제조 방식으로 만든다.

✏️ 프랑스에서 8개의 크레망(Crémant) 생산 AOP/AOC ──○

크레망 드 보르도(Crémant de Bordeaux), 크레망 드 부르고뉴(Crémant de Bourgogne), 크레망 드 루아르(Crémant de Loire), 크레망 드 리무(Crémant de Limoux), 크레망 드 디(Crémant de Die), 크레망 뒤 쥐라(Crémant du Jura), 크레망 달자스(Crémant d'Alsace), 크레망 드 사부아(Crémant de Savoie)

크레망 달자스

크레망 드 부르고뉴

크레망 뒤 쥐라

크레망 드 사부아

크레망 드 디

크레망 드 루아르

크레망 드 보르도

크레망 드 리무

프랑스 남동부의 알자스 산기슭에 위치한다. 약 500ha 면적과 25,000의 생산량을 가지고 있으며 생산량의 3/4은 화이트 와인이다. 석회질 토양이 특징적이다.

부르고뉴의 품종으로 알리고테, 샤르도네, 가메, 피노 누아를 사용하고, 사브아 품종으로 몽뒤즈, 알테스를 사용하며, 쥐라 품종으로 풀사르를 사용한다. 2009년에 AOC/AOP로 인정받았다.

- **부게(Bugey) AOP** : 화이트, 로제, 레드 와인을 생산한다. 품종 이름을 라벨에 표기. Bugey + 2개 마을 이름으로 표기한다.
  - Bugey 마니클(Manicle) : 샤르도네, 피노 누아로 화이트와 레드 와인 생산
  - Bugey 몽타니유(Montagnieu) : 100% 몽뒤즈로 레드 와인 생산

- **부게 무스 또는 페티앙(Bugey mousseux 또는 Petillant) AOC** : 화이트, 로제 스파클링 와인 생산

- **부게 무스 또는 페티앙(Bugey mousseux 또는 Petillant) + 마을 이름 AOC** :
  - 세르동(Cerdon) 마을 : 가메와 풀사르 품종으로 로제 스파클링, 메토드 앙세스트랄 (Methode ancestrale) 방식
  - 몽타니유(Montagnieu) 마을 : 화이트 스파클링 와인 생산, 전통적인 방식

- **루세트 뒤 부게(Roussette du Bugey) AOC** : 100% 알테스(2008년부터) 화이트 품종 사용
- **루세트 뒤 부게 + 마을 이름 AOC** :
  - 몽타니유 마을 : 주로 화이트 와인 생산
  - 비리유 르 그랑(Virieu le Grand) 마을 : 주로 화이트 와인 생산

Roussette du Bugey ▶

서비스 온도는 화이트 와인 : 10℃, 레드 와인 : 10~12℃에서 14℃까지, 스파클링 : 6~8℃이다.

▲ Roussette du Bugey Montagnieu ▲ Roussette du Virieu

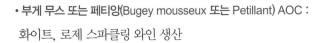
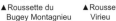

[적당한 와인 한잔 사망 위험 낮춰요 – 프렌치 패러독스]

와인과 건강이 밀접한 관계에 있다는 사실은 언론 보도를 통해 잘 알고 있겠지만 다시 한 번 짚고 넘어가고자 한다. 30년 전쯤부터 와인과 건강에 대한 보고서가 줄을 이었다. 신문, TV, 잡지들은 와인을 적당히 즐긴다면 건강을 유지하는 데 도움을 받게 될 것이라는 다큐멘터리와 기사를 연일 쏟아냈다.

특히 레드 와인에 대한 호평이 이어졌다. 레드 와인이 심장병 예방에 유리하다는 연구 결과는 레드 와인의 수요를 폭발적으로 늘게 했다. 그 중에서도 한국은 레드 와인의 소비량이 가장 많이 증가한 나라 중 하나로 꼽힌다. 와인 시장에서 레드 와인의 점유율은 50% 이상을 넘는다.

바야흐로 와인은 워라밸과 웰빙 시대의 아이콘으로까지 부상했다. 와인과 건강을 분석한 자료 가운데 가장 유명한 것은 프렌치 패러독스(French paradox)가 아닐까 싶다. 프렌치 패러독스는 프랑스인이 특별한 건강식을 먹지 않음에도 불구하고 영국 독일 등 여타 북유럽 국민과 달리 동맥 심장병(Coronary heart disease)의 발병률이 현저히 낮은 이유가 바로 와인 때문이라는 것을 일컫는 말이다.

1819년 아일랜드인 새뮤얼 블랙 박사는 아일랜드인과 프랑스인의 후두염 발병률 차이를 비교 분석하면서 프랑스인의 생활 방식과 식습관이 후두염 발병률을 낮췄다고 주장했다. 식습관이란 바로 와인을 뜻한다. 그의 연구는 발전을 거듭해 후두염에서 그치지 않고 심장병까지 이어졌다. 이 연구 결과가 1991년 미국 CBS 방송 프로그램 '60분'에서 소개한 '프렌치 패러독스'이다. 이 다큐멘터리가 방영되자 반향은 엄청났다. 와인을 마신 결과가 심장병 발병을 억제하는 데 기여했다는 것은 전혀 뜻밖의 사실이었기 때문이다.

붉은 색을 띠는 과실 껍질에 풍부한 폴리페놀(Polyphenols)은 특히 적포도의 껍질과 같이 발효하는 레드 와인에 풍부하다. 폴리페놀은 산화 방지 활동을 하여, 심장 발작을 일으키는 주 원인인 활성 산소의 활동을 억제시키는 역할을 한다. 따라서 매일 절제된 레드 와인의 섭취는 심장 발작을 예방할 수 있다고 밝혔다.

와인의 긍정적 효과가 너무 크게 나타나자 심지어 음주와 사망의 연관 관계에 관한 연구가 다량으로 진행되기까지 했다. 그래서 와인의 효과에 대한 논란은 여전히 진행 중에 있다.

와인과 건강에 대한 또 다른 연구는 J 커브 곡선이다. 가로 축을 매일 마시는 와인의 양으로 하고 세로 축을 사망 위협으로 보면 그래프에 J 곡선이 그려진다는 것이다. 하루에 와인을 조금씩 마실 때까지는 전혀 마시지 않을 때에 비해 그래프가 하강하고 그 이후에는 상승하는 곡선이다. 다시 말해서 과도한 와인 음주는 사망 위험을 높이지만 일정 정도까지는 사망 위험을 낮춘다는 뜻이다. 와인 애호가에게는 마음에 드는 곡선이 아닐 수 없다.

와인을 즐기는 이유가 비단 건강을 지키기 위해서만은 아니지만 과음하지 않는 이상 건강에도 좋다 하니 이보다 괜찮은 음료도 드물지 않겠나 싶다.

'나는 승리의 기쁨을 샴페인으로 축배한다. 또한 패배의 아픔을 샴페인으로 달랜다' – 나폴레옹 보나파르테가 한 말이다. 이처럼 샴페인은 특별한 날에 마시는 와인으로 축하하기 위해 즐겨 찾는다. 길쭉하면서 날씬한 잔 안에서 섬세한 버블이 뽀글뽀글 올라오는 것을 보면 마치 폭죽을 떠지는 듯한 분위기를 만들어 준다. 축하, 기념하는 자리에서 또는 사랑하는 연인들에게는 샴페인이 제 몫을 톡톡히 한다.

9-1 샴페인 시장

스파클링 와인 지역 중에서 가장 유명한 지역으로써 기억해야 할 지명이 바로 '샹파뉴'이다. 프랑스 북쪽에 위치한 샹파뉴는 샴페인을 생산하는 유일한 지역이다. 라벨에 'Champagne'라는 이름은 바로 원산지의 개런티를 표시하기 때문이다. 전 세계 어느 나라도 '샴페인' 이름의 도용은 금지되어 있다. 스페인은 까바(Cava), 독일은 젝트(Sekt), 이탈리아는 스푸만테(Spumante), 프랑스는 크레망(Crémant)이라는 이름으로, 그 외에 생산하는 버블 와인을 스파클링 와인이라 부른다.

버블은 입 안을 깔끔, 상쾌하게 만들어주기 때문에 식욕을 증진시키는 식전주로써 즐긴다. 전통적으로는 캐비어 또는 에피타이저와 함께 곁들인다. 그러나 제철 과일이나 디저트와 완벽한 조화를 이루는 다재 다능한 선수이다.

🖊 패션과 유행에 앞서가는 샴페인 하우스 ──○

크리스탈(Cristal)이나 크루그(Krug)와 같은 프레스티지 퀴베 샴페인은 그 엄청난 가격에도 불구하고 없어서 못 팔고 있을 정도로 원하는 사람이 많다. 샴페인의 이미지는 바로 페라리나 포르쉐의 자동차처럼 세련된 것들로 포장되어 있다. 물론 그 뒤에는 샴페인 하우스의 끊임없는 노력이 있었다.

▲ Cristal

미국의 전설적인 여배우 마릴린 먼로는 약 350병의 샴페인으로 목욕을 했고, 마치 날마다 숨을 쉬듯 샴페인을 즐겨 마셨다고 한다. 프랑스 여배우 브리짓 바르도(Brigitte Bardot)는 '내가 피곤할 때 신선함을 주는 것은 바로 샴페인이다.'고 말하여 샴페인에 대한 극찬을 아끼지 않았다. 그런가 하면 영화 〈007 시리즈〉에서 미스터 본드가 즐겨 마시는 음료로 볼린저(Bollinger)라는 샴페인이 등장하기도 했다. 이처럼 세계적인 유명 스타들의 옆에는 언제나 샴페인이 있었고, 이러한 이미지는 바로 사치와 명품으로 이어져왔다. 어디 그뿐인가? 유명 패션쇼 행사에는 공식처럼 샴페인이 등장한다. 명품 패션 브랜드인 루이비통의 계열사인 모엣 샹동 샴페인은 루이비통 행사에 빠지지 않고 등장하며, 중요한 국빈을 맞는 디너에서도 서비스되는 것이 바로 샴페인이다. 샴페인 하우스(샴페인을 생산하는 양조업체) 또한 사전 약속이 필수일 정도 관광객보다는 와인 산업에 종사하는 사람들을 우선적으로 환영한다. 모엣 샹동(Moët & Chandon)에서 뜻하지 않게 멋진 성(城, 샴페인 하우스들은 대부분이 럭셔리한 외관을 자랑한다)에서 점심 식사에 초대를 받았었다. 모엣 앤 샹동(Moët & Chandon)은 260여 년의 전통을 가진 샴페인 회사로 LVMH의 소유로 루이비통 회사이다. 그런데 리셉션부터 시작해서 메인 요리, 그리고 디저트까지 전부 샴페인에 매칭된 코스 요리들을 보고 놀라지 않을 수 없었다. 샴페인을 위해 태어난 듯 완벽하게 맞아 떨어지는 요리들을 보며 이 모두가 셰프들의 피나는 노력의 결과가 아닐까 생각해 보았다.

다음 날 방문한 샤를르 하이드직 샴페인 하우스에서도 샴페인과 함께 캐비어가 올려진 카나페가 서비스되었다. 요리 중에서도 럭셔리한 매칭으로 알려져 있는 것이 바로 샴페인과 캐비어다. 세계 3대 진미에 속하는 캐비어와 샴페인은 클래식한 매칭으로 유명하다. 그곳 셰프가 살짝 귀띔을 해준 또 다른 의외의 매칭은, 바로 드라이한 샴페인과 일본 음식인 스시(Sushi)의 조화다. 샴페인을 가장 많이 수입하는 나라 중에 전 세계 3위가 일본이고, 도쿄 긴자에서는 1분에 한병씩 돔 페리뇽이 팔린다고 하니 일본인의 샴페인 사랑은 그럴만한 이유가 있었다.

많은 샴페인 하우스들이 유명한 셰프들을 고용하여 자신들의 샴페인에 어울리는 독창적인 메뉴를 만들고 있다. 그리고 방문하는 고객들은 여기에 깊은 인상을 받는다. 이 모든 것들이 바로 샴페인의 명품 이미지를 만드는 고도의 마케팅 전략이 아닐까.

9-2 샴파뉴 지역

샴파뉴(Champagne) 지방은 AD 1세기 로마제국 시절부터 포도가 재배되었다. 당시는 스틸 와인으로 비발포성 와인을 생산하였다. 1676년 오빌레(Hautvillers) 마을의 베네딕트(Benedictine) 수도원의 돔 페리뇽(Dom Perignon) 수도사에 의해 발포성 와인 제조법을 발견하게 되었다.

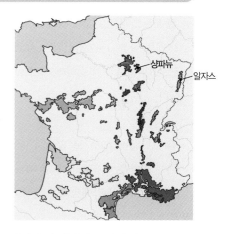

전설에 따르면 베네딕토회 수도사 돔 피에르 페리뇽(Dom Pierre Pérignon)은 300년 전에 스파클링 와인을 만드는 샴페인 방법을 발견했다. 실제로 런던의 왕립 학회에 제출된 논문은 페리뇽(Pérignon)이 수도원에 발을 들여 놓기 6년 전인 1662년에 샴페인 생산 방법을 설명했다고 기록되어 있다.

프랑스의 베네딕트 수도승 돔 페리뇽(1638~1715)은 최초로 코르크를 샴페인의 병마개로 사용하였다. 또한 전통적 샴페인 제조법을 발견하고 발포성 와인의 기원을 만들었다. 돔 페리뇽(Dom Perignon) 수도사에 의해 발견한 제조법을 메토드 샹프누아즈(Méthode champenoise)라 부르며, 이런 방식으로 만든 이 지역 이 외에서 만들어지는 모든 발포성 와인(Sparkling wine)에 메토드 샹프누아즈(Méthode Champenoise)라고 라벨에 표기한다.

1927년 이후 샴페인 포도 품종이 고정되어 현재까지 사용하고 있다(샤르도네, 피노 누아, 피노 므뉘에).

■ 샤르도네 : 30%, 신선함, 섬세함, Côte des Blancs 지역에서 재배
■ 피노 누아 : 38%, 구조, 바디, 복잡함, Western Mountain of Reims and Aube 지역에서 재배
■ 피노 므니에 : 32%, 부드러움, 과일, 유연함, Marne Valley, Western Mountain of Reims 지역에서 재배

• 대표적인 샴파뉴 지역의 특징

❶ 코트 데 블랑(Côte des Blancs)

11개 마을, 포도밭 면적은 3,142ha, 98% 샤르도네, 2% 피노누아

북동쪽에서 남서쪽으로 이어지는 지역으로 백악질 토양은 샤르도네의 섬세함을 제공한다. 대표적인 화이트 포도와 흰 토양(백악질)이 특징이다.

❷ 몽타뉴 드 랭스(Montagne de Reims)

97개 마을, 포도밭 면적은 8,277ha, 41% 피노 누아, 34% 피노 므니에, 25% 샤르도네

피노 누아가 주로 재배되지만 다양한 토양과 일조량이 풍부하여 다른 품종도 우수하다. 샴페인의 가장 북쪽인 남향 경사면에 포도밭은 자리 잡고 있으며, 이 지역은 산기슭에서 발생하는 아침 서리를 피하고, 하루종일 햇빛을 받아 숙성도가 우수하다.

❸ 발레 드 라 마른(Vallée de la Marne)

81개 마을, 8,886ha, 72% 피노 므뉘에, 16% 피노 누아, 12% 샤르도네

마른강의 이름을 따서 마른 계곡이라 부른다. 포도밭은 마른 강둑을 따라 남쪽과 남동쪽으로 분포되어 있으며, 이는 조생종인 피노 므뉘에 재배에 좋다.

❹ 코트 드 세잔느(Côte de Sézanne)

12개의 마을, 1,479ha, 77% 샤르도네, 18% 피노 누아, 5% 피노 므뉘에

코트 데 블랑과 비슷하며 샤르도네 포도가 우수하다. 코트 데 블랑보다 꽃향, 익은 과일향의 샤르도네가 특징이다.

❺ 코트 데 바(Côte des Bar)

63개의 마을, 7,778ha, 86% 피노 누아, 10% 샤르도네, 4% 피노 므뉘에

샤블리 지역의 킴메르지안 토양이 이 지역에도 분포되어 있으며, 이 토양에서 재배된 피노 누아는 리치하고 풍부한 구조감을 가진다.

▲ 5개 지역으로 구분

• 기후

상파뉴는 프랑스에서도 가장 북단에 위치하여 혹독할 만큼 매서운 추위 만큼이나 눈부시게 아름다운 햇살이 있는 곳으로 연 평균 기온이 10.5℃(53℉)이고 해양성 기후와 대륙성 기후가 공존한다. 서리는 약 2달 정도 지속되며 연간 강수량은 약 700mm로 200일 정도 내린다. 겨울의 매서운 추위는 거미나 벌레와 같은 기생동물이 번식할 수 없게 만들며 동남쪽으로 비탈진 언덕에 포도밭이 뻗어 있어 일조량을 풍부하게 받을 수 있다. 토양은 백악질, 석회질 킴메르지엔 토질로 배수가 원활, 포도나무에 충분한 영양분이 공급된다. 새로운 싹이 메마른 가지에서 얼굴을 빠끔히 내밀기 시작하고 꽃이 맺히기 시작할 때쯤 봄을 시기하는 서리와 우박이 포도밭을 덮친다. 이 시기를 무사히 넘기면 꽃송이가 사라지고 포도송이가 모습을 드러내기 시작하며, 약 100일 후에 수확된다. 상파뉴 지역은 여느 다른 지역에 비해 다소 빠른 8월 첫째 주에 수확을 시작하는데, 이는 샴페인의 뼈대인 산도를 염두에 두기 때문이다.

손 수확이 원칙이고 포도 품종별로 그랑 크뤼밭, 프리미어 포도밭 등 구획별로 나누어서 수확한다.

✏️ 주요 AOC/AOP ────○

• **상파뉴**(Champagne) AOC : 샴페인만 생산한다.
• **코토 샹프누아즈**(Côteaux Champenois) AOC : 1973년 AC로 지정, 화이트 와인, 레드 스틸 와인 생산
• **로제 드 리세**(Rosé des Riceys) AOC : 오브(Aube) 지역의 남쪽에 위치한 리세(Riceys) 마을의 포도로만 만들고, 드라이 로제 와인 생산

▲ Côteaux Champenois ▲ Rosé des Riceys

✏️ 포도밭의 크뤼 ────○

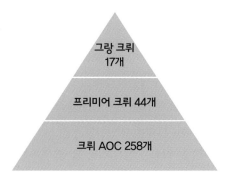

• **그랑 크뤼** : 100% 그랑 크뤼 마을의 포도로 사용(17개의 그랑 크뤼 마을이 존재)

그랑 크뤼의 17개 마을은 다음과 같다.

앙보네(Ambonnay), 아비즈(Avize), 아이(Ay), 보몽 수르 벨 (Beaumont-sur-Vesle), 부지(Bouzy), 쇼일리(Chouilly), 크라 망(Cramant), 루부와(Louvois), 마이(Mailly), 르 메닐 수르 오제 르(Le Mesnil-sur-Oger), 오제르(Oger), 우아리(Oiry), 푸이주 (Puisieux), 살르지(Sillery), 투르 수르 마른(Tours-sur-Marne), 베르즈네(Verzenay) 베르지(Verzy)

- **프리미어 크뤼(Premiers Crus)** : 90~99% 프리미어 크뤼 마을의 포도로 사용(44개의 프리미어 크뤼)
- **크뤼(Crus)** : 80~89% 샴페인 지역의 포도로 사용(258개 빌라주)

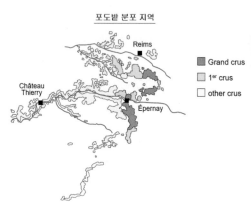

9-3 샴페인 양조

📝 샴페인 양조의 이해 ──○

그해 만들어지는 샴페인의 베이스 와인으로 쓰여질 이 주스들은 여느 화이트 와인과 동일한 방식으로 이루어지며 대부분 스테인레스 탱크에서 이루어진다. 알코올 발효가 완료된 와인을 샴페인 하우스의 스타일에 따라 유산 발효(MLF : Malolatic Fermentation)를 거쳐 다

▲ Krug NV

▲ Krug 2002

소 날카로운 산도를 동그랗게 만들어주는 작업을 실시하며, 그 중 일부는 오크 배럴(Oak Barrel)에서 숙성시키기도 한다. 그러나 샹파뉴 지역에서 일반적으로 오크 배럴 숙성은 드물게 이루어진다.

이후 1차 발효가 끝난 스틸 와인을 퀴베(Cuvée)라 하고, 블렌딩을 한다. 샴페인 하우스의 아주 중요한 자산인 각 해에 만들어진 와인은 따로 저장되어 추후에 샴페인 양조시 리저브 와인(Reserve Wine)으로 사용되어 블렌딩한다. 블렌딩 기술은 샴페인 하우스의 비밀이자 시그니처이다.

매년 약 20% 정도 리저브 와인으로 보관한다. 빈티지가 다른 리저브 와인을 블렌딩한 후 숙성시켜 출시하기 때문에 일반적으로 샴페인은 빈티지가 없는 논-빈티지(NV : Non Vintage) 샴페인이다. 논 빈티지 샴페인은 최소 15개월동안 숙성해야 한다.

예외적으로 작황이 좋았던 해는 그 해의 포도만을 가지고 샴페인을 만든다. 이를 빈티지(Vintage) 샴페인이라 부르고 라벨에 빈티지를 표기한다. 빈티지 샴페인은 최소 3년(36개월) 이상 숙성해야 한다.

압착 발효 이동

퀴베 스틸 와인을 블랜딩

티라주 2차 병내 발효 르므아주 데고르주망과 도자주

수확하여 양조장에 도착한 포도는 압착시킨다. 이때 품질 관리를 위하여 착즙하는 포도즙(Yield : 수율)을 100liter/150kg으로 제한한다. 일반적으로는 2550liter/4,000kg 포도송이째 넣고 압착한다. 첫 번째 압착한 2,050리터 포도즙은 뱅드 퀴베(Vin de Cuvée)라 하고, 두 번째 압착한 500리터 포도즙은 프리미어 타이으(Premier Taille) 또는 뱅드 타이으(Vin de Taille)라 부른다.

압착하여 얻은 포도즙은 스탠레스 탱크로 옮겨서 1차 알코올 발효를 하여 스틸 와인으로 만든다. 1차 발효된 포도를 다시 2차 발효(MLF : Malolactic fermentation)를 하여 사과산이 젖산으로 분해되어 산(Acidity)을 부드럽게 만들어 주고 와인에 버터향과 브리오슈 구운 빵향을 생성한다. 이렇게 발효를 끝낸 포도주를 블랜딩한다.

이 과정은 샴페인 하우스에 따라 MLF 전후에 이루어진다. 와인의 불순물을 제거하여 품종, 빈티지, 포도밭과 압착 비율에 따라 블랜딩한다. 블랜딩(Blending)으로 만들어진 와인을 퀴베(Cuvée)라 하고, 이때 티라주(Tirage) 작업을 한다. 티라주는 퀴베(Cuvée)에 당분과 효모를 섞은 혼합액을 첨가하여 병입하는 것이다. 그리고 메탈 캡슐 마개를 사용하여 밀봉한다.

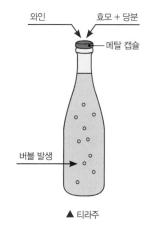

와인 / 효모 + 당분
메탈 캡슐
버블 발생

▲ 티라주

병입한 후 지하 저장소에 수평으로 눕혀서 보관을 하면 병내에서 2차 발효를 하면서 자연적으로 탄산가스가 발생하여 병내에 탄산가스를 포집한다. 이 과정이 끝나면 죽은 효모가 병 안에 잔류하여 혼탁하게 된다. 이것을 제거하기 위해 포피트르(Pupiters)라 부르는 경사진 선반 위에 샴페인 병을 꽂고 약 8~10주 동안 보관하면서 주기적으로 병을 돌려주면서 경사를 높이게 되는 수작업을 한다. 병을 돌려주는 작업을 르뮈아주(Remuage)라 부르고, 영어로는 리들링

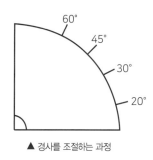

60°
45°
30°
20°

▲ 경사를 조절하는 과정

(Riddling)이라 부른다. 이렇게 함으로써 병 안에 들어있는 불순물들이 병목으로 서서히 침전하게 만든다. 1816년 마담 뵈브 클리코(Madame Veuve Clicquot) 여사가 포피트르(Pupitres)를 처음 고안했다.

▲ 포피르트

▲ Gyropalettes : 한 케이지에 504병을 넣고 한꺼번에 돌려줌

병목에 쌓인 침전물은 영하 20℃ 이하로 급냉각하여 인위적으로 병목을 얼리게 하고, 마개를 열어 침전물을 제거한다. 이를 데고르주망(Degorgement)이라 한다.

데고르주망으로 인해 배출되어 유실된 소량의 와인을 보충하기 위해 당을 녹인 감미조정액(Liqueur de Dosage, 또는 Liqueur d'expedition)을 첨가한다. 이를 Dosage(도자주)라 하며 이것으로 인해 샴페인의 단맛을 결정하게 된다. 당분의 함량에 따라 Brut Nature, Extra Brut, Brut, Extra Dry, Sec, Demi-Sec, Doux으로 구분이 된다.

▲ 데고르주망

✏️ 당분 함량에 따른 표기법 ───○

잔당의 함유량에 따라서 표기 방법 또한 다르다. 샴페인은 드라이한 스타일에서 단맛이 느껴지는 스타일에 이르기까지 여러 맛이 존재한다. 라벨에 표기된 이름을 보고 샴페인의 당의 농도와 맛을 짐작할 수 있다.

- Brut Nature : Non dosage 또는 0~3g/ℓ RS(Residual sugar : 잔당) 드라이한 맛이 강함
- Extra Brut : 0~6g/ℓ RS
- Brut : 0~12g/ℓ RS 약간 드라이하지만 단맛이 전혀 없음
- Extra Dry : 12~17g/ℓ RS 약간의 단맛이 느껴지지만 여전히 드라이한 맛이 남아 있음
- Dry or Sec : 17~32g/ℓ RS 가벼운 단맛이 느껴짐
- Demi-Sec : 32~50g/ℓ RS 단맛의 강도가 Sec보다는 더욱 진함
- Doux : 50+ g/ℓ RS 디저트 와인처럼 단맛이 농축되어 느껴짐

▲Demi-sec

- 그 외에 지역에서 스파클링 와인 양조 : 샤르마 방식(Méthode Charmat)

샴페인은 병내 기압이 약 5~6bar라면, 샤르마 방식으로 양조한 스파클링 와인의 기압은 3bar로 압력이 낮다. 샤르마는 병내에서 2차 발효를 하는 샴페인 양조 방식이라 아니라, 대형 탱크에 넣어서 2차 발효를 진행하므로 비교적 기압이 낮다.

- 샤르마 양조법

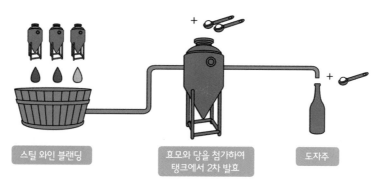

스틸 와인 블랜딩 | 효모와 당을 첨가하여 탱크에서 2차 발효 | 도자주

9-4 샴페인 이모저모

🖊 샴페인의 종류 ──○

퀴베 드 프리스티지 또는 퀴베 스페시알(Cuvée de prestige)은 테트 드 퀴베(Tête de cuvée) 또는 그랑 퀴베 (Grande Cuvée)라 부르고, 샴페인 하우스가 가장 고급으로 생산하는 샴페인을 뜻한다. 빈티지가 표기되어 있다.

예 모엣 앤 샹동(Moet & chandon)에서 만든 돔 페리뇽(Dom Perignon)이 퀴베 드 프리스티지 브랜드이다.

• 각 샴페인 하우스에서 생산하는 퀴베 프리스티지 샴페인을 살펴보자. 모엣 & 샹동은 260여 년의 전통을 가진 샴페인 브랜드이자 LVMH의 소유로 루이비통 회사이다. 현재 전 세계에서 가장 큰 규모의 샴페인을 생산한다. 퀴베 드 프리스티지는 샴페인의 아버지로 유명한 전설의 수도사 '돔 페리뇽'의 이름으로 명명되었다.

▲ 모엣 & 샹동 (Moet&Chandon)

▲ 돔 페리뇽(Dom perignon)

• 포피트르를 고안하여 만든 클리코 여사의 샴페인으로 뵈브(Veuve)는 '미망인'이란 뜻을 가지고 있다. 뵈브 클리코의 퀴베 드 프리스티지는 '라 그랑 담'이다.

▲ 뵈브 클리코(Veuve Clicquot)

▲ 라 그랑 담(La Grande Dame)

• 볼린저는 영화 〈007〉에서 제임스 본드가 즐겨 마신 샴페인이다. 볼린 저의 퀴베 드 프리스티지는 '라 그랑 아네'이다. 작황이 좋은 해만 만들어 지는 빈티지 샴페인이자 소량 생산으로 귀하다. 라 그랑 아네(La Grande Annee)는 좋은 해라는 의미를 가진다.

▲ 볼린저(Bollinger)

▲ 라 그랑 아네(La Grande Annee)

• 루이 로더레의 퀴베 드 프리스티지는 '크리스탈'이다. 일명 황제의 샴 페인이라 일컬어지는 크리스탈은 제정 러시아의 알렉산더 2세를 위해 만들어진 황제 전용 샴페인으로 탄생하여 1세기 이상 러시아 황실에만 공급되었다. 여인을 황제처럼 생각하는 반려자의 지극한 생각이 담긴 샴 페인이다. 신선함과 과일의 맛이 풍부하게 표현된 샴페인이자 생생한 자 극과 부드러운 풍미가 입 안을 가득 채우는 우아한 샴페인으로 입 안의 거품이 섬세하면서 세련되게 느껴지며,

▲ 루이 로더레(Louis Roederer)

▲ 크리스탈(Cristal)

매끄럽게 입 안을 감싸준다. 와인 전문가들로부터 최고의 빈티지 샴페인으로 평가를 받고 있는 최고의 품질을 자랑한다.

• 1811년 설립 이래 약 200년간 명성을 이어오고 있는 최고급 샴페인 중에 하나이다. 19세기 말 파리는 문화 예술가 번성하는 화려한 시기를 보냈다. 이 시기를 라 벨 에포크(La Bellle Epoque)라 하여, 아름다운 전성 시대라 부른다. 화려한 꽃을 새겨 넣은 레이블 병을 통해서 의미를 전달한다. 페리에 주에의 병 디자인은 1902년, 세계적인 아르누보 유리공

▲ 페리에-주에(Perrier-Jouet)

▲ 벨 에포크(Belle Epoque)

예가인 에밀 갈레(Emile Gallé)가 '페리에 주에'에서 풍기는 백색꽃 향기를 형상화하여 아라베스크 풍의 아네모네 꽃을 장식해 디자인 한 것으로 병 안에 담긴 샴페인만큼이나 패키지 자체만으로도 또 다른 예술로 인정받고 있다. 페리에 주에는 '피에르 니콜라스 페리에'와 '아델 주에'의 결혼으로 탄생된 샴페인 하우스로 남성(페리에)과 여성(주에)의 이름이 결합되어 사용한다.

• 크루그스트(Krugist)란 사전에 등재할 정도로 크루그 샴페인을 좋아하는 사람을 일컫는다. 특히 할리우드 스타 조지 클루니가 좋아하는 샴페인으로 알려져 있다.

▲ 크루그(Krug) NV
▲ 크루그 클로 뒤 메스닐 (Krug clos du Mesnil)

• '샴페인은 승자뿐만 아니라 패자를 위해서 준비되어야 한다.'고 말한 영국의 수상 윈스턴 처칠도 매일 샴페인을 마실 정도로 애호가였는데, 그가 마신 폴 로저(Pol Roger) 샴페인은 그의 이름을 따서 최고급 퀴베에 '폴 로저 퀴베 써 윈스턴 처칠'이라 명했다. 영국의 수상 윈스턴 처칠도 매일 샴페인을 마실 정도로 애호가였는데 그가 마신 폴 로저(Pol Roger) 샴페인은 그의 이름을 따서 최고급 퀴베에 '폴 로저 퀴베 써 윈스턴 처칠'이라 명했다.

▲ 폴 로저(Pol Roger) NV

▲ 폴 로저 퀴베 써 윈스턴 처칠(Pol Roger Sir Winston Churchill)

샴페인 인용글

루이 15세의 애첩이었던 마담 퐁파두르(Madame de Pompadoru)는 많이 마신 후에도 여전히 아름답게 보일 수 있는 술은 오직 '샴페인'뿐이라고 했다. 유명한 경제학자인 존 케인즈(John Keynes)는 세상을 뜨기 전에 "인생에서 단 한 가지 후회되는 것은 샴페인을 더 많이 마시지 않았다는 것이다"라고 말했다고 한다.

빈티지

• 논 빈티지(Champagne NV) : 여러 해의 와인을 블랜딩하여 생산하는 샴페인을 논 빈티지(Non Vintage) 샴페인이라 표기하고, 이러한 논빈티지(NV)는 티라주(Tirage) 작업 후 최소 15개월 숙성 후에 출하해야 한다.

Taittinger ▶

• 빈티지(Champagne Millésimé) : 같은 해에 수확한 포도만을 가지고 생산하는 샴페인을 빈티지 샴페인이라 한다. 빈티지 샴페인은 매년 출시되지 않고 작황이 좋았던 해만 생산

▲ Rare 2002

▲ Comtes de Champagne Taittinger 2005

▲ Armand de Brignac

된다. 빈티지가 있는 샴페인은 최소 3년(36개월) 이상 카브(저장고)에서 숙성한 후 출하해야 한다. 그러나 예외적으로 Armand de Brignac은 100만원이 넘는 고급 샴페인임에도 NV(논 빈티지)로 생산된다.

✎ 포도 품종에 따라 표기가 다르다 ──○

- **블랑 드 블랑**(Champagne Blanc de Blancs) : 100% 샤르도네 포도 품종만을 사용하여 만든 샴페인을 의미한다.

Blanc de Blancs ▶

- **블랑 드 누아**(Champagne Blanc de Noirs) : 레드 2가지 포도 품종(피노 누아와 피노 므니에)을 블랜딩하여 화이트 샴페인으로 생산한다.

Blanc de Noirs ▶

- **로제**(Champagne Rosé) : 화이트 와인과 레드 와인을 블랜딩하여 로제를 만든다. 이때 2차 발효 직전에 블랜딩하여 양조한다.

Rosé ▶

✎ 품질 카테고리 ──○

샴페인 하우스는 크게 3개의 카테고리로 품질, 가격을 차별화하여 샴페인을 브랜드화 한다. NV는 가장 대중적인 샴페인으로 생산량이 많다. 빈티지 샴페인은 빈티지를 표기함으로 작황이 좋은 포도만으로 만들어 품질에 대한 개런티를 한다. 프리스티지 퀴베는 가장 상품으로 만들어지며 명품 샴페인이라 할 수 있다.

- **샴페인의 품질 순서** : NV 〈 빈티지 〈 프리스티지 퀴베(퀴베 드 프리스티지)

✎ 샴페인 보틀 사이즈에 따른 명칭 ──○

명칭	보틀 수	용량(리터)
스플릿(Split)	0.25	0.18
하프(Half)	0.5	0.375
스탠다드(Standard)	1	0.75
매그넘(Magnum)	2	1.5
제로보암(Jeroboam)	4	3
므두셀라(Methusalem)	8	6
살마나자르(Salmanazar)	12	9
바타자르(Balthazar)	16	12
네부카드네자르(Nebuchodonosor)	20	15

*샴페인 생산자의 구분 표기

- **메종(Maison)** : 샴페인의 큰 회사 이름. 영어로는 하우스로 사용한다.
- **코오퍼라티브(Cooperative)** : 포도 재배자들이 설비가 부족하여 시설을 이용하여 생산
- **비뉴롱(Vignerons)** : 포도 재배자, 그로어 샴페인(Grower champagne), 부티크 샴페인 제조자

▲Egly-Ouriet　　▲Henri Giraud
Fut de Chêne

※ 그로어 샴페인(Grower champagne) : 그로어 샴페인의 이미지는 다음과 같다. 테루아 지향적인 샴페인이고, 직접 포도를 재배하여 품질이 최상급이며, 가성비가 뛰어나지만 소량 생산되는 아쉬움이 있다.

🖊 라벨 표기법 ──○

- NM(Negociant Manipulant) : 포도를 재배하지 않고 구매해서 양조하는 생산자
- CM(Cooperative de Manipulation) : 조합 회원들을 대표하여 샴페인을 만들고 생산하는 단체
- RM(Recoltant Manipulant) : 직접 포도밭에서 포도를 재배하고 그 포도로 샴페인을 양조하는 생산자

▲NM

- SR(Societe de Recoltants) : 조합원이 아닌 여러 포도 재배자들이 함께 모여서 만든 샴페인
- RC(Recoltant Cooperateur) : 협동조합의 이름과 레이블로 샴페인을 만들고 판매하는 생산자
- MA(Marque Auxiliaire) : 대형 슈퍼마켓과 같은 다른 곳에서 샴페인 PB 브랜드를 소유하는 경우(양조자가 아니라 제 3자가 소유한 브랜드)
- ND(Negociant Distributeur) : 네고시앙이 자신의 이름으로 판매할 경우 부르고뉴의 네고시앙처럼 자신의 이름 하에 와인을 판매하는 상인

🖊 샴페인 상식 ──○

- 상파뉴(Champagne) 지역에서 만들어지는 와인을 샴페인이라 부른다. 이는 영어식 발음이고, 불어는 샹파뉴라 한다. 가스 압력은 5~6기압을 가진다.
- 부르고뉴와 보르도, 알자스, 루아르 지역에서 생산하는 발포성 와인을 크레망(Crémant)이라 부른다. 샴페인 제조 방법과 동일한 방법으로 만든다.
- 프랑스에서 8개 지역 AOC에서 크레망을 생산한다. 샴페인 제조 방법과 동일한 방법으로 만든다. 크레망은 손 수확한 포도를 송이째 압착하여 제한적인 양의 머스트를 추출하고, 최소 9개월의 리(lees/효모 찌꺼기) 숙성을 거쳐야 한다.
- **프랑스의 크레망 AOC** : 크레망 달자스, 크레망 드 보르도, 크레망 도 부르고뉴, 크레망 드 디, 크레망 뒤 쥐라, 크레망 드 리무, 크레망 드 루아르, 크레망 드 사브아
- 프랑스에서 생산하는 모든 발포성 와인을 뱅 무스(Vin Mousseaux)라 부른다. 기포를 가진 와인이라는 뜻을 함유하고 있다.

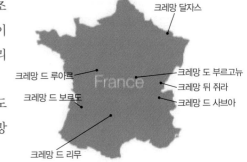

크레망 달자스
크레망 드 루아르
크레망 도 부르고뉴
크레망 뒤 쥐라
크레망 드 보르도
크레망 드 사브아
France
크레망 드 리무

- 그 외의 나라에서는 각각 불리는 이름이 다르다. 영어권에서는 스파클링 와인, 트래디셔널 메소드(Tradi-tional Method), 프랑스에서는 샹파뉴 이 외의 지역에서는 뱅 무스(Vins Mousseux), 크레망(Crémant), 메토드 트라디샌넬(Methode Traditionnelle), 스페인은 카바(Cava), 이탈리아에서는 스푸만테(Spumante), Metoco Classico, Metodo Tradizinale, Talento, 독일에서는 젝트(Sekt), 남아프리카 공화국에서는 캡 클라시크(Cap Classique)로 불리운다.
- 샹파뉴에서는 몇 개의 거대 기업이 전 출하량의 70%를 생산하고 있다. 와이너리는 방대한 초기투자가 필요하고 회수하는데 10년 이상이 걸리는데, 특히 투자액이 와인 품질에 가장 큰 영향을 미치는 것이 스파클링 와인 생산이라, 샴페인의 기존 회사를 매수하는 이 외의 신규 진입을 하는 일은 사실상 불가능하다. 샴페인 비지니스는 브랜드 이미지를 구축하는 데에 주안점이 두어지고, 샹파뉴의 샴페인은 고급 와인으로 수공업적인데에 비해, 그 외에 스파클링 와인은 공업적이고 대량생산과 대량소비, 매스 마케팅적이다.

읽을 거리

[돔 페리뇽의 전설은 신화이다?]

돔 페리뇽의 이야기는 그가 죽은 지 100년이 지난 19세기에 시작되었다. 당시 거품은 결함으로 간주했었다. 또 다른 이야기는 그가 코르크를 사용한 최초의 사람이다. 프랑스 스파클링 와인의 경우, 프랑스 피레네 산맥의 산기슭에 있는 리무(Limoux) 지방의 수도사들은 페리뇽(Pérignon)이 태어나기 한 세기 전에 스파클링 와인인 '블랑케트 드 리무(Blanquette de Limoux)'를 만들었고, 당시 코르크를 사용하고 있었다. 돔 페리뇽(Dom Pérignon)이 샴페인을 발명했다는 소문을 시작한 사람은 돔 장바티스트 그로사르(Dom Jean-Bap-tiste Grossard) 사제였다. 1821년 10월 25일자 아이(Aÿ) 부시장인 M. d' Herbes에게 보낸 편지에서 그는 이렇게 썼다. "알다시피, 돔 페리뇽이 거품 화이트 와인을 만드는 비법과 병에서 침전물을 제거하는 방법을 발견했습니다." 이 글을 쓸 당시 그는 아이(Aÿ) 마을 사제였다. 프랑스 혁명 전까지 그는 오빌레(Hautvillers) 수도원의 지하 와인 저장고 마스터였다. 그러니 그보다 100년 전에 사망한 돔 페리뇽(Dom Pérignon)을 만나본 적이 없다. 저명한 샴페인 역사학자 프랑수아 보날(François Bonal)은 그의 저서 'Dom Pérignon: vérité et légende'에서 그로사르(Grossard)의 주장이 근거가 없고, 심지어 잘못된 것"이라고 인정했다. 돔 페리뇽(Dom Pérignon)이 프랑스에 코르크 마개를 도입했다는 증거도 없다. 프랑스에서 코르크 마개가 1685년에서 1690년 사이 등장했기에 돔 페리뇽이 사용할 수 있었을 것이다. 그러나 그가 스페인으로 순례하는 동안 코르크 마개를 발견했거나, 스웨덴으로 가는 도중 오빌레(Hautvillers) 수도원에 들렀던 스페인 수도사에게서 코르크 마개를 발견했을 가설은 있다. 그러나 무엇보다 코르크는 돔 페리뇽이 오빌레(Hautvillers) 수도원에 합류하기 전 100년 동안 영국에서 이미 주전자와 암포라를 밀봉하고 스틸 와인을 담은 병마개로 사용되었다고 한다. 돔 페리뇽에 대한 허구와 사실은 여전히 미스터리이지만, 그의 제자 프레르 피에르(Frère Pierre)의 'Traité de la culture des vignes de Champagne' 논문에 따르면 적포도로 화이트 와인을 만들었으며, 최초로 와인이 아니라 포도를 시음하고 블렌딩을 결정하는 등 돔 페리뇽(Dom Pérignon)의 다양한 업적을 기록하고 있다. 그는 샴페인의 큰 역할은 한 인물임에는 틀림없다.

[프랑스 상파뉴 지방의 버블 와인만이 샴페인이다]

좋은 품질의 샴페인 포도 품종은 주로 샤르도네, 피노 누아, 피노 므니에를 사용한다. 일반적으로 샴페인 빈티지가 없는 Non-Vintage(NV로 표시)가 주를 이룬다. 그러나 기후가 좋은 해에는 품질 좋은 포도만을 선별하여 빈티지 샴페인을 만들기도 한다. 또한 스페셜 퀴베(Special Cuvée) 또는 프리스티지 퀴베(Prestige Cuvée)라고 부르는 각 메종에서 가장 비싼 최고 품질의 샴페인도 생산된다.

샴페인이란 단어를 많이 혼동하는 경우가 있어 여기서 언급해 본다. 샴페인은 프랑스의 샴페인(Champagne) 지역에서 생산된 버블이 들어 있는 와인을 일컬어서 샴페인이라고 부른다. 상파뉴 아펠라시옹은 전 세계에서 독특한 등급으로, 그 뒤에는 테루아 주의가 깊게 내재되어 있다. 즉, 이름 자체가 바로 품질로 연결될 정도로 샴페인 지역에 대한 보호주의는 대단하다. 그렇기 때문에 엄밀히 말해서 이 외의 지역에서 생산한 버블이 있는 와인은 법적으로 샴페인이란 말을 사용할 수 없고 대신 스파클링 와인(Sparkling wine)이라고 불러야 한다. 쉽게 말해서 스파클링 와인 종류 안에 샴페인이 속해 있는 셈이다.

버블이 있는 스파클링 와인을 두배로 즐기는 방법은 뭘까? 바로 차갑게 마시는 것. 얼음을 넣은 아이스 바켓에 와인을 약 30분 정도 담가서 차갑게(섭씨 약 5~7℃) 만드는 것이 좋다. 실온에서는 버블도 안 살고 상큼한 맛도 느껴지지 않는다. 또한 잔은 튜립 모양으로 볼이 긴 것을 선택해서 버블이 지속적으로 올라오게 하는 것이 좋다. 일단 오픈한 와인은 가급적 빨리 마시도록 한다. 하루 이상을 냉장고에 보관하면 코르크가 수축하여 좋지 않을 뿐더러 버블이 사라지기 때문이다.

9-5 샴페인 거품

• 거품의 역할

샴페인의 거품은 단지 퍼포먼스를 위한 것일까, 아니면 샴페인의 맛을 더해 줄까?

전설에 따르면 베네딕토회 수도사 돔 피에르 페리뇽(Dom Pierre Pérignon)은 300년 전에 스파클링 와인을 만드는 샴페인 방법을 발견했다. 사실, 페리뇽(Pérignon)은 당시 발포성이 저속한 것으로 간주하여 와인에서 거품을 막는 작업을 처음에 맡았다. 그러나 그 후 시대의 유행이 바뀌고 거품이 유행이 되었다. 그는 탄산화를 증가시키는 방법을 포함하여 샴페인 생산에 많은 기여를 했다. 그 이후로 샴페인은 거품이 뿜어져 나오는 퍼포먼스로 인해 축하 와인으로 자리 매김을 하였다.

그렇다면, 거품의 정확한 역할은 무엇인가? 미학일까? 주관적인 취향일까, 아니면 여러 측면에 기여하는 역할이 있을까?

고급 스파클링 와인과 샴페인은 2단계 발효 과정을 통해 만들어진다. 첫 번째 알코올 발효가 완료된 후 스틸 와인(베이스 와인이라고 함)에 효모와 설탕을 넣고 병입한다. 결과적으로 효모가 설탕을 소비하여 알코올과 다량의 이산화탄소(CO_2)를 생성함에 따라 두 번째 발효가 병 안에서 시작된다. 리터당 10g 정도 이산화탄소에 용해되고, 최종 샴페인은 5 또는 6기압의 압력을 가지기에 샴페인의 CO_2의 농도가 높다.

병이 열리면 가스가 작은 CO_2 거품 형태로 분출된다. 코르크가 제거되면 80%가 직접적인 분출로 기체 방출되지만, 나머지 20%가 여전히 남아있다. 일반적으로 0.75L 샴페인 병에 약 5리터의 CO_2가 배출된다고 한다. 샴페인 거품의 역할은 시각 감각을 깨운다. 이러한 시각적인 측면을 넘어서, 소비자는 거품으로 인해 샴페인의 풍미를 제공한다고 인식해 왔다. 왜냐하면 CO_2 거품이 샴페인의 향을 더 잘 느끼게 도와주기 때문이다. 샴페인의 거품에는 2종류가 있다. 기포(Bulle)와 포말(Mousse)이 그것이다. 기포란 액체 중의 기체이며, 포말이란 비누방울처럼 얇은 액체막으로 둘러싸여 있는 구형의 기체를 뜻한다. 즉, 액체 위에 조용히 떠오르는 것이 기포이며, 그 기포가 액면에 튀어나오면 포말이 된다. 그 포말이 와인잔 가장자리에 모여 리본처럼 연결된 것을 코르동(Cordon)이라 말한다.

그렇다면 샴페인의 거품은 무엇을 말해주나? 샴페인의 거품은 샴페인의 질을 대변해 준다. 와인 잔의 바닥부에서 올라온 거품이 사라지기까지의 모양과 시간을 통해 알 수 있다. 거품의 크기, 지속 시간의 길이, 상승속도가 바로 그것이다.

• 거품의 크기

거품이 작으면 작을수록 상급의 샴페인이다. 거품의 크기(형질)를 나타내는 단어는 섬세한 거품, 작은 거품, 공격적이지 않은 거품, 발랄한 거품, 중용의 거품, 커다란 거품, 조금 과시욕이 강한 거품 등이 있다.

• 거품의 지속성

거품의 지속성이 길면 길수록 고급 샴페인이다. 샴페인을 잔에 따른 다음 20분 가량 방치해 두었을 때 거품이 계속 액체 표면으로 올라온다면 상급 샴페인이다. 샴페인의 지속성을 나타내는 단어로는 금새 사라지는 기포, 중간 정도 지속성을 가지는 기포, 지속성이 있는 기포가 있다.

• 상승 속도

천천히 우아하게 떠오르는 것이 이상적이다. 기포가 크면 클수록 상승 속도가 빨라지고 기포가 작으면 작을수록 천천히 떠오르기 때문이다. '우아, 화려, 섬세'가 고급 샴페인이 목표하는 점임을 상기해 두자.

9-6 샴페인 와인 오픈

◀ 샴페인의 코르크

샴페인이 축하주용으로 사용하는 것은 오픈할 때 들리는 '펑' 소리도 한몫한다. 그러나 특별한 경우를 제외하고 펑 소리가 나게 오픈하지 않는다. 특히 레스토랑에서는 소리없이 오픈하는 것이 프로이다.

샴페인은 일반 스틸 와인과 다른 점이 바로 버블이다. 즉 병내에 압력이 높기 때문에 안전을 위해 코르크 위에 철사망을 씌워 준다. 샴페인을 오픈할 때는 소믈리에 나이프(코르크 스크류)가 필요하지 않다. 손으로 오픈하기 때문이다. 먼저 캡슐을 벗겨내고 철사망을 제거한다. 이때 코르크가 튀어 올라가지 않게 손으로 잘 눌러준다.

병을 약 45° 각도로 눕혀주고 한손은 병바닥을 잡고, 다른 한손은 코르크를 잡아준다. 병 바닥을 잡은 손을 이용하여 천천히 병을 돌려주면서 동시에 코르크를 누른 힘을 유지하면서 조심스럽게 올라오는 코르크를 빼내어 준다. 코르크가 날아가는 속도가 시속 약 80km라고 하니 조심해야 한다.

9-7 샴페인 서비스

샴페인을 두 배로 즐기기 위해서는 우선 온도를 체크해야 한다. 버블이 있는 와인은 차갑게 마시는 것이 좋다. 얼음을 넣은 아이스 바켓에 와인을 담아 약 30분 정도 차갑게 하여 약 5~7℃로 즐기는 것이 좋다. 만약 실온으로 마신다면 버블의 느낌은 없어져 신선하고 상큼한 맛이 느껴지지 않는다. 마시기 1~2시간 전에 냉장고 보관하는 것은 괜찮으나 하루 이상을 냉장고에 보관하면 코르크가 수축하여 좋지 않다. 잔은 튜립 모양으로 볼이 긴 것을 선택하여 버블이 지속적으로 올라오게 하는 것이 좋다. 스파클링 와인은 오픈하고 가장 빨리 마시는 것이 좋다. 조금 시간이 지나다 보면 이산화탄소가 없어지기 때문에 되도록 오픈하고 오래 보관하지 않는 것이 적당하다.

샴페인 서비스 온도는 아이스 버킷 사용하여 얼음 넣고 병을 차갑게 해준다. 10~12℃(빈티지 샴페인), 7~10℃(샴페인)가 적당하다. 잔은 길쭉한 잔(플루트 잔, Flute)을 추천한다.

• 샴페인 글라스

플루트 잔(Flûte) : 길쭉한 잔으로 산소와의 접촉이 적으며 표면적을 줄여 기포 손실을 막아주기 때문에 거품 유지에 효과적이다.

라 쿠프(La Coupe) : 루이 15세 그림에 있는 둥근 샴페인 잔은 둥근 그릇 모양의 '쿠프(Coupe)'라고

▲ 플루트 잔　　　　▲ 쿠프 잔

부르는 것과 비슷하다. 이 잔의 아이디어는 인체 해부학에서 영향을 받았다는 설이 있다. 특히, 마리 앙트와네트가 자신의 가슴을 본 뜬 샴페인 잔을 개발하였고, 이를 쿠프(Coupe)라 하였다고 전해진다.

[샴페인은 왜 비쌀까?]

와인은 유명인, 문학, 영화 속에서 의도적으로 사용되어 왔다. 그것이 그려진 시대에 유행한 와인을 보면 당시의 일단을 엿볼 수 있다. 할리우드의 전설적인 여배우 마릴린 먼로는 약 350병의 샴페인으로 목욕을 즐겨 했다고 한다. 나폴레옹 황제는 "승자는 샴페인을 마실 자격이 있고, 패자는 샴페인을 마실 필요가 있다"고 말했다. 영화 〈007 시리즈〉의 미스터 본드가 즐겨 마시는 술로 볼린저(Bollinger) 샴페인이 등장한다. 이처럼 샴페인은 '호사스러움'과 '축하'의 이미지로 이어져 왔다.

샴페인은 프랑스의 샴페인(Champagne) 지역에서 생산된 버블이 들어 있는 와인을 일컬어서 샴페인이라고 부른다. 샹파뉴 아펠라시옹은 전 세계에서 독특한 등급으로, 그 뒤에는 테루아 주의가 깊게 내재되어 있다. 즉, 이름 자체가 바로 품질로 연결될 정도로 샴페인 지역에 대한 보호주의는 대단하다. 그렇기 때문에 가격도 높다.

샴페인은 특별한 날에 마시는 와인, 축하하기 위해 즐겨 찾는 와인이다. 오픈할 때 나는 '펑' 소리도 그러한 이미지에 한몫한다. 2000년을 향해 가던 밀레니엄 때, 샴페인의 판매량은 평소보다 무려 3배 이상을 초과했다고 한다.

샴페인을 단지 축하를 위해 마시는 음료로 취급할 필요는 없다. 와인과 마찬가지로 음식과 함께 즐기면서 마실 수 있는 음료이기 때문이다. 와인과 다른 점이 있다면 바로 버블이 있다는 것. 원리는 간단하다. 효모에 의해 발효가 이루어지는 과정에서 당이 알코올과 이산화탄소로 바뀌면서 와인이 만들어지는데, 이때 이산화탄소를 날려버리면 와인이 되고 그렇지 않으면 와인 안에 가스가 남아 샴페인이 되는 것이다. 일반적으로 한 병의 샴페인 안에는 약 25억 개의 버블이 포함되어 있다고 한다. 이러한 샴페인 병의 내부 압력은 2층 버스를 떠받치고 있는 타이어의 압력과 같다고 하니 '펑'하고 나는 소리가 이해가 된다.

프랑스 파리에서 약 1시간 30분 정도 북쪽으로 올라가다 보면 랭스(Reims) 시가 나온다. 이 도시를 중심으로 샹파뉴(Champagne) 지역이 퍼져 있는데, 샹파뉴 지역을 여행하다 보면 전 세계적으로 이름 있는 샴페인 메종(하우스)들을 방문할 수 있다. 몇 해 전 돔 페리뇽 수도사의 무덤과 아베이(Abbey) 박물관을 보기 위해 오트빌러(Hautvillers) 마을을 방문한 적이 있다.

메종 모엣 샹동이 함께 소유하고 있는 돔 페리뇽(Dom Perignon), 크루그(Krug)가 명품 샴페인으로 인정 받으면서 이들의 하우스 역시 화려하게 바뀌었다. 가장 먼저 방문한 곳이 와인 저장소였다. 샴페인 지역의 내부 토양이 하얀 백악질이란 것을 확인할 수 있는 순간이었다. 온통 하얀색으로 뒤덮인 와인셀러가 있었다. 동굴 같은 몇백 미터의 길을 따라서 즐비하게 놓여 있는 샴페인 보틀이 어마어마한 규모를 짐작케 했다. 마치 미로 여행처럼 느껴지는 동굴 안은 완벽하게 습도와 온도도 관리되어 있어 으스스한 느낌이 들 정도였다. 독특한 것은 바로 날마다 이뤄지는 샴페인 관리법. 셀러 마스터가 포피트르(Pupitres)에 거꾸로 놓여 있는 3~4만병에 달하는 샴페인을 일일이 조금씩 돌리면서 관리해 준다고 한다. 물론 정교하고 능숙한 실력이 없으면 안 되는 일이다. 샴페인의 품종은 샤르도네, 피노 누아, 피노 므니에를 주로 사용한다.

　19세기 후반의 프랑스 작가인 알퐁스 도데의 소설 '마지막 수업'은 국어 교과서에도 실릴 정도로 유명하다. 1871년 알자스와 로렌 지방의 영토 문제로 독일의 프로이센과 프랑스 사이에 벌어진 전쟁이 시대적 배경이다. '오늘이 프랑스어로 하는 마지막 수업이다.'라는 주인공의 대사처럼 프랑스가 전쟁에 패하자 알자스는 독일의 지배를 받게 되면서 프랑스어 사용을 금지하였다. 이러한 역사로 인해 알자스는 프랑스 영토지만 역사적으로 프랑스에서 독일로 국적 변화가 반복된 지역이다. 19세기 후반부터 세계 2차대전까지 독일의 통치로 영향을 받았다. 프랑스 북동쪽에 위치한 알자스는 독일과 인접해 있어 독일 문화의 영향을 많이 받은 지역이다. 때문에 알자스 와인은 독일 지역의 와인과 유사하다.

　독일의 지배 하에서는 라이트한 와인에 혼합하기 위해 알코올 도수가 높고 수확량이 많은 포도 품종을 재배하게 되었고 프랑스가 다시 지배할 때는 품질과 이미지 개선을 위하여 많은 시간과 돈을 투자하였다. 독일 와인과 비교하자면 향이 풍부하고, 드라이한 맛을 지니고 있으며, 알코올 함량이 다소 높은 것이 특징이다.

　보주(Vosges) 산맥의 보호로 서쪽에서 불어오는 습한 바람을 막아주고 해양성 기후의 영향을 받지 않아 프랑스에서도 가장 비가 적게 오는 지역 중 하나로 연간 강수량은 500~600m이다. 동쪽으로 라인(Rhine) 강이 위치한다. 특히 보주 산맥의 남쪽에 포도밭이 조성되어 일조량을 풍부하게 받으며, 푄 현상으로 고온 건조한 기후에 일조량이 풍부한 대륙성 기후로 여름은 덥고 건조하고 겨울은 춥다.

　큰 일교차로 밤에는 낮은 기온을 유지하여 포도의 산도를 자연적으로 보존하게 하여 신선함을 느낄 수 있다. 알자스의 가장 큰 특징 중 하나로 모자이크 토양이다. 석회질, 화강암, 점토질, 편암, 사암에 이르기까지 13개의 다양한 토양들이 한 장의 모자이크처럼 잘 짜여 있어 독특하면서도 복합적인 와인을 생산한다. 그리고 알자스는 90%가 화이트 와인을 생산한다.

10-1 등급제

　알자스 와인은 1962년에 AC 시스템이 도입되었으며 3개의 카테고리로 분류한다.

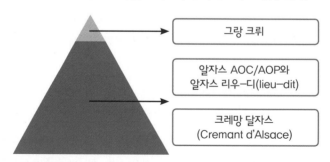

✏️ **알자스 AOC/AOP : 총 53개** ⎯⎯○

- **그랑 크뤼**(Grand vrus) : 알자스 전체 생산 중에 4% 차지, 51개 AOC 존재
- **알자스**(Alsace) AOC : 74% 차지
- **크레망 달자스**(Cremant D'alsace) : 22% 차지, 스파클링 와인 생산

✏️ **알자스 AOC/AOP 품종** ⎯⎯○

- **노블 품종** : 리슬링, 게브르츠트라미너, 피노 그리, 뮈스카 총 4개. 피노 그리는 토케 피노 그리(Tokay Pinot Gris)라 표기했으나 더 이상 사용하지 않음. 뮈스카는 2가지 품종으로 나눔(뮈스카 아 프티 그랭 (Muscat à Petits Grains : 15세기 재배), 뮈스카 오토넬(Muscat Ottonel : 19세기 재배))

✏️ **노블 품종** ⎯⎯○

- **리슬링** : 독일에서부터 들어온 품종으로 재배 면적은 22%이며 알자스 화이트 와인 품종의 왕으로 불리운다. 높은 산미가 돋보이며 세련미가 함께 조화를 이룬다. 산미가 강하며 드라이 스위트 와인 등 다양한 스타일을 생산한다. 드라이한 맛이 강하면서 미네랄(Mineral)과 과일향이 풍부하게 느껴지며, 신선하고 옅은 꽃향의 뉘앙스가 풍긴다. 좋은 품질의 리슬링은 숙성이 될수록 페트롤향이 독보적으로 느껴진다. 소스가 있는 생선, 갑각류 요리 특히 알자스 지방 특산 요리인 슈크루트와 잘 어울린다.

▲ **슈크루트**(Choucroute) : 알자스 대표 요리(독일에서 유명한 자우어크라우트는 양배추를 발효시켜 만드는 요리이다. 자우어크라우트는 독일어로 신 맛이 나는 양배추라는 뜻이다)

- **뮈스카** : 약 2% 재배하며 알자스 포도 품종 중에 가장 오래되었다. 알자스 뮈스카는 프랑스 지중해 남부의 부드럽고 단맛보다는 드라이하다. 두 가지 클론으로 나뉜다 (뮈스카 아 프티 그랭(Muscat à Petits grains) 또는 뮈스카 오토넬(Muscat Ottonel)). 망고와 멜론 등의 열대 과일향이 돋보이면서 레몬, 자몽 등의 신선한 과일향이 서로 조화를 이루어 아로마틱하며 상큼하게 느껴진다. 스위트 와인의 주 포도 품종이

▲ Muscat

지만, 이 지역은 드라이한 맛을 내면서 뒷맛이 약간 쓴맛이 느껴지며 상쾌하게 마무리된다. 음식으로는 식전주(아페리티프), 또는 아스페라거스 야채로 만든 샐러드 요리가 잘 맞는다.

- **게브르츠트라미너** : 약 18% 재배하며 "Gewürz"는 스파이스란 의미를 가지고 있다. 스파이스향이 풍부하게 느껴지고, 특히 리치의 과일향이 개성적으로 느껴진다. 향기가 풍부하고 특히 리치(Lychee) 과일향과 향료의 일종인 샤프란향이 돋보인다. 바디감이 있으며, 절제되어 있는 신맛과 두터운 듯한 진한 맛의 달콤한 맛이 서로 조화를 이루어 부드럽다. 음식으로는 알자스 지방의 치즈인 문스터, 푸아그라 및 구겔호프와 같이 디저트 요리에 잘 어울린다. 아시아 음식과 잘 어울리는 품종이다.

▲ 게브르츠트라미너　　▲ 문스터(Munster)　　▲ 푸아그라(Foie Gras en brioche)　　▲ 구겔호프(Kugelhopf)

- **피노 그리** : 약 15% 재배하며 이탈리아에서는 피노 그리지오로 불린다. 수브아 향, 버섯, 스모크향이 느껴지며 건복숭아, 허니, 빵드 에피스향도 난다. 포도 껍질이 옅은 로제색으로 깊이있는 짙은 노란색을 띤다. 피노 누아 품종의 변종으로 헝가리의 토카이 지방에서 유래되었다. 2007년 4월부터 토케(Tokay)란 이름 사용 금지이다. 여느 화이트 포도 품종보다 힘과 바디가 느껴지며 과일향과 가벼운 스모키, 흙향이 어우러진다. 음식으로는 생선 요리뿐만 아니라 흰 육류, 가금류 요리에도 잘 어울린다.

▲ 생선 뫼니에르

📎 보조 품종

- **피노 블랑(Pinot Blanc)** : 로컬 이름으로 클레브너(Klevner)라고 불림. 주로 크레망 생산에 사용, 예전에는 피노 달자스(Pinot d'Alsace)라 표기 했으며, 피노 블랑과 옥세루와(Axerrois) 품종을 블렌딩하여 사용. 심플하고 유연한 느낌을 주는 와인을 생산하고, 가벼운 바디가 느껴진다. 어울리는 요리로는 생선 뫼니에르(Poisson Meuniere), 중국요리, 가금류가 있다.

▲ 치킨 샐러드

- **실바너(Silvaner = Sylvaner)** : 약 10% 이하 재배. 가볍고, 신선하고 과일향이 풍부한 스타일의 화이트 와인이다. 어울리는 요리로는 어니언 타르트, 전채요리, 해산물, 생선튀김이 있다.

- **피노 누아(Pinot Noir)** : 약 10% 재배, 레드 와인과 로제 와인 생산. 알자스 지방에서 유일하게 레드 와인을 만드는 포도 품종으로 체리 과일향이 풍부하다. 숙성이 일찍 되어지며, 부드러운 육류 요리와 잘 어울린다.

▲ 퐁뒤

- **샤르도네(Chardonnay)** : 크레망 생산

- **샤슬라(Chasselas)** : 0.5% 점점 재배가 증가하고 있음, 프랑스의 사브아와 스위스에서 주로 재배. 점점 사라져 가는 포도 품종으로 주로 스위스에서 재배된다. 이 포도 품종은 다른 포도 품종의 수확시기를 정해주는 기준 역할을 한다. 어울리는 요리로는 스위스 퐁뒤 요리, 치즈 그라탱 요리 등이 있다.

▲ Pinot Blanc Blanck

- **피노 달자스(Pinot d'Alsace)** : 피노 블렌딩으로 피노 블랑(Pinot Blanc), 피노 그리(Pinot Gris), 피노 누아(Pinot Noir) 사용

- **클레브너 드 헤일리겐스타인(Klevener de Heiligenstein)** : 사바니엥 로제 또는 클레브너 드 헤일리겐스타인 품종 사용, 게브르츠트라미너의 아로마틱한 스타일

▲Klevener de Heiligenstein　　▲Pinot Blanc Auxerrois

- **옥세루와 블랑**(Auxerrois Blanc) : 구에 블랑(Gouais Blanc)과 피노(Pinot)의 교차 품종으로 피노 블랑과 비슷하지만, 피노 블랑보다 더 부드러운 스타일, 현재 피노 블랑과 블랜딩하여 사용하기도 함

✎ **그랑 크뤼** ──◦

- 노블 품종만을 사용, 단일 품종으로 사용
- 노블 품종 4개 : 리슬링(Riesling), 게브르츠트라미너(Gewurztraminer), 피노 그리(Pinot Gris), 뮈스카(Muscat) 중의 하나로 만듦

Grand cru Rosacker

Riesling

✎ **스위트 와인 명칭은 포도의 완숙도에 따른 구분** ──◦

- **뱅당주 타르티브**(Vendanges Tardives) VT : 레이트 하비스트로 늦게 수확한 포도로 만든 와인이다. 잔당이 235~257g/ℓ
- **셀렉시옹 드 그랭 노블**(Sélection de Grains Nobles) SGT : 보트리티스 시네리아의 귀부균 포도만을 선별해서 만든 와인이다. 잔당이 276~306g/ℓ

▲ Flûte d'Alsace'

알자스의 병 모양을 'Flûte d'Alsace' 또는 'Vin du rhine'이라 명칭한다. 1972년 이래로 알자스 AOC 와인에 의무적으로 이 병을 사용하고 있다.

10-2 주요 산지

주요 포도 재배 지역은 콜마르를 중심으로 북쪽에 리보빌레(Ribeauville), 리끄비르(Riquewihr), 카이저스버그(Kaysersberg), 아메르쉬비르(Ammerschwihr), 키엔즈하임(Kientzheim), 에기스하임(Eguisheim), 빈젠하임(Wintzenheim), 게빌레(Guebwiller) 등이 유명하다.

- **알자스**(Alsace) 또는 Vin d'Alsace AOC/AOP

레드, 로제, 화이트 생산. 알자스 와인의 70% 차지하며, 약 90%는 화이트 와인을 생산한다. 통상적으로 포도주 양조에 사용된 단일 품종의 이름을 붙인다. 여러 가지 청포도 품종을 블랜딩한 경우에는 에델츠비커(Edelzwicker)나 정티(Gentil)와 같이 표기할 수 있다.

Vin d'Alsace ▶

- **알자스 마을**(Communal) AOC : 13개 마을은 라벨에 표기할 수 있다.

Bergheim(베르그하임), Blienschwiller, Côtes de Barr, Côte de Rouffach, Côteaux du Haut-Koenigsbourg, Klevener de Heiligenstein, Ottrott, Rodern, Saint-Hippolyte, Scherwiller, Vallée Noble, Val Saint-Grégoire, Wolxheim(폴스하임)

Marcel Deiss Bergheim ▶

- **알자스 리우-디**(Lieu-Dit : 포도밭) AOC : 등급에 구애 받지 않고 알자스의 포도밭을 기준으로 나눈 것으로 포도밭 구획 이름이 주어진다.

참 Muhlforst은 Hunawihr 마을에 위치한 포도밭의 이름이다.
Rotenberg는 Wintzenheim 마을에 위치한 포도밭 이름이다.
Heimbourg(하임부르그)는 Turckheim(터르크하임) 마을에 위치한 포도밭 이름이다.

▲Lieu-Dit Hahnenberg   ▲Lieu-Dit Hohrain   ▲Domaine Zind Humbrecht Heimbourg

• 알자스 그랑 크뤼(Alsace Grand Cru) AOC/AOP

1975년 처음 지정된 이래로 83, 92, 2007 개정된 후 2011년 최근 개정되었다. 까다로운 품질 기준을 거쳐 선정되는 알자스 지역의 최고의 와인이다. 51개의 그랑 크뤼 포도밭이 존재한다. 지정된 51개 포도밭에서 생산한 와인에 그랑 크뤼 명칭을 사용할 수 있으며, 라벨에는 품종과 빈티지가 함께 표시된다. 그랑 크뤼 포도밭에서 수확한 100% 포도만을 사용해야 한다. 리슬링, 게브르츠트라미너, 피노 그리, 뮈스카 4가지 품종 중에 단일로 사용할 수 있다. 그랑 크뤼는 알자스 전체 생산량의 4%로 소량 생산한다.

✎ 예외적인 그랑 크뤼 ──○

알텐베르그 데 베르그하임(Altenberg de Bergheim), 캐퍼코프(Kaefferkopf)는 포도 품종 블랜딩이 가능하다. 초첸베르그(Zotzenberg)는 실바너의 혼합을 허용한다.

✎ 특별 포도밭 ──○

• 클로 생트 윈느(Clos Ste Hune) : 클로(Clos)란 돌담으로 구분된 포도밭을 의미한다.
위나비르(Hunawihr) 마을의 그랑 크뤼인 로싸커(Rosacker) 포도밭에 별도 클로(Clos)로 구획하여 위치. 트림바흐(Trimbach) 생산자가 독점(모노폴) 소유해 온 포도밭으로 약 1.25ha로 소량 생산. 알자스의 로마네 콩티라고 불리며 장기 숙성용 와인으로 유명하다.

▲Clos Ste Hune

• 클로 생 랑드랭(Clos Saint Landelin) : 베로니크, 토마스 무레(Veronique & Thomas mure) 가족의 모노폴로 12ha 소유. 그랑 크뤼 폴보르그(Vorbourg) 포도밭 남쪽에 클로(Clos)로 구획하여 위치한다.

Clos Saint Landelin ▶

- 클로 빈츠뷜(Clos Windsbuhl) : Domaine Zind-Humbrecht 생산자가 소유한 위나비르(Hunawihr) 포도밭에 위치한다. 그랑 크뤼는 아니지만, 그랑 크뤼급으로 품질이 우수하다.

Clos Windsbuhl ▶
Domaine Zind Humbrecht

- 크레망 달자스(Crémant d'Alsace) AOP : 1976년 제정되었고 생산량은 23%이다. 전통적인 샴페인 방식 양조로 병내 2차 발효로 만들어지는 상큼하고 섬세한 발포성 화이트 와인이다. 피노 블랑, 피노 그리, 피노 누아, 리슬링, 샤르도네 품종을 사용하고, 대부분 블랜딩한다. 로제 크레망(Rosé Crémant)은 100% 피노 누아를 사용한다.

▲ Wolfberger

🖊 스위트 와인 종류 ──○

알자스 리우-디(Lieu-Dit : 마을 이름) AOC, 그랑 크뤼(Alsace Grand Cru) AOC에서 스위트 와인(뱅당주 타르티브(VT), 셀렉시옹 드 그랭 노블 (SGN)) 생산이 가능하며, 라벨에 표기한다.

- 뱅당주 타르티브(Vendanges Tardives) : '늦은 수확(Late Harvest)'이라는 뜻으로 그랑 크뤼 포도주를 만드는데 쓰이는 품종으로 만들어진다. 포도가 농익었을 때를 기다렸다가 늦게 수확한다.

▲VT

▲SGN

- 셀렉시옹 드 그랭 노블(Sélections de Grains Nobles) : '귀부병의 포도송이 선별'이라는 뜻으로 보트리티스 시네레아(Botrytis Cinerea) 곰팡이가 핀 포도알을 하나하나 선별하여 만든 것으로, 세계 3대 스위트 와인에 들어갈 정도로 최상급의 스위트 와인이다.

▲ Altenbourg SGN   ▲ Brand Grand Cru VT

🖊 알자스 라벨 표기 해석 ──○

- 크레망(Crémant) : 블랜딩 가능, 스파클링 와인
- 피노 블랑(Pinot Blanc) : 100% 피노 블랑 또는 100% 옥세루아 블랑 사용 또는 두 가지 품종 블랜딩 가능

▲Auxerrois

▲Pinot d'Alsace

- 피노 달자스(Pinot d'Alsace) : 클레브너가 포함될 수 있다. 옥세루아, 피노 블랑, 피노 그리, 피노 누아 품종 사용. 최소, 최대의 제한이 없으며 언급된 포도 품종 100%를 사용 가능하다. 일반적으로 여러 품종 블랜딩도 가능하다.
- 2개의 그랑 크뤼(Grand Crus) 포도밭은 블랜딩 가능하다.
  - 알텐베르그 드 베르그하임(Altenberg de Bergheim) 포도밭
  - 캐퍼코프(Kaefferkopf) 포도밭

▲Kaefferkopf

▲Altenberg de Bergheim

- 정티(Gentil) : 노블 품종 4가지를 50% 이상 사용해야 한다. 나머지 50%는 실바너(Sylvaner), 샤슬라(Chasselas) 또는 피노 블랑(Pinot Blanc) 블랜딩 가능하다. 각 품종은 반드시 분리해서 양조해야 하며 빈티지는 반드시 라벨에 표기한다.

Gentil ▶

• 에델츠비커(Edelzwicker) : 알자스 AOC로 허용된 화이트 품종은 블랜딩 가능하다(단, 샤르도
네 제외). 같이 혹은 따로 양조해도 무방하며 빈티지 표기는 선택 사항이다.

Edelzwicker ▶

[리슬링(Riesling) - 알자스의 왕 중에 왕]

리슬링은 아마도 화이트 포도 품종 중에서 가장 다루기 힘든 포도 품종에 하나로 악명이 높
다. 약 1,435년 전부터 재배되었으며, 원산지는 독일이다. 추운 기후에 잘 재배되고, 비교적
급경사가 이루어진 지형에서 재배되고 있어, 기계보다는 사람의 손길이 더욱 필요한 포도
품종 중에 하나이다. 산미(Acidity)가 많으며, 크리스피(Crispy)하고, 특히 뚜렷한 미네랄 향
과 신선함이 풍부하며, 또한 다양한 스타일의 와인을 생산할 수 있어 매력이 있다. 드라이 화이트 와인에서
부터 아주 달콤한 아이스 와인이나, 귀부병에 걸린 포도로 만든 스위트 와인에까지 다양한 종류의 스타일로
만들 수 있는 포도가 바로 리슬링이다. 따라서 여러 가지 색깔로 자신만의 개성을 갖추어 뽐내는 포도 품종
이 아닐 수 없다. 그러나 지금까지 리슬링은 그 품질보다 실질적으로 저평가된 것은 사실이다. 더욱이 상업
적인 스타일의 가격이 낮고 대량 생산된 저급 리슬링이 보편적으로 보급되면서 일반 소비자는 리슬링에 대
한 인식이 더욱 낮게 평가되었고, 더욱이 한국의 와인 소비자들은 화이트 와인에 대한 인기가 비교적 낮아
외톨이로 취급되었다. 그러나 점점 와인 소비의 증가와 함께 소비자는 와인의 다양함을 추구하고, 새로운 것
에 대한 호기심에 대한 열망으로 리슬링에 대한 열풍이 불고 있다. 리슬링은 또한 음식에서도 만능 엔터테
이먼트 역할을 충실히 해서 다양한 스타일의 음식하고 잘 어울린다. 특히 스파이스향이 강한 아시안 음식은
이러한 잔당의 함유량이 느껴지는 와인과 잘 어울린다. 여름날 저녁에 테라스에 앉아 신선한 리슬링 한잔은
하루의 피곤을 말끔히 씻어 주는 역할을 한다. 이제는 리슬링의 인기에 힘입어, 구대륙의 독일, 오스트리아,
알자스뿐만 아니라 신대륙의 호주, 뉴질랜드 등에서 쉽게 찾아 볼 수 있다.

● 독일과 알자스 리슬링의 차이

독일의 리슬링인 스패트레제는 비교적 산미가 풍부하여 신선하면서 잔당의 느낌보다는 약간 가벼우면서
비교적 절제된 달콤함이 함께 느껴지는 오프 드라이(Off dry) 와인이다. 특히 오크통에서 숙성하지 않아서
오크향이 배제되어 있고 청사과, 라임, 자몽과 같은 과일향이 풍부하며, 특히 숙성을 통해 페트롤(Petrol)향
이 느껴져 섬세한 아로마가 조화를 이루어져 있으며, 음식 없이 글라스 한잔으로도 부담 없이 즐길 수 있
는 와인이다.

한국 음식으로는 약간 매콤하면서 달콤한 느낌의 안동 찜닭, 덜 매운 낙지 볶음, 또는 불고기 등이 잘 어울
리며 디저트로는 신선한 과일, 타래과 등이 잘 어울린다.

중국 음식으로는 탕수육, 서양 음식으로는 야채를 조려 단맛이 느껴지는 소스를 기본으로 한 조개류, 생선,

치킨을 기본으로 한 요리, 파테(Paté) 스타일. 디저트는 애플, 플럼 타르트(Apple, Plum Tart), 부드러운 연성 치즈와도 잘 어울린다.

알자스 리슬링은 독일의 것과 비교적 비슷한 특성을 가진다. 외형의 병 모양 자체에서도 독일과 같은 형태의 병을 찾을 수 있는 것처럼. 리슬링의 산미와 신선함 그리고 풍부한 과일향이 함께 느껴지면서 파워풀한 느낌으로 오랫동안 보관할수록 더욱 그 빛을 발휘하는, 장기 숙성이 가능한 드라이한 와인이다. 짙으면서 억제된 듯한 아로마로 복숭아, 배 등의 과일향과 미네랄 향이 조화를 이루고 있으며, 입 안에서 견고한 산미와 낮은 잔당(Residual sugar)과 높은 알코올 함량으로 드라이 하면서 복잡한 맛을 느낄 수 있다. 기분 좋은 향을 입 안에서 다시 느껴지면서 밸런스를 이루고, 리치하면서 응축된 구조로 긴 여운을 남기는 와인이다. 어울리는 한국 음식으로는 전 종류(해산물이 들어간 파전류), 새우 어묵 등이 있고 서양 음식으로는 조금 짠 스타일의 프로슈토 햄(Smoked ham), 연어, 랍스터, 생선, 치킨을 기본으로 한 요리가 있다.

● 리슬링 와인을 즐기는 본인만의 노하우

우선 리슬링은 온도가 중요하다. 적절한 온도에서 조금 차갑게 된 상태에서 마시는 것이 좋다. 신선함과 산미가 돋보여 상큼하게 느껴져 기분 좋게 만들기 때문이다. 대량 생산하는 상업적인 스타일의 리슬링을 마시는 것 보다는 신뢰가 있는 와이너리를 선택하여 마시자. 다양한 원산지의 리슬링을 테이스팅하고 그 차이점을 발견하는 것 또한 묘미이다. 하루의 기분에 따라 서로 다른 색깔의 리슬링을 즐겨보자. 기분이 우울할 때는 짙은 농도의 달콤한 아이스 와인. 기분이 좋을 때는 신선한 드라이한 느낌의 리슬링.

앞에서 언급했듯이 리슬링 재배 지역은 주로 추운 지역의 알자스, 독일 등지에 위치하고 있으며, 또한 낮과 밤의 일교차가 비교적 큰 가파른 지형에서 재배되고 있다. 기계의 사용이 제한적일 수밖에 없으며, 사람에 의해서 모든 재배가 이루어지고 있어, 이들 지역의 리슬링은 고가일 수 밖에 없다. 소량 생산과 더불어 가격이 비교적 높아 가격 경쟁력이 떨어짐에도 불구하고 이들 농가들이 꾸준히 리슬링을 재배하는 것은 그들만의 독특한 전통과 와인에 대한 그들의 생각이 와인병 안에 고스란히 담겨 있기 때문이다. 단 한 사람이라도 와인을 찾는 고객이 있다면 그들은 와인 생산을 멈추지 않을 것이다. 리슬링은 우리가 지금까지 흔히 마셔본 전 세계에서 가장 많이 생산하는 포도 품종인 샤르도네, 소비뇽 블랑과는 다른 개성이 넘치는 와인이다.

● 게브르츠트라미너(Gewurztraminer)의 독보적인 존재감

알자스의 자랑거리 중에 하나가 바로 게브르츠트라미너 포도 품종이다. 세계 어디를 가더라도 알자스의 게브르츠트라미너를 쫓아올 곳이 없을 정도로 독보적인 존재이다. 처음 이 와인을 시음 했을 때 고구마의 향이 느껴졌는데, 나중에 알고 보니 리치(Lychee) 과일향이 라고 표현하여서, 같은 와인을 테이스팅하더라도 테이스터의 경험에 따라서 다르게 표현될 수 있다는 생각에 다시 한 번 더 개인적인 경험의 중요성을 느낄 수 있었다. 게브르츠의 뜻은 스파이스란 뜻으로 포도 품종 자체에서 스파이시한 향이 풍부하게 느껴진다. 주로 알자스의 문스터 치즈와 커리 음식하고 잘 어울린다.

모젤강 상류인 로렌 지방은 1650년대부터 오래 전에 포도밭이 있었으나 필록세라와 세계대전으로 포도 면적이 감소했다. 1998년 코트 드 툴(Côtes de Toul)은 AOC로 승격 받았으며 모젤 AOC(Moselle AOC) 지역은 2011년에 인정받았다.

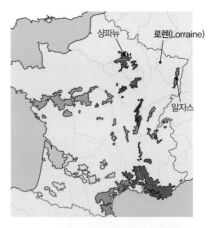

주요 AOP와 특징 ──

• **코트 드 툴(Côtes-De-Toul)**

1951년 포도밭을 다시 심으며 VDQS 등급을 받았다. 1998년에 AOC로 인정받았으며 메츠(Metz) 인근에 있는 포도 지역으로 낭시의 서쪽과 모젤강 왼쪽에 남서쪽에 위치하고 있다. 석회, 자갈, 점토질 토양으로 화이트, 로제, 레드를 생산한다. 화이트 품종은 옥세루아(Auxerrois), 오뱅(Aubin), 레드 품종은 피노 누아가 있다.

그리(Gris=로제 와인)의 주 품종으로 가메, 피노 누아(10% 이상), 피노 므뉘에, 옥세루아, 오뱅이 있다. 단, 로제는 가메와 피노 누아, 둘 중에 하나는 85%를 넘지 말아야 한다. 특히 그리(Gris) 와인으로 유명하다. 로제 양조는 침용을 생략하고 짧은 기간에 생산한다.

알코올은 화이트와 로제 와인은 최소 8.5%, 레드 와인은 최소 9% 이상, 레드 와인은 2~3년 보관 가능하다. 서비스 온도는 화이트 8~10℃, 로제 9~11℃, 레드 14℃이다.

▲ Côtes de Toul　　▲ Vin Gris

• **키슈 로렌(Quiche Lorraine)**

로렌 지방의 대표적인 음식으로 식사용 타르트 파이다. 타르트 반죽 안에 베이컨과 야채 등 다양한 재료를 생크림과 계란물을 섞어서 넣어준다. 그 위에 치즈를 듬뿍 올려서 오븐에 굽는다.

▲ 키슈 로렌

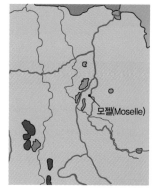

모젤(Moselle)

2001년에 AOC로 인정받았다. 35ha 면적에 약 19개의 마을로 나누어져 포도밭이 재배된다. 룩셈부르그와 독일의 국경에 인접하여 위치하며 3지역으로 나뉜다(Vic-sur-Seille, Le Pays Messin, Le Val de Sierck-les-bains). 해양성과 대륙성 기후의 영향을 같이 받으며, 연중 강수량은 일정한 편이다. 화이트, 로제, 레드 와인을 생산하며 알코올은 최소 8.5%이다.

- **화이트 품종** : 옥세루아, 피노 블랑, 므뉘에, 피노 그리, 리슬링, 뮐러 트루가우
- **레드 품종** : 가메, 피노 누아

Château de Vaux ▶

유럽 와인

1 ◆ 독일과 오스트리아

고대 로마 사람들은 기원전 100년경에 독일을 점령하여 포도 재배를 시작하였다. 중세에 와서는 수도원 등에 의해서 훌륭한 포도원들이 많이 만들어지기 시작하였다. 종교 의식에 와인이 필요했으며 와인 수송이 불가능했던 중세 시대에 거의 대부분의 수도원에는 포도밭이 병설되어 있었다. 특히 수도회였던 베네딕트파는 전유럽에 수도원망을 설치하고 포도밭의 규모는 이탈리아에서 독일에 이르기까지 확장되었다. 수도원에서 포도원을 관리하고 재배로써 품질향상의 기초를 마련하였다.

1803년에 나폴레옹이 라인 지방을 점령하고 교회 소유였던 포도원이 개인에게 양도, 분배되면서 교회의 포도밭을 분할, 매각하여 개인이나 지방 정부의 소유가 되었다. 그후 포도재배 기술은 계속 발전해 왔고, 각 지역 와인의 명성도 유지되었다. 독일의 와인 양조기술의 진보와 발전은 계속 진행되고 있다.

독일 와인의 소비량이 줄었으나 '저가', '달다', '초보자용'이라는 이미지가 있다. 세계적으로 쌉쌀한 맛의 와인으로 소비가 치우치자 독일에서도 1980년대 초반부터 트로켄(Troken)이라는 드라이 와인 생산이 본격화되었다. 이를 계기로 잔당이 거의 없는 스타일로 독일 와인의 이미지를 쇄신하게 되었다.

우수한 독일 와인의 특징은 북방한계에서 재배된 리슬링의 발랄한 사과산, 강한 산미를 뒷받치는 천연의 과당에 있다. 이 신선한 산 덕분에 같은 잔당면에서 소테른(Sauternes)보다 훨씬 드라이하고 쌉쌀하게 느껴지고 알코올 도수가 8~11% 미만으로 낮아, 섬세하고 몇 잔을 마셔도 부담없이 마실 수 있는 스타일이다.

- 독일은 대부분 화이트 와인을 생산하고 있다.
- 알코올 도수가 낮으며 단맛이 느껴지는 것이 특징이다.
- 라인강을 둘러싸고 포도원이 분포되어 있어, 강물에 반사된 빛이 보온 효과를 높이고, 한편 안개의 발생으로 서리의 피해를 방지할 수 있어, 포도의 재배에 알맞은 조건을 갖추고 있다.
- 점판암 토양으로 돌이 햇볕에 달궈지게 되고, 그 열기를 모아 서늘한 밤에 뿜어내어 포도 재배에 이롭다.
- 수확 시기를 늦추거나 귀부병, 얼어있는 상태의 포도를 수확하여 높은 포도의 당도를 얻는다.

1-1 독일 와인의 스타일

독일 와인은 당도와 산도의 밸런스가 좋으며 알코올 함량이 낮다. 당분의 원천은 태양이다.

포도나무가 남쪽으로 비탈진 경사지에 있고 기후가 좋다면 햇볕을 많이 받아 당분이 충분히 형성된다. 만약 햇볕을 충분히 얻지 못해서 포도의 산도가 높고 알코올 함량이 낮아지면 발효시키기 전에 포도즙에 당분을 첨가하여 알코올 함량을 높인다. 이 과정은 가당(Chaptalization)이라고 한다. 19세기 초 당시 프랑스 농림부 장관이었던 샵탈(Chaptal) 백작은 양조시 가당을 통한 알코올 수득률 향상을 일반화시키고 법제화하였다. 이 백작의 이름을 따서 샵탈리제이션(Chaptalisation : 1801년)이라 한다. 그러나 독일에서 상급 와인에는 직접적인 가당이 금지되어 있다.

독일 와인의 스타일

- **트로켄**(Trocken) : 드라이
- **할프트로켄**(Halbtrocken) : 미디엄 드라이
- **스위트**(Sweet) : 스위트
- **젝트**(Sekt) : 스파클링

✎ 독일 와인의 등급

독일 포도법이 1971년에 개정되어 시행되고 있다. 고급 와인일 경우 원산지, 포도 품종, 과실 수확 제한, 양조 방법, 가당(chaptalization) 등에 관하여 제한을 받는다. 그러나 독일 등급을 결정짓는 가장 중요한 것은 포도 수확시의 당도(Oechsle : 당도 측정) 과즙 비율에 따라 분류하였다. 최상급 와인을 생산한 지명을 주변 마을에 확대하여 사용 가능케 한 결과, 보통 와인을 저렴한 가격에 대량 출시한 동시에 최상급 와인의 이미지를 떨어뜨렸다.

- **테이블 와인** : 타펠바인(Tafelwein, 독일 또는 그 외의 나라의 포도즙을 사용 허용), 란트바인(Landwein, 프랑스의 뱅드 페이 수준)
- **중급 와인** : QbA(립프라우밀히(Liebfraumilch) 와인이 이에 속함)
- **고급 와인** : QmP(수확시 포도 당도에 따른 6개 등급으로 구분하여 라벨에 표기), 카비네트(Kabinett), 슈패트레제(Spatlese), 아우스레제(Auslese), 베렌아우스레제(Beerenauslese), 트로켄베렌아우스레제(Trockenbeerenauslese), 아이스바인(Eiswein)

수확 때 당도에 따라서 그 품질이 결정되어진다. 즉, 독일 와인 등급의 전제 조건은 수확 당시 당분 함유량에 따라 결정된다.

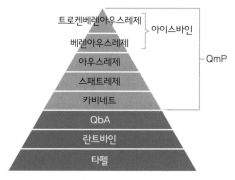

▲ 등급 기준 및 분류

✎ 테이블 와인

- **타펠바인**(Tafelwein) **또는 도이쳐 타펠바인**(Deutcher Tafelwein)

테이블 와인(Table Wine)으로 통상적으로 신선할 때 마시는 와인이며 주로 내수용이다. 가당 첨가해 알코올 함량 높이고(최소 8.5% 이상), 프랑스의 뱅드 타블(Vin de Table)과 동등하다. 독일산 와인에 매겨지는 최하위 등급으로, 산지 이름을 표기하지만 마을과 포도밭 이름은 표기하지 않는다. 단일 포도 품종이 85% 이상일 경우에는 라벨에 표기하는 것을 허용하고 있다. 가장 낮은 등급인 타펠바인(Tafelwein)은 유럽 EU로부터 포도액을 수입하여 혼합, 양조할 수 있다.

- **란트바인(Landwein)**

프랑스의 뱅드 페이(Vin de Pays), 이탈리아의 IGT 등급과 동등하다. 1982년 처음 도입되었으며, 현재 19개 지역 중의 한 곳에서 재배되어야 한다. 와인 생산지를 라벨에 표기하며, 타펠바인(Tafelwein)보다 알코올 도수가 더 높다. 트로켄(Trocken : 드라이)과 할프트로켄(Halbtrocken : Off dry) 2가지 스타일이 있다.

- **크발리테츠(Qualiatswein) 또는 QbA(Qualität swein Best immter Anbaugebiete)**

13개 특정 지역에서 생산되고 허용된 포도 품종만을 재배한다. 85%의 포도는 포도원에서 재배하고 수확되어야 하며 레이블에 포도원의 이름을 표기할 수 있다.

와인 산지의 단위는 다음과 같다.
- **그로스라게(Grosslage)** : 인접한 포도밭 그룹
- **베라이히(Bereich)** : 지정 포도 재배 지역의 구획
- **아인첼라게(Einzellage)** : 단일 포도밭
- **안바우게비테(Anbaugebiete)** : 지정 와인 재배 지역

- **쿠엠페(QmP : Qualitatswein mit pradikat)**

최상급 와인이다. 직접 당 첨가는 금지되어 있다. 그러나 쉬스레제르베(Sussreserve)를 이용하여 당을 높인다. 포도 숙성도, 수확 시 당도에 따라 6개로 분류된다. 늦게 수확하여 당도가 높은 상태의 포도로 만들고 그 포도원의 이름을 라벨에 표기한다.

AP Nr(Quality test number)로 품질 테스트 번호를 라벨에 표기한다.

※ 쉬스레제르베(Sussreserve) : 발효되지 않는 보관 포도즙이다. 독일의 대다수 와인 메이커들은 같은 포도원에서 딴, 같은 품종에 같은 당도의 미발효 포도즙 중에서 일정량을 따로 고온살균 처리하여 보관하였다가 발효된 와인에 다시 첨가한다. 이때 사용량은 와인 양의 25% 이내로 제한한다.

✏️ 6가지로 분류(품질, 가격, 포도 숙성도, 수확 시 당도에 따라) ──○

- **카비네트(Kabinett)** : 정성 수확을 하고, 카테고리 중에 가장 가벼운 단맛이 느껴진다. 후레시하며 깔끔하고 알코올 도수가 낮다. 트로켄(Troken) 또는 할프트로켄(Halbtrocken)으로 표시할 수 있다.
- **슈패트레제(Spatlese)** : 'Spat'은 '늦은'을, 'lese'는 '수확'을 의미한다. 정상적인 포도 수확보다 살짝 늦게 수확하여 부드러운 단맛이 느껴진다. 늦게 수확함으로써 일조량이 낮은 자연 조건을 극복한 와인이다.

▲ Kabinett troken　　▲ Spatlese

"수확해도 될까요?"
1775년 슐로스 요하니스베르그 수도원의 수사가 대주교에게 수확 허가를 요청했다.
그러나 수확을 시작해도 좋다는 풀다 지역의 대주교의 허락을 전달하는 급사가 너무 늦게 도착해 버렸다.
너무 익어버린 포도를 수확하여 와인을 만들었는데 뜻밖에 결과를 가져왔다.
얼마 후 와인 품평회에서 주목받게 되었고, 사람들이 그 비법을 물었다.
"슈패트레제(늦게 수확했습니다.)" 라고 답했다 하여 지금까지 사용하고 있다고 전해진다.

▲Schloss Johannisberg

- **아우스레제(Auslese)** : '선택된'이라는 뜻으로 농익은 건강한 포도만을 선별하여 사용한다. 단 맛이 느껴지며, 간혹 보트리티스 곰팡이 포도를 함께 사용할 수 있지만, 대부분 농익은 포도 만 수확하여 만들어진다. 단맛과 산미가 조화를 이룬다.

▲Joh.Jos.Prüm Auslese

- **베렌아우스레제(Beerenauslese)** : '과실'이란 뜻의 'Beeren'과 '따기(Picking)'라는 뜻의 'lese'가 합 성된 말이다. 손 수확을 한다. 특히 보트리티스 시네리아(Botrytis Cinerea) 포도를 선별하여 양조한다. 달콤한 와인으로 수년동안 저장할 수 있다.

- **아이스바인(Eiswein)** : 추운 날씨에 포도가 동결된 상태에서 손 수확을 한다. 이 때 포도의 수분은 증발되고 당분만이 농축되어 얼은 결정체로 남아 있게 된다. 언 상태에서 수확하여 달콤하며 농축된 와인이다. 한 그루에서 한 잔 정도가 만들어져 가격이 비싸고 고귀하며 인내심이 필요한 와인이다.

▲Robert Well Eiswein

과일의 산미와 당 농축도가 뛰어나 매우 달콤한 와인이다. 추운 지방에서 생 산되는 디저트 와인으로 동결된 포도알을 수확하고, 포도즙 양은 일반 양조 과정의 10% 정도로 생산량이 적다.

- **트로켄베렌아우스레제(Trockenbeerenauslese)-TBA** : 가장 당도가 높다. 최적의 자연적 조건하 에 건포도처럼 쭈글해진 귀부병(보트리티스 시네리아)에 걸린 포도알만 수확하여 만든다. 이 와인은 농축미와 복합미가 뛰어나다.

Trockenbeerenauslese ▶

※ 보트리티스 시네리아(Botrytis Cinerea)는 고귀한 부패라 불린다. 독일에서는 에델포일레 (Edelfaule)라고 불린다. 아침에는 안개가 끼고 낮에는 일조량이 풍부하며, 밤이면 공기가 차 서 이슬이 맺힐 때 발생되어 포도를 공격하는 곰팡이다. 보트리티스 시네리아는 일종의 버섯균으로 포도에 침투되어 같이 생장하면서 포도의 당 함유량을 응축시키면서 높이는 역 할을 한다. 이와 함께 포도의 수분이 증발되면서 잔 당의 함유량은 농축되어 달콤한 맛을 지 닌다. 귀부병에 걸린 포도만을 선별하여 사람에 의해서만 수확이 이루어져 귀한 와인이다.

• 수확된 포도 기준 : 당분 함유량과 스타일에 따라 등급 세분화

	수확 당시의 당도(Oechsle)
카비네트(Kabinett)	67~85°
슈패트레제(Spatlese)	76~95°
아우스레제(Auslese)	83~105°
베렌아우스레제(Beerenauslese)	110~128°
아이스바인(Eiswein)	110~128°
트로켄베렌아우스레제(Trockenbeerenauslese)	150~154°

Dönnhoff ▶
Kabinett

Fritz Haag ▶

[눈 속에 피는 달콤한 꽃, 아이스 와인 Ice wine / Eiswein]

독일의 또 다른 자랑이 있다. 혹한의 추운 지역에서 재배하는 와인 생산자들은 스위트 와인을 잘 만들기로 소문이 나 있다. 얼음 와인이라 부르는 아이스 와인이다. 그 대표적인 나라가 바로 독일과 캐나다이다. 겨울에 독일을 방문한 사람이라면 한 번쯤은 느꼈을 것이다. 그 매서운 추위를 말이다. 혹독한 겨울의 추위 속에서 독일의 포도 농장을 방문하는 것은 썩 내키지 않는 일 중 하나다. 추위에 유난히 약한 필자에게 넓은 들판에 매서운 바람을 생생하게 맞는 건 여간 곤혹스러운 일이 아니었기 때문이다.

그래서 추운 겨울, 포도 농장을 가기 위해서는 움직이기조차 버거운 두꺼운 옷은 절대 없어서는 안 되는 필수 아이템이다. 완전무장을 하고 매서운 바람을 맞으며 포도 농장을 구경하는데 하얀 눈 밭 사이로 초록색 포도송이들이 싱그러운 빛을 발하며 탱글탱글 열려 있었다. 추위 속에서도 굴하지 않고 꿋꿋하게 발하는 저 싱그러움이란….

독일의 달콤한 아이스 와인은 이러한 추위를 꿋꿋이 이겨낸 포도에 의해 만들어진다. 그 달콤함은 귀부병으로 만든 스위트 와인과는 다르다. 마치 꿀물과 같이 달다. 물론 필자는 끈적한 달콤한 아이스 와인을 한잔 이상을 마시지 못한다. 그 잔당에 입이 압도되어 버릴 정도로 많이 마시면 쉽게 질릴 수 있기 때문이다. 그래서일까? 대부분의 아이스 와인은 375ml의 반 병들이 병에 담아서 판매된다.

아이스 와인이 어떻게 만들어졌는지 그리고 발전되어졌는지에 대해서는 많은 전설이 내려오고 있다. 최근에 알려진 바로는 19세기 말, 견디기 힘든 추운 겨울이 불어 닥치자 프란코니아(Franconia)의 와인 생산자들은 모든 포도를 잃었다고 생각하고 큰 경제적인 손실에 직면, 어쩔 수 없이 언 포도를 수확했다고 전해지지만, 어쨌든 언제 어디서 만들어졌는지 정확히 알 수 없으나 의심의 여지없이 우리에게 이러한 아이스 와인은 우연히 발견된 행운이 아닐 수 없다.

10월 말에서 11월 중순까지 포도가 당분이 높아질 때 수확하여 만든 와인을 스위트 와인의 일종인 레이트 하비스트(Late Harvest : 늦은 수확)라고 한다. 아이스 와인은 이보다 조금 더 인내심을 갖고 기다렸다가 약 12월에서 1월에 포도가 언 상태가 되어서야 수확을 한다.

1월 수확 시기에 독일 와인 농장을 방문할 때였다. 수확하는 것을 보고 싶다고 했더니 밤에 오라고 했다. 필자가 잘못 들은 것이 아닌가 하고, 다시 한 번 더 여쭈어 보았는데 진짜 밤에 다시 오라고 했다. 그래서 저녁쯤에 농장을 다시 방문하기 위해 호텔을 나섰다. 어두운 밤길을 헤치고 와인 농장에 이르니 하늘이며 땅이며 무수한 별들로 반짝이고 있었다. 와인 농장에 거의 다 이르러서야 땅의 반짝이는 불빛이 포도밭에서 작업하기 위해 켜 놓은 불빛으로, 포도밭은 포도를 수확하는 수십 명의 인부들로 가득했다.

왜 밤에 작업을 하는 걸까? 이유인 즉, 주로 온도가 조금 더 낮은 밤 시간이나 또는 이른 아침에 사람의 손길을 거쳐 수확해야 언 포도를 수확할 수 있기 때문이란다. 어쨌든 언 포도는 압착되어 높은 잔당의 포도즙이 되고, 다시 낮은 온도 조건에서 압착한다고 하다. 이렇게 하면 주스에 포함되어 있는 수분이 결정화되어 아이스 크리스탈화로 형성되어 제거하면 잔당뿐만 아니라 산(Acidity)도 함께 응축되어 찐 포도즙을 가질 수 있다고 한다. 또 수분을 줄이고 당을 높이기 위해, 늦게 수확한 포도를 냉동 보관하여 인위적으로 언 상태로 만들어 냉동 적출(Cryo-extraction)의 방법을 사용하기도 한다고 한다. 이렇게 만들어지는 와인은 적출된 포도즙이 제한적이고, 생산 지역 또한 한정되어 있어 소량 생산되며 고가의 가격으로 시장에 출시된다. 아이스 와인은 열대 과일향인 파인애플, 피치 넥타(Peach nectar), 망고 등의 농익은 과일향이 풍부하고, 미네랄같은 신선한 향이 조화를 이루어 무겁지 않은 달콤한 과일향이 일품이다. 뿐만 아니라 신선한 산미가 돋보여 귀부병의 스위트 와인보다 와인 자체만으로 마시기 편하며, 자칫 높은 잔당으로 인해 끈적거릴 수 있는 맛에 균형을 잡아 깔끔하면서 깊은 맛을 담는다. 부담 없이 즐길 수 있는 스타일의 와인이 아닐 수 없다.

독일이 이처럼 아이스 와인을 생산할 수 있었던 건 독일의 살얼음처럼 에는 추운 기후 덕분이다. 이와 비슷한 기후 조건인 추운 지역의 캐나다 아이스 와인 또한 그 품질로 전 세계에서 인정받으며, 널리 사랑을 받고 있다. 캐나다 아이스 와인 또한 독일과 마찬가지로 리슬링(Riesling) 포도 품종로 만들며, 비달(Vidal) 포도 품종을 사용하기도 한다.

그렇다면 아이스 와인을 좀 더 맛있게 즐기는 방법은 없을까? 물론 있다. 경험에 비추어 보면, 달콤한 아이스 와인에 더없이 좋은 특별한 글라스 모양이 있다. 볼이 깊지 않으면서 중간 부분이 볼록하고 윗부분은 오므라져 있어 마치 꽃봉우리처럼 생긴 글라스다. 특히 잔의 굴곡이 입술에 닿는 각도와 절묘하게 맞아 떨어진다. 이런 모양의 글라스는 아이스 와인의 풍미를 돋우고 와인의 향이 날아가지 못하도록 잡아준다.

글라스의 형태에 따라 와인이 지닌 맛과 균형과 조화가 달라진다고 해도 과언이 아니다. 물론 이런 글라스를 반드시 이용하여 와인을 즐겨야 한다는 것은 아니다. 다만 아이스 와인의 가치를 높이기 위해서 이러한 노력과 연구를 끊임없이 한다는 것을 알아주기 바란다.

📝 VDP 등급 ──○

독수리 로고 상징, 최고급 와인 생산으로, VDP는 독일 우수 생산자 연합 모임이다. 포도밭의 품질에 따라 4단계로 분류한다. 자기 소유의 포도밭에서 나온 포도로 양조해야 하고, 전통적인 양조 방식으로 생산한다. 손 수확으로 선별된 포도만 사용한다. 전체 면적 70% 이상이 독일 전통 품종으로 재배한다.

▲ 독수리 로고

최고급 포도밭으로 품종과 지역을 제한하고 수율은 5,000L/ha이다.
- **그로세스 게벡흐스(Grosses Gewachs)** : 그랑 크뤼 포도밭, 독일 생산자 협회(VDP)의 최고 등급 와인
- **에르스테스 게벡흐스(Erstes Gewachs)** : 프리미어 포도밭, 라인가우에서 지정된 포도밭
- **에르스테스 라게(Erstes Lage)** : 프리미어 포도밭, 모젤 지역에서 지정된 포도밭

VDP 와인은 포도밭의 품질에 따른 등급 품질을 한다.

구츠바인(Gutswein 지방) 〈 오르츠바인(Ortswein 빌라주) 〈 에어스테 라게(Erste Lage 프리미어 크뤼) 〈 그로세 라게(Grosse Lage 그랑 크뤼)

※ 오르츠바인(Ortswein)은 특정 마을 등급을 의미하며, 구츠바인(Gutswein)은 지방인정 등급을 뜻한다.

1-2 제조법에 따른 분류

- **스타일** : 트로켄, 할프트로켄
- **클래식(Classic)** : 질 좋은 와인으로서 드라이한 맛을 보인다.
  13개 지역 중에 하나에서 사용한다. 지역명은 사용하지만 마을명과 포도밭 명은 의무사항이 아니다. 단일 품종을 원칙으로 사용하지만 트롤링어와 렘베이거 품종은 제외된다. 알코올은 12%이다.

▲Classic

- **셀렉션(Selection)** : 최상으로 빚은 드라이한 와인으로 13개 지역 내 단일 포도밭에서 단일 품종을 원칙으로 한다. 생산량 제한이 있고 알코올은 12.5%이다. 손 수확을 위주로 하고 수율은 6,000L/ha이다.

- **독일의 스파클링 와인 : 젝트(Sekt)**
QbA 또는 젝트(Sekt) bA 등급으로 표시한다. 프랑스보다 더 낮은 알코올 함량을 가지고 있으며, 거칠지 않고 부드럽다. 단맛보다는 드라이한 맛이 특징이다. 젝트는 약 3.5기압, 샤르마 방식 탱크 발효로 양조한다.

▲Henkell Trocken　　　　▲Sekt

- **독일 와인의 특징**
- 균형적인 드라이 와인 : 트로켄(Trocken), 할프트로켄(Halbtrocken), 클래식(Classic), 셀렉션(Selection)이라는 용어는 드라이 와인을 가리킨다.

– 풍부한 과일맛 와인 : 전통적인 슈패트레제(Spatlese)와 감미롭고 달콤한 아우스레제(Auslese) 그리고 아이스바인(Eiswein)은 농축된 과일 맛이 아로마를 선사한다.

✎ 독일 용어의 의미 ——○

• **바이스바인**(Weisswein) : 화이트 와인
• **로트바인**(Rotwein) : 레드 와인
• **로제바인**(Rosewein) : 로제 와인
• **트로켄**(Trocken) : 드라이한 맛
• **할프트로켄**(Halbtrocken) : 세미 드라이

✎ 라벨 ——○

빈티지 / 생산자 / 포도 품종 / 포도밭 이름 / 숙성도(QmP)

읽을거리

[쇠퇴한 와인의 명가, 독일]

블루 넌, 블랙 타워란 이름에 익숙한가? 그럼 당신은 이미 와인을 시작한 사람이다. 앞의 두 이름은 한국에서 와인을 수입하면서 가장 인기가 있었던 독일 와인이다. 세계에서 가장 많이 팔리는 와인들 중에 하나로, 30년 전 한국에서 1, 2위를 앞 다투어 차지하고 있을 정도로 대중적인 와인이었던 것이다. 그렇다면 이들 와인이 소비자들에게 어필했던 이유는 무엇일까? 무엇보다도 싼 가격으로 와인 초보자들이 쉽게 마실 수 있게 잔당이 비교적 높은 와인을 만들기 때문일 것이다. 뿐만 아니라 독일어 라벨이 아니라 영어 브랜드 이름을 이용하여 누구나 읽기 편하게 만들었다. 사실 이들 와인은 소비자가 원하는 와인을 위해 원산지의 테루아보다는 시장이 요구하는 와인을 생산하는데 더 중점을 두기 때문에 와인 전문가들로부터 저평가되고 있다. 일반적으로 독일 화이트 와인 하면 '싸고 달다'라는 인식이 자리 잡은 것도 이 때문이었으리라.

독일의 르 켄데르만(Reh Kendermann)의 전 마케팅 디렉터 리즈 스티치(Liz Stich) 여사는 블랙 타워 와인의 새로운 포장을 시도하고 있다고 하였다. 즉 전형화되어 있는 750ml의 유리병이 아닌 새로운 형태의 용기를 만들어 시각적인 차별화를 시도하고 있는 것이다. 참신한 아이디어에 대해서는 환영하지만, 자칫 상업적인 와인 이미지로 전락해 버릴 수 있는 위험 요소가 있어 보였다.

몇 년 전이었을까. 비교적 규모가 있는 와인숍 임에도 불구하고 독일 와인은 고작 몇 병 뿐. 찾고자 하는 와인을 도저히 찾을 수가 없었다. 담당자에게 왜 이렇게 독일 와인의 수가 적냐고 물으니 거의 찾는 사람이 없어서 수입하는 회사도 극소수일 뿐이라 했다. 그만큼 수요가 없다는 것. 슈퍼마켓 브랜드로 전락해 버린 블랙 타워, 블루 넌을 제외하고는 말이다. 현재 독일 와인은 초보자용이라는 꼬리표를 달고 일반화되고 있다.

하긴 처음 맛 본 와인도 독일 와인인 마주앙 모젤이었는데 독일 생산지인 모젤을 모델로 이름과 맛을 따라한 와인이었다. 마주앙은 '마주앉아 즐기다'라는 뜻으로 국내에서는 미사주로 유명하다. 처음으로 마주앙 와인을 맛 본 필자는 그 달콤쌉싸름한 맛에 감동을 하지 않을 수 없었다. 처음 마셔 본 와인이 이처럼 입에 착 붙으니 어찌 관심이 가지 않을 수 있겠는가. 와인에 대한 호감이 급상승되어 더 마시고 싶어졌고, 심지어 와인에 대해 알고 싶다는 생각까지 했다. 결국 이와 같은 경험은 와인 공부를 본격적으로 시작한 계기가 되었다. 18~19세기의 독일 와인은 프랑스 와인 다음으로 세계에서 가장 수요가 많은 와인 중에 하나로 가격도 비교적 높은 편이었다. 품질이 우수한 와인의 경우는 보르도의 그랑 크뤼 와인보다 더 비쌌다. 그러나 전쟁, 포도 질병, 경제적 침체, 그리고 1956년까지 프랑스의 통치로 인해 자르(Saar) 지역은 질 좋은 포도밭을 잃게 되었고, 독일의 프리미엄 와인 생산은 힘들었다. 그리고 수요가 적어져 가격 폭락으로 이어졌다. 인정받지 못한 포도로 대량 재배하고, 생산한 것이 불안하자 당도를 높이려고 농축된 설탕이나 제품을 인위적으로 첨가해 독일 와인의 부흥을 꾀하기도 하였다. 20세기 후반에 이르면서 독일 와인 산업은 누더기를 입게 되었고, 수요는 기하급수적으로 떨어졌으며, 가격은 폭락을 거듭하게 되었다. 독일 와인이 이렇게 흘러간데는 지난 30년간 인정받지 못한 뮐러 투르가우(Müller-Thurgau) 포도 품종인, 독일 어디서나 생산이 가능한 립프라우밀히(Liebfraumilch)를 생산하면서였다. 립프라우밀히(Liebfraumilch)는 설탕물 와인으로 인식되며 독일 와인의 명성에 치명타를 입혔고, 뿐만 아니라 심지어 소비자를 속이기까지 하면서 혼동하게 만들며, 독일 와인법 자체에 대한 부정적인 인식을 낳았기 때문이다. 덕분에 전 세계에서 가장 우수한 리슬링이 독일에서 생산되고 있는데도, 비싼 독일 와인을 구입하는 것은 바가지를 쓰는 것이라는 편견을 심어주게 되었으니, 무너져 버린 명성이 안타까울 따름이다.

품질 좋은 독일 와인은 고도가 높고 경사가 비탈진, 서늘한 기후 지역에서 재배된 리슬링 포도 품종으로 생산한다. 서늘한 기후는 신선한 자연 산도를 높이고, 천연 과당이 뒷받침되어 깨끗하면서 달콤함이 함께 느껴져 신선함을 높이는 스타일이다. 오크 사용을 제한하며, 잔당이 높음에도 불구하고 톡톡 튀는 산도는 끈적거림을 줄이고 밸런스를 이루게 한다. 근접한 프랑스 알자스의 리슬링 와인과는 알코올 도수 면에서 낮은 것이 특징으로 전통적인 독일 화이트 와인 스타일로 많이 마셔도 부담이 없다. 현재 독일 와인 생산 조합(VDP)은 고급 화이트 와인을 생산하기 위해서 끊임없이 노력하고 있다. 그들의 노력이 독일 와인의 이미지 쇄신에 좋은 영향을 주기를 기대한다.

✏️ 청포도 ──○

• 리슬링(Riesling)

독일을 대표하는 포도품종이다. 깔끔한 산도와 복합적인 맛으로 장기 숙성이 가능하다. 상큼한 청사과, 라임, 농익은 복숭아, 풍성한 미네랄이 특징이다. 맵고 새콤달콤한 맛을 지닌 동남아, 아시아 요리 외에도 다양한 음식과 놀라울 정도로 조화를 이룬다.

귀부병의 달콤한 리슬링 와인은 밸런스가 좋다. 가장 많이 재배되며 독일에서 재배되는 포도 품종 중에 21%를 차지한다. 라벨에 포도 품종이 표시되어 있다면 독일 법에 따라 해당 포도 품종이 최소한 85% 이상 사용해야 한다. 포도알이 작으며, 늦게 숙성이 이루어 당도가 높은 편이다. 리슬링 품종은 오크 숙성을 거의 하지 않는다. 세련된 과일향이 풍부하고, 부드러우며, 산미가 돋보이며, 상큼하고 깨끗한 맛이 느껴진다. 숙성될수록 페트롤(Petrol) 미네랄 향이 유니크하게 느껴진다.

모젤
가장 가볍고
상쾌한 리슬링

라인가우
프리미엄급 리슬링,
포도밭이 언덕에 있으며
생산량이 적고
Bottle Ageing이 강함

라인헤센
풀바디한 리슬링

• 뮐러 투르가우(Müller-Thurgau)

리슬링과 샤슬라(Chasselas)의 교배종이며, 독일 와인 중 13.5%가 이 포도로 빚어진다. 전체 독일에서 23% 재배면적을 차지한다. 1882년 가이젠하임(Geisenheim)에서 스위스의 투르가우(Thurgau) 출신인 뮐러(H. Muller) 교수에 의해 발달된 품종으로, 리슬링과 샤슬라 품종을 접목시킨 포도 품종이다. 일찍 숙성되는 조숙 포도 품종으로 대개 9월에 수확한다. 꽃향이 풍부하고 리슬링보다 더 부드러우며 산미를 지니고 있어, 적절히 조화를 이루었다. 신선하면서 어린 와인으로 부담 없이 마시기 좋은 와인에 사용된다.

• 쇼레베(Scheurebe)

실바너와 리슬링을 교접하여 만든 품종이다. 특히 감귤의 과일향이 풍부하게 나타나며, 산미로 인해 활기가 느껴진다. 주로 블랜딩을 위해 많이 사용하는 품종이다.

• 실바너(Silvaner)

오랜 전통의 품종으로 신선한 과일 맛의 라이트 바디 와인을 만든다. 해산물이나 가벼운 육류의 섬세한 맛을 살릴 수 있는 무난한 와인으로 알려져 있다. 독일 와인 중 5%를 이 품종의 포도로 만든다. 리슬링보다 더 일찍 숙성이 되며, 포도알의 크기는 중간 정도이다. 풀바디하고, 산미가 강하게 느껴지지 않으며 부드러운 질감이 느껴진다. 약간은 무거운 듯한 느낌이 들며 가볍게 마실 수 있는 와인이다.

- 케르너(Kerner)

레드 품종인 트로링거(Trollinger)와 화이트 품종인 리슬링(Riesling)의 재배 지역에서 주로 잘 재배되며, 점점 인기가 높아지고 있는 품종이다. 껍질이 두껍고, 조기 숙성이 이루어진다. 과일향이 풍부하다. 산미가 돋보이며, 리슬링과 비슷한 성격을 띠며, 드라이한 맛이 지배적이다.

- 그라우부르군더(Grauburgunder) : 피노 그리

포도 껍질은 선분홍 빛을 띠며 프랑스에서는 피노 그리(Pinot Gris)라 부른다. 원한만 산미를 가진 입 안을 가득 메우는 풍부한 화이트 와인으로 전체 약 2%를 차지한다. 실바너 품종과 같은 시기에 숙성이 이루어진다. 풀바디하며, 강한 맛과 부드러운 맛이 동시에 나타나다. 생선뿐만 아니라 부드러운 육류에도 잘 어울린다.

- 바이스부르군더(Weissburgunder) : 피노 블랑

신선한 산미, 섬세한 과일맛, 그리고 파인애플, 견과류, 살구와 감귤류를 연상시키는 부케가 복합적으로 융화된 훌륭한 화이트 와인이다. 주로 신선한 해산물과 잘 어울린다.

🖊 적포도 ──○

- 슈패트부르군더(Spatburgunder) : 피노 누아

독일 최상급의 레드 와인 품종이다. 입 안 가득히 채우는 풍성함과 약간 달콤한 과일향을 살짝 풍기는 벨벳처럼 부드러운 레드 와인이다. 육류 요리와 어울린다. 피노 누아 품종으로 포도알이 작으며 늦게 숙성이 이루어진다. 미디움 바디(Medium body)하고, 부드러우며, 체리, 딸기 등의 과일향과 아몬드향이 함께 느껴진다. 특히 기후 변화의 영향으로 독일에서 피노 누아 재배가 확장되고 있으며 품질이 더 좋아지고 있다.

- 포르투기저(Portugieser)

오스트리아의 다뉴브 밸리(Danube Valley) 지역에서 유래되었다. 라이트 바디와 타닌이 적고, 산미가 많이 느껴진다. 따라서 가볍게 마실 수 있는 와인에 사용된다.

- 트로링거(Trollinger)

쿠템버르그 지역에서 주로 재배되며 약 2%를 차지하고 있다. 매우 늦게 숙성이 이루어지는 만생종이다. 타닌보다는 신맛이 강조되어 나타나고, 신선함이 돋보이며, 가벼운 타입의 포도 품종이다.

1-4 주요 산지

북쪽 지역은 과일향이 풍부하고, 신선한 산도와 드라이한 맛과 가벼운 맛이 특징이다. 남쪽 지역은 바디가 더 강하며, 과일향이 넘쳐 나면서 세련된 산도가 돋보이는 것이 큰 특징이다.

전체 13개 지역을 안바우게비테(Anbaugebiete)로 구분되어 나누어진다. 지역 안에 각 지역의 크기에 따라 다시 작은 40개 지구(베라이히 Bereiche라 부름)로 나뉘는데 여기에는 다시 1,400개의 마을로 나누고, 포도원이 포함되어 있다.

13개 지역은 다음과 같다.

아르(Ahr), 헤시셰 베르크슈트라제(Hessiche Bergstrasse), 미텔라임 (Mittelrhein), 모젤(Mosel), 나헤(Nahe), 라인가우(Rheingau), 라인헤 센(Rheinhessen), 팔츠(Pfalz), 프랑켄(Franken), 뷔르템베르크(Wurt-temberg), 바덴(Baden), 잘레 운슈트루트(Saale Unstrut), 작센(Sachsen)

13 지역(안바우게비트) 안에 각 지역의 크기에 따라 다시 지구(베라 이히 Bereiche)로 나눈다. 베라이히에는 다시 여러 개의 마을(게마인데 Gemeinde)가 있고, 그 마을 안에 인접한 포도원(Grosslage)이 여러 개 있다.

베라이히 명칭 예 베라이히 베른카스텔(Bereiche Bernkastel), 베라이히 요하니스베르크(Bereiche Johannisberg)

- **베라이히 구성** : 그로스라게(Grosslage)라는 인접한 포도밭을 하나의 그룹으로 묶은 것이다. 포도밭의 집합체 인 넓은 지역으로 163개가 있다.
- 아인첼라게(Einzellage)라는 더욱 작은 단일 포도밭으로 2,600개의 명칭이 존재한다.
- **그로스라게(Grosslage)** : 그로스라게는 동일한 이름을 사용하는 많은 작은 포도원으로 구성된 대규모 집단 포도원의 유형을 설명하는 데 사용되는 독일 분류이다. 그로스라게(Grosslage) 내의 포도밭인 아인첼라게 (Einzellage)는 단일 포도원이다.
- **고급화 순서** : 안바우게비테 〈 베라이히(Bereich : 포도원 지구) 〈 게마인데(Gemeinde : 마을) 〈 그로스라게 (Grosslage : 포도원 집단) 〈 아인첼라게(Einzellage : 개별 포도원(가장 좋은 와인 생산))

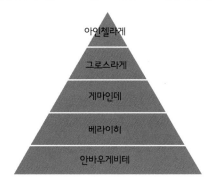

- **오르츠타일라게(Ortsteillage)** : 유명 포도밭으로 상표에 마을 명칭을 표시하지 않고 포도밭 명칭만 표시한다. 독일에 5개의 단일 포도밭이 있다.
  - 예 쉴로스 요하네스베르크(Schloss Johannisberg), 쉴로스 폴라츠(Schloss Vollrads)

▲Schloss Johannisberg ▲Schloss Vollrads

• 아르(Ahr)

아르 강은 본(Bonn)시 남쪽의 라인강으로 흘러 들어가는 양쪽에 험하게 경사진 곳에 퍼져 있으며, 화산암 지대이다. 독일의 포도 재배 지역 중에 가장 작은 면적을 차지하고 있다. 재배되고 있는 레드 와인 포도 품종은 슈패트부르군더(Pinot Noir)와 포르투기저(Portugieser) 레드 와인으로서 가볍고 독특한 과실 맛이 나는 레드 와인을 만들고 있다. 화이트 와인 품종은 리슬링과 뮐러-투르가우가 재배, 생산되고 있다.

• 미텔라인(MittelRhein)

본 시 바로 아래에서 라인강 양 둑의 남쪽으로 60마일 가량 펼쳐져 있다. 점판암의 토양으로 뒤덮여 있다. 리슬링(Riesling), 뮐러-투르가우(Müller-Thurgau), 케르너(Kerner)의 화이트 품종을 재배하고 있다. 포도 과일의 산도가 높으며, 때로는 드라이하며 거칠기도 한 것이 특징이다.

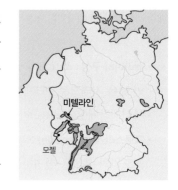

• 모젤(Mosel)

국내에서 가장 많이 알려진 독일 산지 중에 하나이다. 예전에는 모젤 자르 루버(Mosel Saar Ruwer)로 표기되었으나 현재는 모젤(Mosel)로 변경되었다.

꼬불꼬불 굴곡진 모젤강은 고대 로마 도시인 트리에(Trier)의 남쪽에서 시작한다. 점판암 토양으로 포도밭은 급경사면에 분포되어 있다.

라인강과 합류된 모젤강, 그 지류인 자르와 루버강의 일대이다.

모젤 와인의 키워드는 석판(Slate, 점판암질)과 리슬링이다. 특히 모젤의 포도밭은 석판(Slate)이 깔려 있다. 포도 재배자들은 겨울철에 석판을 걷어 내거나 잘게 부수어 관리한다. 석판들은 포도원에서 여러 가지 기능을 수행하는데, 땅의 습기를 유지시키고 뜨거운 여름에는 낮에 태양열을 간직했다가 기온이 급강하하는 밤에 그 열을 다시 발산하는 기능을 수행한다. 석판이 분해되면 땅을 비옥하게 하는 요인이 된다. 그래서 포도 재배자들은 반드시 석판을 주기적으로 채워 놓아야 한다.

모젤은 독일 와인 생산량의 15%를 차지하고 있다. 모젤 리슬링의 특징으로 미네랄이 풍부하고, 섬세하면서 신선함과 상큼함이 돋보인다. 와인은 향기가 매우 짙으며 색은 엷고, 경쾌하며, 과실 풍미가 담기고 산미가 강하다. 미네랄과 스파이시 향이 조화를 이루며 질 좋은 산이 나타나며, 장기 숙성이 가능한 것이 특징이다. 장기 숙성하였을 때 페트롤(Petrol)향이 특징이다. 길죽한 녹색 유리병을 사용한다.

독일의 가장 유명한 포도원들이 대부분 이 지역에 위치한다.

• **자르 루버(Saar Ruwer)의 마을명(게마인데)** : 아이텔스바르(Eitelsbach), 빌팅겐(Wiltingen), 옥펜(Ockfen)

• **베른카스텔(Bernkastel) 유명한 마을명(게마인데)** : 트리텐하임(Trittenheim), 누마겐(Neumagen), 피스포트(Piesport), 베른카스텔(Bernkastel), 브라우네베르크(Brauneberg), 그러아흐(Graach), 베엘렌(Wehlen), 첼팅겐(Zeltingen), 위르치히(Urzig), 에르덴(Erden)

1360년 트리어 대주교인 배문트2세가 베른카스텔을 방문하던 중 열병에 걸려 쓰러졌다가, 한 농부가 만든 와인을 마시고 치유되었다. 이 와인이 진짜 의사라고 하면서, 이때부터 베른카스텔러 독터라고 칭하였다.

유명 생산자로는 프리츠 하그(Fritz Haag), 독터 로젠(Dr.Loosen), 요 오스 프룸(Joh.Jos.Prüm)이 있다.

▲Joh.Jos.Prüm　　▲Fritz Haag　　▲Bernrasteler Doctor

• 라인가우(Rheingau)

모젤보다 더 강건하고 향기가 심오하다. 대부분의 라인가우 지역에서는 리슬링을 재배하며 재배 비율이 79%에 이른다. 리슬링은 기후에 대한 독특한 감수성과 토양 변화에 대한 반응으로 이 지역이 최적의 조건을 제공한다. 이 품종은 최고의 독일 와인을 만드는데 항상 사용되며, 빈티지가 좋은 해에는 이 지역 포도원에서 괜찮은 화이트 와인들이 생산된다. 라인가우는 독일 와인 중에 가장 고급 와인의 생산지이며, 세계 최고의 리슬링 와인 생산 지역 중에 하나이다. 이 지역은 길죽한 갈색 유리병을 사용한다.

독일의 중심부인 마인강에 접하고 있는 호흐하임(Hochheim)과 로르히(Lorch) 지역 사이에 위치한다.

라인가우는 전체가 하나의 긴 언덕으로 되어 있고 북쪽은 산림으로 덮인 타우누스(Taunus) 산줄기에 가려져 있고, 남쪽으로는 라인강에 접해 있다.

• 귀부병과 슈패트레제(Spatlese)의 가치가 처음으로 인정

• 카비네트(Kabinett) 등급을 이 지역에서 처음으로 사용

• 카르타(Charta) 와인 생산(리슬링으로 고급 와인을 만들기 위해 결성한 단체)으로 유명하며 고급 드라이 화이트 와인을 생산한다. 조건은 100% 포도원 소유의 포도를 사용해야 한다. 100% 리슬링 사용, 손수확, 최소 12% 이상의 알코올을 함유해야 한다.

– 오르츠타일라게(Ortsteillage) : 베스트 단일 포도밭으로, 쉴로스 요하네스베르크(Schloss Johannisberg), 쉴로스 폴라츠(Schloss Vollrads)

– 마을명 : Winkel 빈켈, Johannisberg 요하네스베르크, Rudesheim 뤼데스하임, Oestrich 외스트리히, Erbach 에어바흐, Hattenheim 하텐하임, Rauenthal 라우엔탈, Kiedrich 키드리히, Eltville 엘트빌레, Eberbach 에버바흐, Geinsenheim 가이젠하임, Hochheim 호흐하임(레드 생산)

– 유명 생산자 : 쉴로스 요하네스베르크(Schloss Johannisberg), 아우구스트 에세어(August Eser), 프란츠 쿤츨러(Franz Künstler)

▲Künstler Hochheim Reichestal Ersters Gewächs

• 나헤(Nahe)

라인헤센의 서쪽에 위치하고, 모젤의 동쪽에 위치하고 있으며 토양으로는 모래가 많이 섞여 있다. 모젤 와인의 꽃향과 라인가우의 부드러운 과일향이 조화를 이룬다. 품종으로 뮐러 트루가우(Müller-Thurgau), 리슬링, 실바너의 화이트 품종을 주로 재배하고 있다. 이 지역의 와인은 풀바디하며, 섬세하고 부드럽게 느껴진다.

- 나아에탈(Nahetal)은 싱글 베라이히(Bereich)로써 바드 크로이츠나흐(Bad Kreuznach)와 쉴로스 뵈켈하임 (Schloss Bochelheim) 두 개의 마을이 유명하다.

• 팔츠(Pfalz)

화이트 와인은 마시기 편하고 과실 맛이 나는 레드 와인들도 유명하다. 매일 마시는 평범한 와인에서부터 최상급의 트로켄베에렌아우스레제에 이르기까지 모든 범위의 와인을 생산한다. 독일 레드 와인의 25%를 생산하고 있고, 레드 와인은 국내에서 소비되며 수출은 거의 되지 않는다. 북쪽의 라인 헤센 지역에 인접하여 위치하고 있으며 백악질과 석회질 토양이다. 부드러우면서 약간 무거운 듯한 느낌이 든다.

- 유명한 마을(게마인더) : Wachenheim 박헨하임, Forst 포르스트, Deidesheim 다이데스하임, Ruppertsberg 루퍼츠베르크, Bad Durkheim 바드 뒤르크하임, Ung-stein 웅스테인, Kallstadt 칼스타드, Neustadt 노이슈타드

• 라인헤센(Rheinhessen)

다양한 토양 형태와 미기후(Micro-Climate)로 인해 새로운 이종 교배종들과 함께 세가지 전통적인 청포도 품종인 뮐러-투르가우, 리슬링, 실바너를 포함해서 많은 포도들이 재배되고 있다. 포르투기저 포도는 가장 중요한 레드 와인용 포도 품종이고, 잉겔하임(Ingelheim) 주변 지역은 품위 있고 충분히 숙성된 슈패트부르군더(피노 누아) 와인으로 알려져 있다. 서쪽으로 나헤강, 북쪽과 동쪽으로는 라인강으로 경계되어 포도 재배 면적이 가장 크다. 리슬링을 많이 재배한다. 이 지역의 리슬링 와인은 미디움 바디하고, 상쾌한 산미가 느껴져 상큼하다.

- 립프라우밀히(Liebfraumilch) : 보름즈(Worms)의 립프라우밀히 교회에서 기원된 달콤한 화이트 와인으로 향이 좋다. 규정에 따르면 리슬링, 실바너, 케르너, 뮐러 트루가우 품종 중 하나 이상으로 만들어야 하고, 이 포도를 7% 이상 함유해야 한다. QbA 등급으로 분류되지만 와인 전문가들은 '달콤하고 저렴한' 와인으로 무시하는 경향이 있다. 1980년대 중반에 인기가 절정에 달했으나, 아이러니하게도 이 와인의 성공으로 독일 와인, 특히 리슬링의 명성이 추락하는 계기가 되었다.

세미 스위트 화이트 와인으로 단맛이 있으며, 향이 좋고 미디움 바디, 산도가 마일드하고 깊은 맛은 없지만 싸서 즐겁게 마시기 좋은 와인으로 알려져 있다.

- 유명한 마을 게마인더 : Nackenheim 나켄하임, Oppenheim 오펜하임, Nierstein 니어슈타인, Dienheim 다인하임, Westhofen 웨스트호펜, Osthofen 오스트호펜

• 그 외의 지역

프랑켄(Franken), 헤시셰 베르크슈트라제(Hessishe Bergstrasse), 뷔르템베르크(Wurttemberg), 바덴(Baden), 잘레 운슈트루트(Saale−Unstrut), 작센(Sachsen)

1-5 자연의 한계를 극복한 독일과 오스트리아 와인

독일과 오스트리아 지역의 포도밭을 방문하면 입이 크게 벌어질지 모르겠다. 급격하게 비탈진 경사도에 펼쳐진 포도밭으로 말이다. 이 지역의 포도밭들은 높은 고도와 경사도에 재배하기 어려운 자연적인 환경 요건을 가지고 있다. 그렇다면 이들은 어떻게 이러한 곳에 포도를 재배할 수 있었을까? 독일어로 포도밭을 바인베르크(Weinberg), 즉 와인 언덕이라고 하는지에 대한 답도 바로 여기에 숨어 있다.

독일의 모젤 지역 근처의 칼몬트(Calmont)에 위치한 포도밭은 가파른 산 능선 사이로 유유히 흐르는 모젤강이 일대 아름다운 풍광을 연출하고 있다. 아름다운 풍경을 정신 잃고 바라보고 있자니 저 가파른 언덕으로 보이는 곳이 세계에서 가장 가파른 경사 76도를 자랑하는 포도밭이다. 어떻게 이런 곳에 포도나무를 심을 생각을 했을까? 프랑스의 널따란 들판을 감싸고 있는 포도밭을 보다가 저렇게 절묘한 곡선을 이루는 포도밭을 보니 어색해 보이기까지 했다.

모젤은 독일에서 가장 북쪽에 위치하고 있는 마을이다. 서늘한 기후인데다 가파르다 보니 해를 받는 시간이 제한적일 수 밖에 없다. 모젤 지역은 프랑스 프로방스 지역의 일조량에 약 1/3 밖에 되지 않을 정도다. 이러한 지형적 악조건 속에서 그들은 어떻게 포도밭을 가꾸는 걸까? 여기에는 치밀하고 근면하기로 소문난 독일인의 피나는 노력이 숨겨져 있다.

포도밭의 토양으로 점판암 토양을 사용했는데 이 토양은 빠르게 태양열을 흡수하여, 태양이 지고 나서도 열을 포도에 방출하게 만들어 준다. 또 부족한 일조량을 보강하기 위해 강 가까이 포도밭을 경작해 물에서 반사되는 빛의 반사열을 이용한다. 어떻게 보면 경사면이라는 단점이 그들이 포도밭을 재배하기에는 최적의 조건일 수도 있는 것이다.

그렇지만 포도를 재배하는 데는 어려운 환경임에는 틀림없다. 경사면으로 100% 수작업을 해야 할 뿐 아니라 포도밭이 있는 슬레이트의 절벽이 아주 미끄러워 숙련된 솜씨 없이는 재배와 경작이 매우 힘들기 때문이다. 하지만 이들은 이러한 수고를 마다하지 않는다. 질 좋은 와인을 만들겠다는 그들의 의지가 환경을 이기는 힘이 되었기 때문이다.

✏️ 독일을 닮은, 하얀 눈 같은 화이트 와인 ──○

독일과 마찬가지로 화이트 와인의 대국으로 오스트리아를 빼놓을 수 없다. 오스트리아에서도 고급 와인이 생산되는 걸까 하는 의문이 생기는 사람들이 많을 거라 생각한다. 필자도 그렇게 생각한 적이 있었기 때문이다.

오스트리아가 내게 남긴 첫 번째 인상은 뼈 속까지 아리게 하는 혹독한 추위였다. 그 추위가 어찌나 매서웠는지 앞으로 오스트리아를 갈 때는 절대 겨울은 피하리라는 결심까지 심어주기까지 했다. 물론 온 사방이 하얗게 눈으로 덮힌 도시의 풍경은 산뜻하고 깨끗한 느낌을 주어 화이트 와인을 연상시키기에 충분했다.

두 번째로 받은 인상은 체코와 헝가리에 둘러 싸여 있는 오스트리아는 이들 나라들 보다 독일 문화와 많이 닮아 있었다는 점이었다. 독일어를 공통으로 사용하는 것부터 와인 스타일까지 말이다.

특히 독일의 추운 기후 조건과 언덕 위의 포도밭은 정말 비슷하였다.

오스트리아의 바차오(Wachau) 지역은 특히 품질 좋은 화이트 와인 생산으로 유명하다. 이 지역은 그 유명한 다뉴브(Danube) 강 가까이 비탈진 언덕에 포도 재배를 하고 있었다. 당시 눈이 많이 와서 차를 타고 올라가기 어려워 직접 걸어서 올라가 보았는데, 마을이 한 눈에 다 보일 정도로 높은 곳에 있었다. 가이드 말로는 이 역시 재배지의 여건상 전부 사람의 손길을 거쳐서 재배가 이루어진다고 하였다. 그래서인지 8~11% 미만의 낮은 알코올 도수, 높은 산도의 화이트 와인 스타일은 독일 와인과 비교했을 때 블라인드 테이스팅을 해도 구별하기 어려울 정도였다. 그러나 오스트리아에는 리슬링 포도 품종 이 외에 이곳에서만 생산되는 유닉한 품종이 있다. 바로 그뤼너 펠트리너(Grüner Veltliner)다. 스파이시한 흰 후추의 향과 복숭아 과일향이 풍부한 매력적인 와인이었다. 근처 식당에서 송아지 요리에 그뤼너 펠트리너 화이트 와인을 권해 주었는데, 육류 요리에 화이트 와인이라니 하는 생각을 했지만, 일단 맛을 보니 왜 추천을 해 주었는지 이해할 수 있을 정도로 정말 잘 어울렸다.

오스트리아를 대표하는 포도 품종이라 해도 과언이 아니니 오스트리아를 방문한다면 꼭 한 번은 이 와인을 맛볼 수 있기를 바란다. 또 독일에 아이스 와인과 귀부병으로 만든 스위트 와인이 있다면 오스트리아에서도 이러한 달콤한 와인을 생산하고 있다. 바로 알로이스 크라셔(Alois kracher) 와이너리에서 만든 스위트 와인이 있다. 누시들러시(Neusiedlersee) 호수를 끼고 있는 루스트(Rust) 지역에서만 생산되는 이 와인은 귀부병에 걸린 포도만을 선별하여 만드는 데 스위트 와인 매니아라면 그 이름을 기억해 두자. 꼭 마셔볼 만한 충분한 가치가 있다.

▲Kracher

독일과 오스트리아의 포도밭은 자연의 한계를 극복한 작품이라고 말하고 싶다. 추운 날씨와 높고 비탈진 경사면에 자리 잡은 포도들은 감히 접근할 수 없는 그림 같았다. 그러나 포도 재배자들은 이러한 환경에 결코 굴복하지 않고, 그들만의 노하우를 뒷받침으로 포기하지 않고 와인 생산을 하여서 지금은 세계에서 인정받는 화이트 와인을 만들 수 있었던 것이 아닐까 생각한다.

누구나 다 할 수 있는 쉬운 일이라면 결코 빛나는 보석이 될 수 없었을 것이다. 요즘 많은 자본 투자로 대량 생산과 공업화된 와인들에 밀려서 고급 와인을 고집하는 전통적인 영세 와인 생산자들의 고초를 다시 한번 생각하게 만들었다. 그들의 와인이 없다면 저급 와인도 고급 와인도 개성 없는 획일화된 와인일 수밖에 없는 의미에서 이러한 와인을 마셔주어야 하는 것인 와인 애호가들의 의무는 아닐까 생각해 본다.

1-6 오스트리아의 대표 품종 : 그뤼너 펠트리너(Grüner Veltliner)

▲Salomon Undhof
Wieden Grüner Veltliner

항신료 특징이 풍부한 오스트리아 품종으로 흥미를 자극하는 후추향의 피니시를 표현하곤 한다. 오스트리아의 가장 대표적인 토착 품종으로 골고루 분포되어 있으며 생산량도 가장 많다. 이 화이트 품종은 지역별로 꽤 다양한 스타일을 보여주기도 하지만 공통적인 특징은 깔끔한 맛과 상쾌한 느낌을 주는 드라이 화이트 와인이다. 과실적인 향기로움과 함께 신선한 청량감을 주기도 하지만 일부 지역에서는 스파이시한 맛과 매끄러운 바디감을 더하기도 한다. 장기간 숙성할 수 있는 잠재력이 있다. 주로 신선할 때 마시는 경우가 많으며 레몬, 라임, 사과, 파인애플 과일향과 미네랄, 오렌지나 감귤류 복숭아, 후추 등과 같은 아로마가 함께 느껴진다.

1-7 명품 글라스의 탄생

오스트리아하면 무엇이 가장 먼저 떠오르는가? 모짜르트? 비엔나 커피? 사커 토르테(Sacher Torte) 초콜릿 케이크? 물론 관광객이라면 이러한 것들을 제일 먼저 떠오를 것이다. 그러나 관광객이기보다는 와인 전문가로써 오스트리아 하면 가장 먼저 크리스털 와인 글라스를 떠올린다.

와인을 마실 때 어떤 잔에 마시느냐에 따라서 그 맛이 다르다는 것은 수백 번 강조해도 지나치지 않다. 세계에는 수백 종류의 와인 글라스가 있는데 와인 생산 원산지에 따라, 포도 품종에 따라, 와인 스타일에 따라 여러 카테고리에 걸쳐 와인 잔을 구별하고 있다. 이러한 구분은 와인의 본래의 맛을 가장 잘 느끼기 위해서인데 똑같은 와인을 다른 모양의 와인 잔에 마시면 그 맛이 차이를 보이는 것을 느낄 수 있다. 따라서 고급 와인을 제대로 맛보기 위해서는 부수적으로 그에 맞는 와인 잔도 항상 함께해야 한다.

수많은 종류의 와인 잔이 있는 것만큼 만드는 회사 역시 전 세계에 셀 수 없이 많다. 각 회사마다 나름대로의 노하우를 가지고 와인 잔을 생산하며, 그 중에서 세계적으로 명성을 지닌 회사가 있으니 다름 아닌 리델(Riedel), 잘토(Zalto)이다.

필자에게는 오스트리아 하면 떠오르는 모차르트나 비엔나 커피보다 더 친숙한 이름이기도 하다. 10대째 내려오는 유서 깊은 역사를 자랑하는 이곳은 조지 리델(Georges Riedel)이다. 그는 글라스의 모양에 따라서 와인의 아로마, 부케, 맛, 밸런스, 여운들에 지대한 영향을 미친다고 인식했고, 각기 다른 모양의 글라스를 생산하였다. 뿐만 아니라 입으로 직접 불어서 제작하여 얇고 섬세한 크리스탈 글라스의 출시로 글라스의 혁명을 일으켰다는 평까지 얻어내기도 했다.

각기 다른 모양의 글라스에 똑같은 와인을 따라 시음했었다. 결과는 예상 밖으로 정말 같은 와인이 향도 맛도 다른 캐릭터를 뿜어내었다. 이것은 그들이 각 포도 품종에 대한 연구를 통한 노력의 일환으로 볼 수 있다. 그들은 포도 품종에 따른 최적화된 글라스를 제작하기 위해 산도, 타닌, 알코올 등의 밸런스 등 각각의 포도 품종에 따른 차이는 물론 글라스가 입술과 닿는 각도까지 계산하여 글라스를 디자인하고, 섬세한 고도의 기술로서 형상화한다. 역시, 세계 최고의 글라스 명품 회사가 아닐 수 없다.

세계 와인 농장을 다니다 보면 항상 리델 글라스를 가지고 테이스팅을 하는 와인 전문가, 생산자들을 만날 수 있다. 최고의 와인을 선보이고 맛보려면 리델 없이는 불가능하다고 여겨질 정도로 그들에게는 필수 아이템인 것이다. 뿐만 아니라 고급 레스토랑에서도 리델 글라스로 서비스하는 것이 전형화되어 있다. 리델은 수작업의 소믈리에 시리즈뿐만 아니라 대량 생산하는 글라스까지 다양한 가격대의 글라스를 선보이고 있다. 그런 면에서 장인 정신 저변에 보이는 상업적 상술이 조금은 아쉽기도 하다.

1-8 오스트리아의 명품, 로브 마이어

명품 글라스에는 리델(Riedel), 잘토(Zalto), 바카라(Baccarat) 등이 있다. 와인 잔 1개에 수십 만원이다. 오스트리아에는 리델에 버금가는 최고의 명품 글라스가 있다. 바로 로브마이어(Lobmeyr). 처음 이 글라스를 접한 것은 오스트리아가 아닌 일본에서였다. 도쿄 긴자에 있는 로지에(L'osier) 레스토랑에서 연수를 받을 때였다. 처음 이 레스토랑에 연수를 받기로 결심한 건 이곳이 일본에서도 알아주는 고급 프렌치 레스토랑이고, 와인 리스트도 화려하고, 헤드 소믈리에 나카모토상의 인지도 때문이었다. 유명 고급 레스토랑들이 다 그러하듯이 이곳 역시 실내 장식, 기물 등 모든 것이 최고급으로 갖추어져 있었다. 두근거리는 마음을 진정시키며 스태프들과 인사를 나눈 뒤 나카모토상의 안내를 받으며 레스토랑의 이곳저곳을 둘러보았다. 그러다 우연히 와인 볼이 매우 얇고 정교하게 만들어져 만지면 바로 깨져 버릴 것 같은 크리스탈로 된 글라스를 본 순간 리델의 소믈리에 글라스일거라 생각하며 라벨을 찾았다. 그런데 이게 웬걸. 리델의 글라스가 아니었다. 로지에 레스토랑에서 사용하는 와인 글라스의 제조회사는 오스트리아의 로브 마이어. 오랜 역사와 전통을 가진 저명한 요셉 호프만(Josef Hoffmann)에 의해 디자인되는 로브마이어의 글라스는 오직 주문으로만 제작될 정도로 몇 개 만들지 않아 세계적으로 찾아보기 힘들다고 했다. 물론 가격도 너무 비싸서 항상 글라스를 씻을 때 주의를 해야 한다는 말도 덧붙였다. 고가의 가격도 가격이지만 오랜 제작 시간으로 구입하기가 매우 어려운 편이라 깨면 큰일난다는 조크와 함께 말이다. 로브 마이어 글라스로 마시는 와인의 맛은 같은 와인도 이렇게 다를 수 있다는 것을 실감나게 했다.

예술의 경지를 뛰어 넘어 명품으로써 당당히 인정받는 크리스탈의 아이콘, 로브 마이어는 와인 마니아라면 놓칠 수 없는 수집품 중에 하나일 것이다. 국내에는 아직 소개되지 않아서 이 뛰어난 글라스를 느낄 수 없다는 것이 안타까운 뿐이다.

*와인의 맛을 진정 느끼고 싶다면, 글라스를 잡아라

초두에서 필자는 와인 글라스에 대해서 설명하였다. 누군가는 와인 글라스가 무엇이 그리 중요하냐고 반문할지 모르겠다. 어떤 사람은 정형화된 와인 관습에 빠져 형식이 모든 것을 대표하는 와인 문화를 만드는게 아니냐고 물을지 모른다. 그러나 와인을 마실 때 와인 맛에 영향을 끼치는 중요한 요소 중에 하나가 바로 어떤 모양의 글라스에 따라 마시느냐이다. 물론 다른 요소도 중요한 영향을 끼친다. 와인 자체의 품질, 와인 보관의 컨디션, 와인 마시는 온도, 그리고 어떤 음식과 누구와 함께 마시냐에 따라 그 와인의 맛은 개인적으로 다르게 느껴질 것이다. 그러나 이러한 요소를 포함하여 더불어 와인 맛에 영향을 끼치는 외부적인 요소가 와인 글라스이다.

현재 세계적으로 다양한 와인 글라스가 생산되고 있다. 다양하다고 해서 몇 종류 있겠거니 하는 생각은 버려라. 수 백 종류의 타입이 존재하고 있다. 즉 포도 품종에 따라 글라스의 타입이 다르고, 또한 생산 지역에 따라서 그 글라스의 타입이 다르게 만들어져 그 와인의 특성을 가장 표현해 내고자 많은 노력을 끊임없이 하고 있다.

와인 잔은 얼마나 비싸든 또는 가격이 저렴한지에 대해서 생각하기에 앞서 와인의 맛을 즐기기 위해서는 첫 번째 사항은 잔의 가격이 아니라 와인 글라스의 상태이다. 즉 오랫동안 사용하지 않아 진열장에서 뿌연 먼지를 잔뜩 입은 채 보관되어 있지는 않았는지, 또는 와인 잔이 잘 씻어져 있는지, 와인 잔을 이용하기 전에 다시 한 번 살펴보아야 한다.

먼지가 있는 와인 잔에 따랐을 때 먼지 냄새가 날 수 있기 때문이다. 잔을 사용하기 몇 시간 전 또는 최소한 하루 전에 다시 한 번 씻기를 권장한다. 단, 가벼운 중성세제 또는 세제를 이용하기 보다는 뜨거운 흐르는 물에서 씻어서 건조하는 것이 좋다. 세제를 이용하게 되면 와인 잔에 그 화학 세제의 냄새 등이 남겨질 수 있어 와인의 맛을 떨어 뜨릴 수 있기 때문이다. 두 번째로 고려해야 할 사항은 와인 잔에 따르는 양이다.

잔의 최대한 1/2 이상을 따르는 것은 좋지 않다. 와인의 아로마를 느끼기 위해서 와인 잔을 돌리기 어렵기 때문에 너무 많이 따라서 혹 잔을 돌리다가 옷에 와인이 튀겨 낭패를 경험한 적이 있지는 않았는지, 가장 이상적인 것은 잔의 약 1/3 정도로 따라서 마시는 것이 좋다.

*글라스 스탠다드(Glass Standard)

기본적으로 레드, 화이트, 로제 또는 스파클링 와인의 잔 모양이 다르고, 심지어 같은 카베르네 소비뇽 포도 품종이라 하더라도 그 원산지에 따라 나파 밸리와 프랑스의 지역에 따라서 마시는 글라스의 모양을 달리 한다. 그 와인을 가장 맛있게 마시기 위해서 글라스 회사들은 많은 연구와 노력을 아끼지 않기 때문이다. 실제로 같은 와인이라 하더라도 작은 크기에 따라서 그 와인의 맛은 크게 다르게 느껴진다. 일반적으로 테이스팅 글라스를 ISO(International Standards Organization) 글라스라고 부른다. 이 잔은 튜립 모양으로 비교적 높지 않으며(약 100cm), 또한 와인 볼도 다른 잔에 비해서 좁은 편이다. 이와 같은 잔은 주로 전문적인 와인 테이스팅 용으로 만들어졌다. 볼이 작고, 위쪽이 모아져 있는 이 잔은 와인의 향이 퍼져 나가지 않게 집중적으로 모아주면서 와인의 아로마를 잡아 주는 역할을 하기 때문이다. 반면에 와인을 즐기기 위해 마시는 사람들에게는 이런 잔보다는 조금 더 볼이 넓은 잔이 더 행복하게 만든다. 큰 볼은 와인을 잔 안에서 돌릴 때 편하며, 또한 와인이 산소와 함께 숨쉬는 것이 훨씬 빨리 이루어지면서 아로마가 쉽게 퍼져 나오면서 그 향을 즐길 수 있기 때문이다. 앞에서 말했듯이 와인 글라스의 모양은 너무 다양하기 때문에 일일이 그 종류를 설명하는 것은 관심이 없을 듯 하다. 그보다도 같은 와인을 다른 종류의 글라스 타입에 따라서 마셔 보자. 각각의 잔에서 다른 맛이 느껴질 것이다. 이러한 실험을 통해서 자신이 좋아하는 맛을 찾으면서 그 잔의 종류에 대해서도 생각해 보도록 하자. 개인의 입맛은 각기 다르기 때문에 어떠한 기준이 없기 때문이다. 단, 볼이 큰 잔은 훨씬 더 와인 맛을 깊이 있게 즐길 수 있게 도와준다는 것을 고려하면서 와인을 즐기자.

1-9 와인 보틀 모양

한 번쯤 생각해 보지 않았을까? 병 모양이 왜 이렇게 다양한지. 병 모양은 리벨을 읽지 않아도 어떤 와인인지를 알 수 있는 첫 번째 실마리를 제공해 준다. 왜냐면 각각의 포도 품종과 지역에 따라서 다른 종류의 병 모양을 사용하기 때문이다. 가장 대표적인 와인 병 모양을 소개한다.

보르도 병 모양은 곧게 뻗은 양쪽과 어깨가 높이 올라가 있다. 보르도 지역의 와인들이 이 병 모양을 이용한다. 보르도 레드 와인은 어두운 그린색을 띠는 병을 이용하고, 밝은 그린색의 병에는 드라이 화이트 와인을, 스위트 와인은 투명한 색을 띠는 병에 담는다. 이 병 모양은 보르도 포도 품종을 이용하는 신대륙 와인 생산들에게도 이용되어지고 있으며, 이탈리아나, 다른 여러 지역에서도 찾아볼 수 있다.

▲ 보르도 병   ▲ 버건디 병

버건디 병은 모양 어깨가 부드럽게 경사지어졌으며 조금 무겁고 풍뚱한 편이다. 프랑스의 버건디 지역에서 이용되고 있다. 뿐만 아니라 전 세계의 피노 누아와 샤르도네 포도 품종을 사용하는 대부분의 와인들은 이 병을 이용한다.

론은 버건디 스타일과 비슷하지만, 조금 덜 풍뚱한 편이다. 특히 샤토네프 뒤 파프(Châteauneuf du Pape) 지역은 병목 주위에 교황의 문장이 새겨져 있다. 전통적인 코트 드 론(Côtes du Rhône) 지역의 와인은 이와 비슷하지만 조금 더 각이 지고 굴곡이 진 어깨 병 모양을 이용한다. 신대륙의 대부분의 시라즈(Shiraz) 포도 품종은 이와 비슷한 모양의 병을 이용한다.

▲ 샤토네프 뒤 파프 병   ▲ 모젤 병 :
  : 열쇠 모양의 양각   길쭉한 녹색병

모젤과 알자스는 날씬하면서 좁고 길쭉한 모양을 띠는 병으로 어깨가 부드럽게 굴곡지면서 내려져 있다. 그린색의 병은 독일의 모젤 지역, 또는 프랑스의 알자스 지역에서 이용된다. 드라이한 스타일부터 스위트 와인에 모두 이용하기 때문에 라벨을 주의 깊게 읽어야 한다.

라인 모젤과 알자스 병 모양과 비슷하다. 그러나 모젤과 알자스 병은 그린색인 반면에 라인은 갈색을 띤다. 독일의 라인 지역의 와인에 이 병을 이용한다.

▲ 라인 병   ▲ 샴페인 병

일반 와인 병보다 두께가 두터우며, 경사지면서 굴곡이 져 내려오는 어깨와 병의 바닥의 중앙에는 깊이 들어가 있다. 병 안에서 샴페인 압력(90psi)을 견뎌내기 위해 만들어졌으며, 이것은 일반 자동차 타이어 압력의 3배 정도이다. 신대륙의 스파클링 와인은 같은 디자인의 병을 이용한다.

위에서 살펴본 것처럼, 와인 병의 모양에 따라서 원산지 또는 포도 품종을 추측하여 라벨을 읽지 않아도 와인의 스타일을 알 수 있다. 진열장에 가득한 와인을 볼 때 와인 병에도 눈길을 주기 바란다. 물론 병 모양에 따라서 반드시 위와 같은 결과를 나타낸다고 할 수 없다. 지금까지 설명한 것은 일반적인 예일 뿐이다. 전 세계의 와인 생산자들은 더욱 독창적이며, 소비자의 기호에 맞는 와인병을 디자인하고 있으며, 클래식 스타일 지역의 와인이라 하더라도 시대 흐름에 따라 많이 변화하고 있다.

1-10 뱅쇼(Vin Chaud)

프랑스어로 뱅(Vin)은 '와인'을, 쇼(Chaud)는 '따뜻한'이라는 뜻을 가지고 있어 따뜻한 와인을 의미한다. 프랑스에서는 노엘(크리스마스) 마켓에서 주로 판매되는 시즌 음료이다. 영어로 멀드 와인(Mulled wine)이라 하며 영국에서 크리스마스 음료이고, 유럽 전역에서 다양한 명칭을 가지는데 독일에서는 글뤼바인(Glühwein)이라는 독일어로 불린다.

와인과 함께 다양한 부가 재료를 첨가하여 끓인 따뜻한 음료로 청량한 향미에 매콤하면서 쌉쌀한 맛이 있다. 뱅쇼는 주로 저가대의 레드 와인을 사용한다. 시나몬 스틱, 정향, 팔각 등의 향신료를 넣고 끓인다. 여기에 달콤한 맛을 내기 위해 과일과 설탕 혹은 꿀을 넣을 수 있고, 과일로는 오렌지, 사과 등을 함께 넣어준다. 뱅쇼는 100도를 넘지 않게 약 80℃로 끓여야 한다. 바로 마시거나 냉장고에서 하루 정도 숙성하여 마시며, 마시기 전에는 항상 따뜻하게 데워 마신다.

뱅쇼 레시피

- 준비물 : 레드 와인 1병(750ml), 오렌지 1개, 사과 1개, 시나몬스틱 2개, 정향 1개, 팔각 1개, 설탕(또는 꿀)150g, 계피 스틱 1개
- 만드는 법   ❶ 오렌지와 사과를 슬라이스해서 준비한다.
  ❷ 냄비에 레드 와인 1병과, 설탕 150g을 넣는다.
  ❸ 오렌지와 사과, 향신료를 냄비에 함께 넣고 끓인다.
  ❹ 중탕을 이용해서 약 80℃ 온도로 끓인다.
  ❺ 약 20~30분 정도 가열한다.
  ❻ 따뜻하게 마신다.

이탈리아는 세계 와인 생산 1위(2019년 OIV 기준), 와인 소비는 세계 3위인 국가이다. 이탈리아 와인의 역사는 고대 그리스 시대로 기원을 거슬러 올라간다. 그러나 공식적으로 알려진 것은 기원전 800년경 소아시아에서 이주해 온 에투리아인이 지금의 토스카나(Toscana) 지방에서 포도를 재배하면서 와인을 생산하였다고 전해진다.

고대 로마는 세력 확장으로 점령한 지역에 포도밭을 만들어 포도 재배 기술을 전파하였고, 상업적 타산이 맞물려 와인 생산을 일으키며 북유럽 전역까지 퍼져나간다. 당시 포도밭은 강 계곡에 위치하였다. 이는 로마인들이 적의 기습과 매복을 막기 위해 강둑 숲을 개간하였으며, 무거운 와인을 위한 운송수단으로 배를 이용하였기 때문이다.

로마제국 때에는 이탈리아 북쪽까지 포도 재배가 확대되었으며, 로마의 멸망으로 이탈리아의 와인 생산은 쇠퇴하였다. 중세에 들어와서 르네상스 부흥과 함께 이탈리아 전역에서 포도를 재배하고, 와인을 생산하게 되면서 와인 산업은 발전하게 되었다.

이탈리아는 북쪽 끝에서 남쪽 끝까지 나라 전체가 포도밭이다. 북위 36~47도에 위치하며 장화처럼 긴 국토로 다양한 기후와 토양이 분포한다. 특히 각 지방마다 토착 포도 품종과 테루아, 발효 방식 등에 따라 지역별로 다양하고 개성 있는 와인을 생산한다.

2-1 지형과 기후

삼면이 바다로 둘러싸인 장화를 닮은 이탈리아는 서쪽으로 티레네아 해가 반도의 끝에 위치한 시칠리아 밑으로 이오니아와 지중해가 있으며 동쪽으로는 아드리아 해에 둘러 쌓여 있다. 북쪽의 알프스 산맥은 겨울의 북풍을 막아주는 역할을 하고, 아페니노 산맥의 고지대는 일교차가 크며 당도와 산미의 밸런스에 맞추어 포도 재배가 가능하게 도와준다. 원산지를 중심으로 분포되어 있는 강과 호수는 덥거나 추운 날씨를 제어해 주는 온화한 날씨을 유지하는 역할을 해 준다.

- 피에몬테(Piemonte) 지방에는 타나로(Tanaro) 강
- 토스카나(Toscana) 지역에는 아르노(Arno) 강
- 트렌티노(Trentino) 지역에는 아디제(Adige) 강
- 베네토(Veneto) 지역에는 가르다(Garda) 호수
- 움브리아(Umbria) 지방에는 트라시메노(Trasimeno) 호수

대부분의 고급 와인 산지는 북부 지역에 위치한다. 북부에서 남부로 내려가며 더욱 무더운 날씨가 나타난다. 북부에서의 언덕은 토스카나 지역에서 높다가 남부로 내려가면서 다시 평지로 변해간다. 남부 지역은 대량 생산 위주의 테이블 와인이 주로 생산된다.

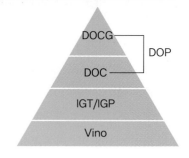

이탈리아의 와인 생산은 고대 그리스 시대로 거슬러 올라간다. 그러나 1960년대에 이르러서야 비로소 이탈리아 와인의 특징으로 현대풍의 고품격 와인으로 규정과 기초가 마련되었다. 이탈리아의 원산지 호칭법인 DOC법이 성립된 것은 1963년으로, 이로 인해 바롤로 및 바르바레스코 등 유명한 와인 산지명 보호가 마련되었다.

• 1963년에 도입된 DOC 등급

Denominazione di Origine(데노미나초네 디 오리지네) 시스템은 4등급으로 분류

등급 순서 : Vino 〈 IGT 〈 DOC 〈 DOCG

그러나 유럽연합에서 2009년 등급이 수정되었으며, 기존 등급과 수정된 등급 표기 모두 표기가 가능하다.

• 2009년 수정된 등급

2009년 EU 회원국에서 생산하는 와인의 원산지를 보호하는 규정이 수정되었다.

DOP(Denominazionze d'Origine Protecta)는 DOC와 DOCG 등급과 동등

IGP(Indicazione Geografica Protetta)는 IGT 등급과 동등

• 비노 다 타볼라(Vino da Tavola) : 프랑스의 뱅드 타블(Vin de Table) 급에 해당하며 테이블 와인이다. 포도법의 제한 없이 자유롭게 생산하고, 주로 저가 와인으로 대중적인 스타일이다.

• IGT/IGP

프랑스의 뱅드 페이(Vin de Pays)급에 해당하며, 1992년에 소개되었다. 약 126개의 IGT가 존재하고, IGT 등급은 포도 품종, 빈티지, 원산지 등의 표기는 의무화되어 있지 않다. 즉, 와인 생산자의 자유, 독창성으로 아무런 제약 없이 와인을 양조한다. 특히 토스카나 지역에서 생산하는 고급 와인 중에 포도법의 규정을 따르지 않고 독자적으로 만든 와인이 IGT 등급을 받은 일명 슈퍼 토스칸(Super Tuscan)이라 부른다. 이들은 세계적인 명성의 국제적인 스타일의 고급 와인을 생산한다. 슈퍼 토스칸 와인은 빈티지, 원산지, 품종을 라벨에 표기한다. 사시카이야 와인처럼 IGT에서 DOC 등급으로 승격되는 경우도 있다.

ⓔ Toscana IGT; Veneto IGT; Puglia IGT; Isola dei Nuraghi IGT

• DOC(Denominizaione di Origine Controllata)

프랑스의 AOC에 해당되는 등급이다. 와인 생산에 있어서 제한된 지역에서 생산되는 와인, 지역, 품종, 재배법 등 규제를 받는다. 약 332개의 DOC 등급이 있으며, 전체 약 11%를 차지하고 있다. 품질 검사 후 선정된다.

ⓔ Orvieto, Bolgheri, Langhe, Rosso di Montalcino, Soave 등

• DOCG(Denominizaione di Origine Controllata e Garantita)

이탈리아 포도법에서 가장 높은 등급으로 1980년에 DOCG 등급을 받은 지역은 적었다. 원산지 통제 명칭 보호, 지리적 보호, 양조 방식, 품종, 재배법, 숙성기간, 수율 등 엄격한 규제를 받는다. 현재 15개 지역에서 약 76개 DOCG 등급이 존재한다. DOCG는 가장 높은 등급으로 정부가 품질을 보증한다는 의미를 가진다.

• **지역명 – 유명 DOCG**

❶ 피에몬테(Piemonte) : 바롤로(Barolo), 바르바레스코(Barbaresco), 아스티(Asti), 가티나라(Gattinara), 가비(Gavi)

❷ 토스카나(Tuscany) : 키안티(Chianti), 키안티 클라시코(Chianti Classico), 브루넬로 디 몬탈치노(Brunello di Montalcino), 비노 노빌레 디 몬테풀치아노(Vino Nobile di Montepulciano)

❸ 롬바르디아(Lombardy) : 프란치아코르타(Franciacorta)

❹ 베네토(Veneto) : 아마로네 델라 발폴리첼라(Amarone della Val-policella)

❺ 에밀리아 로마냐(Emilia Romagna) : 알바나 디 로마냐(Albana di Romagna)

❻ 아부르치(Abruzzi) : 몬테풀치아노 다부르조 디 콜리네 테라마네(Montepulciano d'Abruzzo di Colline Ter-ramane)

❼ 캄파니아(Campania) : 타우라시(Taurasi), 피아노 디 아벨리노(Fiano di Avellino)

❽ 사르데냐(Sardegna) : 베르멘티노 디 굴루라(Vermentino di Gullura)

이탈리아의 포도 품종은 약 1,000개가 넘을 정도로 토착 품종이 다양하다.

적포도

• 네비올로(Nebbiolo)

네비아(Nebia)는 안개라는 뜻으로 네비올로는 수확기인 10월 말에 포도밭에 짙게 깔려있는 안개 끼는 모습을 닮았다고 해서 유래되었다고 한다. 로컬 이름으로 스파나(Spanna)라고 부른다. 이 품종은 가장 먼저 싹이 나고 가장 늦게 포도가 여문다. 그래서 9월 말~10월 초경에 포도 수확을 한다. 색은 가벼운 석류색을 띠며, 견고한 타닌과 높은 산도, 풀바디 와인이다. 특히 제비꽃, 장미꽃향이 느껴지며 블랙베리, 아니스, 감초, 송로버섯향도 느껴진다. 타닌과 산도가 높아 맛이 거친 편이나, 숙성이 되면 깊이 있고 복합미가 느껴지는 장기 숙성 와인이다. 다른 나라에서 재배하기 어려우며 이탈리아의 피에몬테 지역이 가장 유명하며 특히 바롤로, 바르바레스코의 주 품종이다.

• 산지오베제(Sangiovese)

'제우스의 피' 라는 뜻을 가지고 있으며, 이탈리아의 전통적인 키안티 지역에서 재배된다.

신지오베제는 석회질이 높은 토양에서 잘 자란다. 재배 기간이 짧고 포도 열매가 빨리 숙성하며 그만큼 종의 생명력도 강하다. 산지오베제는 맛과 향의 다양성을 지닌 품종으로 유명한데 와인으로 숙성되면 검붉은 색깔과 산도가 높고 풍부한 과일향과 뒷맛의 여운이 길고 부드러우면서도 화려하여 매혹적인 맛을 낸다. 비교적 가벼운 키안티 와인에서 풀바디의 묵직한 느낌의 와인까지 다양하게 생산한다. 붉은 과일 중에 체리와 딸기향이 짙으며, 높은 산도와 타닌이 구조감을 이룬다.

그 외에 산지오베제 그로소(Sangiovese Grosso)는 산지오베제의 변종으로 일명 브루넬로(Brunello)로 불린다. 이는 '브루넬로 디 몬탈치노' DOCG에서 사용하고 있는 품종이다.

• 바르베라(Barbera)

피에몬테의 아스티, 알바, 몬페라토 지역에서 재배되는 품종이다. 바르베라 다스티, 바르베라 달바, 바르베라 델 몬페라토(Barbera d'Asti, Barbera d'Alba, Barbera del Monferrato)를 생산한다. 드라이한 레드 와인으로 높은 산도와 낮은 타닌, 체리와 블랙베리 과일향이 풍부한 스타일이다.

• 카베르네 소비뇽(Cabernet Sauvignon)

보르도가 원산지인 국제적인 품종으로 이탈리아에서도 재배되고 있다. 주로 토스카나 지역에서 재배되며 '슈퍼 토스칸' 와인의 블렌딩 품종 중에 하나로 사용되고 있다. 카시스, 블랙커런트, 스파이스, 감초향이 느껴지며, 견고한 타닌으로 풀바디 스타일의 와인을 생산한다.

• 메를로(Merlot)

프리울 지역(Frioul area 프리울)에서 주로 재배된다. 그 외에 슈퍼 토스칸 와인 중에 마세토(Masseto) 와인은 이탈리아의 페트뤼스라 불리며, 100% 메를로 품종을 사용하여 명성을 얻고 있다. 서양자두, 블랙커런트 과일향과 부드러운 타닌이 특징이다.

• 네로 다볼라(Nero d'avola)

이탈리아의 시칠리아 섬에서 주로 재배되는 품종이다. 칼라브레스(Calabrese)라고 불린다. 자두와 라즈베리 과일향이 풍부하다. 타닌이 풍부하고 미디움 산미를 지니고 있다.

• 프리미티보(Primitivo)

풀리아 지역에서 재배되며, DNA 분석 결과 미국의 진판델(Zinfandel) 품종과 일치한다. 일조량이 풍부한 더운 지역으로 높은 알코올과 농익은 과실향이 느껴진다.

그 외 품종으로 코르비나(Corvina Veronese), 론디넬라(Rondinella), 몰리나라(Molinara)가 있으며, 이 포도 품종은 아마로네 와인을 생산한다.

✎ 청포도 ——○

• 트레비아노(Trebbiano)

토스카나 지방에서 많이 재배되며, 세계적으로 프랑스의 꼬냑, 아르마냑 등 증류주를 만드는 가장 중요한 품종이다. 프랑스에서는 유니 블랑(Ugni Blanc)으로 불린다. 두꺼운 껍질로 보트리티스(Botrytis)에는 저항성이 있으나 오디움(Oïdium)과 블랙 로트(Black rot)의 병충해에 약하다.
이탈리아의 경우 200hl/ha, 캘리포니아는 170hl/ha의 높은 수율로 생산량이 많다. 세계에서 가장 생산량이 많은 품종 중 하나이다.

• 모스카토(Moscato)

국내에서는 모스카토 다스티(Moscato d'Asti)로 유명하다. 가벼운 단맛이 느껴지고, 낮은 알코올 함량(알코올 약 5.5%). 아로마가 강한 화이트 품종으로 고대부터 지중해 지역 전반에 분포되어져 있었으며 이탈리아 전역에서 재배되고 있다. 모스카토 품종으로 생산된 와인은 단맛이 있으며, 향이 매우 강한 특징을 보인다. 양조 방법에 따라 스위트 와인에서부터, 스파클링의 스푸만테(spumante), 파시토(passito), 주정강화 와인(fortified wine)에 이르기까지 다양한 스타일의 와인을 생산한다.

• 코르테제(Cortese)

피에몬테 지역 중에서 특히 코르테즈 디 가비(Cortese di Gavi)를 생산한다. 드라이 화이트 와인을 생산하고 바삭거리며 신선한 산도, 오렌지와 청사과 아로마가 느껴진다.

• **피노 그리지오(Pinot Grigio)**

베네토 지역에서 재배하며, 프랑스에서 피노 그리(Pinot Gris)로 불린다. 포도 껍질이 핑크빛이 나며, 와인은 짙은 노란색, 핵 과일향(복숭아, 살구 등)이 풍부하다.

• **베르멘티노(Vermentino)**

리구리아(Liguria)와 사르데냐(Sardegna)에 분포되어 있는 화이트 품종으로 이 지역에서 3개의 DOC 등급 와인이 생산되고 있다(Vermentino di Gallura, Vermentino di Sardegna, Vementino Riviera Ligure di Ponente). 기후나 토양에 따라 차이가 있지만 대부분 포도주의 색깔은 초록빛이 도는 빛나는 담황색이며, 섬세한 과일향이 느껴진다. 맛도 드라이에서 스위트까지 다양하며 사르데냐에서 생산되는 베르멘티노의 경우에는 단맛을 지닌다. 적절한 산도의 드라이 화이트 와인도 생산한다. 음용 적정 온도는 8~10℃이며 시원하게 마시는 것이 좋다.

• **그 외의 품종**

– 글레라(Glera) 품종은 예전에는 프로세코라 불렸으며, 프로세코(스파클링) 와인을 생산하였다.
– 말바지아(Malvasia) 품종은 주로 토스카나 지역에서 스위트 와인인 빈 산토(Vin Santo) 와인의 주 품종으로 사용한다.
– 샤르도네(Chardonnay)와 베르디키오(Verdicchio) 품종도 재배된다.

2-4 주요 산지와 특징

✏️ 피에몬테(Piemonte) ──○

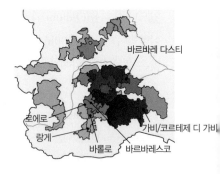

피에몬테(Piemonte)는 '산의 발치'라는 뜻으로 북쪽으로 알프스 산, 남쪽으로 알펜니노 산맥이 자리잡고 있다. 이탈리아 북쪽에 위치하며, 고급 와인 산지로 유명하다. 피에몬테는 가장 많은 18개 D.O.C.G와 41개 D.O.C로 59개가 존재한다.

이탈리아 와인의 왕이라고 불렸던 Barolo(바롤로)와 Barbaresco(바르바레스코)를 생산하고, 100% 네비올로 품종을 사용해야 한다. 바롤로 DOCG는 숙성은 38개월 동안 하고, 그 중 18개월 이상 배럴 숙성을 거쳐야 한다.

바롤로 리제르바(Riserva) DOCG는 숙성은 62개월 동안 하고, 배럴과 병 숙성을 거쳐야 한다. 풀바디 하며, 일반적으로 약 10년 이상의 장기 숙성용 와인이다. 특징으로 와인 산지 내의 지역적인 특징에 따라 다르지만 일반적으로 상당히 응축된 질감과 타닌을 겸비한 무게감 있는 와인을 생산한다. 바르바레스코 DOCG는 12.5%의 알코올 이상이어야 한다. 2년 동안 숙성하고 그중에 1년은 배럴에서 숙성시켜야 한다. 리제르바(Riserva)의 경우는 4년 동안 배럴 숙성과 병 숙성을 거치고 출시하여야 한다.

이탈리아 피에몬테주 알바 지역에서 제조되는 바롤로는 이탈리아를 대표하는 중후한 레드 와인이다. 바롤로의 개성은 산미와 타닌 성분이 강하며, 산화 와인의 특징인 가죽향 및 동물향이 난다는 것인데 이들 개성은 바롤로의 테루아 뿐만 아니라 포도 품종 및 양조 방법에 의한 것이다.

• 2가지 바롤로의 스타일

1970년대 이후 소비자들이 과일 맛이 나는 어린 와인을 선호하게 되자 바롤로에도 새로운 바람이 불기 시작하였다.

	전통파	개혁파
와이너리	알도 콘테르노(Aldo Conterno)	엘리오 알타레(Elio Altare)
와인명	바롤로 치카라 알도 콘테르노 (Barolo Cicala)	바롤로 비네토 아르보리나 엘리오 알타레 (Barolo Vigneto Arborina)
특징	전통적인 양조 방식. 강한 산미, 강한 타닌의 와인, 부엽토 및 가죽향.	교반 발효기 이용, 2~4일간 추출 시간을 단축. 큰 오크통을 사용하 지 않고, 프랑스산 작은 오크통 배럴을 사용. 매우 깊은 루비색, 네비올로의 신선하고 스파이시한 과실향. 부드러운 타닌.

• DOCG별 포도 품종 사용

- 겜메(Ghemme) DOCG : 네비올로(Nebbiolo) 최소 85% 사용
- 가티나라(Gattinara) DOCG : 네비올로(Nebbiolo) 최소 90% 사용, 10% 보나르다(Bonarda)
- 로에로(Roero) DOCG : 네비올로(Nebbiolo) 최소 95% 사용
- 랑게 네비올로(Langhe Nebbiolo) DOCG : 네비올로(Nebbiolo) 최소 85% 사용

- 바르베라 달바(Barbera d'Alba) DOCG : 바르베라(Barbera) 100% 사용
- 브라케토 다키(Brachetto d'Acqui) DOCG : 브라케토(Brachetto) 100% 사용
- 돌체토 디 오바다 수페리에르(Dolcetto di Ovada Superiore) DOCG : 돌체토(Dolcetto) 100% 사용

- 아스티(Asti) DOCG : 모스카토 비앙코(Moscato Bianco = Muscat Blanc à Petit Grains) 100% 사용
- 가비/코르테제 디 가비(Gavi/Cortese di Gavi) DOCG : 코르테제(Cortese) 100% 사용

- 로에로 아르네이스(Roero Arneis) DOCG : 아르네이스(Arneis) 최소 95% 사용

1961년 이후 이탈리아 북부 피에몬테 아스티 지방에서 바르베라 다스티(Barbera d'Asti)만을 생산하던 브라이다의 오너 故 쟈꼬모 볼로냐가 1990년 수확을 하던 중 너무나 훌륭한 포도가 영글어진 것을 보고 기쁜 나머지 "Ai Suma!!!"(We've done it! - 해냈어!!)라고 소리를 쳤던 것이 유래가 되어, 그 이후 뛰어난 수확을 거둔 해에만 아이 수마를 생산한다고 한다.

Ai Suma ▶

읽을거리

[와인의 거장, 안젤로 가야를 아십니까? 피에몬테 지역]

피에몬테 와인의 우수성을 안젤로 가야(Angelo Gaja)만큼 역동적으로, 야심 차게, 그리고 독창적으로 세계에 알린 사람이 있을까? 머리가 희긋한 그는 어깨에 항상 힘을 주고 있으며, 말 한 마디 한 마디에 항상 확신을 가지고 있는 언변술사이다.

▲ Sori Tildin Langhe ▲ Sori San Lorenzo Langhe

이탈리아는 프랑스와 함께 세계 1, 2위를 다투며 매머드 와인 생산 대국으로 고대 그리스에서는 이탈리아를 '에노트리아(Oenotria)'라고 불렀다고 전해진다. 이 뜻은 '와인 땅'. 프랑스와 마찬가지로 북부 알프스에서 시칠리아 섬에 이르기까지 전국에 포도밭이 펼쳐져 있으며 어디를 가나 포도 묘목을 찾을 수 있고, 어디를 가나 와인이 빠지지 않고 등장한다. 이탈리아인들에게 와인은 밥을 먹고, 숨을 쉬는 등 자연의 본능처럼 일상인 것이다. 과연 와인의 땅답다.

고급 와인 산지로 알려진 북부의 피에몬테 지역은 이탈리아의 가장 웅장하고, 힘이 있는 바롤로(Barolo), 바르바레스코(Barbaresco) 와인 산지로 유명하다. 다른 지역에 비해 이곳의 와인 생산자들은 전통을 숭배한다. 그런 점에서 피에몬테의 소울 메이트는 프랑스의 부르고뉴가 아닐까 싶다. 고급 와인 생산을 위해 단일 포도 품종을 고집하는 철학도 비슷하거니와 부르고뉴의 피노 누아 만큼 피에몬테의 네비올로도 재배 조건이 까다롭기 때문에 동병상련인 듯 싶다.

피에몬테에는 전 세계에서 유명한 와인 농장들이 많다. 와인 저널리스트, 평론가들이 가장 많이 방문하는 와인 산지 중에 하나이기도 한 이곳 와인 농장은 와인에 대한 열정으로 가득하다. 점점 거대 자본으로 대형화되어 가고 있는 전 세계의 큰 와인 농장들과 비교하여, 여전히 거칠고 굵은 손마디가 돋보이는 전형적인 농부의 모습을 찾을 수 있기 때문이다. 이곳의 대표 와인은 바롤로와 바르바레스코이다. 바롤로는 최소 3년 동안 숙성을 시켜야 하며, 2년은 오크에서 숙성을 해야 한다. 바롤로 리제르바(Barolo Riserva)는 5년 숙성이 의무화 되어야 한다. 바르바레스코는 2년 동안 숙성이 되어야 하고, 그 중 1년은 오크에서 숙성되어야 한다. 바르바레스코 리제르바(Barbaresco Riserva)는 4년 동안 숙성된 후 출시하도록 되어 있다.

일반적으로 바롤로 와인을 '와인의 왕'으로 비유되곤 하는데 남성적인 스타일로 거칠면서 강한 힘의 구조를 느낄 수 있다. 반면 바르바레스코는 와인의 여왕으로 여성적인 스타일로 부드러운 느낌이 풍부하다.

• 정체성이 빠진 와인은 알코올 음료일 뿐이다

안젤로 가야(Angelo Gaja)는 지난 수십년 동안 전 세계를 돌아다니며 와인 저널리스트, 평론가, 소믈리에 등 다양한 와인 종사자들을 만나면서 바롤로와 바르바레스코 와인의 우수성을 알렸다. 뿐만 아니라 바롤로와 바르바레스코의 와인 비즈니스에도 혁명을 일으켰다. 프랑스의 와인 양조 기술을 도입하여 프렌치 오크통(225L) 사용뿐만 아니라 보르도 포도 품종들을 재배, 생산하여 독창적인 포도밭을 조성하고 새로운 양조 방법을 시도하였다. 물론 처음에는 그의 혁신적인 혁명에 대해 네비올로 포도만을 고집하던 전통주의자들은 곱지 않은 시선을 보내기도 했다. 하지만 그의 혁명은 결코 전통을 무시하는 것이 아닌 것이었기에 전통주의자들을 설득하는 건 그리 어려운 일이 아니었다. 네비올로 포도로 세계 최고의 와인인 바르바레스코 지역의 포도밭인 쏘리 산 로렌조(Sori San Lorenzo)와 쏘리 틸딘(Sori Tildin)의 전설적인 와인이 바로 그 증거이다. 한 번은 '쏘리 산 로렌조 2004'와 '쏘리 틸딘 2004' 와인들의 라벨을 보다가 조금 의아해서 질문을 하였다. 라벨에 바르바레스코 DOCG라는 이름이 전혀 언급되지 않고, 랑게(Langhe) DOC 이름으로 한 단계 아래 등급으로 표시되었기 때문이다. 물론 이탈리아도 와인법에 의해 등급 제재를 받는 것을 알고 있지만, 이 와인은 바르바레스코 DOCG 등급을 받는 것에 문제가 없어 보였기 때문이다. 이에 대해 안젤로 가야는 이렇게 얘기했다.

"정체성을 빼면 와인은 단지 알코올 음료일 뿐이다. 쏘리 산 로렌조 와인은 일반화되어 있는 바르바레스코의 여왕 같은 부드러움을 표현하지 않는다. 이 와인은 섬세함보다는 힘이 있는 스타일로 혈기 왕성한 남성적인 스타일에 가깝다. 그래서 바르바레스코 원산지보다는 비록 등급은 낮지만 이 와인의 특징과 더 잘 어울리는 랑게 지역의 원산지를 표시한 것이다." 그의 답변을 듣고 등급의 높고 낮음에 치우쳐 와인을 평가했던 필자를 향한 따끔한 충고같아 부끄러웠다. 안젤로 가야야 말로 전통만 고집하지 않고 더 나은 것을 인정하며, 그것을 자신의 것으로 만드는 진정한 와인 선구자가 아닐까 생각했다.

빈티지에 따라서 쏘리 산 로렌조 와인은 랑게 또는 바르바레스코도 표기된다. 이 와인은 1967년 빈티지와 함께 비에몬테에 있는 네비올로의 최초 단일 포도밭 중 하나가 되었다. 가야 패밀리는 알바 교구에서 이 포도원을 구입하였고, 알바 대성당의 수호성인 '산 로렌조'의 이름을 따서 명명했다. '쏘리'라는 단어는 남쪽으로 노출된 언덕을 의미한다. 가야 와이너리의 최고 지배인인 쏘리 산 로렌조는 바르바레스코 마을 바로 남쪽에 있으며, 네비올로 포도로 만들어진다.

▲Sori San Lorenzo Barbaresco 1983

이탈리아의 대표 토착 품종 중 하나인 네비올로(Nebbiolo) 포도 품종을 100% 이용하여 이탈리아 와인의 거장 안젤로 가야가 만든 와인으로, 세계 최고의 평가를 받는 와인이다. 이탈리아 북부 피에몬테(Piedmonte) 지방의 랑게(Langhe) 마을에서 생산된다. 세기의 빈티지라고 불리울 만큼 이탈리아의 1997년도는 많은 양의 일조량과 수확기의 오래 지속되는 드라이한 날씨로 인해서 포도 자체의 높은 잔당(Sugar)의 함량과 산 함량이 서로 밸런스를 이루어 포도즙 품질이 최고였던 해였다. 강하면서 부드러움을 동시에 내포하고 있으며 응축력 있는 타닌이 입 안에서 탄탄한 구조와 짜임새를 만들어주고, 동시에 오랜 숙성에 느껴지는 벨벳 감촉을 느끼게 하면서 마지막에 긴 여운을 준다. 풍부한 블랙베리와 서양자두 등의 과일향과 허브와 민트, 올리브 등의 향이 어우러져 신선함 느낌을 주면서 조화를 이룬다. 최소 3년 이상의 오크 배럴숙성에서 느껴지는 바닐라, 모카향과 숙성된 향인 송로버섯, 시가 그리고 삼나무 등의 향이 부케(Bouquet) 향으로 연결되면서 입 안에서 꽉 찬 맛(Full-Bodied)을 느낄 수 있다. 10년이 지난 지금 이 와인을 맛보면 그 우아함, 실크 같은 부드러움에 모든 눈과 코와 혀를 즐겁게 만든다. 입 안에서 느껴지는 산도와 타닌으로 인해 아직도 젊은 와인으로 잠자고 있는 듯하며, 앞으로 10~15년 그 이상의 숙성, 보관이 가능한 와인으로 그 가치가 더욱 빛날 것이다.

▲ Sori San Lorenzo

가야 스파르스(Gaja Sperss)는 피에몬테 방언으로 '노스탤지어(향수)'이다. 1961년까지 이 포도원의 포도를 사용하였고, 그 후 직접 포도원을 구매하고 포도를 재배하여 와인을 생산하기까지 가야 패밀리의 향수와 추억이 깃든 포도밭이라는 뜻으로 사용되었다.

✏️ **롬바르디아** ───○

- **발텔리나**(Valtellina) DOC : 키아베나스카(Chavennasca = 네비올로) 품종
- **프란치아 코르타**(Franciacorta) DOCG : 이탈리아에서 최고의 스파클링을 생산. 프란치아 코르타는 이탈리아의 샴페인이라고 할 수 있는 지역으로, 이 지역에서 생산된 스파클링 와인은 '프란치아 코르타'라고 총칭한다.

발텔리나

프란치아 코르타

* 프란치아 코르타 스타일

- 품종 : 샤르도네(Chardonnay), 피노 비앙코(Pinot Bianco), 피노 네로(Pinot Nero)
- NV : 25개월/18개월은 병 숙성을 거쳐야 한다.
- 빈티지(Vintage) : 37개월/30개월은 병 숙성을 거쳐야 한다. 유명한 생산자로 카델 보스코(Ca' del Bosco)는 이탈리아 최고의 스파클링과 와인을 생산한다.

- **올트레포 파베제**(L'Oltrepo Pavese) DOC : 와인은 전체의 70% 이상을 차지한다. 레드 품종으로는 바르베라(Barbera), 크로아티나(Croatina), 우바 라라(Uva rara), 피노 네로(Pinot nero) 등을 사용하고, 화이트 품종으로는 리슬링, 모스카토, 말바지아 등을 사용한다.

로미오와 줄리엣으로 유명한 베로나를 중심으로 한 베네토 지방은 질적인 와인 산지인 동시에 양적 와인 산지이다. 이탈리아 전체 생산량의 17.4%를 차지하는 와인 산지로 중요한 와인은 다음과 같다. 베네토 지방은 14 DOCG, 29 DOC가 존재한다.

그 중에 알아두어야 할 와인은 다음과 같다.

– 발폴리첼라(Valpolicella)

– 아마로네 델라 발폴리첼라(Amarone della Valpolicella)

– 레치오토 델라 발폴리첼라(Reciote della Valpolicella)

• 양조방법

포도 품종은 코르비나(Corvina), 론디넬라(Rondinella), 몰리나라(Molinara)를 블렌딩한다. 발폴리첼라를 만들 때 조금 늦게 수확한 후 말려 당도를 보다 응축시킨 후 발효시킨 와인이다. 손 수확으로 가장 좋은 포도송이를 선별하여 수확한다. 10월 초에 수확된 포도는 통풍이 잘되는 전통적인 매트 위에 놓는다. 약 3개월 동안 뱀부렉 또는 팔레트를 사용하여 건조시키는데 이 과정을 아파시멘토(appassimento)라 한다. 이 과정은 포도의 타닌과 껍질에서 나오는 짙은 풍미와 색을 축출하는 것이다.

일단 건조가 끝나면 포도는 쪼글쪼글해진 건포도 특성을 가지게 되고, 파쇄와 발효를 거치게 된다. 발효는 슬로바니아 오크 배럴에서 약 45일 동안 일어난다. 당이 알코올

▲ 아파시멘토(appassimento)

로 바뀌면서 발효가 되고 결과적으로 높은 알코올과 풀바디의 드라이 레드 와인을 만들면 '아마로네(Amarone) DOCG'가 되고, 스위트하게 만들면 '레치오토 델라 발폴리첼라(Recioto della Valpolicella) DOCG'가 된다.

▲Dalforno   ▲Tommasi   ▲Allegrini

- **레치오토 델라 발폴리첼라**(Reciote della Valpolicella) DOCG : 레치오토(Recioto)는 늦게 수확 후 3개월 동안 건조시킨 포도로 만든 스위트 와인을 만드는 방식이다. 베네토 지방에서 사용하는 용어로 레치오토(Recioto)를 다른 지방에서는 파시토(Passito)라 부르며 스위트 와인이다.

- **레치오토 디 소아베**(Recioto di Soave) DOCG : 가르가네가(Garganega) 품종을 70% 이상 사용하고 건조시킨 포도로 만든 스위트 와인을 생산한다.

- **프로세코**(Prosecco) DOC : 2009년 7월, 이탈리아 농림부가 정립한 새로운 규정에 의해, 베네토 지역에서 글레라를 85% 이상 사용하여 생산한 스파클링 와인에 대해 '프로세코'라는 이름을 사용할 수 있게 수정되었다. 프로세코는 '스파클링 와인'을 의미하기도 하기에 용어의 혼동을 피하기 위해 품종 이름을 글레라로 변경하였다. 주 품종으로 이전에 프로세코(Prosecco) 이름을 사용했으나, 품종의 이름이 변경되어 글레라(Glera)로 사용된다. 약 15% 블렌딩 가능하여 샤르도네, 피노 비앙코, 피노 그리지오, 피노 누아 등을 사용하여 샤르

마 방식(Charmat method)으로 양조하여 약 3기압의 압력을 지닌다.

• 바르돌리네(Bardoline) DOC : 레드 품종은 코르디나, 로디넬라, 몰리나라, 네그라라이다.

• 소아베(Soave) DOC

| 화이트 와인 | 가르가네가(Garganega)라는 토착 품종을 중심으로 다른 화이트 품종과 블
랜딩하여 만든 소아베(Soave) 와인이 유명하다. 드라이 화이트 와인으로 높
은 산도와 신선함으로 식전주에도 잘 어울린다.

| 화이트 품종 | 가르가네가(Garganega), 샤르도네(Chardonnay), 트레비아노(Trebbinano)

▲ Zardetto Prosecco

읽 을
거 리

['달콤한' 레드 와인을 찾으신다면⋯]

낭만적인 이탈리아에서도 가장 낭만적인 곳을 꼽으라면 많은 사람들이 베네치아의 베니스를 떠올릴 것이다. 곤돌라와 음악이 있으니 당연히 연인을 위한 장소로는 손색이 없다. 그러나 필자는 로미오와 줄리엣의 배경이 되었던 베로나(Verona)를 꼽고 싶다. 마치 연인을 위해 만들어진 도시답게 그곳에서는 입술과 혀를 압도한 무척이나 달콤한 와인이 있었기 때문이다.

베로나는 와인 비즈니스에 종사하는 사람들에게 2년마다 '빈이탈리(Vinitaly)'가 열리는 곳으로도 유명하다. 프랑스에 국제적인 와인 전시회인 '보르도 빈엑스포'가 있다면, 이탈리아에는 '빈이탈리'가 있을 만큼 전 세계의 와인 바이어들이 모두 모이는 커다란 규모의 와인 전시회다. 이곳에서 시음한 레드 와인이 달다고 하는 사람도 있는데 조금 이상하게 들릴 수도 있겠다. 그러나 '아마로네'이기 때문에 가능한 일이다.

처음 베로나 지역의 포도 농장을 방문했을 때 이상한 광경을 볼 수 있었다. 겉으로 보기에는 빵을 숙성하는 저장고처럼 시원하고 통풍이 잘 되는, 여러 층으로 나누어진 계단식 틀이 방안 전체에 가득 차 있었다. 틀 안은 수분이 증발해서 쪼글쪼글해진 건포도가 가득했는데 그것이 바로 와인을 만들 때 쓰는 포도였다. 이런 방법을 레치오토(Recioto)라고 부르는데, 방언으로 '귀'라는 뜻의 레치스(Recie)라는 말에서 유래된 것이다. 늦게까지 수확하지 않아서 햇빛에 가장 많이 노출되어 잘 익은 포도를 엄선해서 당도를 높이기 위해 대나무로 만든 선반 위에서 건조시킨다. 덕분에 일반 와인에 비해 당도는 높고, 알코올 함량 역시 15~16% 정도로 높다. 필자가 마셔본 달 포르노(Dal Forno) 1999은 약 17%의 알코올이 들어 있었지만, 오히려 달콤한 오디, 블랙베리, 과일잼 맛이 났고 말린 무화과와 초콜릿향이 훨씬 더 강했다.

모두 드라이 레드 와인이지만 아마로네 와인은 일반적인 발폴리첼라 와인보다 더 높은 잔당과 알코올을 미묘하게 느낄 수 있다. 또한 자연적으로 당도를 높이기 위해 사람의 손이 많이 필요하기 때문에 일반적인 와인에 비해 가격이 높은 편이다. 가격이 좀 저렴하더라도 몇 만원 대를 호가하는 것이 보통이다.

아마로네의 달콤한 레드 와인의 인기는 뉴월드(호주, 미국 등)의 와인 생산자들에게도 영향을 미쳤다. 호주 쉬라즈 포도로 만든 미토로(Mitolo) 와인 농장의 와인 또한 포도를 말려서 양조한 스타일이다. 높은 알코올에도 불구하고 달콤한 맛이 강점이라 초보 와인 마니아들에게 쉽게 다가갈 수 있어 호주의 와인 생산자들

에게 애용되고 있는 추세다. 혹자는 잔당이 높은 와인은 쉽게 질릴 수 있다고 말하기도 한다. 그러나 잔당을 어떻게 얻었느냐에 따라서 와인의 맛은 다르고, 품질 또한 다를 수 밖에 없다. 혹 레스토랑에서 달콤한 맛이 느껴지는 레드 와인을 찾는다면 아마로네 와인을 기억해두길 바란다.

● 벨리니(Bellini)

프랑스에 키르 로얄(Kir Royal) 칵테일(카시스(Cassis) 크림을 넣고 여기에 샴페인을 첨가하여 만든 음료)이 있다면, 이탈리아에는 벨리니 칵테일이 있다. 베네토의 가장 연예인적인 인기를 독차지 하고 있는 와인이 바로 프로세코(Prosecco)이다. 이탈리아의 가장 유명한 스푸만테 스파클링 와인이다. 그러나 프로세코는 여름용 칵테일 벨리니의 인기로 더욱 알려졌다고 해도 과언이 아니다. 베니스의 해리스 바(Harry's Bar)에서 처음 만들어졌다고 한다. 복숭아 주스를 넣고 여기에 스파클링 프로세코 와인을 믹스하여 만든 칵테일로 여성들이 아주 가볍게 즐겨 마시는 음료이다. 이탈리아 레스토랑에 가면 언제나 먼저 권하는 식전주 중에 하나이다.

벨리니 칵테일 ▶

✏️ 트렌티노 알토 아디제(Trentino Alto Adige) ───○

트렌티노 알토 아디제

이탈리아의 가장 북쪽에 있는 지역으로, 이탈리아 북부의 알프스와 돌로미티 협곡으로 둘러싸여 있다. 트렌티노-알토 아디제는 오스트리아와 스위스 국경에 접해 있으며 트렌티노와 알토 아디제로 나뉜다. 트렌티노의 대표적 샴페인 방식 스푸만테 와인의 선두 농장인 페라리(Ferrari)를 필두로 이탈리아 전체 스파클링 와인 생산의 40% 이상을 차지하는 대표적 스푸만테 스파클링 와인 산지이기도 하다.

레드 품종은 스키아바(Schiava)로 토착 품종이다. 스키아바(Schiava/Vernatsch) 품종은 독일어를 사용하는 나라로부터 이탈리아 북부 지방으로 흘러 들어왔다.

▲ Alto Adige

✏️ 프리울리 베네치아 줄리아(Friuli Venezia Giulia) ───○

베네토와 슬로베니아 경계에 위치해 있으며 이탈리아 최고의 현대적 개념의 화이트와 또 최상급의 그라파(증류주)로 유명하다.

- 라만돌로(Ramandolo) DOCG : 베르두조 프리우라노(Verduzzo Friulano) 품종
- 콜리 오리엔탈리 델 프리울리(Colli Orientali del Friuli) DOC : 베르두조 프리우라노(Verduzzo Friulano) 품종을 사용한다.

▲ Jermann Venezia Giulia

✏️ 리구리아 ───○

이 곳의 산지는 엄청난 급경사의 형태를 이루는데 흔히 영웅적인 포도 재배로 칭송을 받는 지역이기도 하다. 이 지역은 평이한 레드나 신선하면서도 무난한 화이트를 생산하는 자그마하고 아름다운 산지이다.

🖊 에밀리아 로마냐(Emilia-Romagna) ──○

람브루스코(Lambrusco) 와인을 생산하며, 미국에서는 '레드 코카 콜라'로 불렸다. 특징으로 약간 산도를 가지며 새콤 달콤한 레드 와인이며 약하게 버블이 느껴지는 맛이다. 레드 스위트 스파클링 스타일이다.

▲ Lambrusco

🖊 토스카나 ──○

이탈리아 중부의 플로렌스 지방을 중심으로 펼쳐져 있다. 이탈리아의 르네상스 발상지로써 역사와 문화적 유산을 가진 곳이다. 토스카나는 우리에게 이미 친숙한 키안티 와인을 생산한다. 그 외에도 브루넬로 디 몬탈치노, 슈퍼 토스칸 등 유명한 와인을 생산한다.

토스카나

◀ 피아스코(Fiasco)

피아스코 (Fiasco)

피아스코는 '계획의 실패'라는 의미가 담겨있다. 유리 공예 장인들이 유리 작품을 만들다가 불량품이 나왔을 때 쌓아 두었는데, 버리기 아까운 그 병들을 토스카나 지방 상인들이 싼 가격에 사들여 키안티 와인을 넣어 팔기 시작했고 볏짚으로 밑을 감싸 완충 역할을 할 수 있어 세워두기 시작했다. 피아스코(Fiasco)란 이름은 밑이 둥근 모양을 한 유리병을 짚으로 감싼 와인병을 의미한다.

• **브루넬로 디 몬탈치노(Brunello di Montalcino) DOCG**

이 지역의 품종은 브루넬로이며, 이는 산지오베제의 변종으로 산지오베제 그로소 (Sangiovese Grosso)라 부른다. 최고급 와인 생산지로서 최소 5년 숙성으로 그 중에 2년은 배럴에서 숙성해야 한다.

• **브루넬로 디 몬탈치노 리제르바(Brunello di Montalcino Riserva) DOCG**

▲ 비온디 산티(BDM)

브루넬로 품종을 사용하고, 리제르바는 최소 6년 이상 숙성 후 출시할 수 있다. 특징으로 강건하고, 깊이가 있으며, 응축된 타닌으로 풀바디한 스타일이다. 장기 숙성용 와인이다.

[브루넬로 디 몬탈치노(Brunello Di Montalcino) - DOCG]

3,500년 동안 와인을 생산해 온 이탈리아와 같은 나라에서 브루넬로 디 몬탈치노(Brunello di Montalcino)는 현대적인 혁명이라고 할 수 있다. 사실 이 와인은 지역의 전통에 의해 만들어진 것이 아니라, 와인 생산자인 페루쵸 비온디-산티(Ferruccio Biondi-Santi)의 연구 결과로 만들어진 와인이다. 페루쵸 비온디-산티는 약 1870년경에 자신의 포도밭에 브루넬로(Brunello)라고 하는 산지오베세(Sangiovese) 변종을 심었다. 이 젊은 포도 재배자는 키안티에서 유래되었고 더 작은 열매를 맺는 개량종과 구분하기 위하여 그로소(Grosso)라고 하는 산지오베세 변종이 그 당시에 이 지역의 포도밭을 파괴시켰던 포도나무 뿌리 잔디에 대한 저항성이 강하다고 주장하였다. 마침내 비온디-산티는 그의 포도밭에서 이 품종의 재배를 완벽하게 성공시켰고, 이 품종 하나로 만든 아주 만족스러운 와인을 생산할 수 있게 되었다. 비온디-산티는 여기에서 멈추지 않고 이 지역의 전통을 깨나가기 시작하였다. 그 당시에 토스카나 사람들은 일반적으로 부드럽고 즉시 마실 수 있으며 거품이 나고 숙성하지 않은 레드 와인을 선호하였다. 그러나 이 혁신적인 와인 제조자는 와인을 적어도 4년 동안 오크통에 담아둔 후, 제대로 된 우수한 품질이 생성될 수 있도록 병에서 일정 기간 동안 두어 완성시키는 공정을 제시하였다. 브루넬로는 1880년 이후부터 화제가 되기 시작하였다.

공식적으로 인정받은 최초의 우수한 빈티지는 1888 브루넬로였다. 와인은 해가 지남에 따라 점점 더 진하고 부드러운 향을 갖게 되며 이것이 점점 조화를 이루어 섬세하면서도 강력한 향기를 갖는다.

1930년에, 정치인이자 뛰어난 토스카나 생산자이며 키안티에 대한 규칙을 제정한 바론 루이지 리카졸리(Baron Luigi Ricasoli)도 1888 빈티지의 브루넬로를 맛 본 후에 브루넬로의 이런 특성을 말하였다. 또한 그는 뛰어난 브루넬로의 품질과 생명성을 자신의 생산품과 비교하면서 "나는 결코 이러한 맛에 도달할 수 없다"라고 말했다. 1988년에 이탈리아 대통령 프란체스코 코시가(Francesco Cossiga)는 이 와인 탄생 100 주년 기념식에 참석하였다.

● Brunello di Montalcino는 포도 품종인가? 원산지인가? 아니면 와인 이름인가?

대답은 모두 예스. 브루넬로는 이 와인의 포도 품종 이름이고, 몬탈치노는 생산하는 지역 이름을 의미한다. 다시 말해서 몬탈치노 마을에서 생산한 브루넬로로 만든 와인이다. 이 풀 네임은 공식적으로 와인 이름으로 불리워진 것이다.

프랑스와 다르게 이탈리아 DOC 등급 체계를 보면 원산지뿐만 아니라 포도 품종까지 함께 언급하는 것도 볼 수 있다. 이탈리아 와인을 가장 어렵게 만드는 것 중에 하나가 바로 혼동되는 단어 때문이다. 어떤 라벨을 보면 와인 원산지만 있고, 또 어떤 와인을 보면 포도 품종만 명시되어 있어, 정확한 뜻을 파악하기 힘이 드는 것은 사실이다. 예를 들어 피에몬테에서 생산하는 Barolo와 Barbera 와인을 보면, 바롤로는 바롤로 마을에서 생산하는 와인 이름이다. 그러나 바르베라는 바르베라 포도 품종으로 만든 와인을 뜻한다. 바르베라 달바(Barbera d'Alba) DOC는 알바(Alba) 지역의 바르베라(Barbera) 포도로 만든 와인이다. 고유 명사가 많이 쓰이기 때문에 사실 그 의미를 모르고는 와인을 이해하는데 한계가 있는 것은 어쩔 수 없다.

- 비노 노빌레 디 몬테풀치아노(Vino nobile di Montepulciano) DOCG : 80% 산지오베제 사용

- 베르나챠 디 산 지미냐노(Vernaccia di San Gimignano) DOCG : 베르냐차(Vernaccia)를 주 품종으로 화이트 와인 생산

- 까르미냐노(Carmignano) DOCG : 산지오베제를 위주로 카나이오로 네로(Canaiolo nero)와 여러 품종을 블렌딩

- 키안티(Chianti) DOCG : 1967년에 DOC 등급을 제정하여 1984년 DOCG 등급으로 승격했으며 1996년 키안티 DOCG로부터 키안티 클라시코(Chianti Classico)가 분리되었다. 70% 산지오베제와 그 외 품종을 블렌딩 가능하다. 26개월 숙성해야 하고 키안티와 키안티 클라시코는 다른 지역이다.

  키안티 DOCG의 7개 하위 지역(Chianti Colli Aretini, Chianti Colli Fiorentini, Chianti Colli Senesi, Chianti Colline Pisane, Chianti Montalbano, Chianti Montespertoli, Chianti Rufina)

- 키안티 클라시코(Chianti Classico) DOCG : 갈로네로(Gallo Nero) 수탉 로고가 상징이다. 메디치의 후손인 코지모3세가 1716년 피렌체 와인 산지의 지역적 범위를 정하는 칙령을 발표해 키안티 생산지를 지정하였다. 산지오베제 품종을 80% 이상 사용해야 하며, 나머지 20%의 블렌딩에도 카베르네 소비뇽, 메를로가 허용된다.

  ▲ Gallo Nero

  '키안티 클라시코' 라는 명칭의 경우 지리적 표시제가 적용되어 보호받기 때문에 이 외의 지역에서는 사용할 수 없다. 라벨에 특유의 수탉 로고가 있어야 키안티 클라시코로 인정된다.

  1980년대 DOC에서 DOCG 등급으로 승격되었고 80% 이상 산지오베제를 사용한다. 2006년부터 화이트 품종 사용 금지하고 20% 블렌딩을 허용하였다. 국제 품종으로 카베르네 소비뇽, 메를로와 지역 품종으로 카나이올로 네로, 콜로리노 블렌딩을 허용한다.

▲ 키안티 와인들

  - 키안티 클라시코 리제르바(Chianti Classico Riserva) DOCG : 최소 24개월 숙성하고 알코올 12.5% 이상이다.

  - 키안티 클라시코 그란 셀렉지오네(Chianti Classico Gran Selezione) DOCG : 최소 30개월 숙성 후 출시한다.

[전통과 혁신의 대결, 전통의 비욘디 산티 vs 혁신의 반피]

카스텔로 반피 농장을 처음 방문했을 때였다. 입구에 설치된 최신식 자동문에 놀란 필자는 양조장의 현대화된 설비와 거대한 규모의 탱크에 다시 한 번 놀랐다. 그러나 뭐니해도 놀라게 했던 건 와인 저장고에서 발견한 수많은 프렌치 오크 배럴(New French Oak Barrle)이었다. 비싼 오크를 사용해서가 아니라 소비자가 원하는 스타일의 브루넬로 와인을 만들어 가는 모습에 놀랐다.

▲ 반피(BDM)

토스카나 지역에서 키안티 마을과 함께 꼭 방문해야 할 운치 있는 마을이 있다. 바로 몬탈치노. 씨에나에서 약 40킬로 떨어진 산꼭대기에 위치한 이곳은 조금 고립되어 있는 요새와 같은 느낌의 아담하고 운치 있는 마을이다. 역사적으로 오랜 전통이 묻어나는 편안해 보이는 마을 사람들의 표정은 이곳을 찾는 이방인으로 하여금 기분 좋은 여유를 즐기게 한다. 올리브 오일과 발자믹 식초가 유명하며, 레드 와인을 생산하는 지역답게 다양한 육류 요리를 선보이고 있다.

전통이 묻어나는 마을 풍경답게 이곳, 몬탈치노 지역의 포도 농장들은 대단한 자부심으로 와인의 품질을 이어오고 있었다. 토스카나 지역에서 가장 비싼 와인을 생산하는 지역으로 오랜 동안 숙성이 가능한 와인을 생산한다.

이곳의 대표 와인은 '브루넬루 디 몬탈치노'다. 브루넬로는 수많은 이탈리아 와인에서 '왕관에 박힌 보석'같은 와인이다. 브루넬로 와인은 산지오베제의 변종으로 산지오베제 그로소(Sangiovese Grosso) 포도 품종으로 만들어지는데 이는 몬탈치노 지역이 경사진 언덕에서 남향으로 재배되어 일조량이 풍부하여 산지오베제를 숙성시키기 훨씬 더 적절한 기후 조건을 가지고 있기 때문이다. 그런데 특이하게도 이 지역에서는 포도 이름을 '산지오베제'라 부르지 않고, '브루넬로'라고 한다. 이는 엄격하게 따져서 브루넬로가 산지오베제 클론에서 파생된 포도 품종으로 구체적으로는 산지오베제 그로소(Sangiovese Grosso)라 하기 때문이다. 브루넬로는 짙은 농도와 응축력 있는 구조로 육질이 씹히는 듯한 맛으로 복합미가 뛰어난 와인을 만든다.

그러나 최근 10년 동안 브루넬루 와인 역시 변화의 바람을 피할 수 없게 되었다. 그 변화는 자본의 기초이며, 소비자 지향주의로 대표되어 가고 있다는 것이다. 실제로 최근 들어 브루넬루 와인을 테이스팅하면서 그 변화된 개성이 느껴지기도 한다.

유명한 전설적인 비욘디 산티(Biondi Santi)는 브루넬로 와인의 한 획을 그었으며, 브루넬로 와인의 절정판이라고 평론가들이 말하고 있을 정도로 오늘날 브루넬로 아니 이탈리아 와인의 명성을 쌓아 올린 역사적인 와인 농가이다. 1870년대 몬탈치노 지역은 스위트한 화이트 와인을 주로 생산하면서, 이탈리아인들은 가벼운 스타일의 레드 와인으로 키안티 와인을 더 선호하게 만들었다. 그러나 페루치오 비욘디 산티(Ferrucio Biondi Santi)는 양질의 땅인 일 그레포(IL Greppo) 포도밭에서 재배한 브루넬로 포도 과즙 산출량을 급격히 줄이고, 견고한 타닌을 추출하여 장기 숙성이 가능한 와인을 만들었고, 이것이 곧 세계적으로 인정을 받았다.

커다란 슬라베니아 오크통(Slavonia oak cask)에 들어있는 와인으로 시음을 하였다. 고급 와인의 대세가 된 프렌치 오크 배럴(French Oak Barrel) 숙성에 익숙한 나에게 이곳의 커다란 오크통은 다소 생소하게 느껴졌다. 그러나 맛은 그야말로 일품. 전통을 유지하면서 그 맛을 꾸준히 지키고 있었던 것이다. 비욘디 산티의 오너이자 와인 메이커인 프랑코 비욘디 산티 씨의 주름이 가득한 큰 손을 보며 자신이 직접 포도를 재배하고, 양조와 테이스팅을 하는 모습에서 장인의 정신을 느낄 수 있었다. 프랑코 할아버지의 흰머리와 짙은 주름 속에서 비욘디 산티의 역사, 철학과 전통의 중요성을 한 번 더 되새기게 되었다. 아쉽게도 2013년 프랑코 비욘디 산티는 서거했고, 현재 7대 비욘디 산티가 대를 이어오고 있다.

● 현대적 감각으로 소비자를 당기는 브루넬로

비온디 산티와는 사뭇 대조적인 모습을 보이는 곳이 있다. 그곳은 다름 아닌 브루넬로 와인의 상업화, 대중화의 선두주자로 널리 알려진 카스텔로 반피(Castello Banfi)이다. 짧은 역사와 거대한 자본을 바탕으로 첨단장비로 질 좋은 포도밭을 개척하고, 현대적인 양조 기술, 효율적인 마케팅을 통해 와인을 생산하는 곳으로 미국인 오너가 설립한 와이너리이다. 이곳의 시작은 1980년대. 그동안 이탈리아와 유럽 시장에서만 인기 있었던 브루넬로 와인을 미국 소비자들에게 더 쉽게 접근할 수 있는 스타일로 생산하고 이내 대 성공을 거두었다. 가장 놀라게 했던 건 와인 저장고에서 발견한 수많은 뉴 프렌치 오크 배럴(New French Oak Barrle)이었다. 사실 프렌치 오크 배럴 한 개당 약 70~80만원을 호가할 정도로 비싸다. 물론 비싼 오크를 사용해서가 아니라 시장의 흐름을 파악하고, 현대적인 기술에 힘입어 소비자와 와인 비평가가 원하는 스타일의 브루넬로 와인을 만들어 가는 모습에 경탄하지 않을 수 없었다. 카스텔로 반피의 성공은 주변에도 큰 영향을 끼쳤다. 생산자가 증가했고, 해외 시장에까지 눈을 뜨게 되면서 그 명성에 가속이 붙은 것이다. 현재 전 세계적으로 비슷한 스타일의 와인 생산 유행은 조금 위험해 보인다. 전통을 고수하는 비온디 산티와 현대적인 입맛에 부응하는 반피의 조화가 가장 이상적일 것 같다. 전통과 혁신. 어느 것이 더 우위에 있다고는 말할 수 없지만 잘 만들어진 브루넬로 디 몬탈치노 와인의 다양한 스타일을 환영할 뿐이다.

• 볼게리(Bolgheri) DOC

보르도 품종을 사용한다. 카베르네 소비뇽(Cabernet Sauvignon), 카베르네 프랑(Cabernet Franc), 메를로(Merlot) 품종을 사용한다. 사시카이야(Sassicaia) 와인의 효시이며, 슈퍼 토스카나 와인을 생산하고 있다.

사시카이야 (Sassicaia) : Bolgheri Sassicaia DOC

이탈리아의 토스카나 지방에서 DOC(이탈리아의 등급제) 등급을 받기 위해서는 토착 품종과 제조법을 따라야 하나, 이를 어기면서 와인을 생산할 경우 등급을 낮게 받아 IGT 등급으로 떨어진다. 그러나 1968년에 생산된 사시카이야 와인은 최초의 슈퍼 토스칸 와인으로 IGT 등급으로 받았으나, 국제적 명품 와인으로 인정을 받아 1994년에 이탈리아 정부로부터 최초로 DOC 등급을 받아 승격되었다. 이탈리아 와인의 르네상스를 이끈 와인이다. 정해진 규칙에 맞서서 새로운 것에 도전하고 혁신하며, 세계적으로 인정받은 기상이 뛰어난, 우수한 와인이다.

슈퍼 토스카나(Super Toscana)는 1950년 이후 당시 라피트와 우정이 돈독했던 니콜라 인치자 데라 로켓타(Mario incisa della Rochetta)가 카베르네 품종을 들여와 만든 와인으로 사시카이야(Sassicais)가 효시가 되어 탄생한 와인 개념이다. 슈퍼 토스카나 와인은 관료주의적인 포도법에 반항하여 창의적이고 높은 품질의 와인을 생산하기 위한 생산자의 도전이었다. 기존의 토스카나 와인과는 달리 국제적인 품종으로

▲ 오르넬라이아 ▲ 사시카이야

블렌딩하고, 제조법에서 벗어나 프렌치 오크 배럴을 사용하는 등 보르도의 최상급 와인과 견출 정도로 품질을 인정받는 와인으로 슈퍼 토스카나라 불린다. 대표적인 슈퍼 토스카나 와인으로는 마세토(Masseto), 오르넬라이아(Ornellaia), 솔라이아(Solaia), 티냐넬로(Tignanello)가 있다.

❶ 솔라이아(Solaia)

솔라이아(Solaia)는 '태양 같은 와인'이라는 의미를 지니고 있다. 350~400미터의 해발 고도로 이탈리아 토스카나 지방의 남서쪽 티그날넬로 이스테이트 근처에 위치하고 있으며, 약 10헥타르의 포도밭에서 생산한다. 석회질 돌로 구성된 바위 석회질 토양에 위치하고 있다. 안티노리 (Marchesi Antinori)의 첫 빈티지는 1978년이었다. 처음에는 80% 카베르네 소비뇽, 20% 카베르네 프랑 포도 품종으로 블랜딩되었다. 이 블랜딩 비율은 그 이듬해 1979년에도 같이 적용되었

▲ 솔라리아

다. 1980년에는 20% 산지오베제가 추가적으로 블랜딩되었고, 카베르네 소비뇽과 카베르네 프랑의 비율은 조정되면서, 현재의 포도 품종 블랜딩이 만들어졌다. 솔라이아는 가장 좋은 수확해에만 만들어지기 때문에 1980, 1981, 1983, 1984, 1992년에는 생산되지 않았다.

❷ 티냐넬로(Tignanello)

1900년에 소유하게 된 47헥타르의 포도밭이 바로 안티노리 가문의 가장 유명한 와인 이름이 되었다. 티냐넬로는 토스카나 남서쪽으로 약 350~400 해발 고도에 위치하며 47헥타르의 표면적을 가지고 있다. 석회질과 탄산 석회질 토양으로 이루어져 있으며, 와인 이름과 동일한 티냐넬로 포도밭에서만 만들어진다. 산지오베제 포도 품종을 배럴에서 처음으로 숙성시킨 시도였고, 화이트 포도를 사용하지 않은 첫 번째 키안티 레드 와인 중에 하나로 카베르네와 같은 비 전통적인 포

▲ 티냐넬로

도 품종을 블랜딩한 현대적인 첫 번째 레드 와인이었다. 원래 "Chianti Classico Riserva vigneto Tignanello"의 이름을 가진 티냐넬로는 1970년에 단일 포도밭에서 처음으로 만들어졌다. 20% 카나이올로, 5% 트레비아노와 말바지아로 블랜딩 되었으며, 작은 오크 배럴에서 숙성시켰다. 1971년에 최초로 토스카나 테이블 와인이 되었고, 티냐넬로 이름은 그때부터 불려지게 되었다. 1975년에는 모든 화이트 포도 품종을 사용하지 않았다. 1982년이래로 메년 포도 품종 블랜딩 구성은 같으며, 85% 산지오베제, 10% 카베르네 소비뇽, 5% 카베르네 프랑으로 만들어진다. 산타 크리스티나 이스테이스내에 있는 포도밭은 약 1,150~1,312피트의 해발 고도에 위치하고 있다. 티그날넬로는 오직 베스트 빈티지의 해에만 생산되며 1972, 1973, 1974, 1976, 1984, 1992, 2002년에는 생산되지 않았다.

❸ 마세토(Tenuta dell'Ornellaia Toscana Masseto)

이탈리아의 토스카나 IGT로 슈퍼 토스카나 와인이다. 100% 메를로 포도 품종으로 이탈리아의 페트뤼스(Petrus)라는 별명을 가진 와인이다. 융화된 듯한 타닌으로 부드럽고, 과일향이 풍부하게 뒷받쳐 주면서 짜임새 있는 구조를 준다. 버섯, 후추, 타바코 잎향과 체리, 블랙커런트향이 조화를 이루고 있다. 마치 포므롤 지역에 가까운 이 와인은 민감하면서 세련된 와인이다. 1997년

▲ 마세토

의 더웠던 여름을 보여주듯이 잘 익은 블랙베리의 향이 여전히 입 안에 남으면서 블랙 올리브, 초콜릿향과 당당한 타닌의 구조가 돋보인다.

[키안티 클라시코 vs 슈퍼 토스카나 (Chianti Classico vs Super Toscanas)]

키안티는 이탈리아 반도 중북부에 위치한 토스카나의 피렌체에서 시에나까지 아우르는 광대한 지역인데 약 7만 헥타르에 달하는 넓이다. 원래 키안티라는 명칭을 사용하던 지역은 훨씬 협소했고 이 지역의 와인 생산이 1930년대에 증가하기 시작했다.

1930년도 까지만 해도 키안티는 그냥 키안티였다. 당시 키안티는 산지오베제, 카나이올로, 말바지아, 트레비아노 등 블랜딩으로 만들었는데 품질이 떨어지면서 싸구려 취급을 받기 시작했다. 1963년 와인법이 제정되어 키안티와 키안티 클라시코를 구분하여 정해졌다. 키안티 지역은 1헥타르당 포도를 9,000킬로그램 이상 수확할 수 없게 법으로 규제해 놓았다면 키안티 클라시코는 더 엄하게 규제한다. 1헥타르당 7,500킬로그램 그리고 알코올 함량의 기준도 키안티는 최저 11.5%, 클라시코는 최소 12%이다.

기본적으로 키안티를 포함한 토스카나 전 지역에서는 주된 두 가지 품종으로 와인을 만든다. 화이트 와인을 만드는 트레비아노와 레드 품종 산지오베제이다. 산지오베제는 원래 라틴어로 '제우스의 피' 라는 뜻을 가지고 있다. 1980년에 이르러서 DOCG 등급 제정 등 고급화 바람과 함께 품질이 보완되면서 산지오베제 품종은 인정받게 되었다. 그래서 키안티 클라시코도 DOCG 요건에 따라 80%를 산지오베제로 사용하게 정해진 것이다. 여전히 피에몬테의 바롤로나 바르바레스코 와인에 비해 키안티는 싸구려 와인이라는 인식이 어느 정도 있지만 이탈리아에서 1963년 DOC법 을 시작으로 체계적으로 관리해 1984년 더 높은 등급의 DOCG 까지 만들어내면서 품질 통제를 하기 시작했다. 현재 키안티 클라시코의 품질은 세계적으로 인정받고 있다.

슈퍼 토스카나 와인은 이탈리아 DOC 등급 제도의 규율에서 벗어나, 와인 생산자의 자율성과 독창성을 극대화된 와인이다. 즉 규정에 얽매이지 않고, 와인 생산자의 의지에 의해서 포도 품종 선택의 자율화, 블랜딩의 자율화, 포도 과즙 축출양(Yield)의 자율, 양조 방법 등 규제에서 벗어난다. 따라서 이들 와인은 프랑스의 뱅드 페이(Vin de Pays) 수준에 맞먹는 이탈리아의 IGT를 받고 출시된다.

토스카나 와인은 '키안티 클라시코', '브루넬로 디 몬탈치노', '비노 노빌 드 몬테풀치아노(Vino Nobile de Montepulciano)', '슈퍼 토스카나' 등이 이에 포함된다.

● 당신은 어떤 와인의 팬입니까?

아름다운 언덕과 눈부신 태양의 땅, 토스카나는 레오나르도 다빈치와 푸치니의 고향이자 르네상스의 원천지, 와인의 명산지가 모여 있는 곳으로 그림처럼 아름다운 풍경으로 전 세계의 여행자들을 한 눈에 반하게 하는 아름다운 땅이다.

워낙 날씨가 좋아 눈부신 태양 아래 펼쳐지는 풍경은 마치 시간이 멈춘 듯한 착각을 불러일으킨다. 그래서 일까? 어느 여류 여행 작가는 토스카나에서 느림의 가치를 배웠다고 기록했다. '토스카나는 나에게 이렇게 말했다. 좀 더 천천히 살아가라고, 한 번뿐인 짧은 삶을 조금 더 넉넉하게 살라고…'.

여행지로서 최상의 기후와 풍경을 자랑하는 토스카나는 풍부한 일조량의 부드럽게 경사진 언덕으로 포도 재배에도 더없이 좋은 지리적 조건을 갖추고 있다. 어느 지역을 가더라도 올리브 나무와 사이프러스 나무 사이로 보이는 풍성하게 자라는 포도밭을 보노라면 과연 신이 주신 축복 받은 땅이구나 감탄이 절로 나온다.

● 검은 수탉으로 상징되는 대중 와인, 키안티

이런 토스카나의 대표 와인은 키안티 클라시코(Chianti Classico)다. 이탈리아 와인 중 대중적으로 가장 널리 알려진 와인이라 해도 과언이 아닌 키안티는 스파게티와 미트볼와 함께 오랫동안 서민의 식탁을 지켜왔다. 제2차 세계대전 이후 줄곧 싸고 쉽게 마실 수 있는 와인으로 취급되었지만, 품질에 상관없이 이탈리아 최고 등급인 DOCG를 받았다. 그런 면에서 이탈리아의 등급 시스템에 대한 불신과 가치가 현저히 떨어지는 것도 무리가 아니다. 이러한 품질과 등급의 불일치는 키안티 클라시코 와인 판매를 방해하였으며, 생산자뿐만 아니라 소비자들에 등급 체계의 불신을 가져온 것이다.

어쨌거나 70~80년대에 볏짚에 싸여진 와인병을 기억한다면 키안티에 익숙한 사람이다. 1960년대 후반에 키안티 와인은 볏짚으로 병을 포장하여 판매하기 시작하였다. 이러한 병을 피아스코(Fiasco)라고 부르는데 주로 저가의 키안티 와인에 이용되었다. 저렴한 가격과 토속적인 포장으로 인해 키안티 와인은 대중에게 쉽게 다가갈 수 있게 되었고, 와인 샵에서 이러한 포장의 키안티 와인을 쉽게 찾을 수 있다.

잊을 수 없었던 키안티는 플로렌스의 조그만 식당에서 프로슈토 햄(Prosciutto : 이탈리아 훈제 햄)과 함께였다. 프로슈토 햄은 식당 한 켠에 돼지고기 다리들이 매달려 공기에 노출되어 자연적으로 숙성된 저장 식품으로 이탈리아 인들이 가장 선호하는 음식 중 하나로, 주문을 하면 그 자리에서 아주 얇게 썰어서 멜론과 함께 접시 위에 얹어 준다. 짠맛이 느껴지는 프로슈토 햄과 함께 곁들인 키안티의 새콤한 맛은 그야말로 끝내줬다.

키안티 마을에 도착하면 입구부터 검은색 수탉 그림판을 볼 수 있다. 이 그림은 키안티 와인 병목의 검은 수탉 그림(Gallo Nero 또는 Black Rooster) 띠에서 다시 쉽게 찾을 수 있다. 이것이 바로 키안티의 상징이다. 키안티 클라시코 와인 생산 조합 단체의 상징적인 무늬로 와인의 품질과는 상관없이, 키안티 조합에 등록되면 조합원의 상징으로써 키안티 클라시코의 규정에 따라서 생산된 생산자들은 사용할 수 있다고 한다. 전통적으로 키안티는 산지오베제(Sangiovese) 레드 포도 품종과 소량의 화이트 포도 품종인 트레비아노(Trebbiano) 또는 말바지아(Malvasia) 블렌딩을 허용하였다. 화이트 포도가 레드 와인에 생기를 주고, 병입하고 더 빨리 마실 수 있게 만들어 준다고 믿었기 때문이다. 전쟁 후 플로렌스(Florence)와 씨에나(Siena)에 이르기까지 토스카나 전역에 키안티 와인을 생산하면서 공급 과잉과 화이트 포도 품종의 높은 블렌딩 비율로 와인의 품질이 떨어졌으며 가격이 붕괴되기 시작했다. 그러던 중 1970년대에 이르러 키안티 와인 산업의 쇠퇴에 대한 문제점을 인식한 혁신파 와인 생산자들 사이에서 인습을 타파하기 위한 새로운 움직임이 일어난다. 그들은 서민적인 키안티 와인 생산을 거부하며, 경쟁력 있는 품질 좋은 와인 생산을 위해 연구하기 시작했다.

●슈퍼 토스카나로 반전을 꾀하다

전통적인 이탈리아 와인 규정에서 벗어나 가장 잘 재배할 수 있는 새로운 포도와 양조 방법을 모색하여 생산하는 데 그 와인이 바로 슈퍼 토스카나(Super Toscana)이다. 국제 품종으로 카베르네 소비뇽, 메를로 포도를 재배하고 프렌치 오크 배럴에서 숙성하였다. 이것은 토스카나 와인 생산자들 뿐만 아니라 국제적으로 센세이션을 불러 일으켰다.

사실 처음 토스카나 와인을 세상에 알릴 수 있었던 건 볼게리 지역에서 생산한 사시카이아(Sassicaia) 와인이 있기에 가능했다. 사시카이아 와인은 이탈리아의 와인 역사를 다시 쓰게 한 와인이다. 토스카나에서 서쪽으로 바다에 근접한 해변가로만 알려진 볼게리(Bolgheri) 마을에 위치한 포도밭은 돌로된 지역으로 포도 재배에 최악의 조건이었다. 실제로 사시카이아라는 뜻도 돌로 구성된 지역이라는 의미에서 따온 이름이다. 그런데도 과감하게 카베르네 소비뇽을 심어서 와인을 생산하였고, 이것이 수많은 와인 비평가, 저널리스트의 높은 평가를 받으며 주목을 받게 되었고, 지금은 와인계의 아이돌 스타가 되었다. 물론 정부가 DOC 등급으로 승격해 주기도 한 전설을 가진 와인이다. 이처럼 슈퍼 토스카나 와인들에 대한 높은 평가는 계속해서 고급 와인을 생산하게 했다.

볼게리(Bolgheri) 지역의 오르넬라이아(Ornellaia) 와인 또한 카베르네 소비뇽과 메를로로 세계적으로 인정받고 있을 뿐 아니라 단일 포도밭인 마세토(Masseto)에서 생산한 메를로 품종으로 만든 와인도 국제적인 주목을 받는 와인이다. 특히 마세토 2001 와인은 2005년 와인 스펙테이터의 100대 와인 중에 6위에 랭킹되기도 했다. 카베르네, 메를로 포도의 성공은 이탈리아 와인 자체의 잠재력과 위상을 높였다.

전반적으로 1970년대에 키안티 클라시코 와인의 실추된 명성을 되찾기 위해서 새로운 와인 생산을 시도하였다. 안티노리 사의 '타냐넬로'의 첫 빈티지는 1971년이었는데 당시 100% 산지오베제(Sangiovese) 포도 품종으로 만들었으나, 1975년 소량의 카베르네 소비뇽 포도 품종을 블랜딩하면서 IGT 등급으로 출시되었다.

이와 같은 슈퍼 토스카나 와인의 성공은 이탈리아 키안티 와인법을 바꾸게 만들었다. IGT였던 등급이 원산지가 강조된 DOC 등급으로 승격되었을 뿐만 아니라, 키안티 클라시코(Chianti Classico DOCG) 등급의 블랜딩 비율에도 변화를 가져왔다. 키안티 클라시코 DOCG 등급은 75~100% 산지오베제 포도를 사용할 수 있을 뿐만 아니라, 최대 20%까지 토착 품종인 카나이올로(Canaiolo) 또는 카베르네 소비뇽, 메를로 포도의 블랜딩은 물론 6%까지 트레비아노 또는 말바지아 화이트 포도 품종을 블랜딩을 허용하게 된 것이다. 이와 더불어 키안티 클라시코 리제르바(Riserva)는 화이트 포도 블랜딩이 금지되었는데 덕분에 더 응축력 있는 와인이 만들어져 키안티 클라시코 품질이 향상되어 가치 있는 와인으로 탈바꿈하게 되었다.

그러나 한편으로 우려의 목소리도 있다. 슈퍼 토스카나 와인의 우수성은 누구도 이의를 제기하지 않을 정도로 와인 시장에서 인정을 받았으나, 점점 더 많은 생산자들이 국제적인 포도 품종만으로 와인을 생산하려고 하기 때문이다. 시장에서 인기가 떨어지는 토착 포도 품종들이 사라지고, 카베르네 소비뇽, 메를로 포도들만이 생존하게 되었는데 이는 와인의 다양성을 제한할 뿐이다. 또 전통적인 양조 방식이 사라져 이탈리아 와인만의 색깔을 찾아보기 힘들어지고 있는 실정이다. 물론 테루아 원산지의 차이에서 느껴지는 뚜렷한 개성은 분명히 있다. 그러나 카베르네 소비뇽과 메를로 와인만 생산하면 와인이 얼마나 지루할까. 그런 점에서 제3세계에서 생산되는 와인을 경험해 보면 좋을 것 같다. 같은 포도로 만들었다고 해도 원산지에 따라서 그 맛이 현저하게 차이가 나기 때문이다.

슈퍼 토스카나 와인은 이제 완화된 와인 규정으로 인해 키안티의 이름을 사용할 수 있게 되었으나 와인 자체의 정체성을 유지하기 위해서 여전히 슈퍼 토스카나를 고수하고 있다.

• 빈 산토(vin Santo)

토스카나 지역의 디저트 와인으로 'Holly wine'이란 뜻으로 미사에 사용한다. 품종은 트레비아노(Trebbiano), 말바지아(Malvasia)이다. 늦게 수확 후 3~4개월 동안 볏짚 위 또는 나무에 매달아서 건조시켜 당도를 높인다.

🖉 마르케(Marche) ──○

| 레드 와인 | 몬테풀치아노(Montepulciano) 품종 100%로 만든 와인인 로소 코네로(Rosso Cònero) DOC가 유명

| 화이트 와인 |

– 베르디키오(Verdicchio)라는 품종으로 만든 베르디키오 데이 카스텔리 디 예지(Verdicchio dei Castelli di Jesi) 와인

– 베르디키오(Verdicchio)는 빛이 나는 옅은 황색의 포도주로 부드러운 향과 조화로운 맛을 지니고 후미에는 기분 좋은 쓴맛이 있다.

– 말바지아 토스카나(Malvasia Toscana)와 트레비아노 토스카노(Trebbiano Toscana) 품종을 소량 블랜딩 허용한다.

Castelli di Jesi

마르케

🖉 아브루쪼(Abruzzo) ──○

2개 DOCG, 7개 DOC가 있다. 몬테풀치아노 다브루쪼(Montepulciano d'Abruzzo) DOC는 몬테풀치아노 품종으로 최소 2년 숙성 후 출시한다.

🖉 움부리아(Umbria) ──○

토스카나 이남으로 내려가며 이탈리아 산지 중에 가장 언덕이 많은 지역이다. 2개 DOCG, 13개 DOC가 있다.

• **토르지아노 로소 리제르바(Torgiano Rosso Riserva) DOCG** : 몽테팔코(Motefalco)라는 토착 품종

• **몽테팔코 사그랑티노(Motefalco Sagrantino) DOCG** : 사그랑티노(Sagrantino) 토착 품종

• **오르비에토(Orvieto) DOC** : 화이트 와인으로 50% 트레비아노(Trebbiano) 사용하고, 말바지아(Malvasia), 베르델호(Verdelho), 그레케토(Grechetto) 등과 블랜딩 가능하다.

📝 캄파니아 ──○

• 타우라시(Taurasi) DOCG : 아글리아니코(Aglianico) 토착 품종으로 단단한 타닌과 풀바디 스타일의 와인이다. 어린 와인에서는 검은 과실과 후추의 향이 느껴지고 숙성이 되면서 가죽, 육포, 무화과 향이 느껴진다. 3년 숙성 중 1년은 오크통에서 숙성해야 한다.

📝 풀리아(Puglia) ──○

4개의 DOCG, 28개의 DOC가 존재한다. 주 품종은 네그로 아마로(Negro Amaro), 우바 디 트로이아(Uva di Troia), 프리미티보(Primitivo)이다. 프리미티보는 미국에서 진판델(Zinfandel)로 인식한다. 과거 지나친 양적 생산의 테두리에서 수동적으로 와인을 생산하다 최근 10여년 동안의 유럽 시장이 품질적 와인으로 나아가자 이 지역 역시 새로운 기술적 시도를 하며 변화의 물결을 거듭하는 지역이다. 이 지역 와인은 무더운 기후로 오는 강력한 알코올의 질감과 더불어 투박함이 많이 베어나오는 와인이다.

풀리아

📝 깔라브리아 ──○

갈리오뽀(Gaglioppo)라는 토착 품종으로 만들어 낸 와인 치로(Ciro)로 유명한 지역이다. 와인의 특징은 풀리아 지역의 와인처럼 강한 알코올의 느낌이 적절한 질감과 어우러져 소박한 깊이를 풍겨낸다.

▲ Cirò

📝 시칠리아(Sicily) ──○

시칠리아는 기후적 조건의 영향인지 전통적으로 가장 고집 세면서도 게으른 이미지를 가져온 지역이다. 토착 품종은 레드 품종인 네로 다볼라(Nero d'Avola)와 화이트 품종인 안소니카(Ansonica)나 카타라토(Catarratto)가 있다. 국제적인 품종으로는 카베르네 소비뇽, 메를로, 시라, 샤르도네가 있다.

Planeta Syrah ▶

▲ Donnafugata Angheli

이탈리아는 토착 품종으로 전통적인 와인을 만들기도 하고, 또 국제적인 품종으로 세계 시장과의 동시 경쟁에 돌입했으며, 전통과 글로벌을 블랜딩한 와인의 개념(네로 다볼라와 메를로를 블랜딩하여 토속적인 느낌과 국제적인 와인이 추구하는 부드러움을 담아낸 와인)을 생산한다. 이탈리아가 가진 다양성을 향한 시도를 하고 있으며, 마르살라(Marsala)는 주정강화 와인으로 유명세를 탔다. 그 외에 이탈리아의 스위트 와인 종류로 빈산토, 레치오토, 파시토가 있으며, 수확 후 포도를 건조한 다음 당도가 농축된 상태에서 만드는데, 파시토 와인을 시칠리아에서 생산하기도 한다.

파시토(Ben Rye) ▶

✏️ **샤르데냐(Sardegna)** ⟶○

- **베르만티노 디 갈루라**(Vermentino di Gallura) DOCG : 베르만티노 품종으로 만든 화이트 와인이다. 카노나우 (Cannonau)라는 품종으로 만든 질감 있는 레드 와인 역시 빼놓을 수 없는 지역이다. 사르데냐 섬은 그간 스페인의 식민지로서 문화적 흔적이 남아 있다. 다양한 방식으로 국제적인 품종을 잘 접목시켜 블랜딩을 하고 있다.

✏️ **라벨 읽기** ⟶○

- **로소**(Rosso) – 레드
- **베치오**(Vecchio) – 오래된
- **키아레토**(Chiaretto) – 로제
- **비앙코**(Bianco) – 화이트
- **스푸만테**(Spumante) – 스파클링 와인

당도의 강도에 따라 순서는 다음과 같다.

셋코(Secco) 〈 앗보카트(Abboccate) 〈 아마빌레(Amabile) 〈 돌체(Dolce) 〈 파시토(Passito)

1. 원산지 명칭과 포도 품종 : 몬탈치노 지역의 브루넬로 포도로 만든 와인
2. 포도원 이름 : 이 와인을 만든 포도의 산지인 그레포(Greppo)는 포도원 이름
3. 와인 품질 등급 : 이탈리아 와인 등급 중 가장 높은 품질인 DOCG 등급
4. 와인 병입 장소 : 현지에서 생산자가 직접 병입하였다는 표기
5. 용기 내 와인 용량 : 750ml
6. 알코올 도수 : 13%
7. 와인 생산자 : 비욘디–산티(Biondi–Santi)

1. 원산지 명칭 : 피에몬테 지역의 바롤로
2. 포도원 이름 : 그란 부시아(Gran Bussia)
3. 와인 품질 등급 : DOCG 등급
4. 생산자 주소 : 이탈리아 알바 지역
5. 용기 내 와인 용량 : 75cl
6. 알코올 도수 : 14.5%
7. 와인 생산자 : Poderi Aldo Conterno
8. 숙성기간 : Riseva
9. 빈티지 : 2000년

- 이탈리아의 지역별 DOC, DOCG 리스트
- 76 DOCG, 332 DOC = 408 DOP(2020년 10월 기준)

Abruzzo (2 DOCG, 7 DOC)
Colline Teramane Montepulciano
    d'Abruzzo DOCG
Terre Tollesi/Tullum DOCG
Abruzzo DOC
Cerasuolo d'Abruzzo DOC
Controguerra DOC
Montepulciano d'Abruzzo DOC
Ortona DOC
Trebbiano d'Abruzzo DOC
Villamagna DOC

Basilicata (1 DOCG, 4 DOC)
Aglianico del Vulture Superiore DOCG
Aglianico del Vulture DOC
Grottino di Roccanova DOC
Matera DOC
Terre dell'Alta Val d'Agri DOC

Calabria (9 DOC)
Bivongi DOC
Cirò DOC
Greco di Bianco DOC
Lamezia DOC
Melissa DOC

S. Anna di Isola Capo Rizzuto DOC
Savuto DOC
Scavigna DOC
Terre di Cosenza DOC

Campania (4 DOCG, 15 DOC)
Aglianico del Taburno DOCG
Fiano di Avellino DOCG
Greco di Tufo DOCG
Taurasi DOCG
Aversa DOC
Campi Flegrei DOC
Capri DOC
Casavecchia di Pontelatone DOC
Castel San Lorenzo DOC
Cilento DOC
Costa d'Amalfi DOC
Falanghina del Sannio DOC
Falerno del Massico DOC
Galluccio DOC
Irpinia DOC
Ischia DOC
Penisola Sorrentina DOC
Sannio DOC
Vesuvio DOC

Emilia Romagna (2 DOCG, 19 DOC)
Colli Bolognesi Pignoletto DOCG
Romagna Albana DOCG
Bosco Eliceo DOC
Colli Bolognesi DOC
Colli di Faenza DOC
Colli d'Imola DOC
Colli di Parma DOC
Colli di Rimini DOC
Colli di Scandiano e di Canossa DOC
Colli Piacentini DOC
Colli Romagna Centrale DOC
Gutturnio DOC
Lambrusco di Sorbara DOC
Lambrusco Grasparossa di Castelvetro
  DOC
Lambrusco Salamino di Santa Croce
  DOC
Modena DOC
Ortrugo DOC
Pignoletto DOC
Reggiano DOC
Reno DOC
Romagna DOC

Friuli–Venezia Giulia (4 DOCG, 12 DOC)
Colli Orientali del Friuli Picolit DOCG
Lison* DOCG
Ramandolo DOCG
Rosazzo DOCG
Carso/Carso-Kras DOC
Collio Goriziano/Collio DOC

Delle Venezie* DOC
Friuli/Friuli Venezia Giulia DOC
Friuli Annia DOC
Friuli Aquileia DOC
Friuli Colli Orientali DOC
Friuli Grave DOC
Friuli Isonzo/Isonzo del Friuli DOC
Friuli Latisana DOC
Lison-Pramaggiore* DOC
Prosecco* DOC

Lazio (3 DOCG, 27 DOC)
Cannellino di Frascati DOCG
Cesanese del Piglio/Piglio DOCG
Frascati Superiore DOCG
Aleatico di Gradoli DOC
Aprilia DOC
Atina DOC
Bianco Capena DOC
Castelli Romani DOC
Cerveteri DOC
Cesanese di Affile/Affile DOC
Cesanese di Olevano Romano/Olevano
  Romano DOC
Circeo DOC
Colli Albani DOC
Colli della Sabina DOC
Colli Etruschi Viterbesi/Tuscia DOC
Colli Lanuvini DOC
Cori DOC
Est! Est!! Est!!! di Montefiascone DOC
Frascati DOC

Genazzano DOC
Marino DOC
Montecompatri-Colonna/
   Montecompatri/Colonna DOC
Nettuno DOC
Orvieto* DOC
Roma DOC
Tarquinia DOC
Terracina/Moscato di Terracina DOC
Velletri DOC
Vignanello DOC
Zagarolo DOC

Liguria (8 DOC)
Cinque Terre/Cinque Terre Sciacchetrà
   DOC
Colli di Luni* DOC
Colline di Levanto DOC
Golfo del Tigullio–Portofino/Portofino
   DOC
Pornassio/Ormeasco di Pornassio DOC
Riviera Ligure di Ponente DOC
Rossese di Dolceacqua/Dolceacqua
   DOC
Val Polcèvera DOC

Lombardia (5 DOCG, 21 DOC)
Franciacorta DOCG
Oltrepò Pavese Metodo Classico DOCG
Scanzo/Moscato di Scanzo DOCG
Sforzato di Valtellina/Sfursat di Valtellina
   DOCG

Valtellina Superiore DOCG
Bonarda dell'Oltrepò Pavese DOC
Botticino DOC
Buttafuoco dell'Oltrepò Pavese/
   Buttafuoco DOC
Capriano del Colle DOC
Casteggio DOC
Cellatica DOC
Curtefranca DOC
Garda* DOC
Garda Colli Mantovani DOC
Lambrusco Mantovano DOC
Lugana* DOC
Oltrepò Pavese DOC
Oltrepò Pavese Pinot Grigio DOC
Pinot Nero dell'Oltrepò Pavese DOC
Riviera del Garda Classico DOC
San Colombano al Lambro/San
   Colombano DOC
Sangue di Giuda dell'Oltrepò
   Pavese/Sangue di Giuda DOC
San Martino della Battaglia* DOC
Terre di Colleoni/Colleoni DOC
Valcalepio DOC
Valtellina Rosso/Rosso di Valtellina DOC

Marche (5 DOCG, 15 DOC)
Castelli di Jesi Verdicchio Riserva DOCG
Cònero DOCG
Offida DOCG
Verdicchio di Matelica Riserva DOCG
Vernaccia di Serrapetrona DOCG

Bianchello del Metauro DOC
Colli Maceratesi DOC
Colli Pesaresi DOC
Esino DOC
Falerio DOC
I Terreni di Sanseverino DOC
Lacrima di Morro/Lacrima di Morro
  d'Alba DOC
Pergola DOC
Rosso Cònero DOC
Rosso Piceno/Piceno DOC
San Ginesio DOC
Serrapetrona DOC
Terre di Offida DOC
Verdicchio dei Castelli di Jesi DOC
Verdicchio di Matelica DOC

Molise (4 DOC)
Biferno DOC
Molise DOC
Pentro di Isernia/Pentro DOC
Tintilia del Molise DOC

Piemonte (18 DOCG, 41 DOC)
Alta Langa DOCG
Asti DOCG
Barbaresco DOCG
Barbera d'Asti DOCG
Barbera del Monferrato Superiore DOCG
Barolo DOCG
Brachetto d'Acqui/Acqui DOCG
Dogliani DOCG

Dolcetto di Diano d'Alba/Diano d'Alba
  DOCG
Dolcetto di Ovada Superiore/Ovada
  DOCG
Erbaluce di Caluso/Caluso DOCG
Gattinara DOCG
Gavi/Cortese di Gavi DOCG
Ghemme DOCG
Nizza DOCG
Roero DOCG
Ruchè di Castagnole Monferrato DOCG
Terre Alfieri DOCG
Alba DOC
Albugnano DOC
Barbera d'Alba DOC
Barbera del Monferrato DOC
Boca DOC
Bramaterra DOC
Calosso DOC
Canavese DOC
Carema DOC
Cisterna d'Asti DOC
Colli Tortonesi DOC
Collina Torinese DOC
Colline Novaresi DOC
Colline Saluzzesi DOC
Cortese dell'Alto Monferrato DOC
Coste della Sesia DOC
Dolcetto d'Acqui DOC
Dolcetto d'Alba DOC
Dolcetto d'Asti DOC
Dolcetto di Ovada DOC

Fara DOC

Freisa d'Asti DOC

Freisa di Chieri DOC

Gabiano DOC

Grignolino d'Asti DOC

Grignolino del Monferrato Casalese DOC

Langhe DOC

Lessona DOC

Loazzolo DOC

Malvasia di Casorzo d'Asti /Malvasia di
   Casorzo/Casorzo DOC

Malvasia di Castelnuovo Don Bosco DOC

Monferrato DOC

Nebbiolo d'Alba DOC

Piemonte DOC

Pinerolese DOC

Rubino di Cantavenna DOC

Sizzano DOC

Strevi DOC

Valli Ossolane DOC

Valsusa DOC

Verduno Pelaverga/Verduno DOC

Puglia (4 DOCG, 28 DOC)

Castel del Monte Bombino Nero DOCG

Castel del Monte Nero di Troia Riserva
   DOCG

Castel del Monte Rosso Riserva DOCG

Primitivo di Manduria Dolce Naturale
   DOCG

Aleatico di Puglia DOC

Alezio DOC

Barletta DOC

Brindisi DOC

Cacc'è Mmitte di Lucera DOC

Castel del Monte DOC

Colline Joniche Tarantine DOC

Copertino DOC

Galatina DOC

Gioia del Colle DOC

Gravina DOC

Leverano DOC

Lizzano DOC

Locorotondo DOC

Martina/Martina Franca DOC

Matino DOC

Moscato di Trani DOC

Nardò DOC

Negramaro di Terra d'Otranto DOC

Orta Nova DOC

Ostuni DOC

Primitivo di Manduria DOC

Rosso di Cerignola DOC

Salice Salentino DOC

San Severo DOC

Squinzano DOC

Tavoliere delle Puglie/Tavoliere DOC

Terra d'Otranto DOC

Sardegna (1 DOCG, 17 DOC)

Vermentino di Gallura DOCG

Alghero DOC

Arborea DOC

Cagliari DOC

Campidano di Terralba/Terralba DOC
Cannonau di Sardegna DOC
Carignano del Sulcis DOC
Girò di Cagliari DOC
Malvasia di Bosa DOC
Mandrolisai DOC
Monica di Sardegna DOC
Moscato di Sardegna DOC
Moscato di Sorso-Sennori/Moscato di
   Sorso/Moscato di Sennori DOC
Nasco di Cagliari DOC
Nuragus di Cagliari DOC
Sardegna Semidano DOC
Vermentino di Sardegna DOC
Vernaccia di Oristano DOC

Sicilia (1 DOCG, 23 DOC)
Cerasuolo di Vittoria DOCG
Alcamo DOC
Contea di Sclafani DOC
Contessa Entellina DOC
Delia Nivolelli DOC
Eloro DOC
Erice DOC
Etna DOC
Faro DOC
Malvasia delle Lipari DOC
Mamertino di Milazzo/Mamertino DOC
Marsala DOC
Menfi DOC
Monreale DOC
Noto DOC

Pantelleria DOC
Riesi DOC
Salaparuta DOC
Sambuca di Sicilia DOC
Santa Margherita di Belice DOC
Sciacca DOC
Sicilia DOC
Siracusa DOC
Vittoria DOC

Toscana (11 DOCG, 41 DOC)
Brunello di Montalcino DOCG
Carmignano DOCG
Chianti DOCG
Chianti Classico DOCG
Elba Aleatico Passito/Aleatico Passito
   dell'Elba DOCG
Montecucco Sangiovese DOCG
Morellino di Scansano DOCG
Rosso della Val di Cornia/Val di Cornia
   Rosso DOCG
Suvereto DOCG
Vernaccia di San Gimignano DOCG
Vino Nobile di Montepulciano DOCG
Ansonica Costa dell'Argentario DOC
Barco Reale di Carmignano DOC
Bianco dell'Empolese DOC
Bianco di Pitigliano DOC
Bolgheri DOC
Bolgheri Sassicaia DOC
Candia dei Colli Apuani DOC
Capalbio DOC

Colli dell'Etruria Centrale DOC
Colli di Luni* DOC
Colline Lucchesi DOC
Cortona DOC
Elba DOC
Grance Senesi DOC
Maremma Toscana DOC
Montecarlo DOC
Montecucco DOC
Monteregio di Massa Marittima DOC
Montescudaio DOC
Moscadello di Montalcino DOC
Orcia DOC
Parrina DOC
Pomino DOC
Rosso di Montalcino DOC
Rosso di Montepulciano DOC
San Gimignano DOC
San Torpè DOC
Sant'Antimo DOC
Sovana DOC
Terratico di Bibbona DOC
Terre di Casole DOC
Terre di Pisa DOC
Val d'Arbia DOC
Val d'Arno di Sopra/Valdarno di Sopra
    DOC
Valdichiana Toscana DOC
Val di Cornia DOC
Valdinievole DOC
Vin Santo del Chianti DOC
Vin Santo del Chianti Classico DOC

Vin Santo di Carmignano DOC
Vin Santo di Montepulciano DOC

Trentino–Alto Adige (9 DOC)

Alto Adige/Südtirol DOC
Casteller DOC
Delle Venezie* DOC
Lago di Caldaro/Caldaro/
    Kalterersee/Kalterer DOC
Teroldego Rotaliano DOC
Trentino DOC
Trento DOC
Valdadige/Etschtaler* DOC
Valdadige Terradeiforti/Terradeiforti*
    DOC

Umbria (2 DOCG, 13 DOC)

Montefalco Sagrantino DOCG
Torgiano Rosso Riserva DOCG
Amelia DOC
Assisi DOC
Colli Altotiberini DOC
Colli del Trasimeno/Trasimeno DOC
Colli Martani DOC
Colli Perugini DOC
Lago di Corbara DOC
Montefalco DOC
Orvieto* DOC
Rosso Orvietano/Orvietano Rosso DOC
Spoleto DOC
Todi DOC
Torgiano DOC

Valle d'Aosta (1 DOC)
Valle d'Aosta/Vallée d'Aoste DOC

Veneto (14 DOCG, 29 DOC)
Amarone della Valpolicella DOCG
Asolo Prosecco DOCG
Bagnoli Friularo/Friularo di Bagnoli
   DOCG
Bardolino Superiore DOCG
Colli di Conegliano DOCG
Colli Euganei Fior d'Arancio/Fior
   d'Arancio Colli Euganei DOCG
Conegliano Valdobbiadene Prosecco
   DOCG
Lison* DOCG
Montello Rosso/Montello DOCG
Piave Malanotte/Malanotte del Piave
   DOCG
Recioto della Valpolicella DOCG
Recioto di Gambellara DOCG
Recioto di Soave DOCG
Soave Superiore DOCG
Arcole DOC
Bagnoli di Sopra/Bagnoli DOC
Bardolino DOC
Breganze DOC
Colli Berici DOC

Colli Euganei DOC
Corti Benedettine del Padovano DOC
Custoza/Bianco di Custoza DOC
Delle Venezie* DOC
Gambellara DOC
Garda* DOC
Lessini Durello/Durello Lessini DOC
Lison-Pramaggiore* DOC
Lugana* DOC
Merlara DOC
Montello–Colli Asolani DOC
Monti Lessini DOC
Piave DOC
Prosecco* DOC
Riviera del Brenta DOC
San Martino della Battaglia* DOC
Soave DOC
Valdadige/Etschtaler* DOC
Valdadige Terradeiforti/Terradeiforti*
   DOC
Valpolicella DOC
Valpolicella Ripasso DOC
Venezia DOC
Vicenza DOC
Vigneti della Serenissima/Serenissima
   DOC

돈키호테(Don Quixote)의 저자 세르반테스, 천재 예술가 피카소 등의 걸출한 예술가를 배출한 나라이자 정열이 가득한 투우의 나라 스페인. 그런 스페인이 프랑스, 이탈리아를 이어 전 세계 와인 생산 3위를 차지하면서 당당히 와인 나라로써 입지를 당당히 굳혀가고 있다.

스페인은 로마제국 이전부터 포도를 재배하기 시작했다. 이탈리아의 폼페이 폐허에서 스페인산 와인 주전자가 발견되어 로마 점령기에는 스페인과 로마 사이에 활발한 교역이 이루어진 것을 알 수 있다. 1870년 불어닥친 필록세라 포도 병충해로 전 세계가 황폐화되면서 특히 프랑스 보드도의 와인 생산자들은 제 3의 포도 재배지를 찾아서 떠났다. 당시 프랑스의 와인 양조자가 보르도 품종을 가지고 스페인의 리오하(Rioja)와 카탈로니아(Catalonia) 지역으로 내려와 이주하였다. 이후 보르도의 양조 방법인 포도 줄기 제거와 작은 오크통 숙성 등 양조 기술이 전수되어 스페인의 와인산업이 발달되었다.

스페인의 포도밭은 세계에서 가장 넓지만, 단위 면적당 생산량이 많지 않기 때문에 와인 생산량은 이탈리아보다 적다.

포도밭 면적 – 세계 1위(유럽 포도밭의 약 30% / 세계 포도밭 15%에 해당)

와인 생산량 세계 3위(이탈리아 1위, 프랑스 2위),

수출은 카바(스파클링 와인)와 화이트 와인 60%, 레드 와인이 40%이다.

대서양의 연안 지역은 해양성 기후이고 내륙 지역은 대륙성 기후이다. 태양이 잘 비치는 온화하고 비교적 건조한 지역으로 긴 여름과 부드러운 겨울은 포도밭에 이롭다.

지역별 생산량은 리오하(Rioja) 7%, 카탈루냐(Cataluña) 10%, 카스틸라 라 만차(Castilla–La Mancha) 47%, 발렌시아(Valencia) 6.5%이다.

3-1 라벨의 의미와 의무적인 숙성 기간

라벨	레드 와인 숙성	화이트 와인 숙성
크리안자(Crianza)	1년 오크통 1년 보틀	6개월 오크통 6개월 보틀
레세르바(Reserva)	1년 오크통 2년 보틀	6개월 오크통 2년 보틀
그란 레세르바(Gran Reserva)	18개월 또는 2년 오크통 3년 보틀	6개월 오크통 3년 보틀

- 크리안자(Crianzas) : 레드 와인은 최소 2년 동안 숙성을 해야 하며, 그 중 1년은 오크 배럴에서 숙성해야 한다.
- 레세르바(Reservas) : 레드 와인은 최소 3년 동안 숙성을 해야 하며, 그 중 1년은 오크 배럴에서 숙성을 해야 한다.

- 그란 레세르바(Gran Reservas) : 레드 와인은 최소 5년 동안 숙성을 해야 하며, 그 중 2년은 오크 배럴에서 숙성하고, 나머지 3년은 바틀 숙성을 시킨 후 출시해야 한다.
- 비노 호벤(Vino Joven) : 오크통 숙성을 거치지 않는 어린 와인
- 노블레(Noble) : 최소 12개월 숙성

- **아네호**(Anejo) : 24개월 숙성
- **비에호**(Viejo) : 36개월 숙성

- 스페인의 와인 법은 1930년대 초에 처음 시행되었고, 이후 1970년 개정됨. 와인 법령은 2003년에 다시 업데이트되었다. 이 개정에서는 Vino de Pago(VP)가 만들어졌다.
- **비노 드 메사**(VINO DE MESA, VdM) : 테이블 와인. 가장 낮은 순위이다. 규정이 없으며 지역, 포도밭, 포도 블랜딩 등 자유롭게 사용한다. 빈티지 표기는 없다.
- **IGP** : 프랑스의 뱅드 페이(Vins de Pays)와 동급, 비노 드 라 티에라 (Vinos de la Tierra, VdlT). 42개가 있다.
- **DOP** : 프랑스의 AOC/AOP와 동급으로 유럽 연합 내 사용
- **Denominacion De Origen(DO)** : 원산지 명칭, 이탈리아의 DOC 해당. 여러 규정을 지키고, 현재 68개 DO 가 있다.
- **Denominacion De Origen Calificada(DOCa)** : 이탈리아의 DOCG에 해당, 고품질 등급. 1991년 리오하(Rioja), 2001년 프리오라트(Priorat), 2008년 리베라 델 두에로(Ribera del Duero) 지역은 DOC 등급을 인정 받았다.
- **비노 드 파고**(Vino De Pago(VP)) : 단일 포도밭으로 2003년 지정, 최상급 와인으로 DOC 구역에 위치한 단일 포도밭을 의미한다. 모든 와인은 생산 와이너리에서 병입되어야 한다. 19개의 VP가 있다.

예 Dominio de Valdepusa(도미니오 데 발데푸사) – 처음 지정
Finca Elez(핀카 엘레스), Guijoso(구이호소), Dehesal del Carrizal(데에사 델 카리살),
Pago Florentino(파고 플로렌티노) 등

✏️ **적포도** —○

- **템프라닐요**(Tempranillo) : 껍질이 두꺼운 조생종으로 짙은 색과 타닌이 풍부하다. 체리, 서양자두, 토마토, 말린 무화과 아로마와 가죽, 타바코, 클로브, 딜 허브향이 느껴진다. 가르나차나 마주엘로 그라시아노 품종과 블랜딩을 해서 부족한 산도와 숙성력을 보완한다. 스페인 대표 품종이며, 가장 많이 재배하는 품종 중에 하나로 세계 4위이다.
  | **로컬 이름** | 센시벨(Cencibel, 라 만차), 틴토 피노(Tinto Fino), 틴토 델 파이스(Tinto del Pais, 리베라 델 두에로, 울 데 레브레(Ull del Lebre, 카탈루니야)
  | **재배 지역** | 틴타 드 토로(Tinta de Toro, 토로), 리오하(Rioja), 나바라(Navarra), 리베라 델 루에로(Ribera del Duero)
- **가르나차**(Garnacha) : 당분 함량이 높고 레드 과일향, 플럼, 아니스, 계피향의 스파이스 아로마가 특징이다.

부드러운 타닌, 비교적 높은 알코올 함량을 띠며, 색은 루비색이다.

| 로컬 이름 | 일란도너(llandoner), 틴토 아라고느(Tinto Aragones). 프랑스에서는 그르나슈(Grenache)로 불린다.

- **그라시아노(Graciano)** : 과일향 등의 아로마가 풍부하다. 짙은 색에 산미가 높으며 에이징 잠재력이 있고 리오하 지역에서 재배 면적이 증가하고 있다.
- **팔로미노 피노(Palomino fino)** : 셰리주(Sherry)의 주 품종으로 주정강화 와인을 생산한다. 안달루시아 지역을 중심으로 재배된다. 주로 블랜딩하여 사용한다.
- **마주엘로(Mazuelo)** : 프랑스에서 카리냥(Carignan)으로 불리며 따뜻한 기후에서 자란다. 만생종으로 타닌이 풍부하고 산미가 있으며, 주로 블랜딩에 사용한다. 거칠고 쓴맛이 나며, 짙은 감홍색이다.
- **모나스트렐(Monastrell)** : 지중해 품종으로 색이 짙으며 타닌이 거칠고 견고하다. 장기 숙성용 와인으로 육포향, 블랙페퍼향이 난다. 프랑스에서 무르베드르(Mourvèdre)로 불리며 리오하, 페네데스 지역에서 재배한다.
- **그 외의 국제 품종** : 카베르네 소비뇽(Cabernet sauvignon), 메를로(Merlot) 등이 재배된다.

🖊 화이트 품종 ──○

- **비우라(Viura)**

스페인 대표 화이트 품종으로 리오하 지역에서 생산한다. 산도가 높아 후레쉬하며 꽃향이 난다. 다른 지역에서는 마카베오(Macabeo), 알카논(Alcanon)이라 불린다.

- **아이렌(Airen)**

가장 많이 재배하는 품종 중 세계 3위(1위 카베르네 소비뇽, 2위 메를로)로 스페인 포도 품종의 30%를 차지한다. 스페인 중부 지역에서 가장 널리 재배하고 라만차에서는 단일 품종으로 양조하나 다른 지역은 보통 블랜딩용으로 사용한다. 덥고 건조한 기후에 잘 적응하고 겨울 서리, 오디움(Oïdium), 기타 병충해에 저항력이 강하다. 다른 화이트 품종에 비해 알코올(13~14%)이 높다. 드라이하고 낮은 산도, 미네랄이 특징이며 대표 재배 지역은 라 만차(La Mancha), 발데페냐스(Valdepenas)이다.

- **베르데호(Verdejo)**

카스틸라-레옹(Castilla-Leon) 지방의 루에다(Rueda)에서 주 품종으로 사용한다. 레몬, 피치 과일향이 풍부하고 높은 산미, 드라이 화이트 와인을 생산한다.

- **알바리뇨(Albarino)**

아로마틱, 복숭아, 배향과 스파이스, 견과류향이 복합적이다. 단위 면적당 소출량이 적으며 양질의 화이트 와인을 생산한다. 스페인 북서부의 리아스 바이사스(Rias Baixas) 지역에서 주로 재배한다. 그 외에 뉴질랜드에서도 소량 재배하고 있다.

- **말바지아(Malvasia)**

본 고장은 그리스이며 이탈리아, 스페인에서도 재배한다. 노란색을 띠며, 살구, 사과, 아몬드향이 난다. 가벼운 산미와 주로 향을 더하기 위해 블랜딩하여 사용한다.

• 리오하(Rioja) DOC

1991년 DOCa로 지정되었고 레드 와인을 약 70~80% 생산한다. 산악성 기후, 긴 봄과 가을이 특징이며 전통적인 양조 방식으로 오크향이 짙게 느껴진다. 레드 품종은 템프라니요, 가르나차, 그라씨아노, 마주엘로, 화이트 품종은 비우라, 말바지아이다.

리오하의 하위 3개 디스트릭트

알타(Alta) – 고급 레드 와인을 생산한다.

알라베사(Alavesa) – 고도가 높고 견고한 타닌과 산미가 있다.

바하(Baja) – 기후가 덥고 건조하다. 높은 알코올 함량과 농익은 과일향, 낮은 산도

▲Muga

읽을 거리

[2020년 와인스펙테이터 올해의 와인으로 선정!
마르케스 대 무리에타 카스틸로 이가이 그랑 리제르바 에스페시알 2010]
(Bodegas Marques de Murrieta Castillo Ygay Gran Reserva Especial 2010)

매년 와인 스펙테이터(Wine spectator) 잡지에서 올해의 100대 와인 리스트를 공개하는데 2020년에 1위를 차지한 와인이다. 이 와인은 리오하 지역에서 생산된다.

19세기 중반부터 스페인 리오하에서 와인을 생산하는 역사적으로 가장 오래되고 전통적인 양조장 중에 하나로 마르케스 드 무리에타(Marques de Murrieta)이다. 루치아노 무리에타 (Luciano Murrieta) 백작은 당시 스페인에서는 잘 사용하지 않던 오크 숙성과 보르도 양조 기술을 처음으로 도입하여 리오하 지역의 첫 프리미엄급 와인을 수출하기 시작했다.

템프라닐요가 주 품종으로 마주엘을 소량 블렌딩하여 약 10년 이상 숙성 후 출하한다. 체리, 플럼의 과일향과 농익은 건포도와 구운 밤향이 느껴진다. 스파이스향과 타바코, 바닐라, 스모크향으로 복합적으로 느껴지는 아로마를 가지고 있다. 젖은 흙과 사향, 육포의 숙성된 향이 살짝 엿보인다. 견고함과 동시에 매끄러운 타닌의 질감을 가지고 있으며, 산도가 뒷받침되어 밸런스를 이루고 있다. 미디움 바디 스타일로 농익은 과일의 달콤한 풍미가 느껴지며 긴 여운을 남긴다.

▲Caslillo Ygay

• **나바라(Navarra) DO**

리오하 지역의 이웃에 위치하고 있다. 리오하와 비슷한 스타일의 상급 와인을 생산한다.

| **레드 품종** | 가르나차 틴타, 템프라닐요, 카베르네 소비뇽

| **화이트 품종** | 비우라, 샤르도네

유명한 생산자로 치비테(Chivite) 와이너리가 있다.

Chivite ▶

• **소몬타노(Somontano) DO**

| **레드 품종** | 카베르네 소비뇽, 메를로, 피노 누아

| **화이트 품종** | 마카베오, 샤르도네, 슈냉 블랑, 게브르츠트라미너

• **리베라 델 두에로(Ribera del Duero)**

카스틸라 레옹(Castilla-Leon) 지역에 위치한 리베라 델 두에로는 2008년에 DOCa로 지정되었다. '리베라 델 두에로'를 번역하면 '두에로 강가'라는 뜻으로 두에로강 상류에 위치한다. 두에로강의 퇴적층 토양과 기후 및 700미터의 고도에 따른 추운 밤과 더운 낮은 포도의 완숙에 절대적인 요인으로 고급 와인 산지로 유명하다.

레드 품종은 템프라닐요, 카베르네 소비뇽, 메를로이며 오랜 기간 오크 배럴에서 숙성한다. 풀바디 스타일 와인 생산으로 유명 생산자는 베가 시실리아(Vega Sicila), 도미니오 드 핑구스(Dominio de Pingus), 알렉한드로 페스케라(Alenjandro Pesquera)가 있다.

▲ 베가 시실리아　▲ 도미니오 드 핑구스　▲ 알렉한드로 페스케라

읽을거리

[스페인에도 명품 와인이 있다]

타는 듯한 뜨거운 나라라는 이미지는 자칫 스페인 와인이 거칠고, 세련미가 떨어지며 알코올이 많이 함유되었을 거라는 억측을 하게 만든다. 또 많은 사람들로 하여금 스페인하면 저렴하고 경제적인 와인을 생산하는 나라로 인식하고 있는 것도 외면할 수 없는 현실이다. 아마도 저급 와인의 수요가 많아져 벌크와인 수출이 주를 이루고 있기 때문일 것이다. 이런 얘기들을 들으면 안타깝기 그지없다. 낮은 품질의 와인이라는 불명예가 검증되지 않은 루머이기 때문이다.

스페인은 세계에서 포도 재배에 가장 넓은 토지 면적을 가지고 있다. 첨단 기술의 기계를 이용한 현대적인 양조 기술로 와인을 생산하나 옷을 벗고 와인통 안으로 뛰어 들어가 발로 밟으며 포도의 껍질과 씨를 분리하는 전통적인 양조 방법의 지혜를 동시에 활용하는 나라이다.

이제 스페인의 고급 와인들이 정면 반박에 나섰다. 특유의 복잡함과 섬세함을 자랑하면서 말이다. 원래 스페인은 국제적인 명성을 드높이고 있는 고품질의 와인 생산에 대해 오랜 역사를 가지고 있다. 세계적으로 인

정받는 고급 와인 산지인 리오하(Rioja)와 리베라 델 두에로(Ribera del Duero)가 선두 주자였다. 스페인에는 약 600가지 이상의 토착 포도 품종이 재배되고 있지만 약 20가지의 포도 품종이 생산량의 80%를 차지하고 있다. 보르도에 카베르네 소비뇽, 이탈리아에 네비올로 포도 품종이 있다면 스페인에는 단연 템프라닐요가 있다. 스페인의 고급 와인을 생산하는 토착 포도 품종이다.

● 스페인의 전설 - 베가 시실리아 유니코(Vega Sicilia Unico)

리오하 외에 리베라 델 두에로(Ribera del Duero)도 지목할 만한 뛰어난 와인을 생산하는 지역이다. 리베라 델 두에로는 리오하의 남쪽과 마드리드에서 북쪽으로 약 80마일 정도 떨어진 곳으로, 황토색 대지의 융단 같은 땅으로 어우러져 있다. 바로 이 땅에서 스페인에서 가장 전설적이고 비싼 와인인 베가 시실리아 유니코 와인이 생산된다.

베가 시실리아 유니코는 스페인에서 너무나 유명하여 심지어 어린 학생들조차 그 이름을 알고 있을 정도다. 스페인에 있어 전설적이며 가장 인기 있는 고급 와인인 것이다. 때때로 전설은 뛰어난 마케팅, 성층권 가격, 영향력 있는 와인 평론가에 의한 100점 스코어에 의해서 만들어진다. 물론 전설적인 명성을 얻기 위해서는 그 밑바탕에 품질이 있으며, 베가 시실리아 유니코 와인이 이 모든 것을 공유하고 있다고 감히 말할 수 있다. 베가 시실리아 유니코 와인은 신화와 전설에 대한 매력을 충분히 발산하고 있다. 세심한 와인 양조로 인한 정교함과 소량 생산이라는 희소성은 신화적인 요소를 추가하고 있다. 베가 시실리아 유니코는 1864년에 처음 설립되어, 주포도 품종인 틴토 피노(Tinto Fino, 일명 템프라닐요)와 카베르네 소비뇽이 블랜딩되어 만들어진다.

베가 시실리아의 장엄하고 웅장한 건물. 어둠이 내려앉으면 벽면에 화려하게 비추는 불빛과 조화를 이루는 웅장한 건물 입구에서 주변을 압도하는 베가 시실리아는 가히 전설적인 와이너리다웠다. 이러한 외면의 헌신적인 투자도 남다르지만, 와인 자체의 자부심 또한 대단하다. 사실 베가 시실리아 유니코 와인은 지속적인 품질 유지를 위해서 안 좋은 해에는 빈티지를 생산하지 않았다. 베가 시실리아 유니코 와인은 세계에서 가장 오랫동안 숙성하는 와인으로도 잘 알려져 있다. 1982년과 1968년 빈티지의 베가 시실리아 유니코 와인을 같은 해인 1991년에 병입하였다고 했다. 이는 가장 적절한 시기, 즉 9년과 23년 정도 지나 와인의 절정에 도달하였을 때 시장에 선보이기 위해서라는 것. 평균적으로는 와인을 10년, 길게는 약 45년까지 와인 생산자가 숙성을 시킨다. 또한 유니코 리세르바 에스페시알(Unico Reserva Especial)은 유니코의 여러 빈티지를 블랜딩하여 만든 넌빈티지 와인으로 10년 이상 오크 숙성된 빈티지 와인을 블랜딩하여 병입 후 3년간 숙성하여 출시한다. 와인 마니아들에서 최고 상태의 와인만을 보여 주기 위한 그들의 장인 정신을 느낄 수 있다.

이와 같은 사실은 기다림의 미학에 대해서 다시 한 번 생각하게 되는 계기를 마련해 주었다. 요즘 병입하고 얼마 안 된 영 빈티지(Young Vintage)의 고급 와인들을 단번에 마셔버리는 인내심 부족한 우리의 와인 문화에 다소 회의감이 든 것이다. 광석으로 보이는 원료가 다듬어져 빛나는 보석으로 만들어지는 스페인 와인의 가치를 함께 느껴보길 권한다. 필자는 오늘도 영국의 한 컬럼니스트의 철학이 담긴 'Life is too short to drink bad wine'란 말을 떠올리며 새로운 와인, 맛있는 와인을 찾으려 끊임없이 노력 중이다.

• 페네데스(Penedès) DO

카탈로니아(Catalonia)지방으로 스페인 북동쪽에 위치한다. 바르셀로나의 남쪽으로 약 40km 아래에 위치한다. 석회암 지대, 고도에 따라 다양한 기후가 존재하고 카바(Cava) 생산으로 유명하다. 1872년에 꼬도르니우(Codorniu) 회사의 호셉 라벤토스가 스페인 최초로 스파클링 와인 카바를 생산하였다. 당시 샴페인 양조 방식으로 만들었으며, 현재 스페인의 카바 전체 생산량의 95%를 이 지역에서 생산한다. 전통적인 샴페인 방식으로 만들며 도자주(Dosage) 감미 정도에 따라 라벨을 표기한다(Brut, Extra seco, Seco, Semi Seco, Dulce). 레드 와인은 최소 9개월 이상 숙성해야 하고, 1년 이내 출시를 금지하고 숙성 기간에 따라 라벨에 표기한다(Crianza(1년), Reserva(18개월), Gran Reserva(30개월)).

화이트 품종은 마카베오, 자렐로, 파렐야다, 레드 품종은 템프라닐요, 모나스트렐, 카리네라, 카베르네 소비뇽, 메를로이다.

• 카바 포도 품종

| 레드 품종 | 가르나차(4.1%), 트레팟(3.3%), 피노 누아(2.5%), 모나스트렐(0.1%)

| 화이트 품종 | 마카베오(35.3%), 자렐로(25.5%), 파렐라다(20.3%), 샤르도네(8.7%)

– 자렐로(Xarello) : 카바에서 자렐로는 가장 중요한 포도 품종이다. 바르셀로나 대학과 UC Davis가 실시한 연구에 따르면 청포도 중에서 자렐로(Xarello)는 포도 껍질에서 찾을 수 있는 강력한 항산화제인 레스베라트롤의 농도가 가장 높은 품종이다. 이것은 자렐로의 낮은 pH 및 신선한 산도와 함께 장기 숙성에 도움이 된다. 실제로 프리미엄 카바의 선도적인 생산 업체는 주로 브뤼 나튀르(Brut Nature) 스타일로 생산한다. 재배하기 어렵고 낮은 고도(400m 이하)에서 가장 잘 재배되며, 조기 발아와 긴 생장기, 두꺼운 껍질이 특징이다. 자렐로의 풍미는 빵향이 느껴지고, 말린 회향과 오레가노향을 연상시키며 뒷맛에 쓴맛이 느껴진다.

– 마카베오(Macabeo) : 마카베오 품종은 카바 블랜딩에서 발견되는 가장 일반적인 품종이며 약 35% 재배를 한다. 리오하에서 비우라로 알려져 있으며, 섬세한 과일 풍미를 보여주는 비교적 중립적인 품종이다. 이러한 중립성은 숙성에서 2차 풍미를 쉽게 취할 수 있기 때문에 전통적인 방법의 스파클링 와인을 생산한다. 자렐로 품종과 같은 농도는 아니지만 레스베라트롤의 높은 수준을 나타내어 장기 숙성이 가능하다.

– 파렐라다(Parellada) : 파렐라다 품종은 카바 블랜딩 중에 하나이고, 우아함, 섬세함을 준다. 높은 고도에서 재배되는 파렐라다는 산도와 적절한 과일 숙성의 균형을 준다. 파렐라다가 숙성하면 오렌지향이 나고, 오래된 포도나무와 낮은 수확량은 향미 농도를 더 높일 수 있다.

• 페네데스의 하위 지역

– 바이삭 페네데스(Baix Penedès) : 가장 따뜻한 지역은 해발 250m에 이르는 저지대 해안 지역이다. 토양은 석회, 점토와 모래질로 분포되어 있으며 알코올 함량이 높다.

– 메디오 페네데스(Medio Penedes) : 해발 500m까지의 두 번째 구역이다. 바르셀

▲ Mas La Plana　▲ Gran Coronas

로나 서쪽에 위치해 있으며, 스파클링 와인과 우수한 화이트 와인의 가장 중요한 구역으로 석회, 점토질 토양이다. 카바(Cava) 생산으로 유명하며, 스페인의 거장 미구엘 토레스(Miguel Torres)가 이 지역에서 와인을 생산한다. 대표 와인은 그랑 코로나스(Gran Coronas), 마스 라 플라나(Mas la Plana : 카베르네 소비뇽 사용)이다.

- 알타 페네데스(Alta-Penedès) : 해발 850m까지 가장 높은 구역이다. 1876년 필록세라가 닥히기 전에 이 지역은 약 80% 이상이 레드 품종을 식재하고 재배하였다. 지금은 화이트 품종을 주로 재배하고 다른 지역보다 선선한 기후로 화이트 와인이 우수하다. 레드 품종으로 템프라닐요, 카베르네 소비뇽 등도 재배하고 있다.

• 프리오라트(Priorat) : DOCa 등급으로 2002년 지정되었다. 토착 품종과 국제 품종 접목을 시도하여 빠르게 성장하는 스페인의 와인 산지이다. 주요 품종은 가르나차, 카리네나이다. 스페인 북동부의 카탈로니아 지방의 작고 역동적인 와인 지역으로 강렬한 풀바디 레드 와인을 생산한다. 감초, 타르 및 브랜디 체리향이 느껴진다. 리오하에 이어 두 번째 DOCa 지역이다. 스페인에서 가장 따뜻하고 건조한 지역 중 하나이며, 국제 품종을 함께 재배하고 있다.

[스페인의 슈퍼스타, 알바로 팔라치오스(Alvaro Palacios)]

처음 알바로 팔라치오스에 관심을 가졌던 것은 로버트 파커의 평론 때문이었다. 로버트 파커는 평론을 통해 프리오라트 지역의 와인에 100점을 주었는데 스페인 와인 중에 그것도 알려지지 않은 프리오라트 지역의 와인에 왜 그런 후한 점수를 주었을까? 그에 대한 답은 와인계의 블록버스터 레르미타(L'Ermita)에서 찾아볼 수 있었다.

요즘 스페인의 가장 비싼 와인들은 대개 20~30년 전에는 존재하지 않았던 지역에서 생산되고 있다. 그 중에서 으뜸은 야망과 기회와 함께 융통적인 현대적인 스페인 와인 지형인 프리오라트(Priorat) 지역이다. 사실 스페인의 훌륭한 와인들은 잘 안 알려진 지역에서 배출되고 있다. 스페인의 와인 메이커 중에 유능하며, 유명한 알바로 팔라치오스(Alvaro Palacios). 그르나슈 포도 품종을 바탕으로 만들어진 그의 컬트 와인 레르미타(L'Ermita)는 스페인의 와인 원산지 지도에 프리오라트의 카탈란(Catalan)이란 와인 생산 지역을 넣게 만들었을 정도로 유명하다. 아마도 웹사이트에서 알바로 팔라치오스를 찾아보면 그의 이름을 극찬하는 평론가, 와인 매거진, 저널리스트들이 수없이 등장할 것이다. 뿐만 아니라 수많은 메달을 받은 그의 와인 또한 쉽게 찾아 볼 수 있을 것이다. 알바로 팔라치오스는 스페인의 떠오르는 별이다. 디캔터에서 주관하는 올해의 와인 메이커상 등 신세대로서 세계적인 명성 있는 와인 관련 상을 싹쓰리한 그는 실로 대단한 인물이다.

그러던 중 알바로 팔라치오스를 뉴욕의 어느 와인 전시장에서 우연히 만났다. 그는 작은 키에 그을린 피부를 가진 다부진 모습의 전형적인 스페인 사람이었다.

그는 보르도의 페트뤼스에서 2년 동안 연수를 받으며 와인 경험을 쌓은 후에 스페인으로 돌아와 바르셀로나의 남쪽 프리오라트 지역에서 1989년 와인 농장을 시작하였다. 그의 시그네처 와인은 수많은 와인 평론가들이 블록버스터 와인이라고 입이 마르도록 칭찬해 마지않는 레르미타이다. 이 와인은 가파른 지형의 포도밭에서 재배되며 그리나쉬 80% 이상, 그리고 소량의 카베르네 소비뇽, 오래된 카리냥으로 블랜딩 된 후에 프렌치 오크 배럴에서 약 18개월 이상 숙성된다.

경험에서 얻는 노련함을 무시할 수는 없지만 얼마나 오랫동안 종사했는지가 와인 기술의 잣대가 되지는 않는다. 다만 와인에 대한 노하우는 연륜뿐 아니라 새로운 도전에 대한 용기와 패기가 함께 있어야 발전할 수 있다. 그런 면에서 그가 젊은 나이에도 불구하고 그르나슈 포도로 와인을 가장 잘 만드는 와인 메이커가 될 수 있는 건 연륜을 압도하는 용기와 패기 덕이 아닌가 싶다.

- **루에다(Rueda) DO** : 스페인의 수도인 마드리드에서 북서쪽으로 약 150km(약 90마일) 떨어진 두에로 강에 위치한 스페인 와인 지역으로, 리베라 델 두에로 지역과 거의 같은 위도에 위치한다. 주로 베르데호(Verdejo) 포도 품종으로 만든 드라이 하고 향기로운 화이트 와인으로 유명하다.

  그 외에 화이트 품종으로 마카베오, 팔로미노, 소비뇽 블랑이 있다. 2020년 새로운 규정에 따르면 베르데호 또는 소비뇽 블랑 품종은 최소 50% 이상 사용해야 한다.

- **리아스 바이사스(Rias Baixas) DO** : 스페인의 북서쪽의 갈리시아(Galicia) 지역에 위치한다. 이 지역은 화이트 품종인 알바리뇨(Albarino)가 재배된다. 1988년 DO로 지정되었다. 독일의 라인, 프랑스의 루아르와 같은 서늘한 기후를 가지고 있다. 높은 산도의 화이트 와인을 생산한다.

▲ Albarino Rias Baixas

- **후미야(Jumilla) DO** : 프랑스에서 무르베드르라 부르는 모나스트렐 품종을 재배한다.

- **라 만차(La Mancha) DO** : 돈키호테 유명로 유명한 지역으로 마드리드 남쪽에 위치한다. 가장 넓은 DO 지역이며, 화이트 품종으로 아이렌, 파레야다(Parellada), 마카베오, 레드 품종으로 템프라닐요, 가르나차, 모라비아, 카베르네 소비뇽, 스파클링 와인으로 에스푸모스(Espumoso)를 생산하고 주 품종은 마카베오이다.

- **발데페냐스(Valdepenas) DO** : 화이트 품종으로 아이렌(Airen)과 레드 품종인 템프라닐요(Tempranillo 또는 센시벨(Cencibel))가 주로 재배된다.

- **몬틸라 모릴르(Montilla Moriles) DO** : 인근 헤레스 지역의 인근에 위치한다. 페드로 히메네즈(Pedro Ximenez) 품종이 재배된다. 비노 호벤(Vino Joven : 오크통 숙성을 하지 않은 어린 와인) 와인 스타일이 많이 생산된다.

[음식이 떠야 와인도 뜬다]

와인 생산 지역에 있는 레스토랑들은 그 지역 생산 와인을 자랑하기 마련이다. 이탈리아 키안티 지역을 가면 항상 키안티 와인이 와인 리스트의 90% 이상을 차지하고, 프랑스 보르도 지역의 레스토랑을 가면 보르도 와인들이 꽉 채워져 있다. 조금 더 넓은 의미로 스페인 와인은 스페인 음식과 어울리고, 프랑스 와인은 프랑스 음식에 조화를 이룬다는 것과 일맥상통할지 모른다.

스페인 음식하면 떠오르는 것은? 사실 우리나라에서는 스페인 레스토랑을 찾기가 힘들다. 그러다 보니 일반인들에게 알려진 스페인 음식 자체도 굉장히 생소하고 제한적일 수밖에 없다. 피자, 파스타, 스파게티, 리조토, 미트볼, 라자냐 등의 음식은 이름만 들어도 어른 아이 할 것 없이 이탈리아를 떠올린다. 최근 이탈리아 음식이 인기를 얻으면서 이탈리아 레스토랑이 기하급수적으로 늘고 있다. 비단 이탈리아 레스토랑뿐만 아니라, 지금은 어디를 가나 스파게티, 피자가 없는 레스토랑이 거의 없다. 이런 이유로 이탈리아 와인 또한 점점 수요가 많아지고 있다. 이탈리아 음식에는 당연히 이탈리아 와인을 찾기 마련이기 때문이다. 그렇다고 항상 이탈리아 음식에 이탈리아 와인만을 마셔야 된다는 건 아니다. 하지만 음식의 수요 증가가 와인의 수요에 영향을 끼친다는 사실은 무시할 수 없다. 프렌치 레스토랑에 프렌치 와인이 없다면 아마도 마치 이빨 빠진 호랑이처럼 느껴질 것이다.

일본 음식의 대표적인 스시는 세계에서 가장 많이 먹는 음식 중에 하나로 꼽힐 정도로 널리 알려져 있다. 그래서 어느 나라를 가더라도 일본 레스토랑이 있고 언제나 스시에는 사케를 마셔야 한다는 메시지를 전달하는 양 사케가 전시되어 있다. 덕분에 스시의 명성에 힘입어 사케의 위상은 높아졌고 판매량도 증가할 수 있었다고 한다. 이런 얘기를 하면 혹자는 우리나라에서 칠레 와인의 성장과 비례하여 칠레 음식은 무엇이 있냐고 나에게 반박할지 모른다. 칠레 와인은 한 칠레 FTA에 의해서 유명세를 탔다. 칠레 와인의 비과세 정책이 긍정적인 청사진을 그려주었기 때문이다. 와인의 인기를 위해서는 와인 자체의 명성과 품질도 아주 중요하지만 그 이면에는 외교적인 이슈도 필요하다. 1995년 쟈크 시라크 대통령의 핵실험 재개 선언으로 프랑스 산 와인에 대한 보이코트가 전 세계적으로 일어났을 때 미국 시장에서 프랑스산 와인 판매량이 엄청 떨어진 것만 보더라도 알 수 있다.

다시 본론으로 돌아가자면 와인에 있어 고유 음식의 대중도는 와인의 대중도에 큰 역할을 한다. 그러나 아쉽게도 스페인 음식은 아직 우리에게 친숙하지 않다. 물론 파엘라, 쇼리쪼, 타파스 등의 음식은 세계적으로 알려져 있지만, 실질로 스페인 유래인지 모르는 사람들이 대다수이다. 이처럼 스페인 음식의 특색과 명성이 제한적이다 보니, 스페인 레스토랑 또한 대중화에 항상 핸디캡을 지닐 수밖에 없다. 익숙하지 않은 이름의 에스파냐어와 음식 스타일은 한국 사람들의 입맛을 잡기에 부족했고, 이것은 스페인 와인을 알리는데도 한계를 만들었던 것 같다.

와인과 음식은 아무리 강조해도 지나치지 않다. 음식이 있어야 와인이 있다는 미식 문화의 정통성은 와인을 단지 알코올이 아닌 음식으로써 간주하기 때문일 것이다. 그래서 음식과 함께 했을 때 와인의 가치는 더욱 발휘될 뿐만 아니라 그 대중화도 동행할 수 있다고 생각한다.

스페인의 남부에 위치하고 있는 헤레즈(Jerez)이다. 그러나 영어식 발음으로 셰리(Sherry)로 더 잘 알려져 있다. Jerez-Xérès-Sherry로 이름이 변화를 거쳤다. 영국에 의해서 이 와인이 널리 알려지게 되었으며, 1337년 프랑스와 영국의 백년 전쟁을 계기로 수출이 증대되기 시작했다.

셰리는 기원전 1100년부터 생산되었다. 스페인의 남쪽 안달루시아(Andalucia) 지방의 헤레즈 데 라 프론테라(Jerez de la Frontera), 산루카 데 바라메다(Sanlúcar de Barrameda), 엘 푸에르토 데 산타 마리아(El Puerto de Santa María)의 세 지역을 포함하고 있으며, 이 지역을 트라이앵글이라 한다.

(Flor : 내부의 효모층)
플로르는 와인의 표면을 덮고 산화를 방지

모래와 점토질로 혼합된 흰 석회암(Albariza) 백악질 토양으로, 카디즈(Cadiz) 항구에 근접해 있다. 포도즙을 증류하여 만든 브랜디를 첨가하여 알코올을 강화시켜 도수를 높이고, 배럴에서 산소와의 접촉으로 오랜 숙성을 시킨 주정강화 와인이다. 솔레라 시스템(Solera system)을 이용하여 약 36개월 동안 숙성시킨다. 발효가 끝난 와인에 주정을 첨가하는데 이때 브랜디(Brandy)를 사용한다. 알코올이 강화되면 와인을 안정화시킨다. 주 품종은 팔로미노(Palomino), 페드로 히메네즈(Pedro Ximenez(PX)), 모스카텔(Moscatel 또는 Muscat)이다.

📝 셰리 양조 방식 ──○

9월 중순 포도를 수확하여 압착을 거쳐 발효를 진행한다. 이때 당이 알코올로 변환하고 약 25~30℃의 온도에서 33~50시간 동안 발효가 진행된다. 약 99% 당분이 알코올로 전환되었을 때 걸리는 시간은 약 40~50일 정도이다. 천천히 발효할 경우 3개월 정도 진행된다. 스텐리스 스틸 재질의 발효통을 사용하는데, 이는 흡수와 증발이 일어나지 않기 때문에 알코올 함량을 높이는 작용을 한다. 발효가 완료된 후 브랜디를 첨가한다. 이때 셰리 스타일에 따라 알코올 15~22%로 강화한다. 셰리는 크게 2가지 타입으로 숙성이 이루어진다. 피노(Fino) 타입의 알코올 강화는 15~16%, 올로로소(Oloroso) 타입의 알코올 강화는 17~18%이다.

셰리 숙성은 배럴에서 이루어진다. 배럴 숙성시 플로르(Flor) 유무에 따라 드라이 셰리 또는 스위트 셰리로 분류된다. 플로르가 있으면 생물학적 숙성(Biological aging)으로 피노라 하고, 플로르 없이 순수 산화 과정(Oxidative aging)으로 숙성되는 경우 올로로소(Oloroso)라고 한다. 플로르(Flor)란 찌꺼기의 층으로 주로 효모로 구성되어 있는 효모층이다. 주로 헤레즈(Jerez) 지방에서 재배되고 있는 팔로미노(Palomino) 포도 품종에는 자연 효모가 많다. 플로르(Flor)는 보호막 역할을 하면서 생물학적 숙성을 거치며 셰리의 색이 옅어지고, 드라이한 맛과 이스트 향, 호두와 같은 견과류 향이 느껴진다. 플로르(Flor)와 함께 18개월을 숙성한다.

📝 셰리 와인의 스타일 ──○

드라이하고 섬세한 셰리부터 달콤하고 묵직한 셰리까지 다양하다.

셰리는 숙성 방식에 따라 크게 두 가지 스타일로 나뉜다. 드라이 셰리와 스위트 셰리이다. 드라이 계열을 피노

라 하고 알코올은 약 15%, 스위트 계열을 올로로소라 하며 알코올은 약 18%이다.

생물학적 숙성 스타일(플로르 효모층 아래 숙성–피노(Fino) / 만싸니아(Manzanilla 유형)과 산화숙성 스타일(플로르 없이 숙성–올로로소(Oloroso) 유형)의 두 가지 주요 스타일이다.

중간 스타일로 아몬틸라도(Amontillado)와 팔도 코르타도(Palo Cortado)가 있으며, 양조는 생물학적 숙성 스타일로 플로르와 함께 시작하지만 특정 지점에서 플로어를 제거하고 산화 방식으로 숙성한다.

- **발효된 드라이 타입** : 피노(Fino), 만싸니야(Manzanilla : 산루카르 데 바라메다에서 숙성), 팔로 코르타도(Palo Cortado), 아몬틸라도(Amontillado)
- **드라이 셰리에 스위트 주스 첨가** : 페일 크림(Pale Cream), 크림 셰리(Cream Sherry)
- **자연적으로 발효된 스위트 타입(당 첨가 없음)** : 페드로 히메네즈(Pedro Ximenez), 모스카텔(Moscatel)

셰리 종류와 특징은 다음과 같다.

- **피노(Fino)** : 드라이하고 아몬드향이 많이 느껴진다. 빨리 마시는 것이 좋다. 알코올 약 15~16%
- **만싸니아(Manzanilla)** : 산루카르 데 바라메다(Sanlucar de Barrameda)에서 숙성시킨다. 병입 전 최소 2년의 플로르 안에서 숙성을 거쳐야 하며, 보통은 4년 정도 숙성시킨다.
- **팔마(Palma)** : 약 4년간 캐스크(Cask)에서 숙성시킨다.
- **아몬틸라도(Amontillado)** : 헤레즈 동쪽 몬티야 지방의 와인과 비슷하다 라는 의미로 붙여졌다. 아몬틸야도 셰리는 플로르 아래 생물학적 숙성을 거치다가 강화를 위해 넣었던 브랜디에 의해 플로르가 시간이 지나 사라진 후 공기에 노출되어 산화 과정을 거치면서 숙성된다. 주로 드라이 타입보다는 스위트 타입이 많다.

▲ 아몬틸라도

- **만싸니아 파사다(Manzanilla Passada)** : 피노(Fino)와 아몬틸라도(Amontillado)의 중간적인 느낌이다. 알코올 약 20.5%
- **올로로소(Oloroso)** : 올로로소는 "Fragrant : 향긋한"이란 뜻이며, 플로르 없이 처음부터 공기에 노출하여 산화 숙성이 진행된다. 18~20%의 알코올 함유로 드라이하며, 무거우면서 힘이 느껴지는 특징이 있다. 과거 1970~80년대에는 올로로소가 단맛을 첨가하여 유통되었다가 2012년 이후에는 드라이한 스타일만 생산하고 있다. 올로로소는 다른 드라이 셰리와 달리 약간의 단맛을 느낄 수 있는데 이는 자연히 발생하는 '글리세롤 때문이며 아몬틸야도에 비해 풍부하고 부드러운 느낌이다.

▲ 올로로소

- **팔로 코르타도(Palo Cortado)** : 아몬틸야도 셰리의 풍미와 올로로소의 바디감을 가진 혼합형 셰리. 드라이하며 호두 플레이버가 특징이다. 팔도 코르타도는 생산이 적으며 적어도 20년 동안 숙성시킨다. 향은 아몬틸야도의 특징과 입 안에서는 올로로소의 특징이 느껴진다.
- **라야(Raya)** : 올로로소 중에 가장 낮은 등급을 생산하며 세련미가 부족하다.
- **아모로소(Amoroso : Brown Sherry)** : 브라운 셰리라 하며 단맛이 강한 특징으로 당분을 많이 포함하고 있다. 데미섹 스타일(Demi-Sec Style)이다.
- **크림 셰리(Cream Sherry)** : 올로로소 스타일 중에 가장 단맛이 강한 것으로서 시럽과 같은 느낌 정도이다. 드

라이 올로로소에 스위트 주스(페드로 히메네즈 또는 모스카텔)를 첨가하여 단맛이 강하다.

- **페드로 히메네즈(Pedro Ximenez)** : 수확 후 포도를 건초 위에 만들어진 매트 위에 말려 응축시키며, 리터당 450g의 높은 당분으로 건포도화시킨다. 당성분이 높아 효모가 제대로 된 활동을 하기 힘들며 발효를 완벽하게 하지 않기 때문에 달콤하다.
- **모스카텔(Moscatel)** : 포도를 건조하여 당을 응축시킨 스타일로 PX(페드로 히메네즈)보다는 덜 단맛을 가진다. 자연적으로 달콤한 셰리는 페드로 히메네즈(Pedro Ximénez) 또는 모스카텔(Moscatel) 포도에서 생산한다. 이 포도는 늦게 수확하고 종종 햇볕에 말린 후 압착한다.

▲ 페드로 히메네즈

당도에 따른 셰리 카테고리는 다음과 같다.

- **드라이 타입 셰리주 카테고리** : 가장 드라이한 순부터 나열

피노(Fino) & 만사니아(Manzanilla) 〈 아몬틸라도(Amontillado) 〈 팔로 코르타도(Palo Cortado)

- **달콤한 타입 셰리주 카테고리(올로로소 타입 셰리 Oloroso type sherry)** : 점점 달콤한 강도가 높게 나열

올로로소(Oloroso) 드라이 〈 크림 셰리(Cream sherry) 〈 페드로 히메네즈(Pedro Ximenez) 가장 달콤한 스타일

〈 색깔별로 읽는 셰리 스타일 〉

| 피노 & 만사니아 | 아몬틸라도 | 올로로소 | 모스카텔 | 페드로 |
| 페일 크림 | 팔로 코르타도 | 크림 | | 히메네즈(PX) |

✏️ **솔레라 시스템** ──○

솔레라는 프랑스 루시옹 지역의 뱅두 나튀렐 와인의 숙성으로 사용되기도 한다. 스페인의 셰리 와인도 솔레라를 사용하는데, 이는 수많은 나무통과 분할 블렌딩을 사용하는 독특하고 다소 복잡한 숙성 시스템이다. 전통적으로 배럴에서 배럴로, 위에서 아래로 이동하며 블렌딩과 에이징 방식으로 출시 전 최소 3년 이상 숙성되어야 한다.

솔레라에서 와인의 일부가 추출될 때의 과정을 사카(Saca)라 한다. 와인의 일부를 빼서, 다른 내용물로 바꾸는 것을 로시어(Rocio)라 하고, 사카와 로시어는 일년에 여러 번 발생한다. 이와 같은 과정이 수년에 걸쳐 계속됨에 따라 평균 연령이 점차 증가한다. 노동 집약적인 이 프로세스의 목적은 시간이 지남에 따라 안정적인 스타일과 품질을 유지하게 된다.

솔레라 시스템은 18세기 후반에 산루카 드 바라메다(Sanlucar de Barrameda)에서 시작된 것으로 알려진다. 그 전에 셰리는 빈티지 셰리 또는 헤레스 드 아나다(Jerez de Añada)로 병에 담아 20세기까지 널리 사용되었다. 빈티지(Añada : '년'이란 의미) 셰리는 솔레라에 들어가지 않으며, 다른 나무통(Cask : 캐스크)과 섞이지 않거나 어린 와인으로 숙성된다.

• 솔레라의 크기 또는 분포

– 전체 저장소에 하나의 크리아데라(Criaderas)가 가득하거나, 일부가 다른 건물에 분산되어 있기도 하다.

– 3 또는 4개 이상의 통이 서로 위에 놓일 때 안정성이 중요하다.

– 맨 아래 줄의 나무통에 들어 있는 술이 가장 오래되어 병입한다.

– 피노(Fino)와 만싸니아(Manzanilla) 캐스크를 배치(바닥 근처가 더 시원, 산화된 스타일의 셰리가 맨위에 놓인다).

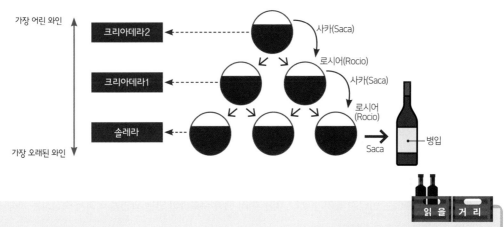

읽 을 거 리

[셰리주가 플라멩코보다 좋다]

스페인은 와인이 수출되기 이전 셰리주에 의해서 더 잘 알려진 나라이다. 그래서 아직도 나이 많은 어른들은 스페인하면 셰리주를 떠올린다. 사실 셰리라는 단어는 영국식 표현이다. 스페인에서는 헤레즈 마을에서 생산된다고 하여 헤레즈(Jerez)라 부른다. 해풍의 영향으로 좋은 포도 재배에 고전분투 하기 때문에 일반적으로 와인을 만드는 포도밭은 해변과 그다지 친하지 않은데 반해 셰리주의 포도밭은 바닷가 가까이에 펼쳐져 있다. 과거의 불명예를 씻고 셰리주가 세계적으로 떠오르고 있는데 셰리주가 좋을 수밖에 없는 이유는 과연 무엇이 있을까?

매년 스페인 남서부 안달루시아 지방의 도시 헤레즈(Jerez)는 세계적으로 가장 유명한 축제 중 하나인 헤레즈 플라멩코 축제(Jerez Flamenco Festival)가 열린다. 이맘 때가 되면 세계 수 천명의 플라멩코 팬들이 헤레즈로 몰려들고 끊임없이 흘러나오는 노래와 기타소리에 맞춰 춤을 추는 사람들, 캐스터네츠와 타코네스(하이힐) 소리가 온 도시를 가득 메운다.

이렇게 두고 보면 플라멩코를 좋아하는 이들에게 헤레즈는 플라멩코일 것이다. 하지만 헤레즈는 셰리주다. 그도 그럴 것이 헤레즈는 스페인에서 가장 유명한 주정강화 와인 셰리의 출생지이기 때문이다.

과거, 스페인에서 셰리주는 단지 나이든 여자들이 즐겨 마시는 술일 뿐이었다. 그런 셰리주가 어떻게 스페인에서 매일 마시는 와인으로 자리를 굳게 잡을 수 있었을까? 프랑스의 샴페인, 포르투갈의 포트와인처럼 셰리주는 스페인의 가장 복잡하고 노동 집약적인 와인이다. 셰리주는 알코올이 약 15.5~22%까지 함유되어 있다. 일반 와인이 약 12~14.5%인데 비교하자면 고 알코올 와인이 아닐 수 없다. 이런 높은 알코올을 만들어내기 위해서는 인위적으로 브랜디를 첨가하는데 이렇게 만든 것을 일컬어 주정강화 와인이라 부른다.

포트, 마데이라 와인도 이에 속한다.

셰리주의 가장 큰 특징은 숙성시킬 때 산소와 접촉시키는 유무에서 찾을 수 있다. 따라서 어떤 스타일은 산소 접촉의 숙성을 거쳐서 산화된 듯한 맛을 표현해 내고, 반면에 와인의 맨 위에 '플로르(Flor)'라는 두꺼운 효모층이 형성되어, 이 효모층이 와인과 산소의 접촉을 차단시켜 주며, 산화를 방지하고 생물학적 숙성으로 독특한 풍미를 준다. 그래서 셰리주는 드라이한 피노(Fino), 달콤한 크림(Cream) 셰리주 등 다양한 맛을 지닌 다양한 스타일로 나뉜다.

셰리주의 또다른 특징은 바로 숙성 방법에 있다. 셰리 와인 저장고에 가면 가장 높게는 14줄, 작게는 4줄로 올려져 있는 오크통들을 쉽게 발견할 수 있다. 가장 아래줄의 오크통에는 가장 오래 된 빈티지의 셰리주를, 올라갈수록 최근 빈티지의 셰리주를 넣어서 보관을 한다. 가장 아래줄의 오크통에 담겨진 셰리부터 어느 정도 숙성이 지나면 빼내어 병입하고, 위에서 아래로 셰리주를 오크통에 옮겨 담으며 블랜딩한다. 이러한 시스템을 솔레라(Solera)라고 부르는데, 빈티지의 품질이 매년 다름에도 불구하고 매년 일정한 셰리주의 맛을 느낄 수 있었던 것도 이러한 방법 덕이다.

세 번째 특징은 빈티지이다. 대부분의 와인에는 빈티지가 반드시 표기되어 있어 매우 중요하게 여겨진다. 이에 반해 셰리주에는 빈티지 표기가 없다. 이는 여러 해에 수확하여 만든 와인을 섞어서 숙성하는 과정을 거치므로 빈티지가 중요하지 않기 때문이다.

그렇다면 셰리주에는 어떤 음식이 어울릴까? 스페인의 대중적인 바에 가면 여러 종류의 음식을 작은 접시에 담아 서 있는 상태에서 손가락으로 먹는 사람들의 모습을 쉽게 찾아볼 수 있다. 작은 접시의 음식을 타파스(Tapas : 식욕을 돋우어 주는 애피타이저의 일종으로서 스페인 요리에서 스낵)라고 하는데, 이것은 알코올이 높은 음료를 막기 위해서, 혹은 여러 종류의 음식을 바에서 먹을 수 있게 만들어진 음식이다. 헤레즈는 타파스의 고장이기도 하다.

요즘은 스페인에서 뿐만 아니라 어디를 가나 바(Bar) 또는 레스토랑에서 간단한 요기거리로 타파스를 즐겨 먹는 모습을 흔히 찾을 수 있다. 물론 셰리주만이 다양한 종류의 알코올 음료와 함께 말이다. 셰리주는 이렇게 음식과 함께 마시는 것 외에 음식을 할 때도 많이 이용한다. 요리는 음식의 소스를 만들 때 셰리주를 넣은 뒤 달콤한 카라멜 향과 맛을 가미하기도 하고, 셰리주를 가지고 식초를 만들어 드레싱으로 사용하기도 한다.

공급이 과잉되면 상급의 와인이라도 가격이 떨어질 수 밖에 없다. 1980년대 초에 버블이 붕괴되면서 셰리의 포도밭의 면적은 감소하였다. 이것은 셰리의 이미지까지 영향을 끼쳤다. 이후 생산량의 조절과 관리를 통해서 포도의 거래 가격은 상승되었으나, 여전히 셰리의 판매 가격은 예전보다 착하며 '가성비 와인'이다.

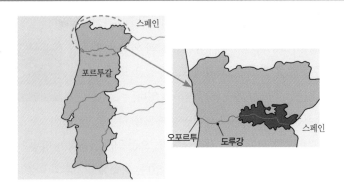

포르투갈에서 포도를 재배한 것은 4,000년 전부터이다. 포르투갈의 남부 지역에서 페니키아인들은 와인 양조법을 도입했고, 로마인들은 북부의 켈트족을 몰아내면서 포도나무 재배와 와인 양조법을 전달하였다. 2세기에 기독교는 포르투갈에서 기도 의식에 포도주를 포함시켰다.

1386년 윈저 조약으로 인해 포르투갈 북서부의 서늘한 지역에서 영국으로 와인 무역이 많이 발생했으며 비아나도 카스텔로(Viana do Castelo) 항구를 통해 와인을 수출하였다. 당시 대부분 가볍고 산도가 높은 레드 와인이었다.

영국과 프랑스의 백년전쟁(1337~1453년)으로 인해 영국은 보르도 지역을 프랑스에게 되돌려주었다. 그후 보르도 와인을 전면 수입 금지 조치했고, 보르도 와인을 대체할 와인 산지를 찾았다. 17세기에 포르투갈의 항구도시 오포르투(Oporto)를 발견하고, 도루강(Douro) 상류에서 와인 재배가 크게 발전하기 시작했다. 이때부터 영국은 포르투갈 와인 생산을 장려하고 많이 수입하는 계기를 마련하게 되었다. 그러나 당시 와인 운송에 문제가 발생했다. 포르투갈에서 영국까지 긴 항해로 인해 직사광선, 진동 등 외부적인 영향으로 와인의 맛이 변질되었기 때문이다. 이러한 대책으로 와인에 알코올이 높은 브랜디를 첨가하여 주정강화시켜, 알코올 도수가 높아짐에 따라 보관이 편하고 맛의 변질 위험이 적어지게 되었다. 풍부하지만 소박한 도루 와인을 브랜디로 강화하여 안정적으로 유지하면서 포트 와인이 탄생했다.

그 후 18세기로 들어서면서 수입 금지조치는 풀렸으나, 보르도 생산품에 대한 수입 세금이 두배로 높았다. 이러한 상황으로 인해 포르투갈 와인은 인기가 많았으며, 생산은 가속화하였고, 생산량의 90% 이상을 영국으로 수출하게 되었다. 그 이후에 많은 영국의 회사들이 포르투갈에 정착하고, 포트 와인 생산에 투자하기 시작하였으며 Warre's, Croft, Dow's 같은 회사들이 대표적이다.

▲Warre's　　　▲Croft

유럽의 남서쪽에 위치한 포르투갈은 560km 길이와 160km 폭으로 다양한 기후와 약 450개가 넘는 포도 품종을 재배하고 있다. 나라는 작지만 와인 강국인 포르투갈은 포트(Port) 와인이라는 달콤한 강화 와인을 만들어 디저트용 와인으로 식후주로 유명하다. 그 외에 포르투갈은 드라이 레드 와인을 많이 생산하고 최근 스파클링 와인을 생산하고 있다.

포르투갈은 12세기부터 부분적으로 원산지 통제명칭 제도를 시행할 만큼 와인에 대한 자부심이 강한 전통적인 와인 생산국이다. 오랫동안 전통적인 방법으로 와인을 생산하였지만, 최근에는 새로운 기술을 도입하여 품질 향상에 노력하고 있다. 지중해성 기후와 아열대 기후, 온대 기후가 존재하며, 약 200개가 넘는 미세기후가 나타나고 있다.

전통적으로 포르투갈은 주정강화 와인으로 유명하며, 포트(Port)와 마데이라(Madeira)를 생산한다. 최근에 수출용으로 개발한 로제, 스파클링 와인도 세계 각 시장에서 인기를 끌고 있다.

🖊 지리적 위치 ──○

비호베르드(Vinhos), 다우(Dão), 바이하다(Bairrada)는 북쪽 지방의 생산지이고, 새로 부각되는 와인 산지는 남부에 자리한 리바테호(Ribatejo), 알란테주(Alentejo), 에스트레마두라(Estremadura)이다. 마데리아(Madeira)는 모로코 서쪽에 위치한 섬이다.

- **도루(Douro)** : 가장 알려진 지역으로 도루 밸리(Douro Valley)에서 재배한다. 3개 하위 지역은 시마 코르고(Cima Corgo), 바이소 코르고(Baixo Corgo), 도루 수페리오르(Douro Superior)로 나뉜다. 토양은 편마암과 화강암이다.

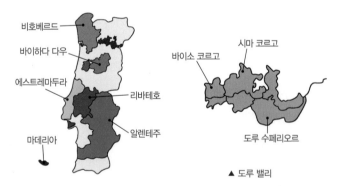

▲ 도루 밸리

🖊 포도 품종 ──○

포르투갈 와인 맛의 비결은 포르투갈 토종 품종에 있다. 라벨에 포도 이름을 거의 표기하지 않는데 예외적으로 토우리가 나셔널, 바가, 틴타 로리츠(템프라닐요)는 라벨에 표기한다.

- **레드 품종**

  | 주 품종 | 토우리가 나셔널(Touriga Nacional), 바가(Baga), 틴타 로리츠(Tinta roriz = Tempranillo)

  | 블랜딩 | 틴타 카오(Tinta cao), 틴타 바로카(Tinta barocca), 토우리가 프란체사(Touriga francesa), 틴타 아마렐라(Tinta amarela)

- **토우리가 나셔널(Touriga Nacional)** : 포르투갈 최고의 레드 품종이며 원산지는 북부이지만 전국에서 재배된다. 두꺼운 껍질을 가진 포도로, 그 껍질은 색과 타닌이 풍부하여 뛰어난 구조와 장기 숙성이 가능하다. 훌륭하고 강렬한 풍미를 가지고 있으며, 동시에 꽃과 블랙커런트, 라즈베리, 허브와 감초의 향이 느껴진다.
- **바가(Baga)** : 바이하다(Bairrada) 지역은 바가 품종의 유명한 고향이지만 다우(Dão)를 포함한 베이라스(Beiras)의 다른 곳에서도 널리 볼 수 있다. 바가 포도는 작고 두꺼운 껍질을 가지고 있으며 만생종이다. 진한 색과 풍부한 타닌, 높은 산미 구조를 가지고 있다. 딸기와 검은 자두의 맑은 풍미와 커피, 건초, 담배 및 스모키향이 느껴진다. 바가 와인은 잘 숙성되어 부드러워지고 우아함을 얻고 허브와 삼나무, 말린 과일의 복합적인 아로마를 느낄 수 있다.
- **틴타 로리츠(Tinta roriz)** : 템프라닐요(Tempranillo)는 스페인어로, 포르투갈어는 지역에 따라 아라고네즈(Aragonês)와 틴타 로리츠(Tinta Roriz)라는 두 가지 이름으로 부른다(후자의 이름은 다우(Dão) 및 도루(Douro) 지역에서만 사용된다). 최근에는 다우(Dão), 리바테주(Ribatejo), 테조(Tejo) 및 리스보아(Lisboa) 지역 등 포르투갈 전역에서 재배된다. 우아함과 견고함, 풍부한 베리 과일과 매운 맛을 결합한 풍부하고 생생한 레드 와인을 생산한다. 다양한 기후와 토양에 잘 적응하지만 모래 또는 점토 석회암 토양에서 덥고 건조한 기후를 선호한다. 일반적으로 토우리가 나셔널(Touriga Nacional) 및 토우리가 프랑카(Touriga Franca), 그리고 알란테주(Alentejo)의 트린카데이라(Trincadeira), 알리칸테 보스세(Alicante Bouschet) 품종들과 블랜딩한다.

- **화이트 품종**

| 주 품종 | 말바지아 피나(Malvasia Fina), 라비가토(Rabigato), 구베이오(Gouveio), 비칼(Bical), 알바리호(Alvarinho), 안타오 바즈(Antao Vaz), 아린토(Arinto)

- **말바지아 피나(Malvasia Fina)** : 도루(Douro), 다우(Dão) 지역에서 재배되는 화이트 품종이다. 말바지아 피나(Malvasia Fina) 와인은 미묘하고 특히 강하지 않고 적당히 신선하다. 밀랍 및 넛맥과 같은 향이 나며, 스모키향이 느껴진다. 일반적으로 블랜딩에 사용되는 품종이다. 병충해에 취약하며 오디움에 민감하고 썩고 곰팡이가 생기기 쉽다.
- **리비가토(Rabigato)** : 도루 지역의 화이트 품종이다. 밝고 산뜻한 산미를 더해준다. 드물게 단일 품종으로 양조될 때 아로마는 식물성 향과 강한 미네랄 특성, 전신 및 좋은 산 구조와 함께 아카시아와 오렌지 꽃이 느껴진다. 포도알은 작고 녹색을 띤 노란색이다.
- **구베이오(Gouveio)** : 포르투갈 전역에 심어져 있다. 좋은 산도, 풍부한 바디, 신선한 감귤향과 함께 복숭아와 아니스의 향과 사랑스러운 균형을 가진 신선하고 활기찬 와인을 생산한다. 도루(Douro)에서 베르델호(Verdelho)로 알려져 혼동이 있었다. 비교적 높은 수확량을 얻는다.
- **비칼(Bical)** : 비칼 품종은 부드럽고 향기롭고 신선하며 잘 구조화되어 있으며 일반적으로 복숭아와 살구향이 나는 반면, 익을 때는 열대 과일향이 느껴진다. Bairrada에서 비칼(Bical)은 종종 아린토(Arinto) 품종과 블랜딩하여 스파클링 와인을 생산한다. 포도원에서는 초기 품종이며 적절한 시기에 따면 신선하고 산도가 좋지만 너무 늦게 수확하면 산도가 부족해진다. 병충해 중에 흰가루병에 취약하다.
- **알바리호(Alvarinho)** : 단일 품종으로 병에 담긴 최초의 포르투갈 화이트 품종 중 하나였다. 풀 바디와 복숭아, 레몬, 패션 후르츠, 리치, 오렌지 제스트, 재스민, 오렌지 블랏썸, 레몬 밤을 연상시키는 복잡하지만 섬

세한 향이 느껴진다. 알바리호는 주로 빈호 베르데(Vinho Verde) 지역의 북쪽에 있는 민호(Minho) 강을 따라 재배된다.

- **안타오 바즈(Antao Vaz)** : 알렌테호(Alentejo)의 화이트 품종 중 하나이다. 알란테주(Alentejo) 지역 대평원의 따뜻하고 햇살이 좋은 기후에 잘 재배된다. 포도알이 크고 너무 빡빡하지 않고 크고 껍질이 튼튼하다. 일반적으로 견고하고 풀바디가 잘 짜여진 화이트 와인을 생산한다. 단일 품종으로 만들어졌으며 잘 익은 열대 과일, 귤 껍질 및 미네랄 성분의 힌트와 함께 좋은 구조로 활기찬 향이 느껴진다. 일찍 수확하면 후레시한 향과 산미가 산뜻한 와인을 생산한다. 종종 아린토와 블랜딩되어 상쾌한 산도를 제공한다.
- **아린토(Arinto)** : 로컬 이름으로 페데르냐(Pederná)라는 이름으로 사용된다. 사과, 라임, 레몬을 연상시키는 부드러운 풍미와 함께 종종 미네랄 품질로 생동감 있고 상쾌한 산미로 드라이 화이트 와인을 생산한다. 더운 기후에서도 산도를 유지하기 때문에 아린토는 블랜딩을 한다. 스파클링 와인을 생산하기도 한다.

4-2 포르투갈 와인의 등급

- **DOC(Denominacao de Origen Contolada) / DOP**
원산지 통제 명칭 으로 프랑스의 AOC/AOP에 해당되는 최상급 와인이다. 옛날부터 와인 특산지로 지정되어 역사와 전통을 자랑하는 지역으로 포르토, 도루, 마데이라, 미뉴 베르드, 바이라다 등 라벨 표기 가능하다. 최근에 와인 특산지로 지정된 33개 DOC에서 생산된 와인으로 고급 와인 등급을 말한다.

- **VR(Vinho Regional) / IGP**
14개 레지오날(Regional)로 넓은 지역 구분. 프랑스의 IGP 급에 해당하는 명칭 와인이다. 품종이나 규정에 얽매이지 않고 생산된 와인으로 산지명의 표시가 인정되고 있다. 포도 품종이 표시되었을 경우, 해당 품종은 85% 이상 사용해야 한다.

14개 VR(지역명)	
• Minho	• Algarve
• Lisboa	• Terras de Beira
• Transmontano	• Terras de Cister
• Alentejano	• Beira Atlantico
• Duriense	• Terras Madirenses
• Peninsula de Setubal	• Tejo
• Terras do Dao	• Acores

- **Vinho** : 테이블 와인으로 프랑스의 뱅드 타블(Vin de table), 뱅드 프랑스(Vin de france)에 해당하는 대중적인 와인이다. 원산지명을 표시할 수 없는 테이블 와인으로 생산량이 가장 많고 대중적인 와인이다.

17세기까지만 해도 리스본(포르투갈의 수도)에서 북쪽으로 300km 정도 떨어진 도루 밸리(Douro Valley)에서 와인이 생산된다는 사실은 널리 알려지지 않았다. 1678년 영국의 두 상인이 포르투갈을 여행하였는데, 영국 상인들은 우연히 라메고 지방의 왕가 저택에서 하룻밤을 머물렀고 저녁을 먹다가 이전에는 결코 맛본 적이 없는 독특한 와인을 마셨다. 바로 포트 와인이었다.

영국 상인은 이 와인의 가치를 깨닫고 곧바로 영국으로 수출했다. 포트 와인은 북 포르투갈 지역의 도루 밸리에서 재배되는 포도로 발효 중 브랜디를 첨가해 알코올을 인위적으로 높인 주정강화 음료다. 그래서 알코올 도수가 여타 와인보다 높다. 그리고 달콤하다. 효모에 의해서 발효가 완전히 이루어진 상태가 아니어서 주스 자체에 당분이 많이 남아 있는 탓이다.

포트 와인의 성장은 15세기 중반부터 영국과 프랑스와의 관계가 점차 악화되면서, 영국의 포르투갈 와인에 대한 의존도는 점차 높아지는 것과 발 맞춰갔다. 영국까지 가는 긴 바다 여행에서 와인들이 늘 좋은 컨디션을 유지하는 것은 아니었기 때문에 좀더 오래 보관해서 좋은 맛과 향을 유지하기 위해 나무통에 브랜디를 첨가했던 것이 원조가 되었다. 포트 와인 수출은 1703년에 영국과 포르투갈 간에 있었던 메이덴 조약으로 포르투갈이 영국의 직물을 수입하고, 영국은 포르투갈의 와인을 수입할 때 프랑스 와인보다 관세를 1/3 적게 낸다는 것을 계기로 확실한 전성기를 맞이한다.

영국에서 포트 와인의 반응은 가히 폭발적이었다. 포트 와인은 어렵지 않게 영국 전역에 쫙 퍼졌고, 언제 어디서나 애용되는 국민 와인이 되었다. 현재 포트 와인의 대부분은 영국 사람에 의해서 만들어지고 있으며 그 소유 또한 영국인이다. 그래서일까? 대다수의 사람들은 포트 와인을 두고 영국의 것으로 생각하는데 천만의 말씀이다. 포트 와인의 원산지이자, 최대 생산지는 포르투갈이지 영국이 아니다. 절대 혼돈하지 말자.

자국 상인이 유통을 시작했기 때문인지 영국에서는 크리스마스나 새해와 같은 축제일에 포트 와인을 마시는 전통이 남아 있다. 영국은 지금까지 전 세계 포트 와인 생산량의 약 70% 이상을 소비하고 있을 정도로 시장이 크고 인기가 높다.

포트 와인은 포르투갈 북부 지역의 도루강(Douro River valley) 지역에서 재배되는 포도 품종들을 가지고 와인을 만들어 브랜디를 첨가하여 알코올을 인위적으로 높인 '주정강화 와인'이다. 이 와인은 포도를 재배하는 농장에서 발효하는데 이 농장을 일컬어 Quintas라고 부른다. 이 단어의 유래는 예전에 포르투갈의 포도 재배 농장은 그들 수입의 1/5을 세금으로 지불하였다고 한다. 포르투갈에서 1/5의 수를 퀸타스(Quintas)라고 부른다.

기후가 좋아서 포도의 품질이 우수했던 해는 특별히 빈티지 포트를 생산한다. 와인은 매년 그해에 수확한 포도만을 가지고 만들어 빈티지를 표시하는 반면에 포트 와인은 빈티지가 좋았던 해에만 빈티지 포트 와인을 만든다. 또한 에이징 방법에 따라, 여과 과정에 따라 포트 와인은 다양한 스타일로 만들어진다(White Port, Ruby, Crusted Port, Tawny, Aged Tawny, Colheita, Vintage Character, Single Quinta Port, Late-Bottled Vintage Port, Vintage Port).

이와 같은 각각의 스타일을 가지고 있는 포트 와인은 음식에 따라 골라 마시기에 더없이 좋다. 드라이한 화이트 와인 스타일부터 아주 달콤하여 레드 디저트 와인 스타일까지 있어서 다양한 음식하고 어울리는 것이 포트 와인의 매력이다. 드라이한 화이트 포트 와인은 주로 식전주로 마시며, 달콤한 스타일의 레드 포트 와인은 디저트 또는 블루 치즈에 잘 어울린다. 특히 초콜릿과 가장 잘 어울린다. 일반적으로 초콜릿에는 달콤쌉싸름한 쓴맛이 담겨있어 와인과는 매치하기가 어렵지만, 달콤한 포트 와인은 예외다. 특히 여과를 거치지 않은 포트 와인은 병 밑에 앙금이 남아 있어 오픈하기 하루 전에 똑바로 세워두고 디캔팅을 하는 것이 좋다. 포르투갈 이외의 나라에서 주정강화 와인 스타일을 만들어 'Port'로 표기하는데, 포트 와인은 포르투갈에서 만든 주정강화 와인 스타일의 독창적인 와인이란 것을 혼동하지 말아야 한다.

🖊 포트 와인(Port wine) 양조 과정 ——o

9월말에서 10월 초에 기본적으로 손으로 포도를 수확한다. 이렇게 수확한 포도는 파쇄(으깨기)와 압착을 하여 발효조에 넣고 발효를 시작한다. 약 5%의 알코올에 도달할 때까지 진행하고 효모가 포도 속에 포함되어 있는 자연적인 당을 50% 정도 소비하면서 알코올로 변화시켰을 때, 발효를 멈추고 브랜디를 첨가한다. 이로 인해 포트 와인은 알코올이 높고, 당이 남아 있는 상태로 단맛이 느껴진다. 첨가하는 브랜디의 비율은 와인의 1/4 정도이다. 주정강화를 시킨 포트(Port) 와인은 알코올이 약 20%이다. 숙성 동안 알데히드(Aldehydes), 에스테르(Esters)가 생성되고, 안토시안(Anthocyanes)이 수정된다.

🖊 특징과 종류 ——o

• 포트 와인
강화 와인이다. 포트는 스위트하고 나무 열매향이 나고, 빈티지 포트는 검은 빛깔의 과일향과 후추향, 향신료 맛이 난다.

• 포트 스타일
포트의 블랜딩은 포도 품종, 포도밭, 빈티지에 따라 다양하며 빈티지 포트와 논 빈티지 포트로 나뉜다. 빈티지 포트는 수확한 해 포도만을 사용하여 생산된 와인을 가리킨다. 이런 와인은 10~15년 정도 병입하여 숙성을 한 후에 마실 수 있다. 배럴 에이징과 보틀 에이징으로 구분한다. 배럴 에이징은 루비, 화이트, 타우니, 콜레이타, 레이트 보틀드 빈티지이고, 보틀 에이징은 빈티지, 싱글 퀸타 빈티지가 있다.

*포트 종류
• 화이트 포트(White Port)
화이트 포도 품종으로 만들고 드라이와 스위트까지 종류가 다양하다. 특히 드라이 화이트 포트는 식전주(아페리티프)로 적당하다.

White port ▶

• 루비(Ruby)
어린 와인(Young wine)을 일컫는 의미로 3년 동안 오크통에서 숙성시킨다. 루비색을 띠며, 스파이스 향이 가

법게 나면서 심플하여 가장 가볍게 마실 수 있는 와인으로 인기가 많다. 뒷 끝이 약간 쓴맛이 느껴지며 침전물이 많이 보인다. 년도 표시 없이 그냥 '타우니'라고만 쓰여 있는 저가의 포트들은 보통 힘이 아주 약한 어린 루비포트 와인을 블랜딩해서 만든다.

▲ Ruby Port

• 빈티지(Vintage)

포트 와인은 여러 해에 걸쳐 수확한 포도즙을 혼합하여서 만든다. 그러나 빈티지는 한 해에 수확한 포도즙으로만 만들어 작황이 좋은 해에만 만들어질 수 있다. 2년 동안 숙성이 의무적이며, 병입 후 저장고에서 약 10년 동안 숙성시킨 후 출하한다. 최고의 빈티지는 1963년, 1994년이 인정받고 있다.

▲ Fonseca Vintage Port 2000

• 빈티지 캐릭터(Vintage Character)

더 이상 사용하지 않으며 현재는 레제르베(Reserve)로 표기한다. 수확 후 약 4~6년 정도 숙성시킨 루비 포트를 블랜딩하여 만든다. 여과 과정을 거치고, 숙성된 포트는 병입후 출하한다.

▲ Vintage Character

• 타우니(Tawny)

여러 해에 걸쳐 수확한 포도즙을 혼합하여 만들며 약 3~40년 정도까지 숙성시킨다. 이 기간 동안에 색을 잃어가고 호두와 헤이즐넛의 견과류향을 얻으면서 복합적인 아로마가 느껴진다. 주로 10, 20, 30, 40year 병에 표시되는데 스페인의 세리주와 같은 방법으로 만들어진다. 이 년도의 표기는 평균 포도 수확 년도에 따라서 표기한다.

▲ Tawny 30year

• 레이트 보틀드 빈티지(Late Bottled Vintage, LBV)

적어도 약 4~6년 동안 숙성을 의무화한다. LBV는 '늦게 병입을 한 와인'이라는 뜻이다. 같은 해에 수확한 포도즙만 이용하여 만들고 숙성의 기간이 더 길다. 빈티지 포트와 오크통 에이징 포트를 절충한 일종의 대안인 LBV(Late Bottled Vintage)란 범주는 오크통에서 4~6년간 숙성시킨 포트를 바로 병입한다.

전통적인 방법으로 제조된 LBV는 침전물이 많이 나타나면서 병 안에서 숙성이 잘 이루어진다. 따라서 서비스 하기 전에 디캔팅(Decanting)은 필수이다. 또는 병입하기 전에 여과(Filteration)한 포트는 병 오픈 후 즉시 마실 수 있다. LBV는 오랫동안의 숙성 기간을 거쳐서 병입 후 바로 마실 수 있을 만큼 부드러우며 세련미가 돋보인다.

▲ Taylor's LBV

• 크러스트 (Crusted)

크러스티드 포트(Crusted Ports)는 여러 해의 와인을 블랜딩해 침전물이 많이 쌓이도록 일찍 병입한 것으로 소량을 생산한다. 여러 다른 해의 포도즙을 블랜딩하여 만든다. 적어도 3년 동안 오크통에서 숙성시키고, 병입 후 2년 동안 저장고에서 숙성시킨다. 여과의 과정을 거치지

▲ Dow's Crusted Porto

않기 때문에 침전물이 많이 나타나는 것이 특징이다. 따라서 침전물을 제거하기 위해 디켄팅이 필요하다. 다른 스타일의 포트 와인에 비해 가격과 품질이 우수하다.

• 싱글 퀸타 빈티지(Single Quinta Vintages)

▲ Single Quinta Vintage 1998

싱글 퀸타(Single-quinta) 빈티지 포트 와인으로 고급의 황갈색(Tawny) 포트는 파이프(Pipe)라고 하는 550~600리터 용량의 오크통에 담아 적게는 2년에서 병입 후 50년 동안 숙성한다. 빈티지 포트가 육중함과 풍부함, 강렬함을 지니고 있다면, 타우니 포트는 부드러움을 더했다고 할 수 있다. 단, 단일 포도밭에서 수확한 포도을 가지고 만들며 또한 작황년도 같다. 일종의 빈티지 포트이다. 따라서 양질의 포도밭을 선택하여 포도를 재배하고 수확하여 만들어진다. 2년 동안 숙성시키고, 병입 후 다시 더 숙성시켜 출하한다.

• 콜레이타(Colheita) : 콜레이타(Colheita)는 수확을 뜻하는 포르투갈어이다. 단일 빈티지의 포도만을 사용하고 최소 7년 동안 숙성이 의무화되어 있다.

Colheita 1976 ▶

✏️ 빈티지 디클레이션(Vintages Declarations) ──○

가장 양질의 와인을 의미하나 굉장히 소량 생산되며 같은 해에 수확한 포도로 만든다. 수확한 다음해 7월 1일에서 3년째 되는 해의 6월 30일 사이에 병입을 한다. 발효 후 1년 동안 숙성시키고, 양질의 와인만을 선택한다. 대부분 포토 와인 회사의 이미지를 대표하므로 그 품질이 우수하였을 경우에만 생산한다.

빈티지와 타우니의 가장 큰 차이는 숙성을 어떻게 시키는 방법의 차이에서 그 품질이 다르다. 빈티지와 같은 경우는 짧은 기간 동안 숙성을 시키고, 병입 후 오랫동안 병 안에서 숙성을 시킨다. 반면에 타우니의 경우는 오랫 동안 오크통에서 산소와 함께 숙성이 이루어져 병입 후 바로 마실 수 있다.

프랑스의 샹파뉴 지역에서 생산된 발포성 와인만 샴페인이라 부를 수 있는 것처럼 '포트(Port)'란 이름도 다른 지역에서 만들어진 것은 '주정강화 와인'이다(영문 표기 : Port, 포르투갈 원어 표기 : Porto). 그러나 호주에서는 여전히 포트(Port) 단어를 라벨에 표기하는 경우가 있다. 포트 와인의 대표적인 아로마는 라즈베리, 블랙베리, 카라멜, 시나몬, 초콜릿 등이 느껴진다.

✏️ 포르투갈 와인 용어 ──○

아데가(Adega) – 셀러 브랑코(Branco) – 화이트 도세(Doce) – 스위트
갈라파도(Garrafado) – 병입 마두루(Maduru) – 오래된, 숙성된
퀸타(Quinta) – 농장, 포도원 세코(Seco) – 드라이 틴투(Tinto) – 레드
베르데(Verde) – 젊은 비냐(Vinha) – 포도밭

• 작황이 좋았던 빈티지 포트(Excellent Vintage)

1908, 1912, 1920, 1924, **1927**, 1931, 1934, 1935, 1945, 1947, 1948, 1955, **1963**, 1966, 1970, 1975,

1977, 1980, 1982, 1983, 1985, 1991, 1992, **1994**

특히 1994년은 전설적인 1963년 해보다 훨씬 높이 평가받고 있다. 그리고 1927년은 포트 와인의 최고의 해로써 인정받고 있다.

- **유명한 회사** : 그라함(Graham), 테일러스(Taylor), 샌드만(Sandeman), 노발(Noval), 크로프트(Croft), 다우스(Dow's), 페레이라(Ferreira), 폰세카(Fonseca)

▲ Graham's　　▲ Taylor's　　▲ Sandeman　　▲ Dow's

4-4　마데이라 와인

마데이라 와인에 대한 기록은 약 600년 전으로 거슬러 올라간다. 15세기에 영국 왕 에드워드 4세와 관련된 일화에도 '맘지 와인'이란 이름으로 등장하고, 대문호 셰익스피어의 작품에서도 자주 언급되었다. 1776년 미국독립 선언문에 서명 후 축하주로 사용하기도 하였다.

15세기 이후 이른바 대항해 시대를 맞아 아메리카 대륙으로 향하는 배들이 급증했고, 마데이라 섬은 대서양을 횡단하는 선박들의 보급기지가 되었다. 17세기 네덜란드 동인도 회사가 향신료를 찾아 인도로 항해하였다. 당시는 해적과 선원들의 시대로 와인은 고단한 삶의 유일한 행복으로 선원들에게 공급되었다. 그러나 긴 항해로 인해 그리고 적도를 지나면서 와인은 변질되었다. 이런 배들에 실린 마데이라 와인에 긴 항해를 견디기 위해 브랜디나 사탕수수로 만든 주정을 첨가하였는데, 드라이 스틸 와인들과 달리 적도를 지나면서 맛이 더욱 좋아졌다.

✎ 지리적 위치 ──○

아프리카 모로코 서쪽 해안에서 약 640킬로미터 떨어진 포르투갈령 화산섬이다. 마데이라는 포르투갈어로 나무 혹은 삼림을 뜻한다. 매우 가파르고 고도가 높아 포르투갈에서 세번째로 높은 산이 있을 정도이다. 연평균 21~22℃, 7월에도 비교적 서늘하고 시원, 12월은 온화한 편이고, 주로 사탕수수와 옥수수, 바나나 등 농작물을 재배한다. 마데이라의 국제 공항은 세계에서 가장 위험한 공항으로 알려져 있다. 마데이라 공항은 포르투갈 마데이라 섬의 푼샬시에 위치한다. 짧은 활주로(길이 1600미터

▲ 마데이라 와인 협회 제공

에 불과)로 인해 위험하다. 평지보다는 가파른 지형이 많기 때문이다. 포도 재배도 이와 같은 지형에서 이루어진다. 특히 포와오스(Poios), 소칼코스(Socalcos)와 같은 테라스 지형으로 포도 재배를 한다. 포도나무는 라타다(Latada) 트렐리스로 덩굴처럼 재배하는 것이 특징이다.

전체 포도밭은 443헥타르이고 포도 재배자는 약 2,000가구로 대부분이 패밀리 농업으로 이루어진다. 생산자는 8개 회사가 있다.

8개 회사는 다음과 같다.

Justino's, Madeira Vintners, J.Faria & Filhos, LDA

H.M Borges, Pereira D'Oliveiras, Blandy's, Henrigues & Henrigues Barbeito

✏️ 포도품종별 재배 면적과 특징 ───○

마데이라는 다섯 가지 품종을 라벨에 표기할 수 있다. 세르시알(Sercial), 베르델료(Verdelho), 보알(Boal, 영어로는 부알 Bual), 말바지아(Malvasia, 혹은 맘지 Malmsey), 그리고 틴타 네그라 몰레(Tinta Negra)이다.

이중 틴타 네그라는 전체 생산량의 50% 이상을 차지하는 품종임에도 레이블에 표시되지 않다가 2015년에야 품종 표기가 허용되었다. 틴타 네그라는 피노 누아와 그르나슈의 교배종(Crossing)으로 앞의 네 품종과 달리 레드 품종인데, 다양한 스타일의 마데이라를 생산한다.

• 화이트 품종
- 세르씨알(Sercial) : 23,5헥타르, 전체 약 5% 차지
  엑스트라 드라이 스타일, 드라이, 높은 산도, 후레시함
- 베르델료(Verdelho) : 57,5헥타르, 전체 약 13% 차지
  미디움 드라이 스타일, 골드색, 열대과일향, 아로마틱 품종
- 보알(Boal, Bual) : 13,9헥타르, 전체 약 3% 차지
  미디움 스위트 스타일, 앰버색, 미디움 바디
- 떼란떼(Terrantez) : 2,9헥타르, 전체 약 1% 차지
  미디움 드라이 스타일 또는 미디움 스위트 스타일,
  미디움 다크 컬러, 엘레강스, 쓴맛의 마무리
- 말바지아(Malvasia, Malmsey) : 36,0헥타르, 전체 약 8% 차지
  스위트 스타일, 진한 황금색, 풀바디, 허니와 스파이스 향

• 레드 품종
- 틴타 니그라(Tinta Negra) : 239,0헥타르, 전체 약 54% 차지
  화이트 품종보다 껍질이 두껍다. 드라이~스위트 스타일,
  레드 품종, 모든 종류의 마데이라 생산 가능, 가장 많이 사용

✏️ 양조 방법 ───○

마데이라는 주정강화 와인으로 17~22% 높은 알코올을 가지고 있다. 마데이라를 만드는 과정은 발효 중에 알코올을 첨가한 '주정강화'와 숙성 과정에서의 '열화'로써, 일명 에스투파젬(Estufagem)이다. 강화에 사용되는 주정은 포도로 만들며 중성 알코올이다. 알코올 함량은 94~95%로 상당히 높은 편으로 발효 중인 와인에 주정을 넣으면 발효가 멈추는데, 이때 남은 당분의 양에 따라 단맛의 정도가 다양하게 느껴진다.

- **와인 타입에 따라서 발효시 주정을 첨가하는 시기가 다르다**
  - 스위트 와인(잔당 100g 이상)은 발효 시작 2일째 주정 첨가
  - 미디움 스위트 와인(잔당 78~100g)은 발효 시작 3일째 주정 첨가
  - 미디움 드라이 와인(잔당 54~78g)은 발효 시작 4일째 주정 첨가
  - 드라이 와인(잔당 59g 이하)은 발효가 거의 끝날 무렵 주정 첨가

주정을 넣은 후 숙성 방법은 크게 두 가지로 나뉜다. 대중적인 마데이라를 만드는 빠른 방법과 고급 마데이라를 만드는 느린 방법이 있다. 두 방법 모두 기본적으로 와인을 데워서 산소에 노출시킨다는 점은 동일하다.

▲ 에스투파젬(Justino estufas)
출처 : 마데이라 와인 협회 제공

빠른 방법은 에스투파젬(Estufagem)이라고 불리는데 그야말로 스토브(Estufa)로 와인을 데운다고 생각하면 된다. 보통 와인이 담긴 스테인레스 스틸통에 구리 코일을 감아 45~50℃ 정도의 따뜻한 물을 순환시켜 최소 3개월(90일) 이상 데운다. 이후 나무통으로 옮겨 병입 전까지 2~5년 정도 숙성한다. 색의 변화와 산화가 진행되어 드라이 후르츠, 란시오(Rancio) 아로마가 복합적으로 나타난다.

느린 방법은 나무통에 넣어 저장고의 가장 위쪽에 보관하여 높은 온도로 약 20~35℃이며, 직사광선은 받으면서 최소 2년 동안 에이징한다. 이로 인해 색이 변화하고, 수분이 증발하면서 와인 농도는 강화된다. 낮에는 뜨겁고 밤에는 비교적 서늘한 환경에서 몇 년간 숙성하면서 적정 기간이 지날 때마다 한 층씩 아래로 내려오며, 마지막 단으로 내려온 마데이라는 병입 후 출시한다. 이런 방법으로 나무통을 쌓아 놓는 선반 이름을 따서 칸테이루(Canteiro) 방식이라 한

▲ 칸테이루 방식

다. 칸테이루 방식으로 만든 마데이라는 장기 숙성의 영향으로 병을 오픈한 뒤에도 6개월 이상 음용이 가능하다. 칸테이루는 주로 10년 이상 숙성한 마데이라만을 사용하는 고급 블랜딩 마데이라와 빈티지 마데이라를 만들 때 사용하는 방법이다.

빈티지 마데이라 중 콜레이타(Colheita)는 5년 이상, 후라스케이라(Frasqueira)는 20년 이상 나무통에서 숙성 후에 출시할 수 있다.

🖊 마데이라 종류 ──○

- **블렌드**
- 블렌드 마데이라 : 3년 이상 숙성, 에이징 년도와 포도 품종 표기는 없음
- 리저브(Reserve) : 5년 이상 숙성, 에이징 표기는 하고, 포도 품종 표기는 선택사항
- 올드 리저브(Old Reserve) : 10년 이상 숙성, 에이징 표기는 하고, 포도 품종 표기는 선택사항
- 엑스트라 리저브(Extra Reserve) : 15년 이상, 에이징 표기는 하고, 포도 품종 표기는 선택사항

- 빈티지
  - 콜레이타(Colheita) : 최소 5년 이상 나무통에 숙성, 수확년도 표기, 포도 품종 표기는 선택사항
  - 후라스케이라(Frasqueira) : 최소 20년 동안 나무통에 숙성, 수확년도 표기, 포도 품종(85% 이상 사용) 표기

서비스 방법

마데이라 와인의 잔당 함유량, 스타일에 따라 음용 온도는 다양하다. 마데이라를 마실 때는 14~16℃ 정도로 준비하는 것이 좋다. 너무 낮은 8℃ 이하는 아로마가 느껴지지 않고, 18℃ 이상으로 온도가 높으면 알코올이 강하게 느껴지면서 와인이 지닌 잠재력을 제대로 드러내지 못하기 때문이다. 마데이라의 독특한 풍미를 제대로 즐기기 위해서는 너무 작은 잔보다는 보르도 와인용 글라스처럼 보울이 큰 잔을 사용하는 것이 바람직하다. 마데이라는 스타일에 따라 식전주 혹은 식후주로 마시는 경우가 많지만, 음식과 즐겨도 의외로 잘 어울린다.

Colheita 1999 ▶
(자료 제공 : 마데이라 와인 협회)

마데이라 와인 보관

마데이라는 산화 및 환원 과정이 일어나는 통에서 숙성된 강화 와인(18~20%)이다. 산화로 인해(오크통 내부의 산소와 지속적으로 접촉) 마데이라 와인은 매우 안정적이며 개봉 후 긴 수명을 갖는다. 모든 마데이라 와인은 직사광선을 피하고 실온보다 조금 더 낮은 온도에서 세워서 보관해야 한다.

그 주된 이유는 마데이라 와인이 수백 년 동안 숙성될 수 있기 때문에 와인이 코르크보다 오래 살아남을 수 있기 때문이다. 헤드 스페이스의 소량의 가스는 산화된 향기를 유지하기 위한 것이며, 병의 내용물이 코르크에 닿지 않아야 한다. 그렇지 않으면 코르크가 와인보다 빨리 열화되어 마개의 수명이 짧아 와인의 맛이 떨어질 수 있다. 마데이라 와인은 코르크 열화와 탄력 상실을 방지하기 위해 똑바로 세워서 보관하고, 온도의 변화가 없는 장소에서 직사광선을 피해야 한다.

마데이라 와인의 특징으로 개봉한 후에 올바른 상태로 보관하면 몇 달 동안 지속될 수 있다. 마데이라 와인은 숙성 동안 높은 온도에 노출되어 생산되었기에 병입 후 고온에 노출되어도 유지할 수 있다. 기본적으로 이미 산화된 장수형 강화 와인이므로 더 산화 될 염려가 적다.

5-1 헝가리

✎ 헝가리 주요 생산지역 ———○

유럽의 포도주 역사가 그러하듯, 헝가리도 로마인들이 포도나무를 가져왔다고 전해진다. AD 5세기 경 헝가리에 광범위한 포도밭이 있다는 기록이 있다. 헝가리는 오스트리아 알프스의 동쪽 경사면과 카르파티아 산맥으로 둘러싸인 다뉴브 중부로 유럽의 심장부에 위치한다. 대표적으로 4개의 와인 지역인 Tokaj, Villány, Eger 및 Nagy Soml 가 알려져 있다. 헝가리는 22개의 와인 지역으로 나뉘어져 있으며, 다양한 토착 품종을 사용하고 있다.

헝가리는 와인 생산뿐만 아니라 오크 배럴을 제작한다. 프렌치 오크 배럴의 높은 가격 때문에, 헝가리 오크 배럴을 선택하는 양조장이 많다. 가성비가 우수하다고 평가받고 있다. 미국 오크 배럴의 강한 스모키, 코코넛향보다는 프렌치 오크 배럴에서 느껴지는 토스티, 바닐라 풍미와 섬세함이 있는 헝가리 오크 배럴을 선호하는 편이다.

▲Hungarian oak

생산지	포도 품종
에게르	켁프란코시, 피노 누아
소몰로	푸르민트
소프론	켁프란코시
섹사르드	카다르카, 메를로, 카베르네 소비뇽
토카이	푸르민트, 하르슐레벨뤼
빌라니	시클로스, 카베르네 소비뇽, 켁프란코시

- 에게르(Eger) : 5,335헥타르, 적은 강수량과 긴 겨울 기후이다. 화산 토양이다. 유명 생산자는 황소의 피(Bull's Blood), 에그리 비카베르(Egri Blkaver). 포도 품종은 케크 프랑코쉬, 케코포르토, 카베르네 소비뇽, 메를로가 있다.

- 토카이 : 스위트 와인(Tokaji), 드라이 화이트 와인(Furmint)을 생산한다. 포도 품종은 푸르민트(Furmint), 하르슐레벨뤼(Hárslevelü), 카바르(Kabar), 쿠베수에루(Kövérszölö), 제타(Zéta), 사르가무스쿠티(Sárga-muskotály)이다. 헝가리에서 가장 유명한 산지이다. 유네스코 문화 유산이 있으며 귀부병으로 만든 스위트 와인이 있다. 이 지역은 길고 따뜻한 가을과 보드로그 강에서 들어오는 자욱한 안개로 귀부병을 위한 완벽한 조건을 가지고 있다. 면적은 5,723ha로, 더운 여름, 추운 겨울, 길고 맑음, 안개가 자욱한 가을이 나타난다. 응회암, 황토의 토양이 특징이다.

• 빌라니 : 토양은 황토, 석회질이고, 더운 여름과 따뜻한 겨울의 기후이다. 포도 품종은 카베르네 프랑(Cabernet Franc), 카베르네 소비뇽(Cabernet Sauvignon), 메를로(Merlot), 켁프란코시(Kékfrankos), 하르슐레벨뤼(Hárslevelü)이다.

✏️ 헝가리 주요 포도 품종 ──○

• 청포도

헝가리 토착 품종	국제 품종
푸르민트(Furmint)	소비뇽 블랑(Sauvignon Blanc)
하르슐레벨뤼(Harslevelu)	샤르도네(Chardonnay)
올라스리즐링(Olaszrizling)	피노 그리(쉬르케버라트 Szurkebarat)

• 적포도

헝가리 토착 품종	국제 품종
카다르카(Kadarka)	카베르네 소비뇽(Cabernet Sauvignon)
켁프란코시(Kekfrankos)	메를로(Merlot)
포트쿠기저(Portugieser)	피노 누아(Pinot Noir)

• 로컬 이름으로 사용하는 포도

알려진 포도명	헝가리의 포도명
게뷔르츠트라이미너	트라미나(Tramini)
피노 그리	쉬르케버라트(Szurkebarat)
그뤼너 펠틀리너(Gruuner Veltliner)	죌드 벨틀리니(Zold Veltlini)
블라우프랜카슈(Blaufrankisch)	켁프란코시(Kekfrankos)

✏️ 토카이 양조 방법 ──○

• 어수(Aszù)

토카이 어수의 생산지인 토카이는 헝가리 북동부 변경에 위치하며, 세계 최고의 와인 생산지 가운데 든다. 토카이(Tokaji)는 마을명인 토카이에서 유래했다.

토카이

▲ 소테른   ▲ 트로겐베렌 아우스레제

어수(Aszù)는 원료로 쓰이는 귀부병 걸린 포도를 가리키는 말이다. 토카이 어수는 세계의 명품 스위트 와인으로 손꼽힌다. 프랑스의 소테른, 독일의 트로켄베렌아우스레제와 동등한 지위를 가진다.

토카이 어수는 대체로 헝가리 토착 품종 4가지를 블랜딩하고 푸르민트 주 원료로 하여 빚어진다. 가을 수확기 동안 보트리티스 시네레아 곰팡이에 감염된 포도 귀부 포도알을 수확하여 푸토뇨시(Puttonyos 또는 Putt)라는 약 25kg 바구니에 담는다.

▲ Putt 바구니

• **양조 방식**

어수는 포도송이에서 한알씩 따서 으깨 놓는다. 보트리티스 시네레아에 감염되지 않는 포도는 수확하고 발효시켜서 베이스 와인으로 만든다. 으깨 놓은 어수를 달콤함의 정도에 맞추어 베이스 와인과 블랜딩을 한다. 이때 달콤함의 정도는 푸토뇨시, 즉 베이스 와인에 몇 바구니의 어수를 넣는가에 따라 측정된다.

토카이 어수의 라벨에는 예외 없이 '푸토뇨시(Puttonyos)'라는 단어가 들어간다. 베이스 와인에 보트리티스 시네레아에 감염된 포도(으깬 것)를 많이 넣을수록 와인은 더 달콤하며, 이런 푸토뇨시 와인은 여러 단계로 나뉜다.

• **푸토뇨시와 특징**

■ 3푸토뇨시 리터당 당분 함량 60g~90g/ℓ – 3년 숙성
■ 4푸토뇨시 리터당 당분 함량 90g~1200g/ℓ – 4년 숙성
■ 5푸토뇨시 리터당 당분 함량 120g~150g/ℓ – 5년 숙성
■ 6푸토뇨시 리터당 당분 함량 150g~180g/ℓ – 6년 숙성

▲ 6 Puttonyos   ▲ 5 Puttonyos

토카이 와인 중에서도 가장 달콤한 와인은 일명 에센치아(Essencia)라고 불린다.

토카이 '어수 에센치아(7푸토뇨시)'는 당분 함량이 180g/ℓ에 이른다. 토카이 '에센치아'는 리터당 당분 함량이 400~700g/ℓ이 넘기도 하며 세계적으로 진기한 와인에 속한다.

▲ Aszù Essencia

5-2 인류 최초의 와인 산지, 조지아(구: 그루지아)

러시아 서남부의 카스피해와 흑해 사이에 있는 지역으로 구 소련의 연방 국가였다가 1991년 독립하였다. 2008년 러시아와의 전쟁 이후 러시아로 와인 수출길이 막혔고, '그루지아' 이름을 조지아로 변경하였다. 조지아는 8천년의 역사를 가진 인류 최초의 와인 산지로 우리의 항아리와 비슷한 모양의 통에 와인을 담아 땅속에서 숙성시키는 양조 방법을 사용한다.

✏️ 오렌지 와인 ────○

조지아는 산악지대가 넓게 분포하고 있으며, 충적토로 진흙, 석회암질 토양이다. 주요 와인 산지는 카헤티(Kakheti) 지역으로 전체 와인 생산량의 약 70%를 차지한다.

조지아(Georgia)에서는 기원전 6000년 전부터 청포도를 껍질과 접촉시키는 방법을 사용하고 있다. 포도의 껍질이나 씨를 제거하지 않고 천천히 침용하고 화학물질 첨가를 하지 않고 자연효모로 발효한다. 내추럴 와인

(Natural wine)과 흡사하다. 그러나 조지아에서는 크베브리(Qvevri 또는 Kvevri)라 불리는 밑이 뾰족한 달걀 모양 암포라(Amphora)를 사용한다. 암포라 용기는 시멘트 또는 세라믹 재질이 많다. 전통적으로 암포라를 땅에 묻고, 청포도를 으깨어 즙과 껍질을 함께 넣어 몇 달씩 또는 길게는 1~2년 동안 접촉하여 발효한다. 이후 껍질을 분리한 후 돌로 만든 덮개로 암포라를 닫아서 숙성시킨다. 크베브리의 사용은 기원전 6000년 전부터 사용되었고, 2014년에 유네스코 문화유산으로 등재되었다.

조지아에서는 오렌지 와인을 앰버 와인(Amber wine)이라도 불리운다. 이는 화이트 와인임에도 불구하고 앰버 색깔을 띠기 때문이다. 오렌지 와인은 오렌지 과일로 만든 와인은 아니다. 청포도로 만들며 와인의 색이 연한 오렌지 빛깔이다. 이와 같은 현상은 침용시 포도의 껍질과 씨를 함께 넣어서 발효하기 때문이다.

화이트 와인의 일종이기는 하나, 청포도의 껍질과 씨를 함께 넣어서 주스와 접촉을 시키며 양조한다. 그 결과 오렌지색을 띠는 와인을 생산할 수 있다. 화이트 와인은 포도를 압착해서 즙만 사용하지만 오렌지 와인은 껍질과 씨, 혹은 줄기까지 함께 넣어서 발효시킨다. 이로 인해 오렌지 와인은 입 안에서 느껴지는 타닌과 흙향 등이 느껴지며, 사워도우 빵처럼 신맛이 강하거나 산화 숙성으로 호두, 헤이즐넛 등의 견과류 향이 느껴진다. 마리아주(Mariage)로 오렌지 와인의 독특한 맛과 아로마는 나토 등과 같은 발효식품과 잘 어울린다.

오렌지 와인은 루마니아, 불가리아, 크로아티아, 체코, 조지아, 슬로베니아, 그리스, 폴란드 등 세계적으로 생산된다. 특히 슬로베니아의 지역과 근접해 있는 이탈리아의 프리울리 베네치아 줄리아(Friuli-Venezia Giulia) 지역에서 오렌지 와인을 생산하고 있다.

그라브너 (Gravner)

이탈리아의 프리울리 베네치아 지울리아(Friuli-Venezia Giulia) 지역의 또 한 명의 혁명가, Josko Gravner의 부티크 와인이다. 고대로 거슬러 올라간 전통적인 방식과 현대양조 기술을 융합하고 바이오다이나믹 농법으로 와인을 생산한다. 주황색에 가까운 탁한 금빛으로 인해 그라브너(Gravner)의 화이트들은 일명 '오렌지 와인'이라 불린다. 시간이 지날수록 빛을 발한다. 아주 진하면서 탁한 황금색, 앰버색을 띤다. 밀랍, 라벤더 허니, 카라멜 같은 향을 선사한다. 살구, 오렌지 껍질, 꽃과 달콤한 향신료의 특성을 느낄 수 있다. 실키한 타닌, 길고 조화가 잘 이루어진 피니쉬를 보여준다. 적당한 무게감을 지닌 우아한 풍미가 일품인 와인이다. 암포라에서 6개월의 스킨 컨택(skin contact), 대형 슬로베니안 오크통에서 6년의 숙성 과정을 거친다.

✎ 포도 품종 ──○

- **청포도**

| 카시텔리(Rkatsiteli) | 주로 동유럽에서 재배되며, 높은 산도와 과일향이 풍부하다.

| 므츠바니(Mtsvane) | 고대 품종으로 복숭아향과 후레시하며 주로 블렌딩에 사용하는 품종이다.

| 트솔리카우리(Tsolikauri), 테트라(Tetra) |

- **적포도**

| 사페라비(Saperavi) | 동유럽에서 주로 재배되며, 짙은 색을 띠며 견고한 타닌과 감초, 후추의 다양한 스파이스향과 장기 숙성용 와인이다.

| 오잘레시(Ojaleshi) | 조지아 서부 지역에서 주로 재배한다.

| 알렉잔트로울리(Alexandrouli) |

5-3 **몰도바**

유럽에서 6번째로 포도 재배 면적이 크며 화이트 45%, 레드 38%, 스파클링 15%, 로제 2% 정도로 생산하고 있다. 포도 품종은 약 30가지 이상이다.

주요 산지

3개의 PGI(Protected Geographic Indication)/IGP 지역으로 구분된다.

- **코드루(Codru)** : 중앙에 위치하며, 산지중에 가장 넓은 포도 재배 면적을 차치한다. 언덕 위에 있는 울창한 숲이 강한 바람, 추운 겨울과 여름의 가뭄으로부터 포도밭을 보호한다.
- **발룰 루이 트라이안(Valul lui Traian)** : 흑해의 영향을 받으며 지중해성 기후로 덥고 건조한 여름과 온난한 겨울이다. 포도 재배에 적합한 탄산이 함유된 체르노젬(chernozems : 검은 토양)과 모래, 점토질 토양이다. 3개의 서브 지역으로 나누어진다(Hills of Tigheci, Bugeac Plain, Prut Terraces).
- **스테판 보다(Stefan Voda)** : 몰도바의 남동쪽에 위치한다. 대륙성 기후를 가지고 년간 450~550mm 강수량을 가진다. 점토질, 탄산 체르노젬 토양으로 포드졸화 되어 산성을 띤다.

청포도

- **페테아스카 알바** : 가볍고 후레시하며 복숭아, 살구, 시트러스 계열의 과일향이 풍부하고 신선하며, 깔끔한 드라이 화이트 와인 스타일이다.
- **페테아스카 레갈라** : 장미와 같은 싱그러운 꽃향과 드라이 플라워, 마른 살구, 아몬드향이 느껴진다. 그라사와 페테아스카 알바 품종의 교배종이다.
- **비오리카** : 바질과 향신료 향이 느껴지며 꿀, 시트러스, 살구 아로마가 풍부하다.

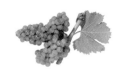

적포도

- **페테아스카 네아그라** : 2천년 이상의 역사를 지닌 고대 품종이다. 짙은 색을 띠며 야생 과일향과 체리 풍선껌 향이 느껴지며, 여운에서도 긴 과일 아로마가 느껴진다.
- **라라 네아그라** : 건과일향과 바닐라향이 느껴지며, 입 안에서 후레시하고 부드러운 질감으로 잘 짜여진 구조감을 느낄 수 있다.

※ 디빈(Divin) : 몰도바에서 생산하는 증류주이다. 오크통에서 3년 이상 숙성시킨다.

출처 : '몰도바 와인', 박찬준 ▶

[와인은 자유요, 독립이다 - 몰도바]

우크라이나에서 비행기를 갈아타고 한시간 남짓 키시너우에 도착했다. 키시너우는 게이트가 고작 3~4개로 작지만 몰도바의 국제공항이다. 전차가 운행되는 거리, 수도에 포도밭과 농업이 공존하는 나라로 인구 3백3십만이다. 1인당 국민소득은 약 3천달러로 우리나라가 1인당 3만달러니, 그 경제규모가 어림 짐작이 간다. 유럽 최빈국 중에 하나이다. 와인을 생산하고 있다. 그것도 유럽에서 6번째로 큰 포도 경작 면적이다. 집집마다 와인을 만들며 즐기는, 와인이 일상생활이다. 역사적으로 소련의 지배하에서 수출의 90%가 구소련 나라들이었고, 공장처럼 와인을 찍어냈었다.

▲ Château Purcari

몰도바는 러시아와 역사적으로 인연이 깊다. 1812년 러시아 제국의 한 영토였다. 1차 세계대전 이후 1918년에 루마니아와 통합되었고, 2차 세계대전 후에 소련에 흡수되었다. 그러나 소련이 붕괴되고 1991년에 분리되어 현재까지 독립국가이다.

그러나 와인의 역사는 길고, 문화는 뿌리 깊다. 와인은 전체 산업의 3위를 차지할 정도로 몰도바인들에게 와인은 삶이다. 전체 인구의 15%가 와인에 종사하고 있다.

안타깝게도 몰도바는 지정학적 위치로 정치적인 시련을 겪어야 했다. 2011년 와인 생산자 푸카리(Pucari)의 프리덤 블랜드(Freedom Blend) 와인이 출시되었다. 이름이 말해주듯이 소련으로부터 독립된 지 20년을 축하하기 위해서였다. 또한 2010년에 크림반도를 둘러싸고 러시아와 우크라이나 간의 분쟁이 고조되었다. 결국 크림자치공화국은 우크라이나에 속해 있었지만 러시아가 이에 대한 불만으로 진압, 병합했다.

푸카리 와인의 상징은 3개 나라의 와인 블랜드(Blend)이다. 이는 러시아에 대한 레지스탕스 와인이다. 몰도바의 와인 마니아들은 농담처럼 말한다. 러시아가 진압한 것은 단지 우크라이나의 크림반도뿐만 아니라 조지아(그루지아)의 사우스 오세티아, 몰도바의 분열된 나라 트란스니스트리아를 말한다고.

트란스니스트리아는 몰도바의 드네스트르 강 동쪽에 위치한 미승인 국가이다. 1991년 소련의 붕괴 이후 몰도바로부터 독립하여 드네스트르 강 동쪽에 자리잡고 있으나, 국제사회에서 독립국가로 인정받지 못하고 있다. 이 지역 사람들은 몰도바 여권을 사용하고 있으며, 몰도바와 끊임없이 갈등을 겪고 있다. 분쟁과 전쟁을 겪으면서 몰도바는 러시아의 관계가 소원해지며 정치적, 경제적으로 독립하려고 노력하고 있다. 이들은 소울메이트인 와인으로 새로운 시장을 개척을 위해 서방으로 눈을 돌리고 있다.

약 35 종류 포도 품종이 있으며, 년간 6천7백만 병을 수출한다. 약 10%의 로컬 품종을 재배하고 있다. 화이트 품종으로 Chardonnay, Sauvignon, Muscat Ottonel, Aligoté, Pinot Gris, Pinot Blanc과 로컬 품종으로 Feteasca Alba, Feteasca Regala가 있다. 페테아스카 레갈라(Feteasca Regala) 화이트 품종은 건살구, 복숭아의 아로마와 아몬드, 장미꽃향이 특징이다.

레드 품종으로 Merlot, Cabernet Sauvignon, Caberent Franc, Pinot Noir와 로컬 품종으로 Rara Neagra, Feteasca Neagra, Saperavi가 있다. 라라 네아그라(Rara Neagra)는 건과일과 무화과 풍미와 부드러운 구조감을 가진다. 페테아스카 네아그라(Feteasca Neagra)는 2000년 이상의 오랜 역사를 가진 품종으로 야생 과일과 체리 아로마와 견고한 타닌의 구조감이 돋보인다.

▲ 라벨 사진(몰도바 와인, 박찬준)

사실, 요즘은 와인의 국적이 사라지고 있다. 미국, 칠레, 이탈리아, 스페인에서는 토착 포도 품종 대신 소비자에게 인기 있는 카베르네나 샤르도네로 바뀌고 있다. 이는 와인을 획일화 시킨다는 우려를 낳고 있다. 와인의 개성, 즉 정체성을 잃고 있다. 그러나 몰도바의 로컬 품종은 몰도바만의 정체성과 개성을 표현하고 있으며, 와인의 다양성이 존재한다. 낮은 임금, 낮은 부동산 가격, 오랜 양조 노하우 등 고품질의 와인을 저가격으로 제공하는 시장 원리에 몰도바 와인이 있다.

프랑스의 보르도와 부르고뉴와 같은 위도선 46와 48도에 위치하고 있다. 포도밭의 약 60%가 계곡과 경사진 언덕에 위치하고 있다. 포도밭의 34%는 Nistru, Prut, Raut rivers의 계곡에 위치하고 있다. 약 52% 포도밭은 힐사이드에 위치하고 있다. Codru에 있는 거대한 포레스트는 강한 바람과 겨울의 추위와 여름의 가뭄으로부터 포도밭을 보호한다.

스틸 와인 85%, 스파클링 와인 15%을 생산한다. 이중 화이트 와인 53%, 레드 와인이 44%, 로제 와인이 3% 생산한다. 몰도바 와인 생산자들은 칠레, 호주 와인의 성장을 벤치마킹하면서 와인의 경쟁력을 높이고 있다. 크리코바(Cricova), 카스텔 미미(Castel MiMi), 라다치니(Radacini) 와인들은 국내 소비자에게 이국적이면서 가성비 있는 와인으로 알려져 있다. 세계는 넓고 와인은 다양하다!

몰도바인들은 그들의 피에 와인이 들어있다고 표현하기도 한다. 그들에게 와인은 자유이자 아이덴티티이다. 정치적 독립이며 경제적 자유이다. 최근까지 몰도바는 러시아와 루마니아, 벨라루스, 체코 등 이웃나라에 와인 수출을 의존했었다. 몰도바는 전통 마켓들은 더 이상 그들과 협력하기 힘들다고 말한다. 동유럽 시장 의존도를 줄이고 더 많은 기회와 더 신뢰적인 파트너를 찾기 위해 중국, 한국, 일본 등 수출 시장을 개척하려고 노력하고 있다.

지정학적 긴장감과 EU연합과 가까워지며 러시아와 골이 깊어지면서 모스크바의 주기적 수입금지조치로 몰도바 와인 생산자들은 투자와 새로운 수출 시장을 위해 아시아 시장을 주목하고 있다. 풍부한 역사를 지닌 가심비(假心比) 와인으로써 다가서고 있다. 몰도바의 활약을 기대해 본다.

Chapter 5 신대륙 와인

미국 와인 명성은 나파 밸리와 소노마 지역을 기반으로 유명해졌다. 그 외에도 세계적으로 우수한 와인 산지가 많다. 와인은 약 400년 부터 미국에서 만들어졌지만, 미국 와인이 실제로 세계적으로 존경을 받기 시작한 것은 불과 60년이다. 미국은 현재 세계에서 4번째로 큰 와인 생산국(이탈리아, 프랑스, 스페인에 이어)이다.

고도가 높은 대륙성 기후부터 해안가의 안개가 자욱한 지역에 이르기까지 다양하다. 다양한 기후와 지형, 토양으로 개성 있는 와인을 생산한다.

1 ◆ 미국

1-1 청출어람, 뉴월드 와인

와인을 구매할 때 무엇을 가장 고려하는가? 원산지 또는 포도 품종 어느 쪽이 더 우선시 되는가?

전 세계의 와인 생산 지역을 크게 두 곳으로 나눈다면 구대륙과 신대륙이다. 다시 말해 구대륙은 와인의 역사와 전통이 깊은 지역으로 프랑스, 이탈리아, 스페인 등의 유럽 등지를 칭하고, 반면에 최근 1세기 동안 와인 생산량의 증가와 더불어 급성장을 이룬 와인 신흥 발전 나라들인 미국, 호주, 뉴질랜드, 칠레, 아르헨티나 등을 신대륙이라 부른다. 지리적인 위치의 차이만을 나타내는 것이 아니다. 그 밖에 테루아를 기본으로 재배 방법, 양조 방법 결과로 와인의 독특한 맛에서 그 개성의 차이를 느낄 수 있다. 이와 더불어 구대륙은 원산지의 아이텐티티가 확립되어 있으며 각 지역의 와인법에 의해서 규제를 받으면서 와인이 만들어진다. 반면에 신대륙의 와인법 규제는 크게 의미를 두지 않으며, 그보다는 와인 생산자의 의견을 존중하며 자유로운 스타일의 와인을 추구하는 실정이다.

또 다른 한편으로는 와인 라벨 표시 방법으로 구대륙과 신대륙을 구별할 수 있다. 신대륙은 역사와 전통이 구대륙에 비해 짧고 시장도 협소했다. 따라서 초기 신대륙의 와인 생산자들은 구대륙의 와인들을 모방할 수밖에 없었다. 그 결과 많은 구대륙의 유명한 와인 생산 원산지의 이름들을 위조, 도용하였다. 실례로 1960~70년대의 캘리포니아 지역에서 생산된 와인 중에 라벨에 '샤블리' 또는 '버건디' 지역의 이름을 표기하는 경우가 많았다. 신대륙의 와인 생산자들은 구대륙 와인의 맛과 비슷한 특징을 추구하고자 할 때는 원산지 이름을 과감하게 빌려 썼다. 이로써 비록 품질이 떨어지는 와인이더라도, 신대륙의 와인들은 소비자에게 친숙하고, 쉽게 다가 갈 수 있었다. 그러나 이러한 원산지 이름의 도용은 결코 구대륙의 와인 생산자들에게는 환영받지 못했다. 이들은 고유한 원산지 보호 명칭을 보장받기 위해 국제 소송을 불러일으켰고, 승소하였다. 그 결과 미국은 유럽의 와인 원산지 이름을 더 이상 사용할 수 없게 되었다.

물론 신대륙의 포도 재배와 양조에 가장 영향을 많이 끼친 프랑스를 무시할 수 없다. 고급 품질의 와인을 생산하고 세계에서

인정받는 구대륙 와인 생산자의 파워는 여전히 전 세계에 영향력이 크다. 그러나 시장에서 와인 소비자를 리드하면서 와인의 품질 향상과 개성을 보급하는 신대륙이 위협적인 존재로 떠오르는 것도 사실이다. 무조건 보르도가 좋다, '뭐니뭐니 해도 부르고뉴가 최고다.'라며 신대륙에 대한 편견을 가지고 있다면 이제는 변화해야 한다. 자신이 좋아하는 포도 품종을 하나 정해두는 것도 좋고, 원산지에 따라 같은 품종이라도 맛이 어떻게 달라지는지 비교해 보면 재미있을 듯 하다.

1-2 역사

1960대에 캘리포니아 와인 산업은 재건을 하면서 큰 와이너리가 나타나기 시작했고, 지역의 특성을 지닌 와인을 생산하기 시작했다. 미국 와인 역사에서 꼭 거론되는 인물인 로버트 몬다비의 열정과 노력은 대단하다.

▲Robert Mondavi Napa Valley

그 외에도 마이크 거기쉬, 웨렌 위니아스키 등의 노력에 힘입어 일조량이 풍부하고 온화한 캘리포니아에서 와인 시장이 활기가 되었다.

1976년 5월 24일 파리에서 열린 '파리의 심판' 사건은 미국 와인을 더욱 발전할 수 있게 만들었다. 블라인드 와인 테이스팅을 하였는데, 1위를 모두 캘리포니아 와인이 차지한 것이다. 이 사건은 고무적이었다. 미국 와인은 물론 칠레, 호주, 아르헨티나, 남아공 와인의 품질 투자와 기술 개발에 원동력이 되었다.

읽을거리

[파리의 심판] 세계를 놀라게 한 캘리포니아의 무명 와인

1976년 5월 24일 파리의 인터컨티넨탈 호텔에서 11명의 심사위원이 모여 10개의 캘리포니아와 보르도의 와인을 가지고 블라인드 테이스팅을 했다. 심사 위원은 저명한 와인 생산자, 와인 평론가, 저널리스트 및 소믈리에들이었다. 결과는 놀랍게도 캘리포니아의 스태그스 립 와인 셀러(Stag's Leap wine cellars) 1973년이 1위를 차지했었다. 뒤이어 샤토 무통 로쉴드(Château Mouton Rothschild) 1970년이었다. 이 결과는 타임(TIME)지에 '파리의 심판'의 제목으로 보도화 되었다. 캘리포니아 와인의 대반전이었고, 신대륙에 우수한 와인도 있다는 사실을 전 세계에 알리게 되었다. 그 결과로 인해 전 세계의 와인 팬들은 캘리포니아 와인에 대한 시각을 변화하게 만들었고, 뿐만 아니라 캘리포니아 와인에 대한 전 세계 시장의 규모도 커질 수 있었던 계기가 되었다. 그래서 1976년에 있었던 파리의 심판은 당시 와인 비즈니스에 큰 획을 그었던 사건이 아닐 수 없었다. 연일 신문 지상에서 이 이야기가 주가 되었으며, 구대륙의 와인 생산자들에게 놀라움 그 자체를 안겨주었다. 당시에 보수주의자들과 많은 와인 평론가들은 세계 최고의 와인은 당연히 보르도의 일등급 그랑 크뤼 와인이라는 생각이 전부였기 때문이다.

30년이 지난 2006년 5월 24일 미국 캘리포니아의 나파에 위치한 코피아(Copia) 센터에서, 그리고 영국 런던의 베리 브로더스&러드(Berry Bros. & Rudd) 회사에서 동시에 1976년에 심판되었던 와인들을 다시 한 번 더 테이블에 올려놓고, 블라인드 테이스팅으로 겨루었다. 그 결과는 1976년의 결과보다 더 전 세계를 경악하게 만들었다. 1~5위 모두가 캘

▲Stag's Leap wine cellars 1973

리포니아 와인이 차지했기 때문이다. 이것은 바로 캘리포니아 와인의 장기간 숙성 잠재력에 대해 반신반의를 품었던 사람들에게 확신을 심어준 결과였다. 캘리포니아 와인도 보르도의 특등급 와인 못지 않게 장기 숙성의 가능성에 대해서 확실히 보여주여 와인 시장에 파장을 일으켰다.

2006년 프랑스의 특등급 와인을 물리치고 당당히 1위를 차지한 와인은 릿지 빈야드 몬테 벨로(Ridge Vineyards Monte Bello) 와인으로 캘리포니아의 산타 크루즈(Santa Cruz) 지역에 위치한다. 캘리포니아 와인의 명산지인 나파 밸리에서 남쪽으로 샌프란시스코를 거처 명문 사학인 스탠포드 대학교를 지나, 산타 크루즈 해안 산맥 속에 구불구불한 산길을 40분 정도 올라가면 산맥의 정상에 몬테 벨로(Monte Bello) 포도밭이 나온다. 산 정상에서 동쪽으로 내려다 보면 현대 첨단 산업의 요람인 실리콘밸리가 위치한 산호세 마을로 연결된 그곳에 규모는 작지만 최고의 캘리포니아 와인을 생산하는 릿지 와이너리의 몬테 벨로 포도밭이 있다. 그곳에서 세계적인 와인의 거장 폴 드래퍼(Paul Drapper) 씨를 만날 수 있었다.

폴 드래퍼 씨는 젊은 시절 샤토 라투르(Château Latour)에서 몇 달 동안 연수를 받았다고 한다. 그때 경험은 오늘날의 릿지 몬테 벨로의 거름이 되었다고 한다. 와인의 아이텐티티가 중요하다. 원산지를 무시하고 모방하는 와인이 아닌 캘리포니아 카베르네 소비뇽 포도의 제 빛을 가장 잘 표현해낼 수 있는 양조법을 추구해야 한다고 꼬집었다.

'좋은 와인을 만드는 것은 시간과 정성을 쏟아 아이를 키우는 것과 같다. 최고급 와이너리들은 비밀을 가지고 있지 않다. 늘 열정을 가지고 노력을 기울이면 그것이 세월에 쌓여서 오늘의 명성과 영광을 누리게 된다'고 폴 드래퍼는 말한다. 최고의 와인은 하루 아침에 만들어지는 것이 아니라 끊임없는 실패를 반복하고 긴 세월 속에서 인내심을 가지고 도전하는 정신을 추구해야 한다고 말한다. 그칠 줄 모르는 사람들의 욕망에 대한 질주와 하루가 다르게 변화하는 최첨단의 상징인 실리콘밸리를 보면서, 폴 드래퍼 씨의 릿지 몬테 벨로에 대한 와인 메시지가 필요한 듯 해 보였다.

• 1976년 파리의 심판 결과

순위	레드	화이트
1	Stag's Leap Wine Cellars 1973	Chateau Montelena 1973
2	Château Mouton-Rothschild 1970	Meursault Charmes Roulot 1973
3	Château Haut-Brion 1970	Chalone Vineyard 1974
4	Château Montrose 1970	Spring Mountain Vineyard 1973
5	Ridge Vineyards Monte Bello 1971	Beaune Clos des Mouches Joseph Drouhin 1973
6	Château Leoville Las Cases 1971	Freemark Abbey Winery 1972
7	Mayacamas Vineyards 1971	Batard-Montrachet Ramonet-Prudhon 1973
8	Clos Du Val Winery 1972	Puligny-Montrachet Les Pucelles Domaine Leflaive 1972

9	🇺🇸 Heitz Wine Cellars 'Martha's Vineyard' 1970	🇺🇸 Veedercrest Vineyards 1972
10	🇺🇸 Freemark Abbey Winery 1969	🇺🇸 David Bruce Winery 1973

1976년 파리의 심판 결과로 1위는 프랑스 와인이 아니라 미국의 스태그스 립 와인 셀러였다. 파리의 심판으로 미국 와인에 대한 통념을 격파하였다. 또한 미국은 세계 최고 와인으로 발돋움하는 계기가 되었다. 무엇보다 '누가 먼저 시작했느냐'보다는 '열정과 노력'이 더 중요하다는 것을 알게 해준다.

• 2006년 파리의 심판 30주년 기념 시음회 결과

2006년 순위	종 합		1976년 순위
1	Ridge Vineyards Monte Bello 1971	🇺🇸	5
2	Stag's Leap Wine Cellars 1973	🇺🇸	1
3	Heitz Wine Cellars 'Martha's Vineyard' 1970 Mayacamas Vineyards 1971	🇺🇸	9
4			7
5	Clos Du Val Winery 1972	🇺🇸	8
6	Château Mouton-Rothschild 1970	🇫🇷	2
7	Château Montrose 1970	🇫🇷	4
8	Château Haut-Brion 1970	🇫🇷	3
9	Château Leoville Las Cases 1971	🇫🇷	6
10	Freemark Abbey Winery 1969	🇺🇸	10

※1976년도에는 화이트 와인도 시음을 하였으나, 레드 와인보다 숙성 기간이 짧기 때문에 2006년 시음회에는 레드 와인만 평가하였다.

1976년 열렸던 파리의 심판 30주년을 기념하여, 2006년 미국과 프랑스 와인을 블라인드 테이스팅을 걸쳐 경합을 벌였다. 1976년 프랑스 와인들이 압도적으로 승리할 것이라는 예상을 깨고 캘리포니아 와인이 최고 와인으로 평가되었지만, 장기 숙성과 보관은 프랑스 와인만 가능할 것이라고 생각되었다. 2006년 시음회에는 세계적으로 인정받는 프랑스 와인 전문가 이외에 영국 및 캘리포니아 와인 전문가들이 포함된 심사위원회가 다시 캘리포니아 와인들의 손

을 들어주었다. 릿지 빈야드 몬테 벨로(Ridge Vineyards Monte Bello) 1971 와인이 당당히 1위를 차지하였다. 캘리포니아 와인들이 품질에서 보르도 와인들보다 우수하며, 프랑스인들의 마지막 자존심 중 하나였던 장기숙성 가능성 마저도 캘리포니아 와인들이 우수하다는 것이 알려져 와인 세계에 새로운 파장을 일으키게 되었다.

[와인 언어의 통일]

유학 시절 프랑스에서 와인을 처음 마셨을 때다. 수업 시간에 지도 교수는 와인을 테이스팅하고 와인의 맛을 표현해 보라고 했었다. 필자는 느끼는대로 "맛있어요"라고 말했다. 그러더니 계속해서 쳐다보면서 뒷말을 더 기다린다는 표정을 지었다. 그래서 그게 다예요 했더니, 조금 더 뚫어져라 쳐다보았다. 그런 후 한참이 지난 뒤에야 왜 교수님이 그런 표정을 지었는지 이해했다. 뭘 모르면 용감하다고 했던가? 지금 생각해 보면 그때는 그랬던 것 같다. 와인 맛을 표현한 것들을 읽으면 마치 문학 작품처럼 수많은 미사어구가 이용된다. 때로는 너무 추상적이라 이해하기가 힘들 때도 있다. 아마도 와인을 처음 접하는 사람들에게 풀 바디드(Full bodied) 또는 타닉(Tannic)하다 라는 표현을 써 가면서 와인을 표현하면 전혀 공감대를 형성할 수 없을 것이다. 그렇다. 와인의 맛을 표현하고자 할 때는 그 언어에 공감대가 형성되어 있다는 전제하에 쓰일 수 있는 것이다. 언어로 커뮤니케이션을 하는 사람들은 대부분 그 언어에 대한 정의를 포함하고 있다. 와인 또한 이와 동일하다. 소믈리에, 와인 전문가들에게 와인의 맛에 대해서 조언을 구하면 우선 그들이 사용하는 언어로부터 표현되는 다양한 용어에 대해서 의미를 알아야 한다.

1-3 기후와 특징

유럽산 와인의 경우 강우량과 일조량에 따라 그해 와인의 품질이 달라지지만, 캘리포니아는 수확기에 거의 비(연간 강수량 400~600mm)가 오지 않아서 기후의 영향을 비교적 적게 받는다. 남에서 북으로 약 1,100킬로미터 해안지대 포도밭은 대양의 영향을 받아 안개가 많고, 그 수분으로 인해 태양열 차단과

복사열 발생이 억제되어 서늘한 기후가 유지된다. 태평양의 미스트와 안개의 영향으로 서늘하다.

산악지대 포도밭은 수분의 이동이 억제되며, 내륙으로 갈수록 건조하고 따뜻한 기후 조건, 포도밭의 고도와 경사를 이루는 방향, 바람의 방향에 따라 재배 조건이 다르며, 다양한 포도 품종이 재배될 수 있는 조건이다.

1920~1933년까지 금주법으로 불황기(1870년 중반~1930년 중반)를 맞다가 UC 데이비스대학(University of California Davis Campus) 분교의 양조학 연구 및 지도로 1960년부터 고급 포도 품종으로 와인을 생산하고 있다. 미국은 와인 생산량 세계 4위이자 와인 소비량 세계 1위인 국가이다.

이탈리아(18%), 프랑스(16%), 스페인(13%), 미국(9%)로 와인 생산으로 미국은 세계 4위

미국(14%), 프랑스(11%), 이탈리아(9%), 독일(8%), 중국(7%)로 와인 소비로 미국은 세계 1위

(출처 : OIV, State of the world vitivinicultural sector in 2019)

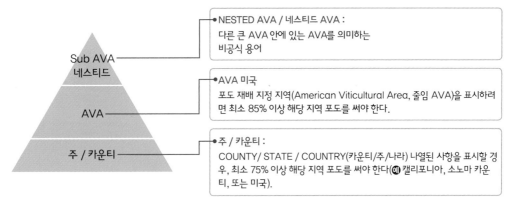

(자료 제공 : 퍼시픽 노스웨스트 협회, 번역 wine21.com)

연방법과 주립법의 규제를 받는다. AVA를 표시하려면 지정된 지역에서 재배한 포도를 85% 이상 사용해야
한다.

• **산지명 표시(의무 사항)**
– 군명(County) 또는 주(Sate)에서 수확한 포도를 75% 이상 사용

　오리건(Oregon) 주는 오리건에서 수확한 포도를 100% 사용
– 정부 공인 포도 재배 지구(AVA)명은 AVA에서 수확한 포도 85% 이상 사용
– 포도밭 표기는 특정 포도밭에서 수확한 포도만으로 95% 이상 사용

• **품종명 표시**
– 캘리포니아나 다른 주는 75% 이상 사용
– 오리건 주는 라벨에 표시된 품종을 90% 이상 사용
– 워싱턴 주는 85% 이상 사용

• **AVA 수확년 표시**
– 표시년도의 포도를 수확한 포도 95% 이상 사용, 캘리포나아는 85% 이상 사용
– Estate bottleed의 의미는 와이너리가 소유하거나 관리 하에 재배된 포도를 100% 사용한다. 와이너리에서
　100% 숙성 및 블랜딩하고 와인을 생산한다는 의미이며, 와이너리에서 100% 와인을 병입한다.

• **관개 시설** : 드립 시스템
• **현재 미국 전역에 187 AVAs** : 캘리포니아 지역에는 가장 많은 수의 AVAs가 있다.

※ AVA(American Viticultural Areas) : 미국 포도재배 지역이라 부르고 연방 정부에서 인정한 포도재배 지역이다. 지리적인
　위치와 기후, 토양 구획으로 프랑스의 AOC 개념이며, 1983년 지정되었다. 지역만 정했을 뿐 그외에 규정은 미약하며 와인 양
　조장에게 위임했다.미국산 와인을 고를 때는 경작지보다는 생산자의 이름이 더 중요하다. 라벨에 AVA를 표시할 수 있는 와인
　은, 포도의 최소 85%가 해당 AVA에서 재배된 것이어야만 한다. 카운티 아펠라시옹을 표시하기 위해서는, 최소 75% 이상이
　어야 한다.

• **버라이탈 와인**(Varietal wine)

양조된 포도 품종 이름을 포도주명으로 표기한 것으로 일반적으로 고급 와인이다. 상표에 표기된 포도 품종을 해당 와인에 75% 이상 사용하여야만 해당 품종의 이름을 라벨에 표기한다. 단, 지역이 더욱 한정되면 85% 이상 사용해야 하며, 오리건 주는 90% 이상 사용함.

▲ Caymus Vineyards Cabernet Sauvignon　▲ Chateau Montelena Chardonnay　▲ Duckhorn Vineyards Merlot

⑩ 카베르네 소비뇽(Cabernet Sauvignon), 메를로(Merlot), 샤르도네(Chardonnay)

• **프로프라이어터리 와인**(Proprietary wine)

주로 단일 포도 품종으로 만들어지는 데 비해, 포도 생산자의 독자적인 상표로서 최고급 와인이다. 와이너리의 독자적인 상표를 붙인 것이다.

▲ Shafer Hillside Select　▲ Stag's Leap wine Cellars Cask 23

⑩ 로버트 몬다비와 바롱 필립의 합작 와인으로 오퍼스 원(Opus one)
　스태그 립스 와이너리에서 생산하는 최고급 와인으로 캐스크 23(Cask 23)
　쉐이퍼 와이너리에서 생산하는 최고급 와인으로 힐사이드 셀렉트(Hillside Select)

오퍼스 원 (Opus One)

- 작품(work)이란 뜻의 라틴어 'Opus' + 첫번째 'one'으로 작품 1번 의미를 가짐
- 프랑스의 샤토 무통 로쉴드의 바롱 필립 드 로쉴드와 미국의 로버트 몬다비의 합작 최고급
- 카베르네 소비뇽 베이스의 보르도 블랜딩
- 장기 숙성

Opus One ▶

• **블랜딩 와인**

메리티지(Merit+Heritage=Meritage) 와인이란 이름으로 명명. 보르도 지방의 품종과 블랜딩 방식을 이용한 와인으로 라이센스를 받아 등록해야 한다. 유명 와인으로는 도미너스, 인시그니아, 오퍼스 원 등이 있다.
도미너스는 크리스티앙 무엑스(Christian Moueix)가 양조하는 와이너리이다. 사실 크리스티앙 무엑스는 세계에서 가장 유명한 와인 중에 하나인 페트뤼스(Pétrus)를 소유하고 있다. 그가 나파 밸리에 설립한 와이너리이다.

▲ 인시그니아　▲ 도미너스

그 외에 블렌딩 와인으로 론 레인저(Rhone Rangers)라는 협회도 있다. 프랑스의 론 지방에서 사용하는 포도 품종을 사용한다. 가장 유명한 론 레인저로 시네 쿼넌(Sine Qua Non) 와인이 있다. 레드 품종으로 시라, 그르나슈, 무드베드르, 화이트 품종은 루산느, 마르산느, 비오니에이다.

시네 쿼넌은 프랑스 론 블렌딩의 선두주자인 만프레드 크랑클이 만든 와이너리다. 시네 쿼 논은 라틴어로 '꼭 필요한 것'이라는 뜻이다. 매년 블렌딩 비율을 다르게 하여 개성있는 와인을 만들며, 매년 병 라벨이 다르다. 로버트 파커 100점 만점을 15회나 획득하고, 소량 생산으로 희귀하다.

▲ Siné Qua Non

• 컬트 와인(Cult wine)

1990년대부터 나파 밸리에서 생산된 최고급 명품 와인으로 블루칩 와인이다. 와인 비평가의 높은 점수를 받으며 폭발적으로 인기 상승했으며, 각 와이너리의 질 좋은 포도로 300~600 상자만을 극소량 생산한다. 사전 예약이나 경매 등을 통해 판매하며 예술품처럼 천정부지로 가격이 치솟는다. 수집의 대상으로 간주하여 1%를 위한 와인으로 인식되

▲ Screaming Eagle

고 있으며 유명한 컬트 와인으로 스크리밍 이글, 콜긴, 아라우호, 할란, 마야 등이 있다. 특히 컬트 와인은 베블런재로써 가격이 오르면 수요가 증가한다. 일반적으로 가격이 상승하면 구매가 감소하는데, 베블런재는 가격이 비쌀수록 구매가 증가하는 과시적 소비재이다. 대표적으로 명품 제품들이 이에 속한다. 초고가의 제품을 구매함으로서 부를 과시하는데 컬트 와인의 희귀성과 초고가가 이에 해당된다.

• 컬트 와인의 대표주자

Araujo	Cabernet Sauvignon Napa Valley Eisele Vineyard
Bryant Family	Cabernet Sauvignon Napa Valley
Colgin	Cabernet Sauvignon Napa Valley Herb Lamb Vineyard
Dalla Valle	Maya Napa Valley
Grace Family	Cabernet Sauvignon Napa Valley
Harlan Estate	Cabernet Sauvignon Napa Valley
Marcassin	Chardonnay
Screaming Eagle	Cabernet Sauvignon Napa Valley

▲ Colgin

▲ Harlan

▲ Maya

▲ Bryant Family Vineyard

[비싼, 컬트 와인]

당신은 컬렉터들이 '컬트 와인'이라 부르는 미국의 고급 와인을 위해 얼마를 지불하고 있는지 아시나요? 그 금액이 하도 어마어마해서 모르고 사는 편이 오히려 마음 편할지도 모르겠다.

벌써 오래전이지만 나파 밸리의 메리베일(Merryvale) 와인 농장에서 약 6개월 정도 일하면서 값진 경험을 한적이 있었다. 그곳에서 운이 좋게도 많은 와인 메이커들을 만났었다. 익히 세계적으로 알려져 있으나 실제로 와인 농장 주소도 공시되지 않은 베일에 가려진 와인을 만드는 사람들을 말이다. 이름하여 컬트 와인 군단이다. 가장 가보고 싶었던 곳이 '스크리밍 이글'이었다. 말로만 듣던 그 와인 농장이 가까이 있다는 말에 주소를 찾아보았다. 그러나 인터넷 어디에서도 주소를 찾기 힘들었으며, 심지어 이곳 주민들조차 잘 모른단다. 물어 물어서 와인 농장을 찾았을 때 너무 작아서 심지어 번듯한 와인 셀러 조차 없는 모습에 그 허탈감이란, 하긴 일년에 500케이스라니… 적은 생산량을 생각하면 그 규모가 이해는 되지만 보르도 샤토에 비해 품새가 다소 실망스러웠다. 듣던 대로 품질에 대한 자부심이 지나치게 강해서일까? 규모도 규모지만, 컬트 와인 생산자들은 외부에 모습이 알려지는 것을 굉장히 꺼려하는 듯 보였다. 마치 컬트 와인은 대중의 와인이 아니다라는 메시지를 전달이라도 하려는 듯이….

● 시장에 나오자마자 매진, 없어서 못 파는 희귀 와인

컬트는 사람, 원리, 또는 생각에 대한 지나친 헌신 또는 숭배를 뜻한다. 한 와인 저널리스트는 합리적인 감정에 바탕을 둔 광신적인 거의 종교적인 헌신을 창조하는 와인이라고 표현하였다. 또한 개인적인 와인을 비합리적인 헌신의 수준에 끌어 올린 신화적인 요소를 포함하고 있었다. 컬트 와인을 탄생시킨 건 미국이다. 사실 대다수의 컬트 와인은 꽤 불명확한 것 같다. 왜냐하면 몇 개 케이스 정도만 생산하고, 병입되어 시장에 출시되기도 전에 이미 매진되기 때문이다. 1990년대 초기에 극소량을 생산하여 한정 판매되며, 비싼 가격으로 판매되는 와인으로 소수의 고객에게 공급되며, 이러한 와인들을 구매하기 위해 몇 년 동안의 고객 예약 리스트를 갖추고 있을 정도로 희귀한 와인을 생산하게 되었다. 이렇게 시장에서 인기가 높게 된 뒤에는 미디어와 신문 매체를 통해서 전설로 등극했다. 비현실적으로 높은 수준의 명성을 떨치며, 극히 제한적인 생산량의 희생과 투자 그에 따른 비싼 가격을 포함하는 것이다. 컬트 와인은 인기와 독점에 불을 붙이는 것을 유지하기 위해, 그리고 와인에 관심을 끌기 위해 미디어는 결정적이다. 그렇다고 해도 와인의 품질이 나쁘다면 이러한 희소성 또한 빛을 발할 수 없었을 것이다.

세계적인 와인 비평가 로버트 파커(Robert Parker)의 높은 점수는 많은 와인 생산자들의 선망의 대상이 되었다. 와인 콜렉터와 투자의 관심을 끈다면 못할 게 없었다. 그리고 미디어가 이 와인에 주목할수록 인기는 점점 더 높아져 갔다. 결국 치솟는 수요와 상대적으로 적은 공급으로 인해 컬트 와인은 아주 높은 가격으로 뛰었다. 아무나 마실 수 없다는 특권과 스노비즘, 그리고 와인 자체의 신비적인 이미지. 이 모든 게 컬트 와인 구매 열풍의 연료로써 사용되었다고 할 수 있다.

● 마케팅의 승리

어쩌면 컬트 와인은 프랑스의 고급 와인에 대응하고자 미국에서 만들어 낸 하나의 상업적인 이미지가 아닐까 생각한다. 미국도 프랑스만큼이나 품질 좋고 비싼 와인을 생산할 수 있다는 자부심. 그 결과 컬트 와인은 세계적인 성공을 이끌었고, 희소성과 고품질은 가격에 상관없이 없어서 못 살 지경이 되었다. 마케팅의 승리이다. 컬트 와인의 성공은 전 세계의 와인 생산자와 소비자에게 큰 영향을 끼치며, 희소성과 고급 와인이라는 이미지로 확립되면서 비단 미국 와인뿐만 아니라 세계 어디에서건 생산되어 인정받는 고품질과 희소한 와인을 일컬어 컬트 와인이라 부르게 되었기 때문이다.

몇 번 맛을 보았던 스크리밍 이글, 마야, 할란 등의 컬트 와인이 과연 정당한 가격을 받고 있는 걸까 하는 의문이 들었다. 한 병에 몇백만 원을 호가하는 스크리밍 이글 와인은 돈의 가치를 하는 걸까? 품질로 따지자면 세계적으로 인정받을 만한 가치가 충분히 있었다. 보르도의 일등급 와인들, 부르고뉴의 그랑 크뤼 와인들, 그리고 여러 나라의 내로라하는 부티크 와인(Boutique wine)들과 견줄만 하였기 때문이다. 그러나 이러한 고가의 와인이라면 와인에 대한 순수한 열정만으로 즐길 수 있을 것 같지는 않다.

1-6 캘리포니아 포도 품종

• 레드 품종 : 카베르네 소비뇽, 진판델, 메를로, 시라, 피노 누아

– 카베르네 소비뇽 : 카시스, 블랙베리향, 풀바디, 깊이 있는 복합미

– 진판델 : 이탈리아에서 프리미티보(Primitivo)라 불림. 높은 알코올, 리치, 풀바디

– 메를로 : 플럼, 블랙베리 과일향, 부드러운 타닌

– 피노 누아 : 색이 가볍고 체리, 딸기 등 레드 과일향이 짙음

• 화이트 품종 : 샤르도네, 소비뇽 블랑, 피노 그리지오, 슈냉 블랑

– 샤르도네 : 토스트향, 헤이즐넛, 버터향과 살구, 바나나 과일향

– 소비뇽 블랑 : 감귤향, 자몽, 패션 후르츠, 잔디향

• 품종별 재배 지역

– 진판델 : 드라이 크릭 밸리(Dry Creek Valley), 시에라 풋힐(Sierra Foothills), 산트 크루즈(Santa Cruz) 등

– 피노 누아, 샤르도네 : 카네로스(Carneros), 러시안 리버 밸리(Russian River Valley) 등

– 카베르네 소비뇽 : 나파 밸리(Napa Valley), 알렉산더 밸리(Alexander Valley) 등

– 샤르도네, 소비뇽 블랑 : 초크 힐(Chalk Hill) 등

– 메를로 : 나파 밸리(Napa Valley), 소노마 카운티(Sonoma) 등

1,300킬로미터에 이르는 캘리포니아의 해안선 근처에 위치한 포도밭은 안개와 미풍으로 뛰어난 샤르도네, 피노 누아 재배와 그 외 서늘한 기후의 품종들이 잘 재배된다. 더 온화한 내륙 계곡들도 강, 호수로 인해 서늘한 기후의 영향을 받는다. 특히 산 또는 언덕 지대에 재배되는 포도는 서늘한 공기와 풍부한 햇볕으로 일조량이 좋으며, 특히 카베르네 소비뇽과 메를로가 우수하다.

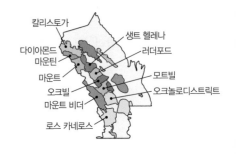

미국 와인의 80% 이상을 차지하며 고급 와인 산지는 나파 밸리(Napa Valley)다. 5개 지역은 다음과 같다.

North Coast 북부 해안 : 샌프란시스코의 북부지역

Central Valley 중앙분지 : 세크라멘토와 베이커스필드 사이의 분지

Sierra Foothills 시에라 풋힐 : 시에라 풋힐 산맥의 서쪽(Sierra Nevada)

South Central Coast 중부 해안 : 샌프란시스코 남부에서 산타 바바라까지

Southern California 남부 : 벤츄라 남부에서 샌디에고까지

🎙 북부 해안지역(North Coast) ──○

캘리포니아에서 가장 서늘한 기후를 가진 지역으로 유명한 와이너리가 이곳에 위치한다. 더운 여름에는 태평양으로부터 시원한 바람과 안개가 기온이 높아지는 것을 막아주며, 추운 겨울에는 따뜻한 바람이 불어 기온이 크게 낮아지는 것을 막아준다. 유명한 AVA : 레이크 카운티(Lake County), 멘도시노 카운티(Medocino County), 소노마 카운티(Sonoma County), 나파 밸리(Napa Valley)

• 나파 밸리(Napa Valley)

샌프란시스코에서 차로 약 1시간 30분으로 북쪽에 위치한다. 와인관광 산업이 활성화된 지역으로 세계적인 셰프 토마스 켈러(Thomas Keller)의 미쉘린 3스타 레스토랑 프렌치 런드리(French Laundry)와 수준이 높은 레스토랑으로 미식가의 순례지이다. 그 외에 와이너리의 와인 시음과 셀러도어, 방문 체험이 가능하다. 보르도의 1/8 면적으로 캘리포니아 와인 생산량의 약 3~4%를 차지한다. 캘리포니아 와인 생산지 중에서 나파 밸리는 미국에서 가장 유명한 포도 재배 지역으로, 샌프란시스코 북부에 해당한다. 나파는 아메리카 원주민 말로 '많다'라는 뜻으로, 이 지역이 경치가 아름답고 토질이 비옥해 다양한 작물이 많이 나는 데서 유래한 이름이다.

❶ AVAs - 17개 : Napa Valley(나파 카운티 안에 있는 모든 구획), Los Carneros(소노마와 공유), Wild Horse Valley, Mount Veeder, Oak Knoll, Yountville, Stags Leap District, Atlas Peak, Oakville, Rutherford, St. Helena, Spring Mountain District, Howell Mountain, Chiles Valley District, Diamond Mountain District, Coomsvills, Calistoga

❷ 포도 품종 : 카베르네 소비뇽, 보르도 블랜드, 피노 누아, 샤르도네, 소비뇽 블랑(스파클링 와인도 생산)

❸ 유명한 와인 생산

▲DANA Estates ▲Amuse-Bouche ▲Grgich Hills ▲Far Niente ▲Bucella ▲Krupp Brothers The Banker ▲The Advocate ▲Kongsgaard

• 소노마 카운티

나파 밸리 다음으로 유명한 생산지로, 저명한 상을 수상한 바 있는 고품질의 와인을 생산하는 지역이며, 독창적인 분위기를 간직한 곳이다. 특히 소노마는 캘리포니아에서 피노 누아 품종을 가장 많이 생산한다. 소노마 카운티의 러시안 리버힐에서 생산되는 포도는 잘 익은 사과나 감귤의 맛의 화이트 와인이다. 소노마 지역은 나파 밸리보다는 부담 없는 가격대로 다양한 스타일의 와인을 생산한다.

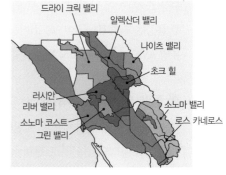

❶ 품종 : 피노 누아, 샤르도네, 소비뇽 블랑, 진판델, 카베르네 소비뇽, 보르도 블랜드, 메를로

❷ 유명 AVAs : Caneros, Alexander Valley, Knight's Valley, Dry Creek Valley, Russian River Valley, Chalk Hill, Green Valley, Sonoma Valley, Sonoma Coast

– 카네로스(Caneros) AVA : 나파 밸리와 소노마 AVA 공통으로 속하는 지역으로 양질의 스파클링 와인 생산

– 러시안 리버 밸리(Russian River Valley) AVA : 샤르도네, 피노 누아 품종

▲Ramey ▲Walter Hansel ▲Du Mol

– 소노마 코스트(Sonoma coast) AVA : 피노 누아, 샤르도네 유명

▲Williams Selyem ▲Kistler ▲Peter Michael ▲Marcassin

– 알렉산더 밸리(Alexander Valley), 나이츠 밸리(Knight's Valley) AVA : 보르도 품종의 레드 와인 유명

▲Beringer Knights Valley ▲Silver Oak Alexander Valley

• 멘도시노 카운티(Medocino) County

태평양 연안의 캘리포니아 카운티 중 하나로 샌프란시스코 북쪽으로 150km
에 위치한다. 멘도시노의 60%가 숲으로 덮혀있다. 좋은 진판델과 카리냥 품
종을 생산한다. 소노마 북쪽에 위치하고 AVA 지역은 남쪽에 위치한다. 멘도
시노는 진판델의 본고장이다. Fetzer Vineyards, Parducci wine cellars 와이
너리로 유명하다.

▲Fetzer Vineyards ▲Parducci wine cellars

• 레이크 카운티(Lake County)

멘도시노 오른쪽에 위치하고, 캘리포니아 천연 호수 중에 가장 큰 클리어 호수(Clear Lake)를 둘러싸고 있다.
수상 스키, 농어 낚시, 카약으로 인기 있다.
주 품종은 카베르네 소비뇽, 소비뇽 블랑이 인기다.
유명 AVAs 8개 : Guenoc Valley(궤노크 밸리), Benmore Valley, Clear Lake

✎ 중앙분지(Central Valley) ──○

새크라멘토 밸리에 위치한다. 햇살이 내리쬐는 내륙 계곡의 분지로써 포도 재배에 적합하다. 이
지역은 미국 농업의 견인차로 전체 농산물 생산의 약 8%를 차지할 정도로 농업지역이다. 캘리포
니아에서 재배되는 포도 품종은 100여 개 이상이다. 대표적인 품종은 샤르도네, 소비뇽 블랑, 진
판델, 카베르네 소비뇽, 메를로, 피노 누아가 있다.

유명 AVAs로는 로다이 밸리(Lodi Valley), 새크라멘토 밸리(Sacramento Valley)가 있고 와이너
리로는 갤로, UC Davis의 양조학과가 유명하다.

▲Old Vine
Zinfandel Lodi

✎ 중앙 해안지역(Central Coast) ──○

센트럴 코스트는 북쪽에서 남쪽으로 내려오는 동안 흐림에서 맑음까지 변화무쌍한 날씨의 변화를 볼 수 있는
데 이러한 기후는 다양한 개성있는 와인을 생산할 수 있는 환경을 만들어 준다. 샌프란시스코에서 뻗어나서 몬
테레이를 지나 산타 바바라까지를 말한다. 샌프란시스코에서 뻗어나서 몬터레이를 지나 산타 바바라까지를 말
한다.

유명 AVAs

• 리버모어 밸리(Livermore valley) : 1840년대 최초로 포도 재배를 시작한 지역이다.
• 몬터레이 카운티(Monterey county) : 이 지역은 10개의 AVAs가 있다. 아로요 세코(Arroyo Seco), 카멜 밸리
  (carmel Valley), 샬론(Chalone), 산 루카스(San Lucas)가 유명하다.
• 파소 로블(Paso Robles) : 샌프란시스코와 로스앤젤레스의 중간쯤에 위치한 파소 로블(Paso Robles)은 론
  (Rhône) 품종의 핵심 지역이다.
• 산 루이스 오비스포 카운티(San Luis Obispo County) : 이 지역은 특히 론(Rhône) 품종 블랜드, 진판델, 피노
  누아, 샤르도네를 생산한다.

- **산타 바바라 카운티(Santa Barbara County)** : 이 지역의 명성은 피노 누아, 샤르도네 품종이다. 산타 바바라의 와인에 나타나는 포도밭의 개성은 차가운 바닷바람에 의해서 좌우된다. 이 지역의 대표적인 피노 누아를 기린 2004년작 영화 〈사이드 웨이즈(Sideways)〉를 통해 유명해진 와인 산지이다. 7개의 AVAs가 있다. 산타 이네즈 밸리(Santa Ynez Valley), 산타 마리아 밸리(Santa Maria Valley), 산타 리타 힐스(Santa Rita Hills).

- **산타 클라라(Santa Clara)** : 샌프란시스코의 베이 에어리어(Bay Area)에서 가장 인구가 많은 카운티로 실리콘 밸리(Silicon Valley)로도 잘 알려져 있다. 지중해성 기후이다.
- **산타 크루즈 마운틴(Santa Cruz Mountains)** : 캘리포니아 초기 AVAs 중 하나인 산타 크루즈 마운틴(Santa Cruz Mountains) 재배 지역은 서늘한 기후와 높은 해발 고도로 작은 포도밭들이 많다. 이 지역은 피노 누아, 샤르도네, 카베르네 소비뇽들을 주로 재배한다.

▲ Santa Cruz Mountains

- **산타 루치아 하이랜드(Santa Lucia Highlands)** : 몬터레이 베이 남쪽에 있는 산타 루치아 산맥의 동쪽 테라스에 위치하며, 몬터레이 베이 해양의 영향으로 서늘한 기후 지역이다. 주로 샤르도네, 피노 누아 품종을 재배한다.

Santa Lucia Highlands ▶
Mer Soleil Chardonnay

✎ 시에라 풋힐(Sierra Foothills) ——○

요세미티 국립공원과 타호 호수(Lake Tahoe)와 같은 유명한 자연 명소들이 이 지역에 위치한다. 시에라 네바다(Sierra Nevada) 산과 센트럴 밸리(Centrall valley) 사이에 위치한다. 1849년 골드러시의 진원지이다. 금을 찾는 꿈을 안고 이곳으로 모여들었다가 이후 포도 재배를 시작하였다. 진판델이 메인 품종이다.

✎ 남부(Southern California) ——○

로스앤젤레스에서 샌디에고까지 펼쳐진다. 디즈니랜드 놀이공원, 영화 사업으로 유명하다.

▲ Coup de Foudres

세계적인 여성 와인메이커를 꼽는다면, 20세기에 부르고뉴의 마담 라루 르로이 여사가 있다면, 21세기에는 나파 밸리의 하이디 바렛을 주목한다. 로버트 파커는 그녀를 '카베르네의 컬트 여왕'이라 칭송했다. 하이디 피터슨 바렛(Heidi Peterson Barrett)은 세계에서 가장 유명하고 존경받는 와인메이커 중 한 명이다. 그녀의 손을 거치면 와인은 예술이 된다. 1980년대부터 그녀는 스크리밍 이글(Screaming Eagle), 달라 베일(Dalla Valle), 그레이스 패밀리(Grace Family) 등을 포함하여 나파 밸리에서 가장 유명한 컬트 와인을 만들었다. 1992년 하이디는 스크리밍 이글 와인을 만들기 시작했고, 1992년과 1997년 빈티지에서 로버트 파커로부터 100점을 받았다. 2000년 나파 밸리 와인 경매에서 하이디의 1992년 스크리밍 이글 카베르네(Screaming Eagle Cabernet) 6리터 짜리 와인 한 병이 5만 달러에 낙찰되었고, 이 경매가는 최고 와인 가격으로 세계 기록을 세웠다.

▲Amuse Bouche

어느 인터뷰에서 그녀는 '리미티드 에디션 예술품에 부가 가치를 지닌 것처럼 리미티드 에디션의 최고급 와인으로 아무즈 부시(Amuse Bouche)를 만들었다'고 한다. 참고로 아무즈 부시는 레스토랑에 식사 전에 나오는 핑거푸드로 한입 크기의 전채이다. '입을 즐겁게 하다'라는 뜻을 가지고 있다.

읽 을 거 리

[자선 와인 옥션 - 나파 밸리]

세계적인 와인 옥션 하면 소더비, 크리스티, 호스피스 드 본이 떠오른다. 그러나 또하나의 자선 와인 옥션이 있다. 미국 나파 밸리에서 매년 6월이면 세계적인 자선 와인 옥션이 열린다. 미국 자선 와인 옥션의 엄청난 반응은 사실 미국인이 아니라면 이해하기 어려운 행사로, 와인 업계에서는 뜻깊은 행사이다. 와인 생산자가 와인을 기증하고, 입찰가들은 실제의 와인 가치보다 훨씬 높은 금액으로, 천문학적 숫자의 돈을 기꺼이 써서 낙찰받는다. 물론 이건 모두 기증의 의미다.

소수의 제한된 멤버들에게 제공된 입장권만 해도 약 2,500달러로, 이 행사는 기부 능력이 있는 부유층을 대상으로 진행된다. 약 5일 동안 모금된 자선 금액이 수백만 달러(한화 수백억)에 달하는 세계에서 가장 큰 자선 모금 행사이다. 할리우드 스타들처럼 턱시도와 화려한 드레스로 멋을 낸 사람들과 디너 파티를 하고 옥션 기간 동안에 다채로운 이벤트 행사가 열린다. 옥션에 참가한 와이너리에 유명한 요리사를 초빙하여 개최하는 만찬과 '미식 해탈'이란 테마의 디너 그리고 옥션 마지막 날에는 와인과 음식의 최고 절정이라 불리는 갈라 디너에 초대된다. 3일 동안 맛있는 음식과 와인 속에 빠져서 지내는 옥션 행사는 즐기기 위해서 만들어진 것 같았다.

기증된 와인은 대부분 나파 밸리 와인이다. 특히 컬트 와인이 항상 톱에 위치한다. 실제로 할란 에스테이트(Harlan Estaes), 콜긴 셀러스(Colign Cellars), 스크리밍 이글(Screaming Eagle)과 같은 와인들이 입찰자들의 열띤 경매를 통해서 약 500,000~700,000달러를 호가하는 가격으로 낙찰된다. 매그넘 사이즈 병이든지, 3리터 와인이든지, 또는 컬트 와인이든지, 대부분의 입찰된 제품은 높은 가격으로 팔린다.

경매품으로 와인뿐만 아니라 유명 프렌치 레스토랑 디너권, 유명 와이너리에 방문하여 테이스팅하는 팩키지 프로그램 등 참여할 수 있는 경매품이 다양하다. 라이브 옥션에서는 어떤 와인이 얼마에 낙찰되었는지가 큰 이슈이다. 무엇을 기증했느냐보다는 누가 얼마를 기부했느냐가 더 큰 흥밋거리인 듯하다. 또한 얼마를 기부했는지가 마치 명예 훈장이라도 되는 것처럼 개인에게 영예로운 일이 되기도 한다. 노블리스 오블리제이다. 받은 만큼 사회에 환원한다는 사회 지도층의 도덕적 의무를 실천한다. 미국에서는 이러한 기부 문화가 익숙한 편이다. 그런데 수백만 달러가 오가는 화려한 자선 옥션 행사를 보면서, 순간 내 머릿속에는 나파 밸리의 와인 농장에서 힘들게 일하고 있는 멕시코 노동자들이 떠오르는 이유는 왜일까? 그야말로 아이러니가 아닐 수 없다.

세계 최고 와인 산지는 대부분 위도 30~50도 사이에 발견된다. 오리건과 워싱턴 주는 미국 북서부 북위 42~48도 사이에 위치한다. 워싱턴 주는 1990년대에 카베르네 소비뇽과 메를로 와인의 떠오르는 산지로 급부상한 지역이다. 워싱턴 주에서 최초로 와인용 포도가 재배된 것은 1860년대와 1870년대 이탈리아와 독일 이주민들에 의해 시작되었다.

미국 캘리포니아 북부 지역에 위치한 워싱턴주는 14개 AVAs가 있다. 워싱턴은 높은 북위도에 위치하여 포도원이 캘리포니아 나파 계곡보다 실제로 약 2시간 정도 일조량이 길며 포도가 햇빛을 더 받고 밤낮의 기온 차가 크며, 낮 온도가 높다. 이로 인해 포도의 완숙도가 좋고 또한 포도의 산도를 보존한다.

콜롬비아 강은 중요한 역할을 한다. 특히 공기순환을 형성해 서리를 방지하고, 강에서 반사된 자외선은 포도원에 일조량이 풍부하게 하고, 강 계곡과 그를 이용한 관개로 필요한 물을 공급받는 최상의 포도원 부지이다.

워싱턴은 비그늘 효과(Rain Shadow Effect)를 가져서 강수량이 적다. 비그늘은 강수량이 적으며, 바람이 불어오는 방향의 반대편 사면에 비가 내리지 않는 건조한 지역을 의미한다. 태평양에서 내륙으로 부는 바람은 고온 다습하다. 이 바람이 올림픽 마운틴과 케스케이드 마운틴을 타고 올라오면서 낮은 기압으로 단열 팽창하면서 비가 내린다. 산맥의 정상을 넘어서 반대쪽으로 내려올 때 덥고 건조하고 강수량이 적은 비그늘이 형성되는 콜롬비아 밸리 지역이다. 콜롬비아 밸리는 워싱턴주 서쪽보다 강수량이 150~200mm 적으며 연간 최대 300일 맑은 날이 된다.

워싱턴주 동쪽의 야키마 밸리에서 포도를 많이 재배하며, 강우량이 극히 적은 탓에 인근 콜롬비아 강에서 강물을 끌어다 포도 재배에 사용하기도 한다.

이 지역의 토양은 현무암과 홍수로 인해 퇴적층이 쌓이고 모래와 점토가 화산재와 섞여 있어서 배수가 잘 된다. 특히 모래 성분 토질과 풍적황토, 추운 겨울, 포도원이 띄엄띄엄 있는 것, 이러한 요인들로 19세기 말 필록세라 진드기가 미국 전역을 강타할 때에도 워싱턴은 그 영향에서 벗어날 수 있었다.

• 포도 품종

| 화이트 와인용 품종 | 샤르도네, 슈냉 블랑, 게뷔르츠트라미너, 머스캣 캐널리, 리슬링, 소비뇽 블랑

| 레드 와인 품종 | 카베르네 프랑, 카베르네 소비뇽, 렘버거, 메를로, 시라

• 원산지 표시 규정

연방법은 주 또는 군 내에서 75% 이상 포도를 사용하도록 되어 있다. 워싱턴 주는 라벨에 표기된 품종을 최소 85% 이상 사용해야 한다.

• 워싱턴주 AVA : 14개

워싱턴주 99% 포도는 콜롬비아 밸리와 네스티드 AVA(Nested AVA)에서 재배된다.

총 14개의 AVAs는 다음과 같다.

Columbia Valley, Ancient Lakes, Horse Heaven Hills, Lake Chelan, Lewis And Clark, Naches Heights, Rattlesnake Hills, Red Mountain, Wahluke Slope, Walla Walla Valley, Yakima Valley, Columbia Gorge, Puget Sound

– 야키마 밸리(Yakima Valley) : 야키마 밸리는 콜롬비아 밸리 와인 산지에서 가장 큰 네스티드 AVA로 전체 포도원 면적 37%를 차지한다. 주 화이트 품종으로 리슬링과 샤르도네, 레드 품종으로 는 보르도 품종으로 카베르네 소비뇽, 메를로를 주로 재배한다. 하지만 시라를 비롯한 론 품종이 빠르게 명성을 얻고있다.

※ 네스티드 AVA : 야키마 밸리의 네스티드 AVA는 Rattlesnake Hills, Red Mountain, Snipes Mountain 3개가 있다.

– 왈라왈라 밸리(Walla Walla Valley) : 워싱턴과 오리건에 함께 걸쳐 있다. 덥고 건조한 여름과 큰 일교차로 당과 산이 최상의 밸런스를 이룬다. 봄에 서리의 피해로부터 보호하기 위해 윈드 머신을 사용한다. 이 지역은 포도 생산이 증가하고 있는 지역이다.

– 콜롬비아 고지(Columbia Gorge) : 워싱턴과 오리건 지역에 걸쳐 있다.

– 콜롬비아 밸리(Columbia Valley) : 워싱턴과 오리건 지역에 걸쳐 있다.

• 유명한 생산자 : Chateau Ste. Michelle, Columbia Crest, L'Ecole No.41

▲Chateau Ste.Michelle ▲Columbia Crest ▲L'Ecole No.1

1961년 캘리포니아 대학교 농대 대학원생이었던 리차드 써머 (Richard Sommer)와 데이비드 레트(David Lett)로부터 비롯되었다. 전자는 리슬링을 성공리에 가꾸었고, 후자는 피노 누아를 수확했다.

▲ 오리건

• 특징과 토양

오리건 지역은 품질 좋은 피노 누아 품종으로 알려진 산지로, 피노 누아 품종 재배에 적합한 테루아를 가지고 있다. 남북으로 뻗은 좁은 협곡은 태평양에서 불어오는 신선한 찬 공기가 내륙 쪽으로 불어와 서늘한 기후와 안개를 형성하여 피노 누아 품종 재배에 이롭다. 특히 윌라메트 밸리는 태평양의 코스트 마운틴과 케스케이드 마운틴 사이에 위치하며, 비그늘 효과로 인해 해안가보다 연간 강수량이 적다.

오리건에서 익는 포도는 우아한 풍미를 발산하고, 기온이 덥지 않아서 서서히 숙성하며 충분히 익어감으로써 과즙에서 나오는 성숙한 맛은 타의 추종을 불허한다.

현무암 기반으로 화산토가 분포되어 있다. 바다의 융기에서 비롯한 해저의 퇴적토, 충적토, 충적황토(Loss)가 존재한다.

• 오리건주의 원산지 표시 규정

오리건에서 라벨에 특정 품종명을 표기하려면 해당 품종을 90% 이상 함유해야 한다. 단, 카베르네 소비뇽, 시라, 템프라니요처럼 일반적으로 블랜딩되는 18가지 품종에는 적용되지 않는다(캘리포니아를 포함하는 연방법에는 사용한 포도가 75% 이상이어야 한다).

오리건주의 명칭을 사용하기 위해서는 100% 오리건 지역의 포도를 사용해야 한다. 특정 AVA를 붙이려면 해당 AVA로부터 생산된 포도를 95% 이상 사용해야 한다. 품종 표기를 위해서는 단일 품종 90% 이상을 사용하고, 빈티지 표기를 위해서는 단일 빈티지 95% 이상을 사용해야 한다.

• 품종

| 화이트 품종 | 샤르도네, 리슬링, 피노 그리, 피노 블랑

| 레드 품종 | 피노 누아, 카베르네 소비뇽, 시라, 메를로. 특히 피노 누아가 대표적으로 생산

오리건은 특히 피노 누아가 68%로 압도적으로 많이 생산되지만, 피노 그리, 샤르도네 품종을 비롯 많은 다른 품종들을 재배한다. 오리건 포도원은 북부 윌라메트 밸리에 집중되어 있으며, 점점 다른 와인 산지가 명성을 얻고 있다. 오리건은 19개의 AVAs가 있으며 다음과 같다.

Willamette Valley, Yamhill-Carlton, Chehalem Mountains, Ribbon Ridge, Dundee Hills, McMinnville, Eloa-Amity Hills, Van Duzer Corridor, Southern Oregon, Umpqua Valley, Elkton Oregon, Rogue Valley, Applegate Valley, Columbia Gorge, Columbia Valley, Walla Walla Valley, The Rocks District of Milton − Freewater, Snake River Valley

• 윌라메트 밸리(Willamette Valley)

오리건에서 가장 큰 와인 산지로 오리건 전체 포도원의 68%를 차지
한다. 피노 누아가 지배적이지만, 샤르도네와 가메를 비롯 많은 다
른 품종이 빠른 속도로 인지도를 얻고 있다. 이곳은 푸른 언덕의 부
드러운 구릉이 계곡으로 길게 이어지며 포트랜드까지 뻗어나간다.
충적토, 황토(Loess), 화산토와 퇴적토 등으로 이루어져 있고 포도밭
은 주로 언덕 중턱에 위치하고, 공기 순환이 좋으며 서리를 막아주고
좋은 배수성을 갖는다. 던디 힐즈(Dundee Hills)와 에올라 아미티 힐
즈(Eola-Amity Hills) AVA 화산토와 충적토로 이상적인 토양을 가지고 있다.

▲ 윌라메트 밸리

• 남부 오리건(Southern Oregon)

오리건 전체 중에 25% 포도재배 면적을 차지. 이 지역의 AVA로는 엘튼 오리건, 레드 힐 더글라스 카운티, 움
프쿠아 밸리, 로그 밸리, 애플게이트 밸리

• 움프쿠아 밸리(Umpqua Valley)

다른 와인 생산 지역은 윌라메트보다 아래에 있는 움프쿠아 계곡과 로그 계곡에 있다. 윌라메트 밸리보다 따
뜻하기 때문에 카베르네 소비뇽이나 메를로를 재배한다.

AVA : Red Hill Douglas, County, Elkton Oregon

• 로그 밸리(Rogue Valley) : 애플게이트 밸리(Applegate Valley) AVA

• 워싱턴 주에 걸쳐 있는 AVA : 3개

콜롬비아 계곡, 왈라왈라 밸리, 콜롬비아 고지 AVA이다. 이들은 오
리건에서는 그 크기가 비교적 작다.

• 유명 생산자 : Argyle winery, Cristom Vineyards, Eyris Vineyards, Domaine Serene Evenstad Reserve, Ponzi Vineyards

▲Argyle   ▲Domaine Serene   ▲Cristom
Evenstad

자료 제공(워싱턴, 오리건) : 퍼시픽 노스웨스트 와인 연합(The Pacific Northwest Wine Coalition, 번역
wine21.com)

도멘 서린 (Domaine Serene)

"도멘 서린(Domaine Serene) VS 로마네 콩티(Domaine de la Romanee Conti)" 두 개의 와인을 블라
인드 테이스팅에서 도멘 서린 와인이 로마네 콩티를 제치고 호평받아 유명해졌다. 오리건 지역의 피노
누아 품질을 전 세계에 알린 계기가 되었다.

Domaine Serene ▶

[투자와 즐거움 사이, 부자들의 와인

　와인 한 병이면 자동차를 산다. 유혹적이지 않은가!]

와인의 인기가 점점 높아지면서 결혼한 해에 구입한 빈티지를 묻어 두었다가 환갑, 고희 때 와인을 오픈하거나, 또 누군가는 아이가 태어난 해의 빈티지를 사두어서 성인이 되어 결혼할 때 선물해 줄거라 한다. 그런 이야기를 할때 무척 설레는 표정들이다.

일반인들에게 와인 수집이 '낭만'이라면 부유층에게 그것은 하나의 '고급 취미'이다. 마치 미술품을 소장하듯이, 좋은 빈티지의 오래된 고급 와인의 소장 가치를 아는 사람들은 구매한다. 그래서 고급 와인의 소장 가치는 예술품을 소장하는 것과 마찬가지라고 표현할 정도로 가치가 높은 것이 사실이다.

그러나 한국 시장에서 오래된 빈티지의 와인을 찾기란 쉽지 않다. 올드 빈티지에 대한 가치를 잘 모르기 때문일 수도 있고, 또는 수요가 적다 보니 상대적으로 가격이 높아지는 건 어쩔 수 없는 일. 그래서 와인 컬렉터들은 해외에서 와인을 구매한다.

열정적인 와인 컬렉터 중에는 와인 생산에까지 욕심을 품고 있다. 미술품이나 부동산을 상속하듯 대대로 좋은 와인을 물려주고 싶은 욕심일 수 있고, 또는 와인 농장의 가치가 인정되어 투자의 목적일 수도 있다. 어찌되었든 대부호들은 와인 투자에 열을 올리고 있다. 실제로 프랑스 보르도의 많은 샤토들이 넘어가고 있다. 명품 브랜드로 알려진 에르메스(Hermes)는 메독 지방의 크뤼 부르주아 샤토 푸르카스 호스텡(Chateau Fourcas Hosten)을 2006년에 인수했고, 생 테스테프 지역의 2등급 그랑 크뤼 와인 샤토 코스 데스투르넬(Chateau Cos d'Estournel)은 스위스 부호 Michel Reybier에게 2000년에 팔렸다. 뿐만 아니라 이탈리아의 페라가모 회사도 와인 투자에 나서 일 보로(IL Borro) 와이너리를 인수하였다. 미국 캘리포니아에서도 일본 오츠카 제약회사 소유의 릿지 빈야드(Ridge vineyard)가 있다. 우리가 잘 알고 있는 루이비통 회사는 모엣 샹동(Moet-Chandon) 샴페인 하우스와 샤토 디켐(Chateau d'Yquem) 그리고 생테밀리옹의 최고급 와인인 슈발 블랑(Cheval Blanc) 등 다수의 와이너리를 소유하고 있는 거대한 기업이다. 최근에는 중국의 큰손들이 보르도 샤토들을 쇼핑하기까지….

물론 더 좋은 와인을 만들기 위해 화끈한 자본 투자는 필요하다. 와인 비즈니스에 분명히 긍정적이다. 그러나 지나치게 상업화되어 가는 와인 산업이 우려되는 건 왜일까? '나만을 위한 와인', '내가 직접 빚은 와인'… 이러한 로망이 상업적 투자가 아닌 즐거운 취미가 될 수 있는 나만의 르네상스를 꿈꿔 본다.

● 세계 와인시장을 움직이는 양대 산맥, 로버트 파커 vs 잰시스 로빈슨

와인을 즐기는 사람이라면 그들의 이름을 수도 없이 들어 봤을 터, 그들의 이름이 나에게 친숙해진 건 와인 생산자, 영국의 와인 전문가, 미국의 와인 소비자에 이르기까지 언제 어디서든 누구를 만나더라도 언제나 그들의 이름을 입에 올리기 때문이다. 그는 100점 스코어 시스템을 처음으로 사용하여 와인에 점수를 매기기 시작한 비평가이다. 추상적인 표현으로 평점을 매기는 애매한 기존 방식 대신, 누구나 이해할 수 있는 점수를 매기기 시작했으니, 얼마나 대단한 사람인가.

● 로버트 파커, 미각의 신일까? 맛의 독재자일까?

그는 명실상부 20세기 와인 업계에 가장 영향을 끼친 비평가이다. 지금은 은퇴하여 더 이상 와인 시음도 비평가 활동은 하지 않지만, 당시 그의 말 한마디가 와인 시장을 들었다 놓았다 할 정도였으니 말이다.

미국 와인 저널리스트는 그가 만난 로버트 파커는 뛰어난 미뢰(혀에 있는 맛 감각)와 한 번 마신 와인에 대한 놀라운 기억력을 가진 사람이라고 표현하면서 극찬을 아끼지 않았을 정도였다. 그의 와인 품질 평가에 대한 존경은 단순히 평가 시스템에서 나오는 것이 아니라 그의 뛰어난 입맛에 대한 신뢰라 할 수 있다. 그러나 영향력이 너무 크면 항상 부작용이 있기 마련이듯이, 그에 대한 노골적인 비판도 없지 않았다.

와인 생산자들은 로버트 파커로부터 좋은 점수를 받기 위해 그가 원하는 스타일의 와인을 만들려고 하기 때문이다. 그래서 일명 파커라이즈, 파커 스타일이라고 붙일 정도로 알코올 함량이 높고, 풀바디한 와인 맛의 획일화와 글로벌화를 조성하고 있다. 2005년 미국에서 제작된 다큐멘터리 와인 영화 몬도비노(Mondovino)에서는 로버트 파커를 원산지의 테루아 뉘앙스를 무시한 와인의 다양화에 대한 적으로써 묘사하였을 정도였다. 영국 와인 평론가 휴 존슨(Hugh Johnson)은 그를 '와인 맛의 독재자'로 표현했다.

그러나 무엇보다도 그를 비평하기에 앞서, 한 사람의 발언으로 세계 와인업계가 돌아가고 있다면, 와인업계 관련자들의 문제 의식 없이 받아들이는 태도를 비판하고 싶다. 한 사람의 발언으로 세계 와인업계가 좌지우지된 현상이었다면 소신과 철학이 가벼웠기 때문이리라. 존경은 하되 비판적인 시각도 가져야 한다.

● 와인계의 우먼 파워, 잰시스 로빈슨

로버트 파커가 와인의 대중화를 선도하는 비평가라면, 잰시스 로빈슨은 와인을 학문적으로 접근한 비평가이다. 와인을 공부하는 사람들의 가장 원론적인 백과사전인 옥스포드 와인 컴페니언(Oxford companion)을 저술한 와인에 대한 모든 것들을 집대성한 책이다. 그녀는 포도 품종에 대한 책도 서술하였을 정도로 깊이 있는 이론을 바탕으로 그녀 자신만의 비평을 내리고 있다. 정치가, 슈퍼스타, 군인과 같은 영국을 빛낸 자랑스런 인물들에게만 수여하는 OBE가 그녀의 이름 앞에도 O.B.E.(Order of the British Emprie) 라고 붙을 정도로 그녀는 영국이 자랑하는 세계적인 와인 라이터겸 와인 비평가이다. 그녀의 와인 비평은 와인 종사자들에게 문제 의식을 불러일으킨다. 와인 맛에 대한 평가만을 내리지 않는다.

그녀의 글 속에는 포도 재배부터 양조, 비즈니스에 이르기까지 다양한 관점으로 와인을 바라보고 비평하고 있다. 와인 양조의 첨단 기술화, 와인 정체성의 상실 등에 문제점을 꼬집으며, 세계 기후의 변화, 유전자 변형 포도, 효모 더 나아가 와인 유통, 프로모션 및 와인에 대한 전반전이 부분에 대해서 그녀만의 시각으로 와인을 이해하는데 접근하고 있기 때문에, 그녀의 비평은 와인 산업에 종사하는 우리들에게 큰 영향을 끼치면서 비전을 제시하고 있다는 생각이 들었다. 문제를 제기할 수 있고, 그에 대한 반론을 펼칠 수 있는 뚜렷한 가치관을 가진 그녀의 철저한 비평은 와인 평론가로써의 표본을 보여준다는 생각이 들었다. 영국 파이낸셜 타임지에 기고한 그녀의 컬럼을 읽으면서, 상업적인 와인 맛의 평가뿐만 아니라, 와인 그 이면이 가지고 있는 본질적인 속성과 가치를 읽을 수 있는 눈이 우리에게 필요한 것이 아닐까 하는 생각이 들었다.

아이러니하게도 '남성 대 여성' 그리고 '미국 대 영국'의 대결 구조를 가지는 것조차 언론에 많은 관심을 끌기에 충분하다. 예전 와인 전문가들 사이에서 뜨거운 감자로 논쟁이 일어났던 사건이 발생하였다. 바로 로버트 파커와 잰시스 로빈스의 Chateau Pavie 2003에 대한 양극화된 그들의 평론에 관해서였다. 2004년 생테밀리옹의 2003년 빈티지에 대한 엉프리메르 와인 테이스팅에서 샤토 파비 와인을 이 두 사람이 테이스팅하였다. 로버트 파커는 'Brilliant wine'이라고 표현한 반면에, 잰시스 로빈스는 'Ridiculous wine'이라고 코멘트를 내렸기 때문이다. 와인의 평가는 제각기 다르다. 왜냐하면 개인의 입맛은 다르기 때문이다. 비평가의 의견들이 다른 것 또한 인정해야 한다. 잰시슨 로빈슨, 로버트 파커가 서로의 의견에 반대하는 것이 아니라, 서로의 시각과 입맛이 다르기 때문이다. 그래서 그들은 서로를 비평하지 않는다. 어떻게 똑같은 와인을 두고 이렇게 상반되는 의견이 나올 수 있느냐고 묻는다면, 본인 스스로 맛을 보고 자신의 입맛이 얘기하는 잣대를 세우라고 말하고 싶다. 와인 비평가의 평가는 하나의 참고 서적이다. 와인 품질에 대한 평가는 본인 스스로가 내리는 것이 가장 현명한 일이다.

어찌 되었든, 이 두 비평가의 목소리는 세계 와인 시장에서 가장 영향력이 있는 것은 부인할 수 없는 사실이다. 영향력이 있다는 것 만으로도 그들의 와인에 대한 평가는 인정된 것이라 생각한다. 그러나 단 몇 사람만으로 세계의 와인 시장이 이끌려 간다는 것은 어찌 보면 편협해질 수 있고, 발전을 저해할 수 있는 요소로써 작용할 수 있다는 점도 고려해 보아야 한다. 소비자의 분별 있는 비판의 목소리로 보다 많은 비평가의 활동과 다양한 의견이 필요한 것 같다.

● 와인 스코어 시스템에 대한 갑론을박
  스코어 시스템… 점수 매겨 이해 쉽지만 '다양한 맛' 표현 부족

전 세계에서 시판되는 와인은 수만 가지. 이들의 맛과 향을 일일이 알아내 자신의 취향에 맞는 것을 찾기란 사실상 불가능하다. 이런 고민거리를 해결해 주는 것이 바로 전문가들의 평가다. 소비자들은 전문가나 와인 잡지 등을 통해서 다양한 와인들을 간접적으로 맛보고 선택한다.

소비자들이 와인을 쉽게 평가할 수 있도록 스코어 시스템(Score system)을 사용하는데, 미국은 100점, 영국은 20점 스코어 시스템이다. 스코어 시스템은 말 그대로 와인의 맛을 점수로 표시한 것이다. 우리가 익숙한 100점 스코어 시스템은 훨씬 쉽게 이해하게 만든다. 100점을 만점으로 해서 점수가 높을수록 좋은 와인이다. 와인의 품질을 한 눈에 파악할 수 있으니 소비자 입장에서는 매우 편리하다. 일반적인 와인 테이스팅 노트는 다음 문장과 같이 표현된다.

'우아하면서도 감미롭고 벨벳 같은 감촉으로 실크 타닌과 낮은 산도로 밸런스를 이루며 섹시한 와인이다.'
이처럼 다양한 형용사와 문학적인 언어를 사용해 설명하면 맛과 품질에 대한 전달이 명쾌하지 않을 수 있다. 하지만 점수로 환산하면 다르다. 83점짜리 와인보다 95점짜리 와인의 품질이 더 뛰어날 거라는 것이 자명하다. 앞다투어 와인 판매자들은 로버트 파커 점수를 활용하여 소비자의 구매 심리를 보다 쉽게 자극한다. 물론 스코어 시스템에 문제가 없는 것은 아니다. 전적으로 매달리기에는 아쉬움이 남는다. 95점이 무슨 맛이냐고 묻는다면 대답하기가 참 난감하기 때문이다.

우리는 95점에 대한 와인의 맛이 정의 내려져 있는지 먼저 따져 봐야 한다. 점수와 더불어 말로도 표현된다면 소비자의 이해도가 더 높아질 것 같다. 95점짜리 와인은 맛에 밸런스가 있다거나 80점짜리 와인은 마시기에 부담 없다거가 하는 구체적인 설명으로 그 점수가 의미하는 바를 명확히 전달하는 것이다. 소비자도 점수에 전적으로 의존하기보다는 점수가 의미하는 바를 되새기는 선에서 와인을 즐겼으면 좋겠다.

2 ◆ 캐나다

캐나다는 포도 재배가 가능한 북방 한계선에 위치하고 있으며 1860년 대부터 브리티시콜롬비아의 오카나간에서 시작하였다. 겨울에 춥기 때문에 봄에는 개화가 늦으며 결과적으로 가을에 무르익기가 연장된다. 토양은 모래 진흙이다. 나이아가라 지역은 서리의 위험이 적은데 이는 나이아가라의 급경사면 때문이다. 그렇지만 기온은 상대적으로 더욱 낮다.

캐나다는 거의 10,000헥타르 포도밭에서 세계적 명성을 가진 아이스 와인(Ice wine)을 생산한다. 아이스 와인 품종은 비달과 리슬링, 카베르네 프랑을 사용하고 영하 8℃ 이하에서 당도 35브릭스(Brix) 이상일 때 수확하여 장기간 발효시켜 양조한다.

2-1 기후 및 지역

캐나다산 고품질 포도로 만든 와인에만 VQA(Vintners Quality Alliance)의 마크를 붙일 수 있다. 등급은 Vintners Quality Alliance(VQA)가 1988년 도입되어 캐나다 정부의 품질 인증으로 엄격한 품질 검사를 받는다. VQA는 캐나다 국내에서 생산되는 포도를 사용하고, 해당 주 명칭을 표기하도록 하고 있으며, 온타리오 3개 지역과 브리티시 콜롬비아의 4개 지역만 VQA 자격이 있다.

- **온타리오(Ontario)** : 캐나다 와인의 75%를 생산하며, 온타리오 호수와 이리 호수 기슭에 위치한다. 거대한 호수의 영향으로 온화한 기후이다. 온타리오의 나이아가라 반도는 호수 지역과 내륙 쪽을 포함하고 있어 이러한 지형적 특성을 이용해 리슬링이 특히 잘 자라며, 신선하고 순수 과일향의 드라이와 오프 드라이 화이트 와인과 최고급 아이스 와인을 생산한다.
  - 3개의 서브 지역 : 펠리 아일랜드(Pelee Island), 레이크 이리 노스 쇼(Lake Erie North Shore), 나이아가라 페닌슐라(Niagara Peninsula)

- **브리티시 콜롬비아(British Columbia B.C)** : 와인 산지 중에 가장 북쪽에 위치하고 있다. 북위 50도에 위치한 브리티시 콜롬비아는 전 세계에서 가장 북쪽에 있는 와인 생산지 가운데 하나로 독일의 모젤 지역과 동급이다. 독특한 미세 기후와 지리적 특성 덕분에 종종 기온이 더 따뜻하다. 브리티시 콜롬비아의 오카나간 밸리는 전반적으로 극한 대륙성 기후를 띠고 있다.
  이 지역의 가장 성공적인 품종으로는 피노 블랑, 소비뇽 블랑, 피노 그리, 리슬링과 게뷔르츠트라미너가 있다. 더 따뜻한 남부 지역은 적포도 품종을 성공적으로 재배하고 있으며, 특히 피노 누아와 카베르네 블렌드가 주목받고 있다.

- 하위 지역 : 오카나간 밸리(Okanagan Valley), 시밀카민 밸리(Similkameen Valley), 프레저 밸리(Fraser Val-ley), 밴쿠버 아일랜드(Vancouver Island)

2-2 아이스 와인

아이스 와인의 원조는 독일이다. 1794년 독일 프란코니아에서 첫 수확한 아이스 와인은 오늘날까지 200년 이상 동안이나 생산되고 있다. 독일의 '아이스 바인'은 캐나다로 건너가 비로소 아이스 와인이 된다.

1811년 독일 출신 이민자들이 정착하여 빚어내기 시작한 캐나다 와인은 1983년에 상업적인 성공을 거두는데, 현재 캐나다에서는 이니스킬린(Inniskillin) 와이너리가 세계적으로 인정받는 아이스 와인을 생산한다.

2-3 특징 및 양조

언 포도로 만든 아이스 와인 생산으로 유명하다. 캐나다의 겨울은 아주 춥기 때문에 해마다 아이스 와인이 생산될 수 있는 완벽한 기후 조건을 가지고 있다고 할 수 있다. 덕분에 캐나다는 세계 제1의 아이스 와인 생산지로 평가 받는다.

캐나다의 아이스 와인은 리슬링, 비달 블랑, 카베르네 프랑의 언 포도로 만들어진다. 포도는 보통 영하 8℃ 이하의 한겨울에 수확하는데 법규상 최소한 그 정도는 추워야 아이스 와인용 포도를 수확할 수 있기 때문이다. 언 포도를 압착하면 달콤하고 산도가 높으며 당도가 높은 농축된 즙이 얼음에서 떨어져 나온다. 얼음은 버리고 농축된 즙으로만 와인을 만든 것이 아이스 와인이다. 브릭스 35~39°이다. 참고로 일반 드라이 와인을 만들 때 포도 브릭스는 23~25°이다.

잔당 261 g/ℓ, 브릭스 : 39.7 ° ▶

2-4 품종

리슬링, 비달, 카베르네 프랑이 있고 아이스 와인의 원조인 독일의 품종은 리슬링이다. 리슬링은 독일과 캐나다의 주요 아이스 와인 품종이다. 비달은 캐나다의 주 품종이다. 캐나다 아이스 와인의 비달 품종은 두터운 껍질을 지녀 리슬링보다 냉해에 더 잘 견디는 장점이 있다. 비달은 리치하며 파인애플, 망고, 허니향이 풍부하다.

2-5 표기와 규정

독일과 캐나다는 자연적으로 언 포도로 만든 와인만을 공식적인 아이스 와인으로 인정한다. 수확 후에 냉동시킨 포도를 가지고 만든 아이스 와인은 인공 아이스 와인인데 스위스, 미국, 호주 등지에서 아이스박스 와인(Icebox wine) 혹은 크리요(Cryo)라는 이름으로 팔린다. 크리요엑스트렉션(Cryoextraction)은 냉동적출 방법으로 수분을 제거하기 위해 포도를 인위적으로 냉동한다. 인공 아이스 와인은 천연의 그것에 비하여 아로마가 많이 부족한 것으로 평가받고 있으며, 가격이 저렴하다.

포도 수확은 반드시 영하 8℃ 이하에서 수확해야 하고, 수확시 당도는 35브릭스(Brix) 이상이어야 한다. 해당 국가의 최저 수확 온도 규정을 지키지 못하고 수확한 포도, 예를 들어 독일에서

▲ Select Late Harvest

영하 5℃에 수확했다든지, 캐나다에서 영하 6℃에서 수확한 경우에는 '아이스 와인'이 아닌 와인 상표에 '늦은 수확(Late harvest)'이라는 표시를 해야 한다.

• 유명한 생산자

이니스킬린은 1991년 비넥스포에서 최고상을 수상하였다. 리슬링, 비달 품종 아이스 와인으로 세계 시장에서 인정받고 있다. 아이스 와인은 주로 8~10℃로 시원하게 마신다. 식후 주 또는 디저트 와인으로 식사의 마지막에 마신다.

▲ Inniskillin

[와인을 만들 때 인위적인 터치는 어디까지 허용해야 하는가?]

와인은 보통 순수한 포도로 만들어진다. 포도를 수확하고 배트에 넣어 발효를 한 다음 포도의 껍질 씨 등의 찌꺼기를 제거하면 와인이 된다. 그러나 와인 메이커는 포도가 와인이 되는 과정에 품질을 향상시키고자 인위적인 무언가를 넣거나 기술을 도입한다. 물론 와인의 맛을 좋게 하기 위해서다. 포도의 당분을 높이기 위해 기계(Reserve osmosis)를 이용하거나 설탕을 첨가(Capitalization)하기도 하고 산화방지와 미생물의 박멸을 위해 무수아황산(SO_2)을 첨가하는 경우도 있다. 따뜻한 기후 지역의 포도는 산(Acidity)이 부족할 수 있어 주석산을 첨가하기도 한다. 수분을 늘리거나 줄이고 첨단 기계를 사용하는 것이 모두 와인에 미치는 사람의 손길이다. 뿐만 아니다. 인위적으로 알코올을 감소시키기도 한다. 오크통(Oak barrel)에 숙성하는 것은 풍부한 아로마를 위해서다. 전 세계 와인 생산자는 각자 고유한 방식으로 와인을 만든다.

문제는 인간의 손길을 얼마 만큼 허용해야 하느냐는 것. 이 문제는 간단치가 않다. 어떠한 첨가도 없이 100% 자연적인 와인을 좋아하는 소비자, 약간의 인위적인 터치가 더해진 와인을 선호하는 소비자, 양조하는 방법에 상관없이 맛으로만 와인을 선별하는 소비자가 답변이 같을 리 없다. 와인을 마시는 것이 단지 미각적인 경험을 위한 것인가? 만약 그렇다면, 와인을 어떻게 만들든 무엇을 첨가하든 문제가 안 될 것이다. 그렇지만 와인을 마시면서 자연 그대로의 생산품을 음미하려는 정서적 만족감을 중시하는 소비자라면 곤란하다. 포도 밭에서 느껴지는 토양과 포도의 연결 고리 속에서 와인의 맛을 찾는 사람들에게 인간의 작업은 '괜한 수고'에 그칠 수 있다. 물론 모든 인위적인 터치를 부정하는 것은 아니다. 안 좋은 빈티지의 포도로 대중적인 와인을 만들기 위해서 포도에 손을 대는 것을 두고 비난한다면 분명 가혹한 처사가 될 것이다.

지역에 따라 꼭 필요한 과정이 필요할 수도 있다. 사람도 자연의 일부라고 생각하면 용인할 수 있는 구석도 충분하다. 다만 와인 본래의 모습에서 어떻게 달라졌는지는 정확히 알릴 필요가 있다고 본다. 와인 제조 과정에 사람의 손길이 닿는 것은 그릇된 일이 아니지만 소비자에게 알리지 않았다면 그것은 일종의 속임수다. 와인 생산자는 와인이 어떤 과정을 거쳐 제조됐는지 라벨에 정확히 표시해 줘야 할 책임이 있다. 소비자가 와인을 구매할 때 라벨을 읽어보고 와인의 특성을 정확히 이해한 다음 마실 수 있다면 큰 문제는 없을 것이다.

●명품일수록 가짜 많아

명품이 있는 곳이면 으레 가짜도 나타난다. 와인도 마찬가지다. 아는 사람들은 다 아는 이야기이지만 명품 와인을 모방한 가짜 와인이 시중에 대량으로 유통되고 있으며, 그 양은 현재도 증가 추세다. 2012년 미국에서 일어난 위조 와인 사건이 있었다. 희대의 사기꾼 루디 쿠니아완(Rudy Rurniawan)은 페트뤼스 1950년산, 로마네 콩티 등 수백억에 달하는 위조 와인을 만들어 전 세계를 경악케 했다. 당시, 이 사건의 파장력은 엄청났다. 넷플릭스에서 제작한 다큐멘터리 영화 〈신포도(Sour grapes)〉가 이 사건을 자세히 다뤘다.

현재 수백만 유로의 가짜 와인이 유통되고 있는 것으로 알려진다. 가짜 와인은 콜렉터들에게 인기가 많은 보르도 지방 유명 샤토 와인이 특히 많다. 그러나 최근에는 전 세계의 유명한 와인이 그 대상이 되고 있다. 2020년 10월 사시카이야(Sassicaia) 와인을 위조한 조직을 체포했다고 보도한 적이 있었는데, 약 700케이스 위조 와인이 발견되면서 위조 스캔들로 와인 업계가 들썩거렸다.

가짜 와인은 모조 라벨을 붙이는 방법으로 제작된다. 모조 라벨이 얼마나 정교한지 일반 사람들은 물론 전문가들조차 외견상으로는 구분하기 힘들 정도다. 가짜 와인이 판치는 가장 큰 이유가 여기에 있는 게 아닐까 싶다. 예전에는 가짜 와인이 지금처럼 만연하지 않았다. 가짜 와인을 만드는 사람들이 값이 비싼 1950~1960년 빈티지만을 주요 타깃으로 삼았기 때문이다. 가짜 와인은 와인 경매시장이나 와인 콜렉터들에게서 간간히 들려오는 소식이었다.

하지만 1990년대 이후부터 상황이 달라졌다. 보르도 그랑 크뤼(최고급 와인 중 프레미어 크뤼 다음 등급) 와인 가격이 오르면서 가짜 와인은 최근 빈티지에서까지 등장하고 있다. 중국에서 라미시옹 오브리옹(La Mission Haut Brion)의 정교하게 위장한 가짜가 등장하면서 가짜 와인 문제가 샤토들 사이에서 다시 공론화됐다. 라미시옹 오브리옹은 결국 2000년 빈티지에 새로운 라벨을 론칭했다. 이 라벨은 유로화 지폐를 제조하는 회사가 3년에 걸쳐 만들었다. 복제를 막을 수 있도록 일반인이 모르는 표시를 해뒀다고 한다.

라미시옹 오브리옹은 자신의 와인을 지키기 위해 새로운 라벨을 도입했지만 대부분의 샤토들은 가짜 와인이 발견되더라도 와인의 가치와 명성에 흠이 갈 것을 우려해 공개적인 액션을 취하지 않는다. 샤토들이 그들 자신의 와인을 보호하기 위해 법정 대응을 한다면 가짜 와인도 줄어들고 그로 인해 피해를 보는 소비자도 줄어들 것이라고 생각한다.

소비자 입장에서는 가짜 와인의 피해를 보지 않기 위해 믿을 만한 와인 거래처를 만드는 것이 중요하다. 샤토를 떠난 와인은 다수의 와인 브로커와 수입상을 거치게 되는데 신뢰할 수 없는 브로커와 수입상으로부터 입수했다면 믿기가 힘들다. 거래하는 공급처를 믿을 수 있는지를 먼저 따져봐야 한다. 명품 와인을 구입할 요량이면 와인의 유통 경로와 라벨을 다시 한번 점검해 보기를 권한다. 혹 가격이 너무 저렴하다면 그것도 의심해 봐야 한다. 돈을 조금 아끼려다 큰 돈을 날릴 수도 있다.

가짜 명품을 파는 주요 전략 중 하나가 시가보다 훨씬 싼 가격에 명품을 소유할 수 있다는 유혹 아니었던가.

3-1 호주 와인의 역사

일반화, 획일화의 길을 걷는 순간 와인은 그저 그런 음료로 전락할지도 모른다.

호주는 다양한 기후와 토양으로 와인의 다양성, 독창적을 강조하고 있다. 특히 서늘한 기후(Cool climate)를 조명하며 호주 고급 와인 산지의 절반이 서늘한 기후 환경에서 생산되고 있다. 대형 브랜드 와인과 공장화된 와인 이미지를 벗고, 고급 와인 산지로써 세계적으로 주목받고 있으며, 호주의 와인 생산량은 세계 6위이다(출처 : OIV. State of the world vitivinicultural sector in 2019).

1788년에 첫 호주 총독인 아서 필립(Arthur Phillip) 선장에 의해, 뉴사우스웨일즈의 현재 시드니 식물원 (Sydney Botanic Gardens) 위치에 포도를 재배하기 시작하였다. 이후 1791년에 로즈힐(Rose Hill)과 노포크섬 (Norfork Island)에서 포도나무를 식재하고 재배하였다. 1822년부터 런던에 26갤론의 와인을 수출하기 시작했다. 당시 영국 왕실협회의 예술(Royal Society of Arts)에서 Gregory Balaxand가 생산한 호주 와인이 국제 대회에서 은메달을 수상하였다. 영국 의사였던 닥터 크리스토퍼 로슨 펜폴드(Dr. Christopher Rawson Penfold)가 1844년에 호주로 이민 와서 애들레이드 마길(Adelaide Magill) 지역에 프랑스종 포도 묘목을 재배하였다. 이후 1850년대부터 본격적으로 호주의 헌터 밸리, 타즈매니아, 야라 밸리, 맥라렌 베일, 바로사, 루더글렌 등 전파되어 와인 산지가 형성되었다.

그러나 호주는 스틸 와인보다 주정강화 와인을 생산하였고, 1900~1940년대는 주정강화 와인 시대였다. 당시 뮈스카와 뮈스카텔 품종을 주로 사용하였고, 그 후 시라즈, 무르베드르, 그르나슈 품종을 사용하여 다양한 주정강화 와인을 만들었다. 현재 루더글렌 지역은 호주 주정강화 와인의 중심지이다.

호주 와인의 도약은 1951년에 시작되었다. 전설적인 펜폴즈(Penfolds) 와이너리의 와인 메이커 맥스 슈베르트(Max Schubert)가 시라즈 품종으로 전설적인 그랜지 에르미타주(Grange Hermitage) 와인을 생산하였고, 이 와인은 호주 최고의 와인으로 인정받으며 전 세계에 호주 와인의 위상을 높였다.

1960년대까지 호주는 주정강화 와인을 가장 많이 생산하였다. 그러나 이 시기에 유럽의 미식과 와인문화의 영향을 받으며 양조장은 주정강화 와인 이외에 다양한 와인 생산으로 바뀌게 되었다. 뿐만 아니라, 와인 산지의 개척으로 다양한 기후에서 개성 있는 와인을 생산하였고, 첨단 양조 기술로 품질 향상과 고급 와인 생산에 힘썼다.

1980년대 소비자 트렌드화, 생산 와인의 절반 이상을 세계로 수출하면서 호주의 와인 산업은 급성장하였다. 와인 수출국 중에 세계 18위였고, 90년대 세계 6위로 크게 성장하였다.

세계 와인 시장은 변화하고 있고, 호주는 지금껏 와인이 구축해왔던 가치 그 이상을 만들며 성장하고 있다.

3-2 호주 와인의 특징

30년 전 무명 와인의 아픔을 딛고 오늘날 프랑스와 어깨를 나란히 할 만큼 스타가 된 호주는 오염되지 않은 청정지역에서 생산된 와인이다. 호주의 독특한 기후와 환경은 호주를 개성 있는 와인 산지로 만들어준다. 주 산지는 기온이 가장 서늘한 남동부 및 남서부에 집중되어 있다. 전체 65개의 다양한 와인 산지, 100여 종의 포도 품종이 재배되고 있으며, 전통에 구애받지 않고 새로운 시도를 통해 와인의 품질을 향상시키고 있다.

• **기후**

차가운 남극해 영향으로 남부 지역은 서늘한 기후를 가져 와인 생산
에 이상적이다. 대륙성 기후, 해양성 기후, 지중해성 기후가 존재하며
위도, 해양의 영향, 고도의 영향으로 호주 기후는 다양하다. 적은 강
수량의 영향으로 대부분 지역에서 관개용수에 대한 의존도가 높은 편
이다. 위도 30~38도 사이의 남반구 지역에 위치하고, 수확은 3~4월
사이에 이루어진다. 와인 산지는 뉴사우스 에일즈, 남호주, 타즈매니
아, 빅토리아, 서호주에 집중되어 있으며, 프리미엄 와인 산지는 온화

한 기후 또는 서늘한 기후 지역에 위치하고 있다. 지역간의 기후와 온도의 변화와 지형에 따라 여러 포도 품종
과 다양하고 독창적인 와인을 생산한다.

대륙성 기후 지역(여름은 덥고, 겨울은 춥다)은 클레어 밸리, 루더글렌, 그레이트 서던 지역, 캔버라 디스트릭
트이고, 해양성 기후 지역(기온차가 적다)은 애들레이드 힐즈, 쿠나와라, 모닝턴 퍼닌슐라, 타즈매니아이며,
지중해성 기후 지역(여름은 덥고 건조하다)은 바로사 밸리, 맥라렌 베일, 마가렛 리버이다.

• **토양**

호주는 다양한 토양이 분포되어 있으며, 주로 모래, 진흙(점토), 양토(Loam)가 있다.

– **모래** : 열을 흡수하며 통기성이 우수하고 배수가 원활한 토양이다.

– **진흙** : 점토질로써 단단하여 통기성이 부족하며 배수가 나쁜 토양이다. 이 토양은 입자가 매우 작고, 포도밭
　　에 쉽게 물이 고이는 경향이 있다.

– **양토** : 적당량의 모래와 점토를 함유하여 토성이 좋고, 경작이 용이하다. 배수가 잘 되는 비옥한 토양으로 포
　　도나무가 과도하게 생장하므로 가지치기로 생장력을 조절한다.

• **포도 품종**

화이트 품종으로는 샤르도네, 소비뇽 블랑, 리슬링, 세미용 등이 있다.

❶ 리슬링 : 리슬링은 호주의 대부분 와인 산지에서 재배되며 최상급 리슬링은 서늘한 지역에서 생산된다. 아
　　로마가 풍부한 라이트에서 미디엄 바디에 산도가 높은 와인이다. 상큼한 풍미의 와인은 오크 숙성하지 않
　　으며 보통 꽃 향기, 강한 시트러스, 청사과, 사과, 오렌지 특징을 지니고 있다. 숙성이 될수록 미네랄(페트
　　롤)향이 독특하게 느껴진다. 오크 숙성을 하지 않는다.

리슬링의 다양한 스타일은 다음과 같다.

– **드라이 스타일** : 가벼운 시트러스 풍미, 와인으로 잔당이 거의 없다(3g/ℓ).

– **오프 드라이** : 잔당이 약간 더 높으며, 산미가 당도를 받쳐준다.

– **디저트 와인** : 숙성 잠재력이 있는 풍부한 향의 달콤한 와인이다.

❷ 세미용 : 보트리티스(귀부병)에 걸린 포도만 선별하여, 스위트 와인을 생산한다. 특히 헌터 밸리 세미용이 유명하며 마가렛 리버, 바로사 밸리에서도 생산하고 있다. 오크 숙성 유무, 또는 블랜딩으로 다양한 양조 방식으로 만들어진다. 병에서 숙성되면서 마치 오크 숙성한 것과 흡사한 진한 골드빛을 띄게 되고, 견과류, 꿀, 마멜레이드 향이 특징이다.

❸ 샤르도네 : 가장 많이 재배되는 화이트 품종으로 화이트 와인 생산의 3분의 1 이상을 차지한다. 풀바디의 풍부하고 잘익은 과일향과 크림 같은 질감이 특징으로 오크 친화력이 높다. 또한 스파클링 와인을 생산하는 품종이기도 하다. 마가렛 리버 지역이 유명하다.

*샤르도네의 재배 기후에 따른 와인의 풍미 스타일
 − 서늘한 기후 : 감귤향, 청사과, 라임
 − 온화한 기후 : 복숭아, 멜론, 배
 − 더운 기후 : 열대 과일향, 파인애플, 망고

*양조 방식에 따른 풍미 스타일
 − MLF(2차 발효) : 크리미, 버터, 요거트 같은 유제품
 − Lees(효모 찌꺼기) 접촉 방식 : 세이보리 풍미
 − 오크 숙성 : 토스트, 너츠, 바닐라향

레드 품종으로는 시라즈, 카베르네 소비뇽, 피노 누아, 그르나슈, 네비올로, 네로 다볼라가 있다.

❶ 피노 누아 : 서늘한 지역에서 재배되며, 호주 프리미엄 레드 와인으로 자리 매김했다. 실크나 벨벳처럼 아주 부드러운 질감과 라이트, 미디움 바디 스타일이다. 야라 밸리, 타즈매니아, 모닝턴 퍼닌슐라 지역이 유명하다.

❷ 그르나슈 : 호주에서 오래된 그르나슈 포도 나무(올드 바인)가 생존하고 있다. 덥고 건조한 남호주 지역에서 잘 재배된다. 스파이스, 체리, 라즈베리향이 느껴진다. 바로사 밸리가 대표적인 지역이다.

❸ 카베르네 소비뇽 : 카베르네 소비뇽은 강렬한 색, 풍미, 산미, 타닌이 느껴지며 풀바디 스타일로 장기 숙성할 수 있다. 만생종으로 따뜻하고 서늘하며 건조한 기후 지역에서 잘 재배된다. 카시스, 블랙베리, 후추향을 드러낸다. 지역에 따라 유칼립투스, 민트 등과 같은 독특한 향기가 느껴지기도 한다. 병 숙성과 함께 타닌은 부드러워지고, 삼나무, 담배, 흙 등의 복합적인 풍미가 느껴진다.

❹ 시라즈 : 호주의 가장 상징적인 포도 품종으로 전국토에서 재배되며 전체 와인 생산 중 25% 이상을 차지한다. 호주는 19세기부터 시라(Syrah) 대신 시라즈(Shiraz)란 이름으로 사용하고 있다. 호주는 시라즈로 스파클링 와인을 생산하기도 한다.

원래 이 종자는 고대 페르시아에서 유래했다. 프랑스의 론(Rhone) 밸리 지역에서 주로 생산되고 있다가 호주로 건너간 시라는 매우 성공적인 와인을 만들었는데 이 품종을 호주에서는 시라즈라고 부른다. 호주의 시라즈는 스파이시(향신료)와 더불어 초콜릿과 같은 달콤한 향기와 감칠맛이 있는 풀바디의 와인들이 많고 비교적 알코올이 풍부하다.

색상이 매우 진하며 진한 맛과 풍부한 질감과 함께 스파이시향이 특징이다. 특히 블랙커런트, 블랙베리의 검은 과일 아로마와 검은 후추, 감초, 정향, 월계수의 말린 잎, 가죽, 삼나무향이 느껴진다. 가벼운 오크통 숙성 시 바닐라, 코코넛, 향나무의 향기가 느껴진다. 강한 오크통 숙성 시 오크, 스모크, 토스트, 타르의 향기가 있다. 병 숙성과 함께 삼나무, 시가 박스, 흙, 가죽향 등이 더해진다.

• 스타일

❶ 지역 블렌딩

호주 와인의 최대 강점은 일관성 있는 와인을 생산하기 위해 지역 간의 블렌딩을 하는 것이다. 다지역 블렌딩이란 균형 있고 일관성 있는 와인을 생산하기 위해 여러 지역에서 와인을 선별해 블렌딩하는 방식이다. 이 방식은 지역적 강점을 살리고, 와인에 빈티지의 차이를 최소화하기 위해서이다.

▲ South Eastern Australia
(호주 남동쪽 여러 지역 블렌딩)

❷ 포도 블렌딩

넓은 지역에 걸쳐서 재배되며 해당 지역에서 생산되는 포도를 가지고 블렌딩한다. 블렌딩의 목적은 일관된 스타일을 표현하고 와인의 품질 차이가 비교적 적게 하기 위해서이다. 블렌딩할 때 더 많이 사용한 품종을 먼저 표기한다.

▲ Semillon-Chardonnay ▲ Shiraz-Cabernet

• 스파클링 와인

19세기 후반부터 스파클링 와인을 생산하기 시작했다. 서늘한 기후 지역, 고도가 높은 지역에서 생산되며 인기를 얻고 있다. 스파클링 와인은 샤르도네와 피노 누아를 주종으로 하며, 대부분은 두 품종을 블렌딩하여 생산한다.

블랑 드 블랑은 샤르도네 단일 품종(100%)을 생산하기도 한다. 블랑 드 누아로 알려진 피노 누아 단일 품종(100%)을 생산하고, 시라즈 품종으로 스파클링 와인을 생산한다. 시라즈 스파클링은 짙은 레드색을 띠며, 호주만의 독창적인 스파클링 와인을 생산한다. 주요 산지로는 애들레이드 힐즈, 타즈매니아, 야라 밸리가 유명하다.

• 전략적인 마케팅

옐로우 테일은 블루오션 와인으로 유명하다(미국 시장 최다 판매하는 와인, 2003). 블루오션 전략(Blue Ocean Strategy)을 활용하여 누구나 쉽게 즐길 수 있는 와인, 복잡한 와인을 단순하고 과일향의 달콤한 와인으로 바꾸어 눈에 띄면서도 친근감 있는 캥거루 마크의 간결한 라벨, 제조와 구매과정을 단순화시켰다.

이에 반해 옐로우 테일의 대박 성공은 소비자에게 불편한 편견을 안겨준 것도 있다. 호주 와인은 정체성이 없고 유행에 민감한, 그저 중저가 와인이란 인식이 퍼진 것이다. 비개성적이고 상업적, 소비자의 입맛에 맞춘다는 선입관이 고착화되면서 호주 와인은 변화하기 시작했다. 오크향의 의존률을 낮추고, 산지의 특성과 테루아를 강조한 것이다.

이러한 인식을 바꾸기 위해 현재 호주는 다양성을 강조한 테루아를 바탕으로 개성적인 와인을 생산하려 노력하고 있다.

호주는 대량 생산하는 와인의 규모가 크다. 이것은 첨단 기술과 막강한 자본을 바탕으로 와인을 생산하고 있는 거대 기업 생산자가 호주 와인의 70~80% 이상 생산을 담당한다.

3-3 와인 규정

포도 재배와 와인 양조에 대한 관리가 엄격한 유럽의 등급 체계에 비해 창의적인 와인 산업의 환경을 위해 신세계의 와인 법령은 매우 포괄적이다.

호주 와인 규정은 1963년에 도입되어 1987년에 개정되었다. 1993년 지리적인 규정인 GI(Geographical indications)를 도입하여 호주의 포도밭은 지리적 표시(Geographical Indications, GI)로 분류된다.

GI는 호주의 와인 산지명이며 지대, 지역, 하부 지역으로 나뉜다. GI 체계는 유럽에서 사용되는 관리법과 유사하며 국제법에 따라 보호되고 있다.

단순한 지역 경계 구분의 개념으로 지역명을 표기하려면 해당 지역의 포도를 85% 이상 사용해야 한다.

포도 품종을 블랜딩 할 경우 더 많이 사용되어진 품종을 라벨에 먼저 표기한다. 예를 들어 '카베르네–시라즈'라고 라벨에 명시되어 있다면 카베르네의 비율이 더 높다. 그 외에 약자로 'GSM'은 그르나슈, 시라즈, 무르베드르(호주에서 마타로) 블랜딩을 의미한다.

3-4 주요 와인 산지

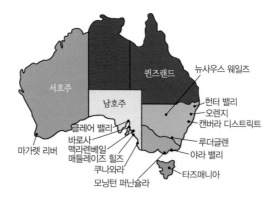

• **사우스 오스트레일리아(South Austraila), 남호주**

호주 와인 전 생산량의 50% 이상을 담당하는 최대의 산지이며 가장 저렴한 와인부터 가장 고가의 와인까지 모두 생산하는 지역이다. 포도밭은 남동쪽에 밀집되어 있으며 다양한 위치의 포도밭은 다양한 성격의 와인을 생산한다.

❶ 바로사 밸리(Brossa Valley)

호주 와인을 대표하는 와인 산지로 바로사 밸리는 150년간 호주 와인의 중심

▲ 남호주

지이자 남호주의 가장 오래된 고급 와인 생산지이다. 필록세라의 피해가 없었던 유일한 산지로써 가장 오래된 올드 바인(Old vine)이 존재하여 100년 이상 수령의 시라즈 포도나무가 있다. 올드 바인은 오래된 포도나무에서 수확하여 와인을 만든다. 수령이 오래된 포도나무는 뿌리를 깊게 내림으로써 양분을 충분히 흡수하고, 수확양이 적어 귀하며, 견실한 포도를 맺어 와인의 복합미와 개성이 풍부해진다. 전통적이고 견고한 시라즈와 카베르네 소비뇽의 레드 와인을 생산한다. 독일 이주민에 의해 와인 산업이 시작되었으며 이렇게 형성된 마을들은 여전히 독일적인 성격이 남아 있다. 이 지역은 따뜻한 지중해성 기후로 일조량이 많다. 매우 덥고 건조한 기후와 520mm 정도의 적은 강우량으로 대부분 겨울에 비가와 이상적인 기후 조건을 가지고 있으며, 질병의 위협이 적은 편이다. 이 지역의 따뜻한 기후는 풀바디 레드 와인, 우수한 품질의 주정강화 와인, 일반적으로 힘이 좋은 화이트 와인을 생산한다. 특히 시라즈, 카베르네 소비뇽, 그르나슈로 유명한 지역이다.

토양의 대부분은 적갈색 양토로서, 단단하고 배수가 잘 된다. 주요 와이너리로는 Wolf blass, Hardys, Peter lehman, Penfolds 등이 있다.

펜폴즈 그랜지 (Penfolds Grange)

2001년 호주 국가문화재로 지정되어 호주의 국보급 와인이라 불리는 세계적인 명품 와인이다. 펜폴즈 그랜지는 전 세계 와인 애호가가 손꼽는 최고의 와인이다. 2008년 빈티지는 와인스펙테이터와 로버트 파커로부터 모두 100점을 받았으며, 호주 와인의 우수성을 전 세계에 알리게 되었다.

그랜지는 1951년부터 매해 출시마다 최고의 품질을 유지하고 있으며 시라즈 품종과 기후, 토양의 시너지 효과를 최대한 발휘한 명작이라고 인정받고 있다. 농익은 자두의 풍미에 이어 회향, 다크 초콜릿 맛을 느낄 수 있다. 구조감이 탄탄하고 강건하며 응집력이 강한 타닌과 오크 풍미를 즐길 수 있으며 전체적으로 힘있고 균형이 잘 잡힌 부드러운 질감의 와인으로 장기 숙성이 가능하다. 50년대 생산할 당시 시라즈는 에르미타주라고 불렸다. 그러나 에르미타주(Hermitage)는 프랑스의 AOC 지방으로 와인법에 의해 1989년 빈티지까지만 표기를 사용하였다. 이후에는 그랜지(Grange)로만 표기한다.

▲ 호주 명품 와인 : 펜폴즈 그랜지

빈(Bin)의 의미 : 호주 와인에는 '빈(Bin)' 라벨 표기가 많이 보인다. 이것은 와인병을 저장하는 셀러에 별도의 각 넘버를 표기한 것이고, 숫자는 품질과 전혀 상관 없다.

▲ Bin 8

▲ Bin 128

▲ Bin 555

❷ 에덴 밸리(Eden Valley)

이웃한 바로사 밸리보다 더 높은 고지대에 위치하기에 서늘한 기후가 나타난다. 주로 리슬링, 샤르도네, 시라즈, 카베르네 소비뇽을 생산한다. 저지대에서는 시라즈가 두각을 나타내고 있는데 헨시케(Henschke) 와이너리로 인해 이곳이 세계적으로 유명해졌으며, 130년이 넘는 올드 바인의 포도를 사용하여 명품 시라즈 와인인 힐 오브 그레이스(Hill of grace) 와인을 만들었다.

▲ 힐 오브 그레이스

❸ 클레어 밸리(Clare Valley)

애들레이드의 북쪽에서 100km 떨어진 클레어 밸리는 가장 북쪽에 위치해 있어 일교차가 크고, 서늘한 미풍이 있으며 서늘한 기후를 가진다. 대다수의 포도밭은 관개를 하지 않아 와인의 생산량도 적고 강한 풍미와 힘을 가진 와인을 생산하고 있다.

호주의 최상급 리슬링이 이 곳에서 재배되며, 전형적인 리슬링의 풍미와 숙성 잠재력이 있는 와인을 생산한다. 그 외 주목할 만한 품종으로 시라즈와 카베르네 소비뇽이 있다. 이곳의 리슬링은 드라이하고 뚜렷한 시트러스향과 함께 높은 산도가 특징이다.

서늘한 포도밭에서 자라는 리슬링은 라임향과 감귤류, 광물향이 느껴지며 병숙성을 거치면서 페트롤향이 짙어진다. 잘 짜여진 구조감 있는 고급 시라즈와 카베르네 소비뇽 와인을 생산한다. 주요 와이너리는 Grosset, Jim berry, Pikes, Tim adams 등이 있다.

▲ 에덴 밸리

※ 비교 : 리슬링의 원산지에 따른 풍미 비교
　독일 스패트레제 : 감귤향, 라임, 열대 과일향, 파인애플향, 낮은 알코올, 가벼운 단맛
　오스트리아 리슬링 : 감귤향, 라임, 미네랄 아로마, 드라이하며 높은 알코올
　호주 리슬링 : 아로마가 풍부, 라임, 감귤향, 꽃향, 페트롤향, 드라이, 높은 산미,
　　　　　　　 미디움 알코올
　 – 클레어 밸리(Clare Valley) : 라운드, 바디감이 좀더 있음
　 – 에덴 밸리(Eden Valley) : 라임향이 강함

▲ 클레어 밸리　▲ 에덴 밸리

❹ 애들레이드 힐즈(Adelaide Hills)

애들레이드 시와 애들레이드 평원, 맥라렌 베일을 내려다보는 450m의 구릉지대로써 산도가 높다. 온화한 기후 지역이지만 높은 고도의 영향으로 서늘한 기후도 나타난다. 샤르도네와 리슬링, 피노 누아 등 서늘한 기후를 선호하는 품종으로 만든 와인이 우수하다. 주요 품종은 소비뇽 블랑, 샤르도네, 피노 누아, 시라즈로 유명하며, 이들은 이 지역의 서늘한 기후와 잘 맞는 품종이다. 주요 와이너리로는 Henschke, Baratt, Shaw + Smith, Ashton hills 등이 있다.

▲Shaw+Smith

❺ 맥라렌 베일(Malaren Vale)

애들레이드 남쪽 30km 해안가에 위치해 있어 남쪽으로 바람이 불어와 기후를 온화하게 만든다. 이 지역은 지중해성 기후 지역으로 여름이 따뜻하고 겨울이 온화하다. 적절한 강수량과 다양한 토질의 조건이 갖추어져 있어 농축된 과일의 맛이 나는 질 좋은 품질의 포도를 재배한다. 중후한 바디감이 있는 시라즈와 그르나슈, 카베르네 소비뇽, 메를로를 생산한다. 약 90%가 레드 품종이며 대부분 시라즈, 카베르네 소비뇽, 그르나슈를 재배하고 있다. 주요 와이너리로는 D'Arenberg, Mollydooker, Fox creek 등이 있다.

▲Mollydooker　▲Fox Creek

투 핸즈(Two hands)는 두 개의 손으로 서로의 화합을 제시한다. 또한 엔젤스 쉐어(Angel's Share)라는 이름은 양조 과정에서 오크통 속의 와인이 휘발되어 해마다 2~3%씩 없어지는데, 이를 'Angel's Share'라 부르며 천사가 그만큼의 몫을 마신다고 생각하는데서 유래한다. "Two hands"는 남 호주 맥클라렌 배일(McLaren Vale) 지역에서 생산되어 최고의 시라즈 와인을 만들기 위한 목적으로 설립됐다. 짙은 보라빛을 띠며, 농익은 블랙베리, 서양 자두, 다크체리 등의 농축된 과실미가 뛰어나며 후추, 감초, 민트의 신선한 향이 조화를 이루어 화려하며 복잡한 아로마가 돋보인다. 바닐라, 초콜릿, 에스프레소의 향이 입 안에서 은은하게 퍼지며, 부드럽고 짙은 타닌과 신선한 산도가 조화를 이룬다. 긴 여운을 남기며 정교하고 세련미가 갖추어진 풀바디 스타일의 와인이다.

▲ Angels Share

❻ 쿠나와라(Coonawarra)

남부 호주의 가장 남쪽에 위치하며, 숙성 잠재력이 높은 프리미엄 레드 와인 생산지로 유명하다. 온화한 해양성 기후로 여름은 건조하고 서늘하다. 석회암 하층토 위에 테라로사(적색토)라고 하는 독특한 붉은 토양이 분포하고 있다. 최고의 레드 와인 명산지 중 하나로 호주에서 손꼽히는 카베르네 소비뇽을 생산한다. 그 외에 시라즈, 메를로도 생산한다. 주요 와이너리로는 Penfolds, Hardy, Rosemount, Wynns 등이 있다.

▲ Katnock

▲ 테라로사(Terra Rosa)

• 뉴사우스 웨일즈(New South Wales)

호주 와인의 탄생지로써 포도 재배의 기후조건이 남부나 빅토리아에 비해 다소 열악하지만 호주의 유명한 와인들이 이곳에서 생산된다.

❶ 캔버라 디스트릭트

뉴사우스 웨일즈(NSW)의 포도밭을 아우르는 산지이다. 캔버라에 인접하여 인기 있는 관광지이다. 겨울은 춥고, 여름은 덥고 건조한 대륙성 기후를 띤다. 가장 주목할 만한 품종은 리슬링과 시라즈, 또는 시라즈–비오니에 블랜딩도 생산한다. 이 외에 기타 품종도 생산하고 있다.

❷ 헌터 밸리(Hunter Valley)

호주 최초의 상업적 와인 산지이다. 시드니와 접근성이 좋아 관광 방문객이 많다. 헌터 밸리는 둘로 나뉘어지는데 대부분 주된 와인 양조장들은 하부 헌터 밸리(Lower Hunter Valley)에 위치하고 있다.

연 강수량의 750ml 이상이 여름과 수확기에 내려 곰팡이와 병충해 등 불안정한 기후의 피해를 자주 겪는다. 이런 좋지 않은 조건에도 많은 양조장이 아래쪽 지역에 위치하는 것은 시드니와의 근접성과 관광산업의 혜택으로 인한 사업의 지속력이 있기 때문이라 여겨진다. 이 지역은 독특한 세미용을 생산하는 것으로 유명하다. 이외에도 우수한 품질의 샤르도네, 시라즈 및 이 지역의 따뜻한 기후에 적합한 기타 품종을 재배하는 것으로도 잘 알려져 있다.

세미용은 이른 수확으로 낮은 당분 함량과 산도는 높은 편이다. 유명 와이너리로는 Lindemans, Brokewood, Tyrrells 등이 있다.

헌터 밸리 상부는 레드보다는 화이트 품종의 생산이 이루어진다. 샤르도네는 어퍼 헌터 밸리의 대표 품종이자 사실상 유일한 품종이다. 포도 재배에 열악한 기후 조건으로 고품질의 와인을 생산하기 쉽지 않으며 건조한 기후로 인해 관개 시설을 필요로 한다.

▲ 세미용

❸ 머지(Mudgee)

포도 재배의 역사는 헌터 밸리만큼 오래 되었다. 강렬하고 풍부한 카베르네 소비뇽과 샤르도네를 생산하고 있다.

❹ 오렌지(Orange)

서늘한 기후 지역으로, 고도가 높은 지대에 위치한 와인 산지 중 하나이다. 여름 낮 기온은 따뜻하고 밤은 서늘하며, 가을은 건조한 대륙성 기후이다. 이 지역은 대표적으로 샤르도네를 생산한다. 과일향이 풍부한 와인부터 풀바디에 진한 풍미까지 다양한 스타일로 생산한다. 다른 주요 포도 품종으로 소비뇽 블랑, 시라즈, 카베르네 소비뇽이 있다. 와이너리로 Rosemount, Highland Heritage가 있다.

• 빅토리아(Victoria)

빅토리아는 22개의 지역으로 나뉘며, 400여 개의 와이너리가 있다. 호주의 와인 생산지 중 가장 남쪽에 있으며 가장 서늘하다. 남부 해안가 서늘한 지역의 좋은 재배지를 찾으면서 급속히 발전하였으며 기후와 지형, 토양 등 다양한 포도 재배 환경을 갖추고 있다. 와이너리들은 양보다는 질을 우선시하며 소량 생산을 위주로 하는 가족 단위로 운영되는 부띠끄 와이너리들이 인정받고 있다. 대표적인 지역으로 야라 밸리와 모닝턴 퍼닌슐라가 있다. 해양성의 서늘한 기후이며, 야라 밸리는 부르고뉴와 보르도 사이의 온도를 가진다(부르고뉴 〈 야라 밸리 〈 보르도). 높은 산도, 품질 높은 타닌으로 페놀 숙성에 좋다. 피노 누아의 유명 생산자인 바스 필립(Bass Phillip)의 피노 누아는 1ha에 9,000 포도나무를 식재하고, 1에이커에 약 1톤 수율로 소량 생산한다.

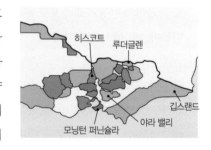

▲Bass Phillip

❶ 야라 밸리(Yarra Valley)

멜버른 시내와 근접해 있기 때문에 와인 산지의 관광지로도 유명하며 호주에서 대표적인 서늘한 지역 중에 하나이다. 토양은 붉은색 화산토에서 비옥하지 못한 모래 토양까지 다양하다.

이 지역은 대표적으로 샤르도네, 피노 누아 품종으로 유명하다. 야라밸리의 피노 누아는 이 지역의 특산품인 딸기, 자두, 검은 체

▲Warramate

▲Chandon

▲Yarra Yering

리 등의 과일 풍미가 강하다. 그 외에 카베르네 소비뇽과 시라즈가 재배되고 있다. 프리미엄 스파클링 와인의 생산지로, 1987년 모에샹동은 야라밸리에 도멘 샹동(Domaine chandon)을 설립하였다. 와이너리로는 Yarra Yering, De bortoli, Mont mary, Domaine chandon이 있다.

❷ 모닝턴 퍼닌슐라(Mornington Peninsula)

호주의 남쪽에 위치한 모닝턴 퍼닌슐라는 서늘한 해양성 기후로 해안가 산지이다. 겨울과 봄에 비가 내리고, 햇볕이 풍부해 포도의 생장 기간이 비교적 길어 자연적인 산도를 부여해 준다. 대부분 소규모, 가족 경영으로 운영되며 부티크 와이너리가 많다.
이 지역 대표 품종은 피노 누아이며, 샤르도네도 생산한다. 현재는 와인의 품질이 급상승하여 호주 부티크 와인을 만드는 대표적 산지로 거듭나고 있다.

▲ Hurley Vineyard
모닝턴 퍼닌슐라 피노누아

❸ 루더글렌(Rutherglen)

호주 주정강화 와인의 중심지이다. 전형적인 대륙성 기후로 여름은 덥고 겨울은 추우며, 가을이 건조하고 길다. 밤 기온이 낮으며 일교차가 크다.
필록세라의 공격에서 살아 남은 지역으로 오랜 역사를 가지고 있다. 뮈스카와 뮈스카델 품종으로 생산하는 루더글렌 주정강화 와인은 유명하다. 풀바디, 숙성 잠재력이 좋은 와인을 생산한다. 와이너리로는 Bullers, Chambers가 있다.

▲ Chambers Muscat

❹ 히스코트(Heathcote)

빅토리아 중부에 위치한 이곳은 프리미엄 시라즈 와인으로 유명하다. 카멜 산맥의 구릉에 위치한 덕에 포도밭은 성장기 내내 선선한 기후를 유지하며, 대부분 시라즈와 카베르네 소비뇽을 재배하고 특별한 관개 없이 재배되는 시라즈의 깊고 풍부한 맛은 전 세계의 찬사를 받고 있다.
– 따뜻한 기후에서 자란 시라즈 : 농익은 플럼, 자두잼, 블랙커런트, 달콤한 과일잼 향
– 서늘한 기후에서 자란 시라즈 : 블랙베리, 플럼, 체리, 후추, 감초, 담배향

• 타즈매니아(Tasmania)

타즈매니아는 1980년대 후반부터 부각되기 시작했으며 특히 스파클링 와인으로 유명하다. 서늘한 기후와 해양성 기후가 나타난다. 배수가 좋으며, 진흙과 석회암 위에 자갈이 함유된 현무암 토양이 있다.
샤르도네, 피노 누아가 중심을 이루며, 더 서늘한 지역에서는 샤르도네와 피노 누아로 스파클링 와인을 생산하고 있다. 유명 와이너리는 Pipers Brook, Tamar Valley가 있다.

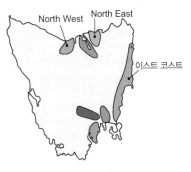

▲ 타즈매니아 섬

• 웨스턴 오스트레일리아(Western Austraila), 서호주

1970년 Vasse felix가 이 지역 최초의 와인을 만들었다. 호주 전체 와인 생산량의 1%에 불과하지만 고급 와인

생산량은 15%를 차지한다. 해양성 기후로 보르도와 매우 흡사한 기후이며 카베르네 소비뇽과 메를로 세미용 소비뇽 블랑과 같은 보르도 품종이 널리 재배된다. 장기 숙성용 레드 와인을 생산하고 그밖에 호주 최고의 와인으로 손꼽히는 샤르도네 생산지로도 유명하다. 르윈 에스테이터(Leeuwin Estate)가 만든 샤르도네는 짧은 시간에 명성을 얻었고, 주요 와이너리로는 Moss wood, Leeuwin estate, Vasse felix 등이 있다.

▲ 웨스턴 오스트레일리아

❶ 마가렛 리버(Maegaret River)

서호주에서 가장 품질이 뛰어난 와인을 생산하며, 삼면이 바다로 둘러싸여 해양의 영향이 있는 지중해성 기후이다. 주로 화강함과 편마암의 심토와 배수가 잘 되는 양토가 분포되어 있다. 마가렛 리버 와인은 화이트 품종과 레드 품종의 재배 비율이 비슷하다. 주요 품종으로는 세미용과 소비뇽 블랑 블렌드, 샤르도네, 카베르네 소비뇽이 있다.

유명 와이너리로는 르윈 에스테이트(Leeuwin Estate)의 샤르도네, 컬렌(Cullen)의 카베르네 소비뇽, 바스 펠릭스(Vasse Felix), 모스 우드(Moss Wood), 샌달포드(Sandalford) 등이 있다.

▲ 르윈 에스테이트 샤르도네

❷ 스완 밸리(Swan Valley)

스완 밸리(Swan Valley)는 서호주의 가장 역사 깊은 와인 산지로 연중 온화하고 건조한 기후를 가지고 있다. 호주 최고의 베르델호, 시라즈, 카베르네 품종이 생산되며, 와이너리로는 Houghton, Sandalford, Evans& Tate 등이 있다.

참고 자료 : 호주 와인 파운데이션 과정(www.australiawinediscovered.com)

읽을 거리

[호주 와인 드디어 스타가 되다]

깜짝 놀랐다. 몇 해 전, 한 지인 덕분으로 1971 그랜지(Grange)를 함께 테이스팅 할 수 있는 기회를 가졌다. 호주 와인도 이렇게 오랜 동안 보관이 가능할까 하는 반신반의한 의문을 가지고 시음한 이 와인은 호주 와인에 대한 생각을 다시 하기에 충분하였다. 펜폴즈(Penfolds)에서 가장 자랑하는 와인으로, 세계적인 비평가들의 인정과 더불어 찬탄을 받은 와인이다. 1971년 그랜지는 강하면서 견고한 실크같은 타닌 및 부드러운 감촉과 균형 잡힌 구조를 이루고 있었다. 깊이와 복잡함 그리고 긴 여운은 다른 어떤 나라의 프리미엄 와인과 결코 떨어지지 않았다. 그 후에 만난 헨쉬케(Henschke) 와이너리의 힐 오브 그레이스(Hill of Grace) 와인은 또다른 문화적 충격을 가했다. 소량 생산으로 희귀하며 비싼 가격으로 호주의 컬트 와인 전성 시대를 만든 와인이라 해도 과언이 아니었다. 와인 산업의 이미지를 고급화

하기 위해서 호주는 지금 울트라 수퍼 프리미엄 와인(Ultra Super Premium) 생산에 아낌없는 노력과 투자를 하고 있는 것을 느낄 수 있었다. 대부분의 고급 와인은 남호주 바로사 밸리의 온통 붉은 토양으로 구성된 테라로사 토양에서 생산되었으나, 최근에는 기후의 세분화 및 다양성과 원산지의 정체성을 중요시하며 다양한 와인을 생산하고 있다.

● 호주에도 아이콘 와인이 있다

호주 와인의 가장 대표적인 포도라고 하면 시라즈(Shiraz)를 빼 놓을 수 없다. 프랑스 론 지방에서는 시라(Syrah)라고 불리는 이 포도 품종은 호주의 특산품이 되어, 사용하기 쉽게 전 세계에서 불러지고 있다. 비교적 부드러우며, 어느 육류 요리와도 잘 어울리는 유통성이 있으며, 병입하고 바로 마실 수 있을 만큼 준비된 스타일의 와인이다. 그래서 와인을 좋아하게 하기 위해 와인 교육이 필요없을 뿐만 아니라 합리적인 가격으로 대중적인 인기를 한 몸에 받기에 충분하다. 영국의 와인 시장은 말할 것도 없고 싱가폴, 홍콩의 전통적인 와인 시장에서 호주 와인은 쉽게 찾아 볼 수 있다. 주인에게 물어볼 것도 없이 진열장 대부분을 차지하고 있는게 바로 호주산이다. 슈퍼마켓도 마찬가지, 영국의 수퍼마켓에서 가장 인기있는 것이 호주산이었고, 미국 또한 마찬가지였다. 블루오션 책(2003년)으로 유명해진 호주산 옐로우 테일(Yellow Tail) 와인은 실제로 미국에서 년간 가장 많이 팔리는 약 10달러 미만의 와인으로 신화적인 성공을 만들었다. 이외에도 제이콥스 크릭(Jacob's Creek), 울프 블라스(Wolf Blass), 비알디 하디(BRD Hardy)의 자이언트 그룹을 떠올린다. 문제는 이 와인 모두가 저렴하고 뚜렷한 특징과 개성이 부족하다는 것이다. 서로 비슷한 풍미를 가진 높은 알코올 함량, 다크 초콜릿, 과일잼 향이 지배적인 스타일로 저가 와인에 익숙한 사람들은 호주 와인이라면 아이텐티티가 상실되고 유행에 민감한 와인으로 인식했었다. 사실 필자도 호주 와인하면 몰개성화된 상업적인 스타일로 소비자 입맛에 치우친 와인이라는 보편적인 편견을 가지고 있었다. 그래서 고급 와인이라고 생각하면 보르도, 부르고뉴의 그랑 크뤼 와인이라는 구대륙에서 생산된 것이라는 편견을 가지고 있었다. 하지만 호주 와인은 지난 60년 사이 변화를 시작하였다. 더 세분화된 지역성(테루아)을 보고 지난 몇 년 동안 원산지에 대한 중요성을 인식한 와인 생산자들은 오크의 의존율을 줄이고, 차별화된 맛을 강조하기 위해 연구해 왔다. 이들이 와인의 혁명을 이끌었으며 현대 기술의 발전은 포도 재배와 양조의 향상에 영향을 끼쳤다. 계속되는 기술 투자로 호주 와인 산업은 더욱 발전하고 있는 중이며 상업적 와인이라는 오명은 이미 벗어났다고 생각한다.

● 무서운 아이돌 스타

와인 생산 나라로써 호주는 갑자기 유명해진 것 같다. 지난 수십년 동안 호주 와인은 국제 무대에서 점점 영향이 커지고 있다. 특히 영국 시장에서 프랑스를 포함한 다른 어떤 나라의 와인보다도 더 많이 팔리고 있는 실정이다. 호주 와인은 아주 저가의 대중적인 와인부터 프리미엄 등급의 비싼 와인까지 모든 카테고리의 와인을 생산하고 있다. 물론 다른 시각적인 면에서 다소 편견을 가지고 있을지도 모른다. 넓은 대륙임에도 불구하고, 호주의 포도밭은 주로 남동쪽의 뉴사우스 웨일즈, 빅토리아, 남호주에 집중되어 있다.

서호주 마가렛 리버(Margaret River) 지역의 비교적 서늘한 기후 지역을 제외하고는, 이외에 흥미 있는 와인 생산 지역은 없었다. 그러나 현재는 짙은 오크향의 샤르도네 그리고 풀바디한 스타일의 와인으로 정의하기 보다는 훨씬 더 다양한 종류의 와인이 존재하고 있다. 지난 수십년에 걸쳐 가정용 이름이 되었던 잘 알려진 브랜드와 함께 호주는 수천 개의 와이너리가 있으며, 다양한 지역에서 다양한 포도 품종으로 만들어지고 있다. 30년 전부터 틈새 시장을 시작으로, 오늘날 호주 와인은 가장 중요한 와인 시장인 영국에서 판매 1위를 차지하면서 프랑스 와인과 치열한 경쟁을 하고 있을 정도로 눈부신 성장을 했다.

호주 와인 성공의 가장 중요한 요소에는 몇 가지가 있다. 호주 와인의 대부분은 포도 자체의 집중된 농익은 과일향이 풍부하다. 그리고 와인 라벨은 누구라도 이해하기 쉽고 단순하다. 뿐만 아니라 지역과 생산자 이름 후에 따라붙는 와인 이름(브랜드) 대신에, 포도 품종이 가장 먼저 언급되어 강조되는 것을 알 수 있다. 그리고 시라즈-카베르네, 시라즈-메를로, 시라즈-비오니에 등과 같이 블랜딩한 여러 포도 품종의 이름을 라벨에 표시한 것 또한 특이하다. Bin 407, Bin 707, Bin 444 등과 같은 빈(Bin) 숫자 또한 호주에서만 찾아볼 수 있는 이름이다. 빈 숫자는 1930년대에 사용되기 시작하였는데, 원래 와인 저장소의 번호를 매긴 것을 의미 하였다고 한다. 비교적으로 신뢰할 수 있는 기후와 최신 기술이 구비된 와이너리들에 의해서 매년 일정한 품질로 비슷한 스타일의 와인을 생산하는 것을 쉽게 만들어주는 특징을 가지고 있다. 같은 와인의 다른 빈티지를 굳이 마셔보지 않아도 이전 빈티지의 와인만큼이나 같은 품질이라는 것을 알 수 있다는 것은 소비자에게는 굉장한 뉴스가 아닐 수 없다. 유럽의 와인 생산 지역과 비교하여, 호주 와인 메이커는 포도밭의 위치와 포도 품종의 선정에 제한하는 규칙으로부터 자유롭다. 그들이 선택하는 어떠한 포도 품종을 심는 것에 자유로울 권리를 가지고 있다. 관개 시설의 자율화 등으로 와인법이 비교적 융통성이 있다. 물론 포도나무에 적합한 토양과 위치에 심는 것은 당연하다. 그리고 새롭고, 경험이 미숙한 포도 품종은 작은 규모로써 경작하는 실험 정신이 있다. 그러나 대부분 와인 생산 지역에서는 2~3가지의 포도 품종이 가장 잘 알려져 있는 것은 부인할 수 없는 사실이다. 앞으로 호주의 고급 와인의 성장에 세계의 이목이 주목되고 있다. 마치 뉴월드 와인의 방향을 제시해 주는 것 같다.

읽 을 거 리

[기후 변화가 와인에 미치는 영향]

첫 번째 문제는 급격한 기후의 변화로, 2100년까지 호주의 평균 기온이 적게는 섭씨 1.4℃에서 많게는 섭씨 5.8℃ 이상 올라갈 것이라는 점이다. 지구 온난화의 영향으로 이미 호주의 포도 재배 지역에도 큰 변화가 일어나고 있는데, 각종 포도주로 유명한 Hunter Valley · Barossa · Adelaide Hills 등 많은 포도 재배 지역들이 날씨가 덥고 건조해짐에 따라 포도 재배가 점점 어려워지고 있다. 반면에 지금까지는 포도 재배에는 적합하지 않은 기후를 보이고 있던 일부 지역들이, 오히려 포도 재배에 더욱 적합한 기후를 보이고 있기도 하다.

● 지구 온난화가 와인을 바꾸고 있다

2018년 북극 바다의 얼음 면적이 관측 사상 최저를 기록했다고 한다. 지금 지구촌 곳곳에서 이상한 기후 변화가 나타나고 있다. 기후 변화는 와인에도 영향을 끼친다. 최근 와인을 마시면서 혹 이상하게 더 졸리고 또는 취한 적은 없는가? 뉴월드 와인에 익숙해져 높은 알코올을 당연하다고 받아들이는 것은 아닐까? 한 번쯤 와인을 마시면서 알코올 함량에 관심을 가져본 적이 있는가? 물론 혹자는 와인만 맛있으면 그만이지, 굳이 와인의 알코올 레벨도 알아야 하냐고 항의할지 모르겠다. 현재 와인의 알코올 레벨은 점점 증가하고 있는 추세에 있으며, 매년 새로운 기록을 세우고 있다. 캘리포니아 포도 파쇄 보고서(California Grape Crush Report)에 따르면 와인의 알코올 레벨은 1971년에 평균 약 12.5%에서 2001년 평균 약 14.8%로 증가하였다고 보고한다. 약 30년 동안에 와인의 평균 알코올 레벨은 2.3%가 증가한 것이다.

캘리포니아 나파 밸리 지역의 카베르네 와인들은 지난 30년 동안 그 수치가 13%에서 15%로 증가함으로써 알코올 상승을 대표적으로 보여주고 있다. 10~20년 전에만 해도 15% 이상의 알코올은 주로 주정강화 와인으로 여겨졌다. 기억에도 1970년대 빈티지의 레드 보르도 와인의 라벨을 보면 11~12%의 알코올을 함유하고 있다고 적혀져 있었다.

이처럼 와인의 알코올 함량이 세대에 따라서 약 2% 또는 3% 정도 증가하는 현상은 비단 캘리포니아만의 문제가 아니라 현재 보르도를 비롯한 구대륙부터 호주를 포함한 신대륙까지 전 세계에서 일어나고 있다.

그렇다면 이와 같은 현상의 원인은 무엇일까? 그 첫 번째로 알코올이 올라가는 이유는 바로 지구 온난화 현상 때문이다. 원래 와인용 포도는 재배할 때 기온이 높아지면 포도 자체의 산이 감소되고, 당이 증가되며 알코올이 높아진다. 지구 온난화 현상으로 재배 기온이 조금씩 높아지니 조금씩 알코올도 높아질 수 밖에 없는 것이다. 이뿐이 아니다. 지구 온난화는 독일과 같은 서늘한 기후 지역에 적합한 포도 품종의 재배를 어렵게 만들어 새로운 포도밭을 모색하지 않을 수 없게 만들고 있다.

독일의 와인 생산자들이 포도밭 이전을 인공위성의 도움을 받아 시작하고 있다. 온난화 현상은 포도 재배 방법에도 많은 영향을 끼치고 있는데 기온의 상승으로 새로운 벌레들이 출현했고, 이는 포도나무의 생장에 부정적인 요소로 작용하기 시작했다. 프랑스의 비교적 서늘한 기후의 샴페인 마을은 지구 온난화로 인해서 이른 포도 숙성으로 8월 중순부터 포도 수확을 시작하고 있다. 이처럼 지구 온난화는 비단 알코올 상승에 영향을 끼칠 뿐만 아니라 포도밭의 레이아웃을 다시 그리게 하고, 포도 재배뿐만 아니라 양조 방법의 변화를 모색하게 만들고 있다.

두 번째로 와인 알코올 상승에 영향을 끼친 것은 바로 비평가이다. 세계적으로 와인에 가장 큰 영향력을 끼치는 것은 로버트 파커(Robert Parker)와 잡지사 와인 스펙테이터(Wine spectator)이다. 수많은 와인 소비자들이 이들의 와인 평가에 의지하여 와인을 구매할 정도로 업계에서 파워가 상당하다. 2000년대 초부터 로버트 파커나 와인 스펙테이터에서 높은 점수를 받은 와인들의 공통점을 보면 짙은 색깔과 바로 높은 알코올 함량의 와인들이라는 점을 간과하지 않을 수 없다. 물론 소비자들 또한 이러한 와인에 길들여지다 보니 당연히 알코올이 강한 와인들을 선호하게 되고 소비 증가를 가져오게 된다.

현대에 와인의 알코올은 원산지를 막론하고 대부분 13~14.5%이다. 주로 호주나 캘리포니아 등지의 신대륙에서 알코올이 높은 것이 일반적이었던 것이 지금은 구대륙의 보르도, 이탈리아, 스페인까지도 이러한 알코올이 상승하는 와인을 쉽게 찾을 수 있다. 이러한 와인 알코올 상승에 따른 단점은 무엇일까? 그것은 바로 정체성의 상실. 와인이 몰개성화되어 가고 있다는 것이다. 이것은 산지의 개성과 특성을 잃은 자칫 지루한 와인이 만들어지고 있다는 의미이며, 이를 경계해야 한다.

4 ◆ 뉴질랜드

4-1 소비뇽 블랑의 인기, 그 중심에 뉴질랜드가 있다

지구 상에서 가장 깨끗한 나라하면 떠오르는 지역이 어디일까? 아마도 청정 지역으로 환경운동이 활발히 이루어지고 있는 뉴질랜드가 아닐까 한다. 뉴질랜드의 이미지는 오염되지 않은 나라로써 도시보다는 목장과 농업이 중심으로 가장 살기 좋은 나라로 인식되고 있다. 마우리족이 있으며, 키위가 유명한 나라… 그리고 와인이 있다.

와인 생산은 계속해서 신장을 이루고 있다. 뉴질랜드 포도밭은 세계에서 가장 남단에 위치하고 있다. 그래서 매일 태양을 처음으로 맞이하는 첫 번째 포도밭이기도 하다. 그러나 뉴질랜드 와인이 세계적인 명성으로 알려지게 된 것은 2000년 부터이다.

▲ 뉴질랜드 지도

뉴질랜드는 가장 서늘한 해양성 기후를 가진 와인 산지 중에 하나이다. 두 개의 섬으로 이루어진 길고, 좁은 지형으로 바다에서 약 80마일까지는 포도밭을 만들지 않았다. 그래서 서늘하고 일정한 기후의 유지는 포도를 일정하게 숙성하게 만들고, 긴 생육 기간을 거쳐 풍부한 산과 당을 가질 수 있게 하는 최상의 기후를 가지고 있었다. 특히 충분한 신선한 자연 산도로 인해 화이트 포도 품종은 날카로우며 산뜻한 맛을 표현해 낼 수 있다. 뿐만 아니라 뉴질랜드의 이러한 서늘한 기후는 틈새 시장을 스스로 개척할 수 있었다.

특히 소비뇽 블랑과 피노 누아로 만든 와인에 대해 세계적으로 높은 인정을 받을 수 있었다. 1994년에 단지 31개였던 와인 농장들을 보면, 1998년에 293개로 증가였고, 거의 5년 만에 40% 이상의 포도밭이 확장되었고, 놀라운 속도로 증가되었을 뿐만 아니라 포도 재배, 와인 양조 기술에 이르기까지 발전을 거듭하여, 세계는 뉴질랜드를 주목하고 있다.

보르도 양조대학의 드니 뒤보르디유(Denis Dubourdieu) 교수는 뉴질랜드 말보로(Marlborough) 지역의 소비뇽 블랑의 세계적인 성공에 대한 핵심 요소로써 빛과 물과 그리고 질소를 함유하고 있는 토양이라고 말했다. 처음 말보루 지역을 방문했을 때 따스한 햇빛으로 풍부한 일조량에 대한 빛을 이해할 수 있었고, 강과 아주 근접하여 경작된 포도밭에서 원활한 물 공급으로 인한 관개 시설을 이해할 수 있었다. 그러나 토양에 포함된 질소는 사실 눈으로 확인할 수 있는 것이 아니어서 와인 메이커에게 문의하였다. 일반적으로 프랑스 루아르 지역의 상세르(Sancerre) 소비뇽 블랑은 자몽, 잔디, 허브, 고양이 오줌의 향이 특징적인데 비해서 뉴질랜드 소비뇽 블랑은 패션 후르츠(Passion fruits), 망고, 구즈베리(Gooseberry) 등과 같은 열대 과일향이 풍부하게 느껴지는 차이가 바로 토양의 질소에서 기인한다고 언급하였다. 신이 주신 선물 테루아(Terroir)가 있었기에 맛있는 와인을 생산할 수 있었던 것이다.

사실 뉴질랜드 소비뇽 블랑을 세계적으로 알린 공신은 클라우디 베이(Cloudy Bay) 와이너리이다. LVMH 회사 소유로 영국에서 개최된 세계 와인 경쟁 대회에서 각종 메달을 휩쓸며, 그리고 디캔터 와인 잡지의 찬탄을 받으며 알려지게 되었다. 클라우디 베이의 소비뇽 블랑을 벤치마크하지 않고서는 뉴질랜드 소비뇽 블랑을 성공시킬 수 없다고 할 정도로 대중들이 가장 선호하는 화이트 와인의 제왕이 되었다.

뉴질랜드의 소비뇽 블랑 화이트 와인의 특징은 상큼하고 신선한 스타일로 오크 배럴 사용을 제한하고 스테인리스 스틸 탱크에서 숙성시켜 만든 와인을 비교적 병입하고 바로 마실 수 있게 만든다. 그래서 오랫동안 보관하는 장기 숙성용 와인이 아니라 빨리 마실 수 있는 와인이며, 코르크 대신에 스크류 캡(Screw cap)으로 마개를 사용하여 병입하였다. 스크류 캡 마개의 가치를 이해하고 전 세계에서 가장 먼저 사용하였으며, 그 편견을 없애주고 우수성을 널리 알린 나라이기도 하다.

4-2 역사와 특징

1819년 사무엘 마스덴(Samuel Marsden(영국인)) 목사에 의해 재배를 시작하였다. 약 150년 전부터 와인을 생산하여 1970년 대부터 본격적으로 발전하기 시작했다. 1965년에는 약 300ha의 포도 재배 면적이 1980년 중반에는 약 5,000ha에 달하는 포도 재배 면적으로 확장되었다. 몬타나(Montana), 빌라 마리아(Villa Maria), 클라우디 베이(Cloudy Bay) 등 자이언트 회사가 등장했다.

▲ 킴 크라우포드　▲ 빌라 마리아　▲ 클라우디 베이

틈새 시장 공략에 성공한 뉴질랜드, 신선한 품질과 공격적인 마케팅 노하우 덕분에 이들 와인은 단숨에 가장 '친근한' 와인으로 떠올랐다.

청정 지역 이미지의 그린 마케팅과 품질에 대한 자신감을 바탕으로 한 스크류 캡 와인 출시, 가격 경쟁력이 높은 가성비 있는 와인이 뉴질랜드 와인의 특징이다.

소비뇽 블랑은 뉴질랜드 와인의 대표적인 품종으로 신선한 라임과 구즈베리, 다양한 허브의 풍미, 열대 과일의 뉘앙스를 지니고 있다. 대다수의 뉴질랜드 소비뇽 블랑은 신선함과 돋보이는 산도를 위해 오크통이 아닌 스테인리스 스틸 탱크에서 양조된다.

그 외에 리슬링과 섬세함이 일품인 피노 누아 역시 주목받고 있다. 1990년대 말까지만 해도 포도원의 75%가량이 주로 화이트 포도 품종을 재배하고 있었다. 현재 다양한 국제 품종을 재배하고 있으며, 특히 피노 누아가 뛰어난 가능성과 잠재력으로 인정을 받는다.

뉴질랜드 와인법은 포도 품종이 라벨에 표기될 경우, 와인의 75% 이상은 해당 품종으로 구성되어야 하고, 라벨에 두 개의 품종이 표기될 경우 중요도에 따라 먼저 표기하도록 되어 있다. 라벨에 지역이나 구역 또는 산지를 표기할 경우, 와인의 75% 이상은 해당 지역의 포도를 사용해야 한다.

• 북섬

북섬에서의 와인 산지는 호크스 베이(Hawke's Bay), 기스본(Gisborne), 오클랜드(Auckland), 와이라라파 (Wairarapa)가 있다. 그 중에 기스본, 호크스 베이는 동쪽 해안에 위치하고 샤르도네, 카베르네 소비뇽, 메를로를 재배한다.

❶ 오클랜드(Auckland)

전통적인 와인 산업의 중심지로서 남섬의 말보로에 첫 포도나무가 식재되기 이전에는 뉴질랜드의 포도밭 면적의 절반이 이곳에 있었다. 현재는 전체 4% 정도만 차지하며, 양적으로는 적은 편이나 품질 좋은 와인들이 있다. 카베르네 소비뇽, 메를로 그리고 샤르도네를 재배하며, 동쪽에 있는 와이헤케 섬은 고급 레드 화이트 와인으로 인지도도 커졌다. 주요 와이너리는 Kim Crawford, Matua valley, Montana wines, Villa maria가 있다.

❷ 기스본(Gisborne)

북섬의 동쪽 해안에 위치하며 따뜻한 일조량이 풍부한 기후와 토양을 가지고 있다. 게브르츠트라미너가 전통적 품종으로 세계 최고의 수준이며, 현재에는 생명력 넘치는 프리미엄 샤르도네 와인들이 좋은 평가를 받고 있다. 이 지역의 샤르도네는 생기 있으며, 열대 과일향, 크리미한 질감과 풀바디 스타일이다. 레드보다는 화이트 품종을 주로 재배하며 세미용과 소비뇽 블랑도 주목 받고 있다.

▲ 밀톤

주요 와이너리는 Millton Vineyard, Waitaria wines, Stonebridge wines 등이 있다.

❸ 호크스 베이(Hawke's bay)

호크스 베이는 김블레트 그라블(Gimblet gravel) 토양으로 유명하다. 1981년 처음으로 이 지역에 포도가 재배되었으며, 침적 양토이고 배수가 잘되는 조약돌 토양(Gimblett Gravels)이다. 메를로와 카베르네 소비뇽 등 보르도 레드 품종으로 고품질 와인을 생산한다.

김블레트 그라블은 프랑스의 테루아 개념으로 신대륙의 포도 재배자들에게 처음으로 지정된 토양유형이다.

▲ Gimblett Gravels
Hawkes Bay

GIMBLETT
GRAVELS
WINE GROWING DISTRICT®

작은 지역으로 라벨에 'Gimblett Gravels'을 표기하기 위해서는 해당 지역의 포도를 95% 이상 사용해야 한다. 포도 재배 기술은 포도나무의 잠재력을 극대화하는 역할을 한다. 인간의 손은 환경의 잠재력을 끌어 올려 최고 품질의 와인을 생산한다.

❹ 와이라라파(Wairarapa)

북섬의 다른 지역에 비해 가장 서늘한 지역으로 피노 누아로 세계적인 명성을 얻고 있다. 자연배수가 잘되는 척박한 토양으로 큰 일교차는 피노 누아가 완전한 숙성도 및 복합미와 농축미를 가지도록 하고 있다. 와이라라파의 3개 하위 지역으로 Masterton, Gladstone, Martinborough가 있으며, 그 중에 마틴보로(Martinborough) 산지가 유명하다. 특히 마틴보로는 부르고뉴 기후와 비슷하며 피노누아 와인의 개성이 다양한데 남섬의 센트럴 오타고는 풀바디와 강렬한 와인이고, 이 지역의 피노 누아는 부드럽고 깊이가 있다. 와이너리는 Martinborough Vineyard, Dry River, Atarangi 등이 있다.

▲ 마틴보로, 아타랑기 ▲ 드라이 리버

• 남섬

남섬의 와인 산지는 말보로(Marlborough), 넬슨(Nelson), 캔터버리(Canterbury), 센트럴 오타고(Central Otago) 등이 있다. 말보로에 첫 포도나무가 심어지면서 관심을 끌기 시작했으며 일조 시간이 가장 길고, 강우량이 적다. 뉴질랜드에서 가장 유명한 산지로 알려져 있다.

▲ 남섬

❶ 말보로(Marlborough)

남섬의 북단에 자리한 말보로는 양적, 질적으로 뉴질랜드 와인의 핵심이다. 몬타나 와이너리에 의해 소비뇽 블랑이 재배되기 시작하면서 급속도로 발전을 거듭하게 되었다. 말보로는 뉴질랜드의 남섬에서 가장 따뜻한 지역으로 일조시간이 가장 길고, 강우량이 적으며, 온화한 기후와 토양, 특히 소비뇽 블랑 최고 재배 지역이다. 대부분의 포도밭들은 해안을 따라 널리 퍼져 있으며, 낮 동안에는 강하고 따뜻한 햇볕을 받고, 저녁에는 바다로부터 불어오는 쌀쌀한 바람의 영향을 받는다. 돌이 많은 토양으로 배수에 가장 좋고 과실에 강렬함과 뚜렷한 산도를 부여해준다. 전 세계의 화이트 와인 트렌드를 이끌고 있다. 주요 포도 품종은 소비뇽 블랑과 샤르도네, 피노 누아도 널리 재배된다. 스틸 와인과 스파클링 와인을 생산한다. 유명한 와이너리로는 Cloudy bay, Montana, Forrest estate 등이 있다.

▲ Te koko Cloudy Bay

산지에 따른 소비뇽 블랑의 특징

말보로 특징	상세르 특징
시트러스, 패션 후르츠, 구즈베리향	시트러스, 잔디, 미네랄향
상쾌한 산도	섬세하고 바삭한(크리스피) 질감

클라우디 베이 소비뇽 블랑 (Cloudy Bay Sauvignon Blanc)

클라우디 베이는 1985년 케이프 멘텔사에 의해 설립되었다. 웨스틴 오스트레일리아 케이프 멘텔사는 모엣헤네시 와인 에스테이터사의 계열사이다. 클라우디 베이 와이너리의 이름은 워라우 밸리 동쪽 끝의 만에서 유래되었고, 클라우디 베이의 이름은 1770년 뉴질랜드를 향해하던 캡틴 쿡에 의해 명명되었다.

클라우디 베이의 비전은 처음으로 오스트레일리아 시장을 타켓으로 하여 뉴질랜드 말보로 지역의 프리미엄 와인을 생산한다. 전 세계적으로 뉴질랜드 와인의 명성을 높이고 성공을 이끌었던 클라우디 베이는 말보로 지역에 세워진 와이너리이다. 잘 익은 토마토의 향, 갓 베어온 풀향기, 붉은 열매 커런트, 만다린 귤, 레몬 케이크의 향이 느껴진다. 신선하고 깨끗하고 순수한 그 자체의 매력이 감돌면서 과일향이 감도는 복잡 미묘한 맛이다.

❷ 센트럴 오타고(Central Otago)

세계 최남단에 위치한 와인 생산지로 뉴질랜드의 다른 산지와는 차별화 된다. 기후는 대륙성 기후로 여름은 무척 덥고 밤에는 안정적인 서늘한 바람, 가을에 서리의 위험도 많지만 성장기 때 일교차가 크기 때문에 섬세한 질 좋은 와인이 만들어진다. 국소 기후 지역에서 피노 누아가 재배되면서 큰 가능성을 보여주며 이밖에도 샤르도네와 리슬링의 재배도 이루어진다. 와이너리는 Rippon Vineyard, Quartz Reef, Mount Difficulty 등이 있다.

▲Rippon Pinot Noir

5 ◆ 칠레

칠레 '가격 대비 품질은 괜찮은데…' 주머니가 가벼운 당신이라면 칠레 와인을 만난 순간 반가운 마음에 이런 생각을 할지 모른다. 가성비 갑. 시시한 가격, 그러나 결코 시시하지 않은 맛으로 우리를 유혹하는 칠레 와인!

5-1 FTA(Free Trade Agreement), 칠레 와인을 띄우다

와인은 FTA와 깊은 관계가 있다. 시장에서 소비되는 대부분의 와인이 수입품이기 때문이다. 한&칠레 FTA 협정 체결 이후 칠레 와인의 국내 수입은 급격히 늘어났다. 일반적으로 수입 와인의 세금 구조는 수입 관세 15%, 주세 30%, 교육세 10%로 책정되어 있으며, 한국은 종가세를 채택하고 있다. 따라서 수입 와인을 저렴하게 즐기기에는 세금이 높다. 중국은 2005년부터 외국산 와인에 대한 수입 관세를 기존 43%에서 14%로 인하하였으며, 일본은 종량세 제도를 채택하고 있는 실정이다.

한국은 2003년 말 한&칠레 FTA가 협상되어 칠레 와인에 대한 관세가 줄어들면서, 무관세로 인한 칠레 와인의 가격 대비 품질이 뛰어나다는 이미지가 확립되면서 국내 시장에서 소비 방향을 칠레 와인으로 전환시켰을 정도였다. 결국 FTA 이후 국내 시장에서 칠레 와인에 대한 수입 양이 프랑스에 이어 2위에 랭킹되었고, 당시 2~3년 동안 3배 이상이 증가하였다.

비교적 저렴한 가격으로 품질 좋은 와인을 마실 수 있다는 심리가 적용된 것으로, 칠레 와인은 가성비가 좋은 와인으로 자리 매김하였다.

5-2 칠레 와인의 역사와 현재

15세기 스페인의 식민지 통치가 시작되었을 때 선교사들에 의해 처음 시작되었다. 1551년 처음 포도가 재배되어 1555년 와인을 처음 생산하였다. 칠레 와인의 생산은 증가하였지만, 대부분 저가의 상업적 와인이었다. 1800년대 중반, 카베르네 소비뇽, 메를로 등 프랑스 포도 품종이 들어왔고, 보르도의 와인 메이커들은 필록세라의 창궐로 황폐해진 프랑스에서 칠레로 이주하게 되었다. 1850년경 프랑스 와인의 수입과 더불어 전문적 기술과 품종이 상륙한 후 와인 생산의 현대화와 저변 확대가 시작되었다. 1938년 새로 포도밭을 조성하는 것을 불허하는 법령으로 칠레의 와인 산업이 주춤하였으나, 1974년 이 법령은 폐지되었다.

1980년대 이후 필록세라(포도나무 뿌리 진드기)가 프랑스를 시작으로 유럽 전역의 포도밭을 초토화시키면서 미국, 호주, 뉴질랜드, 남아프리카 등 세계 전역으로 퍼져 나갔을 때도 칠레는 이 영향을 전혀 받지 않았다. 동쪽으로 길게 뻗은 안데스 산맥과 서쪽으로는 해안 산맥과 태평양, 북쪽의 아타카마 사막, 남쪽의 남극 빙하 등으로 인해 외부와 단절되어 있는 자연환경 덕분이었다.

✏️ 칠레의 르네상스 ──○

국내에서 가장 많이 팔린 레드 와인이라 꼽는다면 '1865'와 '몬테스 알파'로 모두 칠레산이다. 가격 대비 맛이 뛰어나다는 평으로 가성비 갑이다.

2004년 칠레를 처음 방문하고 그 후 몇 번을 더 방문했지만 늘 고된 여행이었다. 26시간 장시간 비행과 환승을 기다리는 시간까지 초인적인 체력이 필요했다. 칠레에 거의 도착할 무렵 다시는 칠레 행 비행기를 타지 않으리라 다짐하며 돌아갈 비행기 타기가 덜컥 겁이 났다. 농업 국가답게 농산물 반입은 금지이다. 그러다 보니 철저한 공항 짐 검사로 시간이 지체되었다. 지루한 여정이었지만 공항을 벗어나면 청명한 하늘과 신선한 공기가 힘든 여정을 금세 잊게 해준다.

2004년에 열린 베를린 블라인드 테이스팅(Berlin Blind Tasting)에서 보르도의 5대 샤토를 제치고 칠레 와인(Vinedo chadwick 2000)이 1등으로 랭킹되었다. 그후 홍콩, 서울에서는 칠레의 세냐(Sena) 2008 와인은 프랑스의 '샤토 라투르(Chateau Latour) 2005', '샤토 무통 로쉴드(Chateau Mouton Rothschild) 1995' 와인을 제치고 1등을 차지한 기염을 토했다. 이제 칠레는 싼 와인의 이미지를 벗어나 세계적인 와인 산지로 평가받고 있다. 북쪽의 아콩카구아(Aconcagua), 카사블랑카(Casablanca) 지역에서부터 남쪽 콜차구아(Colchagua), 론뚜에(Lontue) 지역까지 칠레 전 지역에서 와인을 생산한다. 전 세계에서 카베르네 소비뇽을 가장 많이 생산하는 나라가 칠레라는 것이 그리 놀랍지 않다. 센트럴 밸리에서 재배하는 카베르네(Cabernets) 품종들은 19세기 중반에 소개된 이래로 칠레 와인의 개성을 대표하고 있다.

필록세라의 영향을 받지 않았기 때문에 칠레 포도밭은 자체적인 뿌리를 가진 카베르네 품종들을 식재하였다. 카베르네 소비뇽, 메를로, 카르메네르 품종의 아버지는 카베르네 프랑(Cabernet Franc) 품종이고, 마들렌느 누아 데 샤랑테(Magdelaine Noire des Charente) 품종은 말벡(Malbec)과 메를로(Merlot)의 어머니이다. 19세기 중반에 칠레의 센트럴 밸리에 소개되어졌고, 이 지역에서 카베르네 소비뇽과 보르도의 여러 품종은 칠레에서 특색 있는 와인을 생산하고 있다.

칠레 카베르네 와인의 유닉한 맛은 카베르네 패밀리의 DNA와 다양한 테루아의 영향이다.

먼저 유전자 특징을 살펴보면, 카베르네 프랑(Cabernet Franc)은 유전적으로 베레종(Veraison) 전에 그린 스파이스향과 피라진(pyrazine)의 일종인 고추(중앙 아메리카의 고추 아히(Aji))향이 있다. 카르메네르(Carménère)와 카베르네 소비뇽은 늦게 익는 유전자를 물려받았다. 베레종 전에 과일의 생육 유도 기간이 길면 늦게 익게 되는데, 이 시기에 피라진향과 타닌이 많아진다. 베레종 이후에는 고추향과 타닌의 농도는 감소된다.

메를로는 카베르네 프랑에서 청고추향을 물려받았고, 마들렌느 누아 데 샤랑테(Magdelaine Noire des Charent) 품종에서 조기 숙성 유전자를 받았다. 그래서 메를로는 카베르네(Cabernets)와 카르메네르(Carménère)보다 더 짧은 베레종 기간을 가지기에 비교적 피라진향과 타닌이 적은 편이다.

센트럴 밸리에서는 여름과 가을에 비가 거의 내리지 않아 겨울의 끝자락까지 포도나무에 포도송이가 남아 있는 것을 볼 수 있다. 이것은 센트럴 밸리의 긴 베레종 기간으로 카베르네가 깊이 있는 타닌과 스파이스향, 농익은 과일향이 느껴진다. 카베르네 포도밭이 안데스 산기슭의 언덕 가까이에 위치하고 있는데, 밤에 차가운 공기가 포도밭으로 내려와 밤낮의 일교차가 크다.

카베르네와 카르메네르는 따뜻한 기후를 지닌 해안 쪽에 재배되고 있다. 낮은 일교차와 더 따뜻한 밤 기온으로 더 빨리 그리고 조기 숙성이 이루어지는 것이 특징이다.

전형적인 클래식 카베르네는 풍적토로 이루어진 비탈진 언덕과 강의 침식으로 이루어진 충적토의 센트럴 밸리의 마이포(Maipo) 지역이 유명하다. 특히 마이포 지역의 카베르네는 민트, 유칼립투스의 스파이스 향이 독특하게 느껴지며 프리미엄 카베르네 소비뇽 와인을 생산한다.

칠레의 유닉한 품종인 카르메네르(Carménère)는 만생종으로 가장 나중에 수확하는 품종이다. 카베르네 소비뇽, 카베르네 프랑보다 더 고추향이 느껴진다. 고추 아히(Aji)향을 감소시키고 숙성된 타닌을 얻기 위해 비교적 따뜻한 기후 지역에서 재배한다. 콜차구아 지역의 아팔타 포도밭은 풍적토로 카르메네르 숙성에 최적의 기후이다. 몬테스 폴리(Montes Folly), 클로 아팔타(Clos Apalta), 비나 빅(Vina Vik) 등의 최고급 와인이 이 지역에서 생산된다. 시라 품종은 밤낮의 일교차가 크며 낮에도 따뜻한 기온을 갖춘 지역이 이상적이며, 북부 아콩카구아 밸리와 남부의 콜차구아 밸리이다. 1993년 칠레에 처음으로 시라를 소개한 와이너리인 에라주리즈(Errazuriz)가 이곳에서 재배했다.

상투적인 지형 설명이지만, 칠레는 4,270km 가장 긴 길이와 북쪽으로 남위 17도의 아타카마 사막과 남위 56도의 케이프 혼과 티에라 델 후에고(Tierra del Fuego)에 뻗어있는 나라이다. 남아메리카의 나스카 판 지질 아래 태평양의 테토닉 플레이트의 붕괴로 안데스 산을 생성시켰고, 안데스 산맥의 높이만큼이나 깊은 칠레 해안의 해구를 생성시켰다고 한다. 칠레는 안데스 산맥에서 태평양까지 약 177km 폭이며, 실제로 페루와 칠레 해저의 바닥에서 안데스 산꼭대기까지 약 15,000미터 높이에서 산중턱에 급경사의 좁은 절벽이다. 차가운 훔볼트 난류는 남극대륙에서 칠레 해안까지 흐르고, 심해로부터 찬 해수가 아래에서 위로 표층 해수를 제치고 올라오는 용승을 일으킨다. 캘리포니아 난류가 캘리포니아와 오리건 해안을 차갑게 유지시켜주는 것과 마찬가지로 이러한 용승과 난류는 칠레 해안을 전체적으로 차갑게(16℃) 유지시킨다. 엘 니뇨(EL Nino) 현상은 칠레 해안 지대에 따뜻한 물과 비를 뿌리고, 반면에 호주는 가뭄을 일으킨다. 같은 시기에 칠레는 비가 오고 호주는 가뭄이 나타나는 이유이다.

해안과 내륙 계곡 지역을 거치면 북쪽 엘키(Elqui) 지역과 남쪽 테무코(Temuco) 지역에서 서늘한 기후가 존재한다. 테무코에서 더 남쪽으로 내려가면 강수량이 높고 온도가 낮아 포도 재배가 어렵고, 파타고니아 지역은 빙하로 춥고 비가 많이 내리는 기후로 포도 재배와 상극이다.

해안 쪽에 가까울수록 따뜻한 밤 온도로 인하여 일교차가 적으며, 풍부한 아로마를 생성한다. 비교적 일교차가 적은 레이다(Leyda)와 산 안토니오(San Antonio) 지역은 소비뇽 블랑, 피노 누아 재배에 적합하다. 카사블랑카 밸리(Casablanca Valley)는 밤은 춥고 낮에는 따뜻한 일교차가 크게 나타나는 특징이 있다.

카사블랑카 와인은 날카로운 사과산(Malic Acid)과 알코올이 풍부하고 복숭아, 배 과일향이 느껴지며 조금 더 각이 진 스타일의 힘 있는 화이트 와인을 생산한다면, 레이다와 산 안토니오 지역은 낮은 알코올과 감귤계 향이 짙게 느껴지며, 부드러운 스타일의 와인을 생산한다. 카사블랑카는 소비뇽 블랑이 유명하고, 레이다와 산 안토니오 지역은 샤르도네, 피노 누아가 유명하다.

북쪽의 리마리(Limari) 지역에서 시라를 생산하고 남쪽의 떼무코 지역에서 스파클링과 테이블 와인, 벌크 와인을 생산한다.

센트럴의 마이포 지역의 카베르네 소비뇽, 해안 지대에 위치한 산 안토니오 지역의 샤르도네, 소비뇽 블랑, 피노 누아. 다양한 스타일과 프리미엄 와인으로 인정받는 칠레는 뉴월드도 아닌 올드 월드도 아닌 칠레만의 유닉한 정체성을 가진다. 그런 의미에서 칠레 와인은 블랙홀이다. 한번 빠지면 헤어나올 수 없는 무한한 중력의 힘이 있다.

몬테스 소비뇽 블랑 아우터 리미츠 (Montes Sauvignon Blanc Outer Limits)

아콩가구아 밸리의 Zapallar 포도밭에서 생산한다. 100% 소비뇽 블랑.
산티아고 북쪽으로 태평양 연안의 해변에 근접하게 위치하고 있다. 서늘한 밤 기온은 매일 아침 안개를 자욱하게 만들어 주며 낮에는 따뜻한 기온을 가진다. 서쪽에서 불어오는 서늘한 해풍으로 신선함이 돋보이는 포도를 재배할 수 있다. 신선한 과일향으로 패션 후르츠와 감귤향의 라임, 레몬향이 풍부하다. 미네랄과 잔디, 스파이스향이 엷게 스치며 생동감이 느껴진다. 크리스피 산도로 깔끔하면서 깨끗함을 입 안에서 느낄 수 있다.

비냐 빅 (Vina Vik)

콜차구아 밸리의 아팔타 포도밭의 북쪽 언덕에 위치하고 있으며 카베르네 소비뇽과 카르메네르 등과 블랜딩한다. 12개의 밸리에 둘러싸인 총 4,325ha 중에서 선별된 테루아 300ha에서만 재배한다. 2006년에 시작하여 2009년이 첫 번째 작품이다. 최고만을 선보인다는 철학으로 오직 하나의 와인만 생산한다. 어두운 퍼플색을 띠며, 블랙커런트, 오디 과실향이 풍부하게 느껴지면서 스파이스향과 바닐라, 스모키향이 조화를 이루어 복잡한 아로마를 느낄 수 있다. 숙성된 견고한 타닌으로 응축력이 돋보이는 구조를 가지고 있으며 벨벳 질감을 함께 느낄 수 있다.

✎ 기회의 땅, 칠레 ──○

칠레의 와인 생산은 세계 7위이며, 와인을 가장 많이 수출하는 나라로 세계 4위이다. 와인의 신개척지 칠레 와인의 인기는 천혜의 자연환경을 가진 테루아와 다양한 포도 품종과 블랜딩으로 와인을 생산하고 최고의 가격 경쟁력과 첨단 양조기술로 안정된 품질로 월드 클래스 레드 와인을 생산하기 때문이다. 칠레 와인 산업은 90년대 들어와서 더욱 확장되었다. 특히 세계적인 와인 회사들이 칠레 와인에 본격적으로 투자하기 시작했다. 1970년대 스페인의 미구엘 토레스가 칠레 와이너리 설립에 투자하고, 1987년 샤토 라피트 로쉴드가 칠레의 로스 바스코스와 합작하여 투자를 하였다. 1984년 프랑스의 그랑 마르니에(Grand Marnier) 리큐르 회사의 오너인 알렉산드리아 마르니에 라포스톨이 칠레에 투자하면서 카사 라포스톨(Casa Lapostolle)을 설립했다. 샤토 무통 로쉴드의 바롱 필립과 칠레의 콘차이 토로 와이너리가 합작하여 투자한 최고급 와인으로 알마비바를 생산하였다.

칠레 와인은 일상 소비용 와인으로서 세계적으로 각광을 받고 있다. 칠레 와인 생산의 최대 강점은 싼 토지, 미국의 10분의 1인 인건비에 기인한 저가격이다. 칠레의 가격 경쟁력을 뒷받침하는 요인으로는 와이너리가 비교적 대규모로 소수의 재벌에 의해 운영되어 결과적으로 규모의 경제성을 낳고 마케팅 상의 경쟁력을 유지한다는 점이다. 또한 현대적 와인 생산이 캘리포니아나 프랑스로부터의 투자 기술 이전으로 이루어지고 있다. 그러나 과다한 농약 사용, 과도한 수율의 수확 등의 비판도 있다.

칠레 와인에는 공식적인 등급 분류나 규제가 없다. 칠레는 한 품종이 75% 이상 사용되면 단일품종 와인으로 라벨 표시가 허용된다. 규정이 까다롭지 않으며 저가의 와인에도 리세르바를 사용할 수 있다.

칠레는 천혜의 자연 조건을 가지고 있다. 병충해에 강한 구리 성분이 많은 토양으로 건조한 여름에 연간 250~300일의 맑은 날씨로 풍부한 일조량을 가진다. 여름부터 수확기까지는 비가 거의 오지 않아 관개(Irrigation)가 필요하다. 이를 위해 안데스 산맥의 빙하에서 녹아 내리는 청정수로 풍부한 수자원이 있고 낮과 밤의 큰 일교차가 약 15~20℃까지 크게 나타난다. 따뜻한 낮과 서늘한 밤은 산도를 잃지 않고 포도가 잘 익게 만든다.

안데스로 인해 높은 곳에서 계곡으로 내려가는 시원한 바람의 영향으로 서늘하다. 이러한 기후 효과는 포도나무가 과일의 산도를 보존하고 매우 좋은 천연 산도, 페놀의 숙성으로 안토시안이 풍부하고 균형을 가진 와인을 생산하면서 느린 숙성 과정을 갖도록 도와준다.

태평양 연안은 훔볼트 한류로 태평양에서 불어 오는 신선한 바람과 안데스의 상쾌한 바람이 만나 해안 지역에서 화이트 품종 재배에 이로운 유닉한 기후를 생성한다.

격리된 자연이 천연 장벽의 역할을 하여 최적의 지리적 조건을 가진다. 이로 인해 필록세라 침입이 없는 천혜의 입지를 가지고 있다. 해양성 기후를 띠며 평균 여름은 21℃, 겨울은 12℃ 정도이다. 선선한 바다 바람과 안데스 산맥에서 내려오는 찬 하강 기류가 조화를 이루며 봄과 겨울에 주로 비가 오고, 여름은 건조한 기후로 포도 재배에 적합하다.

지역에 따라 다양한 기후가 존재한다(북부 아타카마 사막, 동부 해발 7,000m의 안데스 산맥, 서부 태평양 남극부터 올라오는 훔볼트 한류, 남부 파타고니아 빙하). 수도 산티아고에서 241km 거리 내의 중부 지역에서는 훌륭한 와인 양조용 포도를 재배하기에 완벽한 지중해성 기후를 갖추고 있다.

• **훔볼트 해류의 한류 형성으로 서늘한 기후 조성**

훔볼트 해류가 한류를 형성하여 해수면 온도는 16℃로 떨어지고(다른 지역은 25℃) 서늘한 기후를 조성하여 칠레 북부의 태평양 인근 포도원에 영향을 준다. 밤이 되면 안데스 산맥의 영향으로 기온이 내려가 포도 재배에 이상적인 기후 조건을 갖추고 있다.

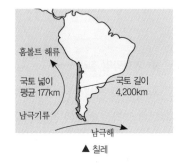

▲ 칠레

1981년 프랑스로부터 비티스 비니페라 계열이 들어왔다.

• **레드 품종**

– **파이스(Pais)** : 칠레에서 최초 재배된 적포도로 16세기 스페인 선교자에 의해 유입되어 미사주로 사용하였다. 주로 증류주의 원주로 사용된다.

– **카베르네 소비뇽** : 칠레의 간판 품종, 천혜의 자연환경 영향으로 풍부한 과일향과 묵직한 타닌이 특징이다.

– **피노 누아** : 서늘한 기후에서 재배되는 칠레의 라이징 스타 품종, 상큼한 산도가 매력적이며 오크향과 밸런스를 이룬다.

– **카르메네르** : 프랑스 보르도 지방에서는 이미 필록세라로 인해 멸종되었

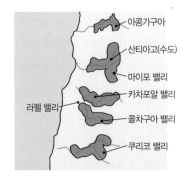

▲ 주요 와인 산지 위치

고, 오랜 시간 메를로 품종으로 혼동되어 오다가 1994년 비로소 보르도가 원산지인 별도 품종으로 밝혀졌다. 1998년부터 와인 라벨에 공식으로 표기되어 칠레의 간판 품종으로 각광받고 있다. 레드베리 계열의 풍부한 과일향과 메를로와는 다르게 스파이시한 맛이 나는 것이 특징이다.

- 카베르네 프랑 : 카베르네 소비뇽 와인보다 타닌 함량이 낮기 때문에 일반적으로 부드럽다. 주로 블랜딩 품종으로 사용한다.

그 외에 품종으로 카리냥, 메를로, 시라, 생소, 말벡 등이 있다.

• 화이트 품종

- 소비뇽 블랑 : 카사블랑카 밸리의 서늘한 지역에서 주로 재배된다. 신선하고 상쾌한 스타일, 풋사과, 바삭거리는 질감을 간지다.
- 샤르도네 : 열대 과일향과 복숭아, 허브향 그리고 높은 산도와 풀바디 스타일의 와인을 생산한다.
- 리슬링 : 산티아고 남쪽의 시원한 계곡인 라펠(Rapel), 쿠리코(Curicó), 마울레(Maule)에서 재배한다. 옅은 녹색을 띠며 가볍고 신선하다. 향기는 자몽과 레몬의 감귤향과 사과와 패션 후르츠향이 특징이다.
- 세미용 : 1960년대 칠레에서 가장 많이 식재하였으나, 이후 수십년 동안 생산량이 급격히 감소하였다. 드라이에서 부터 달콤한 와인을 생산하는 데 사용하고, 리슬링과 블랜딩을 하는 경우도 있다.

그 외 품종으로 슈냉 블랑, 뮈스카, 게브르츠트라미너 등이 있다. 품종별 재배지역은 그림과 같다.

아콩가구아(푸엔테 알토, 카차포알 밸리, 마이포) : 보르도 품종과 샤르도네

콜차구아 밸리, 초아파 밸리, 쿠리코 밸리 : 시라 품종

카차포알 밸리, 콜차구아 밸리, 아팔타 : 카르메네르

카사블랑카 밸리, 산 안토니오 밸리 : 피노 누아, 소비뇽 블랑

5-5 주요 산지

북부 : 아타카마~코킴보 지역, 증류주 생산
중부 : 아콩가구아~탈카 지역, 아콩가구아, 카사블랑카, 센트럴 밸리(마이포, 라펠, 쿠리코, 마울레)
　　　칠레 최고급 와인 생산
남부 : 비오 비오, 이타타 지역, 벌크 와인 생산

• 지역과 하위 지역

❶ 코킴보(Región de Coquimbo) : 엘키(Valle de Elqui), 리마리(Valle de Limarí), 초아파(Valle de Choapa)
❷ 아콩가구아(Región de Aconcagua) : 아콩가구아(Valle del Aconcagua), 카사블랑카(Valle de Casablanca), 산 안토니오(Valle de San Antonio)

리마리　코킴보
초아파
아콩가구아
카사블랑카
산 안토니오
마이포
콜차구아 밸리
센트럴 밸리
쿠리코
마울레
이타타 밸리
비오 비오

❸ 센트럴 밸리(Región del Valle Central) : 마이포(Valle del Maipo), 라펠(Valle del Rapel), 콜차구아(Valle del Colchagua), 쿠리코(Valle de Curicó), 마울레(Valle del Maule)

❹ 수르 밸리(Región del Valle Sur) : 이타타(Valle del Itata), 비오비오(Valle del Bío-Bío)

• 북부

아타카마 사막으로 비가 거의 내리지 않으며, 가뭄이 심해서 관개(irrigation)가 필요하다.

❶ 코킴보(Region del Coquimbo)

하위 지역으로 엘키 밸리(Elqui Valley), 리마리 밸리(Limari Valley), 초아파 밸리(Choapa Valley)가 있고 품종은 파이스, 뮈스카, 페드로 히메네즈, 샤르도네이다.

1993년 Vina Francisco de Aguirre 와이너리가 약 10,000ha에 걸쳐 페르골라 시스템(Pergola System : Roof System)으로 포도를 재배하였다. 근접한 바다의 영향으로 아침에 안개가 자주 끼고 온도는 오후에는 좀처럼 27도를 넘지 않으며 겨울에는 얼음이 얼지 않는다. 여름에는 낮 18℃, 밤 9~10℃, 겨울에는 밤 4도의 기온 분포를 보이며 강수량이 적어서 관개가 필요하다. 엘키 밸리는 세계에서 가장 중요한 천문대가 있다. 건조한 지역으로 레드 와인의 경우 시라, 화이트 와인의 경우 소비뇽 블랑을 재배한다. 리마리 밸리(Limarí Valley)는 석회질 토양으로 샤르도네 와인으로 유명하다. 내륙과 산에 위치한 작은 초아파 밸리는 시라 와인을 생산한다. 콘차이 토로(Concha y Toro)와 프란시스코(Francisco)가 인수 합병했고, 초아파(Choapa) 밸리 유명 와인은 De Martino Legardo Version Syrah, 엘키(Elqui) 밸리 유명 와인은 Falernia Pinot Noir이다.

❷ 아콩카구아 지역(Region del Aconcagua)

안데스 산맥과 바다 사이에 펼쳐져 있는 분지이다. 더운 기후이나, 여름에는 30℃를 넘지 않으며 하위 3개 지역으로 나눈다.

- 아콩카구아 밸리(Aconcagua Valley) : 발파라이소(Valparaiso)의 북서쪽, 태평양으로부터 14km 떨어져 있다. 지중해성 기후로 연평균 기온이 14℃이며, 구름이 없는 날이 240~300일 지속된다. 연평균 강수량은 250mm이고 얄은 화강암으로 덮힌 충적토가 분포하고 있다. 1870년에 Maximiano Errazuriz를 처음 재배하고 품종은 샤르도네, 소비뇽 블랑, 메를로, 피노 누아, 시라이다.

▲ Vina Errazuriz

주로 화이트였다가 서늘한 기후의 레드 와인으로 전환하여 안데스 산맥에 가까운 내륙 계곡에서 레드 품종을 재배한다.

- 카사블랑카 밸리(Casablanca Valley) : 1982년까지 포도밭이 거의 없었다. 화강암 토양이 분포하고 해안지대 서늘한 기후로 화이트 와인 재배의 최상의 조건을 갖추고 있다. 파블로 모란데(Pablo Morande)가 자신의 비용으로 위험을 무릅쓰고 포도 재배를 시작하였다. 캘리포니아의 Carneros와 유사한 기후 조건을 갖추어 일조량이 많고 바다에서 불어오는 바람 때문에 기온이(9~10℃) 높게 올라가지 않으며, 밤에는 서늘한 편이고 아침

▲ 비나 카사블랑카

에는 안개가 빈번히 낀다. 포도 재배 기간이 길어서 포도의 향기를 풍부하게 해줄 뿐만 아니라, 저녁에 서늘한 것은 당분이 너무 많이 발전하지 않도록 하는 대신에 산도를 유지시켜 준다. 연평균 기온 14℃, 강수량은 450mm이고 단점은 밤 서리(얼음이 얼 정도로 추움)로 인해 수확량이 감소된다는 것이다. 작은 난로, 온풍기 등을 이용하여 포도나무 사이에 놓고 추위로부터 포도나무를 보호함으로써 해결한다. 유명 생산자로는 Errazuriz, Vina Casablanca, Veramonte, Santa Carolina, Santa Rita, Santa Emiliana

- 산 안토니오 밸리(San Antonio Valley) : 3개의 하위 지역(레이다, 로아 바르카, 로사리오)이 있다. 레이다 밸리(Leyda Valley)가 유명하고, 이 지역은 카사블랑카와 비슷한 서늘한 기후 지역이다. 유명 와이너리로 Vina Leyda, Garces Silva, Casa Martin, Matetic, Luis Felipe Edwards, Mont Gras, Cono Sur, Anakena가 있다. 강력한 산미와 미네랄이 돋보이는 소비뇽 블랑과 레드 품종으로 시라와 피노 누아가 우수하다.

▲ Vina Leyda

• 중부

칠레의 활기 넘치는 포도 재배는 역사적으로 동쪽으로는 안데스 산맥, 서쪽으로는 해안 산맥에 의해 폐쇄된 긴 땅인 센트럴 밸리에 집중되어 있다. 이 지역은 프리미엄 레드 와인 생산지로 유명하다. 코스탈 레인지(Coastal Range)는 태평양 연안으로부터 이 지역을 분리하고, 동쪽에는 안데스 산맥이 아르헨티나와 분리시켜 준다.

5개 하위 지역으로 구분한다. 마이포 밸리(Maipo Valley), 라펠 밸리(Rapel Valley), 콜차구아 밸리(Colchagua Valley), 쿠리코 밸리(Curico Valley), 마울레 밸리(Maule Valley)

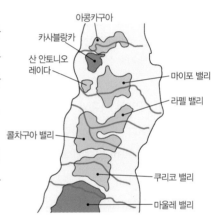

1 마이포 밸리(Maipo Valley)

칠레에서 가장 유명한 와인 산지 중 하나로 약 4,850ha를 차지하고 있다. 건조하고 따뜻한 여름과 춥고 습한 겨울과 함께 온화한 지중해성 기후이다. 산티아고 남쪽에 위치하며, 안데스와 해안 산맥 사이에 위치한다. 안데스 산맥의 산기슭에 위치한 동쪽 포도원과 해안 산맥의 모래 토양은 서쪽 포도밭에 분포되어 있다. 높은 지역은 해발 1,000m, 낮은 지역은 480m 정도이다. 다양한 토양(모래, 점토, 석회, 자갈, 조약돌, 양토(모래, 진흙, 톱밥, 짚 따위의 혼합물)이 존재하며 연평균 기온 14℃로 비교적 따뜻한 기후이다. 일교차는 15~18℃이고 연간 강수량은 300~450mm로 관개가 필요하다. 이 지역의 레드 와인은 유칼립투스향, 민트 아로마가 특징이다.

레드 품종은 주 보르도 품종, 화이트 품종은 소비뇽 블랑, 세미용 등이 있고, 유명 생산자는 Vina Almaviva, Vina Concha y Toro, Vina Santa Rita, Vina Carmen, Vina Cousin-Macul, Vina Santa Carolina, Vina Aquitania, Vinedos Organicos Emiliana(VOE), Vina Undurraga, Santa Ines가 있다.

▲ 콘차이 토로　▲ 산타리타
　 돈 멜초　　　 카사레알

❷ 라펠 밸리(Rapel Valley)

라펠 밸리의 북쪽에 카차포알 밸리가 있으며, 주로 카르메네르, 카베르네 소비뇽, 메를로 품종으로 약 80% 레드 와인을 생산한다. 다양한 미기후를 가지고 있다. Rio Cachapoal(카차포알 강)과 Rio Tinguiririca(팅게리리카 강)의 2개의 큰 강으로 둘러싸여 있다.

◀ 테룬요 카르메네르
카차포알 밸리

❸ 콜차구아 밸리(Colchagua Valley)

라펠 밸리의 남쪽에 위치하고 낮은 고도는 태평양 바람이 안데스 바람과 섞여 계곡을 식히고 포도의 성숙 기간을 연장시켜 산도와 당의 밸런스 있는 포도를 만들어준다.

에밀리아나 코얌 (Emiliana Coyam)

유기농 와인은 친환경 농법으로 재배하여 건강한 포도만을 선별하여 만든다. 칠레에서 최초로 화학 비료를 사용하지 않는 유기농 와인을 성공시킨 와이너리이다.

유기농 와인은 포도 재배업자들이 자연 친화적인 방법을 사용하여 건강한 토양을 만든다. 포도나무, 토양, 기후간의 상호작용을 강화하여 재배된 포도로 만든 순수 와인이다. 소와 말을 이용하여 경작하거나, 포도 재배를 위해 유기농 물질인 거름과 퇴비 등을 토양에 첨가하여 토지의 비옥도와 구조적 안정성을 높이고 부식과 수분 증발을 방지하여 포도 뿌리를 튼튼하게 하도록 하고 있다. 화학 비료나 제초제를 사용하지 않아 오염 가능성을 낮추고 생산에 소요되는 에너지량을 최소화하여 재배하고 있으며, 자연적으로 잡초와 곤충을 이용하여 해충의 피해를 막기도 한다.

▲ 콜치구아 밸리

온화한 해양성 기후와 연평균 강수량 710mm, 연평균 기온 14℃, 일교차 약 20℃이다. 토양은 자갈, 점토, 석회, 모래이고, 1990년대 비약적인 발전을 이루었다. 이 지역의 유명 포도밭은 다음과 같다.

아팔타(Apalta) : 견고한 구조감이 우수

마르치구에(Marchigue) : 스파이시, 과일향이 풍부

※카사 라포스톨레 와이너리의 클로 아팔타(Clos Apalta) 와인이 유명하다.

▲ 클로 아팔타　　▲ 판게아 시라

클로 아팔타 (Clos Apalta)

2008년 와인스펙데이터 Top100에서 1위를 차지한 와인이다. 1984년 프랑스의 리큐르 회사 그랑 마르니에(Grand Marnier)의 오너인 알렉산드리아 마르니에 라포스톨(Alexandra Marnier Lapostolle)이 칠레에 투자하면서 카사 라포스톨(Casa Lapostolle)을 설립했다. 카사 라포스톨은 세계적인 와인 컨설턴트 미셀 롤랑을 영입해 그의 노하우로 탄생한 와인이다. 클로 아팔타는 감각과 상상력을 자극하는 깊이 있는 질감과 복잡성을 지닌 매혹적인 와인이다. 깊은 자줏빛, 블랙 체리, 블랙 베리 과일향, 허브향, 가죽, 모카, 코코아와 향신료 향이 지배적이며, 벨벳처럼 부드러운 타닌이 입 안에 지속된다.

▲ 아팔타

❹ 쿠리코 밸리(Curico Valley)

칠레에서 가장 큰 포도 재배 지역 중 하나이다. 화산 및 충적 토양, 양토 및 점토 질감 등 다양한 토양이 분포하고, 따뜻한 낮, 적절한 일조량, 추운 밤으로 지중해성 기후이다. 약 9,500ha의 표면적을 차지하고 있으며 Teno Valley, Lontue Valley 2개의 하위 지역으로 구성된다. 산

▲Vina Requingua　　▲Los Robles

티아고 남쪽으로 200km 떨어져 있으며, 낮은 평원으로 이루어져 있다. 토양은 점토, 화산토이고 연평균 기온 14℃, 강수량 400~700mm, 일교차 14~15℃이다. 유명 생산자는 Vina Valdivieso, Vina Los Robles가 있다.

❺ 마울레 밸리(Maule Valley)

약 16,000ha의 표면적을 차지하고 있으며, 동쪽으로 안데스 산맥, 중앙 복도를 따라 평평하고 햇볕이 잘드는 계곡, 서쪽으로 해안 언덕이 있으며 센트럴 밸리의 가장 남쪽에 위치하고 있다. 지중해성 기후와 밤에 안데스 산맥에서 내려오는 시원한 바람, 큰 일교차로 포도 숙성에 이롭다. Claro Valley, Loncomilla Valley, Tutuven Valley의 3개 하위 지역으로 구분된다. 주요 도시 탈카(Talca)에는 2개의 대학이 있고, 1690년에 건설되었다.

▲ 미구엘 토레스 칠레

이 지역은 스페인 사람들에 의해 17세기 말에 포도 나무를 재배하기 시작하였으며, 스페인의 거장 미구엘 토레스(Miguel Torres)의 투자로 새로운 포도밭을 개척하였다.

인구는 약 175,000명 정도이고 연평균 기온 14℃, 일교차 20℃, 연평균 강수량 750~800mm. 비는 겨울에 집중적으로 내리며 편평하고, 낮은 언덕으로 구성되어 있다. 토양은 충적토, 화산토로 증류주의 주 포도 품종인 파이스를 광범위하게 재배하고 있다.

• 남부

약 13,000ha의 표면적을 차지하고 있으며 빙하가 있어 포도 재배가 어려운 여건으로 하위 3개의 지역으로 나눈다.

❶ 이타타 밸리(Itata Valley) : 피아스(Pais) 및 뮈스카 오브 알렉상드리아(Muscat of Alexandria)와 같은 전통 품종

❷ 비오 비오 밸리(Bio-Bio Valley) : 여름에도 춥고 바람이 많이 분다.

❸ 말레코 밸리(Malleco Valley) : 높은 강우량과 짧은 포도 생장 기간으로 포도 재배가 어렵다.

[와인에, 와인을 위한, 와인의 땅]

1990년대까지만 해도 대부분의 와인책들을 살펴보면 칠레 이름을 찾는 건 하늘의 별 따기였다. 심지어 와인 인기가 부족한 나라였다. 프랑스, 이탈리아와 같은 유명한 산지는 수십 페이지를 할애했음에도 말이다. 그만큼 칠레는 잘 알려지지 않은 나라였다.

그러나 이제 프랑스 다음으로 가장 인기있는 와인으로 꼽힐 정도다. 가격에 비해 품질이 뛰어나다 보니 주머니가 가벼운 사람들에게는 가성비 와인으로 꼽힌다. 칠레 와인의 눈부신 발전을 빼놓지 않을 수 없는데 칠레에서 와인은 전체 수출의 6위를 차지할 정도 중요한 수출 효자상품이다.

수도 산티아고는 고층 건물과 멜티플렉스 건물로 일반적으로 라틴 아메리카의 대중적인 인식에서 벗어나 화려한 대도시가 되었으며, 여기저기 공사판으로 교통 체증이 서울을 능가하였다. 그러나 수도권을 벗어난 칠레는 그야 말로 개척지였다. 칠레의 와인 농장은 산티아고 시내에서 조금 벗어나 약 40분~1시간 정도 떨어진 곳에서 볼 수 있다. 서쪽으로는 거대한 만년설을 자랑하는 안데스 산맥이 우뚝 펼쳐져 있고 북쪽으로는 아타카마 사막과 남쪽으로 남극의 빙하로 뒤덮힌 여러 다양한 기후를 한꺼번에 느낄 수 있는 천연의 에덴 동산을 보는 것 같은 착각이 들 정도이다.

안데스 산의 보호 아래 공급되는 물과 태평양은 시원한 안개를 제공하면서 북쪽 산티아고의 열기를 눌러 주어 포도 재배에 쾌적한 기후를 만들어준다. 해안과 높은 산으로 둘러싸인 포도밭은 평지에서 보다 훨씬 풍미 있고, 응축력 있는 포도를 약속한다.

완벽한 자연환경을 바탕으로 하여 테루아, 기후, 포도 품종, 첨단 기술 등 칠레는 와인 생산에 필요한 조건을 갖췄다. 그러니 당연히 좋은 와인을 만들 수 밖에. 낮은 임금으로 노동 인력이 효율적이며 적극적인 활용과 새로운 자본의 투자와 세계적인 칠레 와인의 수요 증가가 잘 맞아 떨어졌다. 이처럼 실험 정신과 도전 탐험 정신은 이 나라의 중요한 풍조가 되었을 뿐만 아니라, 결과적으로 칠레 와인의 품격을 높였다.

● 칠레에서 보르도를 느끼다

칠레 와인의 포도 품종은 대부분 프랑스의 보르도 혈통으로 카베르네 소비뇽과 블랜딩 또한 닮았다.

1870년대 프랑스의 필록세라로 황폐화된 포도밭에 좌절을 느낀 보르도의 와인 메이커들이 이곳으로 이주하였기 때문이다. 실제로 카사 라포스톨(Casa Lapostolle) 와이너리는 세계적인 플라잉 와인메이커 미쉘 롤랑(Michelle Rolland)과 함께 일을 하였고, 알마비바(Almaviva)와 로스 바스코스(Los Vascos) 와인 농장 또한 프랑스인이 와인 메이커였다. 이렇듯 보르도와 칠레의 대륙 간의 거리 차에도 불구하고 칠레에서 프랑스 보르도의 발자국이 깊게 남아 있다. 그러나 단순한 모방이 아닌 재해석과 창조 정신이 돋보였다. 사냥 고기, 가죽향이 나는 프랑스의 시라나 호주의 과일잼향의 시라즈와 다르게 신선한 꽃향과 스파이스한 허브향을 띤 것이 칠레의 시라다. 다소 남성적인 느낌이 더해져 신대륙 지역의 평준화된 와인 맛을 과감히 탈피하는 동시에 부티끄 고급 와인으로써 경쟁력을 쌓아가고 있다.

칠레 와인을 좋아한다면, 칠레 시라를 맛보기를 권해 본다. 여기에 하나 더 칠레에서만 재배, 생산하는 카르메네르(Carménère) 품종은 기대 이상의 유닉한 맛을 보여 준다.

칠레 와인 메이커들은 고유한 테루아에 따른 뚜렷한 아이텐티티를 가진 와인 스타일을 추구하고자 하는 확고한 의지가 갖고 있다. 역시 신대륙 지역에서 청출어람은 단연코 칠레 와인이다.

● 칠레에도 고급 와인이 있다

칠레 와인을 가장 많이 수입하는 나라 중에 하나가 한국일 정도로, 한국 시장에서 칠레 와인의 성장과 이미지는 중요한 의미를 가진다. 동시에 칠레 와인이 가진 문제점도 있다. 비싸지 않은 와인, 초저가 와인 이미지, 즉 소비자들은 값비싼 고급 칠레 와인에 비싼 금액을 소비하지는 않는다는 것이다. 고급 와인에 대한 믿음을 주지 못한다는 뜻으로 칠레 와인의 우수한 품질에 대해 소비자를 설득하는데 많은 어려움이 있다.

사람들이 생각하는 칠레 와인의 이미지는 무엇인지 궁금했다. '싸고 품질 좋은 와인', '가격 대비 좋은 품질의 와인' 항상 싸다는 이미지가 함께 내포하고 있었다. 그렇다면 칠레에는 고급 와인이 없는 걸까?

칠레는 천연 자원이 풍부한 나라이다. 포도 재배에 가장 적합한 테루아를 가진 나라다. 이곳을 와인 생산자들이 그냥 지나치지 않을 수 없다. 고급 와인은 분명히 존재한다. 다만 모르고 있을 뿐.

세계적인 와인 생산자들이 칠레 땅을 주목하고 있다. 칠레의 낮은 임금과 미처 개척하지 못한 수많은 포도밭들에 자본을 바탕으로 한 도전을 시작하면서 프리미엄 와인이 생산된다. 과감한 외국 자본의 투자는 칠레 와인의 품질을 향상시켰고, 칠레 와인의 수출 증가를 도왔다.

칠레의 합작 회사는 고급 와인의 선두주자로써 큰 역할을 하고 있다. 대표적인 와인으로 알마비바(Almavivia)는 칠레의 가장 큰 와인 회사인 비냐 콘 차이 토로(Vina Concha Y Toro)와 보르도의 샤토 무통 로쉴드(Chateau Mouton Rothschild) 회사가 함께 생산한 와인이다. 당시 1997년 약 6백만불을 50대 50으로 투자하여 생산하였다. 유럽 문화인 양조 노하우와 라틴 문화인 칠레의 테루아의 합병의 의미를 지니고 있다. 브랜드명 '알마비바'는 모짜르트 오페라 피가로의 결혼의 주인공 알마비바 백작의 이름으로 알려져 있다. 라벨의 글씨는 프랑스의 극작가 보마르쉐(Beaumarchais)의 친필이다.

칠레의 가장 오래되고 잘 알려진 아콩가구아 밸리(Aconcagua Valley)에 위치한 에라주리즈(Errazuriz) 와이너리는 1995년 미국 와인의 전설 로버트 몬다비(Robert Mondavie)와 처음으로 손을 잡고 세냐(Sena)를 생산하였었다. 칠레에서 첫번째로 생산한 고급 와인이었다. 당시 50달러라는 사상 초유의 금액으로 출시되었다. 그전까지만 해도 칠레 와인의 가장 높은 가격이 15~20달러였던 점을 감안하면 엄청나게 비싼 금액이었다. 현재는 100% 에라주리즈 지분으로 경영된다.

이탈리아의 피에로 안티노리(Piero Antinori) 회사와 칠레의 하라스 데 피르케(Haras de Pirque) 회사가 함께 투자하여 만든 알비스(Albis) 와인은 또 다른 성공의 잠재력을 낳았다.

고급 와인의 성공 요인으로 '플라잉 와인메이커'의 등장과 활약상이라고 할 수 있다. 그랑 마니에 회사를 소유하고 있는 칠레의 카사 라포스톨(Casa Lapostolle) 와이너리는 세계적인 플라잉 와인메이커인 '미쉘 롤랑'을 영입해 클로 아팔타(Clos Apalta) 라는 슈퍼스타 와인을 생산하여, 명실 상부한 세계적인 와인으로 인정받으며 자리매김을 하였다.

세계는 고급 와인에 대한 수요가 증가하고 있다. 수퍼 프리미엄 와인을 생산함으로 인해 와이너리의 브랜드 향상과 더불어 인지도 높은 명성을 얻을 수 있다는 것은 말할 필요가 없다. 더 맛있는 와인을 마시기 원하는 것은 소비자의 가장 기본적인 욕구니까. 많은 와인을 마시다 보면 다양한 스타일과 조금 더 나은 와인으로 입맛이 업그레이드이기 때문이다.

[칠레 고급와인의 이모저모]

● 알마비바(Almaviva)

칠레 비냐 콘차이 토로 회사 & 프랑스 바롱 필립 드 로쉴드

유럽 양조 노하우와 라틴 칠레 테루아의 합병으로 모짜르트 오페라 '피가로의 결혼'의 주인공 알마비바 백작의 이름을 인용한 것으로 유명하다. 알마비바는 칠레의 유서 깊은 꼰차이 토로 와이너리와 프랑스의 명문 1등급 그랑 크뤼 샤토 무통 로쉴드의 바롱 필립 드 로쉴드가 합작하여 만든 와인으로 최상급의 포도만을 선별하여 만든 명품 칠레 와인이다. 로고는 칠레의 원주민인 마푸체족의 전통 문양을 이용하였다.

▲ 알마비바

● 몬테스 엠(Montes M)

소니(Sony)의 이데이 노부유키 전 회장이 즐겨 마신 와인으로, 2005년 부산 APEC 정상회의 만찬에서 공식 와인으로 지정되면서 국내에 알려지게 되었다. 칠레의 특급 와인 중에서도 선두에 서 있는 와인으로 보르도 블랜드(Bordeaux Blend) 방식으로 만들어져 맛의 깊이와 복합적인 풍미를 가진다. 콜차구아 밸리의 아팔타 포도밭에서 생산된다. 와인 이름의 "M"은 공동 창업자인 더글라스 머레이(Douglas Murray) 성의 이니셜로 칠레 와인의 세계 진출에 혁혁한 공을 세운 그의 업적을 기리기 위함이다. 아주 진한 루비색에 과일의 향과 후추, 스파이시향이 잘 조화를 이루고 있으며 장기 숙성용 와인이다.

▲ 몬테스 엠

● 세냐(Sena)

스페인어로 Sena는 '특이한 흔적' 또는 '특정인의 사인(Signature)'을 의미한다. 칠레에서 첫 번째로 생산된 ICON 와인이다. 로버트 몬다비는 1985년 처음으로 칠레를 방문했을때, 칠레가 고급와인 생산의 잠재력이 풍부한 지역인 것을 간파하고, 에라주리즈(Errazuriz) 와이너리의 에드와르도 차드윅 회장을 만나 합작하여

1995년 빈티지를 시작으로 세냐(Sena)를 생산하였다. 라벨에는 두 사람의 사인이 들어  있다. 하지만 2004년부터 100% 에드와르도 차드윅 소유로 한 명의 사인만 라벨에 표기 되어 있다. 당시 50달러라는 사상 초유의 금액으로 출시되었으며, 그전까지 10~15달러 였던 칠레와인 가격을 감안하면 엄청난 파장이었다.

▲ 세냐

세냐를 생산하는 아콩카구아 밸리는 태평양에서 불어오는 산들바람 덕에 따뜻한 여름을 보냈고, 낮과 밤의 기온차는 높은 집중감을 제공한다. 깊고 어두운 자주색. 풋풋한 흙내음, 잘익은 체리, 블랙 베리, 바닐라 향이 난다. 스파이시하고 잘익은 베리 과일의 맛과 부드럽고 긴 타닌의 맛이 느껴지며, 특히 완벽한 균형, 잘 익은 과일, 복잡미묘함, 우아한 맛을 잘 보여준다.

아르헨티나는 남미 대륙에서 최대 와인 생산국으로, 포도 재배 면적은 세계 7위, 와인 소비는 세계 9위이며 세계 5위의 와인 생산국이다(2019년 OIV 자료). 칠레보다 4배 많은 와인을 생산하고 있음에도 불구하고 5%만을 수출하고, 대부분을 내수 시장에서 소비하는 나라이다.

1970년~1980년대 극심한 경제위기를 겪으면서 와인 소비와 생산량이 급격히 감소하였고, 1990년대 이후 고급 와인을 선호하는 소비자가 늘게 되면서 아르헨티나 와인 생산자들은 해외 시장으로 눈을 돌리게 되었다. 경제적 안정에 힘입어 와인 산업의 해외 자본도 유치하기 시작하면서 아르헨티나의 신흥 와인 강국으로서의 발판이 만들어지게 되었다.

6-1 특징

아르헨티나도 스페인어를 사용하며 칠레와 마찬가지로 로컬 포도 품종을 그대로 유지한다. 천혜의 자연 환경으로 필록세라(진드기)의 피해를 입지 않았다.

낮은 습도로 병충해가 적고, 오염되지 않은 자연환경으로 농약을 쓰지 않고 유기농 경작이 가능하다(안데스 산의 만년설을 관개수(水)로 사용). 멘도자의 고지대 지역은 일교차가 크고 우수한 포도밭은 주로 안데스 산기슭에 위치하고 있다.

아르헨티나는 와인 산지별로 규정을 만들어 관리하고는 있지만 특별히 와인 규정은 없다. 포도 품종을 와인 레이블에 표기할 경우에는 포도 품종이 최소 85% 이상 포함되어야 한다.

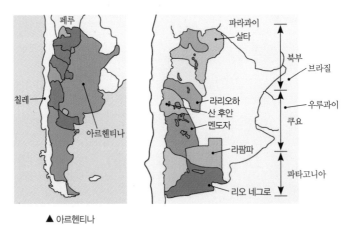

▲ 아르헨티나

6-2 품종

레드 품종 : 말벡, 카베르네 소비뇽, 메를로, 시라 등

화이트 품종 : 토론테스, 샤르도네 등

❶ 레드 대표 품종 : 말벡

프랑스 카오르(Cahors)와 보르도 지역에서 유래되었다. 껍질이 두꺼우며 짙은 퍼플색과 푸른, 익은 자두, 건

포도, 초콜릿향이 느껴진다. 원래 보르도 포도였던 말벡은 현재 아르헨티나 와인 수출량의 약 절반을 차지한다. 멘도사는 아르헨티나의 중심에 있으며, 북쪽으로 산 후안과 살타까지 재배한다.

북쪽의 따뜻한 지역에서 자라면 말벡은 종종 진하고 알코올 함량이 높으며 오크향이 느껴진다. 멘도사는 고지대로 낮은 기온으로 와인은 천연 산도를 갖는다.

② 토착 품종 : 크리올라(Criolla)

아르헨티나에서는 서인도 제도 사람이란 의미이다. 캘리포니아의 미션 포도로 16세기와 17세기에 아메리카 전역에 퍼져 나갔으며 남미를 대표할 포도 품종이다. 전통적인 적포도 품종으로 수확량이 매우 높으며 대량 생산하여 증류주에 이용한다.

③ 화이트 대표 품종 : 토론테스(Torrontes)

아르헨티나 토론테스(Torrontes)의 번창은 고지대의 포도원, 특히 북부의 살타 지역이다. 안데스 산맥 가장자리에 있는 이 지역은 해발 약 3,000m에 이르는 세계에서 가장 높은 포도밭이다. 가볍고 신선한 와인부터 진하고 강렬한 향까지 다양한 스타일로 생산한다. 열대 과일향, 배, 레몬필, 로즈꽃향과 중간 산도와 과일향이 풍부한 라이트 바디 스타일의 화이트 와인을 주로 생산한다.

6-3 주요 산지

크게 3개의 지역으로 구분한다.

① 북부

살타(Salta)의 주요 품종은 토론테스, 카베르네 소비뇽이며, 이 지역에는 카파야데(Cafayate), 투쿠만(Tucuman) 지역에 포도원이 있다.

② 쿠요(Cuyo)

아르헨티나에서 가장 고급 산지로 알려진 멘도자(Mendoza) 지역이 위치한다. 멘도자는 말벡이 대표적이고, 그 외에 템프라니요, 카베르네 소비뇽을 생산한다.

아르헨티나 대표 와인 산지로 전체 생산량의 70%를 차지하며 레드 와인을 생산한다. 대륙성 기후로 강수량이 적으며, 안데스의 물을 관개로 사용한다. 유명 생산자 : Alta Vista, Terrazas, Norton, Catena Zapata, Trapiche, Trivento, Chandon

● 아르헨티나의 고급 와인

슈발 데 잔데스 (Cheval des Andes)

- 생산자 : 샤토 슈발 블랑과 떼레자스 데 로스 안데스의 조인트 벤처로 만들어냄
- 원산지 : 멘도자
- 품종 : 보르도 블랜드(Bordeaux Blend)
- 특징 : 건자두, 무화과, 블랙베리의 짙은 과일향과 부드러운 타닌과 긴여운

슈발 데 잔데스 ▶

이스까이 (Iscay)

- 생산자 : 트라피체
- 원산지 : 멘도자
- 품종 : 메를로, 말벡
- 특징 : 이스까이는 잉카어로 '둘' 의미
- 세계적인 거장 미쉘 롤랑과 다니엘 피에 와인 메이커의 합작품
- 50대 50으로 블랜딩(현재 매년 블랜딩 비율은 조금씩 다르며, 품종도 바뀐다)
- 잉카어로 둘(Two)이란 뜻을 가진 이스까이(Iscay)는 서로 다른 두 개성이 만나 하나의 균형잡힌 명품 와
인을 만들어 낸다는 의미로 해석된다. 이 와인은 트라피체 와이너리의 소유주인 다니엘 피와 세계적인
양조학자 미쉘 롤랑의 사인이 라벨에 쓰여져 있어 그 의미를 잘 표현한다. 또한 말벡과 메를로의 두 품종
을 각각 50대 50으로 블랜딩하였다(매년 품종은 다르며, 블랜딩 비율도 일정하지 않다). 짙은 퍼플색으로 블랙 베리, 서
양 자두의 농익은 과실미와 스모키, 초콜릿향과 은은한 송로버섯의 향이 어우려진다. 풍부하고 진한 타닌과 질감은 풀
바디하고, 긴 여운을 남기는 와인이다. 아르헨티나의 프리미엄 와인이다.

▲ 이스까이

❸ 파타고니아(Patagonia)

라 팜파(La Pampa), 네우켄(Neuquen), 리오 네그로(Rio Negro) 지역이 있으며, 리오 네그로의 주요 품종은
피노 누아와 토론테스이다.

6-4 아르헨티나 전통 음식

아사도는 아르헨티나의 대표적인 전통음식으로 쇠고기 바비큐이다. 쇠
고기에 소금을 뿌려서 숯불에 장시간 구운 음식이다. 고기를 통째로 굽기에
5시간 이상 천천히 구워서 요리하는데, 집집마다 바비큐 그릴이 다 있다고
한다. 사실, 아르헨티나는 전 세계 쇠고기 소비량이 1위이다.

고기를 먹으면 식탁에서 와인 또한 빠질 수가 없는데 이러한 식문화는 와
인 소비를 증가시켰을 것이다. 아르헨티나의 와인 소비는 세계 9위이고, 와
인 생산은 세계 5위이다. 칠레는 와인 수출 국가로 세계 3위로 수출을 많이
하지만, 아르헨티나는 세계 5위로 생산량에 비해 와인 수출이 비교적 적다.
아르헨티나의 와인은 내수 시장이 크다고 할 수 있으며, 국민이 와인을 많
이 마신다는 의미이다.

[벌크 와인의 천국, 아르헨티나]

탱고 춤으로 대변되는 뜨거운 열정으로 가득한 나라, 아르헨티나. 어디를 가나 와인을 즐기는 사람들을 쉽게 찾아볼수 있을 정도로 와인은 아르헨티나의 대중적인 '반주'로 꼽힌다. 여기서는 와인도 정열적으로 마신다. 물병 같은 것에 담아서 벌컥벌컥 마시는 사람도 있다. 처음엔 그 모습을 보고 '와인을 디캔팅해서 마시나 보다'라고 생각했는데 나중에 알고보니, 종이팩에 담긴 저가 와인을 유리병에 옮겨 담아서 마시는 것이었다.

사실 아르헨티나는 세계 5위의 와인 생산 대국이지만 생산량에서 한 수 아래인 칠레 와인보다 덜 알려져 있다. 가장 큰 이유는 수출용 와인의 대부분이 원액이나 큰 볼륨의 양으로 팔리는 벌크 와인이기 때문이다. 그러나 지난 수십년의 노력으로 저급 테이블 와인을 대량 생산한다는 부정적인 이미지에서 탈피하고 있다. 21세기에 들어 아르헨티나는 신이 주신 테루아를 바탕으로 품질을 향상시켜 왔다. 오히려 칠레의 와인 생산자들은 아르헨티나의 트레이드 마크이자 힘이 넘치는 말벡 와인을 부러워한다.

와인 생산자들이 이 기회의 땅을 그냥 놔둘 리 없다. 프랑스와 미국의 기업들이 아르헨티나 와인의 현대화를 돕기 위해서 와인 컨설턴트를 고용하고 기술을 도입하기 시작하였다. 전통적인 아르헨티나의 와이너리가 미쉘 롤랑과 합작하여 말벡과 메를로로 만들어낸 자이언트 와인인 이스까이(Iscay)를 탄생했던 것처럼 말이다. 이스카이는 잉카어로 '둘'이라는 의미다. 두 명의 세계적인 와인 메이커, 말벡과 메를로의 두 개 품종을 블랜딩한 상징적인 의미를 가진다. 당시 50달러로 출시된 이 와인은 모든 사람들 놀라게 했고, 세계적인 와인 평론가들에게서 인정받았다. 약 100달러로 출시하여 세계를 깜짝 놀라게 했던 니콜라스 카테나 자파타(Nicolas Catena Zapata) 와인의 성공, 그리고 루이비통으로 유명한 LVMH 회사의 소유인 샤토 슈발 블랑(Chateau Cheval Blanc)과 아르헨티나 떼라자스 데 로스 안데스(Terrazas de los Andes) 회사가 합작해 생산한 슈발 데 잔데스(Cheval des Andes) 와인은 세계적인 평론가들로부터 인정을 받으며 단연 아르헨티나 고급 와인의 신임과 명성을 이루었다.

기록에 따르면 아르헨티나에서 와인은 16세기 스페인 점령 후, 생산하기 시작하였다고 한다. 1990년대 군사정권의 추락과 외국인 자본투자 규제가 풀리면서 와인 양조 기술을 도입, 와인 산업을 활성화 할 수 있게 되었다. 그러나 안타깝게도 2000년대 초반에 아르헨티나 화폐가치의 불안정은 와인을 아주 싼 가격으로 수출하게 되었고 전 세계에 수많은 수혜자를 낳았다. 괜찮은 품질에 비해 거의 공짜나 다름없는 가격은 와인 소비자들에게는 더 없는 기쁨이다.

아르헨티나는 간단하면서 평범한 스타일의 와인 심지어 싼 가격의 와인 생산에 주력했었다. 그러나 21세기에 들어와서 경제의 안정화와 더불어, 테루아를 바탕으로 점점 와인의 품질이 향상되면서 세계의 주목을 받고 있다. 특히 말벡(Malbac) 와인은 전 세계에서도 비교할 수 없을 정도로 그들만의 유닉한 개성을 가지고 있으며, 세계 최고의 말벡이라고 단언할 정도로 잘 만든다. 아직 아르헨티나의 와인은 그들이 생산하는 와인 품질에 비해서 저평가되고 있는 것은 사실이다. 그러나 와인을 좋아하는 소비자에게는 아르헨티나 와인은 마치 사막에서 오아시스를 발견하는 느낌을 주지 않을까 생각해 본다. 거기에 거의 공짜나 다름 없는 가격으로 말이다.

[와인의 정체성 상실과 획일화]

칸느 영화제에 출시되어 화제가 되었던 다큐멘터리 영화 〈몬도비노(Mondovino)〉가 있다. 영화 〈몬도비노〉는 글로벌 마케팅, 치열한 경쟁화와 문화적 제국주의 측면에서 냉정하고 분별력 있게 다루었다. 와인 산업의 거대 자본유입으로 인한 빛과 그림자를 다루었다. 당연히 비판에 대해 수많은 논쟁과 토론이 뒤따랐다. 구대륙과 신대륙의 문화적인 긴장감, 특히 소박하고 숙명적인 프랑스 랑그독의 농부와 부드러워 보이는 이미지의 캘리포니아 와인 몬다비가 대표적으로 그려지고 있었다. 포도밭에서 일어나고 있는 싸움은 지방주의와 자기 중심주의에 만연된 프랑스와 브랜드 인지도와 마케팅에 대한 미국의 사고에 의한 소비자 중심주의는 서로에게 메아리치고 있으며, 여전히 작은 논쟁을 일으키고 있는 것은 사실이다.

사실 와인은 영화처럼 블랙 & 화이트로 구별하기 어려운 것 같다. 영화의 가장 화려한 모습들 중에 악역으로 표현된 미쉘 롤랑(Michelle Rolland)이 그렇다. 운전사가 딸린 세단에서 시가를 피우며 한 손에는 핸드폰을 쥐고 포도밭을 둘러보는 그는 뉴 프렌치 오크 배럴(New French Oak Barrel)의 강한 풍미를 설교하는 세계에서 가장 바쁜 플라잉 와인메이커이다. 그는 전 세계를 돌아다니면서 수많은 와이너리에서 그의 스타일에 맞는 와인을 생산하는데 조언을 해주고 있다. 전통적으로 와인을 만드는 프랑스 남부 농장주들은 오늘날 보르도 와인업계가 단지 돈만 쫓는다고 비판하였다. 현대 와인 시장의 거대 자본유입과 그 폐단에 대해서 고발한다.

원산지를 무시하고, 와인 맛의 획일화와 평준화는 소비자를 위협하고 있는 가장 큰 적이다. 짙은 다크색으로 잘 익은 과일향(Ripe Fruits)과 새로운 오크향이 짙게 깔려 있으며, 최소 알코올 14% 이상, 타닌은 부드러우며, 산도는 낮으며, 전체적인 입맛은 실크, 벨벳 같은 느낌으로, 대부분의 와인은 혀의 앞쪽에서 느껴져야 한다는 공식처럼 말이다. 세계 와인 산지, 미국, 호주, 칠레, 프랑스, 이탈리아 와인으로 블라인드 테이스팅(Blind Tasting)을 하면 원산지 구별은 모호해 지면서 산지 감별은 감히 도전화 되었고, 어려워졌다. 뿐만 아니라 소비자에게 인기 있는 몇 개의 포도 품종들 카베르네 소비뇽, 메를로, 피노 누아, 시라즈, 샤르도네, 소비뇽 블랑 등만 살아 남아, 점점 다양화가 제한되어 가고 있는 현실을 직면해야 한다.

제트 족과 고급 와인 마케팅의 구체화에 반대하는 전통주의자 세력은 완고하고 고집이 있었다. 특히 전통적인 와인 스타일 생산자인 Huert de Montille, 그리고 괴짜 철학자인 Amie Guibert는 그의 포도밭 근처 땅을 개척하려는 몬다비를 방해하기 위해 성공적인 개혁 운동을 펼쳤다. 물론 전통주의자와 현대주의자의 대립을 설명하려는 것은 아니다. 반대자에 대항하는 협력자이다. 어느 것이 우위에 있다는 서열을 내리는 것이 아니다. 와인은 색깔이 필요하며 개성이 있는 알코올 음료이기에.

글로벌 테이스팅(Global Tsating)이 쓰여진 것은 와인의 다양한 문화 반영의 역행이라는 생각이 들었다. 만약 우리가 배운 와인의 문화를 분리하여 다룬다면, 어떤 문화는 옳고 어떤 문화는 그르다고 말하는 것은 매우 어렵다. 개인의 기호에 따라 문화를 선호하는 것은 당연하다 그러나 우리는 다른 문화도 함께 존중해 주어야 한다. 다른 기후적인 조건 아래에서 차별화 된 와인 메이커들의 접근 방식으로 새로운 스타일의 와인을 생산하는 것처럼 말이다. 와인 문화, 테루아 그리고 품질 평가로만 풀기에는 매우 복잡한 요소들이 얽혀있다.

국내 시장에서 최근 MZ 세대의 와인 소비 증가는 긍정적이다. 편의점 판매로 접근성이 쉬웠고, 합리적인 가격으로 '와인은 특별한 날에 마시자'가 아니라, 기호의 술로 인식되고 있다. 맛이 다양하기에 와인의 다양성은 우리가 와인을 좋아하는 가장 기본적인 이유이다.

만약 공장에서 생산한 제조품처럼 똑같은 맛만 존재한다면, 와인의 가치는 더이상 존재하지 않을 것이다. 와인을 이해하기 위해서는 우선 와인은 문화와 문명을 가진 가치의 존재라는 것을 알아야 한다. 문명화된 가치를 인정한다면, 어느 와인이 더 낫다고 판단하기에 앞서 맛의 차별화, 개성화로 인식할 수 있을 것이다. 보르도 와인이 나파 밸리 와인보다 맛있다는 말이 아닌 그들의 전통성과 특성을 존중하는, 그리고 다양한 와인의 맛에 도전하고 시도하려는 열려 있는 현명한 소비자의 태도가 필요하다.

Chapter 6 아시아 와인

1 ◆ 한국

와인이 서구 문화의 핵심이 된 이유는 동양에선 쌀을 재배해 정착 생활을 시작했다면, 유럽에선 연중 포도를 재배하며 마을과 도시를 이뤄나갔기 때문이다. 역사적으로도 와인은 문명화 과정에서 중요한 위치를 차지해왔다. 그리스와 로마는 와인신을 신봉했고, 영토를 확장하는 곳마다 포도 재배를 장려했다. 로마제국 이후에는 교회가 와인을 성체 의식에 사용하면서 와인 문화를 보급시키는 데에 큰 기여를 했다.

21세기 국제화가 진행되면서 아시아의 와인 문화는 변화하고 있다.

1-1 너도 나도 와인! 코리아의 와인 열풍

부어라 마셔라 하는 술문화로 대변되는 어두웠던 지난날을 뒤로하고 와인이라는 새로운 세계에 열광하기 시작한 우리. 취하기 위해서가 아니라 즐기기 위한 술로 돌아선 것이다. 와인에 막 눈을 뜨기 시작한 한국과 달리 일본은 이미 성숙미를 뽐내고 있다. 자국의 와인은 물론 프랑스 와인에도 열광하는 일본, 그리고 무한한 잠재력을 지닌 한국은 아시아의 다크호스다.

인터넷 검색을 하면서 와인이란 단어를 입력했다. 순간 438건의 와인 사이트가 보인다. 언제부터 이렇게 많은 와인 사이트가 생겨났을까? 어쩌면 지금 우리는 와인 정보의 홍수 속에 살고 있는지도 모른다. 소주와 폭탄주를 밀어내고 과연 와인 세상이 도래한 것일까?

2021년 코로나19로 인해 사회적 거리두기에도 불구하고 국내 와인 시장은 30% 신장하였고, 편의점 와인 매출은 무려 190%가 성장했다고 한다. 대형 유통회사들은 앞다투어 초저가 와인을 출시하여 와인 시장을 육성하고 있다. 이러한 변화에는 코로나 영향이 컸다. 회식이 사라지고 혼술, 홈술 문화가 보편화 되면서 이런 문화가 와인 시장의 견인차 역할을 하였다.

와인 공부를 시작할 때만 해도 영어로 키워드를 입력해야만 겨우 정보를 알 수 있었는데, 지금은 온라인은 물론 오프라인에서도 누구나 와인에 대해 이야기한다. 와인 애호가로써 참 반가웠다. 한국 와인 시장이 점점 커지고 있다는 의미이고, 더 많은 와인 동료들을 만날 수 있다는 뜻이기도 하니까.

한국 와인의 성장을 짚어 보자. 한국에 와인이 수입된지도 40년이 흘렀다. 그러나 오랜 시간에 비해 와인 성장률은 미미했다. 최근까지 말이다. 와인에 대한 관심이 높아진 것은 불과 10년 사이의 일이다. 그리고 와인 시장의 성장은 코로나로 인해 가속화 되었다. 아무리 힘을 줘도 꿈쩍하지 않던 코르크 마개가 갑자기 열리는 것처럼, 국내 와인 시장이 급하게 성장하게 된 데는 몇 가지 이유가 있다.

국내 와인 시장이 성장할 수 있었던 배경은 무엇일까? 2000년대 들어 해외 여행이 자유화 되면서, 더 많은 사람들이 와인과 친해질 기회를 얻었고, 이민이 유행처럼 번지면서 외국에서 생활하던 사람들이 국내에 와서도 계속해서 와인을 찾았다. 당연히 수입이 증가할 수밖에 없다. 또한 서양식 레스토랑과 서구 음식문화가 인기를 끌면서 식사에 와인을 곁들이는 분위기가 자연스레 형성되었다. 이런 흐름을 따라 점차 와인을 판매하는 술집과 전문적인 와인바도 늘어갔다. 덩달아 법적으로 와인 수입도 쉬워졌다. 와인 수입 면허를 쉽게 받을 수 있도록 만든 절차의 간소화로 인해 이젠 너도 나도 와인 수입에 열을 올리고 있다.

그러던 중 웰빙 열풍이 불기 시작했다. 때마침 레드 와인의 폴리페놀 성분이 건강에 이롭다는 연구 결과가 발표되었고, 덕분에 레드 와인의 소비량도 폭발적으로 늘어갔다. 이 시점에 맞추어 품질이 좋으면서도 저렴한 신대륙 와인이 태평양을 건너 무사히 착륙했다. 특히 2003년 칠레와 자유 무역 협정(FTA) 덕분에 기존 수입 와인이 '비싸다'라는 편견을 버리고, 와인 대중화에 크게 이바지했다.

2010~2019년 수입중량 기준으로 레드 와인 70%, 화이트 와인 18%, 스파클링 와인 12%를 수입하였고, 수입금액 기준으로 레드 와인 69%, 화이트 와인 15%, 스파클링 와인 16%이다(관세청 자료). 과거에는 폴리페놀, 레스베라롤이 많다는 건강상의 이점으로 인해 수입의 대부분이 레드 와인이었지만, 와인 수요의 원동력이 20~30대의 젊은층으로 이동하고, 그중 많은 비율이 여성으로 바뀌면서 화이트 와인, 스파클링 와인 및 디저트 와인을 포함한 새로운 와인을 맛보는 것을 좋아하는 트렌드가 나타났다. 즉 와인 소비자 수요가 더욱 다양화된 것이다.

2020년 코로나19의 창궐은 전 세계에 사회적으로 엄청난 영향을 끼쳤다. 한국도 예외는 아니다. 특히 코로나는 주류 시장을 요동치게 했다. 회식이 사라지고 홈술과 혼술 문화가 보편화 되면서 와인을 즐기는 트렌드의 변화를 가져 왔다. 농림축산식품부가 발표한 주류시장 트렌드 보고서에 따르면 코로나19 이전 대비 음용 장소는 '집에서' 기존 46.4%에서 87.3%로 큰 변화를 보였고, 음용 상대는 '배우자/가족' 및 '혼자', 음용 상황은 '혼자서'가 가장 높게 나타났다. 사회적 거리두기에도 불구하고 국내 와인 시장은 30% 신장하였다. 편의점 와인 매출은 무려 190% 이상 증가하였다. 편의점 고객인 MZ 세대에게 와인 접근성을 높였고, 이들이 와인 대중화를 이끌고 있다. 이마트 연간 와인 판매액이 1,100억원(2020년 11월 누계), 롯데마트도 마찬가지로 전년대비 49.1% 증가했다. 대형마트와 편의점에서 와인을 쉽게 구매하고 집에서 마시는 와인의 일상화가 가속화되고 있는 것이다.

전통주와 한국 와인 시장도 성장했다. 통신 판매의 허용으로 비대면 구매가 가능한 전통주는 괄목할 만하게 성장하였다. 소주와 폭탄주로 대변되는 어두웠던 지난날을 뒤로하고 새로운 음주 세계를 맞이했다. 취하기 위해서가 아니라 즐기기 위한 술로 돌아선 것. 양주잔이 세팅되었던 테이블 위에는 통통한 와인 잔이 그 자리를 대신했다. 어쩌면 잔 모양마저 이토록 건강한지!

건전한 음주 문화를 추구하는 새로운 세대의 움직임. 와인 소비 패턴 변화. 구대륙 와인에 대한 와인 애호가들의 전폭적인 지지가 감소하면서 신대륙 와인의 입지가 높아지고 있다.

와인은 쉽게 장바구니에 넣을 수 있는 가격의 아이템은 아니었
다. 소득이 높아지고, 생활 수준의 향상은 우리의 식생활 패턴을
바꾸었지만, 코로나19 전까지는 특별한 날에만 마시는 것이 와인
이었다. 그러다 대형 유통회사들이 앞다투어 초저가 와인을 출시
하면서 판세는 바뀌었다. 도스코파스 4,900원짜리 와인이 '맛 좋
고 싸다'는 가성비를 안고 200만 병이 팔렸다.

와인은 한때 유행처럼 스쳐 지나가는 트렌디한 음료가 아니라
인생을 풍요롭게 하는 무엇이다. 이젠 '와인 없는 삶은 상상도 할 수 없다'는 사람들의 이야기를 듣게 될 날도 머
지않았다.

1-2 국산 와인과 한국 와인 차이

유럽에서 와인은 음식 문화의 일부이다. 문화의 용광로라고 할 수 있는 미국 조차도 와인의 역사는 200년이
되지 않으며, 대중화가 시작된 시기로 보면 채 100년이 되지 않는다. 빠른 속도로 와인은 인류 보편적인 '술'이
되었다. 우리나라에서 본격적인 와인 생산은 불과 40년 전 '마주앙'부터 시작하였고, 2018년 기준 34개 지역 58
개 와이너리에서 생산된 와인의 종류는 약 200여 종에 이른다. 국내 와인 시장에서는 소비자의 수요가 더욱 다
양화되고 있으며, 국내 농가에서 생산하는 와인의 품질도 높아지고 있다.

전통적으로 와인이란 포도를 발효시켜 만든 것을 의미하며 특히 유럽에서 와인은 포도로 만든 것만을 지칭한
다. 그러나 국내에서 와인은 넓은 의미로 과실로 만든 술에 대해 와인으로 표기가 허용된다. 한국 와인은 포도
로 만든 와인과 구별하기 위하여 반드시 사용한 재료명을 라벨에 표기해야 한다. 국내 주세법에는 과실주라고
명시되고, 과실주란 넓은 의미의 와인과 같다고 할 수 있다. 국내에서는 과일로 만든 술을 과실주라 하고, 이 카
테고리에 한국 와인이 포함된다.

포도주 원액을 벌크로 수입하여 한국에서 병입할 경우 '국산 와인'이라 한다. 그러나 수입원액을 사용하는 와인
과 차별을 위해 '한국 와인'이라 명명되었다. '한국 땅에서 나는 과실로 발효 과정을 거쳐서 알코올을 만든 것을 한
국 와인'이라 정의하고 해당 재료가 된 과일 이름을 앞에 붙여 사과 와인, 감 와인, 오디 와인 등으로 부르고 있다.

1-3 한국 와인의 도약

수입 과일의 증가와 더불어 국내 과일의 소비량이 점차 줄어들고, 가격이 하락되어 국내 포도 재배 농가의 수
익성이 악화되었다. 이에 농가들의 부가가치를 높일 수 있는 상품 개발이 필요하였으며, 2000년대 들어서 와인
을 생산하는 농가형 와이너리가 증가하였다.

국내에서도 이미 20여 년 전부터 와인을 생산하고 있고 현재 200개가 넘는 곳에서 와인을 생산한다. 주요 재
료는 머루, 감, 오디, 복숭아, 사과, 오미자 등 국산 과일을 이용하여 제조한다. 국내산 와인 제조 연구를 살펴보
면, 단감을 이용한 발효 와인의 제조 및 특성(배성문 외, 2002), 국내산 포도 캠벨 얼리(Campbell Early) 품종의
적포도주 개발(김재식 외, 2001) 논문이 있다. 그러나 국제 양조용 품종과 비교하면 국내산 포도는 당이 부족
하다. 이러한 국내산 포도의 자연당 부족을 보완하기 위해 다양한 연구가 이루어지고 있다. 이탈리아 아마로네

(Amarone) 와인의 대표적인 생산 방식을 이용하여 국내산 포도 껍질이 얇아 당도가 떨어지는 경향이 있어 수분을 줄여 당도를 높이기 위해 일정기간 바람에 말려서 무가당으로 와인 제조 가능성을 연구했다(박지연, 2010). 한국 화인의 품질을 높이기 위해 많은 연구가 이루어지는 것은 환영할 만하다.

농가형 와이너리는 포도 생산을 견인할 수 있는 새로운 수요처이다. 뿐만 아니라 체험 및 관광사업 등 다른 사업과 연계될 수 있다. 특히 최근에는 6차 산업 활성화 정책과 맞물려 포도 재배지의 농촌 경관 보존과 포도를 활용한 다양한 체험 요소를 발굴함으로써 포도와 와인 산업의 새로운 변화를 마련하고 있다.

🖊 한국 와인 품질의 변화 ──○

포도의 품질을 높이기 위해 우리 땅에 맞게 다양한 재배 방법을 연구하고 있다. 수분 섭취를 최대한 적게 하면서도 일조량을 높이고자 포도나무에 비닐을 씌우고 땅에 반사물질을 깔아 놓고 재배한다.
한국 와인의 인식도 점차 변화하고 있다. 미쉐린 스타와 파인 다이닝 레스토랑에서 한국 와인을 판매하고 있으며, 신라호텔 '라연'과 롯데 시그니엘 '비채나', 그랜드 하얏트호텔 '테판'에서 한국 와인을 취급하기 시작하였다. 국가 행사의 만찬주로 한국 와인이 선정되기도 하였는데, 2012년 서울 핵안보 정상회의 때는 경북 문경의 오미자 스파클링 와인 '오미로제'가 선정되었고, 2018년 이방카 트럼프가 방한했을 때는 충북 영동 '여포의 꿈'이 만찬주로 사용되었으며, 2016년 대한민국 우리술 품평회 과실주 부문에서는 한국 와인 '그랑꼬또 청수'가 최우수상을 받기도 하였다. 또한, 전통주와 지역 특산주의 통신 판매가 허용되어 소비자가 한국 와인을 즐겨 구매하는 계기가 되었고, 전국 150여 개 와이너리에서 700종 이상의 한국 와인을 생산하고 있다(2020년 기준).

우리나라의 포도주 역사를 살펴보면 고려 시대에 우리나라 최
초의 포도주에 대한 기록은 고려사절요(高麗史節要)에 수록되었
다. 중국 최초의 의학서인 신농본초경(神農本草經)에도 포도주 양
조 방법이 수록되었다. 조선 시대에는 하멜 일행의 난파선이 제주
도에 표류했을 때 지방 관리에게 적포도주를 상납하였다는 기록
이 남아있다.

1969년 사과로 만든 애플 와인 파라다이스가 탄생하였다. 1970년대 정부 주도하에 기업중심 포도주 산업이
시작되었는데, 1974년 해태주조에서 '노블와인', 1977년 OB에서 '마주앙'을 생산하였다. 1980년대 이후 진로의
'샤토 몽블르', 금복주의 '두리앙', 대선주조의 '그랑주아', 수석농산의 '위하여' 등이 생산되었다.

1950년부터 국민 식량의 확보와 국민 경제의 안전을 위해 국가 주도로 양곡 수급을 관리하였다. 여전히 식
량이 부족하여 양조 금지를 하였으나, 아무리 단속해도 곡식으로 술을 만드는 가정이 많았다. 그래서 1970년
대 들어서 곡식 대신 과일을 재료로 사용함으로써 곡식의 사용을 줄이자는 정책이 시작되었다. 바로 국민주 개
발 정책이다. 당시 박정희 전 대통령의 지시로 청와대를 방문하는 외국 국가 정상들을 위한 만찬에서 우리나라
에서 만들어진 포도주로 건배를 해야 된다고 해서 와인 생산을 이때부터 장려하였다. 일화로 박정희 전 대통령
이 독일에서 리슬링 와인을 맛보고 우리도 만들자고 지시하였다고 한다. 이로 인해 경북 영천, 포항, 경산 일대
에 포도밭이 조성되었다고 한다. 당시 OB가 '마주앙'을 출시하였고, 마주앙은 청와대의 공식 만찬주였다. 마주
앙은 '마주앉아 즐기다'라는 뜻을 지니고 있으며, 로마 교황청이 승인한 '미사주'로 현재까지 사용되고 있다.

그러나 1987년 와인 수입 자유화로 인하여 품질적인 측면에서 한국 와인은 경쟁력이 부족하여 농가형 와이너
리는 감소하기 시작했다. 1990년대 후반부터 영동의 와인코리아, 천안의 두레앙, 무주의 덕유양조, 샤토무주 그
리고 칠연양조, 파주의 산머루 농원, 안산 대부도의 그린영농 등이 이 시기에 설립되었다.

2000년대 들어서면서 정부의 농산물 가공산업 지원으로 포도주 산업 활성화 기틀이 마련되었다. 그리고 2010
년부터 충북 영동 지역과 경북 영천 지역에서 소규모 농가형 와이너리를 육성하고 있다. 현재 한국 와인은 전통
주에 포함되어 통신판매가 허용된다. 앞으로 한국 와인 시장은 확장될 거라 예측한다.

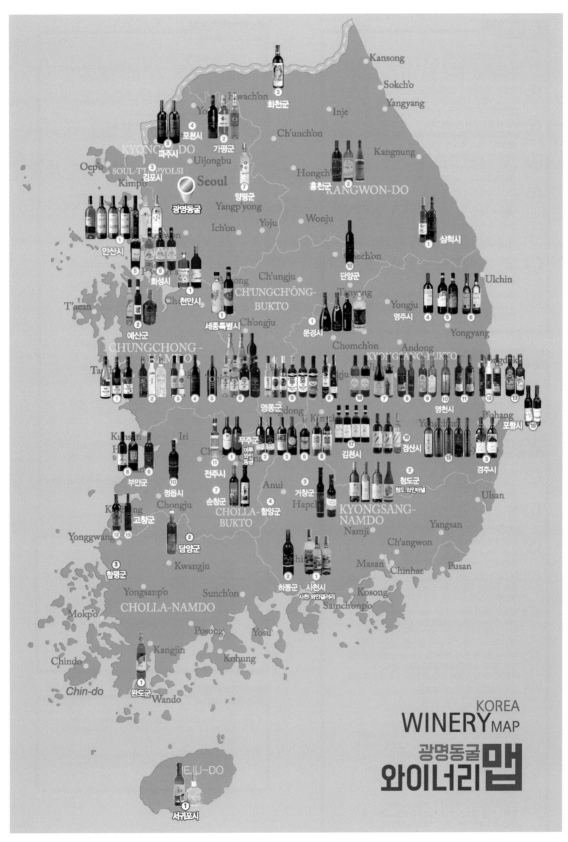

▲ 한국 와인맵(출처 : 최정욱 와인연구소)

경기도

① 안산시 그란영농조합법인 **그랑꼬또** grandcoteau.co.kr
경기도 안산시 대부북동 1011-3, 032-886-9873
생산와인 레드, 화이트, 로제, 아이스, 브랜디

② 가평군 가평특선주 영농조합법인 **재즈아일랜드** gpwine.co.kr
경기도 가평군 가평읍 승안리 105-1, 031-581-5009
생산와인 스위트 레드, 드라이레드, 로제, 브랜디, 뱅쇼

③ 김포시 옥돌농장 **아마래그래**
경기도 김포시 양촌읍 석모로 45번길 62, 031-989-2573
생산와인 레드, 화이트, 레드마늘

④ 포천시 포천포도와인영농조합법인 **진세노**
경기도 포천시 가산면 우금리 468, 031-541-9090
생산와인 진세노(홍삼와인), 아리안

⑤ 화성시 농업회사법인샌드리버(주) **샌드리버**
경기도 화성시 송산면 사강리 135-3, 031-366-8338
생산와인 레드

⑥ 화성시 농업회사법인(주)오노피아 **오놀로그** oenopia.com
경기도 화성시 매향선창길28, 070-8977-0389
생산와인 화이트, 로제, 레드

⑦ 양평군 아이비영농조합법인 **허니비** ibee21.com
경기도 양평군 강하면 왕창부로길110, 031-775-0500
생산와인 벌꿀와인

⑧ 파주시 산머루농원영농조합법인 **머루드 서** sanmeoru.com
경기도 파주시 적성면 윗배우니길441-25, 031-958-4558
생산와인 머루와인스위트, 드라이

세종특별시

① 금이산농원 **금이산** gewnisan.co.kr
세종특별자치시 전의면 장터길 18, 044-868-3478
생산와인 복숭아와인, 오가피와인

충청북도

① 영동군 와인코리아 **샤토마니** winekorea.kr
충북 영동군 영동읍 영동황간로 662, 043-744-3211
생산와인 스위트 레드, 컬트 드라이 레드, 누보, 화이트

② 영동군 여포농장 **여포의 꿈** yeopo.co.kr
충북 영동군 양강면 유점지촌길 75, 043-744-3211
생산와인 스위트 레드, 드라이레드, 화이트, 로제, 브랜디

③ 영동군 도란원 **샤토미소** 샤토미소와인.kr
충북 영동군 매곡면 유전장척길 143, 043-743-2109
생산와인 스위트 레드, 드라이 레드, 프리미엄 레드

④ 영동군 컨추리와이너리 **컨추리와인** contrywine.co.kr
충북 영동군 영동읍 주곡리590-14, 043-742-2095
생산와인 캠벨 스위트, 캠벨 드라이, 산머루 스위트

⑤ 영동군 영동미래농업(주) 1st-wine.co.kr
충북 영동군 영동읍 대학로 310, 산학협력관 104호
창업보육센터 370-701, 043-745-8478
생산와인 스위트 레드, 미디엄 레드, 드라이 레드

⑥ 영동군 불휘농원 **시나브로** blog.naver.com/solbalab59
충북 영동군 심천면 약목2길 26, 043-742-5275
생산와인 화이트, 스파클링, 로제, 스위트레드, 드라이레드, 아마로네

⑦ 영동군 갈기산포도농원 **갈기산**
충북 영동군 학산면 모리1길 23
생산와인 레드, 화이트, 로제, 블루베리와인

⑧ 영동군 월류원 **베베와인** bebewine.blog.me
충북 영동군 황간면 남성동3길 4-14, 043-742-4729
생산와인 캠벨드라이, 캠벨스위트, 캠벨로제, 감화이트,
오미자블랜딩와인, 아로니아블랜딩와인

⑨ 영동군 영동블루와인농원 **베리와인** 블루와인.kr
충북 영동군 양산면 호탄길 53-23, 043-744-9956
생산와인 블루베리와인

⑩ 단양군 에델농장 **에델와인** wineedel.com
충북 단양군 영춘면 별방창원로 806, 031-464-8289
생산와인 매실와인 스위트, 미디엄드라이, 드라이

전라북도

① 무주군 **샤토무주** vinekr.com
전북 무주군 무풍면 오두재로 238-65, 063-322-8101
생산와인 머루와인 스위트, 드라이, 로제 스위트

② 무주군 농업회사법인(주)붉은진주 **붉은진주** redpearl.kr
전북 무주군 안성면 덕유산로 482, 063-323-3366
생산와인 머루와인 스위트, 드라이

③ 무주군농업회사법인산들벗 **마지끄무주**
전북 무주군 적상면 서창로 72, 063-322-9447
생산와인 머루와인 스위트, 드라이

④ 무주군 반딧불사과와인 영농조합법인 **애플린**
전북 무주군 무주읍 당산리 337-8, 063-850-1499
생산와인 사과와인

⑤ 무주군 덕유양조 **구천동머루와인** meoruwine.com
전북 무주군 안성면 장무로 1375-7, 063-323-2355
생산와인 머루와인 스위트

⑥ 무주군 무주군산림조합 **루시올뱅**
전북 무주군 설천면 청량리 64-2, 063-322-2314
생산와인 머루와인 스위트, 드라이

⑦ 순창군 영농조합법인 **순창복분자** scberry.co.kr
전북 순창군 쌍치면 청정로 58-37, 063-652-2010
생산와인 복분자와인, 오디와인, 블루베리와인

⑧ 부안군 농업회사법인 **동진주조 내변산** dongjinwine.co.kr
전북 부안군 행안면 역리 1121-9, 063-581-0027
생산와인 오디와인, 복분자와인

⑨ 부안군 **부안강산명주** 뽕주.com
전북 부안군 부안읍 석정로 83, 063-584-9960
생산와인 오디와인

⑩ 정읍시 영농조합법인 **내장산복분자** bokbunja.co.kr
전북 정읍시 북면 장학1길 51, 063-536-8080
생산와인 내장산복분자와인

⑪ 전주시 써니헬프 **무화과로제와인** sunnyhelff.com
전북 전주시 덕진구 백제대로 567, 전북대학교
창업보육1센터 105호, 063-219-5479
생산와인 무화과와인

⑫ 고창군 고창1해인1복분자주 영농조합법인 **선운** 복분자주.kr
전북 고창군 신림면 전봉준로 414-30, 063-564-7300
생산와인 복분자와인

⑬ 고창군 농업회사법인(주)선운산복분자주흥진 e-bokbunja.com
전북 고창군 부안면 복분자로 535, 063-564-9599
생산와인 복분자와인, 오디와인

강원도

① 삼척시 너와마을 영농조합법인 **끌로너와 너와마을**.kr
강원도 삼척시 도계읍 문의재로 1274번지, 033-552-3560
생산와인 머루와인 끌로너와 스위트, 끌로너와 드라이

② 홍천군 샤토나드리 **너브내** neobeunaewine.com
강원도 홍천군 서면 팔봉산로 811-28, 033-434-5420
생산와인 너브내 레드, 너브내 화이트, 너브내 로제

③ 화천군 **채향원** blueberrysuite.com
강원도 화천군 간동면 모현동로 185-17, 033-441-1302
생산와인 블루베리

충청남도

① 천안시 (주)두레양조 농업법인 **두레앙** duraean.co.kr
충남 천안시 서북구 입장면 율목길 17-6, 041-585-8213
생산와인 두레앙와인, 두레앙브랜디, 증류주

② 예산군 농업회사법인 예산사과와인 **추사** chusawine.com
충남 예산군 고덕면 대몽로 107-25, 041-337-9584
생산와인 사과와인 추사 아이스, 추사 칼바도스

① 문경시 제이엘크라프트(오미나라) **오미로제** omynara.com
경북 문경시 문경읍 새재로 609 (진안리 83) 054-572-0601
생산와인 오미로제 프리미어, 오미로제 스파클링

② 청도군 농업회사법인 청도감와인(주) **감그린** gamwine.com
경북 청도군 풍각면 봉기리 7, 054-371-1100
생산와인 감와인감그린레귤러, 감그린 스페셜, 감그린아이스

③ 경주시 예인화원와이너리 **예인** yeinwine.com
경북 경주시 남산순환로 10, 054-771-7088
생산와인 레드 드라이(가을빛, 남산애), 허니듀

④ 영주시 산내들와이너리 **소백산 산향기**
경북 영주시 단산면 좌석리 276번지 054-637-2434
생산와인 소백산, 소백산 스위트

⑤ 영주시 쥬네뜨와이너리 **쥬네뜨** junete.com
경북 영주시 단산면 소백로 3321-8, 054-633-5316
생산와인 스위트 레드, 드라이레드, 브랜디

⑥ 영주시 ㈜영주와인 **상떼마루** youngjuwine.com
경북 영주시 풍기읍 소백로 2172, 054-635-6533
생산와인 애플 드라이, 애플 아이스

⑦ 영천시 영농조합 **블루썸**
경북 영천시 대창면 금박로 1021, 054-338-0800
생산와인 레이디벅 (스위트), 라넌큘러스 (드라이)

⑧ 영천시 **고도리**와이너리 고도리와인 고도리와인.kr
경북 영천시 고경면 고도리 494-3, 054-335-3174
생산와인 레드 스틸, 레드 오크, 화이트, 복숭아, 로제

⑨ 영천시 **오계리**와이너리 **오계리와인**
경북 영천시 금호읍 사근달길 93-7, 054-334-0396
생산와인 레드, 로제, 화이트, 아이스

⑩ 영천시 **We**와이너리 **We와이너리**
경북 영천시 금호읍 금호로 386-21, 054-338-0715
생산와인 스위트, 드라이, 화이트, 로제, 아이스

⑪ 영천시 별길와이너리 **별길와인** blog.naver.com/byeolgil
경북 영천시 금호읍 원제1길 27-22, 054-335-3611
생산와인 레드, 화이트, 로제, 아이스

⑫ 영천시 **조흔**와이너리 **조흔와인**
경북 영천시 조교동 267번지, 054-338-0052
생산와인 레드, 블루베리, 로제, 아이스, 더브러

⑬ 영천시 **우아미**와이너리 **우아미와인**
경북 영천시 오미동 1634, 054-331-3457
생산와인 화이트, 레드, 아이스

⑭ 영천시 **대향**와이너리 **대향와인**
경북 영천시 금호읍 원제1길 27-8
생산와인 레드, 화이트, 아이스

⑮ 영천시 한국와인 **뱅꼬레** vincoree.com
경북 영천시 금호읍 원기리 414-2, 054-333-3010
생산와인 레드, 화이트, 로제, 아이스, 오디와인

⑯ 경산시 비노캐슬 **비노페스티바** vinocastle.com
경북 경산시 남천면 산전길 74-10, 053-812-7723
생산와인 레드, 화이트, 로제

⑰ 김천시 수도산 산머루농원 **크라테** sdsmeru.com
경북 김천시 증산면 금곡리 3길 29, 054-439-1518
생산와인 스위트 레드, 드라이 레드, 화이트, 로제

⑱ 김천시 김천대학교 학교기업사업단 **자두사랑**
경북 김천시 대학로 214, 054-420-4437
생산와인 자두와인 레드, 화이트

⑲ 포항시 홍계와이너리 **상떼블루** phblueberry.getmall.kr
경북 포항시 남구 대송면 징동홍계길 316, 054-281-2925
생산와인 MBA와인 드라이, 블루베리와인

① 사천시 **오름주가** daraewine.com
경남 사천시 미룡길 31-20, 055-855-3626
생산와인 참다래와인 700ds(스위트), 700td(드라이), 300d(스위트)

② 하동군 하동매실영농조합법인 **매아랑**
경남 하동군 옥종면 궁항길 286-105, 055-882-0800
생산와인 매실와인

③ 거창군 황토농원 **진토** icewine.co.kr
경남 거창군 거창읍 정장2길 24-5, 055-943-5570
생산와인 복분자, 아이스

④ 함양군 하미앙와인밸리 **하미앙** sanmuru.com
경남 함양군 함양읍 삼봉로 442-14, 055-964-2500
생산와인 머루와인 스위트

① 완도군 완도비파영농조합법인 **황금과비파** 완도비파.com
전남 완도군 신지면 신지로 872, 061-555-5020
생산와인 비파와인

② 담양군 대숲이슬영농조합법인 **고서**
전남 담양군 고서면 분향리 131-1, 061-383-5511
생산와인 레드와인

③ 함평군 함평천지복분자영농조합법인 **레드마운틴** redmountain.co.kr
전남 함평군 신광면 삼덕리 546, 061-322-0202
생산와인 복분자와인

① 서귀포시 ㈜시트러스혼디주
제주특별자치도 서귀포시 남원읍 신례천로 46, 064-767-9800
생산와인 감귤와인

국내에는 포도를 이용한 전통적인 과일 이외에 복숭아, 배, 복분자, 블루베리, 블랙베리, 머루 등 다양한 과일을 재료로 와인을 생산하고 있다. 국세청에서 분류하는 주류 기준은 탁주, 약주, 청주, 맥주, 과실주, 증류식 소주, 희석식 소주, 위스키, 브랜디, 일반 증류주, 리큐르, 기타 주류, 주정이다. 한국 와인은 과실주에 포함되며, 한국 와인의 특징은 그 재료가 포도 외에 오미자, 복분자, 산머루, 사과와 같은 원료로 만든 와인이 많다.

한국에서 양조용 포도 재배는 가능한 걸까? 맛있을까? 필자도 전에는 서구 와인만이 가치가 있고, 테루아를 반영한 문화적인 가치가 있는 와인이라 생각했다. 그러나 세계는 바뀌고 있고, 양조 기술은 빠르게 진보하고 있다. 세계 와인 산지에서는 인공위성까지 이용해 프랑스의 유명 포도밭과 비슷한 토양을 찾아내어, 포도 나무를 식재하고, 품질 좋은 와인을 만들어 내고 있다.

보르도와 나파 밸리에서 와인을 경험하고 나니, 높은 품질을 뒷받침하는 것은 기후나 토양뿐만 아니라 더 중요한 것은 만드는 사람의 열정이라는 것을 알았다. 사실 프랑스에서 보르도는 습도가 높은 편이고 포도 재배에 적합한 토지가 아니었다. 그런 곳에서 오랜 세월 연구와 노력을 거듭하여 와인 산지로서 명성과 경쟁력을 확립해왔다. 한국 와인을 말할 때 테루아가 없어 포도의 품질이 떨어진다고 하지만, 프랑스인이 한 것처럼, 이제 시작이다. 한국에서 한국 와인을 만들려는 노력을 해야 할 것이다. 좋은 와인은 환경을 극복하는 사람에 의해서 만들어진다.

'가장 한국적인 것이 가장 세계적이다.' 한국 와인의 정체성과 아이덴티티를 가져야 한다. 그것이 국제 품종이 아니더라도, 국내산 농산물(포도, 과일)로 양조한 와인으로 인정받기 위해 많은 연구와 투자가 필요하다.

1-5 주세 제도

유럽의 주세는 종량세 기준으로 알코올 농도가 높은 리큐르나 증류주의 경우 주세가 높다. 독일, 스페인, 이탈리아는 와인의 주세가 없다. 홍콩은 관세가 없고, 국세도 없다. 중국은 종량세와 종가세를 혼용하고 있다.

국내에서 생산되는 소규모 양조장(지역 특산주)의 포도주 주세는 일반 업체의 50% 수준이다. 즉, 지역 특산주의 주세율은 15%를 적용하며 2005년 이후 출고분으로 연간 500k/ℓ 이하 생산분에 대하여 200k/ℓ까지만 적용된다. 수입 와인 관세율은 기본 세율이 30%이며, 특정 국가와의 관세 협상에 따른 국제협력 관세는 15%이고, 이는 국가별로 FTA 체결에 따라 차등 적용한다. FTA협정에 따라 한 칠레, 한 아세안, 한 EU는 관세율 0%, 한 싱가포르 6.8%이다. 일반적으로 수입 와인의 경우 통관시 수입 관세 15%를 내야 하며, 이후 내국세인 주세 30%, 교육세 10%, 부가세 10%를 내야 한다. 뿐만 아니라 식약처의 검사용 샘플로 한병은 빠져야 하고, 검사 비용도 내야 한다. 최고가의 와인을 수입할 경우에는 밑지는 장사이다. 여기에 운송비와 보험료, 수입사 마진, 도매, 소매상 마진, 부가세 등등 복잡한 유통 구조로 인해 수입 와인을 저렴하게 즐기기에는 높은 세금의 벽이 편재되어 있다.

• 종가세와 종량세

종가세(從價稅)와 종량세(從量稅)로 주류에 세금을 부과하는 조세 기준이다. 기본적으로 종가세는 과세 단위를 금액에 두고, 종량세는 수량으로 둔다.

한국의 수입 주류 과세 체계는 종가세 방식이다. 종가세는 제조원가나 수입가 등을 기준으로 세금을 부과하기 때문에 비싼 제품일수록 더 높은 세금을 낸다. 반면에 종량세는 주류의 경우 일정한 단위 수량을 과세표준으로 부과하기 때문에 용량이나 부피, 알코올 도수 등을 기준으로 세금을 매긴다.

예를 들어, 도수와 용량이 같은 100만원짜리 와인, 1만원짜리 와인 두 병이 있다고 하자. 종가세에선 두 와인에 붙는 세금이 100배 가량 차이가 난다. 반대로 종량세를 적용하면 세금이 똑같다.

[와인 가격]

부자들은 좋은 와인을 만들기 위한 야망을 품고 좋은 포도밭을 사들인다. 유능한 와인 메이커를 고용하고, 적게 생산해야 가치가 높다는 유행을 따르면서 유명한 건축가를 기용하여 멋진 와이너리를 짓는다. 그리고 제법 묵직한 병에 담아서 팡파레를 울리며 비싼 가격으로 런칭을 한다. 이러한 일련의 모든 과정들이 바로 고스란히 와인의 가격에 적용된다. 물론 모든 고급 와인 생산자들의 비싼 와인 가격을 비판하는 것은 아니다. 오랜 동안 와인을 생산하면서 전통과 품질을 향상시키면서 그 가치를 인정받아 형성된 고급 와인들도 많기 때문이다. 와인 생산 지역에서 수입한 와인은 국내 와인 샵에서 몇 배의 가격으로 판매된다. 수입 주류이기에 세금이 높을 수 밖에 없고, 이에 와인 수입상, 도매상, 판매상들의 마진율이 덧붙여 와인 가격 상승에 한몫하고 있다. 와인 생산자들은 합리적인 가격으로 노크하지만, 한국의 수입 주류 세금 제도 구조상 몇 배의 가격으로 뛰기 마련이다. 와인 소비자로써 씁쓸하다.

와인 소비를 증가시키기 위해서는 경쟁력 있는 가격책정이 가장 먼저 이루어져야 한다. 장기적인 비즈니스 안목으로, 와인 시장이 커지기 위해서는 무엇보다 합리적인 가격 정책이 중요하다. 와인 관계 종사자들이 와인 가격을 스스로 낮추어 소비자에게 가성비 와인을 제공하여 와인 소비 인구를 늘려야 한다. 판매 증가는 다시 말해 와인 소비자의 증가를 의미하며, 와인 판매도 증가하고 소비도 신장한다면, 수입회사, 소비자도 모두 다 윈윈(win-win)하지 않겠는가?

국내에서는 2006년부터 양조용 포도 품종 육성을 위한 본격적인 교배를 실시하였다. 현재 진행되고 있는 양조용 포도 품종 육성은 생식용 포도 육성 프로그램에서 양조 특성이 우수한 계통을 선발하고 있다.

· 화이트 품종

❶ 청수 : '청수' 품종은 1993년에 생식용 포도로 육성된 품종으로 양조 적성이 매우 좋아서 양조용 포도로 많은 관심을 끌고 있다. '청수'의 특징은 풍부한 과일향과 화이트 와인이 꼭 갖춰야 할 산뜻한 산미가 조화를 이루는 점이다. 유명 생산자는 대부도에 위치한 그랑꼬또, 영동의 여포와인 농가의 '여포의 꿈'이 있다.

❷ 청향 : 강원도 농업기술원에서 개발한 청포도이다. 포도알이 작고 씨가 없는 품종이다. 향은 과일향이 풍부하고 상큼한 맛을 내 젊은 와인 마니아들에게 인기가 높다. 유명 생산자로 홍천의 샤토 나드리 와이너리에서 생산하는 너브내 화이트 와인이 있다.

· 레드 품종

❶ 머스켓베일리에이(MBA) : 1920년대 일본에서 개발된 레드 와인 품종이다. 뮈스카 함부르크(Muscat Hamburg)와 베일리(Bailey) 품종을 교배하여 육종한 품종으로 주로 경북 영천 지방에서 재배된다. 과일향이 풍부하고 타닌과 산도가 비교적 적은 레드 와인을 생산한다.

❷ 머루 : 포도와 비슷해 산포도라고 불리기도 한다. 포도과 포도속에 속하는 머루는 산야에 자생한다. 포도보다 색이 진하고 당도가 높다. 주로 무주 지역에서 국내 머루 생산량의 60%를 재배하며, 이 지역은 머루 와인이 유명하다.

❸ 개량 머루 : 머루의 종류에는 머루, 왕머루, 새머루, 까마귀머루, 섬머루, 개머루 등이 있다. 이중 야생 머루인 새머루와 미국종인 콩코드를 인공 교배하여 육성한 품종이다. 특히 안토시아닌과 타닌 함량이 매우 높다. 주로 안토시아닌 함량이 적은 레드 와인의 색을 보강하기 위해 블랜딩으로 사용한다.

❹ 캠벨 얼리(Campbell Early) : 국내에서 많이 사용하는 품종인 캠벨 얼리는 1892년 미국의 캠벨이라는 사람이 두 가지의 포도 품종을 교배해서 얻은 품종이다. 국내에서 캠벨 얼리의 재배 시작은 1908년에 이루어졌다. 타닌 함량은 비교적 적은 편으로 캠벨 얼리로 와인 제조시 떫은맛이 적고 가벼운 타입의 와인이 적합하다. 껍질의 색이 진하지만, 포도알이 크기 때문에 과즙 비율에 따라 색은 매우 옅다.

❺ 블랙아이와 블랙썬 : 안토시안이 풍부하고 토종 머루와 포도를 교배하여 만들었으며, 블랜딩으로 붉은 빛과 묵직한 바디감을 느낄 수 있는 품종이다. 유명 생산자로 샤토 나드리가 있다.

❻ 오미자: 오미자 열매는 단맛, 짠맛, 쓴맛, 신맛, 매운맛 등 5가지 맛을 함유하기 때문에 오미자(五味子)로 불린다. 그 중에서 신맛이 강하며 유기산으로 사과산, 주석산, 호박산이 많다. 달고 신맛은 주로 과육 부분에 많고, 씨는 쓰고 매운맛이 난다. 문경에서 주로 재배되는 대표적인 과실이다. 유명 생산자로 오미나라의 오미로제가 있으며, 로제 스파클링 와인이 우수하다.

오미로제 결

5가지 맛이 나서 오미자라고 불리며 중국, 일본, 한국 등 동양에서만 재배되는 열매인 오미자 열매로 만든 와인이다. 오미자는 알이 작고 즙이 적어 축출하면 약 50%만 즙을 얻어 소량 생산한다. 전통적인 샴페인 제조방식으로 병 내 2차 발효를 하며, 18개월 이상 숙성시킨다. 오미자는 신맛이 강한 과실로 발효가 힘들다. 연구 끝에 2008년

산성에 강한 발효 균주를 찾아내었고, 오크 숙성을 통해 산미를 누그러뜨리는 방법을 발견하여 와인을 생산하였다고 한다. 로제 스파클링 와인은 정상 만찬에서 단골로 등장하는 건배주이다. 핑크빛을 머금고 힘차게 쏟아오는 버블이 생기가 감돈다. 오미자 베리향이 짙게 느껴져 상큼하며, 산뜻하고 높은 산도가 입안에서 침샘을 자극한다. 새콤하면서 쌉싸름한 끝맛이 유니크한 풍미를 느끼게 하고 입안에서 톡 쏘는 듯한 버블이 프레시하게 만들어준다. 식전주로도 좋지만, 단맛이 가볍게 느껴져 특히 맵고 짠 스타일의 한식과 궁합을 이룬다.

2-1 아시아의 와인 선진국, 일본

와인 평론가 '휴 존슨'과 와인 잡지 〈와인 스펙테이터〉 등에서 일본 와인의 잠재력에 대해 긍정적인 평가를 내렸다. 그것만 봐도 분명 일본 와인은 세계 시장에서 경쟁력이 있다.

일본을 여행해 본 사람이라면 일본 문화에 자연스레 녹아든 와인의 인기를 실감할 수 있을 것이다. 일본의 레스토랑 어디를 가도 젊은 여성들이 식사를 하면서 와인을 즐기는 모습을 쉽게 볼 수 있다. 물론 일상생활의 일부가 된 건 30년 전부터이다. 와인을 서비스하는 캐주얼 레스토랑이 급속도로 늘어났고, 대형마트나 편의점 같은 리테일 스토어에도 와인이 등장했다. 일본에서 와인은 어디에서나 누구나 쉽게 즐길 수 있는 국민적 기호품이 되었다. 높은 GDP와 와인의 대중화에 비춰 볼 때 분명 일본은 와인에 있어 가장 큰 기회의 시장이다.

일본은 수입 와인의 세금이 우리나라에 비해 현저하게 낮다. 우리나라는 관세 15%, 주세 30%, 교육세 10%, VAT 10%를 포함하여 65% 정도의 종가세를 적용하는 반면, 일본은 가격에 상관없이 용량과 알코올 도수에 따라 일정한 세액을 받는 종량세이다. 와인일 경우 125¥/ℓ 관세와 70,5¥/ℓ 주세 그리고 5% VAT를 낸다. 한 병당 몇천 원 정도 밖에 내지 않는다. 용량에 따라 세금을 매기기 때문에 1만원짜리 와인이나 100만원짜리 와인이나 세금은 같다. 한국은 고가의 와인을 수입하면 소매 와인 가격은 몇십 배 차이가 날 수 밖에 없다. 들리는 소문에 의하면 2000년대 중반까지만 해도 일본으로 와인을 사러가는 '와인 투어'도 있었다고 한다.

일본 와인 시장의 터닝 포인트는 1994년에 시작되었다고 할 수 있다. 와인 샵에서 600엔 이하의 와인을 팔기 시작하면서 일본의 와인 붐을 일으켰다. 이러한 현상은 밑바탕에 깔려있는 여러 가지 요소에 의해서 설명될 수 있다.

첫째는 일본인들의 해외 여행 경험의 증가로 새로운 것을 발견하고 와인을 소비하는 문화에 익숙해졌다는 것이다. 이와 더불어 일본의 라이프 스타일 또한 서구화 되었고, 소비 형식도 바꾸기 시작했던 것이다. 건강에 대한 관심의 증가로 레드 와인의 폴리페놀로 인한 하루 한 잔의 와인은 건강에 좋다는 미디어 보고서의 출현과 뉴 월드 와인의 저급 와인부터 고급 와인이 일본 시장에 등장하기 시작했다. 그리고 1995년 세계 소믈리에에서 우승한 전설의 소믈리에 다사키 신야(Shinya Tasaki)의 돌풍이 있었다. 아시아인의 최초 우승은 이례적이었으며, 그로 인해 일본에 와인 열풍을 가져오게 했다.

와인 붐의 최고점에서, 전체 일본 와인 시장은 1998년에 크게 확장되었다. 와인 소비는 일인당 약 2.5ℓ 수준으로 기록되었다고 한다. 이 시기에, 기존에 특별한 날에만 마시던 문화에서 음식과 함께 즐기는 데일리 음료가 되면서, 와인에 대한 소비자의 인식은 변화하기 시작했다. 이와 동시에 캐주얼 레스토랑에서 와인을 서비스하는 곳이 증가하기 시작했다. 결국 슈퍼마켓, 편의점 같은 다양한 소매점에서 소개되면서, 접근성이 좋아지고 와인은 쉽게 어디에서나 즐길 수 있는 아이템이 되었다.

[신의 물방울]

아시아에서 와인 소비가 많은 일본이기에 와인에 대한 관심도 높다. 와인을 소재한 만화책의 인기는 일본보다 한국에 더큰 영향을 끼쳤다. 이 책의 와인 이야기가 흥미진진하다. 마치 와인 인문학이랄까.

와인을 좋아하는 사람이라면 한 번쯤 들어봤던 만화책 "신의 물방울"이다. 이 만화책의 성공은 와인을 묘사하는 정교함과 표현력이다. 정보적인 와인책보다는 그림과 스토리가 있으니 훨씬 재미있게 읽힌다. 와인을 전혀 모르는 사람들도 즐길 수 있으니 말이다. 만화에 등장했던 와인들은 유명해졌다.

▲ 신의 물방울(이미지 제공 : ©Tadashi Agi/Shu Okimoto/Kodansha Ltd.)

●와인은 지식보다 즐거움이다

만화책에서 와인의 맛을 묘사하는 부분은 생각해 볼 문제이다. 개인의 입맛도 다르지만, 경험도 다르기 때문이다. 1권에 등장한 샤토 마고(Château Margaux)를 '클레오 파트라'라고 묘사하며 '우아하고 귀족적이다.'라 표현하고, 또다른 와인은 전설의 그룹 퀸의 '보헤미안 랩소디'가 들린다와 같이 묘사했다. 사실 와인을 마신 후 환상적이 느낌이 없다고 평가가 잘못된 것은 아니다. 설탕처럼 달다, 소금처럼 짜다는 명확한 표현이 불가능한 것이 와인이기에 그 오묘한 맛은 추상적인 수식어들로 표현될 수밖에 없다. 정답은 없다. 다만, 자신의 경험과 입맛을 바탕으로 고유한 맛을 찾아내라는 것이다. 그것이 더 재미있고 의미 있는 와인 감상법이 아닐까 싶다.

스스로 좋은 와인을 발견해 음미할 수 있는 기쁨. 와인은 지식이기 전에 하나의 즐거움이다. 그리고 '신의 물방울'은 와인에 대한 하나의 이야기일 뿐이다. 세계적인 와인을 소개하고 맛을 표현하는 기술까지 알려주는 유익한 책이다. 그러나 잊지 말았으면 하는 것은, 수많은 와인들이 연주해 내는 다양한 맛의 세계를 경험하고 나만의 평가를 만들어 가는 것이다.

신의 물방울이 아닌 나만의 물방울을 경험한다는 것. 생각만으로 즐겁지 않은가?

2-2 일본 와인 역사

일본에서도 와인을 생산한다. 일본 술이라고 하면 보통 사케를 떠올리지만, 알고 보면 와인은 130년의 역사를 가졌다. 1868년 메이지 유신으로 근대화 시작하였으며, 1877년 '대일본 야마나시 포도주 회사'가 건립되었다.

일본의 와인 생산지는 크게 5개로 구분하는데 그중에 야마나시(Yamanashi)현에 집중되어 있다. 도쿄에서 신간센을 타고 약 2시간 정도 가면 야마나시현이 나온다. 해발 200~400미터의 분지로 후지산 자락에 위치한 야마나시현은 여느 시골처럼 작은 집들이 옹기종기 모여 있었다. 이곳이 일본 와인의 메카, 발상지이다. 야마나시현의 일본 와인 생산량은 연간 5,189㎘로 일본 전체의 31.2%를 차지하고 있으며, 주된 포도 품종은 코슈(Koshu) 화이

▲ Grace Kochu

트 포도이다. 그레이스 와이너리(Grace winery) 대표 미사와상은 코슈를 단일 품종으로 생산하여 전 세계적으로 알린 양조자이다. 이미 휴 존슨, 와인 스펙테이터 등 영향력있는 와인 비평가들이 일본 와인의 잠재력에 긍정적으로 평가를 하고 있는 것을 보면, 분명 일본 와인은 세계에서 경쟁력이 있다.

그러나 고급 와인과 더불어 국적 불명의 일본산 와인도 많다. 실제로 메이드 인 재팬 표기는 일본에서 재배하여 생산한 와인을 최소 5% 이상을 섞는 것만 의무화할 뿐. 벌크로 수입된 포도주 원액과 일본 포도주스를 섞어서 만든 저급 와인들도 시장에서 쉽게 찾을 수 있다.

2-3 일본 주요 산지

2019년 기준으로 일본 와이너리는 약 331개이다. 야마나시현, 나가노현, 홋카이도, 야마가타현, 이와테현으로 5개 지역이 전체 와이너리 수의 60%를 차지한다.

점점 더 많은 일본 와인 생산자들이 고급 와인 생산에 주력하고 있으며, 까다롭기로 유명한 피노 누아 품종을 한랭한 기후를 가진 홋카이도 지역에 재배하여 테루아를 연구하고 있다.

일본 와인 생산자들은 이미 각 지역의 테루아에 맞는 품종들을 선별하여 다양한 포도 재배와 양조법으로 지역의 특색을 잘 반영한 와인을 생산하고 있다.

• 야마나시현(山梨県)

전국에서 가장 많은 와이너리가 위치하고 있으며 가장 많은 와인 생산량을 자랑하는 야마나시현은 후지산으로 둘러싸여 있는 분지 지형으로 특히 여름에 비가 적어 포도 재배에 적합한 지역으로 알려져 있다. 일본 와인의 메카라 불리는 야마나시현에는 일본 전체

와이너리 수의 약 26%인 85개의 와이너리가 위치해 있으며 와인의 뛰어난 품질을 인정받아 해외 유수 와인 품평회에서 수상한 와이너리들도 점차 늘고 있다.

야마나시에는 일본의 유명한 와이너리가 모두 위치하고 있다. 샤토 메르시앙(Chateau Mercian), 산토리의 산토리 토미노오카 와이너리(Suntory Tomi-no-Oka Winery), 키코만(kikkoman)의 만즈 와인(Manns wine)이 있다. 그외에도 아사히의 산토네쥬 와인(St. Neige Wine), 삿포로가 운영하는 그랑 폴레르(Grand Polaire) 양조장이 있다.

• 홋카이도(北海道)

홋카이도는 한랭한 기후에서 잘 자라는 독일, 오스트리아계 품종으로 만든 와인이 생산되는 것이 특징이다. 최근에는 홋카이도의 서늘한 기후에서 재배하기 까다로운 피노 누아 품종을 재배하고 있다. 특히 부르고뉴의 유명 생산자인 도멘 드 몽티(Domaine de Montille)와 함께 피노 누아 재배에 노력을 가하고 있다. 홋카이도의 포도밭은 계속하여 늘어나고 있으며 와인의 품질도 향상되고 있다.

점점 많은 일본 와인 생산자들이 고급 와인 생산에 주력하려는 움직임이 일고 있으며, 이와 더불어 와인의 품질 향상도 도모하고 있었다. 영국 디캔터가 주관하는 세계적인 와인 품평회에서 일본 와인이 메달을 수상하고 인지도를 높여가고 있다.

2010년, 2013년 로컬 품종 코슈(Koshu)와 MBA(Muscat Bailey A) 품종이 OIV(International Organisation of Vine and Wine) 국제와인 기구에 각각 등록되었고, 본격적인 일본 와인을 알리기 시작했다. 그외에 레드 품종으로 콩코드(1,824t, 8.6%), 메를로(1,296t, 6.1%), 캠벨 얼리(1,116t, 5.2%), 블랙퀸, 메를로, 카베르네 소비뇽 등을 재배하고 있다. 최근에는 홋카이도의 서늘한 기후에 적합한 부르고뉴의 피노 누아 클론을 식재한다.

❶ 코슈(甲州, Koshu)

야마나시현이 주산지이며, 대표적인 화이트 와인 품종이다. 약 1,000년 전 실크로드를 통해 일본으로 유입되어 일본 토착 품종이 되었다. 연한 핑크색을 띤 과피는 조금 두꺼운 편이며, 성숙기에 약간의 붉은색 색소를 포함한다. 과실의 크기는 중간 정도이며 자몽, 귤과 같은 감귤계의 향미를 가진 타입이다.

❷ 머스캣 베일리 A(MBA : Muscat Bailey A)

일본 레드 와인용 품종으로 가장 큰 비중을 차지하고 있다. 미국계 품종인 베일리(Bailey)에 생식용으로 주로 이용되는 유럽계 품종(Vinifera)인 뮈스카 함부르그(Muscat Hamburg)를 교배하여 육종한 품종이다. 과일향이 풍부하고 미디움 바디 타입이다.

2-5 일본이 프랑스 와인에 열광하는 이유

해마다 일본 관광객이 가장 많이 찾는 나라가 바로 프랑스다. 일본 사람들은 트렌드 세터가 많은 프랑스를 사랑한다. 와인도 동경하고 그들의 미식 문화도 찬양해 마지않는다. 도쿄의 고급 레스토랑들이 세계적인 수준의 평가를 받고 있는 것도 일본인의 무조건적인 프랑스 로망이 아닐까 한다. 알란 뒤카스(Alain Ducasse)와 샤넬의 콜라보로 베이지(Beige)를 긴자의 샤넬 건물에 오픈했다. 알란 뒤카스는 일본 디즈니랜드에 있는 스푼(Spoon)을 벌써 여러 해 전에 오픈

▲ L'osier

한 바 있다. 폴 보퀴즈(Paul Bocuse) 또한 그의 이름을 내걸고 국립 아트 센터 안에 레스토랑을 오픈하였다. 프랑스의 요리 프로그램을 진행하고 있는 유명한 마스터 셰프인 조엘 로부숑(Joel Rebuchon) 또한 레스토랑을 오픈하였고, 일본인으로써 미국에서 이름을 떨친 노부(Nobu) 역시 일본에 그의 레스토랑을 가지고 있다. 일본의 거대 화장품 회사 시세이도는 프랑스의 유명한 쉐프와 함께 미쉐린 3스타 '로지에(L'osier)' 레스토랑을 긴자에 오픈하였다.

화려한 유럽식 레스토랑에 와인이 빠질 수 없는 법, 어느 곳을 가나 맛있는 음식이 넘치고 레스토랑은 와인향으로 가득하다. 와인의 인기 뒤에는 늘 공식처럼 음식이 따라다닌다. 음식이 있어야 비로소 와인도 빛을 발할 수 있다는 것을.

3-1 샤토 장위 (Château Changyu)는 서태후 와인으로 알려져 있다

서태후는 "중국도 와인을 만들어야 한다"면서 아낌없는 지원으로 은화 300만 냥을 내렸다고 한다. 그러나 와인을 만들어 본 사람이 없었기에 오스트리아에서 양조 기술자를 불러왔고, 거대한 지하 와인 저장고를 1894년에 설립했다.

중국에서 상업적인 와인을 시작한 것은 125여 년 전이다. 중국에서 가장 오래되고 유명한 샤토 장위는 1892년부터 와인을 생산하기 시작했다. 1892년 중국 산둥성 옌타이에 'Chang Yu'라는 이름의 와이너리가 사업가이자 중국 영사인 장비시(1840~1916)에 의해 최초로 설립되었다. 샤토 장위는 1892년에 옌타이에서 베이징 남쪽 해안에 있는 산둥 반도에 와이너리를 지었다. 옌타이는 프랑스 보르도 지역의 기후와 토양이 비슷하여 포도 재배에 적합한 자연 환경을 가지고 있었다. 그는 옌타이 지역에서 선구적인 와인 생산을 시작하기로 결정하고 이름을 '장위 와인 컴퍼니'로 명명했다. 당시 장비시는 67헥타르의 토지를 구입하고 150개의 유럽 비니페라 품종을 시험용으로 도입하였으나, 포도 재배의 어려움을 인지하여, 유럽 전문가를 영입하였다. 오스트리아-헝가리 영사인 막스 폰 바보 남작(Baron Max von Babo : 1862~1933)을 셀러 마스터로 고용했다. 바보(Babo)는 오스트리아에서 배럴, 압착기와 400,000개의 Welschriesling 묘목을 수입하였고, 중국 와인 생산의 길을 열었으며, 이로 인해 중국 와인에 혁신을 일으켰다.

장위는 아시아 와인 기업으로 1위이다. 2008년 장위 카베르네는 글로벌 와인 30위에 선정됐고, 영국 주류 전문지 드링크스 인터내셔널(Drinks International)은 '세계 주류 브랜드 50'에 장위 와인을 포함시켰다. 2004년 중국 경제인 연합회는 '식품양주업 10강' 중 8위로 장위를 선정했다. 장위 카베르네는 전 세계 28개국에 수출하고 있다고 한다.

샤토 장위가 생산하는 와인으로 Château Changyu Castel, Château Changyu AFIP, Golden Ice wine Valley, Château Changyu Moser XV, Château Changyu Baron Balboa, Château Changyu Rena가 있다. 이 중에서 장위 모저 XV(Changyu Moser XV)는 90% Cabernet Sauvignon, 10% Merlot와 Syrah이며 닝샤 지방에서 생산한다. 세계적으로 유명하고, 전문가들의 높은 평가를 받고있다. 현재 샤토 장위는 중국 시장 점유율(25%)이 높은 중국 최대 와인 생산업체로 세계 10위 안에 들기도 했다. 프랑스 보르도(Chateau Mirefleurs 및 chateau Techeney), 스페인 리오하(마르케스 델 아트 리오), 뉴질랜드(Chateau Changyu Kely), 호주 클레어 밸리(Kilikanoon)와 칠레(미오 Indómita), 코냑 브랜드(Roullet-Fransac)도 포함하여 세계 와인 산지에 8곳의 와이너리를 소유한 대기업이다. 중국의 대표적인 와인 생산자는 그레이스(Grace), 장위(Changyu), 그레이트 월(Great Wall)이다. 이들의 와이너리가 생산하는 와인 품질은 점점 높아지고 있고, 중국뿐만 아니라 세계적으로 주목받으며, 중국 와인 산업의 견인차 역할을 하고 있다.

2018년 중국 자본이 사들인 프랑스 보르도의 샤토는 160곳에 이른다. 2008년 이래 보르도의 샤토를 꾸준히 사들인 중국 기업인과 기업에는 마윈 알리바바 그룹 회장, 영화배우 자오웨이, 농구선수 야오밍, 마오타이 그룹도 포함돼 있다.

포도밭 면적은 중국이 스페인 다음으로 넓은 세계 2위이며, 와인 소비량은 세계 5위, 와인 생산량 기준 세계 6위를 차지하고 있다(OVI, 2019). 현재 인구의 3%만이 와인을 마시지만 중국은 이미 세계 5위의 와인 시장이 되었다. 판매량이 가장 많은 국가 중에서 중국은 17억 9천만 리터로 5위를 차지하여 가장 빠르게 성장하는 시장 중 하나이다.

21세기에 들어서면서 기존의 주요 글로벌 시장의 와인 소비는 이전 수준을 유지한 반면, 중국 시장의 소비는 급증했다. 이로 인해 전 세계의 와인 생산자들이 발빠르게 그 수요를 맞추어 나가고 있다. 이것은 중국이 이미 와인의 거대한 시장이 되었지만 훨씬 큰 미래의 성장 잠재력이 있다는 증거이다.

중국의 부유층 사이에선 와인에 대한 지식과 함께 고급 와인을 즐기고 있다. 더 나아가 프랑스의 포도밭과 샤토를 쇼핑하기 시작했다. 중국의 부자들에게 명품 보르도는 부와 권위 그리고 영향력을 상징하는 트로피로 여겨지기 때문이다.

2014년 중국 천먀오린 카이위안 그룹 회장이 프랑스 보르도의 와이너리 '샤토 드 비로'를 매입했다. 중국 최대 온라인 유통업체 알리바바의 마윈 회장은 2016년 와이너리 한 곳을 160억 원 들여 매입했고 총 3곳의 샤토를 소유하고 있다. 중국인이 소유하는 보르도 지역 와이너리는 약 160여 개에 달한다고 한다. 야오밍은 부티크 나파 밸리 와인을 출시하며 제임스 서클링의 높은 평가로 화제가 되기도 했다.

반면에 많은 국제적인 와인 회사가 중국에 관심을 가지고 있다. 페르노 리카(Pernod Ricard), 레미 코인트로(Remy Cointreau), 바롱 드 로쉴드가 중국에 투자를 하고 있다. 프랑스 루이비통의 LVMH가 4년동안 중국 전역을 조사한 결과 중국 윈난성의 포도밭을 발견하여, 와인을 생산하고 있다. 아오 윙(Ao Yun) 포도밭은 고도가 2,200~2,600m에 이르고, 가파른 산비탈에 위치한다. Ao Yun은 '구름 위를 날다'라는 뜻으로, 주변의 산맥 정상을 덮는 구름을 가리키는 의미로, 2016년 아오 윙(Ao Yun)을 출시하여 완판했다.

또한 국제적으로 인정받는 와인 대회에서 매달을 획득하면서 중국 와인에 대한 인식이 변화하고 있다. 성공적인 와이너리는 Shanxi의 Grace Vineyard와 Ningxia의 Kanaan Winery가 있다.

Ao Yun ▶

영국의 와인 전문지 디캔터(Decanter) 시상식에서 중국 닝샤(Ningxia)의 '지아 베이란(Jia Bei lan) 2009 카베르네 블랜드'가 수상하였다. '중국 레이블을 붙인 병 안에 보르도 와인을 담았다'고 극찬을 받으며 중국 와인이 세계적인 이슈가 되었다.

Jia Bei Lan ▶

수정방은 전흥집단(全興集團) 그룹이 2000년에 전흥대곡(全興大曲) 술 생산을 중단하고 새롭게 출시한 브랜드 이름이다. 역사는 짧지만 중국의 10대 명주로 손꼽는다. 자국의 명주 회사를 외국계 기업이 인수하는 것에 굉장히 보수적인 중국 정부가 인수 승인을 했으며 이것은 외국 자본이 중국 백주 기업을 인수한 첫 번째 사례였다. 영국의 주류업체 디아지오는 중국 수정방을 2011년 인수하였으며, 당시 한화 3조 5천억 원이었다.

✏️ 중국인에게 붉은색의 의미 ──○

2008년산 샤토 라피트 로쉴드 와인은 중국에서 대박을 쳤다. 기존 가격보다 약 20% 이상 상승했으며, 이마저도 없어서 못 팔 정도였다. 그 이유는 바로 병에 생긴 八과 붉은색 때문이었다. 중국에서 8은 행운의 숫자를 의미하고, 붉은 색은 부를 상징한다.

레드 와인의 풍부한 붉은색은 부와 행운에 대한 기원으로 여기는 중국 사회의 풍습과 문화의 영향 때문이다.

Château Lafite Rothschild ▶

3-3 포도 품종

중국은 레드 와인 소비가 높아, 주로 레드 포도 품종을 많이 재배한다. 특히 보르도의 주요 포도 품종으로 카베르네 소비뇽, 카베르네 프랑, 메를로가 대부분이다. 그 외에 샤르도네, 리슬링 등 유럽 품종이 있다. 중국의 시그니처 포도 품종으로는 마르셀란(Marselan)이 있다.

마르셀란은 1961년 프랑스 포도 재배 연구자들이 그르나슈(Grenache)와 카베르네 소비뇽(Cabernet Sauvignon)의 혼성 교배로 만든 품종이다. 그러나 프랑스에는 엄격한 포도법 규정에 의해 마르셀란 품종은 재배가 어렵다. 2001년 중국 허베이 지방이 마르셀란을 중국땅에 이식하는 실험을 하였고, 중국 마르셀란의 첫 빈티지는 2003년에 생산되어, 이듬해에 옌타이-펑 라이(산동)에서 재배되었다. 체리와 카시스의 과일향과 부드러운 타닌과 미디움 바디 와인을 생산한다.

• 산둥 반도

산둥은 와인 제조의 오랜 역사로 인해 중국 와인 지역 목록에서 1위를 차지할 자격이 있으며, 생산량과 가격 측면에서 와인 판매가 가장 높다. 산둥에서 생산되는 와인은 주로 가장 유명한 지역인 옌타이(Yantai)에 위치하고 있다. 온화한 대륙성 기후로 와인 관광산업을 육성할 후보지로 고려된다. 포도원은 Penglai(현 수준의 도시인 Yantai의 행정 구역)에 모여 있다. 옌타이 외에도 산둥 반도 반대편에 있는 칭다오에는 와이너리가 있다.

이 지역은 와인 산업 발전의 오랜 역사와 고급 와인 제조 기술을 가지고 있다. 온화한 기후 덕분에 이곳의 포도나무는 인공적인 보호없이 겨울에도 자연적으로 살아남을 수 있다. 그러나 여름의 비가 오는 날씨는 햇빛이 적다는 것을 의미하므로, 포도 병충해의 위험이 높아져 지역 와인 개발이 더 이상 진행되지 않는 주요 문제가 있다.

• 허베이 성

허베이는 와인 생산 및 판매 이익 측면에서 산둥 다음이다. 중국 최초의 드라이 화이트의 고향으로 베이징 북서쪽에 위치한 Shacheng, 그리고 베이징 북동부에 위치한 Changli는 중국 최초의 드라이 레드를 생산했다. Changli는 발해 해(Bohai sea)와 가까우며 포도 성장기 동안 습도가 높아 포도병을 관리해야 한다. 또한 Changli의 포도나무는 중국 북부의 다른 와인 지역에서와 마찬가지로 겨울을 안전하게 살아남기 위해 인공 보호가 필요하다. 반면에 베이징과 가까운 지역인 Shacheng은 Yan Mountains가 남동쪽의 습한 공기를 차단하기 때문에 위에서 언급한 지역보다 더 건조한 날씨와 여름철에 더 많은 조명 시간으로 이점을 누리고 있다. 이 지역에 널리 심어진 롱옌(Longyan) 화이트 품종으로 '용의 눈물'이라는 의미를 가지고 있으며, 와인은 한때 매우 인기가 있었다. Shandong 및 Hebei 와이너리라는 이름으로 판매되는 와인은 중국 와인 산업에서 절반 이상을 차지한다.

• 샹시 지방

Shangxi의 포도밭은 Taiyuan 분지와 황토 고원에 집중되어 있다. Shanxi의 와인 규모는 다른 지방과 비교하면 작지만 그레이스 빈야드(Grace Vineyard)의 성공 덕분에 이 지역은 중국 와인 산업에서 중요한 위치를 차지하고 있다. 중국에서 가장 먼저 부티크 와이너리로 인정받았으며 1997년에 설립되었다. Rongzi Winery에는 Jean Claude Berrouet가 컨설턴트로 있다.

• 닝샤 지방

와인 산업은 닝샤의 경제 발전에서 가장 중요한 위치를 차지하고 있다. 닝샤는 중국 고비사막 근처에 위치한 고급 와인 산지이다. 이 지역은 해발고도가 1,200m로 가파르고 배수가 잘 된다. 반 건조한 사막 기후이지만 지역을 흐르는 황하로 인해 수동 관개가 용이하다. 그레이트 월, 헤네시, 페르노 리카 같은 주류 회사들이 이곳에 와이너리를 만들었다. 중국 최초이자 유일한 지방

▲ 실버 하이츠   ▲ 그레이트 월

수준의 와인 개발국이 이곳에 설립되었다. 포도 묘목과 재배 기술 등에 인프라 구축을 위해 정부의 큰 지원이 이루어지고 있다. 지아 베이란 와인이 디캔터 세계 와인 품평회에서 금상을 받은 이래, 이 지역에서 생산되는 와인은 국내외 와인 대회에서 많은 상을 수상했으며, 많은 투자를 유치했다. 특히 실버 하이츠, 지아 베이란과 같은 고급 와인을 인정받기 시작했다. 닝샤는 중국의 고급 와인 생산지역으로 떠오르고 있다.

점점 뜨거워지는 지구. 우리가 그토록 사랑하는 포도농장들 안녕들 하실까? 그러나 이렇게 귀염을 떨며 안부를 물을 단계가 이미 넘어섰다는 게 전문가들의 진단이다. 한편에서는 온난화를 대비한 대책 또한 만들어지고 있으니, 우리가 어느 날 와인을 마시지 못할 지경에까지 이르지는 않을 것이라는 다행스러운 말도 들린다.

필자는 앞서 지구 온난화에 대해 언급하였다.

최근에 발표된 기후 변화에 대한 UN 국제 패널 리포트에 의하면, 현대 문명사회가 방출하는 이산화탄소 증가 현상과, 지난 60년 동안에 세계 기후의 수상한 신기록 사이에 직접적인 연관 관계가 있는 것으로 보인다. 리포트는 그 사실을 실질적으로 증명하기도 했다. 멈출 줄 모르는 산업의 비대화, 인간의 부를 향한 끝없는 욕망 등이 지난 60년 동안 지구의 온도를 적어도 1도 올려놓았고, 이제 지구를 떠도는 이산화탄소의 양은 포화 상태에 이르렀다는 것도 주목할 만한 내용이다.

와인 생산지역의 형편은 더욱 심각하다. 와이너리 대부분이 평균 이상의 따뜻한 곳에 있다보니, 자연발생적인 온도 상승에 온난화 현상까지 겹치면서, 지구 평균 상승 온도의 두 배나 되는 기록을 세우고 있으며, 2050년이 되면 또다시 지금의 두 배가 될 것이라는 연구 결과도 발표되고 있다. 게다가 따뜻한 지방의 강수량은 점점 줄어들 것이고, 가뭄의 빈도 또한 증가할 것이라고 한다. 또다시 어떤 예측 불가능한 기후 이변이 일어날지도 모르는 상황이라는 게 세계 기후학자들의 일반적인 주장이다. 최근 빈번하게 발생하고 있는 변덕스러운 바람, 폭풍우, 혹한, 혹서, 홍수 등이 그런 이론에 대한 생생한 근거라 할 수 있다. 와인도 이런 현상으로부터 결코 자유로울 수 없다.

이런 기후 변화에도 불구하고 세계의 와인 지도는 달라지고 있다. 실제로 일본, 중국, 뉴멕시코, 슬로바니아 그리고 한국에 이르기까지 와인 생산지역의 범위는 넓어져 예전 같으면 도저히 와인을 생산할 수 없었던 지역에서도 우수한 와인을 생산하고 있는 것이다. 뿐만 아니라 포도밭은 적도에 근접하고 있으며, 포도 재배는 극지로 이동하고 있다.

10년 전부터 영국 방송에서는 '지구 온난화는 프랑스 북동쪽의 샴페인 생산자들이 남쪽에 위치한 영국의 켄트 지역에 투자하게 만든다.'라고 보고했다. 또한, 북쪽에 위치한 유럽 지역을 새로운 포도 재배 지역으로 리스트에 올렸다. 벨기에, 덴마크, 네덜란드에서 룩셈부르크까지, 그들의 와인 생산 능력은 20년 전보다 훨씬 발전해서 이제 그들의 신뢰도 무시하지 못할 정도가 됐다.

더 따뜻한 지역에서 생산하는 와인 메이커는 이미 기후에 변화에 영향을 받고 있다. 오스트리아, 캘리포니아, 스페인 등은 강수량 부족으로 인해 이전에는 필요가 없었던 관개 시설이 필요하게 되었고 경제적인 운영에도 변화가 생기기 시작한 것이다.

따뜻해지는 온도는 때 이른 발아 및 개화, 수확을 일으킨다. 와인 메이커는 대처 방안으로 서리 방패막 조치가 있어야 하겠고, 이른 수확 전에는 고기능의 냉각기가 필요할 것이다.

더욱이 더 서늘한 밤에 포도를 수확해야 할지도 모르니 노동비 또한 밤이 더 높을 것이다. 포도는 숙성되기 전에 종종 높은 당을 얻어 수확 기간도 더 짧아질 것이다. 이러한 2가지 요인으로 인해서 수확 기간은 결과적으로 대단히 줄어든다. 그러므로 더 많은 수확자가 더 짧은 시간 동안에 수확을 위해 힘쓸 것이다. 손으로 수확하던 포도밭은 기계가 대신해 빈티지 수확을 빠르게 하고, 지구 온난화로 주변 환경의 변화는 질병과 병충해의 피해를 증가시킬 것이다.

일부 포도 품종은 잠재적으로 기후 변화에 민감하고 한정적인 온도와 범위 안에서 좋은 와인을 생산할 수 있다. 지금까지 상승된 평균 2도는 부르고뉴, 알자스, 피에몬테와 같은 전통적인 와인 생산지역에서는 품질을 향상시켰다. 하지만 50년 후에 예상된 2도의 상승은 이러한 포도 품종들을 더 이상 전통적인 지역에서 최고의 와인을 생산할 수 없게 만든다.

대체적으로 포도밭은 태양열 노출이 있는 남향의 경사진 언덕보다는 북쪽 또는 언덕위로 옮겨질 필요가 있다. 이미 2~3℃의 온도 상승 지역은 앞으로 좋은 품질의 포도를 재배하는 것이 불가능하고 지금까지 포도 재배로 신뢰받던 집단은 그들의 존재와 이유를 상실할지도 모른다. 미래에 가장 높은 온도 상승 지역으로 예측된 스페인, 포루투갈 같은 전통적인 포도 재배 집단도 적지 않은 경제적인 문제가 발생될 것이다.

반면 지구 온난화가 긍정적인 효과를 가져온 곳도 있다. 독일 모젤 지역의 지난 30년간의 좋은 빈티지를 살펴보면 특히 2005년과 2006년에 빈티지는 포도의 가장 높은 당 함유량을 만들어 새로운 기록을 달성했다. 또한, 새로운 와인 생산지역으로 호주의 빅토리아 지역, 타스매니아 지역, 영국의 켄트 지역, 일본의 홋카이도, 중국의 엔타이 지역은 더욱 번창할 것이고, 반면에 전통적인 와인 생산지역은 변화에 대응해야 할 것이다.

농부는 포도밭에서 증가하는 열기와 물 공급의 부족에 맞서기 위해서 그들의 뿌리, 줄기, 단위 면적당 포도나무를 심는 일과 포도의 세포를 기후에 맞게 적응시킬 필요가 있다. 와인 메이커는 예측된 강수량과 폭풍우에 대처할 수 있는 강하며 살아있는 토양을 만들기 위해 유기농, 바이오 다이내믹 농법을 선택하지만 이런 포도 재배 농법의 형식은 널리 보급된 대처 방법보다 상당히 비싸다.

앞으로 변화된 기후에 잘 견디게 자란 유전자 변형 포도는 널리 심어질 것이다. 이것은 도덕적인 논쟁도 이끌어낼 것이다. 만약 유전자 변형이 인간이 만들어낸 기후 변화를 중화할 수 있게 돕는다면, 포도는 이와 같은 인공적인 방법으로 생산되어야만 하는 걸까? 의문이다.

또 다른 이슈는 지구 온난화와 와인의 높은 알코올 함량이 밀접한 관계를 갖는다는 것이다. 세계는 와인 소비자의 지나친 알코올 섭취로 인해서 발생할 수 있는 건강, 행동 그리고 음주운전에 대해서 점점 경계하고 있다. 결과적으로 낮은 알코올 와인 선호도가 증가하고 있다.

높은 온도는 지금보다 훨씬 더 높은 자연당과 알코올의 포도를 생산할 것이다. 20세기 보르도는 리버스 오스모시스와 같은 기계를 이용해 부족한 포도의 당분을 높여주었다. 그러나 현재 보르도는 자연적으로 높은 당의 포도를 수확하고 있다. 반면에 캘리포니아, 호주는 수 년 동안 알코올 함량을 감소시키는 기술을 이용하기도 한다. 계속되는 기후 변화로 높은 알코올 함량 와인을 생산하고 있다. 그러나 소비자는 낮은 알코올 함량 와인을 선호할 것이다.

더 서늘한 포도밭은 최상의 밸런스 와인과 더 낮은 알코올 레벨 와인을 생산한다. 와인 애호가들은 좋은 품질 와인과 서늘한 기후를 연결 지을 것이다. 이 같은 현상은 이미 호주에서 볼 수 있다. 특히 야라 밸리, 마가렛 리버, 타스매니아와 같은 더 서늘한 지역은 고급 품질의 와인을 생산하는 서늘한 지역으로 인식된다. 특히 최북단과 최남단에 위치한 포도밭은 마케팅에 강점이 될 수 있고, 남 아일랜드의 뉴질랜드, 호주 타스매니아에서 포도밭을 갖는 것은 프리미엄 품질로 벌써 받아들여지고 있다. 영국은 샴페인 스타일의 스파클링 와인으로 유명해졌고, 뉴질랜드의 센트럴 오타고 지역은 새로운 뉴 버건디로 인식되었다.

따뜻함은 잘 익은 포도와 잠재력 있는 풀바디, 과일과 더해져 풍부한 와인 스타일을 만드는 요소이다. 호주와 캘리포니아의 빅 브랜드의 저돌적인 성공 요인 중에 하나도 일관적인 기후와 포도 품질이었다. 소비자 입장에서 볼 때, 현재 서늘한 기후에서 생산되는 중저가 와인들은 지구의 온도가 올라감에 따라 빈티지에 상관없이 앞으로 일관된 맛의 와인을 마실 수 있다. 반면에 보르도, 부르고뉴, 피에몬테 와인의 가장 큰 매혹 중에 하나는 빈티지마다 스타일이 다르다는 것이지만 기후 변화로 전통적인 와인 지역은 그들의 이로운 점을 경쟁과정에서 상실할 것이다.

그러나 만약 미래에 빈티지가 매년 2003년 같은 빈티지라면, 그리고 개별적인 테루아의 표현이 와인에서 잃어버린다면, 시간이 흐름에 따라서 이것은 와인의 명성과 가치에 영향을 끼칠 것이다.

더 따뜻해지는 일반적인 기후는 봄과 여름이 될 것이고, 보통의 소비자는 더 신선하고 상큼한 화이트 와인, 즉 독일 리슬링, 프랑스 샤블리, 루아르, 타스매니아 샤르도네 뉴질랜드 피노 누아와 같은 더 가벼운 과일향이 많은 레드 와인을 찾을 것이다. 리치하고 알코올 가득한 과일향은 아이러니하게도 그 인기도를 상실할 가능성이 있다. 왜냐하면 기후는 더 따뜻해져서 만들기는 쉽지만 마시는 것은 어려울 것이기 때문이다.

그렇다면 아시아는 어떠한가? 기후 변화로 인해 가장 주목을 받는 곳이 바로 아시아이다. 불과 20년 전까지만 해도 보수적인 와인 비평가들은 아시아 와인에 대해서 언급하지 않았다. 그러나 기후 변화는 일본의 야마나시현, 서늘한 기후 홋카이도, 중국의 옌타이 지역에서 생산된 와인이 국제 대회에서 메달을 받으며 인정받기 시작했다.

세계의 더 서늘한 북쪽과 남쪽 와인 지역은 긍정적인 잠재력이 있다. 그러나 가장 더운 유럽과 캘리포니아, 호주에서는 심각한 위험도 예상된다.

기후변화는 분명 일어날 것이고, 향후 50년간 이 변화는 지속될 것이다. 앞으로 50년의 세계 포도 재배 지도도 바뀌게 될 것이다. 와인 산업에 중요한 영향을 끼칠 것이고, 와인 생산자들은 가능한 적극적인 대처 계획을 수립할 필요가 있다. 올드 월드(Old World)의 전통적인 와인 규제법은 유연한 자세로 앞을 내다보아야 할 것이다.

어쩌면, 기후 변화는 아시아, 특히 한국 와인 품질에 긍정적인 영향을 끼칠 수 있다. 수십년 동안 한국은 테루아가 없어 양조용 포도 재배에 이상적이지 않다고 여겨 왔지만, 시대는 바뀌고 기후도 변화하였다. 국제 품종보다는 한국 기후에 맞는 토종 품종과 개량 품종을 연구하고, 기후에 맞는 테루아를 찾아 연구해야 한다.

한국 와인도 기후 변화에 대처해야 한다. 가장 먼저 국내 포도밭 지역의 기후를 파악하고, 품종과 연관성을 연구해야 한다. 언제가, 한국 와인이 국제 무대에서 주인공이 되기를 기대해 본다.

와인을 좋아하는 이유가 무엇일까?

첫째 다양성이다. 맛이 다양하다. 동일한 국가와 지역에서 생산된 와인이라도 테루아와 양조 기술에 따라 다양한 개성과 스펙트럼이 나타난다. 와인은 미식문화이다. 다양한 와인은 다양한 음식과 잘 어울린다. 와인을 취하려고 마시기보다는 음식과 함께 즐기므로 음식 맛을 더 맛있게 한다.

와인은 상업성이 우수하고 예술적 가치가 있다. 와인은 고대나 현대에도 상업적 투자가치가 있으며, 소더비즈(Sotheby's), 크리스티(Christie's)와 같은 경매에서 초고가로 거래되고 있다. 와인을 예술적, 문화적 가치로 승화시켜 와인을 창작품의 극치라고 표현하기도 한다.

서양 문화를 이해하는 중요한 창구 역할을 한다. 인류의 역사와 함께 했던 술이 와인이다. 문화와 역사를 이해하려면 와인을 이해하는 것이 중요하다.

글로벌 비즈니스의 중요한 역할을 한다. 국제화 시대의 CEO 3대 필수 조건으로 와인이 인식되었다. 와인은 사람들 간의 자연스러운 만남과 더불어 대화를 이끄는 매개체로서의 중요한 역할을 하기 때문이다.

1 ◆ 와인 비즈니스 빛과 그림자

1-1 '빈티지 차트'를 보면 와인 품질이 보인다

와인 라벨을 자세히 보면 연도가 표시되어 있는 것을 발견할 수 있다. 2015이나 2016 등과 같은 숫자를 전문적으로는 빈티지(Vintage)라고 부르는데 포도의 수확연도를 나타내는 것이다. 일반적으로 빈티지는 그 해에 수확한 포도만을 가지고 술을 만들 때에만 표시한다. 만약 와인 라벨에 수확연도 표시가 없다면 해를 달리해 생산한 포도를 블랜딩해 만든 것으로 추측할 수 있다.

샴페인이나 포트 와인(강화와인) 등도 포도로 주조하지만 빈티지가 없는 이유는 수확연도가 같지 않은 포도들이 섞여 있기 때문이다. 와인 전문가나 와인잡지에서 와인을 소개할 때는 빈티지에 대한 언급을 빼놓지 않는다.

와인 애호가들은 왜 빈티지에 연연하는 걸까? 그 이유는 해마다 날씨가 다르므로 같은 지역에서 같은 품종의 포도를 재배한다고 하더라도 그 품질이 연도에 따라 천차만별이기 때문이다. 포도의 품질은 와인의 품질에 직접적인 영향을 미치므로 설사 와인 이름이 같더라도 맛과 향은 포도의 생산연도에 달려 있게 마련이다. 여름 내내 비가 왔던 해에 재배된 포도로 만든 와인이 좋을 수 있겠는가!

반대의 경우도 마찬가지다. 서리나 병충해도 없고 맑고 화창한 날이 포도 재배 기간 동안 이어졌다면 좋은 포도로 고품질의 와인을 생산할 수 있다. 따라서 빈티지는 와인을 고를 때 중요한 기준이 될 수밖에 없다. 빈티지는 와인의 품질에 큰 영향을 끼치므로 와인의 가격 결정에도 중요한 요소로 인식된다.

빈티지가 좋으면 가격도 높아지게 마련이다. 하지만 포도의 생산연도 만으로 와인의 품질을 예상하기에는 부

족하다. 포도의 품질을 좌우하는 요소
에는 기후와 토질도 빼놓을 수 없기 때
문이다. 같은 포도 품종, 같은 수확연도
라고 하더라도 생산지역에 따라 기후와
토질이 다르다. 작게는 같은 마을에서
도 포도밭에 따라 바람과 햇빛의 양은

물론이고 땅의 기운도 다를 터이니 나라와 나라 사이에서는 두말할 나위가 없다. 뿐만 아니라 포도 품종에 따라
서도 같은 해, 같은 지역의 와인이라 하더라도 그 품질은 확연한 차이를 나타낸다. 따라서 빈티지를 볼 때 그 지
역의 위치와 포도 품종을 고려하면서 살펴보아야 한다.

물론 어느 지역 어느 해 와인이 좋은지 전부 외울 수는 없는 노릇. 그래서 나온 것이 빈티지 차트다. 와인 전
문가들이 해마다 그 해의 기상과 토질 등을 분석해 지역별로 만든 빈티지 차트를 보면 와인의 예상 품질을 한눈
에 볼 수 있다. 맛있는 와인을 즐기기 위해서 와인을 구매할 때 빈티지 차트를 참고하는 정도의 센스를 가지도
록 노력해보자.

1-2 와인 음용 적기

전 세계에 생산되는 와인의 90%가 출하된 뒤 바로 마시는 와인이며 극히 일부 와인만이 적기를 고려할만한
와인이라는 것을 알아야 한다. 수확년도에 따른 품질의 불규칙한 점이 적기 구별을 어렵게 한다. '적기'는 어렵게
생각되기 쉬운데 일상생활에서는 어떤 와인이든 가능한 한 빨리 마시는 것이 실수가 적을 것 같다.

1-3 가격

와인 가격은 반드시 품질의 좋고 나쁨으로 결정되지는 않으며, 고가의 와인이 일반 소비자의 입에 맞는다고는
할 수 없다는 것을 이해할 필요가 있다. 와인은 배경이나 명성에 돈을 지불해 온 경향이 있다. 내용물의 가치 이
외에 대해서도 돈을 지불할 것인가는 개인이 결정해야 한다. 보르도의 그랑 크뤼, 부르고뉴의 와인들은 최근 몇
년 동안에 가격이 상승하고 있다. 따라서 수입된 나라에서는 비현실적인 가격에 가까워지고 있으며, 이는 궁극
적으로 소비자에게 부담이 될 수 밖에 없다. 이러한 가격 상승의 원인으로 와인이 투기, 투자 대상이 되었기 때
문이다. 특히 중국에서 고가의 와인을 마시기 시작하면서 공급이 부족해지고 와인 가격에 거품이 생기기 시작했
다. 와인은 자신이 소비할 만큼을 구입해야 하며 투기 목적이 되어서는 안 된다.

✏️ **6차 산업** ──○

• **와이너리 투어**

와이너리 투어는 와인 시음부터 포도밭과 양조시설을 견학하는 투어까지 다양하다. 코로나19가 유행하기 전까지 최근 몇 년 사이에 와인을 주제로 한 관광사업이 증가하고 있었다. 와인 관광사업은 한 지역의 역사, 문화, 기후, 토양, 풍습 등을 배우는 총체적인 경험을 제공한다. 국내 와인 생산 농가들도 와인을 매개체로 지역성을 담은 관광사업을 넓히고 있다.

와이너리 투어의 매력은 포도가 재배되는 과정을 생생하게 견학할 수 있고, 양조 과정에 따른 차이를 느껴가며 시음할 수 있다. 요즘은 대부분 일정 금액의 시음 비용을 받는 경우가 많지만, 와인 판매를 목적으로 무료로 제공하는 경우도 있다.

미국과 호주 등 대규모 와이너리는 상시 운영되는 시스템이지만, 프랑스의 샤토들은 예약에 의해서만 제공되는 경우가 많고, 아예 이런 종류의 서비스를 하지 않는 샤토도 많이 있다. 와이너리를 투어한다는 것은 포도를 재배하고 와인을 생산하는 일련의 과정을 느낄 수가 있으며, 와인 메이커의 노하우와 철학도 경험할 수 있다.

숙식을 포함하는 와이너리 투어 프로그램도 있다. 농가 체험식으로 시작되었으나 점점 프로그램이 다양해지고 정교해져서 호텔업으로 발전하였다. 대표적으로 스페인의 리오하 지역에는 세계적인 건축가 프랭크 게리(Frank Gerhy)가 건축한 호텔이 있다. 마르케스 드 리스칼(Marques de Riscal) 와이너리에서 운영하는 호텔이다. 미슐랭 레스토랑과 스파로 유명한 세계적인 휴양지 중에 하나로 꼽는다. 보르도 페샥 레오냥에 위치한 샤토 스미스 오 라피트(Château Smith Haut Laffite) 와이너리에서 운영하는 유명한 화장품 브랜드 코달리의 스파 호텔에 숙박하며 비노테라피 스파, 와인 테이스팅을 즐기는 웰빙 프로그램도 있다. 나파 밸리의 케익브레드 셀러 와이너리는 와인과 음식 페어링 행사, 쿠킹클래스를 운영하고 있다. 로버트 몬다비 와이너리는 2001년 음식문화 박물관인 코피아(COPIA: The American Center for wine, food and the arts)를 나파 지역에 설립하여 세미나 및 레스토랑을 운영하고 있다.

이탈리아 명품 브랜드 살바토레 페레가모는 전 세계 패션업계의 리더이자 와인메이커이다. 설립자의 아들이자 현 회사 사장인 Ferruccio는 1993년에 토스카니 중심부에 위치한 중세 마을이 포함된 일보로(Il Borro) 와이너리를 매입했다. 유기농으로 포도를 재배하며 일 보로(Il Borro) 와인을 생산하고, 이를 토대로 지역의 일자리 창출과 관광 상품으로 지역경제 재생에 힘썼다. 국내에서도 와인을 생산하는 농가와 지자체에서 다양한 프로그램을 운영하고 있다. 워라밸이 중

▲ 일보로

요시되는 요즘은 바쁜 생활을 벗어나 힐링에 대한 욕구가 증가하여 농가형 와인 체험 프로그램이 관광상품으로 인기가 높다.

언젠가부터 '6차 산업'이 화두가 되었다. 지자체마다 6차 산업을 육성하기 위해 부단히 노력하고 있다. 농가들이 농업 이외의 분야에서 소득을 얻어 농업을 유지할 수 있도록 하는 방안이 연구되었는데, 1차 산업인 농업에 2차 가공산업과 3차 서비스업을 결합시켜 농가가 보다 다양한 소득원을 얻게 만들도록 하는 농업의 융복합 산업을 6차 산업이라 한다. 미국 나파 밸리, 호주 멜버른 지역의 와인 생산자들은 레스토랑, 와인과 굿츠 판매점 등을 운영하여 지역을 관광지로 활성화시키고 있다. 세계 와인산업에서는 이미 6차 산업이 활성화 되고 있다. 최근 국내 와인 농가들도 6차 산업을 신성장 동력으로 고려하여 체험, 견학, 레스토랑을 운영하여 지역 주민의 일자리 창출, 문화 콘텐츠를 제공하며 관광객 유치로 농가의 수입을 창출하는데 기여하고 있다.

🖋 와이너리 투어 팁 ──○

와인을 좋아하는 매력 중에는 물론 맛있는 와인을 마시는 것도 포함되지만, 다른 한편으로는 와인이 만들어지는 지역의 자연과 문화가 와인에 투영되어 표현되는 매력도 포함된다. 와인을 좋아하는 사람이라면 해외 와이너리 투어를 로망한다. 와인 매니아뿐만 아니라 많은 사람들이 포도밭과 와인 농장 방문에 대한 기대를 품고 있다. 그러나 실질적으로 포도밭과 농장을 방문하는 사람들은 통계적으로 그리 많아 보이지 않는다.

그 이유는 포도 농장을 어떻게 가고, 무엇을 기대해야 하는지 경험이 없어서이다. 또는 단순히 와인에 대해서 잘 모르기 때문이라고 생각해 본다. 그래서 경험에 비추어 와이너리 투어에 대해 소개한다.

어느 지역을 방문해야 하는 걸까? 우선 당신이 좋아하고 관심 있는 와인을 생산하는 지역을 선정해라. 마셔본 와인 중에 특별히 더 알아 내고 싶은 지역을 염두에 두자. 두 번째로 당신과 커뮤니케이션이 가능한 지역을 선정해라. 물론 바디 랭귀지가 있고 눈짓만으로도 의사 소통이 가능하기에 가장 중요한 요소는 아니지만, 그래도 만약 당신이 불어로 의사 소통에 문제가 있다면, 프랑스 시골의 비교적 규모가 작은 와인 농장에서 언어 소통이 이루어질 거라는 기대는 하지 말자.

세 번째로 양조장은 방문객을 환영하고 또한 테이스팅 룸도 함께 마련되어 있다. 미국과 호주, 뉴질랜드 등지의 비교적 규모 있는 농장에서는 셀러 도어를 운영하여 Visitor Centre, Shop, Tasting Room 등이 갖추어져 있어 시음도 하고 와인도 구매할 수 있다.

반면에 유럽 지역들에서는, 특히 유명하거나 작은 와인 생산자들은 조금 까다롭다. 일단 방문 약속을 해야 한다. 왜냐하면 당신을 만나기 위해서 그들의 스케줄을 조정하면서 시간을 내어야 하기 때문이다. 보르도, 부르고뉴의 유명한 와인 농장들에서 우연히 지나가다 방문하는 객들에게 문을 열어주는 것을 기대하지 말자. 그래서 처음으로 와인농장 방문객이라면, 미국의 캘리포니아, 호주의 바로사, 헌터 밸리 지역을 경험하는 것을 추천하고 싶다. 비교적 일반적인 와인 고객들에게 호의적이기 때문이다. 그럼 와인 농장에서 무엇을 기대해야 하는가? 캘리포니아, 호주의 테이스팅 룸에서는 조금씩 와인을 맛 볼 수 있는 리스트가 있으며, 대부분 유료이다. 물론 자유롭게 평상시 궁금한 것에 대한 질문하자. 만약 근처에 포도밭이 있으면, 아마도 포도밭을 보여줄 수 있는 가능성이 있을 것이다. 와인 농장에서 최대한 환대를 받으려면 어떻게 해야 할까? 방문하는 와인 농장의 포도밭과 와인에 대한 관심을 가지고 존중을 하며, 진심에서 우려 나오고, 정중한 행동을 해라. 또한 바쁜 시간,

특히 주말 오후 시간은 피하는 것을 권한다. 또한 유럽 지역들과 프랑스를 방문할 때는 점심 시간(12~2pm)을 피하는 것을 잊지 말자. 만약 당신의 관광 동료가 당신과 같은 와인에 대한 관심을 가지고 있지 않다면 단체 관광(Coach Tour)은 피하는 것을 권하고 싶다. 자신이 진정으로 관심 있는 와인 농장을 방문하고 함께 담소를 나누는 것이 와인을 탐닉하고, 즐거운 여행을 할 수 있게 만들어 주기 때문이다. 단체 관광으로 인해 아까운 시간을 낭비하지 말자.

자, 당신이 좋아하는 와이너리 지역의 지도를 사서, 지금부터 계획을 세워보자. 맛있는 와인을 맛보면서 하는, 이보다 더 즐거운 여행도 없을 것이다.

3 ◆ 궁금한 직업, 소믈리에

사전적 의미로 보면 '포도주를 전문적으로 서비스 하는 사람'으로 와인 웨이터이다. 그 어원은 'Bete de Somme'에서 나온 말이다. 짐을 나르는 동물을 부리는 사람으로, 소를 이용하여 식료료를 나르게 하는 목동을 가르켜 소믈리에(Sommelier)로 불렸다. 이후, 공식적으로 중세 유럽에서 식품 보관을 담당하는 사람에게 솜(Somme)이라는 직책을 부여하고 프랑스 왕실의 식품 저장, 지하 저장고를 관리하는 업무를 했다. 1700년대 왕궁에서

소믈리에(Sommelier)는 식탁을 차리고 와인과 음식을 준비하는 사람, 혹은 연회 따위에서 '술잔을 따라 올리는 사람'을 가르켜 사용되었다. 이들은 영주가 식사하기 전에 식품의 안전성을 알려주는 것이 임무였다. 19세기 경부터 고급 식당과 호텔이 들어서면서 소믈리에 직업은 활성화되기 시작했다. 프랑스 파리의 한 음식점에서 와인을 전문으로 담당하는 사람이 생겼으며, 오늘날에는 레스토랑에서 와인을 책임지는 사람으로 정착되었다.

현대의 소믈리에는 와인 등의 재고관리, 필요 물품의 구입 의뢰, 와인 저장실의 관리, 와인 리스트 작성 및 관리, 와인 서비스 등의 업무를 수행하면서 고객에게 와인 선택의 폭을 넓혀주는 서비스를 제공한다. 고객이 음식과 함께 와인을 주문하려고 할 때, 관련 지식이 부족하거나, 다른 이유로 와인 추천을 원하는 경우 소믈리에는 이 요청에 대하여 성실하게 조언할 수 있어야 한다. 그렇게 하기 위해서는 그 레스토랑의 메

뉴뿐만 아니라 요리에 사용된 식재료 등에 관해서도 자세히 알고 있어야 만족스러운 와인을 추천할 수 있다.

기본적으로 소믈리에는 다양한 와인의 향과 맛의 미묘한 차이를 감별하여 설명할 수 있어야 한다. 이를 바탕으로 음식에 맞는 또는 고객의 기호에 맞는 와인을 찾아주어 추천해주는 일을 한다. 예산에 맞게 좋은 와인을 좋은 가격으로 추천해 줄 수 있고, 와인 시음과 감별로 와인 리스트를 만들 뿐만 아니라, 와인 보관 관리를 책임지고 있다. 소믈리에는 식사 코스에 따라 음식과 와인의 마리아주를 고려하여 최상의 와인을 제안하고, 고객에게 세심한 관심과 주의를 기울여 고객의 니즈를 파악하여 품격있는 서비스를 한다.

소믈리에는 학문적 와인 이론과 와인 감별 능력을 끊임없이 향상시켜야 한다. 매일 쏟아져 나오는 와인의 수많은 정보를 습득하고 익혀야 한다. 최상의 서비스를 제공하기 위해 풍부한 지식과 커뮤니케이션과 인포메이션 스킬이 필요하며 이를 위해 외국어 구사 능력이 필요하다.

타스 뒤 뱅 (Tasse du Vin, 또는 Tastevin)

프랑스어로 '와인을 시음하는 잔'이란 뜻이다. Tastevin의 기원은 와인 제조의 기원으로 거슬러 올라간다. 당시 소믈리에에게 필수적인 도구였다. 얕은 깊이가 와인의 과일향을 방출하는 덕분에 Tastevins는 와인의 맛과 성숙도를 쉽게 평가할 수 있다. Tastevin을 장식하는 7개의 공과 12개의 홈은 1년에 12개월, 일주일 내내 와인을 즐길 수 있음을 의미한다고 전해진다.

전통적으로 소믈리에의 시음용 잔으로 은 재질이고, 움푹 들어간 곳과 융기는 주변광의 반사를 통해 와인색을 잘 분석한다. 오래 전부터 소믈리에 상징처럼 사용되어 왔으나, 현재는 거의 사용하지 않는다. 대신에 소믈리에는 금빛 포도송이 배지를 착용한다. 그러나 여전히 프랑스의 레스토랑 중에 소믈리에가 타스 뒤 뱅을 목에 걸고 나타나기도 한다.

와인 선택하는 법을 알려 달라고 묻는 사람들이 많다. 일반 사람들에게는 이것이 가장 어려운 숙제인 듯 하다. 물론 와인을 잘 모르는 사람이라면 와인 리스트를 받았을 때 가장 진땀을 흘리지 않았을까 생각해 본다. 그럴 때는 소믈리에를 적극 활용해라. 고급 레스토랑, 와인바, 대형 유통마트는 그곳의 소믈리에 또는 와인 담당자에게 묻는 것이 최고의 요령이다. 소믈리에는 다양하고 해박한 지식을 가지고 있어, 자신의 와인 리스트에 있는 와인을 마스터하고 있기 때문에, 당신이 원하는 입맛의 와인을 찾는데 가이드해 줄 수 있기 때문이다. 만약 손님과 함께 하는 자리라서 일일이 소믈리에에게 묻는 것이 실례가 된다면, 당신이 선호하는 지역, 원산지 이름이나, 주요 포도 품종 이름을 미리 알아두어, 기본 방향만 정하고 소믈리에에게 물어보는 것이 좋다. 가령 카베르네 소비뇽 와인은 어떤 것이 있는가? 라고 묻는다던지, 아니면, 부르고뉴 와인 중에 추천할만한 것이 어떤 것들이 있는지? 라고 묻는다면, 초대된 손님에게 실례가 되지 않으며, 또한 소믈리에가 적합한 와인을 추천해 줄 수 있다. 와인 샵에서도 마찬가지이다. 특정한 와인을 사려고 하는 것이 아니라면, 와인을 구매하기 전에 매장 직원에게 먼저 물어보는 것이 좋다. 즉, 와인 관리를 하는 사람을 적극 활용하는 것이 좋다.

디캔팅이란 침전 등에 의해 생긴 고형물을 용액에서 분리하는 방법으로 용액의 고체를 침강시킨 후 조심히 상등액만을 옮겨담는 행위이다. 중세 영국에서는 포르투갈 포트 와인을 많이 마셨다. 빈티지 포트 와인에는 침전물이 많았고, 이러한 침전물을 제거하기 위해 디캔팅을 했다고 전해진다.

🖉 디캔팅, 무조건 하나? ——○

와인을 병에서 따르자 마자 '원샷은 금물! 식사하면서 천천히 마셔야 한다. 잔 속의 와인이 산소와 만나면서 훨씬 매력적인 맛을 내기 때문이다. 와인은 우리가 생각하는 것보다 훨씬 더 복잡하고 다양한 맛을 가지고 있다. 입 안에 와인을 머금고 있을 때 깊고 풍부한 맛을 느낄 수 있는 것도 와인이 지닌 다양한 맛의 조화에서 비롯된다.

와인을 잘 마신다는 말은 결국 와인이 가진 맛을 제대로 즐길 수 있다는 뜻과 같다. 간혹 레스토랑에서는 와인을 마실 때 꽃병, 항아리처럼 생긴 것에 와인을 옮겨 담아서 마시는 경우까지 있다. 신기하게도 그런 병에 든 와인을 마시노라면 맛이 더 좋게 생각되기도 한다. 이 꽃병처럼 생긴 것을 디캔터라고 부르고, 와인을 디캔터에 옮겨 담는 행위를 디캔팅이라고 부른다. 왜 디캔팅을 하는 것일까?

일반적으로 디캔팅을 하는 이유는 크게 두 가지다. 첫 번째는 침전물을 제거하기 위해서다. 와인 병의 바닥에는 침전물이 있기 때문인데, 와인을 여과하지 않고 병입하거나 와인을 아주 오랫동안 보관했을 때 나타난다.

레드 와인의 경우 병입한 지 얼마 안 됐을 때는 짙은 보랏빛을 띠지만 시간이 지나고 숙성이 이뤄지면서 갈색으로 변한다. 침전물은 와인이 숙성해 색을 잃으면서 침전되어 생겨난다. 레드 와인에 들어 있는 타닌과 안토시안 물질이 침전물을 만들어낸다.

▲ 디캔터

안토시안은 불안전한 물질로 타닌 성분과 결합하여 입자화되고, 이러한 타닌은 가라앉는 성질을 가지고 있다.

앙금(침전물)은 인체에 해가 되지는 않는다. 다만 와인을 잔에 따랐을 때 혼탁해지고 입 안에서도 매끄럽지 못하기 때문에 제거한다. 가라앉은 침전물이 혼탁해지지 않게 하기 위해 와인병을 조심스럽게 흔들리지 말고 다루어야 한다.

물론 와인이 오래됐다고 해서 다 디캔팅해야 하는 것은 아니다. 30~50년 정도 지난 와인은 침전물이 생길 수 있지만 디캔팅하는 것이 오히려 해가 될 수도 있다. 너무 오래된 와인은 그 구조 자체가 너무나 섬세해서 과도한 산소와 접촉하면 맛이 깨질 수 있기 때문이다.

두 번째로 디캔팅의 역할은 와인을 숨쉬도록 만드는 데 있다. 일단 와인이 다른 병으로 옮겨지는 과정에서 향이 살아난다. 병 안에 갇혀 있을 때와 달리 향이 활개를 친다. 맛 또한 훨씬 부드러워져 마시기 편한 상태가 된다. 카베르네 소비뇽처럼 타닌(떫은맛이 나는 성분)이 풍부한 와인은 산소와 결합하면서 입 안을 실크같은 감촉으로 감싸주기도 한다. 와인의 스타일에 따라서 디캔팅 후 음용 시간은 다양하다. 예를 들어 풀바디 레드 와인의 경우 1시간 또는 반나절 정도 디캔팅 이후 기다려야 할지도 모르겠다. 그러나 오늘날 진열대에서 팔리는 대부분의 어린 와인(Young wine)은 이런 디캔팅이 필요 없을지도 모른다. 와인 메이커들이 병입하기 전에 침전물을 제거하기도 하거니와 디캔팅 같은 절차가 없어도 맛을 충분히 음미할 수 있도록 생산된 와인이 많기 때문이다.

또한 병 자체로 따라 마셨을 때 그 맛을 제대로 느낄 수 있는 와인도 매우 많다.

디캔팅해서 더 좋은 맛을 낸다면 해 보지 않을 이유가 없지 않은가! 적절한 양의 산소는 와인에 필요불가결한 것이다. 디캔팅은 소믈리에가 가장 화려해 보이는 퍼포먼스이다. 목적은 침전이 발생한 와인의 윗물만을 다른 용기에 옮기는 것이다. 속설로 와인을 공기에 접촉시켜 와인향을 좋게 한다고 하는데, 오랜 숙성을 거친 와인은 산소에 대한 저항력이 약해 불과 몇 분만에 완전히 산화해 본래의 와인 맛을 잃을 위험도 있다. 이런 위험을 잘 이해하지 못하고 무의미한 디캔팅을 하는 것은 좋지 않다.

🖊 디캔팅 해보기 ──o

❶ 디캔팅 준비물 : 디캔터(Decanter), 와인 글라스(Wine Glass, 시음용), 촛대(Candle, 침전물 확인), 성냥 혹은 라이터, 냅킨(Napkin), 코르크 스크류(Cork Screw), 와인 바스켓(Wine Basket), 접시(코르크 제공용, 와인 보틀 받침용)

❷ 디캔팅 순서

(1) 요리의 주문을 받는다.

(2) 와인 리스트를 제공한다.

(3) 와인을 주문받는다. 요리와 궁합이 맞는 와인을 추천한다.

(4) 와인 산지, 빈티지, 와인명 등을 확인한다.

(5) 와인 운반 : 와인이 흔들려 침전물이 혼탁되지 않게 하기 위해 주로 바스켓을 이용한다.

(6) 고객에게 와인을 확인시킨다 : 주문한 와인병의 라벨을 보여주고, 와인 산지, 빈티지, 와인명을 확인시킨다.

(7) 와인을 디캔팅할 테이블로 옮긴다.

(8) 디캔팅에 필요한 기물들을 준비하여 와인을 오픈한다.

(9) 촛불을 켠다.

(10) 와인을 디캔터에 소량 따른다.

(11) 디캔터를 헹군다.

(12) 와인 글라스에 따른다.

(13) 와인에 이상이 있는지 확인한다.

(14) 왼손이나 오른손으로 디캔터를 약 15° 정도 기울여 잡는다.

(15) 와인이 천천히 디캔터 내벽을 타고 흐르도록 따른다.

(16) 와인이 약 200㎖ 남았을 때 와인병을 촛불 위에 두고 침전물이 흘러나오는지 확인한다.

(17) 침전물이 병목에 오면 작업을 중단한다.

(18) 호스트에게 와인을 따른다.

(19) 촛불을 끈다.

(20) 테이블을 정리한다.

📝 디캔팅과 에어레이터 ──○

화이트 와인이나 영 와인의 경우는 침전물 제거 목적이 아니기 때문에, 공기와 충분히 접촉하여 에어레이션 (Aeration)이 활발하게 일어나도록 에어레이터(Aerator)를 사용한다. 공기 유입을 크게 하기 위해 디캔터(Decanter)의 주둥이가 넓다. 오래 숙성된 와인은 지나친 산화로 와인이 약해져있기 때문에 충분하게 에어레이션이 되지 않도록 한다. 디캔터의 주둥이를 좁게 만든다.

인간을 호모 파베르라고 했던가? 도구와 연장을 사용하는 인간형이다. 와인을 맛있게 즐기기 위해 와인 도구는 진화하고 혁신하고 있다.

산소는 와인의 향을 방출하고 풍미를 향상시켜 와인을 마시는 즐거움을 증가시킨다. 특히 어린 와인의 경우 타닌을 부드럽게 만들어준다. 와인은 더 다채로운 아로마, 더 둥글고, 더 많은 풍미를 제공하기 위해서 와인에 공기를 주입시켜야 한다.

와인은 화학 화합물이다. 와인의 코르크를 벗기고 와인 잔에 부으면 와인의 화합물은 산소 접촉하고 휘발(증발)이라는 두 개의 화학 과정을 거친다. 이 두 공정 모두 와인의 풍미를 극대화하는데 도움이 된다. 그래서 와인 잔을 돌려 '숨을 쉬게' 하거나 디캔터를 사용하는 이유이다.

크게 3가지 방법이 있다. 첫 번째 와인 잔을 돌리는 스월링이다. 와인의 표면적을 증가시키고 산소와 휘발성을 촉진시킨다. 두 번째는 디캔팅이다. 산소와 휘발성을 활성화하기 위해 설계되었지만, 디캔팅 후에 시간이 필요하다. 마지막으로 와인 에어레이터 장치 사용이다. 와인을 글라스에 따르는 동안 공기를 주입하는데, 가장 신속하고 즉각적이며 간단하다. 와인병에 에어레이터 장치를 고정시키고 사용하면 된다. 와인과 산소 사이의 접촉 표면적을 증가시켜 아로마를 풍부하게 만들어준다. 공기 흡입구는 완벽한 양의 공기를 혼합하여 와인이 즉시 숨을 쉴 수 있도록 도와준다. 가장 큰 장점은 와인을 디캔터에 붓고 오랫동안 기다릴

▲ 에어레이터(이미지 제공 : 빈토리오 (VINTORIO), www.vintorio.co.kr)

필요가 없기 때문에 와인을 더 빨리 즐길 수 있다. 그리고 사용이 간편하고 어디든 휴대할 수 있을 정도로 작다.

와인 에어레이터의 목적은 와인이 공기와 상호 작용하여 산소와 증발을 가속화하는 것이다. 이것은 압축된 깔때기를 통해 공기를 와인에 보내는 방식이다.

병 끝에 와인 에어레이터를 꽂아 넣고 와인을 글라스에 직접 붓는다. 병을 45° 각도로 기울이면 공기 흐름을 보고 들을 수 있다. 에어레이터가 병에 딱 맞기 때문에 쉽게 사용 가능하다.

🖉 온도 ──○

온도는 와인의 맛에 영향을 미치는 아주 중요한 요소이다. 와인마다 최적의 서빙 온도가 있으며, 와인 종류에 따라 알맞은 온도로 마셔야 향과 풍미를 가장 잘 느낄 수 있기 때문이다.

- 화이트 와인은 적당히 차가울 때 산도가 두드러지고, 와인이 더 상큼하며 신선하게 느껴진다. 보통 8~12℃ 정도가 이상적이지만 실온에서 10분에 2℃ 정도 상승한다고 보면, 얼음물에 담가 조금씩 따라 마시는 것이 좋다.
- 스파클링 와인은 기포가 청량감을 주고, 상큼하고 신선하게 해서 마시는 것이 좋다. 적정 온도는 6~8℃ 정도로 화이트 와인보다 차갑게 해서 마시는 것이 좋다.
- 레드 와인은 온도가 너무 높으면 알코올이 강하게 느껴진다. 그래서 와인을 실온으로 맞추는 것이 가장 이상적이다. 실온은 15~18℃ 정도를 말한다. 이 온도에서의 레드 와인은 균형이 잡히고 초점이 생기며 과일 맛이 풍부해진다. 보졸레처럼 과일향이 많고 타닌이 적은 레드 와인은 실온보다 조금 낮게 마셔야 과일향이 증폭된다.

보르도 레드 와인이나 나파 밸리, 호주, 칠레의 풀바디 와인은 온도(18℃)를 조금 높여 서빙하면 향이 더 잘 피어나고, 복합적인 맛을 즐길 수 있다. 부르고뉴의 피노 누아는 타닌은 적지만 아로마는 더 풍부하다. 그래서 보르도 레드 와인보다 더 낮은 온도(15℃)에서 서빙하는 이유가 바로 이 때문이다.
일반적으로 레드보다 화이트 와인이 더 당도가 높으며, 신맛이 강하고 타닌은 적게 느껴진다. 무수아황산은 주로 저가 화이트 와인에서 강하게 느껴지고, 낮은 온도에서 발산이 약한 편이다.
반면에 타닌은 낮은 온도에서 강하게 느껴지기 때문에 레드 와인은 더 높은 온도에서 서비스되어야 한다. 타닌은 무거운 분자를 가지고 있고, 휘발성이 부족하다. 타닌은 휘발성 요소의 발산이 천천히 이루어지고 와인의 풍미 요소를 묶어준다. 따라서 풍부한 타닌의 레드 와인은 아로마와 풍미를 발산하기 위해서 더 높은 온도(16~18℃)를 요구한다.

- 스위트 와인은 단맛이 강하여 화이트 와인보다 더 차갑게 마셔야 한다. 약 5~7℃ 정도가 이상적이다.

🖉 와인 서비스 온도 ──○

- 레드 와인 : 14~18℃
- 화이트 와인 : 8~12℃ 아이스버킷 이용
- 로제 와인 : 9~14℃ 아이스버킷 이용
- 스파클링 와인 : 6~8℃ 아이스버킷 이용
- 스위트 와인 : 5~7℃ 아이스버킷 이용

• 와인 오픈하기

❶ 소믈리에는 주문된 와인을 와인셀러에서 가져와 와인병의 라벨을 호스트에게 보여준다.

❷ 병목의 캡슐(Capsule)을 코르크 스크류(Cork Screw)로 오려내고 병 입구를 닦아낸다.

❸ 왼손으로 병목을 꼭 잡고 코르크의 중앙에 코르크 스크류를 수직으로 넣고 천천히 뽑아낸다.

❹ 뽑아낸 코르크는 호스트에게 전달하고, 호스트 테이스팅을 한다.

❺ 고객의 뒤편 오른쪽에서 오른손을 사용하여 와인글라스 2cm 정도 위 중앙부에서 따른다.

❻ 와인 글라스에 3~4온스 정도가 차면 마지막 방울이 병 입가에 묻도록 병을 살짝 돌리면서 들어올린다. 서비스 냅킨을 준비하여 와인을 서비스한 후 병목을 훔친다.

• 샴페인 오픈하기

❶ 샴페인 병목 부분의 호일을 벗겨낸다.

❷ 코르크와 감싸고 있는 와이어를 돌려 푼다. 이때 혹시 코르크가 튀어나올지 모르니 왼손 엄지로 코르크를 힘껏 눌러준다.

❸ 왼손 엄지로 코르크를 누른 상태에서 코르크를 손으로 감싸쥐고, 오른손은 샴페인의 아래 병을 잡는다.

❹ 왼손은 꽉 움켜쥐고 오른손만 좌우로 살짝 비틀면 코르크가 압력에 의해 밖으로 밀려 나오게 된다. 이때 코르크를 살짝 비틀면서 '피식' 하는 소리와 함께 뽑아낸다.

• 와인 서비스 순서

❶ 고객이 여러 명일 때는 호스트에게 먼저 테이스팅 한다. 이후 남녀 중에 연장자 여성부터 서비스 한다.

❷ 호스트가 테이스팅을 하고 고개를 끄덕여 '좋다'는 의향을 표시하면, 시계 방향으로 돌아가며 여성, 남성, 호스트순으로 서브한다(연장자가 있으면 연장자부터).

• 호스트 테이스팅을 하는 이유

호스트 테이스팅은 와인 예절의 꽃이다. 자신이 초대한 손님에 대한 안전 확인으로 호스트가 먼저 맛을 확인 후 초대 손님에게 서비스한다. 손님에 대한 정중한 예의 표시로 주문한 와인이 맞는지 확인하고, 코르크의 상태를 체크한다.

TCA로 오염된 코르크 때문에 나타나는 코르키(Corked)는 결함 와인이다. 코르키한 와인에서는 곰팡내나 축축한 종이상자 냄새가 난다. 이 경우, 와인병 교체를 요구할 수 있다.

• 맛있게 와인을 즐기기 위한 팁

– 여러 와인을 한자리에서 마시는 순서 : 가벼운 스타일에서 더 무게감 있는 와인 순으로 마신다. 샴페인-화이트 와인-레드 와인-디저트 와인 순으로 즐긴다.

– 와인의 소리를 들어라. '잔 부딪히는 소리', '와인 따르는 소리', '기포 올라가는 소리'

입 안에서 느낄 수 있는 촉감(Texture/Mouthfeel)을 느껴보자.

❶ 물질적 촉감 : 거친 느낌, 부들부들한 느낌, 씹히는 느낌

❷ 감정적 촉감 : 볼륨감, 건조한 느낌

❸ 화학적 촉감 : 톡 쏘는 탄산 가스(CO_2), 알코올의 뜨거운 느낌

❹ 온도 : 뜨겁다, 차갑다

❺ 반사작용 : 타닌

• 와인 바이 더 글래스(By the glass)

잔으로 여러 종류의 와인을 마실 수 있는 것은 즐거운 일이다. 고급 레스토랑에서 바이 더 글래스(잔술)를 도입한 것은 뤼카스 카르통이었다. 당시 소믈리에 도미니크 데로지에는 '소믈리에가 고객에게 판매하는 것은 비싼 와인이 아니라 높은 만족이다' 라는 말을 남겼다. 바이 더 글래스 서비스는 고객 만족도를 높일 뿐 아니라 소비자가 레스토랑에서 와인을 주문하기 쉽게 한다는 점에서 꼭 필요한 방법이다.

일반 고객은 레스토랑에서 주문할 때 와인 리스트를 이해하기 어렵다. 와인 리스트에는 와인명이 자국어로 쓰여있지 않고, 와인에 대한 설명도 부족하다. 고급스러움을 가지려면 원어가 좋다는 의견도 있으나, 고객의 눈높이에 맞춰 다양한 스타일의 와인 리스트를 작성할 필요는 있다. 와인 '바이 더 글래스'의 가장 큰 문제는 바로 보관이다. 여러 종류의 와인을 제공하기 위해 와인병을 오픈해야 하고, 판매가 부진할 경우 오픈한 상태에서 오래 보관이 힘들기에 손실이 발생한다. 와인은 코르크 마개를 오픈한 후 공기와 접촉하면서부터 공기 중에 포함된 산소에 의해서 산화가 급격히 진행된다. 오픈된 와인이 2~3일 이내에 마시지 못한다면, 이상취(Off-flavor)가 발생하여 상업적으로 판매가 불가능하게 된다.

이러한 산화를 방지하기 위하여 남은 와인을 보관하는 전문 기구를 소개한다. 먼저 특수 마개를 병에 꼽고 진공 흡입기로서 와인병 상층부의 공기를 뽑아 진공 상태로 유지한다. 와인 진공 세이버, 와인 스토퍼 등이 있다.

▲ 와인 진공 세이버

가장 보관율이 좋은 질소 가스 또는 아르곤 가스로 밀봉시키는 장치가 있다. 코라뱅(Coravin)이다. 코라뱅은 1~3주까지 보관이 가능하다. 코르크를 빼지 않고 주사 바늘처럼 속이 빈 니들로 코르크에 구멍을 뚫은 뒤 아르곤 가스를 주입하면 압력으로 와인이 역류해 뽑아져 나오는 방식이다. 아르곤 가스 같은 '와인 프리저브 가스'는 공기보다 무겁기 때문에 와인과 공기를 분리시켜 와인 산화를 막아준다.

고급 레스토랑은 고압 불활성 가스통이 연결된 와인 디스펜서(Dispenser) 장치를 이용하기도 한다. 와인을 잔에 공급하는 동안 사용된 와인 대신 질소 가스 등을 충전하여 와인의 산화를 방지하기도 한다. 일반적으로 처음 코르크 오픈 후 잔량 보관 시 와인이 공기에 접촉하는 것을 완전히 방지할 수는 없지만, 오픈된 와인의 산화 속도를 줄여준다.

▲ 코라뱅

• 병 개봉 후

일단 오픈하면 산소가 병에 들어가기 때문에 산화가 일어나 와인을 분해한다. 개봉한 병에 다양한 종류의 가스(아르곤, CO_2, 질소 화합물)를 주입하여 보관하지 않는 한 대부분의 보존 시스템은 완벽하지 않다. 병에서 공기를 펌핑해서 진공상태를 만들어 줄 경우, 연구에 따르면 24시간 후 효능의 50% 이상이 무효화된다고 한다. 그러니 가능한 빨리 음용하는 것을 권장한다.

• 와인 보관 방법

와인을 보관하기 위한 적절한 장소는 환기가 잘되고 빛이 차단되는 12℃ 정도의 지하 보관창고가 최고의 장소로 손꼽힌다. 자외선이 와인에 영향을 주지 않도록 어두운 곳에 보관해야 한다. 그래서 대부분 색유리 병에 와인을 병입한다. 보관 온도가 일정치 않고 변화가 심할 경우 와인의 숙성이 오래 지속되지 못하는 결과를 낳기 때문이다.

와인을 보관할 때는 반드시 병을 눕혀서 보관해야 하는데, 이는 와인을 세워 보관할 경우 코르크 마개가 건조, 수축하여 틈이 생기면 외부 공기와의 접촉으로 산화, 맛이 시어지고 균이 침입하여 부패할 우려가 있기 때문이다. 어둡고 통풍이 잘되며 진동이 없고, 12~15℃의 저온을 유지하고 습도는 70~75% 정도가 바람직하다. 습도가 80% 이상이면 곰팡이가 문제가 될 수 있으며, 라벨의 품질을 떨어뜨린다. 장기간 보관 시에는 향이 강한 음식(식초) 근처에 보관하는 것을 피해야 한다.

그리고 와인은 눕혀서 보관해야 한다. 와인은 보관이 정말로 중요하다. 음, 이 와인맛이 좀 이상한데? 하면서 고개를 갸우뚱거릴 때가 있는데 진짜 와인맛이 이상한 걸까? 아니면 단지 분위기로 인해서 느껴지는 걸까? 무언가 명확하지 않은 와인맛을 경험해 보지 않았었는지? 대다수 상했다(?) 라고 표현하는데 과연 와인이 상할 수 있는가? 부패된 음식을 먹으면 사람들은 식중독을 일으킨다. 그러나 상한 와인을 마셔도 식중독을 일으키는 경우는 단 0.1%도 없다. 즉 와인이 상했다는 표현은 조금 와전된 듯하다.

이러한 결함 원인으로는 와인이 적당한 공간과 상태에서 보관되지 않았을 때 나타난다. 와인 셀러를 보면 와인을 수평으로 뉘어서 보관하는 것을 알 수 있다. 이것은 와인이 항상 코르크와 접촉하면서 코르크가 건조해져 수축하는 현상을 막기 위함이다. 수축함으로써 미세한 공기 구멍으로 산소가 스며들어갈 수 있기 때문이다. 촉촉하게 젖어 있음으로써 코르크가 팽창하여 와인이 산화하는 것을 방지할 수 있다. 따라서 와인을 보관할 때는 세워서 보관하지 말고 항상 눕혀서 보관해야 한다. 와인을 어떻게 보관하는가 하는 문제는 중요하다. 와인을 만드는 것만큼이나 그 와인을 잘 보관하는 것도 대단히 중요한 일이다. 왜냐하면 와인은 숙성하기에….

흔히 와인을 인간으로 많이 비유한다. 사람이 젊었을 때는 패기와 활력이 넘치다가도 점점 그 경륜이 쌓이면서 부드러워지는 것처럼 와인도 바로 병입을 마친, 생산된 지 얼마 안된 어린 와인(Young vintage)은 골격과 포도 자체의 향이 풍부하여 그 힘을 자랑하다가도 점점 숙성이 이루어지고 생산 연도가 오래된 와인(Old vintage)

일수록 중후함과 함께 부드러워지고 내면적인 향이 더욱 풍부해지는 것처럼 말이다. 따라서 질 좋은 와인을 어떻게 보관하느냐에 따라 그 와인의 숙성 기간은 달라질 수 있고, 맛과 가치 또한 차이를 보인다.

[와인 즐기기]

이상적인 와인 보관은 지하 저장소이지만, 오늘날 아파트 생활이 보편화되면서 와인 셀러(Wine Cellar)가 보급되고 있다. 서늘한 장소로 연중 12~15℃의 온도를 유지하고, 빛이 없는 어둡고 통풍이 잘되며 진동이 없어야 한다. 습도는 약 70%가 적당하며 눕혀서 보관해야 한다. 와인 셀러가 없다면 김치 냉장고를 활용해도 좋다. 단, 냄새가 강한 김치나 식품을 함께 보관은 피해야 한다.

온도는 와인의 맛에 영향을 미치는 아주 중요한 요소이다. 와인마다 최적의 서빙 온도가 있으며, 와인 종류에 따라 알맞은 온도로 마셔야 향과 풍미를 가장 잘 느낄 수 있기 때문이다.

레드는 실온서 마시고 화이트는 8~10℃가 적당하다. 와인을 마실 때는 온도에 각별한 신경을 써야 한다. 레스토랑에서는 각각의 와인에 걸맞은 온도로 서빙해 주기 때문에 큰 걱정이 없지만 집에서 즐길 때는 이야기가 다르다. 실온(섭씨 16~18℃)에서 보관한 와인을 그냥 마시거나 냉장고에 있던 와인이라도 바로 병을 따서는 곤란하다. 와인의 온도가 맛과 향에 미치는 영향은 지대하기 때문이다. 너무 미지근해도, 너무 차가워도 와인의 진가를 맛볼 수 없다.

와인의 온도에 대해 잠깐 짚고 넘어가 보자(참고로 와인의 보관 온도는 섭씨 12~15℃가 적당하다). 일반적으로 냉장고는 3℃ 안팎의 온도를 유지한다.

화이트 와인은 다소 차갑게 즐기는 편이 좋다고 하더라도 냉장고에서 바로 꺼내 마시기에는 너무 차갑다. 드라이 화이트 와인은 약 8~10℃가 마시기에 가장 적당한 온도다(와인에 따라서 조금 더 높을 수 있다). 따라서 만약 냉장고에 화이트 와인을 보관했다면 마시기 전에 미리 냉장고에서 꺼내 약 1시간 동안 실내에 보관한 뒤 즐기는 것이 좋다. 드라이 화이트 와인을 너무 낮은 온도(0~5℃)에서 마시면 와인의 풍부한 향을 제대로 느낄 수 없다. 반대로 너무 높은 온도(실온)에서 마신다면 상큼하고 신선한 맛을 잃게 된다. 한마디로 말해서 밋밋하면서도 기운이 없는 와인으로 추락하고 만다. 스위트 화이트 와인, 저가의 드라이 화이트 와인, 샴페인 등은 드라이 화이트 와인보다 조금 더 낮은 6~8℃에서 즐기면 좋다. 레드 와인은 타닌(떫고 쓴 맛이 나는 성분)이 포함돼 있어 실온에서 마시면 좋다. 온도가 낮으면 타닌 성분이 두드러져 와인이 필요 이상으로 떫어지거나 심지어 쓴맛까지 나는 까닭이다. 실온보다 높다면 알코올이 강조되므로 피하도록 해야 한다. 같은 레드 와인이라도 보졸레 누보(Beaujolais

Nouveau)나 피노 누아(Pinot Noir) 포도 품종의 와인은 조금 더 낮은 온도에서 마시길 추천한다. 타닌이 많이 포함되어 있지 않은 와인이나 알코올 함량이 다소 높은 와인은 약간 신선한 온도(14~16℃)에서 마시는 것이 와인의 맛을 훨씬 높일 수 있다. 적당한 온도를 맞추기 위해서는 냉장고를 적절히 이용하거나 아이스 버킷(통 안에 얼음을 넣어서 와인을 보관)을 이용하면 된다. 온도가 높은 집안에 보관된 레드 와인이라면 30분 정도 냉장고에 넣어 두었다가 마시는 식이다. 단, 한여름에 자동차 트렁크에 보관하면 와인이 끓어 넘칠 수 있다. 와인 셀러에 보관한 레드 와인은 다소 차가울 수 있다. 이때는 와인을 잔에 따른 뒤 손바닥으로 와인 잔의 볼을 잡고 가만히 있으면 와인의 온도가 올라가면서 훨씬 풍부한 향과 맛을 즐길 수 있다. 와인, 특히 좋은 와인은 최적의 온도에서 마셔야 그 맛을 가장 잘 즐길 수 있다. 이제 마시는 온도에도 관심을 가져 와인을 제대로 즐기도록 하자.

6 ◆ 혼술족이여! 혼자 마시다 남은 와인, 이렇게 보관하라

남은 와인은 버려야 할까? 그렇지 않다. 잘만 하면 1~2일 정도는 거뜬히 생존시킬 수 있다. 우선 마개를 잘 막아 냉장고에 넣어 둔다. 낮은 온도 덕분에 화학 반응이 더디고 산화 현상 또한 지연된다. 즉, 와인이 식초화되는 현상을 지연시킬 수 있다. 그러나 웬만하면 그 다음 날 마시도록 하자.

혼자 와인을 오픈해 본 사람이라면 한번쯤 이런 고민을 해 봤을 것이다. 웬만한 주당이 아니고서야 맥주도 아닌 750ml 와인 한병을 바닥까지 비울 일이 없으므로……

대부분의 와인을 즐기는 사람들의 고민은 먹다 남은 와인을 어떻게 처리할 것인가 하는 문제일 것 같다. 와인 한 병은 약 750ml 이다. 혼자서 마시기에는 조금 무리인 듯한 양이다. 대개 일인당 반 병(375ml) 정도를 마시는 것이 보편적이면서 적당한 듯 하다(단 작정하고 마시지 않는다면). 와인은 마시고 싶은데 한 병은 좀 무리일 것 같아 오픈을 꺼릴 때, 남은 와인이 아까워서 무리하게 마신 경험이 있다면, 쉽게 와인을 오픈하는 것에 한 번쯤 더 생각을 할 것이다. 와인은 위스키와 같은 증류주가 아니기에 오픈하고 오래도록 보관하기에 적당하지 않다. 위스키는 오픈하고도 장기간 보관하면서 여러 차례 나누어서 마실 수 있다. 반면에 와인은 일단 한 번 오픈하면 오래도록 보관할 수 없다. 왜냐하면 와인은 산소에 매우 민감하기 때문에 산소와 접촉으로 인해 쉽게 산화될 수 있기 때문이다. 일단 와인을 오픈하면 산소와 접촉하는 것을 피할 수 없다. 따라서 남은 와인을 다시 코르크 마개로 막아서 보관한다 하더라도 그 맛은 이미 떨어질 것이다. 그러나 '어린 와인(Young Vintage)'은 강하고 타닌이 풍부하여 오픈하고 산소와 접촉하는 시간이 지남으로 인해서 그 향과 맛이 더 부드러워지는 경우도 있다. 그렇다고 하더라도 장기간 오래도록 산소와 접촉을 하면 당연히 산화될 수밖에 없다. 마시다가 못마신 와인은 그럼 다 버려야 할까? 그렇지는 않다. 장기간의 보관은 할 수 없을지라도 적당한 방법으로 보존하면 3~4일 정도는 보관이 가능하다.

첫 번째, 남은 와인은 마개를 잘 막아서 냉장고에 보관한다. 냉장고의 낮은 온도로 인해 와인에 포함되어 있는 화학적 반응이 더 천천히 발생되면서, 산화 현상 또한 지연되게 만든다. 즉 낮은 온도는 산화 박테리아의 활동을 억제시키면서 와인이 식초화되는 현상을 지연시킬 수 있다. 그러나 되도록 남은 와인은 그 다음 날 다 마시도록 하자.

두 번째로 진공(Vacuuming) 기구이다. 앞서 언급했던 이것은 와인 샵에서 쉽게 구할 수 있다. 진공 기구는 말 그대로 오픈한 와인 병목에 펌프질을 통하여 산소를 빼내어 병 안을 진공 상태로 만들어준다. 이로 인해 와인이 산소와 접촉하는 것을 피하여 보관할 수 있는 것이다. 이 기구를 이용하여 와인을 보관하면 약 3일 정도 보관이 가능하나, 길게는 보관할 수 없다. 또한 펌프질을 하면서 산소와 함께 와인의 아로마도 함께 축출되어 그 맛은 현저히 떨어질 수 밖에 없다.

세 번째로 질소(Nitrogen)를 이용하는 방법이 있다. 질소는 산화되는 것을 막는 역할을 한다. 질소 가스를 오픈한 와인 병 안에 주입하여, 마개로 막아서 보관하는 것이다. 이 방법은 가장 질 좋은 상태로 남은 와인을 보관할 수 있다. 와인 자체의 아로마도 보존하면서, 산소의 접촉도 막을 수 있기 때문이다.

그러나 아무리 적당한 방법으로 남은 와인을 보관한다 하더라도 일단 한 번 오픈한 와인은, 즉 산소와 접촉을 통한 와인은 되도록 빨리 마시는 것이 가장 좋다. 한 병을 다 마시지 못한다면 반 병 사이즈(375ml)의 와인을 구매하는 것도 좋을 듯. 만약 집안에 이러한 기구들을 갖추고 있지 않다면 다음날까지 바로 마셔도 괜찮다. 와인을 즐기는 것에는 분위기도 한 몫 한다. 와인병은 훨씬 근사한 분위기를 연출해 주기 때문이다. 산소와 접촉하는 면적을 최대한 줄이기 위해 남은 와인을 작은 병에 옮겨 담는 것은 가능하나, 왠지 아쉽다. 이럴 경우를 대비하여 와인 진공 세이버를 준비해 두자.

7 ◆ 현명한 와인 소비자를 위한 팁

소비자들이 와인 구매를 할 때 여전히 선택의 어려움을 겪고 있다. 그래서 간단하게 요령을 소개해 본다.

첫째 당신은 얼마의 예산을 가지고 있는가? 만약 주머니 사정상 저가 와인에 눈길이 간다면 펜폴즈(Penfolds), 울프 블라스(Wolf Blass), 에라주리즈(Errazuriz)와 같은 이름들을 기억해 두자. 이들 와인은 착한 가격에 제법 맛도 있고 마시기도 쉬워 대중에게 기쁨을 선사한다.

값싼 와인이 항상 지루한 것은 아니다. 두둑한 은행 잔고가 없어도 여전히 흥미로운 와인을 즐길 수 있으니 말이다. 단, 명심해야 할 것은 유명한 지역의 와인은 피하라는 것. 저가의 부르고뉴 와인은 다소 실망스럽다. 대신에 프랑스의 랑그독, 루시옹, 프로방스 등 남부 지역 출신이지만 비싸지 않으며 장점을 지닌 와인을 발견할 수 있다. 또는 이탈리아 남부의 시칠리아, 풀리아(Pulia) 지역, 포르투갈 그리고 스페인 지역의 다소 덜 알려진 지역의 와인이 당신에게 더욱더 매력적일 수 있다.

상업적인 와인들은 자칫 개성과 다양성이 부족할 수 있다. 그럼에도 불구하고 상업적인 와인의 착한 가격이 맘에 든다면 기억해 두자. 호주나 칠레산 와인을 시도해라. 규칙적인 프로모션도 있기에 세일 기간을 활용하는 것이 좋다. 최근에는 유통업체가 OEM 방식으로 만든 PB 와인이 많다. 와인의 가격 거품을 제거했기 때문에 잘 만 고르면 가성비 갑의 와인을 즐길 수 있다.

만약 당신의 예산이 여유롭다면, 그리고 고급 와인을 구매하기를 원한다면, 작지만 전문화된 와인 샵 또는 백화점 와인 샵을 이용하는 것이 좋다. 좋은 와인은 소량 생산되며 그렇기에 어디에서나 쉽게 찾을 수 없음을 의미한다. 와인 샵의 단골 손님이 된다면 그들은 당신의 입맛을 알게 되고 새로 입고된 와인을 늘 알려주는 특별한 고객이 되기 때문이다. 그리고 와인 세일 기간을 최대한 활용해라. 규칙적으로 아주 크게 할인 행사를 한다. 이때 인기 있는 와인들은 순식간에 사라져 버리니 언제 바겐세일을 하는지 잘 알아 둘 필요가 있다.

당신과 입맛이 비슷한 비평가의 평론을 기억하라. 당신이 좋아하는 와인 평론가의 평론을 이용하는 것도 좋은 와인을 구매하는 방법 중에 하나이다. 단, 맹목적으로 따르지는 마라. 어떤 비평가의 입맛이 당신의 입맛과 비슷한지 파악하는 것이 먼저다. 인터넷 정보를 활용하는 것도 좋다. 와인은 정보 집약적이다. 당신이 원하는 모든 정보를 웹에서 다양하고 유용한 놀랄만한 정보를 얻을 수 있다.

입맛은 변한다. 한꺼번에 저가의 와인을 많이 사지는 마라. 만약 당신이 와인 초보자라면, 한꺼번에 너무 많은 와인을 사는 것은 금물이다. 당신의 입맛은 분명히 진화하고 변화되기 때문이다. 어느 날 당신의 열정이 부르고뉴 와인으로 돌아선다면, 갑자기 당신 셀러를 가득 채운 칠레가 애물단지가 될 수 있다.

책을 끝내며…

와인이 물 대신이었던 시절이 있었다. 프랑스 얘기다.

1968년 학생 폭동으로 발단된 5월 혁명은 프랑스의 근대화와 공업화를 가져온 동시에 프랑스인의 '와인을 물처럼 마시던' 습관을 빼앗아갔다.

프랑스의 와인 소비 격감의 배경에는 중노동으로부터 해방, 식생활 변화, 건강 지향적 마인드, 미네랄워터의 보급, 음주음전 벌칙 등이 있었다.

소비량이 감소한 와인은 안전한 음료로서 물 대신에 마시던 생활 필수품이었다. 이후 와인은 더 이상 생활필수품이 아니라 기호품으로 인지하기 시작하면서 고급 와인을 소비하기 시작했다. 국내의 와인 시장도 변화하고 있으며, 과도기에 놓여 있다. 가성비 와인을 찾는 소비자들에게 정말 와인의 맛에 지역성이나 독자성은 필요가 없어진 걸까?

소비자와 비평가가 원하는 와인이라면 어디서 제조되었든, 누가 만들었든 간에 상관이 없는 것인가?

본서를 통해 이 점에 대해 생각해 보았기를 기대한다.

세계에는 와인이 너무 많다. 맛도 다양하다.

여전히 와인의 품질에 대한 논의는 애매해서 정의내리기 어렵다. 고품질이란 시대와 환경에 따라 변화하는 것이며, 매우 개인적이고 상대적이다.

필자는 개인의 기호에 맞는 다양한 와인을 보다 친숙하게 즐길 수 있는 방법을 소개했다.

여러분이 와인에 대한 새로운 시각과 일상에서 보다 쉽고 재미있게 와인을 즐길 수 있기를 바라본다.

2006년 파리의 심판···335

2차 발효(Malo—lactic Fermenta-tion)···61, 223

2차 발효(유산 발효)···56

35브릭스(Brix)···355

3스타 미쉐린···161

5개의 화살···80

5대 샤토···33, 80

6차 산업···399, 422, 423

A

Abuzzo···290

Agglomerate···28

Angelo Gaja, Sori San Lorenzo 1997···274

Angelo Gaja, Speress Langhe···274

Anne Gros···152

Ao Yun···413

AOC···88, 89

AOC 법령···72

AOC 시스템···45, 88, 207

AOC 원산지 통제 명칭···143, 161

AOC 제도···89

AOC(Appellation d'origine Control-ee : 원산지 통제 명칭)···89

AOP···89

AP Nr···246

AVA(American Viticultural Ar-eas)···337

B

Barbaresco(바르바레스코)···270

Barolo(바롤로)···270

Basilicata···290

Bete de Somme···424

Billaud Simon···148

Bonneau de Martray···156

Brunello di Montalcino···279

C

Calabria···290

Campania···290

Carillon···156

Chablis···148

Château···70

Château d'Yquem(샤토 디켐)···99, 102

Château Haut Brion···95

Château Simone···205

Clos des Empeneaux···157

Clos des Ursules···159

Coche Dury···158

Comte de Vogue···151

Comtes Armand···157

Côte Chalonnaise···148

Côte de Beaune···148

Côte des Blancs···219

D

Denominacion De Origen Califi-cada(DOCa)···299

Denominacion De Origen(—DO)···299

DOC···266

DOC 등급···266

DOCG···266, 267

DOCG 등급v267

DOC법···266

Domaine de Chevalier···95

Domaine de l'Arlot···155

Domaine Dujac···150

Domaine Laflaive···156

Domaine Ponsot···150

Domiane Tempier···204

Dominio de Valdepusa(도미니오 데 발데푸사)···299

DOP(Denominazionze d'Origine Protecta)···266

Dosage(도자주)···224

DRC···152, 153, 154

DRC 도멘 드 라 로마네 콩티(Do-maine de la Romanée Conti)···153

E

Emilia Romagna···291

Emmanuel Rouget···152

Estate bottleed···337

Friuli—Venezia Giulia···291

FTA···376

F

Friuli—Venezia Giulia···291

G

George Duboeuf···171

Georges Roumier···151

Gimblett Gravels···374

Grosslage···255

H

Hubert de Montille···158

I

I.N.A.O···144

IGP(Indicazione Geografica Protet-ta)···89, 266

IGT···266

IGT/IGP···266

INAO…89, 92
INAO 협회가 창립…72
ISO 잔…30
ISO(International Standards Organization) 글라스…22, 263

J

Jean Paul Droin…148
Joseph Drouhin…159

L

L'Evangile…94
L'Hermitage…179
La Landonne…176, 177, 178
La Mouline…176, 177
La Turque…176, 177
Lafon…158
Lazio…291
Lees(죽은 효모 찌꺼기)…61
Liguria…292
Lombardia…292
Louis Jadot…159
Louis Michel…148
LVMH…413

M

Mâconnais…148
Malmsey…322
Malo—lactic Fermentation…56
Marche…292
Marquis d'Angerville…158
MBA(Muscat Bailey A)…411
Meo Camuzet…151, 152
MLF…223
Molise…293
Morgon…170

MSG…116
MZ 세대…395, 397

N

Napa Valley…342
Noble Rot…99

P

Pago Florentino(파고 플로렌티노)
299
Paul Jaboulet Aîné Hermitage
La Chapelle…179
PDO…90
Petrus…94
PGI…90
pH…51, 62, 64
Piemonte…293
Puglia…294

Q

QbA…246
QmP…245, 246
Quintas…317

R

Ramonet…157
Rene Engel…152
Robert Chevillon…155
Robert Groffier…151

S

Sardegna…294
Sicilia…295
Simon Bize & Fils…159
SO$_2$…28

T

TCA…28, 66
Toscana…295
Trentio—Alto Adige…296

U

Umbria…296

V

Valle d'Aosta…297
VDN(뱅두 나튀렐 : Vin Doux Naturel)…13
VDP…250, 252
Veneto…297
Vino…266
Vino de Pago(VP)…299
VQA…354

W

William Fevre…148

ㄱ

가격…421
가격책정…405
가당(Chaptalization)…244
가론 강…73, 74
가르가네가(Garganega)…276
가르나차(Garnacha)…36, 299, 305
가메(Gamay)…129, 147, 168, 170
가비/코르테제 디 가비(Gavi/Cortese di Gavi) DOCG…271
가이약(Gaillac) AOP…123
가지치기…40
가짜…357
가짜 와인…357
가티나라(Gattinara) DOCG…271

갈레(Galets)…181

갈로네로(Gallo Nero) 수탉 로고…280

갈색 유리병…257

감미조정액…224

개량 머루…406

객관적인 테이스팅…24

거위간…107, 125

거품…230

검은 수탉…285

게마인데(Gemeinde)…255

게브르츠트라미너(Gewurztraminer)…116, 235, 237, 241

겜메(Ghemme) DOCG…271

견고한 구조감…384

경사도…43

경사면…41

경사지…46

고대 그리스…272

고블렛(Gobelets)…47, 48, 181

고양이 오줌(불어로 Pipi du chat)…31

고추…377

과당(Fructose)…40, 55

과시적 소비재…339

과실 향기…19

과실주…398

과일향…30

관개…41

관개시설…41

교황 문장…180

교황기가 양각…180

교황의 문양…182

교황의 문장…263

교회…142, 179

교회(수도원)…143

구대륙…44, 332

구베이오(Gouveio)…315

구츠바인(Gutswein)…250

국산 와인…398

궁합…113, 115

귀부 와인…32

귀부균(보트리티스 시네레아)…32

귀부병…99, 132, 141, 184, 244, 247, 248, 249, 257, 260

귀부병(노블 롯 Noble rot)…99

귀요식…49

그라브(Graves)…75, 76, 82, 95

그라브너 (Gravner)…328

그라시아노(Graciano)…300

그라우부르군더(Grauburgunder)…254

그라함(Graham)…321

그란 레세르바(Gran Reserva)…298

그랑 에셰죠(Grands Échezeaux)…152

그랑 크뤼 등급…76

그랑 크뤼 샤토의 세컨드 와인…87

그랑 크뤼 클라세…93

그랑 크뤼(Grands Crus)…92, 143, 144, 222

그랜지(Grange)…363, 368

그레이스 빈야드(Grace Vineyard)…416

그레이스 패밀리(Grace Family)…346

그레이트 서던 지역…359

그레이트 월…416

그로 망송(Gros Manseng)…119

그로 플랑 뒤 페이 낭테(Gros plant du Pays Nantais)…129

그로세 라게(Grosse Lage)…250

그로세스 게벡흐스(Grosses Gewachs)…250

그로스라게(Grosslage)…246, 255

그뤼너 펠트리너(Grüner Veltliner)…260

그르나(Grenat)…198

그르나슈 누아(Grenache Noir)…30, 194, 197

그르나슈 블랑…192

그르나슈(Grenache)…36, 174, 181, 182, 187, 200, 201, 300, 305, 306, 360, 414

그리오트 샹베르탕(Griotte—Chambertin)…150

그린 마케팅…373

그린 하비스트(Green harvest)…49

그린계 향기…20

그린색…264

그린페퍼(피망)…75

글라스…261, 262

글라스 스탠다드(Glass Standard)…263

글레라(Glera)…270, 275

글뤼바인(Glühwein)…264

기스본(Gisborne)…374

기온…41

기후…40, 43

기후 변화…370, 371

김블레트 그라블(Gimblet gravel)…374

까바(Cava)…13, 218

꼬도르니우(Codorniu)…304

꽃 향기…18

ㄴ

나바라(Navarra) DO…302

나이츠 밸리(Knight's Valley)…343

나파 밸리(Napa Valley)…332, 341, 342

나폴레옹 3세…72

나헤(Nahe)…258

남부 론…36, 173

남호주…362, 369

낭트(Nantes)…126, 127, 128

내추럴 와인(Natural wine)…63, 64

냉동 적출(Cryo-extraction)…249

냉동적출 방법…355

네고시앙…80

네로 다볼라(Nero d'avola)…269, 288

네비아(Nebia)…268

네비올로(Nebbiolo)…36, 268, 272, 273

네스티드 AVA…348

노블 로트(Nobel Rot)…98

노블 품종…235

녹색 유리병…256

논빈티지(Champagne NV)…226

논-빈티지(NV : Non Vintage)…222

농구선수 야오밍…413

농도…16

눈물…16

뉘이 생 조지(Nuits-St-Georges)…155

뉴 월드…45

뉴 프렌치 오크 배럴(New French Oak Barrel)…394

뉴사우스 웨일즈(New South Wales)…365, 369

뉴월드 와인…332

뉴질랜드…31, 34, 372

뉴질랜드 말보로(Marlborough)…31, 372

뉴질랜드 센트럴 오타고…147

니콜라스 롤랭(Nicolas Rolin)…167

니콜라스 카테나 자파타(Nicolas Catena Zapata)…393

닝샤(Ningxia) 지방…413, 416

ㄷ

다뉴브(Danube) 강…260

다사키 신야(Shinya Tasaki)…408

다우스(Dow's)…321

단백질…25, 110

달 포르노(Dal Forno)…276

달걀 흰자(알부민)…60, 62

달라 베일(Dalla Valle)…346

달콤한 크림(Cream)…312

달콤한 타입 셰리 주 카테고리…310

당(Sugar)…25, 26, 64

당 농도…51

당도(Oechsle : 당도 측정)…49, 245

대륙성 기후(Continental Climate)…41, 145, 147, 359

대서양…74

대형 슬로베니안 오크통…328

더블 귀요…47

데고르주망(Degorgement)…124, 224

데부르바주(Débourbage)…61

도루(Douro)…314

도르돈뉴 강…73, 74

도멘 드 라 로마네 콩티…166

도멘 르로와(Domaine Leroy)…166

도멘 서린(Domaine Serene)…147, 350

도미너스…338

도미니오 드 핑구스(Dominio de Pingus)…302

도이쳐 타펠바인(Deutcher Tafelwein)…245

독수리…250

독일…31, 248, 249, 251

독일 와인…244

독일의 모젤…32

독터 로젠(Dr.Loosen)…257

돌담…151, 166

돌체토 디 오바다 수페리에르(Dolcetto di Ovada Superiore) DOCG…271

돔 페리뇽(Dom Perignon)…219, 225, 229, 233

돔 피에르 페리뇽(Dom Pierre Pérignon)…230

동물 향기…20

동물취…20, 21

드니 뒤보르디유(Denis Dubourdieu)…96, 372

드니 모르테(Denis Mortet)…149

드라이 셰리…309

드라이 타입 셰리 주 카테고리…310

드립(Drip)…41

등급 제도…76

디디에 다그노(Didier Dagueneau)…139

디빈(Divin)…329

디캔팅(Decanting)…319, 426, 427

디캔팅 순서…427

디캔팅 준비물…427

떼라자스 데 로스 안데스(Terrazas de los Andes)…392, 393

ㄹ

라 그랑 뤼(La Grande Rue)…152, 155

라 그랑 아네(La Grande An-nee)…225

라 로마네(La Romanée)…152, 155

라 로시 오 모완(La Roche aux Moines)…132

라 만차(La Mancha)…300

라 만차(La Mancha) DO…306

라 벨 에포크(La Belllle Epoque)…226

라 쿨레 드 세랑(La Coulee de Serrant)…132

라 타슈(La Tâche)…152, 154, 155

라놀린(Lanolin)…32

라다치니(Radacini)…331

라라 네아그라…329

라루 르로와…166

라만차…32

라벨 읽기…38

라스토(Rasteau)…180

라인 지방…244

라인가우(Rheingau)…31, 32, 45, 253, 257

라인강…244, 257

라인헤센(Rheinhessen)…253, 258

라타다(Latada) 트렐리스…321

라트리시에르 샹베르탱(La-tricières–Chambertin)…150

라펠 밸리(Rapel Valley)…384

라펠(Valle del Rapel)…381, 382

란시오(Rancio)…62, 195, 198

란트바인(Landwein)…245, 246

람브루스코(Lambrusco) 와인…278

랑게 네비올로(Langhe Nebbiolo) DOCG…271

랑그독 루시옹…31, 36, 187

러시안 리버 밸리(Russian River Valley)…147, 341, 343

러시안 리버힐…343

레 고디쇼트 Les Gaudichots…154

레 페리에르(Les Perrieres)…158

레드 와인…15, 18, 19, 135

레드 와인 제조…50

레르미타(L'Ermita)…305

레세르바(Reserva)…298

레이다 밸리(Leyda Valley) 383

레이다(Leyda)…378

레이트 보틀드 빈티지(Late Bottled Vintage, LBV)…319

레이트 하비스트(Late Harvest : 늦은 수확)…13, 248

레치오토 델라 발폴리첼라(Reciote della Valpolicella)…275

레치오토 델라 발폴리첼라(Recioto della Valpolicella) DOCG…275

레치오토(Recioto)…13, 210, 276

레투왈(L'Etoile)…212

로렌(Lorraine)…242

로르히(Lorch)…257

로마네 생 비방(Romanée–Saint–Vivant)…152

로마네 콩티(Romanée–Conti)…34, 152, 153, 155, 166, 357

로마제국…265

로버트 몬다비(Robert Monda-vie)…81, 333, 387

로버트 파커…351, 352

로브마이어(Lobmeyr)…261, 262, 325

로쉴드…81

로스 바스코스(Los Vascos)…81, 379, 386

로에로 아르네이스(Roero Arneis) DOCG…271

로에로(Roero) DOCG…271

로제 당주(Rose d'Anjou) AOP…130

로제 와인(Rosé wine)…16, 202, 203

로제(Champagne Rosé)…227

로제바인(Rosewein)…251

로크포르 치즈(Roquefort)…125

로트바인(Rotwein)…251

론 레인저 (Rhone Rangers)…339

론 밸리(Rhône valley)…35

론(Rhône)…174

론디넬라(Rondinella)…269, 275

롬바르디아(Lombardy)…267, 274

루더글렌(Rutherglen)…359, 367

루돌프 슈타이너(Rudolf Stein-er(1861~1925))…65

루비(Ruby)…318

루산느(Roussane)…175, 178, 179

루스트(Rust)…260

루시옹(Roussillon)…184, 192

루아르(Loire)…31, 126, 129

루에다(Rueda) DO…306

루이 로더레…225

루이 파스퇴르…11, 211

루피악(Loupiac)…100

뤼드 콩티(Luc de Conti)…122

뤼베롱(Luberon) AOC…186

뤼삭 생테밀리옹…94

뤼소트 샹베르탱(Ruchottes–Cham-bertin)…150

뤼쇼트 샹베르탱 클로 데 뤼쇼트 (Ruchottes–Chambertin 'Clos des Ruchottes')…155

르 켄데르만(Reh Kendermann)…251

르 팽(Le Pin)…94

르네상스 부흥…265

르몽타쥬(Remontage)…56

르뮈아쥬(Remuage)…224

르윈 에스테이트(Leeuwin Estate)…368

리(Lees)…128

리나로올(Linalool)…19

리델 글라스…261

리델(Riedel)…261

리무(Limoux)…187, 190, 229

리무(Limoux) AOC…190

리버스 오스모시스(Reverse osmosis)…64

리베라 델 두에로(Ribera del Duero)…37, 299, 302, 303

리브잘트(Rivesaltes)…196, 198

리비가토(Rabigato)…315

리스트락–메독(Listrac–Médoc)…84, 91

리슬링(Riesling)…31, 32, 41, 235, 240, 244, 249, 252, 253, 256, 257, 258, 354, 355, 359, 364, 381

리시부르그(Richebourg)…152

리아스 바이사스(Rias Baixas)…300

리아스 바이사스(Rias Baixas) DO…306

리오하(Rioja)…37, 298, 299, 303

리오하(Rioja) DOC…301

리제르바(Riserva)…270

리치(Lychee)…241

리코르킹(Recorking)…66

리큐르 와인(Vin de Liqueur)…187

릴렛(Lillet)…103, 104

립프라우밀히(Liebfraumilch)…245, 252, 258

릿지 빈야드 몬테 벨로(Ridge Vineyards Monte Bello)…334, 335

ㅁ

마가렛 리버(Maegaret River)…359, 368

마개(Agglomerate)…28, 435

마고(Margaux)…84, 91

마담 라루…152

마데라…62

마데이라(Madeira)…13, 184, 314

마데이라 섬…321

마데이라 와인…321

마디랑(Madiran)…120

마디랑(Madiran) AOP…120

마랑고니 효과…16

마르산느(Marsanne)…175, 178, 179

마르살라(Marsala)…288

마르셀란…414

마르치구에(Marchigue)…384

마르케스 대 무리에타 카스틸로 이 가이 그랑 리제르바 에스페시알 2010…301

마르케스 드 리스칼(Marques de Riscal)…422

마르케스 드 무리에타(Marques de Murrieta)…301

마리아주…107, 109

마세라시옹(침용)…56

마세토(Masseto)…269, 282, 286

마세토(Tenuta dell'Ornellaia Toscana Masseto)…283

마스 드 도마스 가삭(Mas de Daumas Gassac)…206, 207

마스 라 플라나(Mas la Plana)…305

마야…339, 341

마오타이 그룹…413

마울레 밸리(Maule Valley)…385

마울레(Valle del Maule)…381, 382

마윈 알리바바 그룹 회장…413

마이포…381

마이포 밸리(Maipo Valley)…383

마이포 지역…379

마조이예르 샹베르탕(Mazoyeres–Chambertin)…150

마주앙…398, 400

마주엘로(Mazuelo)…300

마지 샹베르탕(Mazis–Chambertin)…150

마카뵈(Maccabeu)…187

마콩(Macon)…31, 161

막 드 부르고뉴(Marc de Bourgogne)…162

막뱅 뒤 쥐라(Macvin du Jura)…208, 210

만싸니야(Manzanilla)…309

말린 과실 향기…19

말바지아 피나(Malvasia Fina) 315

말바지아(Malvasia)…270, 284, 285, 286, 287, 300, 322

말벡(Malbac) 와인…393

말벡(Malbec)…36, 74, 75, 122, 390, 393

말보로 특징…375

말보로(Marlborough)…375

맛 감별법…23

망송 누아(Manseng Noir)…119

매그넘(Magnum)…227

매칭…109, 110

맥라렌 베일(Malaren Vale)…359, 364

머루…406

머스캣 베일리 A…411

머스켓베일리에이(MBA)…406

멀드 와인(Mulled wine)…264

메네르(Carménère)…387

메독 그랑 크뤼 리스트(Medoc Grand Crus Classe)…77

메독(Médoc)…33, 74, 75, 76, 77, 84, 90

메독의 그랑 크뤼 등급…76

메디오 페네데스(Medio Penedes)…304

메를로(Merlot)…30, 34, 74, 75, 269, 286, 341, 377, 390

메리티지(Merit + Heritage = Meritage)…338

메이덴 조약…317

메종 르로와(Leroy)…166

메토드 샹프누아즈(Méthode Champenoise)…124, 219

메토드 앙세스트랄(Methode Ancestral)…124

메토드 트레디셔널(Method traditionnelle)…131

멘도자(Mendoza)…391, 392

멜롱 드 부르고뉴(Melon de Bourgogne)…127

모나스트렐(Monastrell)…300

모노폴(Monopole)…153, 155

모닝턴 퍼닌슐라(Mornington Peninsula)…359, 367

모래…45, 74

모레-생-드니(Morey-Saint-denis)…150

모리 두(Maury Doux)…197

모리 란시오(Maury Rancio)…198

모리 섹(Maury Sec)…194

모리 오르 다주(Hors d'Âge)…198

모리(Maury)…36, 196

모스카텔(Moscatel 또는 Muscat)…308, 309, 310

모스카토 다스티(Moscato d'Asti)…269

모스카토(Moscato)…269

모엣 앤 샹동(Moët & Chandon)…218, 225

모자이크 토양…234

모작(Mauzac)…123

모젤 리슬링…256

모젤 자르 루버(Mosel Saar Ruwer)…256

모젤(Mosel)…31, 45, 47, 252, 253, 256, 259, 264

모젤(Moselle)…243

몬도비노(Mondovino)…394

몬타나(Montana)…373

몬탈치노…279

몬테 벨로(Monte Bello)…334

몬테스 엠(Montes M)…388

몰도바…329, 330

몰도바 와인…331

몰리나라(Molinara)…269, 275

몽두즈(Mondeuse)…214

몽라세(Montrachet)…156, 157

몽바지약(Monbazillac)…100, 118, 119

몽타뉴 드 랭스(Montagne de Reims)…220

몽타뉴 생테밀리옹…94

뫼르소(Meursault)…31, 156

뫼르소(Meursault) AC…158

묘목 심기…49

무두질…25

무르베드르(Mourvèdre)…181, 201, 300

무산소 발효(Anaerobic fermentation)…171

무수아황산 첨가…29

무수아황산(SO₂)…65

무스(Mousseux)…215

무통…81

무통 카데…80

물 공급…43

물리-엉-메독(Moulis-en-Médoc)…84, 91

뮈스카…190, 235

뮈스카 달렉상드리…192

뮈스카 드 달렉상드리아(Muscat d'Alexandria)…199

뮈스카 드 리브잘트(Muscat de Rivesaltes)…198, 199, 200

뮈스카 봄 드 브니즈(Muscat Beaumes de Venise)…184

뮈스카 블랑 아 프티 그랭(Muscat blanc a petits grains)…184, 186

뮈스카 아 프티 그랭(Muscat à Petits grains)…192, 199

뮈스카 알렉산드리아(Muscat d'Alexandria)…41

뮈스카데 데 코토 드 라 루아르(Muscadet des Côteaux de la Loire)…127

뮈스카데 드-세브르-에-멘느(Muscadet de-Sevres-et-Maine)…127, 129

뮈스카데 코트 드 그랑 리외(Muscadet Côtes de Grand lieu)…127

뮈스카데(Muscadet)…127, 128

뮈스카델(Muscadelle)…76

뮈지니(Musigny)…151

뮈타주(Mutage)…194, 212

뮐러 투르가우(Müller-Thurgau)···252, 253, 256, 258

미각···23

미구엘 토레스(Miguel Torres)···305, 385

미국 오크 배럴···325

미국 와인···332

미네르브와(Minervois) AOC···189

미생물···51, 54

미세 산소 방법···121

미세 산소기술···64

미세 산소처리 기술(Micro Oxygenation)···121

미세산화···57

미쉐린···107, 162

미쉘 롤랑(Michelle Rolland)···386, 387, 394

미스트랄(Mistral)···173, 175, 201, 203

미텔라인(MittelRhein)···256

미토로(Mitolo)···276

ㅂ

바가(Baga)···314, 315

바니율스 그랑 크뤼(Banyuls Grand Cru)···197

바니율스(Banyuls)···36, 196, 197, 200

바닐라···21

바드 크로이츠나흐(Bad Kreuznach)···258

바디(Body)···27

바디감 매칭···109

바로사 밸리(Brossa Valley)···359, 362

바롤로 리제르바(Barolo Riserva)···270, 272

바롤로(Barolo)···36, 272, 273, 284

바롱 필립···80

바르바레스코 DOCG···270

바르바레스코(Barbaresco)···36, 266, 272, 273, 284

바르베라 다스티···268, 272

바르베라 달바(Barbera d'Alba)···268, 279

바르베라 달바(Barbera d'Alba) DOCG···271

바르베라 델 몬페라토···268

바르베라(Barbera)···268, 279

바르삭(Barsac)···76, 98

바스 필립(Bass Phillip)···366

바이스바인(Weisswein)···251

바이스부르군더(Weissburgunder)···254

바이오다이나믹 농법···328

바이오다이나믹(Biodynamic)···63, 139, 152

바차오(Wachau)···260

바카라(Baccarat)···261

바타르 몽라세(Bâtard–Montrachet)···156, 157

바토나주(Batonnage)···61

박테리아···56

발데페냐스(Valdepenas)···300

발데페냐스(Valdepenas) DO···306

발레 드 라 마른(Vallée de la Marne)···220

발효···11, 54, 171, 172, 187, 190, 194, 202, 212, 222, 223, 225, 227, 230

발효주···10

반피···280

방돌(Bandol)···201, 202,

방돌(Bandol) AOC/AOP 204

방향···42

배수···45

배수력···45

백년전쟁···71, 72, 82

백토(Tuffeau)···134

뱅 메토드 나투르(Vin Methode Nature)···64, 65

뱅 존(Vin Jaune)···208, 209, 211

뱅 푸(Vin Fou)···208, 210

뱅당주 타르티브(Vendanges Tardives)···237, 239

뱅두 나튀렐(Vins doux naturels, VDN)···36, 174, 180, 184, 187, 190, 192, 194, 195, 200, 212

뱅드 리쿼드···103

뱅드 사브아(Vin de Savoie)···213

뱅드 파이(Vin de Paille)···13, 179, 208, 210

뱅드 페이(Vin de Pays)···206, 207

뱅쇼(Vin Chaud)···264

버건디 병···263

버라이탈 와인(Varietal wine)···338

베가 시실리아 유니코(Vega Sicilia Unico)···303

베가 시실리아(Vega Sicila)···302

베네토(Veneto)···265, 267, 270, 275

베라이히 베른카스텔(Bereiche Bernkastel)···255

베라이히 요하니스베르크(Bereiche Johannisberg)···255

베라이히(Bereich)···246, 254, 255

베레종(Véraison)···48, 49

베렌아우스레제(Beerenauslese)···245, 247, 248

베르나드 두가피 샹베르탕(Bernard Dugat–Py Chambertin)···150

베르데호(Verdejo)···300

베르델료(Verdelho)···322

베르멘티노(Vermentino)···270

베르주라크 118
베른카스텔(Bernkastel)…256, 257
베른카스텔러 독터(Berncasteler Doctor)…257
베블런재…339
베아른(Béarn) AOP…119
벤토나이트(Bentonite)…60, 62
벨렛(Bellet) AOC/AOP…203
벨리니 칵테일…277
벨리니(Bellini)…277
병 모양…263
병 사이즈…63
병 숙성…62
병충해…47, 72
보관 온도…432
보당…54
보당(Captalization)과 보산…54
보르도…45, 70
보르도 병 모양…263
보르도 샤토…70
보르도 역사…71
보르도 클라레(Bordeaux Clairet)…71
보르도 혈통…386
보르도&보르도 슈페리에르…103
보브레 무스(Vouvray Mousseux)…135
보브레 페티앙(Vouvray Pétillant)…135
보브레(Vouvray)…32, 132, 135, 141
보알(Boal)…322
보졸레…45, 168
보졸레 누보(Beaujolais Nouveau)…168, 172, 433
보졸레 크뤼 10개…169
보졸레(Crus Beaujolais)…147, 169

보주(Vosges) 산맥…234
보트리티스 시네리아(Botrytis Cinerea)…76, 99, 247, 327
보틀 바리에이션…63
보틀 사이즈…227
본 로마네(Vosne Romanée)…149, 152, 153
본 마르(Bonnes–Mares)…151
본(Beaune) AC…159
본느조(Bonnezeaux)…132
볼게리(Bolgheri)…286
볼게리(Bolgheri) DOC…282
볼네이(Volnay)…158
볼린저(Bollinger)…225, 233
봄 드 브니즈(Beaumes de Venise) AOC…184
봉봉(Bonbon)…184
봉봉느(Bonbones)…196
뵈브 클리코…225
부게(Bugey)…216
부르고뉴 알리고테(Bourgogne Aligoté)…160
부르고뉴 파스투그랭(Bourgogne Passetoutgrains)…160
부르고뉴(Bourgogne)…31, 34, 142, 145, 146, 272
부르괴이으(Bourgueil)…135
부쉐(Bouchet)…75
부엽토(Humus)…65
부조(Vougeot) AC…151
부즈롱(Bouzeron)…147, 159
부케(Bouquet)…22
부티크 와인(Boutique wine)…341
북부 론…173
북부 해안지역(North Coast)…342
붉은 색…414

브라케토 다키(Brachetto d'Acqui) DOCG…271
브랜디(Brandy)…13, 308
브레타노마이세스(Brettanomyses)…58
브레통(Breton)…127, 129, 135
브루넬로 디 몬탈치노…268, 278
브루넬로 디 몬탈치노 리제르바 (Brunello di Montalcino Riserva) DOCG…278
브루넬로 디 몬탈치노(Brunello di Montalcino)…35, 268, 278, 279, 282, 284
브루넬로 디 몬탈치노(Brunello di Montalcino) DOCG…278
브루넬로(Brunello)…268, 278, 279, 281, 282
브리티시 콜롬비아(British Columbia B.C)…354
브릭스(Brix)…50, 355
브왈…208, 209
블라이 & 부르그(Blaye & Bourg)…102
블라인드 테이스팅…24, 44, 333
블랑…198
블랑 드 누아(Champagne Blanc de Noirs)…227
블랑 드 블랑(Champagne Blanc de Blancs)…227
블랑케트 메토드 앙세스트랄(Blanquette Méthode Ancestrale)…190
블랙 타워…251
블랙아이와 블랙썬…406
블랙커런트(카시스)…33
블랜딩…74, 362
블랜딩 와인…338

블렌드…323
블루 넌…251
블루 치즈…318
블루오션…361, 362
비그늘 효과(Rain Shadow Effect)…347
비냐 콘 차이 토로(Vina Concha Y Toro)…387
비노 노빌 드 몬테풀치아노(Vino Nobile de Montepulciano)…284
비노 다 타볼라(Vino da Tavola)…266
비노 드 파고(Vino De Pago(VP))…299
비니페라…63
비달(Vidal)…249, 354, 355
비린 맛의 원인…113
비산화(환원)…28, 62, 195
비엠브뉴 바타르 몽라세(Bienvenues–Bâtard–Montrachet)…156, 157
비오니에…174, 175, 178, 179
비욘디 산티(Biondi Santi)…279, 280, 281
비우라(Viura)…300
비칼(Bical)…315
비티스 비니페라(Vitis Vinifera)…39, 63, 72
빅토리아(Victoria)…147, 366, 369
빈 산토(Vin Santo)…210, 287
빈(Bin)…370
빈이탈리(Vinitaly)…276
빈티지 차트…420
빈티지 캐릭터(Vintage Character)…319
빈티지 포트 와인…426

빈티지(Champagne Millésimé)…226
빈티지(Vintage)…38, 222, 319, 324, 420, 427
빈회의…82, 83
빌라 마리아(Villa Maria)…373
빌라니…326

ㅅ
사과산(Malic Acid)…56, 61, 244
사르데냐(Sardegna)…267
사바냥(Savagnin)…208, 209
사브니에르(Savennières)…32, 132, 141
사브아(Savoie)…213
사비니 레 본(Savigny–lès–Beaune) AC…159
사시카이야(Sassicaia)…266, 282, 286, 357
사우스 오스트레일리아(South Australia)…362
사이드웨이(Sideways)…94, 146, 345
사카로미세스 세레비지에(Saccharomyces cerevisiae)…55
사탕수수…321
사페라비(Saperavi)…328
산 안토니오 밸리(San Antonio Valley)…383
산 안토니오(San Antonio)…378
산도(Acidity)…12, 25, 49, 51, 110, 261
산(Acidity)…25, 26, 63, 177, 249, 356
산둥 반도…415
산소…56
산지명 표시…337
산지오베제 그로소(Sangiovese Grosso)…268, 278, 281

산지오베제(Sangiovese)…35, 268, 284, 285, 286
산타 루치아 하이랜드(Santa Lucia Highlands)…345
산타 바바라 카운티(Santa Barbara County)…345
산타 크루즈(Santa Cruz)…334
산타 크루즈 마운틴(Santa Cruz Mountains)…345
산화…29, 195
산화 방지…29
산화방지제…51
산화숙성 스타일…309
상세르 특징…375
상세르(Sancerre)…31, 137, 372
상트르 루아르(Centre Loire)…126
상트르(Centre)…126, 128
색조…15
생 비방(Saint Vivant)…166
생–브리(Saint–bris) AOP…149
생조지 생테밀리옹…94
생줄리앙(Saint–Julien)…72, 90, 91
생–줄리엉(Saint–Julien)…84
생테밀리옹(Saint Emilion)…34, 74, 75, 76, 90, 91, 92
생–테스테프(Saint–Estèphe)…84, 90, 91
샤르도네(Chardonnay)…30, 31, 46, 142, 145, 147, 160, 219, 233, 236, 270, 341, 359, 360, 381, 390
샤르마 방식(Charmat method)…275
샤르마 방식(Méthode Charmat)…224
샤블리 그랑 크뤼(Chablis Grand Cru)…148

샤블리 프리미어 크뤼(Chablis Premier Cru)···148

샤블리(Chabils)···31

샤블리(백악질)···45

샤샤느—몽라셰(Chassagne—Montrachet) AC···157

샤슬라 80%···215

샤슬라(Chasselas)···138, 213, 253

샤토 그리예(Château Grillet) AOC···179

샤토 디켐···99

샤토 라 라귄(Château la lagune)···73

샤토 라 투르 카르네(Château La tour carnet)···74

샤토 라야스(Château Rayas)···183

샤토 라투르(Château Latour)···81, 334

샤토 라피트 로쉴드(Château Lafite Rothschild)···74, 80, 379, 387, 414

샤토 레오빌 라스 카즈···86

샤토 린치 바쥬(Château Lynch Bages)···82

샤토 마고(Château margaux)···81

샤토 무통 로쉴드(Château Mouton Rothschild)···77, 80, 333, 387

샤토 보카스텔(Château Beaucastel)···183

샤토 샤스 스플린···85

샤토 샬롱(Château Chalon)···209, 211

샤토 슈발 블랑(Chateau Cheval Blanc)···94, 392, 393

샤토 오브리옹 (Château Haut Brion)···77, 82, 95

샤토 장위 (Château

Changyu)···412

샤토 코스 데스투르넬···86

샤토 탈보(Château Talbot)···72, 74, 91

샤토 팔메르(Château Palmer)···82, 86

샤토 퐁살레트(Château Fonsalette)···183

샤토 피숑 롱그빌 바롱···86

샤토 피숑 롱그빌 콩테스 드 라랑드···86

샤토 피숑 롱그빌(Château Pichon—Longueville)···73

샤토(Château)···95

샤토네프 뒤 파프(Châteauneuf du Pape)···36, 180, 181, 182, 263

샤펠···179

샤펠 샹베르탕(Chapelle—Chambertin)···150

샴 샹베르탕(Charmes—Chambertin)···150

샴페인···13, 31

샴페인 서비스 온도···232

샴페인 압력···264

샴페인 양조···222

샴페인 오픈하기···430

샴페인(Champagne) 지역···230

샴페인의 거품···230

샴페인의 품종···233

샵탈(Chaptal)···54, 244

샵탈리제이션(Chaptalisation : 1801년)···244

샹베르탕 (Chambertin)···150

샹베르탕 클로 드 베즈(Chambertin—Clos De Bèze)···150

샹볼 뮈지니(Chambolle Musigny)···149, 150, 151

샹시 지방···416

샹파뉴(Champagne)···31, 45, 219

샹파뉴 아펠라시옹···230, 233

서늘한 기후···146, 370

서비스 방법···430

서태후···412

서호주 마가렛 리버(Margaret River)···370

석판(Slate, 점판암질)···256

석회질···74, 75

설탕을 첨가(Capitalization)···356

세냐(Sena)···387, 388

세르시알(Sercial)···322

세미 탄산 침용···172

세미용(Sémillon)···32, 74, 76, 359, 360, 365, 381

세컨드 와인(Second wine)···81, 85, 86

센시벨(Cencibel, 라 만차)···37, 299

센트럴 밸리(Región del Valle Central)···381, 382

센트럴 오타고(Central Otago)···376

셀렉션(Selection)···250

셀렉시옹 드 그랭 노블(Sélection de Grains Nobles)···237, 239

셰리···13, 29, 184

셰리 와인의 스타일···308

셰리주(Sherry)···300, 311

소노마···34, 332, 343

소노마 카운티(Sonoma County)···342, 343

소몬타노(Somontano) DO···302

소뮈르 샹피니(Saumur—Champigny)···131

소뮈르(Saumur)···131

소믈리에(Sommelier)…424

소비뇽 블랑(Sauvignon Blanc)…
30, 31, 74, 76, 96, 116, 118, 137, 138,
139, 141, 341, 359, 372, 373, 375, 381

소시낙(Saussignac)…100

소칼코스(Socalcos)…321

소테른 AOC/AOP…101

소테른(Sauternes)…13, 32, 76, 98, 99,
100, 244, 311, 326

소톨론(Sotolon)…195

솔라이아(Solaia)…282, 283

솔레라 시스템(Solera system)…197,
308, 310

솔레라(Solera)…197, 312

송로버섯(Truffle)…124

송로버섯(트러플)…107

쇼레베(Scheurebe)…253

쇼리죠…307

수도원…142, 244

수도회…244

수르 리(Sur Lie)…128, 129

수르 밸리(Región del Valle
Sur)…382

수베린(Suberin : 코르크질)…66

수송…63

수정방…414

수탉 그림(Gallo Nero)…285

수퍼 세컨드(Super Second)…82, 86

수확량 제한…48

수확일 결정…49

쉬르케버라트(Szurkebarat)…326

쉬스레제르베(Sussreserve)…246

쉴로스 뵈켈하임(Schloss Bochel-
heim)…258

쉴로스 요하네스베르크(Schloss
Johannisberg)…257

쉴로스 폴라츠(Schloss Vollrads)…257

슈냉 블랑(Chenin Blanc)…32, 127,
129, 132, 134, 135, 141

슈발 데 잔데스(Cheval des An-
des)…392, 393

슈발리에 몽라셰(Chevalier–Montra-
chet)…156, 157

슈패트레제(Spatlese)…245, 246, 247,
248, 251, 257

슈패트부르군더(Pinot Noir)…256

슈패트부르군더(Spatburgun-
der)…254

슈퍼 토스카나…284, 286

슈퍼 토스카나(Super Toscan)…282

슈퍼 토스카나(Super Toscana)…286

슈퍼 토스칸 와인…266

슈퍼 토스칸(Super Tuscan)…266,
278

슐로스 요하니스베르그…247

스월링…17, 18, 29, 30

스위트 셰리…309

스위트 와인…32, 76, 98

스위트(Sweet)…245

스코어 시스템…351, 353

스크류 마개…66

스크류 발명…72

스크류 캡(Screw cap)…66, 373

스크리밍 이글(Screaming Ea-
gle)…339, 340, 341, 346

스킨 컨택(skin contact)…328

스태그스 립 와인 셀러(Stag's Leap
wine cellars)…333, 335

스테인레스 스틸통…56, 116

스토브(Estufa)…323

스틴(Steen)…32, 141

스파클링 와인…361

스페인…32, 37, 302

스페인 음식…307

스펙테이터(Wine Spectator) 178

스푸만테(Spumante) 13, 218, 269

시농(Chinon) AOP…135

시라(Syrah)…30, 35, 174, 176, 177,
178, 179, 181, 187, 201, 390

시라즈(Shiraz)…35, 58, 263, 360, 367,
369

시롱(Ciron)…99

시음회 결과…335

시칠리아(Sicily)…288

시토 수도회…142

식물 향기…20

식물향…30

식재밀도…49

신대륙…44, 332

신맛…116

신의 물방울…409

신포도(Sour grapes)…357

실락원…81

실렉스(Silex)…137, 139

실바너(Silvaner)…253, 258

심플 귀요…47

싱글 퀸타 빈티지(Single Quinta
Vintages)…320

쏘리 산 로렌조(Sori San Loren-
zo)…273

쏘리 틸딘(Sori Tildin)…273

ㅇ

아라우호…339

아르(Ahr)…256

아르곤 가스…431

아르노 드 퐁탁…83

아르마냑…33

아르망 루소(Armand Rousseau)…149
아르브아(Arbois)…211
아르헨티나…390, 393
아르헨티나 멘도자(Mendoza)…36
아린토(Arinto)…316
아마로네…269, 276
아마로네 델라 발폴리첼라(Amarone della Valpolicella)…275
아마로네(Amarone) DOCG…275
아메리칸 오크…56
아모로소(Amoroso Brown Sherry)…309
아몬틸라도(Amontillado)…309
아부르치(Abruzzi)…267
아비뇽(Avignon)…182
아사도…392
아스트레젠시(Astringency)…25
아스티(Asti) DOCG…271
아시아…396
아오 윈(Ao Yun)…413
아우구스트 에세어(August Eser)…257
아우스레제(Auslese)…13, 245, 247, 248, 251
아이렌(Airén)…30, 32, 300
아이스 와인(Ice wine)…13, 184, 248, 249, 354, 355
아이스바인(Eiswein)…245, 247, 248, 251
아이스박스 와인(Icebox wine)…355
아이징글라스(Isinglass)…60
아인첼라게(Einzellage)…246, 255
아콩가구아(Región de Aconcagua)…381
아콩카구아 밸리(Aconcagua Val-

ley)…382
아콩카구아 지역(Region del Aconcagua)…382
아파시멘토(Appassimento)…210, 275
아팔타(Apalta)…384
아펠라시옹 시스템(AOC)…104, 105
아펠라시옹(Appellation)…43
아황산류(SO$_2$)…64
아히(Aji)…21, 377, 378
안달루시아(Andalucia)…308
안바우게비테(Anbaugebiete)…246, 254, 255
안소니카(Ansonica)…288
안젤로 가야(Angelo Gaja)…272, 273
안타오 바즈(Antao Vaz)…316
안토시안(Anthocyans)…27, 42
알도 콘테르노(Aldo Conterno)…271
알랭 브뤼몽(Alain Brumont)…122
알렉산더 밸리(Alexander Valley)…341, 343
알렉한드로 페스케라(Alenjandro Pesquera)…302
알로이스 크라셔(Alois kracher)…260
알록스 코르통(Aloxe-Corton)…155
알리고테(Aligoté)…145, 147, 159
알마비바(Almavivia)…386, 387, 388
알바(Alba)…279
알바로 팔라치오스(Alvaro Palacios) 305
알바리뇨(Albarino)…300, 306
알바리호(Alvarinho)…315
알부민(Albumin)…60
알자스…32, 234, 264
알자스 AOC/AOP…235
알자스 그랑 크뤼…238

알자스 리우-디(Lieu-Dit : 포도밭)…237
알자스 병…264
알코올…25, 26, 261
알코올 발효…10, 54, 56
알코올 발효와 침용…61
알테스(Altesse)…213
알텐베르그 드 베르그하임(Altenberg de Bergheim)…239
암셀 로쉴드(1744~1812)…80
암포라(Amphora)…11, 56, 328
압착…56, 60
앙 프리메르(En primeur)…97
앙금(침전물)…426
앙리(Henry) 2세…71
앙브레(Ambré)…198
앙브리(Ambre)…199
앙세스트랄 디와즈(Ancestral dioise)…186
앙주(Anjou)…32, 130, 141
앙주-소뮈르(Anjour-Saumure)…126, 128, 130, 131
앙트루 두 메르(Entre Deux Mers)…103
애들레이드 힐즈(Adelaide Hills)…359, 361, 364
앰버 와인(Amber wine)…328
야라 밸리(Yarra Valley)…361, 366
야마나시(Yamanashi)…409
야마나시현…410
야생효모…55
야키마 밸리(Yakima Valley)…348
양조…50, 322, 355
양조 기술…24
양조 방식…327
양조주…10

어수 에센치아(7푸토뇨시)···327
어수(Aszù)···326
에게르(Eger)···325
에노트리아(Oenotria)···272
에덴 밸리(Eden Valley)···363
에델츠비커(Edelzwicker)···240
에델포일레(Edelfaule)···247
에라주리즈(Errazuriz)···387, 435
에르미타주(Hermitage)···35, 178, 179, 363
에르스테스 게벡흐스(Erstes Gewachs)···250
에르스테스 라게(Erstes Lage)···250
에밀리아 로마냐(Emilia–Romagna)···267, 278
에밀리아나 코얌(Emiliana Coyam)···384
에세죠(Échezeaux)···152
에센치아(Essencia)···327
에스투파젬(Estufagem)···322, 323
에어레이터(Aerator)···428
에어스테 라게(Erste Lage)···250
에프와쓰 드 부르고뉴(Epoisses de Bourgogne)···162
엘리노르···72
엘리노르 다키텐(Aliénor d'Acquitaine)···71
엘리오 알타레(Elio Altare)···271
역삼투막법···38
열쇠 모양 181
열의 보존···46
열화···322
영국과 프랑스의 백년전쟁(1337~1453년)···313
영하 8℃···355
영화배우 자오웨이···413

옌타이(Yantai)···412, 415
옐로우 테일 (Yellow Tail)···361, 362
오 메독(Haut Médoc)···90
오디움(Oïdium)···32, 33, 49
오렌지 와인···327, 328
오르넬라이아(Ornellaia)···282, 286
오르츠바인(Ortswein)···250
오르츠타일라게(Ortsteillage)···255, 257
오리건···34, 147, 349, 350
오리건주의 원산지 표시 규정···349
오–메독(Haut–Médoc)···84
오스트리아···259
오스트리아 와인···259
오스피스 드 본···167
오이스터···127
오크 숙성···22
오크 친화력···31
오크칩···57
오크통(Oak barrel)···56, 57, 356
오크향···24
오크 향기···21
오클랜드(Auckland)···374
오퍼스 원(Opus one)···81, 338
온난한 기후···41
온도···429
온타리오(Ontario)···354
올드 바인(Old vine)···48, 49, 363
올드 월드···44, 45, 89
올라스리즐링(Olaszrizling)···326
올로로소(Oloroso)···308, 309
올트레포 파베제(L'Oltrepo Pavese)···274
와이너리 투어···422
와이너리 투어 팁···423
와이라라파(Wairarapa)···374

와인···10, 396
와인 가격···405
와인 궁합···117
와인 글라스···29, 261, 262
와인 바이 더 글래스(By the glass)···431
와인 병의 모양···264
와인 보관···433
와인 보관 방법···432
와인 보틀 모양···263
와인 산지···427
와인 서비스···429
와인 서비스 순서···430
와인 서비스 온도···429
와인 세일 기간···436
와인 셀러(Wine Cellar)···433
와인 숙성···57
와인 스토퍼···431
와인 스펙테이터(Wine spectator)···301, 371
와인 오픈하기···430
와인 옥션···164
와인 음용 적기···421
와인 잔···30
와인 재배 기술···43
와인 진공 세이버···431
와인 테이스팅···22
와인 테이스팅 전용잔···30
와인과 음식···307
와인관광 산업···342
와인명···427
와인의 결함···26
와인의 온도···433
와인의 평가···25
왈라왈라 밸리(Walla Walla Valley)···348

외교 와인…83
요 오스 프룸(Joh.Jos.Prüm)…257
요셉 호프만(Josef Hoffmann)…262
우니코 리세르바 에스페시알(Unico Reserva Especial)…303
운반…63
울향(Wool)…32
움브리아(Umbria)…265
워싱턴주…347
워싱턴주 AVA…348
원산지…37, 43
원산지통제 호칭법(AOC)…37
원산지통제호칭제도(AOC)…72, 74
원심분리기(Centrifugation)…61
위조 와인 사건…357
윌라메트 밸리(Willamette Valley)…349, 350
유기농 와인…65, 384
유기농(Organic)…65
유기농과 바이오다이나믹 농법…65
유네스코…91
유니 블랑(UgniBlanc)…33, 201, 269
유리병…72
유산 발효(MLF : Malolatic Fermentation)…61, 222
유산(Lactic acid)…56
음식 매칭…107
음식과 와인 궁합…111
이 기갈(E. guigal)…176
이니스킬린(Inniskillin)…355, 356
이란…11, 35
이랑시(Irancy) AOP…149
이룰레귀(Irouleguy) AOP…120
이산화황 농도…62
이산화황(Sulfur dioxide, SO₂)…28, 50, 51

이상취…18
이스까이(Iscay)…36, 392, 393
이취…29
이탈리아 토스카나(Toscana)…35
이탈리아의 DOC 시스템…45
인공동결…38
인시그니아…338
일 그레포(IL Greppo)…281
일보로(Il Borro)…422
일본…408
일조량…43, 46
일조량과 바람…41
잉겔하임(Ingelheim)…258

ㅈ
자갈…74
자기 중심주의…394
자르 루버(Saar Ruwer)…256
자르(Saar)…252
자선 와인 옥션…346
자외선…432
자케르(Jacquère)…213
잔다르크…72
잘토(Zalto)…261
재배…46
잰시스 로빈슨…351, 352
쟈크 시라크 대통령…307
저수 능력…46
적포도 품종…75
전통주…397
점성…16
점토질…45, 74, 75
점판암…244
점판암 토양…259
정제…60
정티(Gentil)…239

젖산…56, 61
젖산 박테리아…61
젖산 발효…171
젖산균(박테리아)…56
젝트(Sekt)…13, 218, 229, 245, 250
젤라틴(Gelatin)…60, 62
조약돌 토양(Gimblett Gravels)…374
조지 뒤뵈프(Geroges Duboeuf)…168, 170
조지 블랑(Georges Blanc)…161
조지아…327
존 탈봇(John Talbot)…72
종가세…404, 405
종량세…404, 405
죌드 벨틀리니(Zold Veltlini)…326
주석산 제거…62
주석산(Tartaric acid)…26, 27, 28, 40, 54, 62
주세법…398
주정강화…313
주정강화 와인(fortified wine)…13, 269, 288, 314
주정강화 음료…317
중세 시대…244
중앙 해안지역(Central Coast)…344
쥐라…209
쥐랑송(Jurançon) AOP…120
쥘 쇼베(Jules Chauvet(1907~1989))…64
증류주…10
지공다스(Gigondas)…180
지구 온난화…371
지롱드 강…73
지방주의…394
지브리 – 샹베르탕(Gevrey–chambertin)…149, 150

지아 베이란(Jia Bei Ian) 와인…413, 416

지역 블랜딩…361

지중해성 기후(Mediterranean Climate)…41, 359

진공(Vacuuming) 기구…435

진공증류법…38

진판델(Zinfandel)…269, 288, 341

질소 가스…431

질소(Nitrogen)…435

짠맛…110

ㅊ

천연 방부제…25

천연 코르크…28

천연감미 와인…184

철 이온(Ferrous ion)…113

청명도…15

청수…406

청정 지역 이미지…373

청정도…27

청징(Fining)…60, 62

청포도 품종…76

청향…406

초콜릿…318

충적황토(Loss)…349

치즈…140

칠레…386

칠레 와인…386

칠레와 자유 무역 협정(FTA)…397

침전물…27, 426

ㅋ

카나이올로(Canaiolo)…284, 286

카네로스(Caneros) AVA…343

카늘레(Caneles)…108

카르…386

카르메네르(Carménère)…377, 378, 380, 386

카르타(Charta)…257

카르트 드 솜(Quarts de Chaume)…132, 140

카리냥 블랑…192

카리냥(Carignan)…187, 300

카바(Cava)…298, 304

카베르네 당주(Cabernet d'Anjou) AOP…130

카베르네 소비뇽(Cabernet Sauvignon)…30, 33, 41, 74, 75, 268, 286, 303, 341, 360, 377, 380, 390, 414

카베르네 프랑(Cabernet Franc)…74, 75, 118, 127, 129, 131, 134, 135, 354, 355, 381

카베르네의 컬트 여왕…346

카보닉 마세라시옹(Carbonic Maceration)…172, 173

카비네트(Kabinett)…245, 246, 248, 257

카사 라포스톨(Casa Lapostolle)…379, 386

카사블랑카…381

카사블랑카 밸리(Casablanca Valley)…378, 382

카사블랑카 와인…378

카세인…62

카스텔 미미(Castel MiMi)…331

카스텔로 반피(Castello Banfi)…282

카시스(Cassis) AOC/AOP…204

카오르…36, 122

카오르(Cahors) AOP…122

카이오트(Caillotes)…137

카타라토(Catarratto)…288

카탈란(Catalan)…305

칸테이루(Canteiro)…323

칼라브레스(Calabrese)…269

칼롱 세귀르…85

캄파니아(Campania)…267

캐나다…248, 249, 354

캐나다 아이스 와인…249

캐노피 관리…47

캐노피(Canopy)…41

캐비어…107

캐스크 23(Cask 23)…338

캐퍼코프(Kaefferkopf)…239

캔버라 디스트릭트…359, 365

캘리포니아…31, 333

캠벨 얼리(Campbell Early)…406

컬러 매칭…109

컬트…340

컬트 와인(Cult wine)…340, 339, 340

케르너(Kerner)…254, 256

켁프란코시(Kekfrankos)…326

코(Côt)…36

코달리…422

코라뱅(Coravin)…431

코로나19…397

코르나스(Cornas) AOC…179

코르동 드 로얏…47

코르동식…49

코르비나(Corvina Veronese)…269

코르비나(Corvina)…275

코르비에(Corbières) AOC…189

코르크…12, 28, 63, 66, 68

코르크 마개…66

코르크 조각…28

코르키드(Corked)…28, 66

코르테제(Cortese)…269

코르테즈 디 가비(Cortese di Gavi)…269

코르통 샤르마뉴(Corton–Charlemagne)···156

코리아···396

코슈(Koshu)···411

코오뱅(Coq au Vin)···162

코킴보(Region del Coquimbo)···382

코토 뒤 레이용 숌(Côteaux du Layon–chaume)···132

코토 뒤 레이용(Côteaux du Layon)···132

코트 데 바(Côte des Bar)···220

코트 데 블랑(Côte des Blancs)···219

코트 뒤 레이옹(Côteaux du Layon)···32

코트 뒤 론 빌라주(Côtes du Rhône Villages)···173

코트 뒤 론(Côtes du Rhône)···172, 177

코트 뒤 루시옹(Côtes du Roussilon)···AOP 193

코트 드 뉘이(Côte de Nuits)···149

코트 드 론(Côtes du Rhône)···263

코트 드 세잔느(Côte de Sézanne)···220

코트 로티 삼총사(La Landonne, La Moulin, La Turque)···178

코트 로티(Côte–Rôtie)···176, 177, 178

코트 브륀느(Côte Brune)···175, 177

코트 블롱드(Côte Blonde)···175, 177

코티 로티···35

콜긴···339

콜긴 셀러스(Colign Cellars)···346

콜레이타(Colheita)···320, 323, 324

콜롬비아 강···347

콜롬비아 고지(Columbia Gorge)···348

콜롬비아 밸리(Columbia Valley)···348

콜리우르(Collioure)···193

콜차구아 밸리(Colchagua Valley)···384

콜차구아(Valle del Colchagua)···382

콩드리유(Condrieu) AOC···179

쿠나와라(Coonawarra)···359, 365

쿠드 푸드르 (Coup de Foudres)···345

쿠리코 밸리(Curico Valley)···384

쿠리코(Valle de Curicó)···382

쿠요(Cuyo)···381, 391

퀴베 드 프리스티지 브랜드···225

퀴베(Cuvée)···222, 223

퀸타스(Quintas)···317

크러스트 (Crusted)···319

크레망 드 리무(Crémant de Limoux) AOC···190

크레망 드 부르고뉴(Crémant de Bourgogne)···160

크레망 드 사브아(Crémant de Savoie) AOP···215

크레망 드 쥐라(Crémant du Jura) AOC/AOP···212

크레망(Crémant)···13, 126, 215, 218

크로탱 드 샤비뇰(Crottin de Chavignol)···140

크루그(Krug)···218, 226, 233

크뤼 뒤 랑그독(Crus du Languedoc)···191

크뤼 부르주아 슈페리에르···84

크뤼 부르주아 엑셉씨오넬···84

크뤼 부르주아(Cru Bourgeois)···83, 84

크뤼 클라세(Crus Classe)···95

크리스탈(Cristal)···218, 225

크리안자(Crianza)···298

크리오트 바타르 몽라셰(Criots–Bâtard–Montrachet)···157

크리올라(Criolla)···391

크리요(Cryo)···355

크리요엑스트렉션(Cryoextraction, 인공동결)···38, 355

크리코바(Cricova)···331

크림 셰리(Cream Sherry)···309, 310

크베브리(Qvevri 또는 Kvevri)···328

클라레(Claret)···71, 72

클라블랭(Clavelins)···208, 209

클라우디 베이 소비뇽 블랑(Cloudy Bay Sauvignon Blanc)···375

클라우디 베이(Cloudy Bay)···373

클래식 매칭···109

클래식(Classic)···250

클레레트 드 디(Clairette de Die)···186

클레레트(Clairette)···186, 187

클레브너 드 헤일리겐스타인(Klevener de Heiligenstein)···236

클레어 밸리(Clare Valley)···359, 363

클로···144

클로 데 랑브레이(Clos Des Lambrays)···151, 155

클로 데 무슈(Clos des Mouches)···159

클로 데 파프 (Clos des Papes)···181

클로 드 라 로슈(Clos De La Roche)···150, 151

클로 드 로라투아(Clos de L'oratoire)···183

클로 드 부조…151, 164, 166, 167

클로 드 타(Clos De Tart)…151, 155

클로 빈츠뷜(Clos Windsbuhl)…239

클로 생 드니(Clos Saint-Denis)…151

클로 생 랑드랭(Clos Saint Landelin)…238

클로 생트 윈느(Clos Ste Hune)…238

클로 아팔타(Clos Apalta)…378, 384

클론…145

클리마(Climat)…143, 144, 167

키슈 로렌(Quiche Lorraine)…242

키안티 클라시코 그란 셀렉지오네(Chianti Classico Gran Selezione)…280

키안티 클라시코 리제르바(Chianti Classico Riserva)…280, 286

키안티 클라시코(Chianti Classico DOCG)…286

키안티 클라시코(Chianti Classico)…35, 280, 284, 285

키안티(Chianti)…35, 280, 284, 285

킴메리지안(Kimmeridgian)…137

킴메리지엔(Kimmeridgien)…148

ㅌ

타나(Tannat)…119, 120

타냐넬로…286

타닌(Tannin)…12, 25, 27, 29, 110, 261

타르트 타탱(Tart Tatin)…140

타벨(Tavel) AOC…185

타스 뒤 뱅(Tasse du Vin 또는 Tastevin)…425

타우니(Tawny)…319

타즈매니아(Tasmania)…359, 361, 367

타파스…307

타펠바인(Tafelwein)…245, 246

탄산 침용발효 방식(Carbonic Maceration)…171

탄산 침용법…172

테라로사(적색토)…365

테라스 지형…321

테루아(Terroir)…40, 42, 43, 45

테이스팅…24

테일러스(Taylor)…321

템프라닐요(Tempranillo)…30, 37, 299, 303

토론테스(Torrontes)…390, 391

토스카나…33, 278

토스카나(Toscana)…265

토스카나(Tuscany)…267

토양…42, 43, 145

토우리가 나셔널(Touriga Nacional)…314, 315

토카이 양조 방법…326

토카이(Tokaji)…325, 326

토카이(Tokay)…13

통갈이(Racking)…60

투 핸즈(Two hands)…365

투렌느(Touraine)…126, 128

튀포(Tuffeau) 토양…135

튈레(Tuilé)…198

트라미니(Tramini)…326

트라이앵글…308

트레비아노(Trebbiano)…30, 33, 269, 284, 285, 286, 287

트렌티노 알토 아디제(Trentino Alto Adige)…277

트렌티노(Trentino)…265

트렐리스 시스템(Trellis system)…47

트롤링거(Trollinger)…254

트로켄(Trocken : 드라이)…246

트로켄(Trocken)…245, 250, 251

트로켄(Troken)…244, 246

트로켄베렌아우스레제(Trockenbeerenauslese)…13, 245, 247, 248, 326

트리클로로아니솔(Trichloro-anisole : TCA)…28

티냐넬로(Tignanello)…282, 283

티라주(Tirage)…223

티부랭(Tibouren)…201

틴타 네그라 몰레(Tinta Negra)…322

틴타 로리츠(Tinta roriz)…315

틴토 피노(Tinto Fino, 일명 템프라닐요)…37, 299, 303

ㅍ

파리 만국 박람회…83

파리의 심판…333

파리의 심판 결과…334

파스퇴르…11

파시토 와인…288

파시토(Passito)…210, 269

파엘라…307

파이스(Pais)…380

팔도 코르타도(Palo Cortado)…309

팔레트(Palette) AOC/AOP…205

팔로 코르타도(Palo Cortado)…309

팔로미노 피노(Palomino fino)…300

팔로미노(Palomino)…308

팔마(Palma)…309

팔츠(Pfalz)…258

페네데스…37

페네데스(Penedès) DO…304

페놀…42

페놀레(Phenolée)…57, 58

페놀의 중합작용(Phenolic polymerization)…27

페드로 히메네즈(Pedro Ximenez)…308, 309, 310

페루쵸 비온디–산티(Ferruccio Biondi–Santi)…279

페리뇽(Pérignon)…230

페리에 주에…226

페삭 레오냥 크뤼 클라세(Pessac–Leognan Cru Classe)…95, 96

페삭 레오냥(Pessac Leognan)…31, 76, 96

페샤르망(Pécharmant)…119

페테아스카 네아그라…329

페테아스카 레갈라…329

페테아스카 알바…329

페트롤(Petrol)향…32, 58, 253, 256

페트뤼스(Petrus)…34, 82, 94, 95, 269, 283, 357

페티앙(Petillant)…215

펜폴즈 그랜지(Penfolds Grange)…363

펜폴즈(Penfolds)…435

포도 블랜딩…361

포도 품종…30, 37, 43, 338, 434

포도 품종 블랜딩…182

포도나무 수형…47

포도당(Glucose)…40, 55

포도법…182

포도뿌리혹벌레…63

포도원…145

포르투기저(Portugieser)…254, 256

포마르(Pommard)…157

포므롤(Pomerol)…34, 45, 74, 75, 76, 82, 91, 94

포와오스(Poios)…321

포이약(Pauillac)…80, 84, 90, 91

포타슘 타르타르산염(Potassium

acid tartrate)…28

포트 스타일…318

포트 와인(Port wine) 양조 과정…318

포트(Port)…13, 184, 314

포트(Port) 와인…13, 313, 314, 317, 318

포피트르(Pupiters)…223, 233

폴 로저(Pol Roger)…226

폴 보퀴즈(Paul Bocuse)…163

폴리페놀 성분…397

퐁삭(Fonsac)…75

표고…42

푸드르(Foudre)…196

푸드르(Foudres)…182

푸르 성(Pur Sang)…139

푸르민트(Furmint)…326, 327

푸이 퓌메(Pouilly–Fumé)…31, 137

푸이스겡 생테밀리옹…94

푸카리(Pucari)…330

푸토뇨시(Puttonyos 또는 Putt)…327

푸토뇨시(Puttonyos)…327

푸토뇨시와 특징…327

풀레 드 브레스(Poulet de Bress)…161

풀리아(Puglia)…288

품종…362

품종명 표시…337

풍미…25

퓌메 블랑(Fumé Blanc)…138, 141

퓌이 퓌메(Pouilly–Fumé)…138

퓌이 퓌세(Pouilly–Fuissé)…138, 160

퓔리니–몽라세(Puligny–Montrachet) AC…156

프란츠 쿤츨러(Franz Künstler)…257

프란치아 코르타 스타일…274

프란치아 코르타(Franciacorta)…274

프란코니아(Franconia)…248

프랑스 보르도…33, 34

프랑스 알자스…31, 252

프랑스의 꼬냑…33

프랑스의 루아르 지방…32

프랑스의 크레망…228

프레스 와인(Press wine)…56

프렌치 런드리(French Laundry)…342

프렌치 오크…56

프렌치 오크 배럴…325

프렌치 패러독스…217

프로방스(Provence)…200

프로세코(Prosecco)…275

프로슈토 햄…285

프로프라이어터리 와인(Proprietary wine)…338

프롱삭(Fronsac)…34, 95

프리런 와인(Free–run wine)…56

프리미어 그랑 크뤼 클라세…92

프리미어 그랑 크뤼 클라세 A…92

프리미어 크뤼(Premièr Crus)…143, 144

프리미엄 와인…252

프리미티보(Primitivo)…269, 288, 341

프리스티지 퀴베(Prestige Cuvée)…230

프리오라트(Priorat)…305

프리울…269

프리울리 베네치아 줄리아(Friuli Venezia Giulia)…277, 328

프리츠 하그(Fritz Haag)…257

프티 망송(Petit Manseng)…119

프티 베르도(Petit verdot)…74, 75

플라잉 와인메이커(Flying winemaker)…24, 387, 394

플래시 살균법…64

플로르(Flor)…308, 312
플루트 잔…232
피노 그리(Pinot Gris)…236, 254, 270
피노 그리지오(Pinot Grigio)…270
피노 누아(Pinot Noir)…30, 34, 41, 142, 145, 146, 147, 219, 233, 254, 272, 341, 349, 360, 372, 376, 380, 411, 434
피노 데 샤랑트(Pineau des Charentes)…103
피노 드 라 루아르(Pineau de la Loire)…32, 127, 132, 141
피노 므니에…219, 233
피노 블랑…254
피노(Fino)…308, 309, 312
피망…21, 41
피망(피라진 Pyrazines)…21
피아스코(Fiasco)…278, 285
피에몬테 아스티 지방…272
피에몬테(Piemonte)…36, 265, 267, 270, 272
피에몬테주 알바…270
필록세라…63, 72, 298, 376, 380, 390
필터…27
필터 여과…27, 60

ㅎ

하르슐레벨뤼(Harslevelu)…326
하이디 바렛(Heidi Barrett)…345, 346
한&칠레 FTA…376
한국…396
한국 와인…396, 397, 398, 400
한국 와인맵…401
한식…115
할란…339, 341
할란 에스테이트(Harlan Estaes)…346
할프트로켄(Halbtrocken : Off

dry)…245, 246, 250, 251
합성 재질 마개…28
해양성 기후(Maritime Climate)…41, 74, 359, 372
향기…17, 18
향기 감별법…17
향기 분자…29
향신료…18
허베이 성…415
허브 향기…20
헌터 밸리(Hunter Valley)…365
헝가리…325
헝가리 오크 배럴…325
헝가리 토카이(Tokaji)…13, 98, 100
헤드 스페이스…62
헤레즈(Jerez)…45, 308, 311
헤밍웨이…81
헨리 2세…72
혁신의 반피…280
혐기성 발효…171
호스트 테이스팅…430
호스피스 드 본(Hospices de Beaune)…164
호주…31, 35, 358
호주 시라즈…35
호주 와인 규정…362
호주의 펜폴즈…35
호크스 베이(Hawke's bay)…374
호흐하임(Hochheim)…257
홋카이도…410
화강암(Granite)…175
화산토…349
화이트 와인…16, 19, 29, 244, 259
화이트 와인 제조…60
화이트 진판델…202
화이트 포트(White Port)…318

환원취…29, 57
황…12
획일화…394
효모…55, 56
효모 배양…64
효모균…20
후라스케이라(Frasqueira)…323, 324
훔볼트 난류…378
훔볼트 해류…380
훔볼트 한류…380
흙 향기(Sous-bois)…20
흡수공…45
히스코트(Heathcote)…367
힐사이드 셀렉트(Hillside Select)…338

L'oenologie, Colette Navarre, Francoise Langlade

Manuel de viticulture, Alain Reynier

Le vin et les vins au restaurant, Edition Bpi, Paul Brunet

L'ecole des alliances, Pierre Casamayor

La dégustation, Pierre Casamayor

Champagne, Peter Liem

Le goût du vin, Émile Peynaud et Jacques Blouin

The Oxford companion to wine, Jancis Robinson

Inside Burgundy, Jasper Morris MW

The Science of Wine, Jamie Goode

New Wine Atlas, Oz Clarke's

Bordeaux Chateaux, A History of the grands crus classes 1855-2005

The great Domains of Burgundy, Remington Norman and Charles Taylor MW

Wine Myths and Reality, Benjamin Lewin MW

Exploring Wine, Kolpan Smith Weiss

Wine Tasting A Professional Handbook, Ronald S Jackson

The Wines of Chile, Hubrecht Duijker

Great wine Terroirs, Jacques Fanet

Wine Grapes, Jancis Robinson, Julia Harding, Jose Vouillamoz

Dean & Deluca The Food and Wine, Jeff Morgan

The World Atlas of Wine, Hugh Johnson, Jancis Robinson

The Sotheby's Wine, Tom Stevenson

Wine Folly Magnum Edition, Madeline Puckette and Justin Hammack

Understanding Wine Technology, David Bird

Wine A Tasting Course, Marnie Old

Sales & service for the wine professional, Brian K. Julyan

과실주개론, 김영준, 송기철, 이윤희, 장기효, 정석태, 정철

WINE 와인, 김준철

국내 와인산업 현황과 경쟁력 제고 방안, 정석태 2014

국내산 포도 캠벨 얼리 품종의 적포도주의 개발(김재식 외, 2001)

(사)한국바텐더협회 https://www.beveragemaster.kr/beverage_wine/15319

호주와인협회 www.wineaustralia.com/education

칠레와인협회 www.winesofchile.org

세상에서 가장 맛있는 커피를 내리는 방법
(월드 바리스타 챔피언이 알려주는)

- 저자 : 이자키 히데노리
- 감수 : 박상호
- 번역 : 전지혜
- 정가 : 16,000원
- 쪽수 : 236

이 책에서 말하는 '세상에서 가장 맛있는 커피'란 자신이 가장 맛있다고 느끼는 취향에 맞는 최고의 커피를 의미합니다. 제15대 월드 바리스타 챔피언인 저자가 커피의 복잡하고 깊이 있는 맛을 이해하기 쉽게 풀이하여 자신의 취향에 맞게 커피를 내리는 비법을 소개하고 있습니다.

이 책을 통해서 본인 취향에 맞는 '세상에서 가장 맛있는 커피'를 찾는 여행을 떠나봅시다. 최고의 커피를 찾을 수 있다면 분명 일상생활에 최상의 휴식을 가져다줄 수 있을 것입니다.

이 책은 시중에 깔려있는 수많은 커피 관련 서적처럼 단순히 커피를 내리는 방법 순서만을 정리한 가이드 책과는 결이 매우 다릅니다. 그동안 커피 책을 꽤 읽어보신 분 중에 아마 다음과 같은 고민에 빠진 분도 있을 것입니다.

★ 어떤 커피 원두가 내 취향에 맞는지 모르겠다.

★ 나만의 방법으로 커피를 내리고 있는데, 이게 맞는 방법인지 모르겠다.

★ 별로 맛있다는 느낌이 없는데, 어떻게 조절하면 될까?

★ 다른 사람이 아닌 내 취향에 맞는 맛을 알아내고 싶다.

책을 끝까지 읽으면 초보자부터 상급자, 커피숍 사장님, 바리스타가 되고 싶은 분들까지 커피 내리는 방법의 논리를 깊게 이해하여 누구나 본인 취향에 맞는 '세상에서 가장 맛있는 커피'를 내릴 수 있을 것입니다.

기본적인 추출 레시피

※ 물이 300g인 경우

[동영상 공개 중!]
YouTube에서 영상 확인

https://www.youtube.com/watch?v=o3eMg4DYLKo

원두와 물의 계량
- 원두 18g(미디엄 로스팅의 경우)
- 92℃로 물을 끓인다.
- (드리퍼를 데우기 위해서) 300g보다 많은 물을 끓인다.
※ 30~50mg/L 경도의 미네랄 워터를 사용

드리퍼를 데운다
- 종이 필터를 끼운다.
- 드리퍼를 데운다.
- 갈아둔 커피 가루를 넣는다.
- 커피 가루를 평평하게 만든다.
※ 드리퍼가 세라믹일 때는 충분히 데워준다.

추출 시작/뜸들이기
첫 번째 투입
- 물 60g(20%)을 따른다.
- 초속 3~4㎖의 속도
- 5cm의 높이
- 가운데서부터 바깥쪽으로 소용돌이를 그리듯이 전체에 골고루 따른다.
※ 0으로 설정한 스케일 위에 60g 분량을 측정하여 물을 따른다. 타이머로 시간 계측을 시작.

드리퍼를 흔든다
- 드리퍼를 원을 그리듯이 3회 정도 흔든다.
- 물과 커피 가루를 균등하게 섞는다.
- 시작한 후부터 약 1분간
※ 드리퍼 안의 물과 커피 가루로 있는 힘껏 회전시키듯이 드리퍼를 흔들 것

본 추출
두 번째 투입
- 물 60g(20%)을 따른다.
- 초속 5~7㎖의 속도
- 가운데서부터 바깥쪽으로 소용돌이를 그리듯이 골고루 따른다.
- 시작한 후부터 약 2분간
※ 약 2분까지 드리퍼 안의 물이 떨어지지 않을 때는 조금 더 큰 입자를 사용해본다.

본 추출
세 번째 투입
- 물 180g(60%)을 따른다(스케일의 표시가 300g에 도달할 때까지).
- 측면에 커피 가루가 달라붙는 것을 방지하기 위해 드리퍼를 다시 3회 흔든다.
- 물이 다 떨어지면 추출 완료
※ 추출 시간이 3~4분 정도. 접촉 시간이 2~3분 이상이 길어질 때는 입자 크기를 조금 더 크게 해서 사용해본다.
물이 다 떨어졌을 때 밀터 헤드가 평평해지면 성공.

엄경자

보르도 CAFA 소믈리에 학교 한국인 1호 졸업생. 그리고 대한민국 여성 1호 소믈리에.

보르도 대학의 DUAD 양조감별 과정을 마치고, 미쉐린 3스타 조지 블랑(Georges Blanc) 레스토랑에서 소믈리에로 근무, 틈틈이 미국 나파 밸리의 메리베일(Merryvale) 와이너리에서 경험을 쌓았다.

그랜드 인터컨티넨탈 서울 파르나스와 코엑스 인터컨티넨탈 호텔에서 와인 소믈리에로 시작해 수석 소믈리에를 역임했다.

박수칠 때 떠나듯 돌연 정상의 자리에서 파리로 떠나더니 르코르동 블루(Le Cordon Blue)에서 빵과 디저트를 공부하고 도쿄 등지에서 수련을 거친 후 돌아와 자신의 이름을 건 〈브레드 숍 코린〉에서 빵을 선보이고, 현재 세종사이버대학교 바리스타 소믈리에 학과장으로 와인과 커피에 대한 지식과 사랑을 후대에 전수하는 일에 전념하고 있다.

대학에서 불문학을 전공하고, 건국산업대학원 양조공학 석사과정을 수료. 저서로는 〈와인 노트, 2007〉가 있다.

와인이 있는 곳이라면 그녀만큼 유쾌한 파트너도 없다. 타고난 감각에 더해진 후천적인 열정은 그녀의 이력이 말해 준다.

이 책은, 와인을 배우고 가르치며 느낀 것들 자신의 경험담을 곁들어 세계 와인을 총망라하여 쓴 글이다.

와인 입문자를 위한 **Wine Book**

2021년 4월 10일 초판 인쇄
2021년 4월 20일 초판 발행

펴낸이	|	김정철
펴낸곳	|	아티오
지은이	|	엄경자
표 지	|	김지영
편 집	|	이효정
삽 화	|	구다라이프 이주원
전 화	|	031-983-4092
팩 스	|	031-696-5780
등 록	|	2013년 2월 22일
정 가	|	39,000원
주 소	|	경기도 고양시 일산동구 호수로 336
홈페이지	|	http://www.atio.co.kr

* 아티오는 Art Studio의 줄임말로 혼을 깃들인 예술적인 감각으로 도서를 만들어 독자에게 최상의 지식을
  전달해 드리고자 하는 마음을 담고 있습니다.